D… e de
g… e

4e edition

Pascal Baud
Agrégé de géographie

Serge Bourgeat
Agrégé de géographie

Catherine Bras
Agrégée de géographie

initial

HATIER

Conception maquette : Alain Berthet et Graphismes

Mise en pages : Facompo

Cartographie : Agraph – Domino

Graphique : Bernard Sullerot – Domino

© HATIER, Paris, Août 2008 – ISBN : 978-2-218-93173-4

Ce *Dictionnaire de géographie* (4e édition) s'adresse à toute personne intéressée par cette discipline, et plus particulièrement aux étudiants en géographie et en histoire, aux élèves des classes préparatoires, ainsi qu'aux enseignants du Secondaire. Il définit plus de **3000 termes** référencés dans l'index p. 587-608, qui sont situés dans leur contexte par le biais de **51 articles** (sommaire p. 4-5). Un terme peut apparaître à plusieurs reprises, ce qui permet d'en avoir plusieurs approches. Certains articles sont nouveaux, d'autres ont été refondus. Ils traitent des grands thèmes de la géographie et soulèvent les interrogations actuelles. Les articles sont complétés par des graphiques, des cartes et des encadrés qui en approfondissent tel ou tel aspect. Un système de renvois aux autres articles complète le tout (*cf.* « Lire aussi »).

La géographie a connu ces trente dernières années une mutation profonde passant, dans les années 1970-1980, d'une géographie classique à forte empreinte naturaliste à une géographic considérée comme une science sociale. Il en résulte l'apparition de nombreux concepts, notions et termes, qui coexistent désormais avec une profusion de concepts et termes anciens, encore employés mais parfois avec un sens nouveau. Une rapide lecture de l'index montre la diversité d'une discipline qui étudie aussi bien les formes de végétation que les grandes religions, les territoires que les transports aériens. Il n'était donc pas possible en 608 pages de prétendre à l'exhaustivité. Sans négliger aucun des aspects de la géographie, plusieurs directions ont pourtant été privilégiées.

Les **champs actuels de la géographie** sont replacés dans leur contexte dans les articles *Géographie* (*histoire de la*) et *Géographie (techniques et méthodes de la*) et font l'objet de plusieurs articles. La **géographie économique**, qui vise notamment à la compréhension des implications territoriales des phénomènes économiques mondiaux, a connu un renouveau certain avec la mondialisation. Elle est l'objet de plusieurs chapitres et est indirectement abordée dans certains articles de géographie classique. Par ailleurs, plusieurs articles ou encadrés sont à considérer comme des outils donnant le contexte dans lequel se déroulent les phénomènes économiques étudiés par la géographie, même s'ils ne relèvent pas en tant que tels de la discipline. La **géopolitique** est également abordée à plusieurs reprises. La **géographie de la population** fait l'objet de plusieurs articles qui proposent à la fois la présentation des outils de la discipline et la mise en perspective de ces questions dans l'évolution récente de la géographie. Les autres grands thèmes de la **géographie humaine générale classique** sont abordés dans leur approche classique, mais aussi selon les principales problématiques récentes. Ces branches de la géographie sont en effet en profonde mutation et se renouvellent dans leurs thématiques et leurs méthodes. La **géographie physique**, centrale il y a 40 ans, a laissé en héritage un nombre considérable de termes qui sont définis dans plusieurs articles. Si son statut au sein de la géographie pose problème, les récentes préoccupations environnementales lui redonnent une place plus importante qu'il y a quelques années. Conséquence de ce qui précède, on trouvera dans l'ouvrage aussi bien la définition de « torrent » que d'« artialisation », aussi bien celles de « karst » que de « métapole ». Car, même en considérant la géographie comme une science sociale, on ne peut ignorer son histoire et sa diversité.

Les Auteurs

Sommaire

AGRICULTURE

L'agriculture a longtemps été un objet d'étude privilégié par la géographie classique, qui en a étudié les conditions historiques et naturelles mais s'est aussi intéressé au détail des systèmes agraires. Cependant, dès le début des années 1960, plusieurs géographes, tel Roger Brunet étudiant les campagnes toulousaines, ont mis le fait social, notamment la question de la propriété de la terre, au cœur de leurs préoccupations. Parallèlement, la modernisation de l'agriculture et le développement de l'agroalimentaire ont amené les géographes à étudier les rôles économique et politique croissants de l'agriculture. Actuellement, le champ des préoccupations des géographes s'élargit encore en reliant par exemple l'étude de l'agriculture aux thématiques de la géographie culturelle ou encore au développement durable.

Les conditions historiques, naturelles et économiques de l'agriculture, longtemps au cœur de la géographie

L'**agriculture** est, littéralement, la culture de l'**ager**, c'est-à-dire du champ. Elle désigne le travail de la terre en vue d'une production végétale et, dans un sens élargi, d'une production animale. La culture proprement dite est donc fondamentalement liée aux structures agraires. Il en est de même pour l'élevage, mais à un degré moindre, puisque celui-ci peut désormais se produire dans un cadre urbain, hors-sol, sans rapport avec une tradition agricole. Cependant, c'est l'agriculture dans son ensemble qui a contribué à modeler le paysage des campagnes.

• L'agriculture est allée de pair avec la croissance démographique

C'est au Néolithique que les sociétés sont progressivement passées de la **cueillette** (simple ramassage ou récolte des produits comestibles) et de la chasse, à la culture et à l'élevage. Ce changement de mode de vie (la **néolithisation**), qui provient probablement d'une pression démographique, n'a pas été général. Des économies de cueillette ont pu survivre jusqu'à nos jours dans des régions comme l'Amazonie, où la nature pouvait subvenir sans peine aux besoins d'une population limitée. La néolithisation s'est traduite par une maîtrise de la nature par l'homme, par la naissance de préoccupations d'ordre économique et probablement par la guerre.

L'histoire de l'agriculture va dans le sens de la recherche de productions et de **rendements** (production à l'hectare) supérieurs : passage progressif d'une agriculture temporaire, itinérante, à une agriculture stabilisée en un lieu, suppression progressive des jachères, amélioration des espèces animales et végétales. Ces phénomènes se sont produits à des époques différentes selon les continents. En France, au XVIIIe siècle, le mouvement des **physiocrates** joua un rôle moteur autour de Quesnay, Turgot, Mirabeau… Cette doctrine, mettait au premier plan « l'ordre naturel » et la conception économique du « **produit net** » (excédent de la richesse créée par rapport à la richesse dépensée, grâce au travail). Elle contribua au développement de la grande culture, des engrais… et donc à l'augmentation de la **productivité agricole**, définie comme le rapport entre la production et les moyens mis en œuvre pour l'obtenir, en général évaluée par unité de temps de travail.

La modernisation de l'agriculture a pu également se faire par la force. Ainsi, la disparition du nomadisme est souvent « encouragée » par les gouvernements de plusieurs pays africains et du Moyen-Orient (**sédentarisation forcée**), peu désireux de voir des populations traverser et retraverser leurs frontières au gré des saisons.

L'augmentation des productions allait de pair avec une croissance démographique, l'agriculture étant capable de nourrir des populations de plus en plus importantes. Néanmoins, les **crises de subsistance** ont persisté en Europe jusqu'au XIXe siècle. Ces chutes brutales de la production liées à différentes causes (intempéries, guerres…) disparurent peu à peu avec la révolution agricole. Mais elles existent encore dans les pays en développement.

• Des progrès agricoles indissociables des progrès techniques

Agriculture et élevage sont étroitement liés au milieu naturel et, en premier lieu, au climat, qui a aussi fixé les grandes zones agricoles. Le facteur primordial est la présence d'eau mais le froid peut être un facteur limitant. Le relief importe aussi : une agriculture de montagne est souvent une agriculture pauvre. Mais le déterminisme est loin d'être absolu, l'irrigation permettant par exemple de cultiver en région sèche. Les conditions techniques et socio-économiques sont donc tout aussi importantes. Ce sont elles qui conditionnent en grande partie les systèmes agricoles.

Les **systèmes de culture** ou **systèmes agricoles** (l'ensemble des pratiques de culture ou d'élevage) désignent au sens strict les associations de végétaux cultivés, leur éventuelle rotation dans le cadre de l'assolement, et les calendriers employés. Dans un sens plus large, ils tiennent également compte des techniques utilisées. Ces systèmes varient donc à l'infini en fonction de nombreux facteurs, notamment naturels et financiers. Plus généralement, l'agriculture dépend aussi des **structures agraires**, c'est-à-dire des conditions sociales et foncières, ainsi que des conditions du marché.

L'agriculture s'est donc développée dans un cadre technique en plein bouleversement, même si toutes les régions du monde n'ont pas été directement concernées. La **révolution agricole**, qui correspond à la première révolution industrielle, est née en Angleterre il y a plus de deux cents ans ; elle aboutit à la suppression de la **jachère**, par la création notamment de **prairies artificielles** semées de trèfle, par exemple, afin de restituer l'azote à la terre (on parle parfois de « **révolution de l'azote** »), et débouche sur l'intensification des productions et la mécanisation.

Cette révolution a cependant connu des limites même dans les grands pays riches. Ainsi, la **monoculture**, culture d'un seul produit, qui fut pratiquée notamment dans des régions américaines nommées ***belts***, c'est-à-dire « ceintures » (*corn belt, cotton belt*…), a conduit dans les années 1930 à un appauvrissement dramatique des sols. Ainsi, le ***dust bowl*** ou « bassin de la poussière», situé dans le nord des Grandes Plaines des États-Unis, est une zone gagnée par une érosion éolienne dévastatrice. La monoculture est donc réservée à quelques productions comme la vigne, voire le soja au Brésil. Elle est remplacée par la **polyculture,** associant une production dominante et des productions complémentaires. Partout, la mécanisation et l'utilisation massive d'engrais et de pesticides se sont généralisées. Cette évolution permet de très hauts rendements et une forte productivité, mais elle engendre aussi de graves inconvénients comme la pollution des eaux.

La **révolution verte**, véritable seconde révolution agricole, a été marquée par l'apparition, dans les années 1960, de plants hybrides comme les blés ou riz aux très hauts rendements (**VHR** ou **variétés à haut rendement**). Implantés dans les pays du Sud, ces hybrides devaient atténuer le problème de la faim dans le monde. L'agronome Norman Borlaug, « inventeur des blés miracles », reçut en 1970 le prix Nobel de la paix. Le succès de cette révolution fut cependant relatif, du fait des conditions socio-économiques, l'augmentation des rendements supposant entre autre des investissements énormes, hors de portée des budgets des paysans.

Lancée en 1994, la « **révolution doublement verte** » tente de concilier l'augmentation des rendements et la protection de l'environnement, tout en essayant de s'adapter aux conditions locales, notamment en développant les zones à faible potentialité agricole. Pratiquée avec succès en Inde, mais aussi au Brésil, et malgré de nombreux échecs en Afrique, elle privilégie le développement sur le long terme par rapport à l'augmentation spectaculaire de la production de la révolution verte. Elle s'inscrit dans le cadre du développement durable (*cf.* article *Développement durable*).

• Le problème de la propriété de la terre

Les conditions socio-économiques de l'agriculture dépendent de très nombreux facteurs. L'héritage colonial, le poids des multinationales agroalimentaires, l'évolution des cours mondiaux font partie des facteurs externes. Parmi les facteurs internes, la question essentielle est celle de la propriété de la terre qui conditionne pour une large part les paysages agraires, mais aussi les productions et les rendements.

Dans de nombreux pays, l'agriculture fut souvent pratiquée dans le cadre de la collectivité. L'openfield européen, le ***mir*** de la Russie tsariste, l'***ejido*** mexicain étaient tous des **communautés rurales**, généralement comprises dans un cadre villageois, avec un partage des activités de production et souvent des règles de vie communautaires.

De nombreux bouleversements sont intervenus au cours du XXe siècle. Ce furent les **réformes agraires** qui, de l'Italie à l'Amérique latine, procédèrent à une redistribution des terres en faveur de petits propriétaires ou d'exploitations communautaires. Elles connurent des bilans très variables, les grands propriétaires évincés s'opposant avec plus ou moins de succès à ces mesures. Ainsi, en Inde indépendante, les ***zamindars*** s'opposèrent efficacement à la réforme agraire jusqu'aux années 1960. En Amérique latine, coexistent toujours de petites voire très petites exploitations qui ne suffisent pas aux besoins d'une famille de paysans et de grandes exploitations issues de l'époque coloniale et cultivées de façon extensive. Dans le premier cas, on parle, selon la terminologie hispanique, de *microfundios* (***microfundio*** au singulier) et de *minifundios* (***minifundio*** au singulier) ou, en reprenant le mot latin, de *minifundia* (***minifundium*** au singulier). Dans le second cas, on utilise les termes de *latifundios* (***latifundio*** au singulier) ou de ***latifundia*** (*latifundium* au singulier). Les ***haciendas*** (ou ***fazendas*** au Brésil) sont quant à elles de grandes propriétés agricoles. Le terme argentin *d'**estancia*** est réservé aux immenses propriétés consacrées à l'élevage extensif.

L'autre bouleversement du XXe siècle fut la collectivisation, particulièrement dans le monde socialiste. Aujourd'hui, les exploitations collectives sont soit des vestiges d'une époque précoloniale, soit un héritage socialiste. Les **communes populaires** chinoises, vastes exploitations collectives de plusieurs milliers d'habitants, ont été démantelées ; dans l'ex-URSS, les exploitations coopératives, les **kolkhozes**, ont été rapidement supprimés, dès 1992 en Russie. En revanche, la privatisation des fermes d'État, les **sovkhozes**, est beaucoup plus difficile, et la situation diffère sensiblement d'un État à l'autre : au Tadjikistan, en 2002 soit dix ans après la fin de l'URSS, plus de la moitié des sovkhozes étaient encore la propriété d'un État qui ne trouvait guère d'acheteurs à cause des mentalités d'agriculteurs peu habitués à l'économie de marché, mais surtout de la situation financière désastreuse des fermes toutes déficitaires ! En Russie, en revanche, la situation a évolué plus rapidement : avec la privatisation de la plupart des terres en 1991, 75 % des sovkhozes ont été remplacés dès 1994 par des sociétés par actions, des coopératives et des associations d'exploitations. Dans ces pays, comme ailleurs, le retour de la terre aux particuliers se fait soit par accès direct à la propriété, soit par l'établissement de baux (un **bail** est un contrat de location, ici de la terre) : officiellement propriété d'État, les terres sont louées à un exploitant pour une durée assez longue. Dans tous les cas, et pour des raisons différentes (l'archaïsme dans un cas, l'absence de motivation individuelle dans l'autre), le bilan agricole est très mitigé.

Les exploitations collectives des pays démocratiques ont un bilan nettement plus flatteur. Dans certains cas, seule la propriété et parfois le travail de la terre sont mis en commun, comme en France avec les **GAEC** (Groupements agricoles d'exploitation en commun). Ce type de société civile, composé de 2 à 10 associés, permet à ses adhérents « la mise en valeur en commun des exploitations des agriculteurs associés [et peut] également avoir pour objet la vente en commun du fruit du travail des associés » (loi d'orientation agricole de 2006). Il y avait en France plus de 42 000 GAEC en 2006.

Dans d'autres cas, ce sont de véritables communautés villageoises : les *kibboutzim* (***kibboutz***, au singulier) israéliens ont mis en commun non seulement les structures de production, mais aussi bon nombre d'éléments de la vie sociale.

Les exploitations individuelles peuvent être en **faire-valoir direct**, l'exploitant étant propriétaire, aidé ou non de salariés, ou en **faire-valoir indirect** : dans ce cas, l'exploitant loue sa terre à un propriétaire qui reçoit un loyer – une somme d'argent indépendante du résultat obtenu dans le cas du **fermage**, ou une partie de la récolte dans le cas du **métayage**.

Système ancestral, le métayage connaît dans les pays développés et surtout dotés d'une législation sociale importante, un certain nombre de garde-fous… ce qui n'est pas le cas dans certains pays du Sud. En effet, la fraction de la récolte peut être plus ou moins importante selon le système de métayage. Un des systèmes les plus durs se trouve en Afrique du Nord : dans le ***khammesat***, officiellement supprimé, l'exploitant ou ***khammès*** ne garde qu'un cinquième des récoltes. L'exploitant d'une très grande exploitation peut également employer des ouvriers agricoles, qu'il rémunère au mois ou à la journée (**journalier**). Ces modes de faire-valoir varient selon les régions et les régimes politiques. Le faire-valoir direct, fortement implanté en Europe de l'Ouest, a du mal à se développer dans la Russie postcommuniste pour des raisons financières mais aussi psychologiques.

Les caractéristiques d'une agriculture sont donc les résultantes de nombreux facteurs. Contrairement à une idée reçue, les considérations naturelles ne sont pas plus importantes que le contexte économique. Témoin, l'Inde : à conditions climatiques identiques, souvent qualifiées de contraignantes, voire d'excessives, ce pays est aussi bien celui des rendements misérables, d'une agriculture qualifiée d'archaïque, que celui des plus forts rendements agricoles de blé au monde, dans le Pendjab.

Les grands types d'agriculture dans le monde

• Agriculture sèche, agriculture irriguée

La maîtrise de l'eau est un facteur essentiel pour la culture comme pour l'élevage. Une trop grande quantité d'eau impose son évacuation, c'est-à-dire le **drainage**, qui peut se faire par la pose de drains ou par des labours spéciaux, dits en **billons**, qui créent des creux jouant le rôle de rigoles. Un cas tout à fait particulier est représenté par les **polders**. Ce sont des terrains gagnés sur la mer par endiguement. Le drainage des terres qui suit l'endiguement s'accompagne d'un dessalement progressif des eaux.

L'**irrigation** est l'ensemble des techniques qui permettent de fournir de l'eau, au moment désiré, à différentes cultures. Dans certaines régions sèches, elle est indispensable, c'est l'**irrigation de nécessité**. Dans d'autres zones, elle fournit un appoint d'eau notamment en saison sèche, c'est l'**irrigation de complément**. En premier lieu, il convient de distinguer les techniques d'inondation des techniques d'irrigation proprement dite. L'irrigation suppose de pouvoir amener l'eau au moment voulu ; l'**inondation** est la simple utilisation, à des fins agricoles, des eaux d'une crue, par exemple, que l'on retient dans des **casiers**, c'est-à-dire dans des champs entourés par des diguettes. L'archétype de la culture d'inondation était celle des paysans égyptiens avant la mise en service du haut barrage d'Assouan. La mise en place du barrage a permis le passage à une culture irriguée.

Concernant les techniques, le captage de l'eau peut se faire à partir d'une rivière « au fil de l'eau », à partir d'une nappe par la création de puits, ou au contraire par la création d'un barrage de retenue. Le transport se fait ensuite par canaux, aériens ou souterrains (***foggaras*** dans le Sahara, ***qanat*** en Iran ; *cf.* article *Déserts arides*) lorsqu'ils charrient l'eau des nappes. Enfin, la distribution de l'eau au champ peut se faire par **aspersion**, l'eau étant restituée sous forme de pluie, ou par **submersion**, le champ étant entièrement recouvert, ou encore par **goutte à goutte**, seul le pied des plantes étant arrosé.

Toutes ces techniques ont été particulièrement étudiées par les géographes : rizières asiatiques, systèmes d'irrigation andins hérités de l'époque précolombienne, canaux des marges sahariennes. Car toutes créent non seulement une agriculture et des paysages spécifiques mais aussi une société particulière, la répartition de l'eau ayant imposé le travail communautaire.

• Agriculture intensive, agriculture extensive

L'**agriculture intensive**, caractérisée par des rendements élevés, s'oppose à l'**agriculture extensive**, peu productive soit du fait de conditions naturelles difficiles, soit du fait d'investissements volontairement limités.

Il est courant d'opposer les pays développés, d'agriculture intensive, aux pays en développement, d'agriculture extensive. Il est certain que les pays les plus pauvres connaissent un retard technique et des méthodes de culture ou d'élevage parfois archaïques. Ainsi, l'**agriculture itinérante**, se déplaçant selon les saisons, existe toujours dans les marges désertiques tout comme la **culture temporaire sur brûlis** (les friches incendiées, et ainsi fertilisées, sont cultivées plusieurs années consécutives jusqu'à épuisement du sol). D'une façon générale, l'agriculture sédentaire sèche, c'est-à-dire non irriguée, a souvent, dans les zones tropicales sèches d'Afrique ou sur les hauts plateaux andins, des rendements faibles. Les héritages de la colonisation contribuent aussi à l'extensivité. Ainsi, les *latifundios* sud-américains de plusieurs milliers d'hectares sont généralement sous-exploités.

Mais la division Nord-Sud n'est pas forcément la plus pertinente pour expliquer les différences d'intensivité. Plusieurs exemples l'attestent :

– dans plusieurs régions d'Europe, notamment dans les Pyrénées, la persistance de l'**écobuage** (le défrichement des landes et taillis par un feu, destiné à enrichir la terre, système qui se rapproche de la culture sur brûlis) montre bien qu'une agriculture traditionnelle s dans le cas français aidée et réglementée par les pouvoirs en 1992 puis en 1999 pour l'élevage), elle comprend un s charges strict (méthodes de culture, présence ou non ...) qui détermine ou non l'attribution du logo « agriculture e » aux différents produits. Toutes ces nouvelles orienta- 'agriculture, comme l'**agriculture raisonnée** (qui vise à l'environnement et la qualité des produits en utilisant à nt et de façon aussi limitée que possible les traitements s divers), s'inscrivent de près ou de loin dans la recherche loppement durable.

rnationalisation de l'agriculture est à l'origine de flux et de onsidérables. Le principal est celui du blé. Concernant plus llions de tonnes par an, il nécessite des moyens de transport ues, se pratique à l'échelle mondiale et a des conséquences . La fluctuation des cours mondiaux des produits agricoles ct décisif sur les producteurs (la baisse des prix pouvant des difficultés financières, voire des faillites), mais c'est ui la hausse des prix des produits alimentaires qui devient inquiétude. Elle proviendrait de récoltes moins favora- aussi d'une augmentation des quantités consommées, en ait de la croissance démographique, mais surtout du fait entation du niveau de vie d'une partie des populations otamment en Asie et plus particulièrement en Chine, qui consomment davantage. Cette augmentation des prix de ire est d'autant plus douloureuse pour les populations les es. Elle pose également la question de la compétition qui lée entre l'agriculture à visée alimentaire et la production urants (*cf.* p. 169-170).

extensive, peut coexister dans une même région avec l'agriculture productiviste ;

– à l'inverse, dans bon nombre de pays en développement existent des **plantations**. Le terme, qui peut également désigner des exploitations familiales, s'applique le plus souvent à de très grandes exploitations de type capitaliste, centrées sur une culture dominante et vouées à l'exportation (ananas, café, coton, hévéa...). Elles possèdent parfois leur propre laboratoire de recherche agronomique, pratiquent une agriculture très intensive. Elles peuvent même être liées à des compagnies de transport maritime et sont souvent contrôlées par des firmes de pays riches. Ce sont donc de véritables **enclaves économiques** dans les pays d'agriculture extensive : elles ne dépendent que très peu du pays d'accueil et ne lui apportent quasiment rien ;

– autre exemple, en URSS, malgré des moyens matériels parfois importants, les rendements des kolkhozes étaient faibles par rapport aux possibilités d'un milieu moins défavorable que ne tentait de le faire croire la propagande. Les membres de ces coopératives possédaient en pleine propriété des petites parcelles de terre ou **lopins** (ou ***dvors***). Sur ces derniers, existait une agriculture intensive aux rendements très supérieurs à ceux du kolkhoze.

Les facteurs de l'intensivité de l'agriculture sont donc multiples, techniques bien sûrs, mais aussi économiques, voire politiques. La mécanisation, la taille des exploitations, l'utilisation d'engrais sont naturellement fondamentaux. L'irrigation en zone ou en période sèche, le drainage en zone humide, la culture sous serre agissent de même. Le niveau d'intensivité est souvent lié à la finalité de l'agriculture. L'agriculture extensive est fréquemment destinée à l'autoconsommation : il s'agit d'une **agriculture vivrière** ou **de subsistance**. Les stocks, et donc la commercialisation, sont exceptionnels, sauf par exemple dans le cas de l'élevage bovin extensif de l'Ouest américain. Au contraire, l'agriculture intensive produit des excédents, une accumulation commercialisable. C'est donc une **agriculture commerciale**, destinée à dégager un profit. L'exemple type est fourni en Espagne et en France, dans le Comtat Venaissin notamment par les ***huertas***, ces vastes zones de jardinage irriguées, destinées à produire des quantités considérables de fruits et légumes. L'agriculture a ainsi un rôle économique, local bien sûr, mais aussi international. Elle peut être un instrument de la géopolitique mondiale.

Un rôle économique et politique accru

• Un poids économique considérable

Le rôle de l'agriculture dans une économie locale est évident. Il peut être considérable. L'exemple de la viticulture française est symbolique d'une agriculture régionale qui acquiert une réputation mondiale et une puissance économique dépassant le cadre local. D'une façon générale, la commercialisation croissante des produits agricoles génère des flux qui dépassent depuis longtemps le traditionnel stade local. Ainsi, les **MIN** (**marchés d'intérêt national** – ou **marchés gare** – ont une importance économique considérable ; ce sont des marchés de gros, modernes, bien intégrés à la filière agroalimentaire. Ils sont situés pour la plupart dans les grandes villes (MIN de Rungis à Paris) ou dans des villes de taille moyenne mais fortes pourvoyeuses en produits agricoles, comme Cavaillon.

L'agriculture a de plus en plus un rôle économique mondial. Partout les cultures vivrières reculent devant les cultures commerciales. Et ceci concerne aussi bien la France qui importe des ananas de Côte d'Ivoire… que la Côte d'Ivoire qui achète du blé à la France. Ce développement des cultures commerciales va de pair avec l'internationalisation de l'économie et avec le développement de la filière agroalimentaire. Si le terme américain ***agrobusiness*** peut désigner toute activité agricole fortement capitalistique, les expressions **filière agroalimentaire** ou **complexe agroalimentaire** englobent les secteurs situés en amont de la production agricole (industries chimiques pour les produits phytosanitaires, par exemple) et en aval : l'agriculture et l'élevage sont de plus en plus liés aux **industries agroalimentaires** (**IAA**), qui transforment les produits végétaux ou animaux en aliments, ainsi qu'à des réseaux de distribution. Ces entreprises passant contrat avec les agriculteurs peuvent même être des multinationales implantées sur les cinq continents et avoir des productions diverses : un groupe comme Agnelli produit aussi bien des voitures que des aliments.

Du fait des IAA, le secteur agricole est économiquement essentiel. En outre, l'agriculture et l'élevage restent fondamentaux pour de grands pays développés tels l'Australie ou la Nouvelle-Zélande (élevage ovin). D'une façon générale, l'agriculture s'internationalisant sensiblement, les profits qu'elle permet sont de plus en plus importants. À l'échelle des États et dans un monde industriel, voire

postindustriel, l'agriculture proprement
place importante, même si, du fait des
concurrence internationale, le nombre
diminuer dans les pays du Nord.

Ce fait explique que de nombreu
d'États aient une politique agricole. I
gent par exemple les agriculteurs âgés
à prendre leur retraite. C'est en Franc
de départ), prime substantielle de dép
(**indemnité annuelle de départ**). Néa
l'agriculture française touchaient en 2
seuil de pauvreté. Économiquement, la
(**PAC**) menée depuis 1962 dans le ca
mique européenne puis de l'Union
aides aux agriculteurs et accélère l
vivrière à une **agriculture product**
culture commerciale performante et
la « préférence communautaire », c'
de fait, elle se heurte à d'autres orga
(Organisation mondiale du commerce
tions de pays agro-exportateurs com
en 1986, qui regroupe 19 pays d'Amé
trois PID (Australie, Canada et Nou
en 1999, la PAC a dû également fa
l'entrée de 12 nouveaux membres a
de Luxembourg de 2003 repousse
butoir de 2013.

Cependant, l'agriculture product
en cause dans les pays développés,
crises qui ont secoué le monde agrico
défiance vis-à-vis des **OGM** (Organi
crise de « la vache folle », atteintes à
des agriculteurs de plus en plus nom
qualité au détriment de la quantité,
certaine spécificité. Ils s'appuient s
ques particulières de productions,
qui suppose l'existence de moyens
exemple le cas des **AOC** (Appella
nyme de qualité, pour les vins ou l
loppement de l'**agriculture biolog**

1991, pu
publics (
cahier de
d'engrais
biologiqu
tions de
préserver
bon escie
chimique
d'un dév
L'inte
marchés
de 100 mi
gigantesq
politiques
a un impa
entraîner
aujourd'h
source d'
bles mais
partie du
de l'augm
du Sud, n
désormais
l'alimenta
plus pauv
s'est insta
d'agrocar

L'élevage et sa modernisation

L'**élevage**, la production et l'entretien d'animaux domestiques ou utiles, est une activité traditionnelle, qui vient souvent en complément de l'agriculture (mode de production **agropastoral**) et, en montagne, également de l'exploitation de la forêt (système **agro-sylvo-pastoral**). Mais il peut aussi être une monoactivité structurant des sociétés (sociétés nomades, par exemple) ; on parle alors de **pastoralisme** pour des modes d'élevage extensif, fondés sur l'exploitation de la végétation naturelle.

L'ensemble des animaux de l'exploitation, le **cheptel**, est élevé dans un but d'autoconsommation ou pour la vente. Les finalités de l'élevage sont diverses : la plus fréquente est l'alimentation (viande, lait), mais l'animal peut aussi être utilisé pour sa force de travail (bête de trait) ou pour d'autres apports (cuir, laine, fourrure...), sans oublier l'agrément. La nature des élevages est ainsi très diverse : élevage bovin, porcin, ovin... mais aussi **aviculture** (élevage de volailles), **héliciculture** (escargots) ou encore pisciculture (*cf.* p. 387).

Dans les sociétés des PID, les liens entre agriculture et élevage tendent à se modifier. Certaines pratiques d'élevage intensif sont certes anciennes comme la **stabulation** (le fait de laisser le bétail à l'étable, notamment pour récupérer le fumier) ou l'**embouche** (le fait d'engraisser les bœufs dans des champs clos spécialement réservés à cet usage). Cependant, l'élevage connaît aujourd'hui une modernisation d'ensemble et une intégration croissante à la filière agroalimentaire. L'élevage des porcs ou des poulets notamment peut se pratiquer en milieu urbain, sans rapport avec une tradition agricole. Ainsi, dans le cas de l'**élevage hors-sol**, localisé aussi bien en milieu rural que périurbain, les animaux sont élevés dans des bâtiments clos et alimentés à l'aide de produits fournis par le complexe agro-industriel (farines, tourteaux d'oléagineux...). Aux États-Unis, le procédé classique d'élevage extensif des bœufs dans de vastes exploitations, le ***ranching***, laisse de plus en plus la place aux ***feed-lots***, immenses parcs de stabulation pouvant compter plusieurs milliers de bêtes regroupées par âge.

Les conséquences de ces modifications sont nombreuses et souvent salutaires, notamment par la baisse du coût de la viande. Mais elles peuvent aussi entraîner des dérives inquiétantes en ce qui concerne la qualité des produits, comme dans le cas de la crise de la « vache folle » ou **ESB** (encéphalopathie spongiforme bovine) qui a secoué l'Europe à partir de 1996, ou encore de la **grippe aviaire** depuis 2003. De telles crises ont des conséquences importantes, que l'on ne mesure encore que de façon partielle : augmentation dans un premier temps du coût de production de la viande, diminution de la consommation et baisse des prix consécutive, faillite de nombreuses exploitations, abattage en série... D'un point de vue géographique, la crise de la « vache folle » a profondément modifié les sources d'approvisionnement en viande, donc les flux (par exemple avec l'interdiction momentanée de l'importation de bœuf anglais en 1996) ; elle a aussi contribué, en réaction, au développement de l'élevage biologique.

• Agriculture et mondialisation

Globalement, les pays du Nord surproduisent. À l'inverse, de nombreux pays en développement se heurtent au double problème d'une croissance démographique importante et d'une agriculture moins performante. Même si la famine proprement dite est en recul, la sous-nutrition et la malnutrition restent des caractéristiques majeures de ces pays. Des programmes d'aide ont été mis en place (dons ou ventes à bas prix), dans des cadres divers : coopération interétatique, accords régionaux, dans le cadre de l'ONU par la **FAO** (*Food and Agriculture Organization* ou Organisation pour l'alimentation et l'agriculture). Mais cette aide est considérée comme une arme, l'**arme alimentaire** (nommée ***food power*** aux États-Unis), c'est-à-dire un moyen de pression politique. Deux raisons à cela : elle peut être un moyen pour écouler une surproduction gênante et elle entraîne une dépendance. Dépendance culturelle, par les changements d'habitudes qu'elle crée : les céréales locales, le mil par exemple, étant peu à peu remplacées par la céréale du Nord, le blé. Dépendance économique, car les pays concernés sont obligés de se convertir à une agriculture commerciale pour obtenir les devises nécessaires à l'opération. Enfin, dépendance directement politique : la législation des pays riches (aux États-Unis, la loi dite « **PL 480** ») peut fixer la liste des « pays amis » à qui est réservée cette « aide ».

Cette arme alimentaire a été utilisée à plusieurs reprises sous forme d'**embargo**, c'est-à-dire d'interdiction des exportations à titre de représailles ou de moyen de pression.

Cette situation de domination du Nord sur le Sud a trouvé une nouvelle dimension avec l'apparition des **OGM**, Organismes génétiquement modifiés, créés par adjonction d'un gène leur donnant par exemple une meilleure résistance à tel insecte, à telle maladie. Ces OGM sont produits en laboratoire par quelques grandes FMN essentiellement américaines, comme Monsanto ou Novartis. Outre les incertitudes nombreuses sur les conséquences sanitaires et écologiques de la diffusion de telles semences, les conséquences géographiques ou économiques sont fondamentales :

– il s'agit selon les détracteurs d'une « privatisation du vivant » qui contribuerait à une destruction de l'agriculture traditionnelle. En effet, bon nombre des plants d'OGM sont des hybrides, et donc ne se réensemencent pas ! Ainsi, les agriculteurs des PED, qui traditionnellement gardaient des grains de leur récolte passée pour réensemencer, ne peuvent plus le faire et doivent acheter des plans aux grandes firmes détentrices des brevets. Les conséquences sociales d'une telle évolution sont encore largement sous-estimées. De plus, les OGM contribuent à un appauvrissement, voire à une disparition programmée, de céréales locales, non génétiquement modifiées. Ils font aussi peser un risque de développer des insectes résistants aux insecticides ;

– la diffusion de ces semences renforce la domination des États-Unis (plus de la moitié des surfaces mondiales plantées en OGM en 2007). Elle modifie donc profondément les flux céréaliers. L'Argentine, le Brésil et le Canada sont les autres grands producteurs. En France, la superficie totale d'OGM était inconnue en 2008 faute de réglementation adéquate (la déclaration n'est pas obligatoire) mais pouvait être estimée entre 500 et plus de 1 000 hectares ;

– à l'inverse, les partisans des OGM soulignent la diminution corollaire des pesticides ; les OGM auraient donc un véritable rôle écologique ! Enfin, dans une optique libérale, la généralisation des OGM accélère la mondialisation, en intégrant à marche forcée les pays en développement.

Agriculture, mondialisation et alimentation

Dans le contexte de la mondialisation, une activité aussi traditionnelle et locale que l'alimentation connaît des mutations importantes. La **géographie alimentaire** et plus précisément la « **géographie du goût** » est sensiblement modifiée par la diffusion de pratiques alimentaires mondialisées. En effet, l'alimentation a une dimension culturelle évidente et, tout autant qu'à l'agriculture locale, on peut faire référence aux notions d'**aire culturelle** (*cf.* p. 77) et d'**aire religieuse** (*cf.* p. 448) pour comprendre les types d'aliments les plus consommés. Or, dans le contexte de la mondialisation, l'uniformisation des produits consommés et des goûts est un fait indéniable, comme en témoigne par exemple le triomphe du blé au détriment du riz, y compris en Asie du Sud. Il convient toutefois de nuancer ce diagnostic : si le plat le plus consommé au monde est la pizza, la consommation de plats locaux reste prééminente. Cette mondialisation de l'alimentation est porteuse d'enjeux géopolitiques nouveaux : par exemple, le développement de la consommation de pain en Égypte se traduit par l'intensification des importations de blé, qui proviennent à 95 % des États-Unis depuis les années 1990. Cette mondialisation du goût se traduit aussi à une autre échelle dans les paysages et a des implications spatiales évidentes comme en témoigne le paysage urbain de certains quartiers, notamment les entrées de villes, dans lesquels se développent les *fast-foods*.

lire aussi

Développement durable – Eau – Énergie, matières premières – Espace rural, campagne – Sols

Aménagement du/des territoire(s)

Correspondant le plus souvent à la volonté de corriger les déséquilibres d'un espace national ou régional, l'aménagement du territoire est un des domaines d'action principaux de la géographie appliquée. Il suppose, d'une part, une perception et une conception d'ensemble d'un territoire et, d'autre part, une analyse prospective. Le géographe peut – fait rare – voir les résultats concrets de ses analyses et de ses propositions. S'il a longtemps été mésestimé par la géographie classique, l'aménagement est depuis les années 1970 au cœur des préoccupations d'une géographie sensibilisée au politique, à l'économique, étudiant les acteurs et les logiques de la production de territoires.

Les buts et les moyens

• Un but : l'organisation de l'espace

L'aménagement du territoire suppose une perception de l'espace à aménager. Il est en ce sens profondément géographique. Les premiers aménageurs furent les militaires et les politiques qui percevaient leur espace comme un sanctuaire à défendre. En France, par exemple, Vauban fut, au XVIIe siècle, avec l'édification de places fortes, un des premiers aménageurs. De nos jours, l'aménagement du territoire peut encore se faire dans les zones frontières et dans un but de défense. Il a surtout pour objet de corriger ou d'accompagner les effets spatiaux des activités humaines et en particulier des agents économiques. L'espace à aménager est souvent perçu de façon négative, comme « mal équilibré ».

D'une façon générale, plusieurs raisons conduisent à aménager un territoire. Ce peut être la présence d'une capitale « hypertrophiée », trop peuplée et concentrant les pouvoirs politiques, économiques… (cas de Paris en France). Ce peut être aussi un déséquilibre entre deux régions : en Belgique, l'aménagement du territoire vise à équilibrer les développements wallon et flamand. Aménager tend donc à mettre en valeur certaines régions, qui peuvent être dans les cas extrêmes des fronts pionniers, comme en Amazonie brésilienne. Enfin, dans les pays issus du démembrement colonial et créés de toutes pièces, l'aménagement du territoire est fondamental car il a alors le but vital de donner une cohésion nationale à un pays hétérogène. Le cas mauritanien est révélateur : la Mauritanie, partie intégrante de l'ancienne Afrique occidentale française, eut longtemps des relations avec le Sénégal voisin. L'indépendance a créé un État sans cohésion nationale, centré sur une nouvelle capitale, Nouakchott, et un nouveau centre, la région côtière, au détriment du cours du fleuve Sénégal, devenu frontière. Ici, l'aménagement du territoire a pour but de créer une identité et une économie nationales : les réseaux routiers sont redessinés en faveur de Nouakchott et la construction en 1974 d'une route « de l'espoir » reliant les grands centres évite les anciens tracés trop proches du Sénégal concurrent.

Si l'**aménagement du territoire** peut se définir comme une façon volontariste de mettre en valeur un espace en tenant compte des rapports internes et externes qu'il entretient, il peut répondre dans le détail à des motivations diverses. Il peut même survenir de façon indirecte. Lorsque Roosevelt fit édifier de grands barrages, dans le cadre de la politique keynésienne du New Deal, il pratiqua à cette occasion un aménagement du Tennessee. Il n'empêche : son but était avant tout économique.

• Une action multiscalaire

L'aménagement du territoire est pratiqué à différentes échelles : il est **multiscalaire**. En France, un maire attribuant ou non tel permis de construire est un aménageur de l'espace communal, alors que l'État privilégie l'action au niveau national. En outre, dans un cadre de mondialisation économique, l'aménagement prend de plus en plus une dimension supranationale.

Cet emboîtement d'échelles pose un double problème. Le premier problème, variable selon les pays, est celui de la compétence, c'est-à-dire du pouvoir réel de tel ou tel aménageur, de tel ou tel acteur. Le second se pose en termes de concurrence : tel plan d'aménagement national, un schéma autoroutier par exemple, peut se heurter à une volonté communale sur le choix du tracé. Par conséquent, l'aménagement suppose une volonté commune, un consensus de tous ses acteurs… à moins que l'un d'eux n'impose sa volonté aux autres ! Mais des divergences d'intérêt conduisent souvent à des analyses et à des propositions différentes. Le problème des moyens d'action est essentiel.

• Des moyens d'action très variables

Il est important dans un premier temps de différencier l'aménagement dans les pays de dictature des autres cas, où l'**aménagement** est généralement **concerté**.

Dans le premier cas de figure, l'État, disposant de moyens parfois illimités, peut pratiquer un **aménagement autoritaire** et applique sans état d'âme sa conception de l'aménagement du territoire. Au XXe siècle, des géographes furent tentés de collaborer à des dictatures, pour mettre leurs idées en pratique. Un des plus grands théoriciens de géographie urbaine, **Christaller**, conseillait à Hitler de refaire le réseau des villes polonaises. L'étude du cas soviétique permet de saisir l'action d'un État tout-puissant disposant de la longue durée et ayant une très forte volonté d'aménagement du territoire. Les moyens mis en œuvre furent spectaculaires et visaient pour l'essentiel à la mise en valeur de la Sibérie : déportation de population, parfois de peuples entiers, démontage et déplacement d'entreprises, création de voies de communication d'importance continentale (le **BAM**, *Baïkal Amour Magistral*) et de grands centres urbains ***ex nihilo***, c'est-à-dire, littéralement, à partir de rien. La conception soviétique était d'un volontarisme poussé à l'extrême niant tout déterminisme naturel : un État peut tout faire quel que soit le milieu naturel. Les projets étaient à l'échelle d'un continent, comme celui qui prévoyait le détournement des fleuves sibériens et la création d'une vaste mer intérieure. Les réalisations furent d'importance, témoignant de ce volontarisme. On n'hésita guère dans les années 1950 à pratiquer, dans le cadre du programme des « Terres Vierges », la céréaliculture dans les régions trop sèches et peu fertiles du Kazakhstan, suivant en cela les conseils de l'agronome Lyssenko, fondateur de « la biologie prolétarienne », qui avait décrété la génétique « boukharinienne, trotskiste et bourgeoise ». L'échec désastreux de ces théories, manifeste par exemple dans les héritages laissés par l'aménagement des fleuves débouchant dans la mer d'Aral, prouve que l'aménagement ne peut se faire sans tenir compte du milieu et que, d'une façon plus globale, le volontarisme effréné est porteur de dangers immenses, comme la pollution mais aussi le traumatisme des populations.

Les moyens dont disposent les démocraties et les buts qu'elles se fixent sont d'une autre nature. Cependant, le volontarisme imposé par une volonté politique forte peut s'exprimer de façon souvent symbolique, comme dans le cas du déplacement de capitales : Berlin est logiquement choisie comme capitale de l'Allemagne réunifiée, Brasilia fut créée pour répondre à la volonté d'un rééquilibrage du territoire brésilien vers l'ouest. En revanche, le choix de Yamoussoukro comme capitale de la Côte d'Ivoire répondait moins à une volonté d'aménagement qu'au désir personnel du Président Houphouët-Boigny dont c'était la ville natale.

Plus généralement, les formes et les moyens d'action des démocraties sont moins radicaux. En France, la municipalité organise le territoire par un **Plan local d'urbanisme (PLU**), correspondant aux anciens **Plans d'occupation des sols (POS**) délimitant les zones constructibles, agricoles… (*cf.* article *Urbanisation, métropolisation*). À cette occasion, comme à d'autres échelles de l'aménagement, des cartes spécifiques sont élaborées pour obtenir une vision globale du territoire concerné. L'État agit par des plans divers ou par des redécoupages régionaux. Les **Schémas directeurs des transports** sont un instrument privilégié qui permet d'orienter les grands flux économiques. On peut favoriser telle ou telle région par le choix du tracé des autoroutes, des lignes de chemin de fer et, plus généralement, par la philosophie d'ensemble qui guide la gestion des sociétés de transport nationalisées : faut-il, dans le cas français, favoriser les liaisons ferroviaires à grande vitesse privilégiant les métropoles provinciales et Paris ou, au contraire, favoriser les omnibus contribuant à une meilleure desserte du milieu rural ? L'aménagement du territoire passe enfin par les financements directs. Le cas italien montre une volonté de rééquilibrage national au profit d'un Sud déshérité, le ***Mezzogiorno***, par des subventions nationales importantes. Ces subventions peuvent aussi être décidées à un niveau supranational : dans le cadre de l'Union européenne, le **FEDER** (**Fonds européen de développement régional**). Celui-ci a contribué à subventionner de nombreuses régions en fonction d'un certain nombre d'**objectifs**, correspondant à des besoins spécifiques. L'Objectif 1 (territorial) visait au rattrapage des régions en retard de développement.

L'Objectif 2 (territorial) soutenait la reconversion économique et sociale dans les zones en difficulté. L'Objectif 3 (thématique) avait pour but la modernisation des systèmes de formation et la promotion de l'emploi. Au total, près des trois quarts des régions françaises ont bénéficié à un titre ou à un autre de ces aides. Mais après une période transitoire (2001-2006), ces subventions ont été stoppées en 2007 du fait de l'élargissement de l'UE à l'est qui a accentué les disparités économiques et sociales au sein de l'Union. Dans le cadre de la politique régionale 2007-2013, les régions d'Europe de l'Est ayant un PIB inférieur à 75 % de la moyenne de l'UE bénéficient de la plupart des subventions dans le cadre d'un « **Objectif de convergence** ».

Tout aménagement du territoire a donc un étroit rapport avec les choix politiques dominants. Et un même constat sur l'état d'un territoire peut engendrer des aménagements différents. En France, le poids énorme de Paris est perçu depuis au moins deux siècles mais, du fait d'une idéologie jacobine dominante donc centralisatrice, il n'a pas toujours été considéré comme excessif.

En France, de l'aménagement du territoire à l'aménagement des territoires

• Des années 1960 aux années 1980 : un aménagement impulsé par l'État

L'aménagement du territoire est, en France, une idée relativement récente puisqu'il faut attendre les années 1960 pour voir l'État engager une réflexion globale sur le problème.

Avant cette époque, des mesures partielles avaient parfois été prises. Le rapport Poète-Bonnier de 1911 posait déjà le problème de la taille de la capitale mais, outre des espaces verts, prévoyait « l'extension de Paris » ! De même, le développement régional fut encouragé par la création d'organismes dont le plus célèbre est la **CNR** (**Compagnie nationale du Rhône**), fondée en 1933. Elle avait pour mission d'aménager le fleuve pour son utilisation hydraulique : pour la navigation, mais aussi l'irrigation « et les autres emplois agricoles » ; il s'agissait donc d'un véritable but d'aménagement du territoire. L'ouvrage du géographe Jean-François **Gravier** (1915-2005),

Paris et le désert français, paru en 1947, contribua de façon décisive à la prise de conscience du déséquilibre Paris-province. À partir de 1955, l'État prit en compte la dimension régionale dans le cadre de la planification en créant les vingt-deux « régions de programme ».

Les années 1960 furent celles des grandes mesures : les Trente Glorieuses ont permis une répartition des fruits de la croissance et le financement de grands projets. Le premier problème était l'essor urbain et notamment la croissance anarchique de l'agglomération parisienne. Une première réponse fut donnée par la création, en 1965, d'un **Schéma directeur d'aménagement et d'urbanisme** (**SDAU**). Celui-ci déterminait la ceinture verte à protéger, prévoyait l'urbanisation future et aboutissait, sur le modèle anglais, à la création de **villes nouvelles**, c'est-à-dire de communes créées *ex nihilo* et dotées d'équipements divers. Éloignées de Paris, elles ont été reliées à la capitale par un **Réseau de transport express régional** (**RER**). À l'échelle nationale, des structures furent créées : la principale, la **Délégation à l'aménagement du territoire et à l'action régionale** (**DATAR**) fut chargée à partir de 1963 de coordonner et d'impulser plusieurs politiques. Transformée en **DIACT** en 2006 (**Délégation interministérielle à l'aménagement et à la compétitivité des territoires**), elle continue à jouer un rôle essentiel.

Dans les années 1960, le développement de huit grandes métropoles régionales, rebaptisées « **métropoles d'équilibre** », et inspiré par le **rapport Hautreux-Rochefort** de 1964 sur « la fonction régionale dans l'armature urbaine française », était destiné à équilibrer le développement parisien et à encourager la décentralisation industrielle. Parallèlement, les grands organismes régionaux se multiplièrent, comme la **CNARBRL** (**Compagnie nationale d'aménagement de la région du Bas-Rhône et du Languedoc**) avec une mission multiforme, allant de la démoustication du littoral au développement de l'irrigation et du tourisme. La **loi d'orientation foncière** de 1967 créa les ZAC, ZAD et les POS. C'est également dans les années 1960 que furent mis en place les **parcs naturels**. L'État peut créer un **parc national** – le premier fut le parc de la Vanoise –, lorsque « la conservation de la faune, de la flore, du sol, du sous-sol, de l'atmosphère, des eaux et, en général, d'un milieu naturel présente un intérêt spécial et qu'il importe de préserver ce milieu… » (loi de 1960). L'aménagement du territoire va alors dans le sens d'une limitation des équipements et des infrastructures, contrairement à la plupart des politiques d'aménagement. Les parcs nationaux possèdent une **zone centrale** sanctuarisée et une **zone périphérique** qui peut être peuplée. Les **parcs régionaux**, institués en 1967, visent aussi à protéger la nature mais mettent davantage l'accent sur le développement d'activités rurales et de fonctions d'accueil.

Les villes nouvelles et le développement de Paris

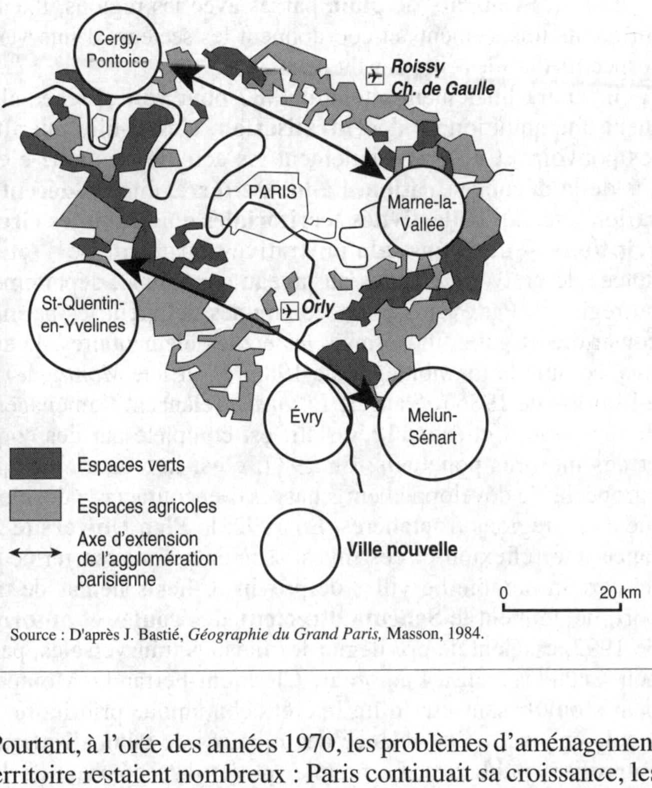

Source : D'après J. Bastié, *Géographie du Grand Paris,* Masson, 1984.

Pourtant, à l'orée des années 1970, les problèmes d'aménagement du territoire restaient nombreux : Paris continuait sa croissance, les régions de programme n'avaient aucun pouvoir, la décentralisation industrielle était globalement insuffisante et toutes les décisions majeures étaient prises à Paris. En 1971, la DATAR lançait un cri d'alarme, prédisant, si aucun aménagement réel n'était conduit, un « **scénario de l'inacceptable** » caractérisé par la constitution d'un espace national à deux vitesses et par la désertification d'une grande partie du territoire. La crise économique allait bientôt réduire les possibilités financières et les années 1970 furent celles des solutions moins globales, tels les contrats entre l'État et des collectivités : les **contrats villes moyennes** en 1973, les **contrats de pays** en 1974. Dans les deux cas, des aides financières aidaient au développement spécifique d'une collectivité : incitation à la mise en valeur de l'espace rural, aide à la pluriactivité notamment par des mesures fiscales… Dans le même ordre d'idée, et dans le cadre de la planification, les **contrats de plan**, passés avec les régions, fixent les différents financements et coordonnent les secteurs d'intervention respectifs dans les cinq ans du plan.

Il faudra finalement attendre 1982 pour voir affichée clairement une ambition de **décentralisation**, c'est-à-dire qui affecte les pouvoirs et non pas seulement les activités, comme c'est le cas de la **déconcentration**. La **loi Defferre**, dite **de décentralisation**, crée les **collectivités territoriales** qui gèrent les **circonscriptions** – divisions administratives du territoire – et sont dotées de pouvoirs étendus au niveau communal, départemental ou régional. Par exemple, les communes délivrent les permis de construire et gèrent désormais les écoles élémentaires. D'autres lois, comme la loi montagne de 1985 (*cf.* article *Montagne*) et la loi littoral de 1986 (*cf.* article *Littoral*), relancent l'aménagement du territoire. Cet arsenal législatif est complété par des contrats et des mesures ponctuels. En 1987, c'est la création des pôles européens de développement, chargés d'encourager le développement des régions frontalières. En 1992, le **Plan Université 2000** lance une réflexion et des investissements à moyen terme dans un certain nombre de villes de province. Les schémas de transport, notamment le **Schéma directeur des routes et autoroutes** de 1992, essaient de privilégier les liaisons transversales, parfois peu rentables. Ainsi, l'autoroute Clermont-Ferrand – Montpellier peut s'ouvrir sans être d'un intérêt économique prioritaire. À la même époque, l'État relance des mesures de **délocalisation** des entreprises publiques. Le premier projet date pourtant de 1955, mais il fallut attendre 1991 pour prendre des mesures concrètes et symboliques : 15 000 emplois furent transférés vers 70 villes de province dont la SEITA à Angoulême et, symbole majeur, l'ENA à Strasbourg. Ceci dit, les résistances à cette dernière délocalisation furent nombreuses et, quinze ans plus tard, la délocalisation de l'ENA demeure partielle, plusieurs locaux restant à Paris.

L'État a donc eu un souci d'aménagement du territoire. Mais, durant cette même période, l'Île-de-France fut encore favorisée : la politique de grands travaux parisiens, souvent monumentaux et spectaculaires, notamment sous la présidence de François Mitterrand (Grand Louvre, Grande Arche de la Défense, Opéra Bastille...), les subventions privilégiant les agriculteurs de la Beauce, les quatre universités créées en Île-de-France dans le cadre du Plan Université 2000 montrent bien les hésitations et les ambiguïtés d'une politique ambivalente.

Tourisme et aménagement du territoire impulsé par l'État : l'exemple des littoraux français

En Languedoc comme en Aquitaine, et dans un contexte de croissance économique, l'État décida dans les années 1960 de lancer d'importants programmes d'aménagement touristique. Ce fut tout d'abord en 1963 la **Mission interministérielle d'aménagement du Languedoc-Roussillon (MIALR)** qui nécessitait une concertation entre l'État (voirie, distribution d'eau...), le département et les collectivités locales. Ce plan prévoyait la construction de six ensembles touristiques nommés **Unités principales d'aménagement** ou **UPA** (Le Cap d'Agde, Port-Camargue...). D'une capacité d'accueil de 400 000 lits, elles seraient séparées par des zones naturelles. Ainsi, encore aujourd'hui, la côte sableuse comprise entre Le Cap d'Agde et Sète n'est guère urbanisée. Ce fut globalement une réussite économique qui incita l'État à prolonger l'expérience sur la côte aquitaine.

Ainsi naquit en 1967 la **Mission interministérielle d'aménagement de la côte aquitaine** (**MIACA**), conçue selon les mêmes principes : la construction de six UPA, la protection des secteurs côtiers et notamment des dunes et des pinèdes littorales. La réussite fut moins évidente, les touristes se pressant moins sur les côtes aquitaines. La concurrence persistante de la Méditerranée, la crise économique survenue entre temps, des retards dans l'élaboration du projet sont autant de raisons de cet échec relatif. Preuve que tout aménagement du territoire comporte une part d'incertitude !

• Les années 1990-2000 : la « République décentralisée » et le « mille-feuille » des territoires

En 1993, le Conseil des ministres exceptionnellement réuni à Mende, préfecture du plus déshérité des départements, lançait un grand projet, « Demain la France », proposant une réflexion sur la France de 2015. Quatre constats fondamentaux sont à la base de cette réflexion qui a pour but de rééquilibrer le territoire.

Premier constat, l'opposition entre une France du vide et une France du plein : 80 % des Français habitent sur 20 % du territoire. Ce phénomène semble cependant diminuer de lui-même. L'exode rural est de plus en plus marginal, la « **désertification** » du territoire et la prolifération des **friches agricoles**, c'est-à-dire des terres qui ne sont plus cultivées, est une image médiatisée mais globalement fausse : il y a plus de ruraux en 2007 qu'en 1800, même si leurs occupations ont changé. Les friches sont en régression (il y en a deux fois moins qu'en 1950) et le maillage du territoire en « pays » centrés sur des bourgs et des petites villes n'a guère évolué. Le phénomène concerne donc des régions très précises, non pas l'ensemble du territoire.

Second constat, certaines régions concentrent les activités non rentables et les friches agricoles ou industrielles. Il importe donc de dynamiser ces régions.

Troisième constat, issu du second, les déséquilibres sont tels qu'on risque d'arriver à « une dislocation du territoire ». Pourtant, si les déséquilibres existent, le but ultime d'établir « l'équité » des activités, de créer un espace où tout soit « bien » réparti est non seulement utopique, mais souvent critiqué.

Enfin, quatrième constat, un aménagement du territoire doit désormais se concevoir à l'échelle européenne. Or, la majorité du territoire français est à l'écart de la **dorsale européenne** dite aussi « **banane bleue** », le centre de gravité de l'économie européenne correspondant plus ou moins à l'espace rhénan, prolongé au nord jusqu'à Londres et au sud jusqu'à la plaine du Pô. L'expression « banane bleue » s'explique par la forme de la représentation cartographique de cette zone et par la couleur d'origine de la première carte la mentionnant (rose) modifiée en bleu par un journal. Mais, est-ce un véritable handicap de ne pas être situé dans cette région qui souffre de nombreuses nuisances, alors que nous sommes à une époque de communications rapides, voire instantanées ?

La mégalopole européenne et les axes de développement européen, selon Roger Brunet

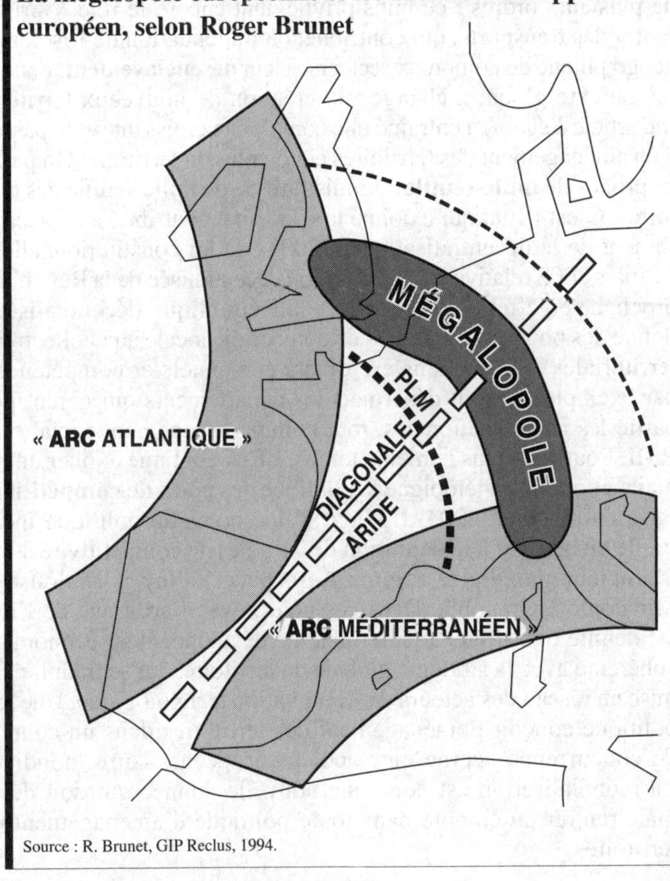

Source : R. Brunet, GIP Reclus, 1994.

Ces quatre constats pessimistes peuvent donc tous être critiqués, mais ils mettent en évidence le problème essentiel : tout aménagement du territoire repose sur une perception rarement incontestable d'un espace, et toute mesure prospective d'aménagement suppose un choix politique, voire idéologique.

Quinze ans plus tard, les interrogations restent les mêmes : comment faire coïncider l'aménagement du territoire français et l'intégration européenne et comment éviter un repli hexagonal ? Quel doit être le maillage privilégié par les mesures d'aménagement ?

Quel doit être le rôle de l'État ? Les moyens d'action actuels sont de plusieurs ordres : certains privilégient encore le rôle « structurant » des transports, qui contribuent à l'atténuation de l'isolement géographique de nombreux secteurs, à leur **désenclavement**. Pourtant le contexte global a changé : la création de nouveaux territoires (*cf.* article *Région*) a entraîné une complexité croissante et le passage à un aménagement des territoires et non plus du territoire. On parle à ce propos de **mille-feuille** administratif ou de mille-feuille des territoires. C'est l'État qui a donné le « la » et a contribué à un accroissement de la décentralisation en 2003 : la loi constitutionnelle du 17 mars 2003 relative à l'organisation décentralisée de la République proclame en effet l'existence de « la **République décentralisée** », donne des pouvoirs en termes de démocratie locale aux collectivités territoriales, et leur transfère divers personnels et compétences : par exemple, ce sont désormais les départements qui gèrent pour partie les routes nationales, tout comme le logement social ou le RMI. Pourtant, dans le même temps, l'État continue à jouer un rôle majeur comme en témoigne la politique des **pôles de compétitivité**, mise en place en 2004. Il s'agit d'une nouvelle politique industrielle qui aboutit à la définition de 71 pôles de compétitivité dont 6 d'ampleur mondiale, comme Aerospace Valley à Toulouse ou Minalogic à Grenoble. Dans ces pôles, avec l'arbitrage de l'État, est définie une stratégie commune de développement économique cohérente avec la stratégie globale du territoire, qui se traduit par la mise en réseau des acteurs de l'innovation technologique. Une telle politique conçoit l'aménagement des territoires dans un contexte de concurrence accrue entre pôles européens, voire mondiaux. La mondialisation est donc une nouvelle donnée qui doit désormais rentrer en compte dans toute politique d'aménagement des territoires.

lire aussi

État, nation, pays – Frontière – Région – Systèmes politiques et économiques (géographie et) – Urbanisation, métropolisation – Ville

Carte, histoire de la cartographie

La carte est l'un des instruments privilégiés du géographe : véritable outil de sa réflexion, elle peut aussi constituer l'aboutissement de ses recherches. La cartographie a évolué, au fur et à mesure des progrès techniques et théoriques, ainsi qu'en fonction des représentations mentales. L'utilisation des cartes a aujourd'hui dépassé, même dans le grand public, la seule fonction de repérage. Mais si les cartes sont devenues des produits de consommation courante, elles restent parfois contrôlées par les États.

Représenter la Terre

Si toute carte résulte de choix plus ou moins conscients, elle repose toutefois sur une volonté de représenter le réel et donc sur la recherche de l'exactitude.

• Cartographie et géographie

Le terme de **cartographie,** apparu seulement au début du XIXe siècle, recouvre deux notions différentes, bien que liées. Il s'agit d'abord de la discipline chargée d'établir des cartes en faisant appel à différentes techniques graphiques et sémiologiques. Faire une **carte** revient à représenter sur un plan une réduction du réel. Mais le terme désigne aussi un instrument de recherche de la géographie, qui vise à établir des relations et à trouver des éléments d'explication. La **carte topographique**, qui s'apparente à un inventaire, et la **carte de synthèse**, qui suppose une problématique, illustrent la diversité des productions cartographiques. On observe aujourd'hui une plus grande convergence entre la géographie et la cartographie, la première s'intéressant de plus en plus à la graphique, la seconde tendant à établir davantage de cartes thématiques.

L'histoire de la cartographie est révélatrice de ces tendances : d'abord essentiellement conçue comme simple représentation de la réalité dans un but de repérage, la carte vise aujourd'hui à la compréhension et à l'explication de phénomènes complexes et met donc en avant des relations. Mais, quelle que soit l'époque, la réalisation de cartes est presque toujours soumise à des aspirations contradictoires : un souci d'exactitude, de précision et d'exhaustivité, mais aussi la nécessité d'un choix guidé par la finalité de la carte, par des problèmes techniques et par la représentation que l'on a de la réalité, du monde... L'étude des cartes renseigne donc aussi sur leurs concepteurs et leur époque.

• Les coordonnées géographiques

Tout point de l'espace peut s'identifier, se cartographier par sa latitude, sa longitude et possède un **antipode** de latitude et de longitude diamétralement opposés. La **latitude** est la position par rapport à l'équateur, définie par l'angle fait entre le plan de l'équateur et la verticale passant par le point considéré. L'**équateur**, de latitude 0, plus grand cercle de la Terre, sépare les deux moitiés du globe terrestre ou **hémisphères** (hémisphère **boréal** au nord de l'équateur, **austral** au sud). Les **pôles**, correspondant aux deux extrémités de l'axe de rotation de la Terre sur elle-même (ou **axe de révolution**) ont une latitude de 90°. Entre les pôles et l'équateur, les deux hémisphères sont parcourus par un système de lignes imaginaires parallèles à l'équateur, qui permettent de se repérer en latitude : les **parallèles**. Plusieurs d'entre eux sont remarquables : le parallèle de latitude 23° 26' est le **tropique du Cancer** dans l'hémisphère nord, **du Capricorne** dans l'hémisphère sud. Le soleil y passe au zénith une fois par an, lors du solstice. La zone comprise entre ces deux tropiques est appelée **zone intertropicale**. Quant aux **cercles polaires** (**arctique** au nord, **antarctique** au sud), ils correspondent à une latitude de 66° 33' et limitent la zone où la nuit peut durer 24 heures en hiver.

La **longitude** est l'angle fait par le méridien de référence et la verticale du point. On appelle **méridien** le demi-cercle imaginaire passant par les pôles et perpendiculaire à l'équateur et à tout parallèle. Le **méridien de référence**, ou **méridien d'origine**, est celui auquel on a, arbitrairement, attribué la longitude 0. Il a fluctué avec le temps : Érathosthène calculait la longitude à partir du méridien de Rhodes et le méridien de Paris servit longtemps de base aux calculs français avant qu'au XXe siècle, le **méridien de Greenwich** (en Angleterre) ne s'impose définitivement. L'heure universelle, ou **heure GMT** (*Greenwich Mean Time*), est désormais celle de Greenwich. La zone comprise entre deux méridiens est un **fuseau**. En théorie, tous les points d'un fuseau, quelle que soit leur latitude, ont la même heure, mais les **fuseaux horaires** correspondent à des réalités plus complexes, beaucoup de pays aménageant ce principe en fonction de leur intérêt.

L'évolution de la cartographie

Représentation symbolique du monde, souvent à but religieux, la carte va peu à peu acquérir une finalité utilitaire.

• La cartographie antique

Dès l'Antiquité se dessinent deux conceptions de la cartographie, reflets de préoccupations différentes : une conception philosophique pour les Grecs, une fonction utilitaire chez les Romains.

Les Grecs, du VIe siècle au IIIe siècle avant J.-C., cherchant à comprendre les phénomènes naturels, élaborent une cosmographie, indissociable de la réflexion philosophique, et font progresser la représentation du monde. À la fin du VIe siècle avant J.-C., les Pythagoriciens conçoivent la Terre comme une sphère, elle-même située au centre de la sphère céleste, théorie reprise par Aristote au IVe siècle avant J.-C. Les astronomes fondant leurs recherches sur ces deux hypothèses – sphéricité terrestre et **géocentrisme** – aboutissent par l'observation solaire aux notions d'équateur et de tropique et donc à l'idée de coordonnées géographiques. Mais la latitude et la longitude ne seront longtemps mesurées que de façon approximative faute de moyens techniques. **Ératosthène** (v. 276 – v. 194 avant J.-C.) calcule presque exactement la circonférence de la Terre. Les cartographes, qui bénéficient aussi de renseignements glanés à l'occasion de voyages ou d'expéditions, s'efforcent dès le IIIe siècle de représenter le monde connu, monde méditerranéen et asiatique, en tenant compte des latitudes et longitudes. La carte dite d'Ératosthène a largement été utilisée par la suite.

Dans l'Empire romain, des hommes comme **Strabon** (v. 58 av. J.-C. – entre 21 et 25 apr. J.-C.), avec sa *Géographie*, rassemblent les découvertes grecques et contribuent à les diffuser. Mais la nécessité de contrôler, d'administrer et d'équiper l'Empire amène les Romains à développer une cartographie à fins utilitaires. Fondés sur des mesures précises, **cadastres**, itinéraires et tables se multiplient. Les cadastres servaient de base, à Rome comme dans l'Égypte antique, au calcul de l'impôt et à l'attribution des terres. Éléments essentiels pour le pouvoir, ils furent donc parmi les premiers documents cartographiques. De nos jours, le cadastre désigne toujours le découpage du territoire en propriétés et indique encore le nom des propriétaires, recensés dans une **matrice cadastrale**. Les **itinéraires** indiquent les distances précises entre les villes et donnent des renseignements pratiques. Plus complètes, les ***tabulae*** sont de véritables cartes très étirées car présentées pour des raisons pratiques sous forme de rouleaux. Une seule de ces tables nous est parvenue, sous forme de copie : la table de Peutinger.

L'œuvre de **Ptolémée** (100-170) offre une synthèse de la cartographie antique : sa *Géographie*, accompagnée de nombreuses cartes, fait le point des connaissances en vue d'établir une carte du monde. Le pourtour méditerranéen et l'Europe du Nord apparaissent toujours mieux connus que l'Asie et l'Afrique qui, reliées, encerclent l'océan Indien. Cette vision du monde sera redécouverte à la fin du Moyen Âge en Occident, grâce aux copies des Byzantins et des Arabes.

• La cartographie, du Moyen Âge à la Renaissance

La cartographie médiévale occidentale est marquée, jusqu'au XIIe siècle, par une certaine régression. Les *mappae mundi* ou **mappemondes** qui ornent les œuvres théologiques sont une vision symbolique du monde mêlant connaissances géographiques, croyances religieuses et monstres mythiques.

C'est aux XIIe et XIIIe siècles, grâce à la redécouverte de Ptolémée, que les cartographes cherchent à donner des connaissances géographiques concrètes, connaissances enrichies par les croisades et les voyages de découverte comme celui de Marco Polo en 1271. Est alors remise à l'honneur la mappemonde figurant une terre divisée en cinq zones climatiques : deux zones glaciales encadrant deux zones tempérées habitées, elles-mêmes séparées par un zone torride.

Mais, avec l'intensification de la navigation en Méditerranée, apparaît au XIIIe siècle un renouveau dans la cartographie. Les marins italiens mettent au point des **cartes nautiques** accompagnées de **portulans**. Ces parchemins qui, par extension, désignent la carte qu'ils complètent, contiennent la description précise des côtes, donnent des indications sur les distances, les ports… Sur la carte, un réseau de lignes, ou **lignes de rumbs**, organisé autour d'une ou plusieurs roses des vents, indique la direction à suivre pour aller d'un point à un autre à l'aide d'une boussole, ce qui explique que les cartes nautiques soient orientées vers le nord magnétique. La **boussole**, qui associe, dans un boîtier, une aiguille aimantée indiquant le nord magnétique et une rose des vents fixe, a été mise au point par des marins italiens au XIIIe siècle ; l'usage de l'aiguille aimantée était déjà connu des Chinois et des Arabes aux XIe et XIIe siècles.

Comme dans d'autres domaines, la Renaissance amène un renouveau de la cartographie fondé sur la redécouverte de l'Antiquité, stimulée par les voyages de découvertes et diffusée par l'imprimerie naissante. Les cartes retraçant les grands voyages se multiplient, l'espace cartographié s'étend. Les progrès scientifiques, notamment pour le calcul des coordonnées, permettent de corriger les portulans et de préciser les cartes régionales souvent élaborées à partir des travaux de Ptolémée.

En 1569, le flamand **Mercator** entreprend la constitution de son *Atlas*, ouvrage qui est une nouveauté à double titre. Il s'agit d'abord du premier véritable **atlas**, c'est-à-dire d'un recueil cohérent de cartes visant, à l'origine, à la description de l'ensemble de la Terre. La désignation choisie par Mercator fait référence à Atlas, héros légendaire qu'il fit figurer portant le globe au frontispice de son ouvrage. En second lieu, c'est à cette occasion que Mercator, s'inspirant des portulans, mit au point de façon empirique la projection cylindrique qui porte son nom. Si le XVIIe siècle voit se multiplier les atlas, c'est au XVIIIe siècle que les progrès scientifiques vont être décisifs.

Les TO cartes, des représentations mentales

Au Moyen Âge se développent des cartes particulières du monde habité (*terra habitabilis*). Elles inscrivent le monde dans un cercle, représenté par un disque plat, entouré du fleuve océan. Au centre de ce monde est situé Jérusalem. Les trois continents, l'Asie, l'Europe et l'Afrique (ou Éthiopie) sont disposés autour d'un T, dont les branches sont formées par la Méditerranée, représentée verticalement, et par les fleuves Don (Tanais) et Nil, représentés horizontalement.

Cette configuration, qui explique le nom de ces cartes représentant un T dans un O, a une connotation symbolique : le T est le symbole de la Trinité, mais aussi de la croix, le T dans le O signifie l'harmonie d'un monde centré sur Jérusalem. Mais ces cartes ont aussi d'autres significations : leurs « pôles » correspondent aux saisons, aux signes du zodiaque, à l'opposition du froid et du chaud, mais également à l'opposition des élus et des damnés. Enfin, construites en sept cercles imbriquées, les TO cartes symbolisent les sept jours de la création, avec au centre l'Alliance, la Jérusalem Céleste.

Ces cartes de très grande dimension, souvent peintes sur les murs des cathédrales, et dont la géométrie symbolise la perfection de la Création, sont des représentations mentales du monde.

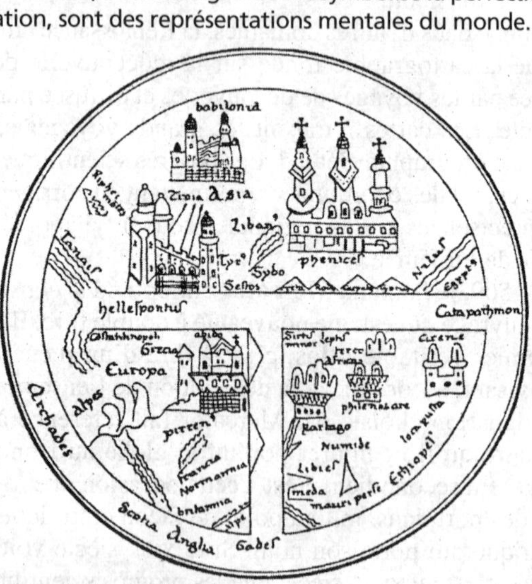

Codex de Leipzig, XIe siècle.

• De la cartographie moderne à la cartographie contemporaine

La cartographie moderne est dominée par l'école française. Louis XIV, qui cherche à consolider la prépondérance française dans le monde et souhaite, avec Colbert, une cartographie détaillée du Royaume, favorise les expéditions scientifiques et la recherche, grâce à l'Académie des sciences, fondée officiellement en 1699. Ces travaux aboutissent au calcul exact de la circonférence terrestre, à une mesure précise de la longitude jusque-là surévaluée. Utilisant la méthode de la triangulation mise au point en Angleterre, la famille **Cassini** réalise, à partir de 1682 et sur plus d'un siècle, la couverture topographique de la France au 1/86 400e. Parallèlement, des géographes français comme d'Anville contribuent à améliorer la cartographie des contours des continents et, dans la mesure du possible, de l'intérieur des terres. Tous ces progrès sont indissociables des perfectionnements techniques accomplis, notamment dans le domaine des mesures.

Au XIXe siècle, les progrès techniques, la multiplication des voyages scientifiques et la colonisation permettent de cartographier la quasi-totalité de la Terre. Réalistes, les grandes puissances s'entendent sur l'adoption du système métrique en 1875 et du méridien de Greenwich comme méridien d'origine en 1884. À l'exemple des cartes de Cassini, chaque puissance fait cartographier son territoire. En France, c'est l'armée qui est chargée de renouveler les cartes topographiques ; c'est pourquoi elles sont nommées **cartes d'état-major** jusqu'en 1940, date de création de l'**IGN** (**Institut géographique national**). Ces cartes d'état-major donnent pour la première fois une foule d'informations sur les étendues cartographiées concernant le relief, la toponymie, l'état des chemins, la nature des bâtiments (moulin, usine…). Destinées dans un premier temps à l'armée, donc à d'éventuelles manœuvres, ces cartes omettent de nombreuses données comme la nature des cultures.

Petit à petit apparaissent des cartes thématiques, comme les cartes géologiques, destinées entre autres à faciliter l'exploitation du sous-sol dans le contexte de la révolution industrielle. En Allemagne, Heinrich Berghaus (1797-1884) publie un *Atlas Physique*, complément du traité d'Alexander von Humboldt (1769-1859), tandis que Karl **Ritter** (1779-1859) entreprend une réflexion plus générale sur la nature même des cartes. Dans sa *Géographie générale*, il élabore des cartes thématiques afin de confronter les objets de la surface terrestre selon leur forme, leur position, leur étendue, de manière à déterminer leurs points communs, leurs particularismes, leurs rapports et surtout leur influence sur les hommes. Récusant l'idée que la carte « est » la réalité, il dénonce « la dictature de la cartographie sur la géographie ». La géographie n'a plus pour seul but d'élaborer des cartes ; Ritter est ainsi souvent considéré comme le fondateur de la géographie comparée, voire de la géographie générale.

Les cartes actuelles : élaboration et utilisation

De plus en plus réalisées par informatique, les cartes n'en restent pas moins des représentations schématisées, donc inexactes, d'une réalité complexe.

• Une élaboration de plus en plus informatisée

L'élaboration d'une carte comporte deux étapes principales : la collecte des informations et la représentation des données sélectionnées. La collecte des données s'accompagne d'une sélection indissociable de la finalité de la carte. Les méthodes de relevés et de choix des informations ont connu d'énormes évolutions depuis une trentaine d'années.

La collecte peut se faire sur le terrain. C'est le rôle de la **géodésie** et des opérations géodésiques, c'est-à-dire de mesures sur le terrain par l'arpentage, la triangulation, l'établissement des altitudes (l'**altimétrie**), latitudes et longitudes d'un certain nombre de points remarquables dits **points côtés**. Ces collectes très traditionnelles sont, pour certaines, au point depuis le XVIe siècle. Elles sont aujourd'hui complétées, voire remplacées, par la photographie aérienne et les données satellitaires. La pratique de la photographie aérienne est généralisée dans certains pays, dont la France. Photographie oblique, mais surtout verticale, elle permet, grâce aux vues stéréoscopiques, l'**analyse photogrammétrique**, c'est-à-dire la mesure des formes du terrain à distance. Les cartographes et géographes utilisent de plus en plus les **images satellitales** obtenues grâce à la **télédétection**, qui permet de mesurer des phénomènes grâce à des capteurs installés sur des satellites. Cette technique permet de recueillir des informations jusque-là très fragmentées, voire inaccessibles, qui sont ensuite traitées et analysées.

La gestion des données a également considérablement évolué. Elle est, de nos jours, largement informatisée par la saisie numérique des informations. Mais l'informatique est également utilisée à d'autres stades : dans le filtrage des données sélectionnées en fonction de l'échelle ou du but de la carte, dans la mise en forme graphique… Les bases de données peuvent regrouper sur des supports performants des informations jusque-là éparses, en leur adjoignant des systèmes de classement et de sélection. Elles constituent alors un **SIG** (GIS en anglais) ou **Système d'information géographique**, particulièrement utilisé par les professionnels, mais qui atteint peu à peu le grand public grâce à des logiciels accessibles.

Ainsi les systèmes de repérage sont de plus en plus utilisés. On appelle **système de repérage** un système qui, à l'aide d'un ensemble de satellites et de leurs signaux radio, permet de déterminer la position exacte d'un objet sur la surface terrestre. Le plus connu et le plus développé est le système américain **GPS** (*Global Positionning System*), d'origine militaire. Les systèmes de repérage sont de plus en plus sollicités dans la vie courante, du fait de leurs applications variées : le GPS est installé en série sur de nombreux véhicules ; les systèmes de repérage sont aussi utiles pour l'aide à la navigation dans les transports aériens, maritimes ou sur les plates-formes off-shore. Il s'agit aussi d'un instrument technique utilisé dans plusieurs sciences de la terre (par exemple pour évaluer les catastrophes naturelles), d'un instrument de travail pour la police, les pompiers ou les services de sauvetage en mer, les agences de gestion d'énergie…

Depuis mars 2002, l'Union européenne a décidé de lancer un système concurrent, **Galileo**, qui sera mis en service en 2010. Il repose sur un système de 30 satellites équipés d'horloges atomiques et se base sur le principe de la triangulation. Le but de cette opération est de créer une véritable indépendance européenne par rapport aux États-Unis. En prévision de cette concurrence, ce sont les Américains qui renforcent leur position en rendant l'accès au GPS gratuit pour l'utilisateur de base, même si ses données sont beaucoup moins précises que celles de Galileo… Il s'agit donc là d'une véritable guerre économique entre Europe, États-Unis, mais aussi Russie, qui profite de son réseau de satellites pour développer son propre système.

Enfin, dans un autre domaine, le succès médiatique des logiciels et des sites de visualisation du globe terrestre sur Internet (Géoportail, Google Earth…), résultat du développement mais aussi de la vulgarisation de l'informatique, pose la question du statut de la carte : celle-ci tend en effet à être remplacée, même dans certaines communications scientifiques, par d'autres types d'images de la surface terrestre.

• Le problème de l'exactitude des cartes

L'utilisation de technologies, relativement sophistiquées, ne résout pas le problème de l'exactitude des cartes.

La Terre étant une sphère, il est impossible de la représenter à plat, dans un rectangle, tout en respectant les distances, les superficies et les angles. Le choix d'une **projection** s'impose ; il est essentiel dans le cas des **planisphères**, cartes qui représentent la totalité d'une sphère : sphère céleste, astre et, en particulier, la Terre ; on parle aussi dans ce cas de **mappemonde** (*mappae mundi*). Si la **projection de Mercator** respecte les angles, elle déforme considérablement les superficies : le Groenland, par exemple, a une taille démesurée. En revanche, la **projection de Peters** respecte les surfaces, mais déforme les distances. Ces deux modes de projection sont les plus utilisés, mais il en existe d'autres comme la **projection polaire** (utilisée par exemple p. 158), qui crée des déformations de plus en plus importantes à mesure que l'on s'éloigne du centre de la carte.

Un autre problème concerne le relief. La carte étant une représentation, en deux dimensions, d'une réalité tridimensionnelle, le relief ne peut être rendu que par des artifices. Ce sont, par exemple, sur les cartes topographiques de l'IGN, les points côtés – mesurés précisément –, les techniques d'**estompage** qui mettent en grisé les zones d'ombre dans le cas d'un ensoleillement de nord-ouest, et les **courbes de niveau** ou **isohypses**, lignes reliant tous les points de même **altitude** (hauteur par rapport à un niveau de référence supposé invariable : le niveau des mers ou **zéro marin**). Il existe aujourd'hui des **modèles numériques de terrain**. Ce sont des images tridimensionnelles procurées par l'ordinateur. Elles remplacent avantageusement la carte dans certains cas, car plus parlantes.

Un problème important est celui de la réduction, qui passe par le choix d'une **échelle cartographique**, c'est-à-dire du rapport entre les distances mesurées et les distances cartographiées. Plus l'échelle cartographique est petite (1/1 000 000e par exemple), plus le cartographe sélectionne les informations, plus la carte se rapproche d'un schéma. En revanche, une carte à grande échelle (1/25 000e par exemple) est plus proche de l'exhaustivité.

Deux exemples de mode de projection

Projection de Mercator

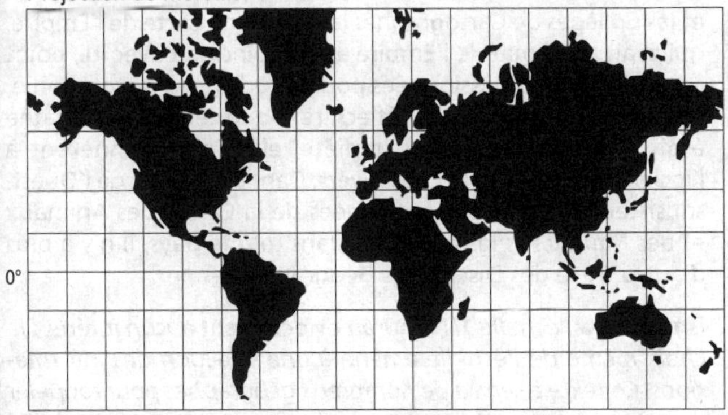

Projection de Peters

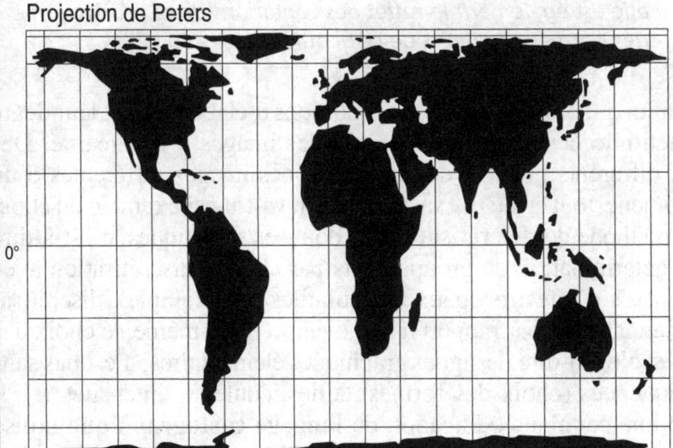

Le paradoxe de la carte de l'Empire...
ou le problème de la carte à l'échelle 1/1

Dans un texte publié en 1946, Jorge Borges attribua à un auteur de son invention la citation suivante.

« En cet empire, l´Art de la Cartographie fut poussé à une telle Perfection que la Carte d´une seule Province occupait toute une ville et la Carte de l´Empire toute une Province. Avec le temps, ces Cartes Démesurées cessèrent de donner satisfaction et les Collèges de Cartographes levèrent une Carte de l´Empire, qui avait le Format de l´Empire et qui coïncidait avec lui, point par point. Moins passionnées pour l´étude de la cartographie, les générations suivantes réfléchirent que cette Carte Dilatée était inutile et, non sans impiété, elle l´abandonnèrent à l´inclémence du Soleil et des Hivers. Dans les Déserts de l´Ouest, subsistent des ruines très abîmées de la Carte. Des Animaux et des Mendiants les habitent. Dans tout le pays, il n´y a plus d´autre trace des Disciplines Géographiques. »

Une carte à l'échelle 1/1 n'aurait évidemment aucun intérêt ; le choix même de l'échelle amène à une sélection des informations. Ce texte a servi à de nombreux géographes pour rappeler que toute carte n'est en aucun cas la reconstruction de la réalité à l'identique : elle est modélisation et simplification de la réalité, elle est également le reflet des conditions de sa production et des normes et valeurs de celui qui la crée.

Enfin, quels que soient leurs conditions d'élaboration et leur degré d'exactitude, les cartes ne sont que des images d'une réalité. Des choix différents peuvent donner à voir des images différentes d'un phénomène, tout en étant exacts. Ainsi en va-t-il par exemple du choix de la méthode de **discrétisation** de données statistiques, c'est-à-dire de la détermination de groupements par classe : discrétisation avec des classes d'effectifs égaux (en quintiles par exemple), discrétisation standardisée par rapport à la moyenne... De même, le choix des **figurés**, c'est-à-dire de signes graphiques élémentaires, n'est pas sans conséquences (choix des formes, tailles, couleurs, intensités...). Il existe une certaine codification du **langage cartographique** utilisé en géographie, qu'il s'agisse des figurés linéaires, de surface ou ponctuels. Pour ces derniers en particulier, l'utilisation de représentations figuratives est proscrite, au profit de figurés abstraits (on ne représente plus les forêts par des arbres ou les aéroports par des avions...).

• La carte, enjeu politique et militaire

L'utilisation des cartes doit s'accompagner d'un certain nombre de précautions. L'étude critique doit tenir compte des difficultés techniques évoquées précédemment ainsi que d'autres éléments. Les relevés de terrain, par exemple, ne sont pas toujours fiables, en raison de difficultés techniques et financières, mais aussi, dans certains pays, du fait d'une volonté politique interdisant l'accès à certaines zones. Plus généralement, le choix des informations cartographiées peut être le reflet de choix idéologiques : plusieurs régimes politiques, à l'instar de l'Iran de la fin des années 1970 ou des États issus du démantèlement de l'ex-Yougoslavie dans les années 1990, ont élaboré des cartes de répartition religieuse et/ou ethnique de manière à localiser et à contrôler des minorités supposées dangereuses.

Le choix d'une projection peut lui aussi être tendancieux. Les tiers-mondistes (*cf.* p. 116) dénonçaient la projection de Mercator, préférant par exemple la projection de Peters, qui respecte la taille réelle des continents et n'exagère donc pas les surfaces des pays situés aux moyennes et hautes latitudes, dont la plupart sont des PID. De même, l'utilisation d'un planisphère centré sur son propre continent renforce l'idée qu'il est au centre du monde. Enfin, certaines cartes sont volontairement fausses, dans un but géopolitique, comme c'était le cas des cartes de l'ex-URSS : il y avait par exemple environ 30 « villes interdites », non localisées sur les cartes, où étaient situés des usines et instituts militaires. De même, certains systèmes de projections cartographiques comprenaient volontairement de faux systèmes de coordonnées, de manière à ce que certains gisements de matières premières soient difficiles à localiser.

Beaucoup d'instituts de cartographie sont sous le contrôle des militaires, ce qui conforte l'affirmation d'Yves Lacoste, en 1976 : « La géographie ça sert, d'abord, à faire la guerre ». Le fait que, dans nombre de pays, la diffusion des cartes se heurte à diverses interdictions rappelle aussi leur rôle politique ou militaire.

Enfin, lorsqu'une frontière est contestée par plusieurs pays, la carte est un support idéal du discours politique. Ainsi, au Cachemire, au Sahara occidental, en Équateur, les cartes peuvent différer de la traditionnelle cartographie internationale. De même, la parution de planisphères mentionnant le terme « Israël » fut longtemps interdite dans les pays du Moyen-Orient. Le problème se retrouve au niveau supranational : les agences spécialisées de l'ONU prennent soin de signaler que la représentation des frontières est symbolique et ne relève pas de leur responsabilité : la Banque mondiale a ainsi demandé à son service cartographique de ne plus produire de cartes du sous-continent indien mettant trop en évidence la région du Cachemire.

À condition de ne pas perdre de vue toutes ces réserves, la carte apparaît comme fondamentale en géographie. Elle sert de base de données, est un outil du raisonnement ou encore constitue l'aboutissement de la réflexion. Qu'elles soient cartes thématiques ou cartes de synthèse, toutes réclament une réflexion. Paradoxalement, celle-ci a pu aussi conduire les géographes à une simplification pouvant paraître « déconnectée » de la réalité : les modèles ou schémas chorématiques (*cf.* p. 248-249).

lire aussi **Géographie (histoire de la) – Géographie (techniques et méthodes de la)**

CLIMAT

Dépendant de la latitude, de la continentalité et de l'altitude, les climats du globe sont très diversifiés. Considérés comme stables à l'échelle historique, ils subissent d'importantes variations à l'échelle géologique.

Les problèmes de définition

• Climatologie et géographie

La **climatologie**, science qui étudie les climats, est une des sciences connexes de la géographie, qui en utilise les résultats mais aussi les méthodes. Le climat fut longtemps étudié en géographie classique dans le contexte du possibilisme (*cf.* p. 228). Mis en relation avec les activités humaines (agriculture, peuplement…), le climat offrait un cadre dans lequel les genres de vie pouvaient s'épanouir. Dans les écrits géographiques imprégnés de déterminisme naturel, le climat apparaissait souvent comme l'élément clé, déterminant, ce qui est erroné, sauf exception rare. Plus encore, de nombreux géographes ont adhéré à la « **théorie des climats** », mise en place dès le XVIIIe siècle par Montesquieu et remobilisée par la **géographie coloniale**. Celle-ci n'hésitait pas à établir des corrélations entre les aptitudes des peuples et leur climat : les climats chauds favorisant la sensualité, la langueur et la paresse, les climats froids le courage et le travail !

De nos jours, les géographes s'intéressent généralement à l'étude des climats selon d'autres problématiques : les famines sont-elles liées aux sécheresses, à des déséquilibres socio-économiques ou à des raisons politiques ? En quoi les systèmes agricoles modernes dépendent-ils des conditions climatiques et comment les hommes tentent-ils de s'en affranchir partiellement ou totalement ? Quelle est la responsabilité des hommes dans l'évolution actuelle des climats et, en particulier, le réchauffement de la planète ? Quelles sont les incidences de la déforestation sur le climat ? Quels liens peut-on établir entre climat et pollution, et ce à différentes échelles ? La géographie tente donc d'évaluer le rôle et le poids du climat dans les différents géosystèmes.

• Comment définir un climat ?

Le **climat** est l'ensemble des caractéristiques de l'atmosphère et de leurs variations, en un lieu donné, sur une longue période. Le climat se différencie du **temps**, qui est l'état du ciel à un moment donné. La détermination d'un climat ne peut donc se faire qu'à l'aide de mesures établies durant une période de référence, assez longue pour ne pas tenir compte des années exceptionnelles, et assez courte pour ne pas être affectée par d'éventuels changements climatiques. C'est pourquoi on utilise généralement des séries trentenaires.

Les principaux paramètres pris en compte sont les précipitations et les températures. Mais, une étude plus précise du climat nécessite d'autres indicateurs, comme la nature des précipitations (pluvieuses, neigeuses...), la **pluviosité** (importance de la pluie en fréquence et en quantité), l'humidité, les vents, la **nébulosité** (proportion du ciel couverte par les nuages), les **brouillards** (nuages dont la base se trouve au sol, appelés **brumes** lorsque la visibilité est supérieure à 1 km), l'**insolation** ou l'**ensoleillement.** Ces deux termes sont parfois employés comme synonymes pour désigner l'exposition aux rayons du soleil ; l'ensoleillement peut désigner, plus précisément, le nombre d'heures de soleil par unité de mesure (jour, mois...).

C'est à partir de ces mesures que l'on établit des indices (d'aridité, d'ensoleillement...), des moyennes, des écarts à la moyenne, etc. On détermine ainsi des moyennes de températures et des totaux de précipitations annuels, mais aussi des variations diurnes ou saisonnières. L'**amplitude thermique annuelle**, par exemple, est la différence entre la température moyenne du mois le plus chaud et celle du mois le plus froid. Un climat peut aussi se caractériser par une **saison sèche** (période où les précipitations mensuelles mesurées en millimètres sont deux fois inférieures aux températures, mesurées en degrés Celsius).

·est, on assiste à un assèchement progressif, les dépressions ·dant » peu à peu. Ceci se traduit par une aridité croissante, ıt être accentuée, en cas de relief, par le phénomène d'**abri** : **sant sous le vent**, protégé, est nettement moins humide que **sant au vent** qui reçoit des **précipitations orographiques** ıu relief).

proximité plus ou moins grande des océans intervient égale- ›ar l'**inertie thermique** importante de ces masses d'eau. En les océans se refroidissent moins rapidement que les conti- ·t procurent donc aux régions côtières des climats plus doux. ·ntraire, se réchauffant moins vite, ils sont responsables d'étés ·ais que dans les régions continentales. Enfin, les courants s, chauds ou froids, modifient sensiblement les climats des ·s côtières.

ıns les régions très continentales, on assiste au contraire à une **·entalisation** des masses d'air, qui subissent des modifications ·iques liées aux caractéristiques propres de ces régions. C'est , par exemple, des masses d'air en provenance d'Europe de ·st qui se refroidissent dans les plaines russes en hiver.

·différents climats

les grandes divisions climatiques sont unanimement recon- les limites proposées peuvent varier d'un auteur à l'autre. En la limite tranchée entre deux aires climatiques est l'exception, ·nt engendrée par la présence de reliefs importants. La termino- varie également selon les auteurs : le climat de l'Allemagne, ·xemple, est qualifié de « continental », d'« océanique dégradé » ·core de « dégradation continentale ». Il faut aussi souligner les ·rtantes différences de températures et de précipitations pour un ·e type de climat, qui ne permettent pas de donner des valeurs . Enfin, aux grands types de climats, correspondant à des divi- zonales, s'ajoute le **climat de montagne** (*cf.* article *Montagne*), ment azonal du fait de l'ampleur des dégradations thermiques ıviométriques. Très froid, souvent aride, il est marqué par l'im- ·nce des précipitations neigeuses et du gel.

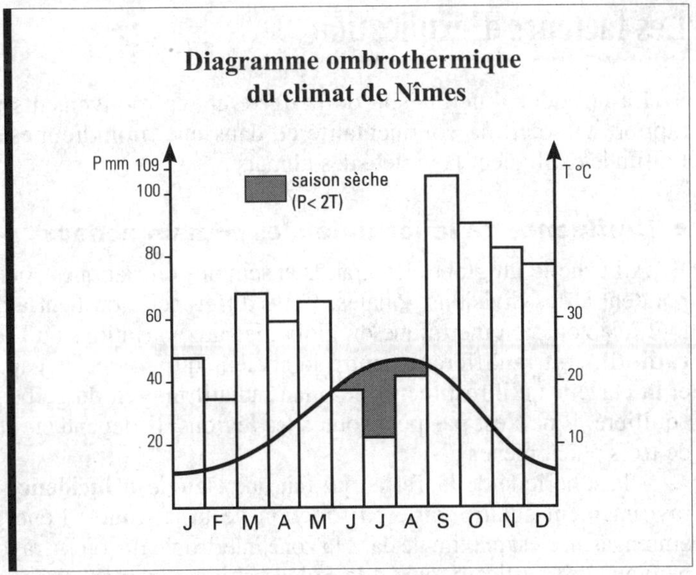

• Différentes échelles

La notion de climat étant très générale, il convient de distinguer différentes échelles. Le **microclimat** concerne une partie très réduite de territoire : on parle de microclimat urbain, par exemple celui de Strasbourg. Cette notion est parfois confondue avec celle de **climat local**, qui concerne un territoire pourtant plus vaste. Le **climat régional** concerne une étendue beaucoup plus vaste encore ; on distingue par exemple le climat de montagne froid des Vosges, du climat de l'Alsace en position d'abri. Mais les grandes divisions climatiques, à l'échelle planétaire, différencient les climats en fonction de la latitude, ce sont les **climats zonaux**, et en fonction de la continentalité. Ainsi, les climats de Strasbourg, de l'Alsace ou des Vosges sont tous des climats tempérés des latitudes moyennes et correspondent à une dégradation continentale.

Les facteurs d'explication

La latitude, l'inclinaison de la Terre et ses mouvements par rapport au soleil, la continentalité et, dans une moindre mesure, l'altitude expliquent la variété des climats.

• L'influence de la latitude : les climats zonaux

À l'échelle du globe, les grands ensembles climatiques correspondent à des divisions zonales. Cette différenciation tient avant tout à la zonation thermique du globe liée aux variations du **bilan radiatif**, soit la différence entre la chaleur que reçoit un espace et la chaleur qu'il restitue. Si le bilan radiatif moyen du globe est équilibré, il ne l'est pas pour toutes les régions. Il dépend en effet de trois phénomènes :

– la sphéricité de la Terre, qui fait que l'**angle d'incidence** du rayonnement solaire varie en fonction de la latitude : l'énergie emmagasinée est maximale dans la zone intertropicale, où les rayons peuvent être verticaux quand le Soleil est à son **zénith**, et décroît vers les pôles, où ils sont rasants ;

– l'atmosphère, dont le rôle est déterminant pour le bilan radiatif, bien que plus difficile à cerner : un ciel clair laisse passer facilement les rayons solaires mais aussi la chaleur réfléchie par le sol, l'inverse se produisant pour les ciels souvent nuageux de la zone équatoriale ;

– l'**albédo**, c'est-à-dire le pourcentage d'énergie solaire réfléchie sur une surface par rapport aux rayons incidents, qui varie fortement en fonction de la nature et surtout de la couleur de la surface : contrairement aux déserts de sable et aux régions enneigées ou englacées, les océans et les forêts réfléchissent peu d'énergie.

Résultant de ces facteurs, le bilan radiatif est déficitaire aux pôles, excédentaire entre les tropiques et variable, en fonction des saisons, aux latitudes moyennes.

L'existence de **saisons**, déterminante pour la différenciation des climats, est liée à deux phénomènes majeurs : l'inclinaison de la Terre et sa révolution annuelle autour du Soleil. Les quatre saisons thermiques, surtout sensibles aux latitudes moyennes, correspondent aux intervalles compris entre les solstices et les équinoxes. Le **solstice** coïncide avec le moment où le Soleil est au zénith à l'un

des deux tropiques. Il marque ainsi le jour le
tice d'été et le jour le plus court lors du sols
inaugure donc l'été de l'hémisphère Nord et
Sud. Entre les deux solstices se situent les **éq**
jour équivaut à celle de la nuit sur toute la su

En fonction de la latitude, les climats on
ques particulières. Les climats des hautes la
du cercle polaire, sont des climats froids q
polaire, c'est-à-dire l'absence totale de jour
hiver : en effet, lorsque l'on passe ce cercle p
le pôle, plus le nombre de jours durant lesqu
pas augmente régulièrement. Inversement, le
qui est de 6 mois au pôle, est souvent baptisé
climats des latitudes moyennes sont dits **tem**
des températures et des précipitations « moy
médiaires entre les climats des hautes et des b
des saisons thermiques très marquées. Quant a
latitudes, ils occupent la **zone intertropical**
deux **tropiques** (23° 26'), latitudes où le Solei
du solstice. Situés de part et d'autre de l'équa
donc les plus chauds et les saisons thermiques
contrairement aux saisons pluviométriques. L
moins grande de l'équateur joue en effet ici u
en partie responsable des phénomènes de **mou**
de l'arabe *mounsoun*, c'est-à-dire saison, désig
tropicales souvent forts qui proviennent de la
austral dans l'hémisphère Nord (*cf.* article *Mét*

• La continentalité

Les climats zonaux se subdivisent selon l'é
moins grand des océans (la **continentalité**).

Étant donnée la rotation de la Terre, les mas
globalement d'ouest en est, du fait de la **forc**
façades occidentales des continents reçoivent
les dépressions qui se sont formées, surtout en
les océans et connaissent des climats de type océ
sions, freinées par la rugosité supérieure des con
des pluies qui sont d'autant plus abondantes qu
sont proéminents. Les montagnes côtières enge
tations très fortes, comme c'est le cas sur les c

Vers
« se
qui p
le **ve**
le **ve**
(liées
L
ment
hiver
nents
Au c
plus
mari
régio
D
conti
therm
le ca
l'Ou

Les

S
nues
effe
sou
logi
par
ou e
imp
mên
type
sion
larg
et p
por

Les principaux climats dans le monde

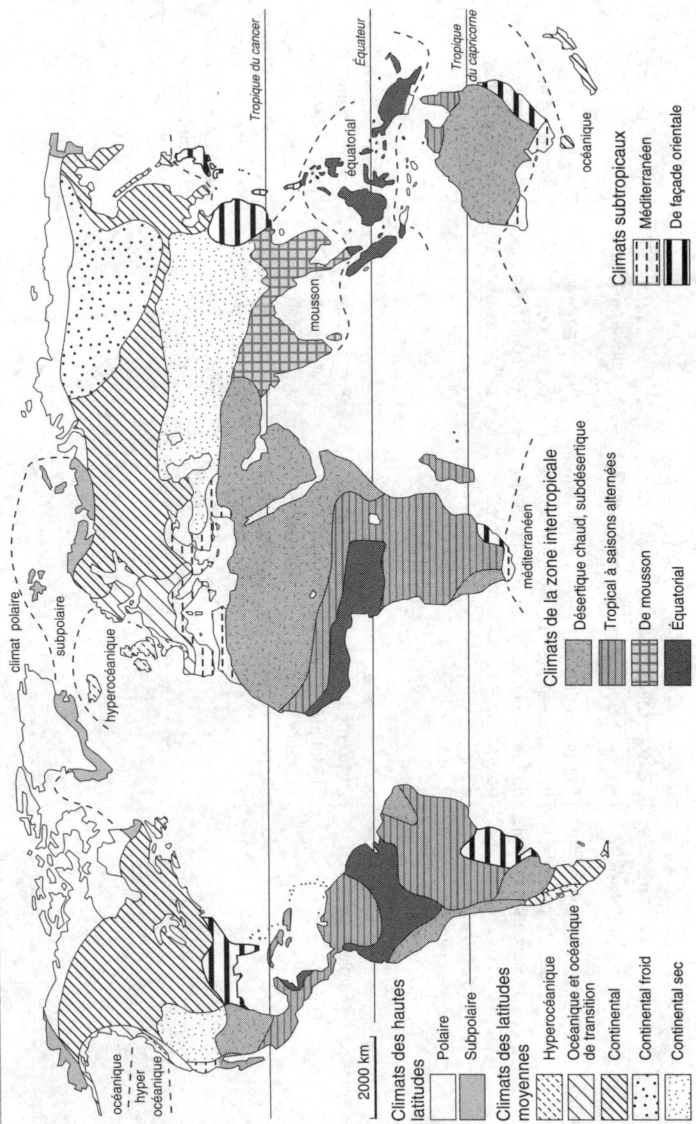

• Les climats des hautes latitudes

Climat	Valeur des températures	Saisons thermiques	Importance des précipitations	Saisons pluviométriques	Particularités
Polaire	Très faibles et ne dépassant pas 10° C de moyenne mensuelle, particulièrement au centre des inlandsis et en zone continentale	Très forte amplitude thermique annuelle du fait de la nuit polaire, absence d'été	Peu importantes, souvent solides et difficilement mesurables	Précipitations lors des épisodes les moins froids, sécheresse générale	Très fort vent, existence d'un sol toujours gelé (**pergélisol**), nuit polaire
Subpolaire	Faibles	Forte amplitude thermique annuelle, existence d'un court été	Très variables, pouvant être importantes dans les zones subpolaires océaniques	Précipitations plus importantes en été, mais pouvant se produire toute l'année, sécheresse hivernale	Très fort vent, le pergélisol fond en surface (**mollisol**), extrême variabilité de ces climats en fonction de la localisation plus ou moins océanique

• Les climats des latitudes moyennes

Climat	Valeur des températures	Saisons thermiques	Importance des précipitations	Saisons pluviométriques	Particularités
Hyper-océanique	Modérées	Peu contrastées, été frais, hiver doux	Très abondantes sur les reliefs, fréquentes sous forme de crachin	Max. d'hiver, mais pas de sécheresse estivale	Instabilité des types de temps, vent fréquent, gel et neige rares
Océanique et océanique de transition	Modérées, mais déjà contrastées du fait des influences continentales	Été plus chaud qu'en hyperocéanique	Abondantes, neige probable au moins quelques jours par an	Max. de printemps, parfois d'été (en cas de forte influence continentale), pas de sécheresse estivale	Brouillards de rayonnement plus fréquents
Continental	Moyennes assez faibles	Été chaud, hiver long et froid, printemps très court, très forte amplitude thermique annuelle	Peu importantes, tombant surtout sous forme de neige	Automne et hiver secs, été pluvieux	Orages d'été, tempêtes de neige possibles, grande variabilité des intersaisons du fait des invasions possibles d'air froid
Continental froid	Très contrastées mais globalement basses	Été (temp. supérieures à 10° C), hiver très long d'une rigueur extrême	Moins de 500 mm par an	Neige d'intersaisons, très longue sécheresse d'été malgré quelques pluies	Très grande variabilité interannuelle des températures, tempêtes de neige et de vent (**blizzard**) fréquentes
Continental sec	Amplitude thermique annuelle très élevée	Été chaud, parfois > 30° C, invasions d'air polaire l'hiver	Aridité	Pluies d'été, existence d'un printemps	Irrégularité de la neige, variabilité des types de temps en hiver

• Les climats subtropicaux

Climat	Valeur des températures	Saisons thermiques	Importance des précipitations	Saisons pluviométriques	Particularités
Méditerranéen	Températures rarement négatives, moyenne annuelle élevée	Été chaud, hiver doux, amplitude thermique annuelle parfois importante	Abondantes	Sécheresse marquée d'été, précipitations d'hiver ou d'intersaisons	Orages et fortes averses d'automne fréquents
De façade orientale (dit chinois)	Très contrastées	Été très chaud, invasions d'air froid l'hiver, forte amplitude thermique annuelle	Très abondantes	Fort maximum d'été (localement de type « mousson »), gel et neige possibles en hiver	Très fortes irrégularités, tornades possibles

• Les climats de la zone intertropicale

Climat	Valeur des températures	Saisons thermiques	Importance des précipitations	Saisons pluviométriques	Particularités
Désertique chaud et subdésertique	Très élevées	Chaleur toute l'année	Aridité extrême ou moins forte en climat subdésertique	Très rares pluies, plutôt l'été	Très forts vents possibles, forte amplitude thermique diurne
Tropical à saisons alternées	Élevées	Chaleur toute l'année avec un maximum en fin de saison sèche	De 500 à 1500 mm par an environ	Sécheresse d'hiver (**carême** aux Antilles) et saison des pluies l'été (**hivernage**)	Forts vents possibles en hiver (**harmattan** en Afrique occidentale) et au printemps (***khamsin*** en Égypte)
Mousson	Élevées	Faible amplitude thermique, maximum de pré-mousson	Très importantes, voire diluviennes selon la région	Alternance d'une saison sèche et d'une saison hyperhumide, la mousson proprement dite	Très grande variabilité de la mousson d'une année sur l'autre
Équatorial	Très élevées	Chaleur toute l'année	Très importantes	Saisons peu marquées	Variabilité interannuelle des régimes pluviométriques, saison sèche de fin d'été possible

Les variations climatiques à long terme

• Les moyens d'investigation

La **paléoclimatologie**, l'étude des climats du passé ou **paléoclimats**, ne relève pas de la géographie : domaine des géologues quaternaristes, pour les changements anciens, elle intéresse les historiens, pour les plus récents. Toutefois, les géomorphologues ont beaucoup étudié ces phénomènes pour les traces qu'ils ont laissées – les **héritages paléoclimatiques** – et les causes de ces variations ont souvent intéressé les géographes naturalistes. Les principales techniques utilisées sont l'étude de carottes glaciaires, issues des forages, la datation au carbone 14 des éléments organiques, la **palynologie** (étude des pollens des tourbières), la **dendrochronologie** (étude des cercles annuels de croissance des arbres). Ces méthodes, qui relèvent en partie du travail de laboratoire, permettent d'obtenir des résultats précis. Elles sont utilisées conjointement par les sciences de la nature (géologie, glaciologie, botanique…), mais aussi par les géographes et les historiens, qui les complètent par le dépouillement des chroniques, comparant par exemple les dates des vendanges, et par les résultats des fouilles archéologiques. Quant au géographe, ici géomorphologue, il replace les datations obtenues dans leur contexte local et peut ainsi réaliser une véritable histoire du paysage. Les formes identifiées (moraines, terrasses, surfaces d'érosion…) sont alors datées et cartographiées.

• Les glaciations et les principaux paléoclimats

S'il existe aujourd'hui un consensus pour attribuer à l'homme les causes du changement climatique depuis les années 1980 (*cf.* p. 465), les raisons des variations climatiques historiques sont en revanche encore méconnues et en tout cas discutées. Pour les changements de grande ampleur, les causes astronomiques semblent jouer un rôle majeur. Ce sont la **précession des équinoxes**, avance annuelle de l'instant de l'équinoxe de printemps liée à la variation de l'obliquité de la Terre, mais aussi les transformations de l'ellipse que décrit la Terre autour du Soleil. Les changements de composition de l'atmosphère, par exemple lors d'éruptions volcaniques, ont sans doute également modifié les équilibres climatiques. D'autres raisons, comme l'activité solaire, la température interne du globe, peuvent aussi jouer un rôle.

Il convient de différencier les variations lointaines des transformations récentes du climat. Il est évident que ces dernières sont mieux connues car elles ont laissé beaucoup plus de traces identifiables. Elles ont été particulièrement étudiées par les historiens, comme Emmanuel Le Roy Ladurie, qui ont identifié depuis 1000 ans des périodes plus chaudes – le XIe siècle, vers 1750 et vers 1850 –, alternant avec des périodes de froid plus intense – le XIIIe siècle et surtout la période qui va de 1550 à 1850, nommée « **petit âge glaciaire** ». De même, on doit distinguer les variations de faible amplitude, assez fréquentes, des bouleversements climatiques majeurs, comme les grandes glaciations quaternaires.

Le **Quaternaire** a été marqué par une alternance de périodes glaciaires et de périodes interglaciaires. Le **Würm** (dernière grande glaciation qui a duré plus de – 15000 à – 80000 ans environ) a été précédé par d'autres périodes glaciaires, tels le **Riss** (300000 à 120000 ans), le **Mindel** (650000 à 350000 ans) ou le **Günz** (1,2 million à 700000 ans) qui avaient déjà modifié les avant-pays montagnards et créé par exemple les grands lacs italiens ou suisses. Ces glaciations montrent qu'il y a donc, au moins depuis un million d'années, une succession de périodes froides glaciaires et de périodes plus chaudes ou interglaciaires. On peut donc affirmer que si l'ère quaternaire est généralement définie par les paléontologues comme l'ère de l'**hominisation** (ensemble des processus évolutifs permettant le passage du primate à l'homme), c'est également la période des grandes glaciations, c'est-à-dire d'avancée générale et prolongée des glaciers, du fait de conditions climatiques favorables.

En Europe, le Würm s'est achevé il y a moins de 15 000 ans, par une ultime série d'avancées, d'importance sensiblement inférieure aux précédentes, le **tardiglaciaire**. Durant cette période, les Alpes étaient le siège d'immenses glaciers et le Jura était recouvert d'une calotte glaciaire assez comparable aux calottes polaires. Les émissaires de ces glaciers, parfois longs de plusieurs centaines de kilomètres, ont façonné des auges glaciaires à leur dimension, comme les grandes vallées suisses ou le Grésivaudan en France. En zone de surcreusement se sont formés ou agrandis des lacs. On retrouve donc les mêmes phénomènes que pour les glaciers actuels ; seule l'échelle varie. Durant la même période, une grande partie de l'Europe du Nord était recouverte par une calotte et, phénomène connexe, du fait de l'énorme rétention en eau, le niveau de la mer était bien plus bas qu'aujourd'hui. Les phases **anaglaciaires**, c'est-à-dire de froid et d'avancée des glaciers, se sont traduites par des **régressions marines** : le niveau de la mer s'est ainsi abaissé de 180 mètres lors de la dernière glaciation. Des populations asiatiques ont sans doute pu franchir aisément le détroit de Béring vers l'Amérique. Des îles rattachées aux continents ont été peuplées d'une flore et d'une faune **allochtones** (d'implantation récente). Dans le même temps, les processus d'érosion froids dominaient, même à des latitudes assez basses.

Inversement, les phases de fonte des glaciers, dites **cataglaciaires**, ont entraîné la disparition d'espèces froides ou leur repli dans des zones refuges, comme les montagnes. La fonte des grands inlandsis a provoqué la remontée du niveau marin – la **transgression marine** – et parfois le relèvement isostasique de parties de continents, comme en Scandinavie : l'allégement de la charge a en effet créé un mouvement de compensation de la croûte terrestre.

À l'échelle mondiale, le synchronisme des glaciations est avéré : elles ont touché à la même époque, ou avec un léger décalage, les différentes montagnes du globe et les deux calottes polaires. Ainsi, la dernière glaciation alpine, le Würm, a coïncidé avec les calottes glaciaires du **Weischel** et du **Valdaï**, touchant respectivement l'Allemagne du Nord et la Russie, et avec la glaciation des Rocheuses américaines, le **Wisconsin**. Un tel synchronisme est logique, puisque les grandes glaciations sont liées à des causes climatiques planétaires. Elles paraissent correspondre aux **pluviaux**, épisodes humides ayant touché le Sahara par exemple. La taille des glaciers joue un rôle dans la durée de la fonte, les plus petits réagissant plus vite. Ainsi, il y a 6 500 ans, les Alpes et les Pyrénées avaient le même aspect qu'aujourd'hui, alors que l'inlandsis était encore présent au Québec.

lire aussi **Déserts arides – Développement durable – Eau – Météorologie – Montagne – Risques, pollution**

COURS D'EAU, HYDROLOGIE

Les cours d'eau sont des lieux de polarisation et de fixation des populations depuis des millénaires. Ils ont en conséquence fait, depuis longtemps, l'objet de travaux géographiques et restent un objet d'étude essentiel pour les géographes. En géographie physique, l'**hydrologie** est l'étude des eaux, notamment de leurs mouvements, leurs propriétés chimiques et physiques. On distingue l'**océanographie**, ou hydrologie marine, de l'**hydrologie continentale**. Cette dernière se subdivise en plusieurs branches ayant des champs d'étude différents : l'**hydrologie lacustre**, ou **limnologie**, s'intéresse aux lacs, l'**hydrogéologie** et l'**hydrologie souterraine** s'occupent des nappes phréatiques et l'**hydrologie fluviale** ou **potamologie** concerne l'étude des cours d'eau. L'**hydrographie**, quant à elle, se concentre sur l'étude des tracés et des réseaux. Toutes étudient dans leur domaine de compétence tel ou tel aspect du cycle de l'eau.

Les cours d'eau contribuent à la structuration de l'espace

• Les différents types de cours d'eau

On a parfois nommé dans le langage courant « **eaux vives** » les eaux qui alimentent les torrents, fleuves et rivières, les eaux des lacs et des nappes phréatiques étant, par opposition, les « **eaux dormantes** ». L'image est cependant excessive, les lacs et les nappes phréatiques étant animés de courants et mouvements divers. Contrairement aux

fleuves qui débouchent dans la mer par une **embouchure**, les **rivières** sont des cours d'eau qui se jettent dans un autre cours d'eau, en un lieu nommé **confluence** (ou **confluent**). Elles constituent donc des **affluents**. Le terme de **rio** est utilisé, quant à lui, dans le monde hispanique indifféremment pour les fleuves et rivières. Quant aux termes de **ruisseau**, de **ru** et de **ruisselet**, ils désignent des éléments de taille décroissante. Les rivières peuvent être **pérennes** (permanentes), ou temporaires, comme les **oueds** d'Afrique du Nord. Les **torrents** sont des rivières de montagne à l'écoulement turbulent. Tous ces cours d'eau ont des caractéristiques sensiblement différentes en fonction de leur topographie et du climat ambiant.

Un **réseau hydrographique** est l'ensemble constitué par un cours d'eau et ses affluents ; il draine une région plus ou moins vaste (le **bassin-versant**, l'espace drainé par la rivière) ; son **chevelu**, plus ou moins ramifié, est souvent hiérarchisé autour du cours d'eau principal. Le bassin-versant d'un cours d'eau peut être très étendu : celui de la Seine couvre des milliers de km^2, du Massif central au Nord de la France et celui de l'Amazone dépasse les 6 millions de km^2. Les bassins-versants sont séparés les uns des autres par des **lignes de partage des eaux**, généralement situées sur des zones plus élevées, les **interfluves**, parfois nommés **seuils** : le seuil de Bourgogne sépare les bassins-versants de la Seine et du Rhône. Mais il peut arriver, fait très rare, que la ligne de partage des eaux soit dans la rivière elle-même : la ligne de partage des eaux Amazone-Orénoque passe au milieu de ce dernier, qui se divise en deux pour donner naissance au Rio Negro, affluent de l'Amazone.

• L'embouchure des fleuves : estuaire ou delta

Un fleuve se jette dans la mer par un estuaire ou un delta. L'**estuaire** est la partie terminale du fleuve, de forme évasée, dans laquelle se fait sentir la marée. Celle-ci remonte le cours d'eau, parfois sur de nombreux kilomètres, engendrant quelquefois des phénomènes spectaculaires comme le **mascaret**, vague déferlante vers l'amont. Les estuaires ont pu se former lors d'un abaissement du niveau marin, entraînant le creusement de vallées, immergées lors de la remontée de la mer. Ce type d'estuaire concerne notamment en Bretagne les **rias** et les **abers**, plus petits. Les **fjords** constituent un cas particulier : ces vallées glaciaires, parfois très longues, ont été envahies par la mer, et leur partie amont, souvent occupée par une rivière, constitue un estuaire.

Les **deltas**, dont la forme évoque la lettre grecque Δ, correspondent à une nette avancée du fleuve dans la mer, créant une zone d'accumulation d'alluvions. Ce sont les fleuves les plus chargés en alluvions, les plus rapides, qui ont tendance à édifier des deltas. On peut distinguer plusieurs types de deltas en fonction de leur forme. Aux deltas lobés, digités, témoignant des apports nombreux du fleuve, s'opposent les formes plus régulières des deltas arrondis dans lesquels l'érosion marine joue un rôle important. La rivière, qui peut se subdiviser en plusieurs branches à l'intérieur du delta, est toujours limitée par des berges naturelles, le fleuve formant ses propres digues. Celles-ci restent néanmoins fragiles et peuvent se rompre lors des crues exceptionnelles.

• Les cours d'eau, ruptures territoriales ou axes privilégiés ?

Au cours de l'histoire, les populations se sont souvent installées à proximité ou le long des fleuves : ceux-ci servaient en effet d'axes privilégiés pour les transports (*cf.* p. 530) et le commerce. L'histoire du peuplement des régions désertes ou inconnues a souvent privilégié les fleuves comme **axes de pénétration** préférentiels, comme ce fut le cas de la conquête de l'Afrique au XIXe siècle par la remontée du Nil ou du Congo. Dans des régions où l'empreinte humaine était forte, l'aménagement des cours d'eau est souvent passé par des systèmes de **digues**, remblais artificiels protégeant les populations des crues, mais aussi de routes qui ont souvent plus ou moins suivi les grands cours d'eau en évitant le lit mineur pour les mêmes raisons.

Les cours d'eau ont donc au fil du temps structuré l'espace, au point que pendant longtemps les divisions territoriales se sont faites en partie en fonction de ceux-ci : la division départementale française obéit en grande partie à ce critère puisque 66 départements portent, au moins en partie, le nom d'une rivière. Dans le même temps de nombreux sites de villes correspondent à des **sites de franchissement** dotés d'un pont ou d'un **gué**, endroit où l'on peut traverser le cours d'eau à pied. Ces aspects, ainsi que le rôle des cours d'eau pour les besoins domestiques, agricoles et industriels, ont été particulièrement étudiés par la géographie classique. Ils illustrent le fait que le cours d'eau est une structure linéaire organisant l'espace : axe majeur dans le sens du fleuve, rupture territoriale perpendiculairement à celui-ci ; le cours d'eau peut être coupure, limite ou au contraire lien, contact. D'où l'intérêt que lui portent actuellement les géographes, notamment dans le cadre de l'**analyse spatiale** (*cf.* p. 247) : dans le système « point-ligne-surface », elle est même la principale **structure linéaire**.

Paysages de cours d'eau

« Si le paysage est un tout, ce tout peut être ramené à un élément dominant qui lui donne sens, la ville ou la campagne, la plaine ou la montagne. Il en va de même pour l'eau [...]. Un fleuve comme le Mississippi multiplie les méandres, les faux bras et les lits abandonnés, de sorte que son lit majeur s'étend sur une largeur de plus de cent kilomètres à l'amont de Vicksburg. D'autres fleuves dits réguliers comme l'Amazone ou le Congo incluent dans leur lit moyen de vastes zones marécageuses. [...] Dans le cadre des économies pré industrielles, le cours d'eau a fourni l'eau de boisson, l'eau des processus artisanaux et un mode de circulation extérieur et intérieur à la ville. Amiens offrait un exemple remarquable de cette intégration, avec le réseau de canaux qui sillonnait la ville. [...] C'est [au XIXe siècle] que s'est amorcé le divorce entre la ville et le fleuve par [...] la construction des quais hauts intégrés à l'espace urbain [...]. Plus tard encore, les quais seront transformés en entrepôts ou en parcs de stationnement automobile. Ce processus se retrouve sur tous les fleuves, parfois au détriment des sites patrimoniaux [...], les canaux et rivières qui traversaient les villes, comme la Bièvre à Paris, l'Erdre à Nantes, [...] ont été transformés en égouts puis recouverts au nom de l'hygiène et oubliés. [...] C'est également au nom de l'hygiène que des **laisses de crue** [espaces alternativement couverts et découverts lors de crues] ont été transformées en parcs urbains comme le parc de la Tête d'Or à Lyon ou Hyde Park à Londres. [...] Autre lieu chargé de symboles, le **confluent** est le point de jonction de deux branches d'un même fleuve. [...] Les flots chargés du Missouri évoquent la rudesse de l'Ouest américain face aux flots plus calmes du Mississippi-Ohio. Le confluent lyonnais mêle de la même façon les eaux calmes de la Saône aux eaux quasi torrentielles du Haut-Rhône. »

Jacques Bethemond, Anne Honegger-Rivière
et Yves-François Le Lay, « Les paysages des eaux douces »
in Le Paysage dans tous ces états, Géoconfluences, mars 2006,
http://geoconfluences.ens-lsh.fr.

Mais la géographie culturelle s'est également approprié l'objet cours d'eau. Les rapports entre fleuve et ville ont par exemple fait l'objet de nombreuses études dans lesquelles intervenaient aussi des urbanistes et des sociologues : de nombreuses communes tentent d'ailleurs de se réapproprier leur fleuve par des opérations ludiques comme à Paris-Plage, ou par l'aménagement de leurs berges ou de leurs **quais** (section de berge permettant l'accostage des navires ou des péniches), comme à Nantes ou Bordeaux. Enfin, le paysage des cours d'eau en tant que tel a fait l'objet de différentes études.

Avec la montée des préoccupations environnementalistes et du développement durable, d'autres géographes s'intéressent aux conséquences des pollutions ou encore aux acteurs intervenant dans le cadre de la loi sur l'eau (*cf.* p. 144). Les cours d'eau restent donc un objet important pour la géographie, qu'elle soit sociale, culturelle ou environnementale.

Hydrologie et hydrographie fluviales

Seule une faible partie des eaux de pluie va à la rivière, la majeure partie s'évaporant (*cf.* p. 137). Toute précipitation tombée sur un espace donné peut s'évaporer, s'écouler en surface ou s'infiltrer dans le sol. Le **bilan hydrologique** analyse la répartition de ces modes d'évacuation. Il varie en fonction de facteurs nombreux. L'évaporation demeure toujours importante, surtout dans les régions chaudes ou lorsqu'une couverture végétale, par « transpiration », augmente cette évaporation. On parle alors d'**évapotranspiration**. La quantité s'infiltrant dans le sol dépend principalement de la perméabilité du substrat : un sol calcaire fissuré est plus propice aux infiltrations qu'un sol argileux. Enfin, la partie restante s'écoule pour donner naissance aux rivières. Seules quelques régions arides connaissent une absence quasi totale d'écoulement (**aréisme**). On peut ainsi calculer le **coefficient d'écoulement** d'un bassin-versant, qui est le rapport entre la lame d'eau écoulée par la rivière et celle reçue sous forme de précipitations. De même, le **bilan spécifique** – le rapport entre le débit de la rivière et l'étendue du bassin-versant – permet de comparer l'écoulement de rivières dans des bassins-versants de taille fort différente.

• Débits et régimes hydrologiques

Le **débit hydrologique**, exprimé en m^3 par seconde, correspond au volume d'eau écoulé en une seconde par un cours d'eau en un point de son cours. Celui-ci dépend du climat et de la configuration du bassin-versant. Il varie aussi, pour un même cours d'eau, de la source à l'embouchure et en fonction des saisons.

On appelle **régime hydrologique** les variations dans l'année de l'alimentation en eau des rivières. Il dépend des précipitations reçues et se trouve donc étroitement lié au climat. Les régimes sont marqués par l'existence d'une période de basses eaux, l'**étiage**, et d'une ou deux périodes de hautes eaux, la **crue**. Une autre acception du terme le réduit au sens de **crue catastrophique**, la rivière sortant de son tracé d'écoulement habituel, le **lit mineur**, limité par des talus, les **berges**, pour s'étaler dans son **champ d'inondation** ou **lit majeur** (*cf.* p. 456). Toute crue est suivie d'une période de baisse des eaux, la **décrue**. Inondations et crues peuvent aussi être liées aux phénomènes d'embâcle et de débâcle. L'**embâcle** se caractérise par l'obstruction d'un cours d'eau par des glaces flottantes, en général en hiver, voire, par extension, par d'autres objets flottants (arbres…). Il provoque donc, en amont, des inondations. Lors du dégel, l'inverse se produit : c'est la **débâcle**, qui engendre crue et inondation en aval.

Les régimes hydrologiques dépendent aussi de la taille et des caractéristiques des bassins-versants : un fleuve immense peut traverser des régions de climat montagnard, puis continental, puis océanique. Il convient donc de distinguer les **régimes simples** des petites rivières de climat homogène, des **régimes complexes** marqués par la coexistence de deux ou trois régimes climatiques. Les régimes nivaux et glaciaires présentent une particularité : la crue ne correspond jamais avec la période des fortes précipitations, celles-ci étant stockées sous forme de neige ou de glace dans les zones montagneuses (c'est la **rétention nivale**). La crue correspond à la période de réchauffement et de fonte des neiges.

Les régimes naturels, ainsi que les débits, sont largement modifiés par l'intervention humaine : prélèvements et barrages tendent à diminuer les débits et à régulariser les régimes. De même, l'action anthropique entraîne la transformation des tracés des cours d'eau, ne serait-ce que par la création de digues.

Les régimes des rivières

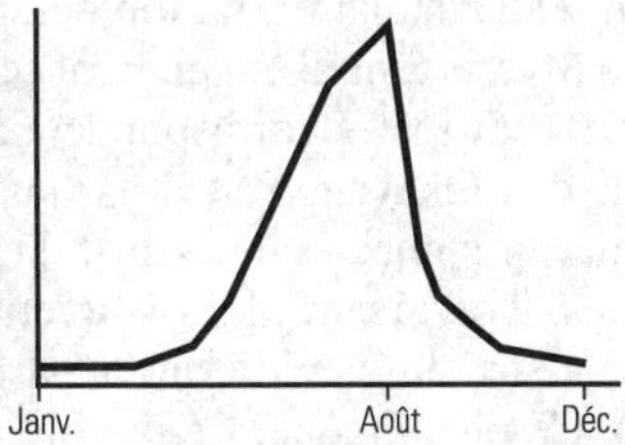

Régime glaciaire
(Ex : l'Arve)

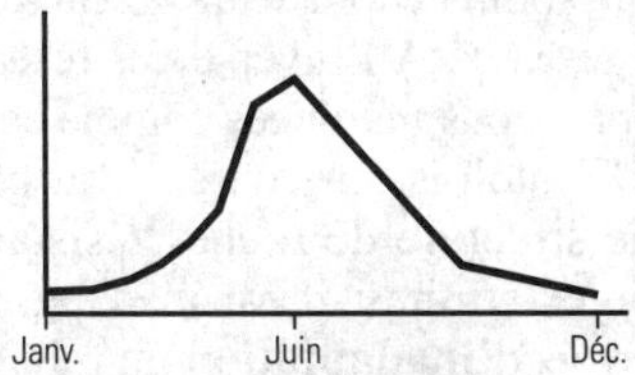

Régime nival de montagne
(Ex : la Romanche)

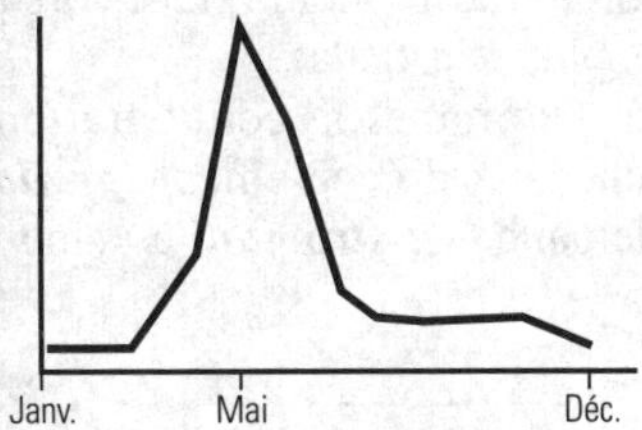

Régime nival de plaine
(Ex : la Volga)

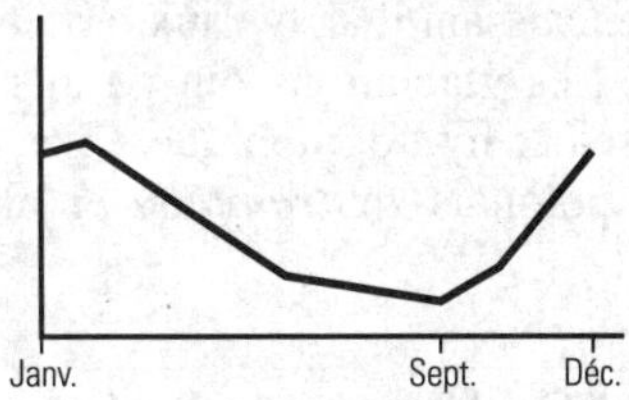

Régime tropical à saison sèche
(Ex : Paraïba do Sul, Brésil, hémisphère sud)

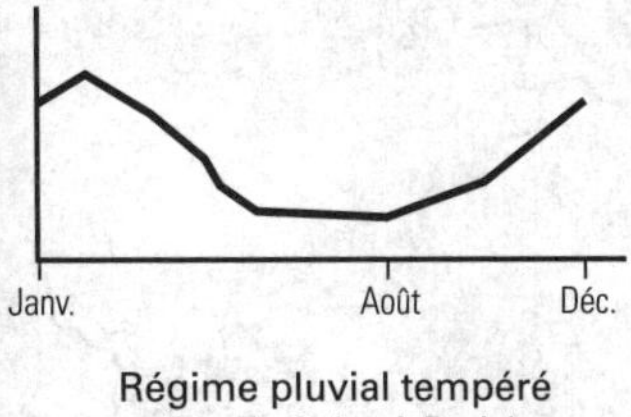

Régime pluvial tempéré
(Ex : la Seine à Paris)

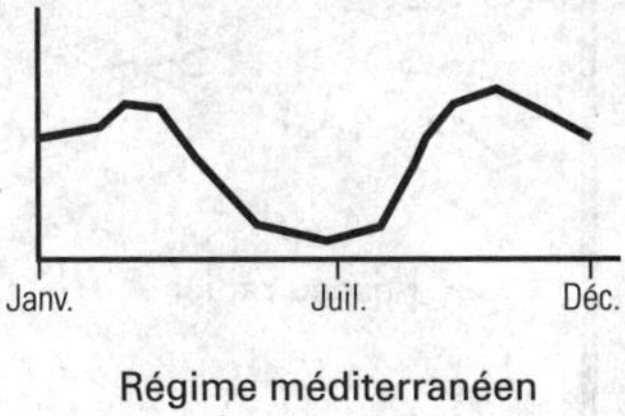

Régime méditerranéen
(Ex : l'Ardèche)

Source : A. Rochefort, *Les Fleuves, PUF*, 1969.

• L'organisation des réseaux hydrographiques

Le relief détermine généralement l'organisation des réseaux hydrographiques : il y a alors une **adaptation** du réseau hydrographique au relief. Ainsi, le réseau radial et le réseau annulaire sont toujours issus d'un sommet : plusieurs volcans du Massif central engendrent ce type de réseaux. À l'inverse, les réseaux centripètes correspondent à des dépressions marquées comme celle de l'Okavango au Botswana.

Toutefois, un cours d'eau peut, en s'encaissant, s'installer sur une structure de roches résistantes. Traversant alors souvent des gorges étroites, il est inadapté à la structure (bien que l'on parle parfois d'**inadaptation** au relief). Ce phénomène, l'**épigénie**, peut soit se produire par **antécédence** (le cours d'eau étant installé avant un mouvement tectonique), soit par **surimposition** (le cours d'eau coulant sur une surface d'érosion garde le même tracé lorsqu'en s'encaissant il arrive aux terrains plus résistants).

Les glaciations ont pu aussi déterminer la configuration des réseaux hydrographiques. Les chenaux d'écoulement (***pradolina*** en polonais, ***urstromtäler*** en allemand – ***urstromtal***, au singulier)

Quelques types de réseaux hydrographiques

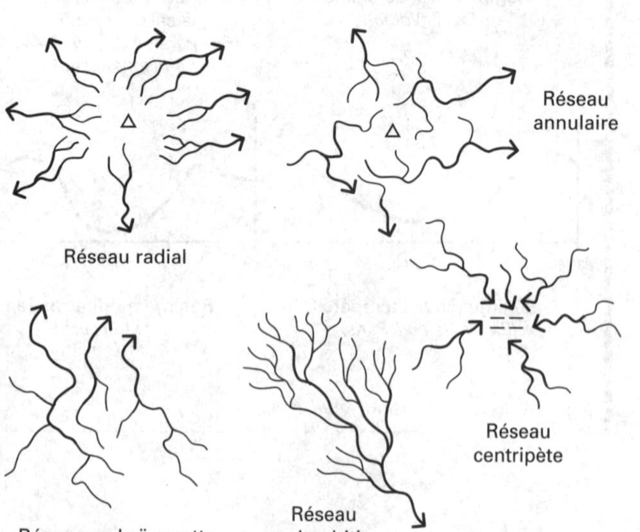

des grands glaciers quaternaires ont souvent favorisé les tracés en baïonnette de nombreuses rivières polonaises ou russes. L'Oder, la Vistule ou le Niemen correspondent à autant de stades du recul de l'inlandsis.

• Les profils hydrographiques

Le relief est un des éléments déterminant les profils transversaux et longitudinaux des cours d'eau. La pente influe en effet directement sur la vitesse, donc sur la force érosive de l'eau. Transport, accumulation et érosion dépendent aussi de la nature géologique du terrain.

Le **profil en long** de la rivière, qui représente les différentes altitudes du cours d'eau par rapport à la distance parcourue, peut être marqué par des ruptures de pente ou au contraire être homogène. Une rupture de pente, liée par exemple au passage brutal d'une zone de montagne à une zone de plaine, se traduit par des changements nets dans le comportement de la rivière. Dans des zones de forte pente, l'écoulement devient turbulent et la vitesse du courant importante. Dans les zones très raides liées à des accidents tectoniques ou à des terminaisons de coulées volcaniques, les chutes d'eau peuvent même concerner des fleuves immenses, telles les chutes du Zambèze. Pour de tels cours d'eau, les termes de **chute d'eau** ou de **cataracte** sont préférables à celui de **cascade**, plutôt réservé à des rivières de petite taille. La section comprise entre deux chutes naturelles ou deux barrages se nomme un **bief**.

Dans le cas d'une faible pente, la vitesse du courant s'amoindrit, ce qui influence notamment son **profil en travers**. La rivière peut décrire des sinuosités ou **méandres** qui, souvent groupés par cinq ou six, forment des **trains de méandres**, parfois encaissés, parfois libres. Dans ce dernier cas, ils sont en constante transformation, la rivière érodant la rive concave et déposant des alluvions sur la rive convexe. Les méandres peuvent donc se recouper et isoler des lacs et des bras de rivières, nommés **marigots** aux Caraïbes, **bayous** en Louisiane. Enfin, parfois, si la zone plane succède à un secteur pentu, la rivière peut s'étaler, divaguer et se diviser en de nombreuses branches, appelées **chenaux anastomosés**.

L'hydrologie des lacs et des nappes

Lacs, étangs et nappes retiennent une bonne part des eaux continentales.

• L'hydrologie lacustre

Un **lac** est une nappe d'eau assez étendue, supérieure à un **étang** et à une **mare**, bloquée vers l'aval par un obstacle naturel ou artificiel et ne s'écoulant que par un exutoire. La profondeur est très variable : le fond des lacs Tanganyika et Baïkal se situe en dessous du niveau de la mer (1 620 m de profondeur pour le lac Baïkal). Même si quelques très grands lacs ont une salinité importante, comme le Grand Lac Salé, le terme de lac est souvent réservé à des étendues d'eau douce.

On peut distinguer les lacs situés dans une dépression des lacs de barrage. Un **lac de surcreusement** se loge dans un creux qui peut être causé par l'érosion glaciaire, tels les grands lacs italiens ou le lac du Bourget, en France. Un **lac tectonique** est lié à l'existence de fossés d'effondrement comme c'est le cas pour les grands lacs africains. Mais, le plus souvent, les lacs liés à l'érosion glaciaire ont une origine également tectonique, le glacier ayant emprunté un axe synclinal, une zone fracturée ou un sillon entre deux grands ensembles tectoniques. Les **lacs de barrage** peuvent être d'origine naturelle, une coulée volcanique, un éboulement créant parfois en amont une retenue d'eau. Le lac de Saint-Laurent, dans les Alpes, provoqué par un barrage lié à des avalanches fut, pendant un temps, au Moyen Âge, le plus grand lac français. D'autres lacs sont d'origine anthropique, destinés pour la plupart à la production hydroélectrique. Tous ces phénomènes peuvent se combiner, un lac pouvant avoir des origines multiples.

L'hydrologie des lacs possède des traits spécifiques. Les marées s'y font peu sentir et les courants sont souvent tourbillonnants car déviés à de multiples reprises par les rives, du moins pour les plus petits d'entre eux. Leur alimentation en eau provient de rivières, les **déversoirs** ou **tributaires**, plus ou moins nombreux. Le trop-plein s'évacue par un ou plusieurs cours d'eau, les **exutoires** (ou **émissaires**, ou **effluents**). Souvent, la même rivière sert d'exutoire et de déversoir, comme c'est le cas du Rhône traversant le lac Léman. Les conséquences sont nombreuses. La crue du tributaire s'étale sur le lac et ressort amoindrie par l'émissaire : les lacs jouent donc un rôle fondamental d'**écrêteurs de crue**. De nombreux barrages artificiels fonctionnent de même sur des rivières aux crues jugées dangereuses, notamment sur la Loire. Parfois, dans les régions chaudes, aucun exutoire aérien n'existe et l'eau s'évacue par infiltration ou évaporation.

La salinité, enfin, varie en fonction du climat et des apports en eau. De nombreuses dépressions salines, les **sebkhas** (en Afrique du Nord), ou **salars** (en Amérique du Sud), sont alimentées par l'affleurement des eaux souterraines.

• Les nappes et l'hydrologie souterraine

On appelle **nappe aquifère** les eaux du sous-sol. Les **nappes phréatiques** qui alimentent les puits (*phreatos* en grec) sont les plus proches de la surface. Leur alimentation en eau varie donc énormément en fonction des pluies et de la saison. Les tracés sont plus ou moins complexes en fonction des roches traversées : certaines sont poreuses et retiennent l'eau, d'autres sont perméables et la laissent passer. Il faut mettre à part le calcaire qui, lorsqu'il est fissuré, engendre des réseaux hydrologiques de taille importante, les réseaux karstiques, marqués par des grottes de grande ampleur, ou **avens**, et des rivières souterraines parfois importantes (*cf.* article *Érosion, modelé*).

Toutes ces nappes affleurent par des **sources**, qui restituent leur eau à l'air libre. Lorsque la nappe est étendue, plusieurs sources peuvent exister le long d'une courbe de niveau, la **ligne de source**. On distingue différents types de sources. Les **sources thermales** restituent de l'eau chaude et sont fréquemment des **sources minérales**, notamment dans les régions montagneuses. En région calcaire, de véritables rivières peuvent surgir à l'air libre, ce sont les **résurgences** ou **sources vauclusiennes**. Dans ces mêmes régions, les **sources** peuvent être **pétrifiantes**, c'est-à-dire qu'elles laissent à leur sortie des dépôts calcaires, les **travertins**. Enfin, certaines nappes ont des **sources artésiennes**, c'est-à-dire jaillissantes, car situées au-dessous du niveau de la nappe proprement dite.

lire aussi **Eau – Érosion, modelé – Risques, pollution**

CULTURE, GÉOGRAPHIE CULTURELLE

En première approche, le terme de **culture** désigne, par opposition à celui de nature, l'ensemble des formes acquises de comportement, de croyances et de connaissances qui caractérisent un groupe social. La géographie culturelle correspond à une approche ancienne en géographie. Si elle s'est surtout développée à l'étranger, elle connaît un essor important en France depuis une vingtaine d'années.

L'approche culturelle en géographie

La **géographie sociale et culturelle** a pour but « de décrire et d'expliquer les aspects de la vie en société, qui contribuent à la différenciation du monde » (Paul Claval). Dans le détail, on différenciera toutefois ce qui relève d'une géographie purement sociale (*cf.* article *Société, géographie sociale*) d'une **géographie culturelle**. Cette dernière recouvre l'étude des répartitions des langues, des religions, des organisations sociales (la place de la famille, par exemple), les comportements démographiques, mais aussi tout ce qui fonde l'univers social, comme par exemple les pratiques récréatives. La géographie culturelle étudie donc les faits de culture, mais on nomme également géographie culturelle, de manière sans doute plus vague, la géographie qui prend en compte l'approche par la culture des réalités géographiques.

• Aux sources de la géographie culturelle

La géographie culturelle est née en Allemagne et aux États-Unis. En Allemagne, même si Alexander **von Humboldt** (1769-1859) a par exemple joué un grand rôle dans la prise en compte du fait culturel, c'est Fredrich **Ratzel** (1844-1904) qui a introduit la culture comme facteur essentiel de la géographie humaine. Les géographes allemands de cette époque ont popularisé l'idée du **diffusionnisme** : la culture d'un groupe se développe et se transforme par le biais d'emprunts culturels auprès des groupes humains voisins. Malgré son succès au début du XXe siècle, cette théorie fut vivement critiquée car elle n'explique pas les similitudes de phénomènes culturels dans des populations sans contact.

Aux États-Unis, dans les années 1930, la géographie culturelle est développée par l'**École de Berkeley**, principalement grâce à Carl O. **Sauer** (1889-1975). Celui-ci, étudiant les rapports des sociétés à leur environnement, notamment dans le Mexique précolombien et dans les sociétés indiennes d'Amérique du Nord, a fait appel à l'histoire et a montré comment la culture contribue à transformer le milieu naturel.

En France, ces approches sont longtemps restées très secondaires. On peut toutefois citer Jean **Brunhes** (1869-1930), ancien élève de Vidal de la Blache qui se consacra à l'étude des paysages et relia le concept vidalien de **genre de vie** (*cf.* p. 228), à l'ethnographie. Ce concept de genre de vie a également été approfondi par Pierre **Deffontaines** (1894-1978), élève de Jean Brunhes, grâce à des thématiques nouvelles (l'homme et la charrue, l'homme et les plantes cultivées…). Mais c'est Pierre **Gourou** (1900-1999) qui a le plus contribué à intégrer le concept de culture dans les préoccupations des géographes, en le reliant à celui de civilisation (*cf.* p. 228-229).

Il faudra cependant attendre les années 1960-1980 pour que la culture soit considérée comme un fait majeur dans les approches des géographes. Avec le succès de l'espace vécu, puis de la géographie des représentations (*cf.* p. 193), l'approche culturelle prend de plus en plus de place dans les discours et les recherches des géographes. D'une façon plus générale, ce courant humaniste, parfois nommé **géographie humaniste,** prône une géographie qui confronte le lieu et l'appropriation de ce lieu en opposition à une géographie quantitative en plein essor à la même période : selon le courant humaniste, les « lois » de l'espace, support de l'analyse spatiale, ne prennent pas en compte les hommes et leurs comportements. L'expression de **géographie humanistique**, issue d'un néologisme (de l'anglais ***humanistic geography***) est également employée.

À partir des années 1980, un double mouvement s'empare de la géographie culturelle : sa structuration, par exemple par la création d'une revue (*Géographie et Cultures*, fondée par Paul Claval) et le foisonnement de ses branches. Ainsi, les religions (*cf.* article *Religion*), les territoires (*cf.* article *Territoire, territorialisation*) font l'objet de nombreuses études. Les politiques de la culture (***cultural policies***) sont désormais un objet de recherche. De même, la réflexion sur le bien-être a donné naissance à une véritable branche de la géographie (la **géographie du bien-être**). En effet, la recherche d'une meilleure qualité de vie passe par des données individuelles (la famille…), socio-économiques (l'emploi…), mais aussi spatiales. La **géographie du genre** est apparue très récemment en France à la suite des études anglo-saxonnes sur les femmes et plus généralement des ***gender studies*** qui constituent une approche pluridisciplinaire de la question du genre. Le **genre** (aussi bien féminin que masculin), contrairement au sexe qui est une réalité biologique, est la résultante d'une construction sociale liée à la socialisation. La géographie du genre peut être par exemple une géographie de l'inégalité entre les genres, mais il s'agit aussi d'une géographie comportementale.

• Le système culturel

Le sociologue américain Talcott **Parsons** (1902-1979) et le géographe Joël **Bonnemaison** (1940-1997) ont montré que la culture s'ordonne autour de quatre pôles : la croyance, le savoir, la compétence technique et un espace. Ces quatre pôles sont interdépendants et constituent un véritable système (*cf.* p. 350) beaucoup plus englobant que le seul système social : le **système culturel**. L'approche culturelle en géographie revient donc à étudier par une analyse systémique non seulement les particularités, mais surtout les interrelations entre ces quatre éléments. L'espace joue évidemment un rôle essentiel pour des géographes qui montrent comment on passe, par un changement d'échelles, du foyer culturel à la région, puis aux aires culturelles. La diffusion est en effet la dernière étape du processus de construction du fait culturel, après la découverte, l'invention et l'innovation. Ces théories restent cependant contestées à la fois par certains anthropologues, par la plupart des philosophes, mais aussi par des géographes, qui soulignent le caractère schématique de telles généralisations.

Les sociétés au cœur de l'approche culturelle

Les problématiques des géographes portent sur deux aspects : les aires culturelles et les différentes sociétés. Les géographes ont longtemps analysé ces dernières selon une approche anthropologique **européocentrée** qui visait à établir une typologie à partir du « modèle » européen, opposant ainsi sociétés traditionnelles et sociétés industrielles.

• Les aires culturelles

On appelle **aire culturelle** dans son sens le plus simple l'aire d'extension d'une culture. Des sociétés différentes peuvent donc appartenir à une même aire culturelle dès lors qu'elles sont marquées par une homogénéité culturelle ou de mode de vie. Mais de nos jours, par une généralisation fréquente, liée à une terminologie floue (en allemand, civilisation se dit *Kultur* ou *Zivilisation*), l'expression d'aire culturelle est parfois assimilée à celle d'**aire de civilisation** (*cf.* p. 259), médiatisée par S. Huntington. On parle, par exemple, de civilisation occidentale. Néanmoins, le terme de civilisation reste plutôt réservé à un usage extérieur, social, tandis que celui de culture souligne davantage l'aspect intérieur, voire spirituel, ce qui est d'ailleurs conforme à l'emploi correct des termes en allemand. Toute aire culturelle est donc aussi par définition une aire historique. Par ailleurs, le terme de culture supposant un ensemble de formes d'organisation (les structures sociales, les structures politiques, les valeurs éthiques et les religions), les grandes aires religieuses (*cf.* p. 448-449) sont une forme particulière d'aires culturelles.

Cette notion, assez ancienne, connaît actuellement un certain succès du fait du contexte de mondialisation. Selon un discours fréquent, les aires culturelles auraient tendance à s'estomper au profit d'un **village planétaire** ou d'un **village global**, qui supposerait une culture universelle issue d'un **métissage culturel** (un mélange des cultures). Elles sont aussi parfois analysées comme une uniformisation et une occidentalisation des valeurs. Ces opinions sont excessives (*cf.* article *Mondialisation, système-monde*).

• Les sociétés traditionnelles

L'analyse ethnographique et les géographes ont souvent étudié les sociétés traditionnelles. Dans son sens le plus courant, une **société traditionnelle** est une **société préindustrielle**, c'est-à-dire qui n'a pas connu le développement massif de l'industrie consécutif à la révolution industrielle qui débuta au milieu du XVIIIe siècle en Europe de l'Ouest. Les sociétés les plus traditionnelles sont parfois qualifiées de **sociétés primitives** ou **archaïques**. Certains auteurs contestent le terme « primitif » utilisé pour les qualifier, terme qui suppose un état infantile, une évolution à peine entamée correspondant mal à la stabilité de ces sociétés qui présentent également une forme de richesse et d'aboutissement, une organisation sociale originale et complexe et des systèmes de représentation aussi riches que ceux des sociétés industrielles. Il s'agit surtout de **micro-sociétés** (sociétés d'extension réduite), dans lesquelles l'écriture est souvent absente, le développement technique faible et les activités presque totalement liées à l'exploitation directe de la nature par la cueillette, la pêche ou la chasse, qui apportent l'essentiel des subsistances. Ce sont des sociétés très peu ouvertes sur l'extérieur, qui peuvent, dans les cas extrêmes, vivre en autarcie ou parfois dans un état d'isolement et de méconnaissance totale du monde. Elles ont donc une territorialité très développée. L'agriculture, peu productive, se réduit à l'exploitation de parcelles peu importantes dans le but d'apporter un complément d'alimentation. L'élevage est également très réduit. Ces sociétés possèdent une organisation administrative de base car elles sont structurées par des rapports de parenté qui déterminent les droits des individus sur le sol, les obligations de différente nature, les relations d'autorité. La division du travail et les distinctions sociales sont peu marquées et fondées essentiellement sur le sexe et l'âge. Ce sont enfin parfois des **sociétés guerrières**, pour lesquelles l'affrontement reste un mode de confrontation avec les sociétés voisines. Les peuples de la forêt amazonienne ou d'Irian Jaya (Indonésie) témoignent de la persistance de ces sociétés dans le monde actuel. On les qualifie parfois de **peuples premiers** ou **peuples autochtones**, selon une terminologie qui exprime leur présence ancestrale et leur fort rapport au territoire.

Les sociétés traditionnelles classiques sont des sociétés davantage ouvertes au monde, souvent modifiées par la colonisation et présentant aujourd'hui une réelle dynamique d'évolution. Elles sont par exemple très souvent dans la seconde phase de la transition démographique, ce qui n'est pas le cas des sociétés primitives. Les sociétés traditionnelles sont d'abord des **sociétés agraires** dans lesquelles les productions agricoles sont prédominantes. C'est le cas par exemple des espaces sahéliens (agriculture, élevage) ou des sociétés de Sibérie du Nord et de l'Est, dont l'essentiel de l'activité productrice est liée à la pêche. Ce sont donc des **sociétés rurales**, où les urbains demeurent minoritaires, et des **sociétés paysannes**, dont les agriculteurs constituent la population majoritaire. Ce sont parfois encore des **sociétés routinières** où les activités économiques sont restées très liées à l'habitude, à la coutume ou à la religion. Les plus actives d'entre elles sont souvent des **sociétés duales**, au sein desquelles se juxtaposent un secteur moderne et un secteur traditionnel. Ce sont également des **sociétés cloisonnées** dans lesquelles règne encore une certaine autonomie de chaque famille ou de chaque village. Les produits consommés sont en majorité produits sur place et ces sociétés sont peu intégrées à la mondialisation. Ce sont également des **sociétés communautaires** dans lesquelles les rapports se traduisent souvent par un certain effacement de l'individu devant les intérêts de la communauté. La conséquence en est donc une forte **cohésion sociale** (le degré d'unité d'une société). Ce sont souvent des **sociétés hiérarchiques** ou **sociétés inégalitaires** ou encore **excluantes**, dans lesquelles les systèmes d'ordres sont fréquents et difficilement contestables. L'inégalité est inscrite dans les mentalités et la naissance détermine encore parfois le destin futur.

Dans la vie courante, un grand rôle est joué par les structures intermédiaires, comme la famille qui est à la fois le lieu principal d'apprentissage des valeurs, de l'éducation des enfants, de la production économique et de la transmission des croyances. Ce peuvent être des **sociétés mystiques** au sein desquelles le poids de la religion et de ses rites, des croyances, de la sorcellerie (tel le vaudou) est majeur. Elles sont parfois marquées par l'**endogamie** – le fait de se marier avec un membre d'un même groupe social – et par la présence d'un fort pouvoir des hommes et des aînés, caractéristique des **sociétés patriarcales**. Ceux-ci entretiennent parfois la pratique de la **polygamie** – le fait d'avoir plusieurs conjoint(e)s – ou plus exactement la **polygynie**, qui permet à un homme d'avoir plusieurs épouses. C'est le cas en Afrique noire où la coutume l'autorise et où l'évangélisation, de même que les efforts de la communauté internationale, ne sont pas parvenus à la supprimer.

Enfin, de nombreuses sociétés traditionnelles forment une nation, même si elles ne disposent pas d'un véritable État. C'est le cas des

Kurdes, partagés entre l'Irak, l'Iran, la Turquie et la Syrie ou des Tibétains, victimes d'une vaste opération de sinisation dont le but n'est pas seulement l'expansion territoriale mais la destruction des fondements d'une société. C'est aussi le cas des Touaregs, dont le territoire est le désert saharien et qui ne se cantonnent pas dans les frontières nationales, mais on assiste à une sédentarisation accélérée de ces nomades.

• Les sociétés industrielles

Les **sociétés industrielles** sont des sociétés où la production industrielle et tertiaire tient une place prédominante. Elles sont fondées sur l'accumulation et la production de biens destinés le plus souvent à être vendus sur des marchés intérieurs ou extérieurs. D'après le philosophe et sociologue Raymond Aron, elles sont marquées par la séparation entre la famille et l'activité de production, la distinction entre production et consommation et une organisation du travail qui n'est plus dictée par les structures sociales (âge, sexe, parenté) mais par des exigences techniques, une accumulation du capital et la prépondérance du calcul économique et marchand. Ce sont donc des **sociétés rationnelles** où la décision et l'action sont commandées par des logiques de gestion et de profit.

Les progrès agricoles et le développement de l'industrie et des services a contribué à faire de ces sociétés des **sociétés urbaines**, caractérisées par des taux d'urbanisation importants et un rapport plus distancié au milieu « naturel ». En évoluant, les sociétés modernes sont devenues des **sociétés individualistes**, marquées par la conscience des intérêts individuels ou de classe, l'expression des revendications collectives ou personnelles. Il y a cependant tous les intermédiaires et les sociétés japonaises ou coréennes, toujours en partie marquées par une organisation traditionnelle, sont de bons exemples de cette évolution. La moindre emprise actuelle du **confucianisme**, doctrine qui fonde l'ordre social sur la subordination de chacun à son supérieur naturel, a longtemps permis d'éviter les conflits sociaux mais semble ne pas résister à l'évolution libérale de ces États.

Ce sont également des **sociétés de consommation** (dans lesquelles le ressort principal est la consommation des ménages stimulée par les nouveautés et l'omniprésence de la publicité) et des **sociétés d'abondance** (car la masse des produits consommables dépasse largement les besoins courants) dans lesquelles la capacité à consommer détermine largement la position sociale. Les produits ne sont plus conçus en fonction des besoins exprimés par une clientèle mais devancent la demande et la guident vers des horizons pensés par ceux qui les créent. Il en résulte une uniformisation du comportement liée à la consommation. On parle de **société de masse** pour qualifier ces sociétés uniformisées par la consommation et dans lesquelles les catégories moyennes deviendraient la norme. Le même terme est utilisé pour montrer le déclin, dans les sociétés modernes, des groupes primaires (la famille, le clan, la tribu) au profit d'une atomisation de la société qui a favorisé le repli sur les intérêts individuels.

Les pays les plus développés présentent aujourd'hui une organisation sociale encore plus évoluée qui caractérise les **sociétés postindustrielles**. Celles-ci sont marquées par le poids croissant du secteur tertiaire, une société très urbanisée, le développement des industries de pointe (informatique…) et de nouvelles élites. Les sociétés postindustrielles ne sont pas pour autant désindustrialisées et l'image d'une évolution qui aurait vu la substitution de l'industrie à l'agriculture à la fin du XIXe siècle, puis des services à l'industrie à la fin du XXe siècle, est excessive : les sociétés postindustrielles ont des bases industrielles encore solides et une part importante du tertiaire constitue le prolongement de la production industrielle (marketing, ingénierie, services techniques, recherche appliquée). Les sociétés postindustrielles sont également des **sociétés de communication** marquées par l'accélération de la transmission de l'information. Elles sont enfin marquées par de graves problèmes sociaux qui résultent largement de la course au profit et de l'affirmation de l'individualisme. Ils se traduisent par la progression de la pauvreté, de la marginalisation et de l'exclusion. Les sociétés postindustrielles se caractérisent enfin par un affaiblissement des conflits de classe, qui s'expriment d'autant moins que l'individualisme progresse et que la société est plus uniforme.

L'opposition entre sociétés traditionnelles et sociétés industrielles est cependant caricaturale car nous sommes probablement en train de vivre une **transition culturelle**, notion qui signifie le passage global d'un niveau de civilisation à un autre. Comme les sociétés archaïques sont progressivement passées aux sociétés traditionnelles (une transition culturelle), le monde entier serait en train de passer directement d'une société industrielle à une société postindustrielle.

Si les géographes ont longtemps analysé les sociétés avec un regard ethnographique et selon une trame historique, ils en ont aujourd'hui une approche **postmoderne**. La **modernité** est fondée sur la croyance dans le progrès technique et scientifique (ce qui signifie pour les géographes par exemple la maîtrise de la nature), mais également dans le fait que ce progrès scientifique est porteur d'émancipation de l'homme. Au contraire, la **postmodernité** stipule que la modernité a échoué (faillite des idéologies par exemple) et envisage le monde de manière beaucoup plus « résignée ». Une telle opinion fut par exemple médiatisée par l'ouvrage de Francis Fukuyama en 1992 (*La Fin de l'histoire*). Les géographes étudiant les sociétés ont donc un regard beaucoup moins linéaire sur cette évolution, une vision beaucoup moins proche d'un **positivisme** (foi absolue dans le progrès), insistant davantage sur les chocs culturels entre ces sociétés et sur les tensions éventuelles entre elles.

lire aussi **Géographie (histoire de la) – Mondialisation, système-monde – Paysage – Société, géographie sociale**

Déserts arides

Dans un sens strict, le terme de **désert** qualifie des espaces dont l'homme est absent. Cette acception est conforme à l'usage premier du terme qui parlait par exemple de désert pour qualifier, au Moyen Âge, l'implantation de monastères dans des zones inhabitées. Les zones polaires, la haute montagne, certaines forêts tropicales peuvent donc être qualifiées de déserts. Pourtant, du fait d'une confusion liée à l'histoire coloniale, on assimile souvent la notion de désert à celle de désert biologique, marquée par l'aridité, voire à celle de désert chaud comme le Sahara, ce qui a engendré de la part des géographes un ensemble d'études et donc de termes spécifiques. Les déserts arides sont situés dans la zone intertropicale, dans des espaces de moyenne latitude marqués par des climats continentaux ainsi qu'aux hautes latitudes.

Désert et aridité

• L'aridité : ses formes et ses causes

Les **déserts absolus,** marqués par une absence totale et permanente de précipitations, n'existent pas. On distingue cependant des **déserts vrais**, touchés par l'**hyperaridité** (précipitations de l'ordre de 10 à 50 mm par an) et un **indice xérothermique** (nombre de jours secs par an) de plus de 350, et des **semi-déserts**, arides mais dans lesquels le manque d'eau est un peu moins marqué et constant : de 50 à 150 mm/an de précipitations et un indice xérothermique de 290 à 350. L'indice xérothermique est également nommé **second indice de Gaussen** et ne doit pas être confondu avec l'autre indice de Gaussen : P en mm = 2T en °C (*cf.* p. 138).

Les déserts sont bordés par des **régions semi-arides** dans lesquelles une courte saison humide apparaît (150 à 300 mm de précipitations par an et un indice de Gaussen de 100 à 290), ainsi que des formes de vies végétale et animale plus conséquentes. À l'image du **Sahel**, la bordure du Sahara, littéralement « rivage du désert », qui représente l'archétype de ces espaces semi-arides, la présence de l'homme y est également plus régulière.

L'**aridité** caractérise un milieu dans lequel l'eau est rare ou absente. Elle suppose un **bilan hydrique** déficitaire dans lequel la quantité d'eau évaporée par le sol et transpirée par les plantes excède l'apport en précipitations. On estime que 40 % des terres émergées sont des terres arides, situées à 40 % en Afrique, 40 % en Asie, le reste étant réparti entre l'Australie, l'Amérique latine et le pourtour méditerranéen. L'aridité se traduit également par un manque d'humidité atmosphérique et des sols secs et nus. Si l'aridité est un état quasi permanent, la **sécheresse** qualifie au contraire une situation temporaire qui touche généralement des espaces semi-arides. Sur une longue période, les espaces arides et semi-arides peuvent être également soumis à une **aridification**, c'est-à-dire à une diminution lente de la moyenne des précipitations.

L'aridité a plusieurs origines :

– la présence de hautes pressions subtropicales qui donnent naissance à un air stable et lourd dans lequel les ascendances ne peuvent s'effectuer ;

– les **effets d'abri** liés à la présence de hautes montagnes qui obligent les masses d'air à s'élever pour les franchir, ce qui provoque condensation et pluies. Ces masses d'air redescendent asséchées sur les régions situées en contrebas et créent des hautes pressions qui empêchent les ascendances ;

– la **continentalité**, c'est-à-dire l'éloignement des masses maritimes, qui provoque l'assèchement, pendant son trajet, de l'air venu des océans ;

– la présence de courants marins froids qui refroidissent l'air au contact de leurs eaux ce qui gêne les ascendances et empêche donc les précipitations.

Les grands types de déserts (déserts polaires exclus)

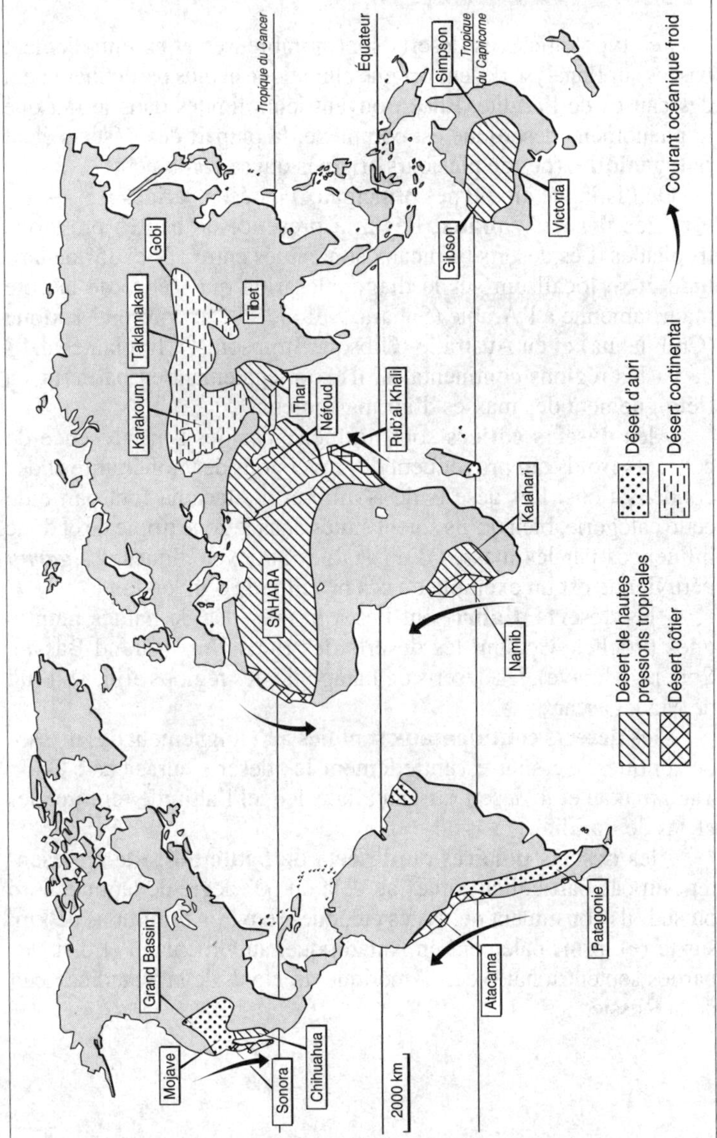

Les types de déserts arides

Les typologies des déserts sont nombreuses et essentiellement basées sur l'analyse de leur origine climatique et plus particulièrement des causes de l'aridité. Elles trouvent leurs limites dans le fait que le phénomène désertique est complexe, la plupart des **déserts** étant **polygéniques** (nés de plusieurs origines qui se combinent).

On distingue cinq types principaux de déserts arides :

– les **déserts zonaux**, liés à la présence de hautes pressions tropicales. Les déserts tropicaux sont situés entre 15° et 35° de latitude et se localisent sur la diagonale aride qui s'étire de la côte mauritanienne à l'Arabie (Sahara, Néfoud…), au nord du Mexique (Chihuahua) et en Australie (Gibson, Simpson…). Implantés dans de vastes régions continentales, ils sont également en partie liés à l'éloignement des masses d'air maritimes ;

– les **déserts côtiers** sont brumeux car liés à la présence de courants froids qui provoquent des inversions de température et des condensations. Les déserts de Namib et d'Atacama font partie de cette catégorie, bien qu'ils soient situés dans la zone tropicale et donc influencés par les masses d'air stables anticycloniques. La ***garua*** péruvienne est un exemple de ces brouillards d'inversion ;

– les **déserts d'abri** sont liés à la présence de hautes montagnes proches. Ce sont les déserts des États-Unis (Grand Bassin, Sonora, Mojave), les déserts de Patagonie, les régions arides du sud de Madagascar ;

– les **déserts continentaux** sont liés à l'éloignement des masses océaniques. Ce sont essentiellement les déserts eurasiens : Gobi, Taklamakan et le désert du Tibet dans lequel l'altitude renforce les effets de l'aridité ;

– les **déserts polaires** ou **déserts de haute latitude** représentent un cas particulier. Situés au delà du 60° degré de latitude nord ou sud, ils constituent de vastes étendues (environ 5 millions de km^2 sur terre), principalement en Antarctique, au Groenland et dans les parties septentrionales de l'Amérique du Nord, de la Scandinavie et de la Russie.

Les déserts polaires ou déserts de haute latitude

Ils répondent bien à la double définition du concept de désert aride car les densités de population y sont extrêmement faibles (0,02 hab./km^2 au Groenland !) et les précipitations également (250 mm au maximum). Par contre, le bilan hydrique reste le plus souvent excédentaire en raison du froid et d'une évaporation limitée. Ils font partie des **déserts zonaux**, dont l'origine climatique est liée à la présence d'un air froid dû à la faiblesse du rayonnement solaire près des pôles (la température moyenne des mois les plus chauds ne dépasse pas les 10 °C) qui engendre de hautes pressions permanentes, celles-ci entretenant un air stable. Les paysages sont spécifiques : paysages englacés d'**inlandsis**, c'est-à-dire de grands glaciers continentaux (ou **calottes polaires**) dont l'épaisseur, en Antarctique, peut atteindre les 2000 mètres ou de **banquise**, à savoir de mer gelée sur les zones maritimes ; végétation rase composée de mousse et lichens (**toundra**) et espaces forestiers de conifères (**taïga** ou **forêt boréale**). Le peuplement de ces déserts est marqué par un fort pourcentage de population d'implantation ancienne, que l'on qualifie aujourd'hui de **peuples premiers** ou peuples autochtones (ou encore **peuples indigènes**). Ces populations se caractérisent par les formes d'organisation sociale très ancienne qu'ils conservent, par des modes de vie restés dépendants des milieux nourriciers, par des pratiques culturelles spécifiques (chamanisme des peuples de Sibérie par exemple) et, enfin, par la perception qu'ils ont de leur indigénisme qui s'associe aujourd'hui fréquemment à la revendication d'un certain particularisme. Ces populations vivent souvent dans un relatif **isolement spatial** (ou **enclavement**) lié aux distances qui les séparent des régions les plus peuplées et aux conditions climatiques qui rendent les transports difficiles. Cet isolement est aujourd'hui partiellement rompu par les modes modernes d'information et de communication (satellites, Internet...) et par l'amélioration des réseaux de transports dans le cadre de politiques d'aménagement du territoire, dont une des motivations est la mise en exploitation des ressources. Le réchauffement climatique semble affecter aujourd'hui de manière accélérée ces espaces, ce qui pourrait entraîner la diminution des surfaces englacées et de l'épaisseur des inlandsis, ainsi que des modifications dans la répartition des formations végétales et des espèces animales. Il fait également apparaître de nouveaux enjeux géopolitiques liés à la découverte de gisements miniers ou énergétiques jusque-là inconnus et à la possibilité d'ouvrir de nouvelles routes maritimes, par exemple dans l'Arctique.

Les milieux désertiques

• Les composantes du milieu désertique

Les sols, les formations végétales et animales, le type d'écoulement, les processus **morphogénétiques** (qui créent et façonnent les formes de relief) sont influencés par les conditions climatiques et le poids de l'aridité.

Les déserts sont tout d'abord soumis à de multiples phénomènes géodynamiques, résultant de l'action du gel et des différences quotidiennes de température entre le jour et la nuit, des processus de dissolution karstique dans les calcaires, de l'action des eaux courantes en cas de pluie importante ou lors des périodes de crues d'oueds, et de l'action du vent qui agit par déflation et corrasion.

Les milieux désertiques sont également marqués par le poids des héritages de périodes plus humides pendant lesquelles se sont façonnées des vallées aujourd'hui abandonnées, des gorges ou des méandres encaissés.

Le couvert végétal est absent ou réduit, le plus souvent, à une maigre steppe parfois arborée (Kalahari par exemple). Les **plantes** sont **xérophiles**, c'est-à-dire adaptées à l'aridité. Ce sont des **plantes éphémères**, à courte durée de vie (deux à trois semaines), ou au contraire des formations vivaces et très résistantes ; des plantes à systèmes radiculaires développés en surface pour récupérer les eaux de rosée ou en profondeur pour chercher l'eau dans les basses couches du sol ; des **plantes grasses** ou succulentes ou des **plantes coriaces**, à épines, qui ne transpirent presque pas et gardent l'eau en réserve.

Les sols reflètent la pauvreté du développement biologique et sont peu évolués, peu épais et discontinus. Ce sont des **lithosols** sur roche-mère dure et des **régosols** sur roche-mère tendre. Les dépressions salines sont le domaine des **sols halomorphes**, caractérisés par la présence de sels parfois accumulés en efflorescences : *solontchak*, *solonetz*...

Enfin, les pluies étant brèves et rares dans les déserts, l'écoulement y est le plus souvent intermittent. Au-delà de quelques grands **fleuves pérennes** (à écoulement permanent), généralement **allogènes** (qui prennent leur source dans un milieu non aride), comme le Nil, le Tigre et l'Euphrate, l'essentiel du réseau hydrographique concerne des **oueds** (cours d'eau intermittents) qui suivent souvent le cours d'anciennes rivières et ne coulent effectivement qu'en périodes de crues. L'**écoulement** est très souvent **endoréique**, c'est-à-dire sans débouché sur l'extérieur mais aboutissant dans un lac intérieur ou une **sebkha**, dépression saline, également nommée **sebkhra** au Maghreb et **salar** en Amérique latine.

L'**aréisme** – l'absence d'écoulement permanent ou saisonnier – touche les déserts les moins arrosés.

• Les reliefs et modelés des déserts arides

Les déserts arides de la zone intertropicale correspondent dans l'imaginaire commun à des grandes plaines de sable et de dunes, appelées **ergs**, qui sont pourtant beaucoup moins étendus que les déserts de pierre ou **regs**. Les ergs résultent du dégagement de matériaux fins par les eaux de ruissellement pendant les périodes humides et du modelage de ces débris par les vents sous forme de **dunes**, des accumulations sableuses. Une **dune** peut être **vive**, fréquemment remaniée ou mouvante, ou **morte**, c'est-à-dire stabilisée par la végétation. Il existe un grand nombre de formes de dunes et un riche vocabulaire pour les qualifier. On distingue notamment les ***nebkha*** (dunes d'abri développées dans une dépression ou à partir d'un obstacle formé par un arbuste ou un buisson), des ***barkhanes*** (dunes libres et mouvantes qui se présentent souvent en essaim et s'ouvrent du côté où va le vent, des **dunes paraboliques** qui s'ouvrent du côté d'où vient le vent, ou encore des **dunes pyramidales** ou ***ghourd*** (*oghroud* au pluriel), hautes et isolées.

Les **regs** sont des régions planes caillouteuses qui représentent l'essentiel de la surface des zones arides. Ils résultent du **vannage** (le tri sélectif) et du transport par déflation des particules fines par le vent. Ils sont notamment formés de cailloux très durs et usés avec des formes en facettes (ou ***dreikanter***), de **rochers-champignons**, sculptés par le vent et à base plus étroite que le sommet, et de buttes-témoins (***gour***, *gara* au pluriel) à sommet plat, dégagées d'un plateau pierreux proche (***hamada***, ou ***chapadas*** au Brésil) par d'anciens cours d'eau lors de périodes plus humides. On parle de ***tassili*** quand le plateau est gréseux et de ***kreb*** pour qualifier son front.

Enfin, ces déserts peuvent être montagneux et présenter des pentes raides dues principalement à l'action des processus de gélifraction. Ce sont des massifs d'origine sédimentaire ou cristalline qui sont des inselbergs par rapport aux espaces environnants pédiplanés. Le Hoggar soulevé au moment de la formation des chaînes alpines en est un bon exemple et présente également des reliefs escarpés qui correspondent à des intrusions volcaniques récentes. Les versants de ces montagnes ont été particulièrement étudiés par la géographie coloniale jusqu'aux années 1960. Ce sont des plans inclinés réguliers qui relient la montagne aux plaines voisines. On parle de **glacis de dénudation** ou d'ablation sur roche sédimentaire, et de **pédiments** sur roches cristallines. En contrebas du versant se trouve fréquemment une **plaine d'épandage** (dans laquelle s'étalent les alluvions d'un cours d'eau) ou ***playa***, parfois occupée par une sebkha. Le terme de *playa* est d'origine latino-américaine, du fait de la présence de ces formations au Mexique et en Bolivie. L'auréole inondable qui entoure un salar ou une sebkha est moins salée et est qualifiée de ***chott*** en Afrique du Nord.

L'occupation humaine des déserts arides

Les déserts arides ont toujours été parcourus par les hommes (routes de la soie...), peuplés et exploités, notamment par des éleveurs nomades mais aussi par des cultivateurs, pratiquant une agriculture irriguée dans des espaces propices et notamment les **oasis**, lieux possédant de l'eau et de la végétation. L'intensité de l'occupation humaine actuelle dépend étroitement de la capacité des sociétés à utiliser des techniques élaborées pour compenser les contraintes du milieu. C'est la raison pour laquelle l'occupation des déserts est différente dans les pays développés et dans les pays en développement.

Bien que par définition très peu densément peuplés, ces espaces désertiques sont cependant largement parcourus et notamment empruntés par des éleveurs itinérants qui pratiquent le **nomadisme pastoral**. Les Bédouins et les Touaregs sont des éleveurs nomades du Sahara qui passent d'un campement à l'autre au gré des disponibilités en pâturage. Ils ne reconnaissent donc pas l'existence de frontières, ce qui les conduit parfois à des conflits avec les autorités.

Les étendues sèches sont également parcourues par des caravanes (*cf.* article *Agriculture*). On y trouve aussi des sites d'exploitation d'hydrocarbures (Algérie, Arabie...) et de richesses minières (Sahara, Kalahari...).

Le nomadisme pastoral tend à se réduire au profit d'une **sédentarisation** des populations qui choisissent un habitat fixe dans les rares sites où la présence d'eau est suffisante. La limite entre les immensités vides et les sites favorisés est souvent très nette dans le paysage. Ces derniers sont d'abord des oasis habitées et cultivées par les hommes qui exploitent notamment les **palmeraies** (plantations de palmiers). Ce sont également les rives de grands fleuves pérennes et les puits qui donnent accès aux **nappes phréatiques**, nappes souterraines formées par l'infiltration des eaux de pluies et qui peuvent être atteintes par des puits. La présence d'eau est ici fondamentale et a permis de développer l'irrigation. Le puisage de l'eau a longtemps été effectué par des techniques traditionnelles : roues à godets ou ***noria***, souvent mues par une traction animale, ou puits à balancier ou ***chadouf***, qui se manœuvrent à la main. Les ***foggara*** (***khettara*** au Maroc, ***qanats*** en Iran) – galeries souterraines reliées à la surface par des puits d'aération – permettent à l'eau de s'écouler, par des conduites d'irrigation, vers les casiers des palmeraies. Mais dans la plupart des régions du monde, les motopompes tendent de nos jours à se substituer à ces techniques.

L'importance du contrôle de l'eau dans les zones arides entraîne fréquemment des tensions géopolitiques entre les États situés sur le cours des grands fleuves pérennes, qu'ils désirent parfois aménager, ou à la verticale de grands **aquifères**, des nappes profondes, dont dépend pour partie leur alimentation en eau. C'est ainsi que le Soudan et l'Égypte s'opposent parfois sur la gestion des eaux du Nil et que l'Irak et la Syrie se trouvent en situation de dépendance vis-à-vis de la Turquie. Celle-ci possède en effet les parties amont du Tigre et de l'Euphrate et ses projets de construction de grands barrages (projet **GAP** notamment, littéralement **projet d'Anatolie du Sud-Est**, qui envisage à terme la création d'une vingtaine de barrages sur les bassins-versants de ces deux fleuves) affecteraient leur débit à l'aval et pénaliseraient les deux États concernés. De même, le contrôle du Jourdain et de la nappe de Cisjordanie, dans laquelle Israël puise largement pour sa consommation, est un des enjeux du conflit entre Israéliens et Palestiniens dans cet espace. Les déserts des pays du Sud sont également le support de nouvelles destinations touristiques, appréciées notamment pour le dépaysement qu'elles procurent, auquel s'associe parfois un certain sentiment d'aventure.

Dans les pays développés, la mise en valeur des espaces désertiques est parfois intensive grâce à la mobilisation de sommes importantes qui permettent de coûteux aménagements. C'est le cas des déserts australiens dans lesquels paissent des troupeaux, déplacés ensuite par camions ou par trains ; des déserts de Californie transformés en zones fertiles par le détournement de plusieurs cours d'eau ; de Las Vegas, ville située en plein désert mais où foisonnent les piscines individuelles, les parcs urbains et les golfs.

Une modification trop importante d'un milieu désertique peut cependant avoir de lourdes conséquences. En Asie centrale anciennement soviétique, par exemple, des prélèvements excessifs ont été effectués sur l'Amou-Daria et le Syr-Daria et ont modifié le système endoréique équilibré de la région. Ils ont provoqué le recul de la mer d'Aral qui a perdu, de 1960 à 2003, plus de 60 % de son volume. L'évaporation n'est plus compensée par l'apport des fleuves. Les dépôts de sel transportés par les vents ont stérilisé les espaces environnants, le niveau des nappes a beaucoup baissé et l'approvisionnement en eau potable est aujourd'hui difficile. Le climat local a été modifié, avec une augmentation de l'amplitude thermique annuelle. Les conséquences pour l'homme sont importantes, avec la disparition de l'industrie de la pêche et une forte dépopulation. Par contre, ces aménagements ont eu des conséquences positives pour les riverains du Syr-Daria grâce au développement de la culture irriguée du coton et du riz. Au-delà du caractère spectaculaire des effets écologiques de telles opérations et de certaines conséquences moins immédiatement apparentes, en terme d'accroissement de la pollution par exemple, le bilan humain est parfois plus difficile à évaluer avec justesse. Des travaux récents ont semble-t-il permis d'enrayer l'évolution et laissent aujourd'hui présager une remontée du niveau de la partie nord de cette mer (la Petite Aral).

La désertification des zones semi-arides

D'un point de vue naturel, la **désertification** est un phénomène complexe qui aboutit à la transformation d'un espace en désert. Elle suppose une transformation des conditions d'un milieu qui entraîne son aridification, puis la **stérilisation** des sols, c'est-à-dire la perte progressive de sa fertilité, ce qui conduit souvent ses populations à émigrer, la **résilience** du système, c'est-à-dire sa capacité à revenir à un nouvel équilibre, diminuant rapidement. Elle résulte le plus souvent de l'action conjuguée de facteurs naturels et d'une intervention humaine excessive et s'accentue sous l'effet des changements climatiques récents. Elle touche spécialement des espaces semi-arides fragiles, densément peuplés et périodiquement soumis à des phases de sécheresse (le Sahel).

Le processus de désertification est aujourd'hui bien connu. Il est en partie lié à la surpopulation, à l'abandon du nomadisme pastoral et à la pratique de cultures d'exportation. Ces évolutions rompent les assolements traditionnels et contraignent les populations, en quête de terre cultivable, à supprimer la jachère. Sans jachère, le sol est privé d'humus et sa structure ne cesse de se dégrader sous l'effet des vents. Il suffit alors, dans ce milieu en équilibre instable, qu'intervienne une période de longue sécheresse pour que la quantité de nourriture disponible diminue et incite les populations à augmenter leur pression sur le milieu en pratiquant le **surpâturage** et en défrichant de nouvelles surfaces. Les espèces végétales les plus fragiles disparaissent alors et les sols s'appauvrissent encore davantage. Les tentatives d'irrigation ont également des conséquences négatives puisqu'elles favorisent la **salinisation des sols** (leur enrichissement en sels) liée à l'évaporation, ce qui réduit encore leur niveau de fertilité.

Les conséquences de la désertification sont nombreuses : diminution de la production végétale, baisse des rendements agricoles, manque de nourriture pour les animaux d'élevage, dégradation des conditions de vie pour les hommes qui finissent par migrer pour gagner des contrées voisines moins défavorisées, dont ils aggravent souvent le surpeuplement.

Les hommes luttent contre la désertification en retenant le sol grâce à des cordons de pierres et des plantations d'arbustes ; en augmentant les surfaces en **culture sèche** (c'est-à-dire non irriguée) et en utilisant, par des techniques d'irrigation plus adaptées, l'eau des nappes et des fleuves. Ils tentent par exemple, comme au Soudan, d'éviter les déperditions d'eau par évaporation en créant des canaux qui court-circuitent le cours des fleuves et accélèrent les débits.

lire aussi

Cours d'eau, hydrologie – Eau – Érosion, modelé – Milieu, géosystème, environnement – Sols – Végétation

DÉVELOPPEMENT DURABLE

Concept assez récent, le développement durable a connu un rapide succès et tend à concurrencer, voire à supplanter, le concept de développement. Il a rapidement été approprié par les géographes, et ce dans de nombreux champs de la discipline : environnement, transport, tourisme, ville et espace urbain… La géographie semble particulièrement réceptive à ce concept qui combine des préoccupations environnementales, économiques et sociales, voire politiques et culturelles.

Qu'est-ce que le développement durable ?

• L'émergence du concept de développement durable

Le développement durable est en partie hérité de courants écologistes qui se sont manifestés pour certains dès le XIXe siècle aux États-Unis. Ils se sont amplifiés et diversifiés durant la croissance économique des Trente Glorieuses qui a posé la question de la pression sur les ressources de la planète et de la pollution. Ces courants ont aussi été renforcés par la croissance démographique qui remit à l'honneur les thèses néo-malthusiennes (*cf.* article *Population, démographie*). Parmi les plus extrêmes, on peut citer la ***deep ecology***, (**écologie profonde** ou **écologie radicale**, en français), formalisée au début des années 1970 et pour qui la nature aurait une valeur intrinsèque, les Droits de l'homme étant alors à repenser en fonction des Droits de la nature. Ces thèses ont connu un certain écho avec la réunion des experts du **Club de Rome** en 1968 qui déboucha sur le **rapport Meadows** en 1972. Celui-ci prévoyait un avenir catastrophique d'ici 2100 et prônait en conséquence une croissance 0.

Aujourd'hui, les partisans de la **décroissance durable** pensent que toute croissance accentue les déséquilibres Nord-Sud, la pollution... et n'est donc pas soutenable. Ils rejettent de fait la possibilité même d'un développement durable, dans la mesure où celui-ci repose sur l'acceptation d'une croissance économique.

La notion de **développement durable** est plus directement issue d'une réflexion née à la Conférence des Nations unies sur l'environnement à Stockholm en 1972 où l'on parlait alors d'**écodéveloppement**. Ce terme va cependant laisser place à celui de développement durable, expression formalisée et popularisée à la fin des années 1980. C'est le **rapport Brundtland** de 1987, créé par la Commission mondiale sur l'environnement et le développement présidée par le Premier ministre norvégien, Madame Brundtland, qui est généralement considéré comme le point de départ du concept. Son titre, *Notre avenir à tous*, est révélateur de son ambition. Considérant le concept de développement durable comme « un développement qui répond aux besoins du présent sans compromettre la capacité des générations futures de répondre aux leurs », le rapport propose la mise en place d'une gestion intelligente du patrimoine planétaire – des **biens collectifs** – afin de le transmettre non altéré aux générations futures (concept de **durabilité**), en le préservant notamment des logiques du marché. La légitimité de la quête du développement économique n'est pas contestée mais celui-ci doit être respectueux des équilibres écologiques et des écosystèmes, en évitant notamment des prélèvements excessifs sur les ressources. Ce développement doit aussi présenter une dimension sociale, en préservant les sociétés, les différentes cultures et en contribuant à une éradication de la pauvreté. Le concept de développement durable nécessite donc un ***triple bottom line***, c'est-à-dire l'obligation d'un triple résultat. On parle ainsi des trois piliers du développement durable à propos de cette nécessité de tenir à la fois compte du social et de l'économique (un **développement équitable**), mais aussi de l'environnemental.

Le rapport Brundtland parlait de *sustainable development*, expression traduite en français dans un premier temps par **développement soutenable**, puis à partir du début des années 1990 par développement durable. Cette évolution du terme n'est pas sans conséquence : le terme de développement soutenable peut aujourd'hui être considéré soit comme un équivalent de celui de développement durable, soit au contraire comme une alternative à celui-ci, dénonçant selon certains l'aspect trop environnementaliste de la notion de développement durable. Selon cette acception, le développement soutenable insiste plus sur l'aspect social et suppose que les politiques de développement doivent être à la fois viables et supportables par les populations sans quoi elles n'ont aucune chance d'être appliquées sur le long terme (concept de **soutenabilité**).

Les « piliers » du développement durable

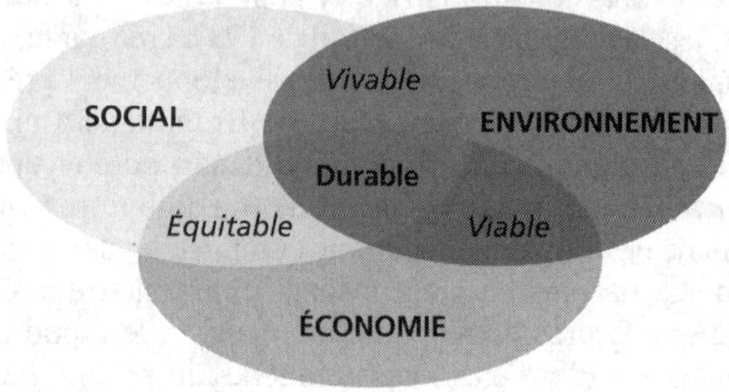

La **Conférence de Rio** en 1992 fut le premier sommet consacré au développement durable. Cette **Conférence des Nations unies sur l'environnement et le développement** (**CNUED**) est souvent nommée de façon erronée « Premier **Sommet de la Terre** » puisqu'un tel sommet avait déjà eu lieu à Stockholm en 1972. Elle alerta l'opinion publique sur les changements climatiques et les atteintes à la biodiversité. Elle aboutit à plusieurs textes fondamentaux : la **Déclaration de Rio** énumère 27 principes de base, parmi lesquels le fait que « les êtres humains sont au centre des préoccupations relatives au développement durable », ou encore le **principe de précaution** qui consiste à adopter une démarche plus préventive que réparatrice en cherchant à anticiper les dangers potentiels. La conférence a également donné naissance à un programme d'action pour le XXIe siècle nommé **Action 21** et à un agenda déclinant concrètement les objectifs et mesures à prendre, l'**Agenda 21**. Cet agenda prône en effet 2 500 recommandations et insiste sur une nécessaire participation et coopération des collectivités d'un niveau moindre : États, collectivités locales… C'est pour cette raison que depuis lors, par exemple pour la France, la plupart des régions, départements, villes se dotent progressivement d'Agendas 21.

La Conférence de Rio a été suivie par la Conférence de Kyoto de 1997 sur le réchauffement climatique. Celle-ci a abouti à un protocole – **protocole de Kyoto** – visant à une réduction d'ici 2012 de 5,2 % des gaz à effet de serre par rapport à 1990. Il a été ratifié par tous les grands pays de la planète, à l'exception notable des États-Unis qui le refusaient toujours en 2008. Principal producteur de CO_2 de la planète, cet État est partisan d'un « **droit à polluer** », qui permettrait aux pays riches et pollueurs d'acheter à des pays moins pollueurs et souvent plus pauvres des parts de leur pourcentage de pollution autorisée. Depuis lors, d'autres conférences ont pris le relais : seconde Conférence sur le climat à La Haye en 2000, Conférence de Bali en 2007. Le traité de Kyoto arrivant à échéance en 2012, ces conférences ouvrent des négociations sur le futur traité qui prendra sa place. Elles tentent de trouver un compromis entre la volonté américaine et celle des 187 pays signataires des protocoles de Kyoto, notamment les PED comme la Chine ou l'Union indienne, qui ne sont pas contraints par le traité de Kyoto jusqu'en 2012.

Parallèlement à ces préoccupations environnementales, le développement durable vise à fournir un cadre à la notion de développement, notamment des pays du Sud. Dans ce contexte, le **Sommet du Millénaire** s'est tenu à New York en 2000. Il a mis en place un certain nombre d'objectifs, dits **objectifs du Millénaire pour le développement** (**OMD**). Ceux-ci, au nombre de 8, répondent à des préoccupations sociales et sanitaires : ainsi l'objectif 1 vise à « éliminer l'extrême pauvreté et la faim », l'objectif 6 à « combattre le VIH/sida, le paludisme et autres maladies » (*cf.* article *Développement, Sud*).

Organismes et politiques de développement durable en Europe et en France

L'UE s'est engagée dans le développement durable en 2001 en créant une **SEDD** (Stratégie européenne de développement durable), sous forme d'un plan quinquennal indicatif proposant plusieurs domaines et plans d'action. Le second plan, de 2006, privilégie la lutte contre les changements climatiques, le développement des transports écologiquement viables, la gestion des ressources de manière responsable et la limitation des risques pour la santé publique.

En France, la **SNDD** (Stratégie nationale de développement durable) reprend ces initiatives et fixe un certain nombre d'objectifs révisables à terme : ainsi le plan 2003-2008 a pris diverses mesures tendant à favoriser l'augmentation de la part des agrocarburants (*cf.* p. 169-170) ou un meilleur contrôle de déplacements de proximité (*cf.* p. 107). Un organisme nouvellement créé est associé au gouvernement pour élaborer et évaluer la SNDD : le **Conseil national du développement durable**. Depuis 2003, la SNDD précise le rôle de l'**ADEME** (Agence de l'environnement et de la maîtrise de l'énergie), organisme public créé en 1990 et désormais chargé, entre autres choses, de sensibiliser le public, d'appuyer des démarches du type Agendas 21, de promouvoir la consommation durable…

Parallèlement, la **Charte de l'environnement** a été adoptée et inscrite dans la Constitution en 2005. Elle place les principes de sauvegarde de notre environnement au même niveau que les Droits de l'homme et du citoyen de 1789 et que les droits économiques et sociaux du Préambule de 1946. Enfin, en octobre 2007, un « **Grenelle de l'environnement** » (ainsi nommé par analogie avec les Accords de Grenelle de mai 1968) a associé l'État, des ONG, des collectivités locales, les employeurs et les salariés par leurs représentants. Différents projets en sont issus : réflexion sur les OGM, projet de réduction des pesticides dans l'agriculture par l'instauration d'une **aquataxe** sur ces produits destinée à sauvegarder les nappes phréatiques. Cette taxe repose sur le principe de l'**écotaxe,** qui suppose de faire payer le responsable d'un dommage plutôt que d'en faire peser le coût sur la collectivité. Ainsi existe en France, depuis 2006, une *écotaxe* sur les équipements électriques et/ou électroniques afin de financer la collecte, le recyclage ou la valorisation des déchets d'équipements électriques et électroniques (**DEEE**).

• Peut-on mesurer le développement durable ?

Bien que récent, le développement durable a engendré de nombreux indicateurs qui tentent de mesurer la durabilité des phénomènes. Certains sont des indicateurs anciens et spécialisés dans tel ou tel pilier du développement durable : il s'agit par exemple de l'IDH souvent utilisé dans des études sur le développement durable. L'Agenda 21 de Rio en 1992 invitait les pays et organisations à réfléchir sur des indicateurs plus précis. Certains indicateurs sont très spécialisés. Dans le domaine de la construction, on peut citer l'**indice HQE (haute qualité environnementale des bâtiments)** qui tente d'appréhender de manière globale l'impact sur l'environnement extérieur et intérieur des différentes constructions et notamment s'il s'agit d'une **écoconstruction.** Ce terme désigne les constructions caractérisées par une relation intégrée des bâtiments à leur environnement, par une chantier à faibles nuisances et par un choix intégré des procédés et de matériaux de construction, par exemple en termes d'isolants (le chanvre ou le liège étant utilisés de préférence à la laine de verre). Ce type de constructions peut aussi être caractérisé par une **écogestion** de l'énergie, de l'eau, des déchets d'activité, de l'entretien... De plus, l'environnement intérieur doit être satisfaisant d'un point de vue du confort et de la santé.

L'**empreinte écologique** est un indicateur (calculé en hectares) qui cherche à évaluer l'impact des activités humaines en terme de surface biologiquement productive utilisée par une population donnée pour pourvoir à ses besoins. La définition et le mode de calcul de l'empreinte écologique ne sont pas encore fixés, variant d'un organisme à un autre (par exemple entre l'OCDE et le WWF, ONG qui a popularisé la notion). Cet indicateur peut par exemple prendre en compte ou non la surface nécessaire au traitement des déchets et s'appliquer aussi bien à un individu qu'à un quartier, un État... ou encore à la production d'objets (un ordinateur par exemple) ou enfin à un type de production (céréaliculture intensive, production de tel ou tel agrocarburant...). Cet indicateur est critiqué dans la mesure où il est réducteur et ne tient pas suffisamment compte de données qualitatives (impact sur la biodiversité, pollution, risques...).

De façon un peu plus globale, l'**indice de durabilité environnementale** tente à l'échelle internationale de comparer les performances environnementales des États. Combinant lui-même cinq indicateurs, dont la notion de « stress environnemental », il reste néanmoins spécialisé dans une approche environnementaliste du développement durable. Il n'y a donc encore aucun **indicateur de développement durable** qui soit reconnu par l'ensemble des sciences sociales et naturelles s'intéressant au développement durable ou par les acteurs économiques, politiques, sociaux et environnementaux. Ce qui est la preuve qu'il s'agit d'un concept en cours d'élaboration.

Les géographes et le développement durable

• Le concept a suscité une méfiance initiale chez les géographes français

La communauté scientifique, dont font partie les géographes, a dû se positionner face à ce qu'on peut sans doute appeler un nouveau **paradigme**, c'est-à-dire un nouveau mode de pensée qui sert de référent, ici à l'échelle mondiale. Or, jusque vers 2003-2005, soit presque 20 ans après le rapport Brundtland, les géographes français ont été plutôt indifférents au concept. Deux revues de référence de la géographie française (*Les Annales de Géographie* et *L'Espace géographique*) n'avaient à cette date respectivement proposé qu'un seul et aucun article sur le thème du développement durable. Cette indifférence peut s'expliquer par plusieurs raisons. Le développement durable apparaît alors comme une notion floue, de l'ordre de l'incantatoire, et finalement comme un concept fourre-tout et peu scientifique, d'autant plus qu'il est arrivé « d'en haut », c'est-à-dire du politique, qu'il soit international ou national. La volonté de ne pas être inféodé au politique expliquerait en partie cette méfiance, voire ce rejet.

De plus, le développement durable est initialement apparu à de nombreux géographes comme une notion à fort contenu naturaliste, et ce à une époque où la géographie venait de se repositionner comme une science sociale (*cf.* article *Géographie (histoire de la)*), d'où la peur d'un retour en arrière. Cette crainte fut accentuée par le fait que le succès médiatique du développement durable au début du XXIe siècle a reposé sur la suprématie donnée au pilier environnemental (thème du réchauffement climatique notamment).

Enfin, certains géographes ont élevé une autre objection : le développement durable conduirait à évacuer le concept de développement. En effet, c'est dans les années 1980 que se développa l'idée d'une faillite des politiques de développement (*cf.* article *Développement, Sud*) et c'est dans ce contexte que le développement durable a rapidement supplanté le thème du développement dans les discours officiels, par exemple à l'ONU. Or, les concepts de sous-développement puis de développement étaient devenus, à la suite des travaux d'Yves Lacoste, quelques-uns des grands thèmes de la géographie depuis les années 1970. Le développement durable est ainsi parfois vu comme une notion fortement marquée idéologiquement (une notion néolibérale) caractérisée par un abandon plus ou moins sensible de l'économique et du social pour ne retenir que l'aspect environnemental, ce qui diffère du concept initial.

D'autres causes ont pu jouer dans cette méfiance initiale : le développement durable est au départ peu spatialisable, en tout cas difficilement cartographiable. Néanmoins, le concept va finalement s'imposer assez rapidement en géographie.

• Un concept qui s'impose en géographie au début du XXIe siècle

Depuis 2004-2005, les publications scientifiques et les thèses dc géographie font de plus en plus référence au développement durable. De même, plusieurs géographes renommés se sont particulièrement consacrés à ce thème. Enfin, depuis 2004, il existe en France une demande institutionnelle qui introduit le développement durable dans l'enseignement primaire et secondaire et prône la généralisation d'une éducation à l'environnement pour un développement durable (**EEDD**), a été relayée en 2007 par l'éducation au développement durable (**EDD**). Les raisons du succès du concept en géographie sont doubles.

Il s'agit d'abord sans doute d'une opportunité pour réhabiliter la géographie physique qui était devenue marginale, voire abandonnée, dans le contexte du changement de paradigme disciplinaire (*cf.* article *Géographie (histoire de la)*). Or, les géographes physiciens avaient acquis dès les années 1980 diverses compétences, notamment sur les risques, ils se préoccupaient beaucoup plus que dans les années 1960 d'environnement, se recentrant sur les rapports entre « nature » et société (*cf.* article *Milieu, géosystème, environnement*). Or, la médiatisation des risques de grande ampleur, tels les changements climatiques, grâce au développement durable, va leur ouvrir un nouveau champ de compétences et leur donner une place moins marginale en géographie.

Les tensions liées au développement durable

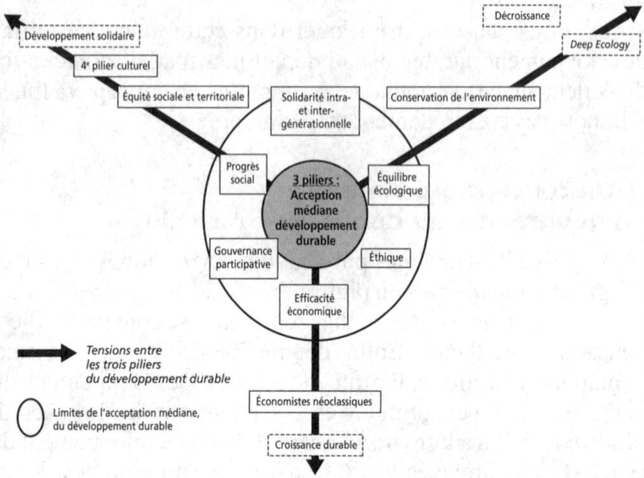

Source : D'après A. Jégou, « Les géographes français face au développement durable », *L'Information géographique* vol. 71, © L'Information géographique / Armand Colin, octobre 2007.

De façon plus profonde, il apparaît également que l'approche géographique est pertinente pour traiter de développement durable. En effet, le développement durable est un objet somme toute classique pour les géographes dans la mesure où il concerne les relations entre les sociétés et leur environnement. Par ailleurs, la géographie possède des méthodes éprouvées, comme la démarche systémique qui permet de mettre en relation les différents piliers du développement durable tout en les reliant à des préoccupations culturelles et au concept de gouvernance (*cf.* p. 245). De plus, le développement durable a progressivement quitté le seul niveau mondial pour être décliné à toutes les échelles, du monde au quartier voire à la maison. Or la démarche géographique est rompue aux emboîtements d'échelles du local au global. La géographie est aussi sans doute la discipline la plus apte à appréhender les interrelations entre des champs divers. Enfin, le géographe est de plus en plus habitué à une démarche prospective notamment par le biais de l'aménagement des territoires, ce qui amène à une sensibilisation au problème de la durabilité. De manière plus précise, plusieurs géographes ont privilégié une entrée par le politique ou les questions de gouvernance. Dans cette optique, ils ont mené une réflexion, non sur les convergences entre les trois piliers du développement durable, mais au contraire sur les conflits d'acteurs et plus généralement sur les tensions qui existent entre ces piliers et sur la nécessité de faire des choix du fait de ces tensions.

Les champs « géographiques » du développement durable

• Des champs multiples

Regroupant à la fois des considérations naturalistes, sociales et économiques, les champs du développement durable sont variés et recoupent de très nombreuses préoccupations de la géographie. Les thèmes des transports (*cf.* article *Transport, communications*) et de l'énergie (*cf.* article *Énergie, matières premières*) sont au cœur des préoccupations du développement durable (pertinence des agrocarburants par exemple). Plus largement, la question des ressources est depuis longtemps abordée par la géographie, qu'il s'agisse de l'eau (*cf.* article *Eau*) ou des ressources alimentaires (*cf.* articles *Agriculture* et *Pêche*). La thématique du développement durable permet de renouveler certaines approches : agriculture durable, mais aussi maintien de la biodiversité (*cf.* article *Végétation*). Le succès récent des **jachères fleuries** est symptomatique : ces terres en jachère, semées de fleurs annuelles, ont certes l'intérêt de contribuer à l'amélioration de la biodiversité et à entretenir toute une faune sauvage locale, mais elles obéissent aussi à la fois à une contrainte économique (la mise en jachère) et à un souci paysager de plus en plus présent. La géographie des risques a trouvé plus d'écho avec la médiatisation du développement durable (*cf.* article *Risques, pollution*), de même que la géographie de la santé qui prend en compte les liens entre santé et environnement. La géographie prend donc en compte le développement durable par de multiples entrées, par le biais d'activités par exemple comme dans le cas du tourisme durable (*cf.* article *Tourisme*), mais aussi par le biais des territoires comme celui de la ville ou des espaces urbains. Dans la plupart de ces cas, la géographie garde à l'esprit la question du développement (*cf.* article *Développement, Sud*) et notamment des inégalités Nord-Sud, soit les aspects économiques et sociaux du développement durable.

• Ville et développement durable

La ville et plus généralement les espaces urbains peuvent, de prime abord, apparaître comme antinomiques du développement durable, dans la mesure où ils sont perçus comme des espaces artificialisés et parfois « contre-nature ». Mais les espaces ruraux ne sont pas non plus naturels, puisqu'ils ont été façonnés par les sociétés humaines depuis des millénaires. De plus, la moitié de la population mondiale étant constituée d'urbains, la question de la ville durable est devenue majeure.

La ville lance en effet de nombreux défis au développement durable. Certains sont spécifiques à la ville, mais la plupart sont amplifiés par elle. Diverses nuisances (bruit, pollution, îlot de chaleur…) ont des conséquences néfastes sur la qualité de vie, la santé des urbains et peuvent avoir des retombées sur un espace beaucoup plus large, parfois à l'échelle mondiale (pollution automobile par exemple). La ville est souvent le lieu de risques technologiques. Elle peut également aggraver certains aléas naturels (par exemple, les inondations sont accentuées par l'imperméabilisation des sols et peuvent toucher des espaces ruraux périphériques). Elle amplifie aussi les risques par la concentration de population ou encore l'étalement urbain. Plus généralement, la ville a besoin de ressources, souvent produites ailleurs, et rejette des déchets, dont le traitement s'avère problématique. Enfin, la ville renforce souvent les inégalités socio-spatiales. Inversement, elle peut favoriser le développement humain : l'accès à la culture, par exemple, y est facilité par rapport aux espaces ruraux et l'espérance de vie des urbains est plus élevée que celles des ruraux. La **ville durable** serait donc compacte, peu consommatrice d'énergie, respectueuse du patrimoine naturel et architectural et socialement plus juste.

Depuis le début du XXIe siècle, de nombreuses villes, essentiellement européennes, mettent en place leur Agenda 21. Celui-ci définit les principes d'urbanisme et d'aménagement des territoires dont les objectifs se rattachent aux trois piliers du développement durable. Leur mise en œuvre est différente en fonction du niveau de développement des États. Ces Agendas 21 s'inspirent, pour les villes européennes, de la **Charte d'Aalborg** de 1994, qui prend le contre-pied de la **Charte d'Athènes** de Le Corbusier de 1933, témoignant de l'évolution de la façon de penser la ville.

Inversion de points de vue entre les Chartes d'Athènes et d'Aalborg

Charte d'Athènes (1933)	Charte d'Aalborg (1994)
• Principe de la table rase	• Attitude patrimoniale • Partir de l'existant et le mettre en valeur
• Abstraction pour l'architecture du contexte environnant (historique, géographique, culturel, écologique) • Style international	• Insertion du bâti dans un environnement multidimensionnel • Diversité architecturale
• Zonage	• Mixité fonctionnelle et politiques transversales
• Fluidification de la circulation • Séparation des circulations	• Réduction de la mobilité contrainte • Reconquête de la voirie par tous les modes de transport ?
• Urbanisme d'experts. Géométrisation et rationalisation de la ville	• Urbanisme participatif • Singularité des réponses

Source : © Sciences Po, Chaire de développement durable (site Internet www.developpement.durable.sciences-po.fr), 2008.

Les priorités varient selon les niveaux de développement. Dans les villes du Nord, d'une façon générale, les préoccupations environnementales semblent prioritaires. Elles se traduisent par une réflexion sur les transports urbains mais aussi sur la préservation d'espaces naturels au cœur des villes, le développement de parcs et de jardins publics et privés répondant aussi à des préoccupations esthétiques et de bien-être. Elles cherchent également une meilleure gestion du problème des **déchets**, qui sans être spécifiquement urbain, a une acuité beaucoup plus importante en ville. Au sein de l'Union européenne, une directive impose depuis 2006 leur recyclage, ce qui pose deux problèmes : celui de la construction de déchetteries, mais aussi celui d'une gestion qui se réalise dans le cadre de l'intercommunalité et des EPCI (*cf.* p. 433-434). Du point de vue de l'urbanisme, les Agendas 21 se traduisent également par la lutte contre l'étalement urbain (*cf.* article *Urbanisation, métropolisation*) et la volonté de rééquilibrage entre le centre et les périphéries, tant d'un point de vue urbanistique que dans le souci de lutter contre la fragmentation socio-spatiale : la mixité fonctionnelle mais aussi sociale des quartiers est souhaitée pour lutter contre l'exclusion. Certaines villes, comme Fribourg-en-Brisgau avec le quartier Vauban, ont créé des **écoquartiers**, qui cherchent à réduire au maximum la consommation énergétique. Ils privilégient notamment les **constructions passives**, dont la consommation énergétique est extrêmement réduite, voire nulle, ainsi que les **constructions** (ou bâtiments) **à énergie positive**, qui produisent plus d'énergie qu'elles n'en consomment pour leur fonctionnement. Ils développent également des modes de transport non polluants. Les **quartiers** dits **durables** adjoignent à ces préoccupations environnementales des préoccupations économiques et sociales (mixité des activités…), cherchant aussi à associer la population aux décisions.

Les objectifs des « Agendas 21 » des villes du Sud (moins nombreux qu'au Nord) et plus généralement leurs politiques de développement durable doivent tenir compte d'une situation initiale plus délicate. La priorité est évidemment donnée au développement économique et, d'un point de vue social, à la création d'infrastructures de base (adductions d'eau, d'électricité…, éducation, santé…). La création de ramassages d'ordures et la lutte contre les décharges à ciel ouvert, la réduction des pollutions spécifiques (sacs plastiques, gaz d'échappement de véhicules très polluants…) constituent d'autres objectifs difficiles à atteindre, dans un contexte de difficultés financières mais aussi du développement d'une société de consommation. Néanmoins, Curitiba au Brésil, fait figure de « modèle » de ville durable de par la gestion des transports (priorité aux transports publics), la collecte des déchets, la création d'emplois, le développent des espaces verts… Les Agendas 21, lorsqu'ils existent, font souvent appel au partenariat, soit dans le cadre de projets pilotes de l'ONU par ses organismes spécialisés (UNICEF, FAO…), soit par des jumelages avec des villes du Nord ou encore par l'intervention d'ONG qui s'engagent sur telle ou telle priorité.

Transports urbains et développement durable

Du fait de l'étalement urbain (*cf.* p. 546-547), l'augmentation des mobilités se traduit par une concentration spatiale le long de grands axes, mais aussi par une concentration temporelle à heures fixes du fait des mouvements alternants autour des grandes villes. En conséquence, les centres de ces grandes villes sont difficilement accessibles pendant plusieurs heures de la journée, ce qui autorise à les considérer comme des zones temporairement enclavées (**enclavement fonctionnel**). Les coûts environnementaux et économiques de cette situation sont considérables. Pour cette raison, dans le cadre de la création d'Agendas 21, les principales agglomérations mettent en place diverses solutions alternatives et privilégient les **transports doux** qui permettent une **écomobilité**, c'est-à-dire des déplacements à moindre coût environnemental. Ces agglomérations développent notamment leur politique de transport en commun, ce qui traduit par la création de **parkings-relais** à partir desquels on peut pratiquer le covoiturage, ou prendre le car ou le train à destination du centre-ville. Cette politique est en elle-même un objet d'étude pour les géographes puisqu'une nouvelle géographie urbaine se dessine, marquée par la création de commerces aux alentours de ces parkings-relais, mais aussi par divers aménagements et par une réorientation des flux. De nouvelles centralités apparaissent donc qui contribuent à la diffusion du modèle d'*edge city* (*cf.* p. 547). Diverses solutions complémentaires voient également peu à peu le jour, tel le **tram-train**, à savoir un tramway pouvant circuler sur les voies ferrées en banlieue urbaine : divers projets existent en France, mais ce système fonctionne depuis plusieurs années déjà en Allemagne, notamment à Karlsruhe. À ces solutions se superposent des solutions propres aux différents centres-villes : vélos bus, locations de vélos, tel le Vélo'v lyonnais ayant précédé de deux ans le Vélib' parisien.

lire aussi **Risques, pollution – Transport, communications – Urbanisation, métropolisation – Ville**

DÉVELOPPEMENT, SUD

L'inégal développement reste au XXIe siècle l'un des principaux critères de lecture de l'organisation de l'espace mondial. Difficile à cerner, la notion de développement est pourtant le support d'une division binaire et forcément schématique du monde entre un ensemble minoritaire de pays développés, dits du Nord et de nombreux pays du Sud qui occupent plus des trois quarts de la surface des continents et concentrent les quatre cinquièmes de l'humanité. Ceux-ci sont marqués, bien qu'à des degrés très divers, par un sous-développement dont les critères et les facteurs restent aujourd'hui source de débat.

Comment définir et évaluer le développement ?

• Qu'est-ce que le développement ?

Le **développement** fait partie de ces notions générales en apparence claires, mais dont on s'aperçoit, à l'usage, qu'elles recouvrent plusieurs réalités dont les limites méritent d'être précisées. Le développement est d'abord un processus, relié donc à des temporalités, par lequel un groupe social ou un État va vers plus de richesse économique et des évolutions sociales en termes d'espérance de vie, de niveau d'éducation, de couverture sanitaire, de maîtrise de la fécondité… Ces mutations doivent être consolidées, voire devenir irréversibles, pour être considérées comme témoignant d'un certain développement. Mais le terme désigne aussi la situation, perçue le plus souvent de manière positive, qui correspond à l'aboutissement de ce processus. À l'échelle étatique, on a ainsi longtemps utilisé la référence des États dits « développés » comme modèle permettant d'évaluer par comparaison la situation des autres pays, confrontés au sous-développement.

Au-delà de cette double signification, la notion de développement présente une autre ambiguïté illustrée par l'évolution même du concept. Jusqu'aux années 1960, dans un contexte de forte croissance et de décolonisation encore en cours notamment en Afrique, on considérait le développement avant tout comme un processus économique – **développement économique** – dont la base était la croissance, à partir duquel pouvait s'enclencher l'amélioration des indices sociaux d'une population. Certains spécialistes ont cependant fait valoir que la croissance pouvait parfois être confisquée par quelques-uns, ne pas entraîner de réel développement, voire donner lieu à une dégradation de la situation des plus pauvres. La notion de développement a donc évolué, notamment sous l'impulsion de François **Perroux** (1903-1987), en considérant que, pour qu'il soit avéré, il fallait que les fruits de la croissance profitent au plus grand nombre. Le concept a ainsi connu une véritable mutation suite à la démonstration qu'il ne pouvait se résumer à une progression de la richesse moyenne d'une population, ce qui accessoirement supposait de dénouer l'ambiguïté persistante entre le développement économique, la croissance économique et le développement social. La conséquence fut la naissance en 1990, à l'initiative de la Banque mondiale, de la notion de **développement humain** qui met l'accent moins sur la croissance de l'économie du pays que sur l'élargissement des possibilités humaines en termes d'espérance de vie, d'éducation, d'emploi et de niveau de vie. Elle ne nie pas le fait que l'accès au développement humain nécessite souvent la croissance économique. L'objectif est cependant social, global et transcende la seule prospérité. À terme, le développement peut aussi être facteur de croissance économique, par exemple quand l'amélioration du niveau social d'une population la conduit à consommer davantage ou quand des progrès dans l'éducation se concrétisent par la formation de travailleurs plus qualifiés.

Cette perception du développement, aujourd'hui largement admise, reste pourtant parfois contestée, au nom du fait qu'elle s'appuie surtout sur une représentation véhiculée par certains pays du Nord de ce que doit être, selon un modèle qui se voudrait universel, l'évolution d'une société. Cela supposerait de la part des pays « sous-développés » la recherche de la croissance économique dans le but d'atteindre le niveau de vie ou le mode de consommation des pays riches. Certains prétendent pourtant que d'autres formes d'évolutions et donc de développement sont possibles, plus ou moins à l'écart du modèle diffusé par les pays du Nord, qui devraient être davantage prises en compte dans la définition de la notion de développement. Les mêmes critiques portent sur le concept de **développement durable** (*cf.* article *Développement durable*), parfois vu comme une forme d'ingérence des pays du Nord et une manière pour eux d'éviter la remise en question de leur propre modèle de développement.

• Comment évaluer le développement ?

L'évaluation du développement d'une population traduit l'ambiguïté entre les deux approches évoquées plus haut. Pendant longtemps, on a surtout évalué le développement économique d'une population, que l'on mesurait grâce à l'évolution de critères économiques et notamment du **PIB par habitant** ou **revenu par tête** qui est la valeur de la production interne de biens et services réalisée dans un pays donné en un an rapporté au nombre d'habitants de ce pays. Cet agrégat était souvent utilisé bien qu'il présentât un certain nombre d'insuffisances : les statistiques qui l'évaluent ne sont pas fiables dans tous les pays, il traduit une moyenne mais ne rend pas compte des inégalités très fréquentes dans la répartition des revenus et il est exprimé en dollar américain, qui n'a pas la même valeur réelle partout : 100 dollars représentent une faible somme aux États-Unis, mais une petite fortune en Inde ou au Kenya. De plus, il ne prend pas en compte l'**autoconsommation** – part de la production consommée par le producteur et sa famille – très importante dans les pays où dominent les activités agricoles, et n'évalue pas l'**économie informelle** – ensemble d'activités de production de biens et de services, souvent assurées par de petites entreprises ou des travailleurs individuels, qui échappent à tout règlement et à toute fiscalité.

Conscient de ces insuffisances et suivant l'évolution du concept, le **Programme des Nations unies pour le développement** (**PNUD**) a mis au point en 1990 un indicateur composite plus complet : l'**indicateur de développement humain** ou **IDH** qui combine l'estimation du niveau de vie, du niveau d'éducation et de la longévité d'une population. L'évaluation du **niveau de vie**, qui s'exprime le plus souvent par son **pouvoir d'achat** – sa capacité à consommer dépendant de ses ressources et du coût des produits sur le marché national ou local – se fait par l'intermédiaire du PIB par habitant en PPA (*cf.* p. 246). Le niveau d'éducation est mesuré par deux indicateurs complémentaires, à savoir le **taux d'alphabétisation** des adultes – la part des personnes de plus de 15 ans sachant écrire et comprendre aisément un texte court et simple – et le **taux brut de scolarisation**, qui permet d'évaluer le pourcentage d'enfants accédant à chaque degré d'enseignement, primaire, secondaire et supérieur. Un taux élevé suppose qu'une part importante de la population a la capacité de faire preuve d'initiative et de décision, notamment dans le monde professionnel, ce qui joue en faveur du développement. Enfin, l'IDH utilise le critère de la longévité, mesurée par l'espérance de vie à la naissance, pour évaluer le niveau sanitaire d'une population, qui dépend le plus souvent de son accès à une alimentation de qualité, à une bonne hygiène ou à un logement sain… Un classement a été élaboré permettant de situer tous les pays de la planète selon un indice compris entre 0 et 1.

L'IDH n'est cependant pas un indicateur parfait puisqu'il ne prend pas en compte, par exemple, l'inégale répartition des revenus dans un pays selon les sexes ou les catégories sociales. Pour répondre à la première de ces objections, la Banque mondiale a créé en 1996 un nouvel indicateur, l'**ISDH** ou **indicateur sexospécifique de développement humain** qui propose un classement des États modifié par rapport à l'IDH, les pays du golfe Persique, par exemple, rétrogradant de près d'une dizaine de places en raison de la mauvaise condition globale des femmes dans ces États. Certains économistes, s'appuyant sur la large diffusion des restaurants McDonald's dans le monde, ont mis au point un **indice Big Mac** fondé sur la valeur relative de ce produit par rapport à d'autres référents économiques (salaire moyen, salaire minimum, seuil de pauvreté…) afin d'estimer le pouvoir d'achat des populations. Enfin, la Banque mondiale a créé un indicateur pour évaluer l'ampleur de la pauvreté dans chaque État : l'**IPH**, **indicateur de pauvreté humaine**. Celui-ci permet, au-delà des moyennes, d'évaluer les inégalités dans la répartition des revenus au sein d'une population. Les difficultés de comparaison entre PID et PED ont contraint la Banque mondiale à mettre en place un double indicateur : l'IPH-1 pour les pays du Nord et l'IPH-2, pour les pays du Sud (*cf.* p. 205-206).

• Les critères du sous-développement

En 1975, deux géographes, Georges Cazes et Jean Domingo, constatant l'impossibilité d'arriver à une définition incontestable du sous-développement, proposèrent d'en lister les critères sociaux, démographiques, économiques, voire politiques, dans un ouvrage réédité à de nombreuses reprises, *Les Critères du sous-développement*. Ces critères sont à envisager globalement, chaque État n'étant évidemment pas confronté à l'ensemble de ces difficultés, qui plus est sur l'ensemble de son territoire. Certains critères évoqués peuvent d'ailleurs, ponctuellement ou sur une période donnée, concerner des pays considérés comme développés. C'est donc souvent la combinaison de ces critères ou leur aspect chronique, qui traduit le sous-développement d'un État.

Les États et les sociétés confrontés au sous-développement sont d'abord marqués par des difficultés alimentaires, sanitaires et éducatives. Certaines régions du Sud connaissent des problèmes de **sous-nutrition** (ou **sous-alimentation**) chronique, c'est-à-dire de ration alimentaire en permanence insuffisante (inférieure à 2200 2300 calories pour un adulte), de **disette** – quand la pénurie est temporaire – ou de **malnutrition** – carences en fer, vitamines, protéines – pouvant occasionner des maladies spécifiques. En 2008, la planète compte plus de 850 millions de sous-alimentés, dont l'écrasante majorité se trouve dans les pays en développement. Ce chiffre évolue annuellement selon la qualité des récoltes mais aussi en fonction des prix des denrées alimentaires, eux-mêmes dépendants de la demande mondiale, mais aussi des pratiques spéculatives. La crise alimentaire de 2008 a mis en évidence le grand nombre d'habitants des PED en situation de **vulnérabilité alimentaire**, c'est-à-dire ne parvenant que difficilement à nourrir leur famille en temps normal et se retrouvant face à d'importantes difficultés quand la conjoncture devient moins favorable. Les **famines**, beaucoup moins fréquentes, apparaissent quand la situation alimentaire, déjà précaire, devient critique et entraîne une forte hausse de la mortalité. Elles sont souvent liées à des crises politiques (guerre civile par exemple), à des politiques irresponsables aboutissant à la confiscation des ressources locales ou à une mauvaise gestion des productions locales ou des approvisionnements extérieurs. La géographe Sylvie **Brunel** (née en 1960) a également montré le rôle de la corruption et l'utilisation médiatique des famines pour détourner l'aide alimentaire et renforcer le pouvoir d'un État sur un territoire national : la géographie de la famine ne correspond donc que très imparfaitement à la géographie de la malnutrition.

Les populations des PED sont également souvent confrontées à la persistance plus ou moins marquée de l'**analphabétisme**

– incapacité à lire et écrire (à ne pas confondre avec l'**illettrisme** qui qualifie, chez une personne ayant appris à lire et à écrire, une mauvaise maîtrise de ces capacités et une difficulté à accéder au sens de ce qui est lu) –, avec de très fortes inégalités entre villes et campagnes ou selon les régions. Il en va de même pour l'accès à la santé, ces sociétés souffrant d'une **sous-médicalisation** – manque de médecins et de structures de santé. Le manque de suivi médical au moment de la naissance et dans les semaines qui suivent se traduit par des taux élevés de mortalité infantile. Enfin, l'utilisation précoce de la force de travail des enfants, ainsi que la soumission fréquente de la femme témoignent du sous-développement, sans bien sûr concerner tous les États du Sud.

Sur le plan économique, les PED se caractérisent d'abord par l'importance du secteur primaire dans la population active et dans le PNB. Leur potentiel industriel est souvent insuffisant et leur **industrie duale** en ce sens qu'elle oppose un secteur traditionnel et un secteur moderne parfois produit de la colonisation et plus ou moins largement dépendant des investissements des pays riches. Ce dualisme est responsable, selon François Perroux, d'une **désarticulation de l'économie,** c'est-à-dire d'une situation telle que l'essor du secteur moderne n'exerce que peu d'effet d'entraînement sur le secteur traditionnel et bloque le développement. Le degré de diversification de la production industrielle est faible car les États les moins développés concentrent souvent leurs activités industrielles sur un ou deux secteurs clés. Ce sont parfois des **États mono-exportateurs**, dont le potentiel commercial repose presque totalement sur une seule production. La part des produits bruts dans les exportations, quand elle est élevée, révèle également la faiblesse du développement. Ils sont parfois en situation de dépendance (commerciale, financière, par rapport aux pays développés et confrontés à de forts taux d'endettement, le poids de la dette dans le PIB étant souvent considéré comme l'un des critères notables du sous-développement. Les PED sont également remarquables par la part souvent très importante du secteur informel.

Ces handicaps sociaux et économiques se traduisent pour les habitants des PED par le faible accès au travail, la pauvreté et une forte mobilité des populations vers les villes et les régions de plus haut niveau de développement. Dans certains États, des dizaines de millions de ruraux pauvres constituent des populations flottantes (en Chine, les *mingong*) entre campagnes et villes, alimentant la pauvreté urbaine.

Enfin, les États du Sud souffrent parfois de régimes politiques autoritaires et corrompus, dans lesquels s'expriment difficilement les valeurs démocratiques reconnues par la communauté internationale. Ce caractère, comme d'ailleurs la plupart des autres, n'est pas spécifique aux pays du Sud.

Les caractères du sous-développement et leurs conséquences spatiales

Économiques	Sociaux	Socio-économiques	Politiques
• Faiblesse des rendements et des productions vivrières • Retard industriel, spécialisation industrielle excessive, dualisme industriel • Tertiaire hypertrophié • Étroitesse des marchés de consommation nationaux • Dépendance technologique, commerciale, financière (endettement)	• Croissance démographique forte • Sous-alimentation et/ou malnutrition • Dénuement médical • Forte mortalité infantile, travail de l'enfant • Manques en matière d'éducation et de formation • Habitat précaire • Position inférieure de la femme • Inégalités sociales fortes	• Pauvreté individuelle : faible PIB/hab. • Chômage et sous-emploi	• Fréquences des régimes autoritaires, valeurs démocratiques et libertés individuelles incomplètement respectées • Conflits et tensions fréquents • Importance de la corruption
Conséquences spatiales			
• Inégalités régionales, mal-développement • Migrations de travailleurs • Croissance forte des villes, hypertrophie urbaine • Faible protection de l'environnement			

Du Tiers-monde aux Sud

• Une terminologie fluctuante

Les termes utilisés pour qualifier les pays « pauvres », individuellement ou dans leur ensemble, ont varié selon les époques, témoignant de l'évolution des courants de pensée et de la perception des facteurs du sous-développement. De la fin des années 1940 au milieu des années 1970, les expressions « pays sous-développés » et « Tiers-monde » sont utilisés conjointement, avec toutefois des variations sémantiques importantes. **Sous-développement** a été inventé aux États-Unis en 1947 et fut employé pour la première fois par Harry Truman le 20 janvier 1949 dans le discours sur l'état de l'Union. Il s'agissait de justifier sa politique d'aide nouvelle aux pays sous-développés. Si ce terme n'est donc pas à l'origine de connotation marxiste, c'est dans les années 1960 et dans le contexte et les préoccupations de mai 1968, que son acception économique se double de considérations sociales. Celles-ci sont intégrées progressivement dans les années 1970 par des géographes qui le couplèrent souvent au concept de centre-périphérie, également importé de l'économie. Enfin, dès la fin des années 1970 mais surtout au début des années 1980, la conception européocentriste initiale laisse peu à peu la place à une dimension universelle du terme, employé dès lors par des Asiatiques et des Latino-Américains.

Le terme de **Tiers-monde** est apparu pour la première fois en 1952, sous la plume d'Alfred **Sauvy** (1898-1990), un démographe français. Cette expression, devenue ensuite classique, faisait référence à l'ouvrage de l'abbé Sieyès *Qu'est-ce que le tiers état ?*, qui analysait la société de l'Ancien Régime. Bien que le plus nombreux, le troisième ordre de la société ne possédait pas de privilèges ni de pouvoir. Le Tiers-monde qualifiait donc à l'origine le monde dominé des pays peu développés qui n'appartenaient à aucun des deux blocs constitués à l'issue de la Seconde Guerre mondiale. C'était donc une notion essentiellement géopolitique qui voulait montrer l'exploitation du Sud, périphérie en situation de dépendance par rapport au centre, ainsi que son aspiration à s'intégrer à l'économie mondiale.

À partir des années 1970, la notion de Tiers-monde a commencé à être contestée car elle donnait le sentiment, à partir d'un constat politique, que les pays du Sud formaient un groupe économique homogène alors que les situations des États concernés étaient fort différentes, comme l'étaient leurs stratégies de développement. Cette prise de conscience naquit en 1973, avec le premier choc pétrolier et la Conférence d'Alger, où les États présents réclamaient la prise en compte de leur diversité et la mise en oeuvre d'un **nouvel ordre économique international** (NOEI) fondé sur la coopération entre tous les États, l'aménagement de la dette, la remise en cause de l'organisation des échanges et la condamnation

Géographie et tiers-mondisme

Les géographes français se sont très tôt intéressés aux espaces lointains et peu développés. Progressivement, une géographie coloniale puis une **géographie tropicale** est née, essentiellement zonale, qui avait pour objet d'étudier dans leur diversité les pays de l'outre-mer. En se démarquant de ce courant et de ceux qui l'incarnaient (Pierre Gourou, par exemple), le *tiers-mondisme* apparaît dans la géographie française à la fin des années 1950 et trouve rapidement ses lettres de noblesse, ses représentants et ses ouvrages de référence (Yves **Lacoste** par exemple, auteur de *La Géographie du sous-développement*, PUF, 1966). Encouragés par la décolonisation et les tentatives d'organisation d'un « Sud » en quête d'identité et de reconnaissance (1955 : Conférence de Bandoeng, 1961 : naissance du Mouvement des non-alignés), les tiers-mondistes considèrent le Tiers-monde comme une entité spatiale suffisamment réelle et homogène pour constituer un nouveau concept de la géographie. Influencés par les théories marxistes, ils manifestent une certaine solidarité envers le Tiers-monde dont ils étudient globalement les caractères et qu'ils dépeignent surtout comme la victime de la colonisation et du système capitaliste. Les anciens colonisateurs sont coupables d'un pillage des espaces pauvres destiné à alimenter leur propre consommation, compromettant ainsi tout espoir de développement. Ce courant n'a cependant pas survécu à l'évolution de la géographie moderne, au repli des conceptions marxistes et aux évolutions très divergentes des PED. De nos jours, les géographes se consacrant aux pays du Sud l'abordent souvent pas le biais de la mondialisation. D'autres, comme Sylvie **Brunel**, ancienne présidente de l'ONG *Action contre la faim*, ont dénoncé la dérive marchande de l'aide au développement et étudient les conséquences du sous-développement, notamment les famines.

du néocolonialisme. Cela s'est fait dans le cadre de la **Conférence des Nations unies sur le commerce et le développement** ou **CNUCED,** fondée en 1964, au sein de laquelle les PED constituent le **groupe des 77** (130 États en 2008) destiné à promouvoir la défense de leurs intérêts commerciaux et à formuler leurs revendications. Dès lors, les géographes et les économistes vont souvent adopter la forme plurielle et parler « des Tiers-monde ».

Les années 1970 ont également vu l'emploi de plus en plus fréquent, notamment dans le vocabulaire des organisations internationales, de l'expression **pays en voie de développement** ou **PVD**. Il s'agissait de montrer par là que le processus de développement était entamé, ce qui donnait une image plus positive à la situation de ces États. L'expression avait pourtant l'inconvénient de laisser supposer que le choix de la voie, de la stratégie de développement déterminait largement l'avenir des pays concernés. Or on commençait à cette époque à en percevoir le relatif échec, l'inefficacité face à certains problèmes conjoncturels tels que les crises pétrolières, voire quelques travers, par exemple l'endettement massif de certains de ces États.

C'est une des raisons pour lesquelles, dans les années 1980, l'expression plus neutre de **pays en développement** ou **PED** prend le pas sur celle de PVD. On oppose alors les PED aux **PID – pays industrialisés et développés** – dont la majorité sont des **pays développés à économie de marché** ou **PDEM,** qui ont adopté depuis le XIXe siècle, un modèle économique libéral. Ce ne fut pas le cas de l'URSS et des pays de son glacis qui ont fonctionné, au cours du XXe siècle, avec un système économique plus ou moins largement collectivisé et planifié et étaient donc qualifiés, jusqu'au début des années 1990, de **pays développés à économie planifiée (PDEP)** puis, après l'implosion du bloc soviétique et la transition progressive vers l'économie de marché, de **PDAEP** ou **pays développés à économie anciennement planifiée**. Ces formulations n'ont plus cours aujourd'hui et on parle plus simplement, pour les États qui n'ont pas encore gommé tous les stigmates de leur ancienne organisation, de **pays en transition** ou **pays en reconversion**. L'expression pose cependant problème car elle désigne parfois des pays du Nord, comme l'Ukraine ou la Moldavie, mais aussi des pays du Sud, comme les républiques d'Asie centrale ou du Caucase, voire d'autres PED qui sont passés d'une économie organisée sur le modèle planifié à l'économie de marché (Cambodge, Mongolie).

Progressivement, ces dénominations vont évoluer en distinguant de plus en plus fréquemment les **pays du Nord** – soit l'ensemble des PID – des **pays du Sud** – soit l'ensemble des PED –, ainsi qualifiés en raison de la localisation de beaucoup d'entre eux aux latitudes intertropicales. Ces références ne sont ni hémisphériques – l'Australie est située dans l'hémisphère Sud – ni latitudinales, la Mongolie étant plus septentrionale que la Grèce ou le Portugal. Elle ne sont cependant pas sémantiquement neutres puisqu'elles ont pour conséquence d'atténuer partiellement la vision conflictuelle des relations entre PID et PED. Il s'agit là de montrer que le Nord et le Sud font partie d'un même monde dont ils forment deux ensembles plus complémentaires qu'opposés. Il s'agit également de proposer un terme par défaut, le moins connoté et donc le moins contestable possible.

De nos jours, une certaine confusion sémantique existe encore : la notion de Tiers-monde, bien que largement datée, est encore souvent utilisée dans le langage journalistique. Elle n'a pourtant plus de sens depuis l'effondrement du bloc de l'Est, qui a mis un terme à l'organisation ternaire du monde. De même, au sein des organismes internationaux, l'expression PED continue à être largement utilisée, le Comité d'aide au développement de l'OCDE établissant même régulièrement une liste de PED, au nombre de 150 en 2008. Les géographes parlent plus volontiers de Nord et de Sud, en proposant souvent le pluriel pour « les Sud », pourtant orthographiés sans « s » final.

• Une vision binaire du monde aujourd'hui remise en question

La vision d'un monde organisé de manière binaire est aujourd'hui largement dépassée. Elle l'est surtout en raison de la difficulté à distinguer précisément le Nord du Sud, toute délimitation posant à la fois le problème des critères utilisés pour classer les États dans des catégories homogènes et la manière de prendre en compte les évolutions récentes.

Si l'on prend pour base principale l'IDH, on constate par exemple que certains États considérés comme appartenant au Sud sont nettement mieux classés que des pays d'Europe orientale, appartenant au Nord. C'est le cas notamment d'États d'Amérique latine classés autour de la 40e place mondiale de l'IDH, c'est-à-dire largement devant la Bulgarie, la Russie ou l'Ukraine, dont on ne conteste pas l'appartenance au Nord, alors même que leurs IDH sont très proches de ceux du Mexique, du Brésil ou de la Malaisie. La question se pose davantage pour des États comme l'Albanie, la Biélorussie ou la Moldavie, classée à la 111e place mondiale en 2007. Il n'y a donc pas correspondance parfaite entre la limite Nord-Sud actuelle et le niveau de développement tel qu'il est mesuré par l'IDH. Cette limite permet toutefois de prendre conscience des **contrastes de développement**, c'est-à-dire des différences et des écarts de développement, ici à l'échelle de la planète, et de la grande diversité des États classés dans le groupe des pays du Sud. Elle apparaît souvent intangible, les seuls États l'ayant franchi étant les républiques du Caucase et d'Asie centrale, issues du démantèlement de l'ex-URSS, désormais classées dans le Sud. Elle reste cependant très contestable et ce pour plusieurs raisons. L'une d'entre elles est que cette limite, tracée à l'échelle étatique, résiste mal à une analyse à plus grande échelle car la mondialisation (*cf.* article *Mondialisation, système-monde*) a accru la fragmentation des territoires qui rend le niveau étatique de moins en moins pertinent : à l'échelle régionale, on pourrait ainsi tout à fait imaginer le Sudeste brésilien ou la région de Bangkok dans le Nord et, à l'échelle locale, certains quartiers de Rio de Janeiro dans ce même Nord, tandis que d'autres en seraient exclus. En conséquence, les interfaces Nord-Sud ne fonctionnent plus comme telles : les républiques caucasiennes de la Russie, appartenant au Nord, ne sont pas mieux développées que la Géorgie, pourtant classée au Sud. Enfin, héritage historique, la limite Nord-Sud ne repose pas sur des critères rationnels, au contraire du classement en fonction de l'IDH. La Banque mondiale, prenant pour base la hiérarchie des États selon ce critère, s'affranchit donc du clivage Nord-Sud et regroupe les pays du monde en trois ensembles : les États à développement humain élevé, au nombre de 70 en 2008, de l'Islande au Brésil, les pays à développement humain moyen (84) dont quelques-uns sont des États du Nord et des pays à faible développement humain (22).

IDH et clivage Nord-Sud

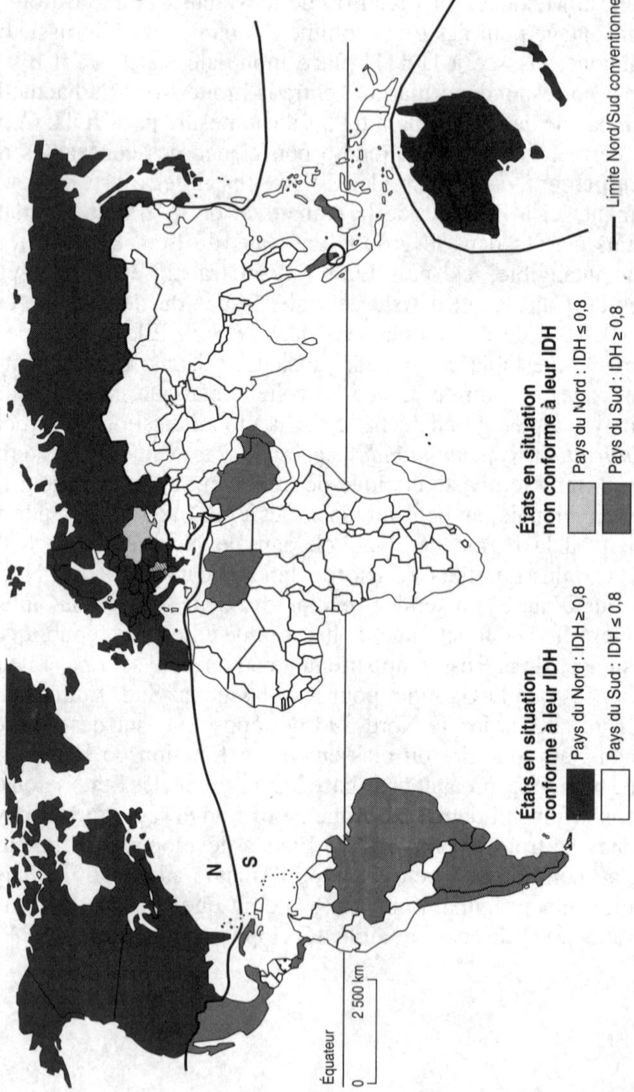

Source : Données PNUD, Rapport mondial sur le développement humain 2007-2008.

• La diversité des Sud

Les pays du Sud sont majoritaires dans le monde, l'Amérique latine et l'Afrique ne comptant en effet aucun PID et l'Asie bien peu. Ils sont marqués par de très importants contrastes de développement, ce qui a suscité de nombreuses classifications et regroupements. Cependant, faute d'avoir pu déterminer un critère incontestable de mesure du développement, aucune typologie n'est parvenue à réellement s'imposer, même si certaines catégories de pays sont aujourd'hui assez bien identifiées.

C'est le cas des **PMA** (**pays les moins avancés**) qui cumulent le plus de difficultés. Le sigle apparaît en 1964 à la CNUCED et, dès 1971, une liste de vingt-quatre pays est constituée. Plusieurs critères marquent l'appartenance à ce groupe : un PIB par habitant, calculé en moyenne sur trois ans, qui n'excède pas 900 dollars, un faible capital humain (nutrition, santé, éducation) et une forte vulnérabilité économique (instabilité des productions, petitesse de l'économie, faible part des produits manufacturés). Un PMA doit par ailleurs être un pays de moins de 75 millions d'habitants, condition satisfaite par tous à l'exception notable du Bangladesh. En appliquant ces critères, on comptait en 2008 50 PMA, dont plus des deux tiers en Afrique subsaharienne. Ces pays sont notamment marqués par une forte croissance urbaine, alimentée par leur taux d'accroissement naturel interne, l'exode rural et les migrations internationales. Le suivi social et scolaire y est très insuffisant et les populations sont fréquemment confrontées à des **maladies endémiques** (présentes de manière permanente) dont la dysenterie ou le **paludisme** (ou **malaria**) – parasitose tropicale transmise par la piqûre d'un moustique (anophèle) et à l'origine de fièvres intermittentes. Les PMA représentent plus de 12 % de la population de la planète, mais seulement 0,6 % de son PNB. Ils ont enfin en commun d'être en marge de la mondialisation, intégrés seulement ponctuellement, par quelques villes littorales notamment.

Les **NPI** (**nouveaux pays industrialisés**) – ou **PNI** (**pays nouvellement industrialisés**) pour l'OCDE – se situent, au sein du Sud, à l'autre extrême de l'échelle du développement. Le terme a été créé à l'origine pour qualifier les **quatre dragons** (Corée du Sud, Taiwan, Hong Kong et Singapour) ou **NPIA de première génération**, aujourd'hui classés dans les trente premiers États pour l'IDH et considérés comme des pays du Nord. Il désigne aujourd'hui tout État du Sud qui a bénéficié pendant plusieurs années d'un taux de croissance supérieur à 5 %, taux de croissance moyen des pays développés pendant les Trente Glorieuses. Tous sont engagés dans la voie d'une industrialisation rapide souvent initiée par des délocalisations de firmes du Nord et se sont rapidement insérés dans le commerce mondial grâce à des exportations de produits manufacturés qui sont aujourd'hui majoritaires. Ils voient l'écart qui les sépare des pays riches se réduire progressivement. La liste varie selon les auteurs ou les organisations internationales mais les pays les plus souvent cités sont les « **jaguars américains** » (Argentine, Brésil, Chili et Mexique) et les « **tigres asiatiques** » (Indonésie, Malaisie, Philippines et Thaïlande), parfois qualifiés de **bébés tigres** ou de **petits dragons**. Certains « jaguars » ainsi que d'autres pays d'Amérique latine, malgré leur relative prospérité, ont été ou sont encore affectés par un certain **mal-développement,** expression inventée par l'agronome René **Dumont** (1904-2001) pour désigner la situation de pays où la croissance économique ne s'est pas accompagnée d'un développement humain généralisé, où la part des pauvres s'accroît et où les inégalités de revenus sont fortes.

Certains auteurs préfèrent la notion de **pays émergents** pour qualifier des PED qui ont connu un développement économique rapide, notamment grâce à la croissance de leurs échanges commerciaux dans le cadre de la mondialisation et bénéficient d'un bon niveau de développement humain avec des IDH souvent supérieurs à 0,7. La liste est assez proche de celle des NPI, même si certains réservent le qualificatif à des États manquant encore d'ouverture sur l'extérieur, de stabilité politique ou de croissance économique. Au-delà de la liste des NPI, la Tunisie, la Turquie, parfois l'Afrique du Sud et quelques îles de l'océan Indien dont l'île Maurice sont considérés comme des pays émergents. NPI et pays émergents restent fragiles et soumis à des crises qui peuvent être graves comme la crise Argentine, entre 1998 et 2002.

Les **pays intermédiaires**, à l'image du Cameroun ou du Pérou, ne sont ni des PMA ni des NPI car ils n'ont pas encore enclenché un véritable décollage économique. Leur intégration à la mondialisation est incomplète et leurs rapports avec les pays du Nord s'expriment plus par la dépendance que par la concurrence. Ils constituent la majorité des États du Sud. Les pays en transition de l'ex-URSS font partie de cette catégorie.

Les **pays pétroliers à hauts revenus** forment un groupe à part au sein du Sud. Ces États s'enrichirent de manière spectaculaire à la suite des deux chocs pétroliers de 1973 et 1979 et prirent progressivement le contrôle de leurs propres ressources. Certains États ont profité de la manne des pétrodollars pour s'industrialiser, d'autres pour mener une politique sociale de grande ampleur, d'autres pour investir dans les États industrialisés. Moins favorisés au moment du **contre-choc pétrolier** de 1986, marqué par une baisse des prix du pétrole liée à la surproduction et à la concurrence entre les producteurs, ils ont retrouvé depuis la prospérité grâce aux cours élevés du pétrole. Ils bénéficient aujourd'hui d'un haut niveau de vie. La plupart des petits États pétroliers du golfe Persique (Qatar, Émirats arabes unis, Bahreïn…) font ainsi partie des 50 premiers pays selon l'IDH et sont donc mieux classés que de nombreux États d'Europe orientale. Leur classement dans le Sud est en grande partie lié à la pesanteur des conventions en ce qui concerne la limite Nord-Sud et à la prise en compte de certains critères traditionnellement considérés comme marque de sous-développement (indice de fécondité, persistance d'inégalités entre les sexes…).

La Chine et l'Union indienne, les deux géants asiatiques du Sud, constituent des cas particuliers par leur masse démographique. À eux deux, ces pays représentent 35 % de la population mondiale. Leur puissance économique est également considérable, ce qui amène de nombreux auteurs à les classer parmi les pays émergents : la Chine est le 2e exportateur mondial et la 3e puissance économique mondiale, derrière le Japon et les États-Unis. L'Union indienne n'a certes pas atteint le niveau industriel de la Chine, mais elle est devenue une puissance nucléaire et son industrie est très diversifiée : armement, aérospatiale, informatique, automobile. Les produits manufacturés constituent aujourd'hui l'essentiel des exportations et la croissance est soutenue.

Vers le développement ?

• Expliquer le sous-développement

La question des causes du sous-développement est très controversée. Elle oppose globalement des théories considérant le sous-développement comme la conséquence de facteurs surtout endogènes, liés à l'incapacité des PED à mettre en œuvre une démarche efficace vers le développement, à d'autres évoquant plutôt des facteurs exogènes, impliquant la responsabilité du Nord dans les difficultés du Sud.

Les premières sont issues d'un courant libéral véhiculé par des économistes dont l'un des principaux représentants fut un Américain, Walt Whitman **Rostow** (1916-2003). Il envisageait le sous-développement comme un simple **retard de développement,** dont l'ampleur s'apprécie par rapport au niveau atteint par les pays occidentaux. Les États sous-développés seraient confrontés à la difficile phase du **décollage** ou ***take off*** qui permet d'accéder au développement et que la France a connu au début du XIXe siècle. Celui-ci s'effectue en cinq étapes successives, selon un **schéma** dit **historiciste**. La première correspond à celle dans laquelle se trouvait l'Europe du Moyen Âge et peut se rapprocher de celle des territoires ruraux des pays les moins avancés aujourd'hui. La dernière est représentée par la société de consommation de masse, à laquelle sont parvenus aujourd'hui les PID. Pour Rostow, les PED peuvent franchir ces différentes étapes en imitant les PID, en profitant de leurs **avantages comparatifs,** c'est-à-dire d'atouts spécifiques sur lesquels ils peuvent baser leur insertion dans l'économie mondialisée et en se faisant épauler par l'aide au développement fournie par les PID. Cette analyse libérale a évidemment suscité d'importants débats et de nombreuses critiques, mais a eu beaucoup d'échos auprès du FMI et des néolibéraux, héritiers d'Adam Smith et de David Ricardo (dont Milton Friedman).

Pour d'autres, les PED souffrent de problèmes endogènes qui entravent leur développement : dualisme économique, manque d'efficacité des institutions de l'État, notamment des systèmes fiscaux… Ces difficultés internes peuvent générer une insuffisance chronique de capitaux et entretenir le **cercle vicieux du sous-développement** à savoir la combinaison de difficultés s'entraînant les unes les autres : manque de recettes fiscales et d'investissement, progrès sociaux lents, croissance démographique soutenue, forte charge sur les budgets nationaux, le tout bloquant le processus développement.

D'autres facteurs sont parfois évoqués pour expliquer le sous-développement :

– L'**enclavement** – l'absence de façade maritime et donc d'accès à la mer – constitue souvent une véritable difficulté pour des États en quête d'intégration dans les circuits commerciaux internationaux. Il n'est pas un obstacle absolu à la prospérité économique (la Suisse est un État enclavé) mais s'avère suffisamment pénalisant pour les États les plus pauvres, regroupés aujourd'hui à l'initiative de la CNUCED dans la nouvelle catégorie des **pays en développement sans littoral** ou **pays en développement enclavé.** Au nombre de 31 en 2008, ils comprennent des pays d'Asie centrale, des PMA d'Afrique et quelques États traditionnellement classés au Nord, comme la Moldavie. Ils représentent plus de 12 % de la superficie planétaire, regroupent 4 % de l'humanité mais ne produisent que 0,3 % du PIB mondial et ne reçoivent que 0,3 % des IDE.

– L'insularité, facteur d'isolement, est également évoquée comme un facteur défavorable au développement de petits États, identifiés en **petits États en développement insulaires (PEDI)**, qui sont marqués par une vulnérabilité économique mais aussi environnementale considérée comme préoccupante par la communauté internationale. Ils ont formé l'**Alliance des petits États insulaires** (**AOSIS**) qui compte 43 membres en 2008 et dont l'objectif est de faire valoir auprès de l'ONU leurs problèmes et besoins spécifiques.

– Une importante croissance démographique peut constituer un frein au développement quand les ressources alimentaires sont limitées et quand elle excède les capacités de l'État à en assumer les conséquences sociales. Elle peut par contre représenter un facteur stimulant pour le progrès des techniques et un facteur de croissance par la masse de travailleurs et de consommateurs qu'elle produit.

– Certaines structures sociales peuvent enfin être mal adaptées au capitalisme libéral. C'est le cas du système des castes en Inde, de certaines sociétés africaines dans lesquelles la propriété n'existe pas…

D'autres théories, souvent d'inspiration marxiste, évoquent la **théorie de la domination** et expliquent surtout le sous-développement par l'impérialisme des pays développés, le Nord exploitant le Sud, notamment par l'intermédiaire de leurs firmes multinationales. L'origine de cet impérialisme est souvent à trouver dans la colonisation, responsable de la destructuration des économies locales et des sociétés traditionnelles. Elle a favorisé les cultures commerciales face aux cultures vivrières pour satisfaire les métropoles, privilégié les activités extractives au détriment des activités manufacturières et donné la priorité aux activités exportatrices, accroissant ainsi le dualisme de l'économie et les inégalités régionales. Elle s'est souvent trouvée prolongée par certaines formes de **néocolonialisme**, c'est-à-dire de prolongement du lien colonial par différentes formes de domination économique et culturelle de la part des anciennes métropoles. Un des principaux représentants de ces thèses, l'économiste égyptien Samir **Amin** (né en 1931), considère que les PED forment la périphérie qui fournit au centre (les PID) des produits bon marché et lui offre des opportunités de taux de profit élevés, en particulier par l'exploitation d'une main-d'œuvre peu coûteuse. Cette situation est encore plus préjudiciable quand ces États ont opté pour l'**extraversion**, c'est-à-dire l'orientation vers l'extérieur d'une part importante de l'activité économique nationale, car cela contribue à transférer d'importantes richesses de la périphérie vers le centre. Plus globalement, certains auteurs dont Raul **Prebisch** (1901-1986) ou François **Perroux**, sans épouser nécessairement les thèses marxistes, ont mis l'accent sur la dépendance dans laquelle les PED sont placés en raison de leur subordination face aux pays dominants. Cette dépendance, imposée par les pays riches mais aussi conséquence naturelle du différentiel de développement qui existe entre les économies, provoquerait différents mécanismes de blocage du développement.

La **dépendance** du Sud prend plusieurs formes. La **dépendance financière** s'exprime par l'ampleur de l'endettement du Sud. Les origines du problème remontent au milieu des années 1970, période pendant laquelle l'activité des pays riches de l'**OCDE** – Organisation de coopération et de développement économiques, née en 1960 et qui regroupe aujourd'hui les 30 pays les plus industrialisés – s'était réduite alors que celle des PED connaissait une embellie. Pour financer leur croissance, ces États ont fait appel à des capitaux étrangers. À partir du second choc pétrolier de 1979, les échanges internationaux se sont ralentis, les cours des matières premières se sont effondrés et les pays occidentaux se sont repliés sur eux-mêmes, provoquant la réduction des exportations des PED et donc le ralentissement de leur croissance. Les taux d'intérêt, sous l'impulsion de la **FED** ou **Réserve fédérale** (la banque centrale américaine, créée en 1913) et le dollar ont considérablement augmenté et avec eux… la dette. Certains États se sont trouvés en situation de crise, incapable d'assumer le **service de la dette**, le remboursement annuel du capital emprunté et des intérêts.

La **dépendance commerciale** des PED se traduit par des inégalités issues de la **division internationale du travail (DIT)** qui désigne la répartition des tâches entre les États. Dans l'ancienne DIT, les pays du Nord exportaient des produits manufacturés et les pays du Sud des produits bruts. Dans la nouvelle DIT, le Sud se spécialise dans les produits de base ou les produits manufacturés relativement peu élaborés, tandis que les pays du Nord sont seuls capables de produire des biens de technologie complexe. Le résultat est un **échange inégal**, les PED maintenus dans la production de produits à faible valeur ajoutée étant condamnés à servir de débouchés aux produits manufacturés des pays riches. Les États les mieux intégrés à l'économie mondialisée parviennent progressivement à déjouer cette dépendance et à proposer des biens plus élaborés. Les autres, notamment ceux dont le revenu national dépend de quelques produits de base, ont souvent vu leur dépendance à l'égard des PID s'aggraver. Les **termes de l'échange** expriment le rapport entre le prix moyen des exportations et le prix moyen des importations. Certains PED ont connu une **dégradation** (ou **détérioration**) **des termes de l'échange (DTE)**, valorisant de moins en moins bien leurs exportations par rapport à leurs importations. Ils ont donc eu tendance à s'appauvrir en achetant de plus en plus cher des produits étrangers alors que les prix des produits qu'ils exportent stagnaient ou diminuaient. La réalité de la DTE est cependant difficile à apprécier étant donné qu'il faut prendre en compte, pour comparer le prix des denrées exportées et importées, le coût du transport, qui a évolué très largement à la baisse au cours du XXe siècle. La DTE est également difficile à comptabiliser globalement tant elle diffère selon les produits : de nos jours, les hydrocarbures et plus récemment les céréales, provoquent plutôt une appréciation des termes de l'échange.

Enfin, la **dépendance** est également **technologique** : le manque de savoir-faire entraîne fréquemment la fuite des cerveaux ou *brain drain*, la main-d'œuvre la plus qualifiée recherchant hors du Sud les hauts salaires et la promotion sociale. Certains évoquent également une **dépendance culturelle**, stigmatisant l'adoption, par ces pays, des modes de consommation alimentaire ou vestimentaire des pays du Nord ainsi que de leurs goûts musicaux, cinématographiques ou télévisuels.

• La stratégie de développement : un choix longtemps fondamental pour les pays du Sud

En se fondant sur les théories explicatives du sous-développement, sur des modèles économiques et les ressources disponibles, les États du Sud ont mis en œuvre des stratégies de développement très différentes, voire divergentes, dont aucune ne semble pouvoir incarner un modèle universel.

Quelques rares États du Sud ont choisi, au moins pendant un temps, d'asseoir leur développement sur l'agriculture, qu'elle soit vivrière ou d'exportation. Certains d'entre eux, essentiellement asiatiques (Chine), ont considéré que le développement agricole conditionne le développement dans son ensemble et lui ont donc accordé la priorité. Ils ont souvent commencé par une redistribution des terres dans le cadre d'une réforme agraire puis ont intensifié l'usage des terres (irrigation), ce qui permit une croissance de la production agricole allant parfois jusqu'à l'autosuffisance alimentaire, notamment en Asie avec la révolution verte (*cf.* article *Agriculture*). Ce type de politique a eu le mérite de supprimer la misère des campagnes, limitant l'exode rural et donc l'explosion urbaine. D'autres États ont choisi de fonder leur développement sur l'agriculture d'exportation. Ce sont des États tropicaux, producteurs de denrées recherchées sur les marchés des pays industrialisés : café, cacao, arachide ou agrumes. Jusqu'au début des années 1980, la Côte d'Ivoire a fait figure de modèle en ce domaine.

L'industrialisation est souvent considérée comme une nécessité pour le développement. De nombreux États du Sud ont donc donné la priorité à la croissance industrielle, bien souvent dans le cadre d'un **développement autocentré**, c'est-à-dire associé aux ressources ou aux besoins internes au pays. Ils ont choisi pour cela deux options : l'industrialisation par substitution d'importations ou par industries industrialisantes. La politique d'**industrialisation par substitution d'importations (ISI)** a été appliquée par exemple en Argentine et au Chili dans les années 1950, ainsi qu'au Brésil jusqu'en 1964 ou en Inde jusqu'au milieu des années 1980. Elle consiste à remplacer les importations de produits manufacturés par des produits fabriqués dans le pays lui-même. Ceux-ci, d'abord plus chers que les produits importés, deviennent vite concurrentiels par l'augmentation de la production et la maîtrise des techniques nouvelles. Ce type de stratégie doit produire, par « **remontée de filière** », un effet d'entraînement qui aboutit à développer l'ensemble du tissu industriel. Après quelques succès, cette stratégie a montré ses limites dans les années 1960 et 1970 : protection trop forte d'industries non confrontées à la concurrence et qui perdent dynamisme et compétitivité, déficit public fort, firmes multinationales qui, une fois implantées, se réservent les secteurs les plus modernes tandis que les entreprises nationales restent centrées sur les industries traditionnelles et créent ainsi un dualisme industriel.

D'autres États, à l'image de l'Algérie, ont appliqué dans un cadre socialiste la stratégie des **industries industrialisantes**. Elle consista à valoriser les ressources locales en hydrocarbures en développant l'industrie lourde qui, pensait-on, avait une vertu industrialisante en provoquant un effet d'entraînement sur les autres secteurs industriels. Leur présence était supposée créer des pôles de développement autour desquels d'autres industries viendraient s'établir. L'Algérie acheta donc des usines « clés en main », créant ainsi des complexes de haut niveau technique et de grande taille. Dans la réalité, cette stratégie s'avéra très coûteuse et le sacrifice d'autres secteurs provoqua de graves déséquilibres sociaux. L'Algérie vit également ses ressources se réduire au début des années 1980 à cause de la crise de la sidérurgie et de la chute de prix du baril de pétrole. Les complexes créés s'avérèrent surdimensionnés et mal exploités par une main-d'œuvre trop peu formée.

À partir du modèle mis en place à Hong Kong dès 1945, repris ensuite par les quatre « dragons », certains États du Sud mirent en œuvre une politique d'**industrialisation par promotion d'exportations (IPE)**, parfois qualifiée d'**économie extravertie**. Il s'agit de produire non pas prioritairement pour le marché national mais pour l'exportation, avec comme objectif de remplacer le plus rapidement possible des exportations traditionnelles par d'autres adaptées aux ressources du pays ou qui bénéficient de la main-d'œuvre bon marché. En cela, on parle aussi de politique d'**industrialisation par substitution d'exportations (ISE).** La Corée du Sud est un exemple remarquable de réussite de cette politique. À partir de 1962, elle choisit d'appliquer une politique de promotion des exportations fondée sur l'habillement et l'assemblage électronique. Elle profitait de sa main-d'œuvre bon marché pour produire à bas prix. Par la suite, elle entreprit une « remontée de filière » par le passage à la production de biens intermédiaires et de machines qu'elle commença rapidement à exporter. Aujourd'hui, elle vend des usines, des technologies, la formation de la main-d'œuvre. La crise asiatique de 1997 a cependant montré les limites de la stratégie financière de certains de ces États.

• De l'échec des stratégies de développement aux solutions libérales

Dans les années 1980, la plupart des voies de développement ont montré leurs limites et leur inefficacité à permettre aux pays du Sud d'intégrer dans de bonnes conditions la mondialisation. Elles se sont traduites, chez beaucoup d'entre eux, par le poids croissant de la dette et des taux d'inflation records.

Dans le contexte très libéral des années 1980, incarné par les gouvernements de R. Reagan aux États-Unis et de M. Thatcher au Royaume-Uni, de nombreux pays du Sud en difficulté s'en sont remis au **Fonds monétaire international (FMI)**, créé en 1944 lors de la Conférence de Bretton Woods, et à la **Banque mondiale**, née en 1946 pour gérer l'aide internationale au développement. Ces institutions leur ont proposé des solutions d'inspiration libérale, en incitant notamment ces États à opter pour l'extraversion. Ils ont par exemple été encouragés à continuer le développement de l'agriculture d'exportation au détriment des productions vivrières. Les banques et les instances internationales, dont le FMI, ont tenté de régler le problème de la dette selon plusieurs méthodes : l'attribution de nouveaux crédits, afin de leur permettre de retrouver la croissance économique et ainsi les moyens de rembourser les créances ; la **restructuration de la dette**, notamment par la renégociation des taux d'intérêt ; le **rééchelonnement de la dette**, c'est-à-dire l'étalement de la durée des remboursements et, plus rarement, l'allégement, voire l'annulation, d'une partie de leur dette.

Le FMI a conditionné ces aménagements à la mise en œuvre de **Programmes d'ajustement structurel (PAS)**, c'est-à-dire de plans d'austérité destinés à rééquilibrer les finances publiques par la réduction du déficit budgétaire et commercial et de l'inflation. Ces politiques ont eu souvent des effets sociaux très déstabilisants pour les pays qui les ont appliquées brutalement, par exemple par le gel des salaires ou le licenciement massif de fonctionnaires, mais aussi par l'accroissement des difficultés des services publics (santé, éducation, transport…).

Depuis 1996, la question persistante de la dette a conduit le FMI et la Banque mondiale à identifier la catégorie des **pays pauvres très endettés (PPTE)**, dont le rapport du volume de la dette au PIB dépasse les 200 % ou le rapport du service de la dette aux exportations dépasse les 20 %, et à mettre en œuvre l'**initiative PPTE** permettant de réduire rapidement leur dette. Cette politique a été complétée en 2005 par l'**initiative d'allègement de la dette multilatéral (IADM)** visant, pour certains pays, l'annulation de la totalité des créances détenues par le FMI, l'Association internationale de développement (IDA) de la Banque mondiale et le Fonds africain de développement (FAD).

• Repenser les rapports Nord-Sud dans une perspective de développement durable

De nos jours, les perspectives de développement des pays du Sud s'envisagent selon quelques grands axes et orientations majeures. Elles s'inscrivent tout d'abord dans une redéfinition des rapports Nord-Sud. Les États du Nord semblent avoir pris conscience de la nécessité de se préoccuper de l'évolution du Sud, notamment pour des raisons géopolitiques de maintien de la paix grâce au respect d'un certain équilibre entre les nations. La croissance démographique de certains États confrontés aux difficultés de développement alimente, chez certains pays du Nord, la crainte d'être confrontés à des vagues migratoires. La maîtrise de ces flux passe donc par le mise en place de politiques migratoires, comme celle mise en œuvre par l'Union européenne depuis 2002, mais aussi par des mesures d'aide au développement des pays de départ voire de **codéveloppement,** associant par différents moyens les migrants anciens ou récents au développement de leur pays d'origine. Enfin, la préservation de l'environnement de la planète est devenue une priorité pour un développement durable (*cf.* article *Développement durable*), qui suppose des négociations entre Nord et Sud.

L'aide au développement est également une manifestation concrète de l'évolution des rapports Nord-Sud. Née dans la mouvance de la Guerre froide suite à la volonté des grandes puissances de s'accorder les faveurs des pays pauvres en les maintenant dans leur camp, elle reste considérée comme fondamentale dans l'apport de moyens utiles au développement du Sud. Concernant les formes de l'aide, la distinction essentielle oppose l'aide publique et l'aide privée. L'**aide publique au développement** (**APD**) regroupe les dons et les prêts effectués par les organismes publics des pays développés aux PED. Elle peut être bilatérale ou multilatérale. L'**APD bilatérale** (d'État à État) représente les deux tiers de l'APD totale. Il s'agit le plus souvent d'une **aide liée** ; elle est accordée à condition que les dépenses effectuées par le pays receveur le soient en faveur du pays donateur. Elle n'est donc pas désintéressée et correspond plutôt à un instrument d'influence pour les pays développés, voire de néocolonialisme. À l'inverse, une **aide non liée** permet à un pays bénéficiaire de faire ses achats où il le souhaite. L'**APD multilatérale** représente près de 30 % de l'APD totale. Elle est canalisée par de grandes institutions comme le FMI ou la Banque mondiale et est assurée à 80 % par les pays de l'OCDE regroupés dans le **Comité d'aide au développement** (**CAD**). Les principaux bénéficiaires sont les pays d'Afrique à économie déstructurée et quelques petits États. L'APD opère dans plusieurs domaines :

– agricole avec la ***Food and Agriculture Organization*** (**FAO**) qui aide les PED en leur livrant des produits agricoles et en les faisant bénéficier d'une assistance technique et des progrès agronomiques ;

– technique, avec la formation de cadres locaux, la diffusion de l'enseignement ou la mise en place de programmes de développement dans le cadre des programmes de **coopération**, c'est-à-dire d'aide dans de nombreux domaines (technique, économique, sanitaire…) entre des États d'inégal niveau de développement ;

– financier, grâce à des prêts. La Banque mondiale et sa filiale, l'**Association internationale de développement** (**AID**), proposent des prêts à long terme (35 à 40 ans), sans intérêts pour les pays les plus pauvres ;

– commercial où, dans le cadre de la CNUCED, des tentatives ont été faites pour remédier à la dégradation des termes de l'échange en assurant aux PED des débouchés accessibles pour leurs produits bruts exportés. La CEE a par exemple signé, en février 1975, la **Convention de Lomé** avec 46 **pays ACP** (**Afrique, Caraïbes, Pacifique**) qui garantit à ces États (au nombre de 79 en 2008), le libre accès au marché européen pour la grande majorité de leurs productions. Ces accords ont été remplacés en juin 2000 par les **Accords de Cotonou** qui ouvrent beaucoup plus l'Afrique au commerce mondial, mais évoluent vers la suppression du système des tarifs préférentiels appliqué aux produits originaires de ces pays ACP. C'est dans ce contexte d'ouverture commerciale que d'autres puissances ont signé des traités « d'assistance » avec ces pays : l'**AGAO** (***African Groth and Opportunity Act***), adoptée en mai 2000, est le pendant américain des Accords de Cotonou et marque la volonté américaine de s'implanter durablement dans le commerce transafricain.

L'**aide privée** concerne essentiellement les nombreuses **Organisations non gouvernementales** (**ONG**), qui se sont développées depuis les années 1970. On distingue les **ONGD**, axées sur le développement, des **ONGU**, répondant aux situations d'urgence.

L'aide publique fait l'objet de nombreuses critiques. On lui reproche d'être insuffisante, la plupart des pays donateurs ne consacrant pas, comme ils s'y étaient engagés, 0,7 % de leur PNB à l'aide publique. En 2007, les États-Unis et la France donnaient respectivement 0,17 % et 0,36 % de leur PNB alors que la Norvège, pays généreux dans ce domaine, lui en consacrait près de 1 %. Les sommes concernées sont également variables selon les années, évoluant au gré de la conjoncture dans les pays donateurs mais aussi selon les besoins spécifiques (forts par exemple en 2005, après le tsunami de l'océan Indien en décembre 2004) et la gestion de la dette, les sommes correspondant à la suppression d'une partie de celle-ci étant comptabilisées dans l'aide. On lui reproche également d'être mal orientée, insuffisamment axée sur les populations les plus pauvres, détournée par la corruption ou utilisée pour financer d'ambitieux programmes qui ne tiennent pas compte des spécificités locales et s'effondrent dès le départ des experts. Enfin, elle peut être nuisible, notamment quand elle devient permanente. C'est le cas, par exemple, de l'aide alimentaire qui concurrence les productions locales et finit par modifier les habitudes alimentaires des populations au profit d'aliments importés.

Face à l'échec des politiques de développement, en 2000, dans le cadre d'une politique de développement durable, les Nations unies ont proposé les **objectifs du Millénaire pour le développement** (**OMD**) qui mettent l'accent sur les principaux domaines sur lesquels il convient d'agir pour éliminer progressivement la pauvreté et favoriser le progrès social du plus grand nombre. Parmi les OMD figurent la mise en place d'une bonne gouvernance sur le plan international et d'un système commercial et financier plus équitable. Ces objectifs non coercitifs tentent de réduire de moitié avant 2015 la part de la population mondiale vivant avec un revenu inférieur à un dollar par jour ainsi que celle des personnes souffrant de la faim ou qui n'ont pas accès à l'eau potable. Ils visent aussi à améliorer l'accès des enfants aux études primaires, à réduire fortement les mortalités maternelle et juvénile, à maîtriser la propagation du virus du sida, à circonscrire les épidémies de paludisme et à améliorer sensiblement la vie des millions d'habitants des bidonvilles et taudis des villes du Sud. L'égalité des sexes, la place des jeunes dans la société, l'accès aux médicaments de base et aux NTIC ont été également mentionnés comme faisant partie des OMD. Pour cela, il a été décidé qu'une part de 0,15 % du RNB des pays donateurs soit réservée aux PMA dans le cadre des dépenses d'APD. En 2008, il semblait improbable que ces objectifs soient atteints à l'échéance prévue.

Les pays du Sud sont donc contraints d'être partie prenante de leur développement et de déterminer les axes de leurs politiques. C'est le sens du programme **NEPAD (Nouveau partenariat pour le développement en Afrique)**, lancé par certains dirigeants africains en octobre 2001, avec l'appui du G8, dont le but est d'amener l'Afrique à devenir un continent attractif aux investisseurs privés afin de la rendre moins dépendante des aides au développement, insuffisantes et fluctuantes. Pour obtenir des aides financières, les pays africains candidats doivent présenter des projets concrets et des assurances quant à la qualité de leur gouvernance. Contestées par certains États qui dénoncent notamment leur caractère trop libéral, ces initiatives inaugurent cependant peut-être un nouveau type de relations entre le Nord et l'Afrique.

Sur le plan industriel, les dirigeants des pays du Sud semblent s'orienter vers la volonté de construire des économies plus homogènes, en améliorant la productivité agricole, en développant l'industrie autour de pôles de développement industriels et en transformant les produits bruts en produits manufacturés. La nécessité pour les pays du Sud de satisfaire les besoins essentiels de leurs populations, notamment en ne sacrifiant pas l'agriculture vivrière à l'agriculture commerciale et à l'industrialisation, est souvent proclamée comme l'est celle de limiter l'exode rural, sans toutefois l'interdire de manière autoritaire. La prise en compte de l'environnement est de plus en plus manifeste, même si le concept de développement durable est souvent perçu plutôt négativement, comme une ingérence du Nord (*cf.* article *Développement durable*). L'amélioration de l'éducation et de la santé sont de plus en plus présentées comme des préalables à tout développement et des moyens efficaces de limiter les fécondités. L'importance de la valorisation de l'initiative individuelle, notamment par le développement du **micro-crédit** qui consiste en l'attribution de prêts de faible montant à de petits entrepreneurs qui n'auraient pas accès à des crédits bancaires, est également devenue une priorité. Cette pratique, parfois contestée, a été inaugurée par le Bangladeshi Muhammad **Yunus** (né en 1940), fondateur de la *Grameen Bank* spécialisée dans ce type de pratique et prix Nobel de la paix en 2006. Enfin, l'intégration dans une organisation régionale permet de négocier en position de force avec le Nord et de mieux s'intégrer dans la mondialisation.

Le développement reste donc, au début du XXIe siècle, un enjeu planétaire majeur. Les risques de pénuries de ressources de base (eau, céréales, énergie), les questions de la pauvreté urbaine et de la préservation de l'environnement le confirment. La mondialisation, si elle profite à quelques États ou régions du Sud bien intégrés, tend à fragmenter les territoires, laissant de côté les PMA, mais aussi des régions entières des États du Sud, pour lesquels les perspectives restent préoccupantes.

lire aussi

Échanges internationaux – Migrations-mobilité – Mondialisation, système-monde – Peuplement – Population, démographie – Urbanisation, métropolisation – Ville

EAU

L'eau, qui constitue 60 % du poids de l'être humain et jusqu'à 95 % de certains végétaux est, avec le Soleil, un élément nécessaire à la vie sur Terre. Cette ressource renouvelable et apparemment abondante est très inégalement répartie dans l'espace et dans le temps. De plus en plus utilisée dans plusieurs secteurs d'activité, elle est souvent polluée. La gestion de l'eau est donc un problème essentiel, aussi bien dans les pays industrialisés que dans les pays en développement.

L'eau : une ressource renouvelable apparemment abondante

L'eau circule en un gigantesque cycle. Seule une partie de l'eau douce est utilisable par les hommes.

• L'hydrosphère

L'**hydrosphère** est la masse d'eau présente sur la Terre, c'est-à-dire l'ensemble des eaux continentales, océaniques et atmosphériques. Équivalente à près de 1,38 million de km^3, elle se compose à 97,4 % d'eau salée formant les océans et les mers. Les 2,6 % d'eau douce sont stockés, pour les trois quarts, dans les glaciers, essentiellement dans les calottes polaires. Le quart restant est constitué pratiquement en totalité par de l'eau souterraine profonde (environ 8 millions de km^3). L'eau contenue dans l'atmosphère (14 000 km^3) et les eaux de surface, c'est-à-dire le réseau hydrographique aérien (cours d'eau et lacs) et l'eau du sol (nappes phréatiques…), ne représentent qu'une part minime évaluée à 0,014 % de l'eau douce. Si l'eau apparaît comme une ressource très abondante, il faut donc relativiser cette impression. Seule une partie infime de l'hydrosphère, estimée à un cent millième, voire à un millionième, de l'hydrosphère, selon les mesures, est utilisable par l'homme.

• Le cycle de l'eau

L'eau se renouvelle en un circuit fermé, nommé **cycle de l'eau**, grâce à l'énergie solaire. La chaleur entraîne l'**évapotranspiration** d'environ 500 000 km^3 d'eau par an, soit une faible partie de l'hydrosphère, qui sont évaporés par les océans (430 000 km^3) et, dans une moindre mesure, par les eaux continentales et transpirés par les plantes. En s'élevant, l'air sature en vapeur d'eau qui, par condensation, forme des nuages. C'est par les **précipitations** que l'eau est ensuite restituée à la surface du globe. Elles sont provoquées par la pesanteur quand les gouttelettes en suspension s'agrègent autour d'un noyau de condensation, des poussières par exemple. En fonction de l'altitude de lcur formation et des températures, ces précipitations prennent diverses formes : liquides (**pluie**), solides dans le cas de la **neige** (cristaux de glace étoilés ou hexagonaux) ou de la **grêle** (grains de glace pouvant dépasser les 500 grammes). Elles tombent pour les deux tiers sur les océans, alors qu'ils fournissent plus de 85 % de l'eau évaporée. Une grande partie de l'eau est donc transférée par le déplacement des nuages vers les continents et les 120 000 km^3 d'eau reçus par ceux-ci sont rendus en quasi-totalité à l'océan, soit par évapotranspiration (75 000 km^3), soit par écoulement (45 000 km^3). Ces transferts se font à des vitesses très variables : quelques heures pour l'évaporation, quelques jours pour l'écoulement superficiel, plusieurs milliers d'années en cas de stockage glaciaire.

Ces échanges entre océans, atmosphère et continents sont déterminants pour les climats et s'accompagnent de multiples phénomènes, telle l'érosion qui façonne les reliefs. Le cycle de l'eau permet la purification des eaux et la désalinisation des eaux océaniques, conditions *sine qua non* de la vie sur Terre.

Une ressource inégalement répartie

• Une inégale répartition spatiale

Si une grande partie du globe reçoit une quantité « moyenne » de précipitations, comprise entre 500 et 1 500 mm par an, d'autres régions s'individualisent nettement.

L'**aridité** concerne environ 20 % des terres émergées. Par aridité, il faut entendre un **bilan hydrique annuel** négatif, soit un déficit des précipitations par rapport à l'évapotranspiration. Mesurée par l'**indice de Gaussen** (P en mm = 2T en °C), l'aridité (P < 2T) dépend donc des précipitations et des températures. Dans les déserts **hyperarides**, comme celui du Taklamakan en Chine, les précipitations sont inférieures à 100 mm par an et la vie végétale extrêmement limitée. Dans les régions **semi-arides** comme le Sahel africain, les 250 à 500 mm d'eau annuels permettent l'existence d'une steppe. Dans ces dernières régions, présentes sur tous les continents, les ressources en eau utilisables sont contenues dans des nappes souterraines fossiles et deviennent difficilement accessibles. C'est le cas, par exemple, de la Tunisie ou de l'Arabie saoudite. L'aridité des régions polaires est surtout due à la faiblesse des températures, elle-même responsable de celle des précipitations.

À l'opposé, les parties du globe connaissant un climat équatorial, ou tropical à saisons alternées, reçoivent des quantités d'eau annuelles supérieures à 1 500 mm. Mais se pose alors souvent le problème de l'irrégularité de ces précipitations.

• Une grande irrégularité dans le temps

Les ressources en eau peuvent être très variables au cours d'une même année. Les régions méditerranéennes connaissent une sécheresse d'été à laquelle succèdent souvent des pluies importantes, mais parfois insuffisantes pour les sols. Les variations saisonnières sont encore bien plus marquées dans les pays tropicaux, où alternent une **saison humide** (P > 2T) et une **saison sèche** (P < 2T). Le climat de mousson constitue un cas extrême où les précipitations annuelles, concentrées sur deux ou trois mois, succèdent à une longue saison sèche. Les précipitations peuvent engendrer alors, à côté de conséquences positives, des inondations catastrophiques.

Les variations interannuelles des précipitations affectent également les ressources en eau. Elles entraînent des sécheresses imprévisibles et d'ampleur variable : celle de 2003 en France est sans commune mesure avec les sécheresses subies par une partie du continent africain depuis les années 1970.

En définitive, d'après ces paramètres, l'Europe et l'Amérique du Sud apparaissent comme plus avantagées que la majeure partie de l'Afrique, de l'Asie et de l'Amérique du Nord. Il faut cependant nuancer ces généralités, notamment du fait des différences de densité de population.

Certaines ressources en eau facilement accessibles se trouvent dans des « déserts humains » : les fleuves sibériens, le Congo ou même l'Amazone sont sous-exploités. Certaines régions, bien pourvues en eau, sont très peuplées. Si, malgré ses fortes densités de population, l'Europe ne connaît pas de problèmes majeurs, il n'en est pas de même pour certains pays africains en forte croissance démographique. Le phénomène se retrouve à l'échelle des mégalopoles. Enfin, le déficit en eau peut se faire sentir de façon épisodique du fait de phénomènes saisonniers, comme l'irrigation ou l'afflux de touristes dans des stations balnéaires ou d'altitude.

Une ressource de plus en plus sollicitée et polluée

• La mobilisation des ressources

Avec l'augmentation des besoins, il faut chercher à accroître l'approvisionnement en eau. Cela peut se faire selon plusieurs techniques, de façon plus ou moins coûteuse et plus ou moins radicale pour l'environnement.

L'**irrigation** est un moyen de transporter de l'eau vers une terre agricole. Ce procédé utilisé à diverses échelles peut avoir des inconvénients : engorgement si le drainage est mal fait, salinisation, évaporation au niveau des canaux d'amenée, épuisement du cours d'eau ou de son émissaire comme dans le cas de la mer d'Aral.

Le creusement de puits ou, plus récemment, les forages profonds, pratiqués notamment en Afrique et en Asie, permettent d'atteindre l'eau contenue dans les nappes souterraines.

Les **barrages** rendent possibles le stockage et la régularisation. De capacité très diverse, ces ouvrages peuvent retenir plusieurs centaines de millions de mètres cubes d'eau. Leurs avantages sont multiples : fournisseurs d'eau (**barrages-réservoirs**) pour des utilisations domestiques, agricoles et industrielles, ils permettent aussi la production hydroélectrique, l'écrêtage des crues ou encore l'installation de bases de loisirs. Cependant, leurs inconvénients restent nombreux. Immergeant de grandes superficies, ils nécessitent souvent le déplacement de populations et transforment l'environnement naturel à des degrés divers. Le barrage des Trois Gorges, sur le Yangtsé en Chine, devrait occasionner la submersion de plus de 600 km^2 de terres agricoles et forestières et le déplacement de plus de 1,2 million de personnes.

Enfin, la **désalinisation** de l'eau de mer, dans des usines de dessalement pour faire de l'eau douce, reste une technique coûteuse et encore peu employée, si ce n'est dans quelques pays désertiques riches comme l'Arabie saoudite.

• Une utilisation croissante et multiple

Les prélèvements d'eau sont passés d'environ 400 km^3 annuels vers 1900 à 3000 km^3 dans les années 1980 et à plus de 5 000 km^3 en 2006. Cette augmentation très rapide s'explique par la croissance démographique, par les transformations des modes de vie et des techniques agricoles, par le développement de l'industrie et du tourisme. Cependant, elle n'affecte pas tous les pays : dans les PED, la consommation d'eau par habitant demeure très inférieure à celle des PID. De même, la part des secteurs d'activité dans la consommation totale est différente.

L'utilisation domestique de l'eau concerne près de 10 % des prélèvements effectués, pourcentage en augmentation constante, surtout dans les pays riches. Si le Français « consomme » 137 litres d'eau potable par jour, le Nord-Américain en utilise près de 500 ! Ces chiffres sont liés au développement du confort matériel (salle de bains, machines à laver…). Inversement, la plupart des habitants des pays pauvres, surtout les ruraux, ne disposent pas d'eau potable, ce qui contribue à l'essor de maladies. On estime que l'eau contaminée est responsable d'un quart des maladies et d'un tiers des décès dans les PED. Ainsi, au Bangladesh, la présence d'arsenic dans les eaux expose entre 74 et 92 millions de personnes à un risque majeur. Cette contamination, principalement d'origine géologique (l'arsenic a été déposé par les grands fleuves de la région), concerne 25 % des puits du pays et devrait entraîner, selon l'Organisation mondiale de la santé, entre 200000 et 270000 décès par cancer dans les prochaines années.

Malgré un recul récent, l'agriculture utilise encore près des deux tiers de l'eau au niveau mondial, notamment pour l'irrigation. Celle-ci concerne 16 % de la superficie des terres cultivées dans le monde. Elle s'est beaucoup développée dans les années 1960 et 1970 en Asie du Sud, en liaison avec les « révolutions vertes ».

Les secteurs de l'énergie et de l'industrie utilisent, quant à eux, près du quart des prélèvements d'eau. Mais si cette part peut atteindre 75 % dans les PID, elle représente environ 10 % dans les PED. Utilisée comme matière première entrant dans la composition de produits, comme force motrice, diluant ou solvant, ou encore pour refroidir ou réchauffer, l'eau est indispensable à de nombreuses industries (métallurgie, chimie, papeterie...), mais aussi aux centrales hydroélectriques, thermiques ou nucléaires. La présence d'un cours d'eau est ainsi l'un des facteurs de localisation industrielle ; la majeure partie de l'eau prélevée et usée y est immédiatement rejetée.

• L'eau, parfois source de conflits

L'eau est souvent l'objet de **conflits d'usage**. Différents acteurs sont en concurrence pour son utilisation, son contrôle : en Grèce, pays souffrant d'une sécheresse estivale, faut-il favoriser la plaine agricole et irriguée de Thessalonique, l'agglomération d'Athènes, grosse consommatrice en eau, ou encore certains littoraux touristiques ?

Mais l'eau est aussi un enjeu politique et peut être au cœur de tensions entre plusieurs pays. Ainsi, Israël considère comme un *casus belli* toute tentative d'appropriation des eaux du Jourdain, par exemple par la Syrie. Le contrôle de l'eau fut une des considérations de base du mouvement sioniste : en 1920, l'Organisation sioniste mondiale estimait que l'approvisionnement en eau devrait compter au même titre que les facteurs historiques pour établir les frontières du futur État d'Israël. De nos jours, la plupart des nappes souterraines de Palestine (Cisjordanie et bande de Gaza) sont exploitées au profit d'Israël (530 millions de m^3 contre 180 pour les Palestiniens). Autre exemple, un projet de barrage sur le Danube en Slovaquie a suscité une vive opposition en Hongrie, qui craignait la désorganisation d'une partie de l'économie. La querelle jusque-là larvée éclata au grand jour lors de l'effondrement du bloc socialiste. Malgré un arbitrage de la Cour internationale de justice, le conflit n'est toujours pas complètement réglé et alimente de manière récurrente des discours nationalistes dans les deux pays. Des problèmes similaires touchent de nombreux pays : conflits entre la Bulgarie, la Grèce et la Turquie pour le contrôle des eaux du fleuve frontalier (l'Évros), conflits entre la Turquie, la Syrie et l'Irak à propos des barrages sur le Tigre et l'Euphrate. L'eau est donc un enjeu géopolitique de plus en plus important et certains analystes n'hésitent pas à évoquer de prochaines « guerres pour l'eau ».

• Une pollution accrue

La plupart des usages de l'eau contribuent, à des degrés divers, à sa pollution. Ce n'est pas un phénomène récent, les cours d'eau ayant toujours servi de dépotoirs, mais elle a pris une tout autre ampleur au XXe siècle. L'industrie, la plus polluante avec le rejet de matières dangereuses (détergents, métaux lourds…), est aussi responsable d'accidents comme en 1986, lors du déversement dans le Rhin de produits toxiques par les usines chimiques Sandoz, près de Bâle. Cependant, les rejets domestiques – surtout lorsqu'ils sont concentrés dans les grandes villes – et les méthodes de l'agriculture productiviste ont aussi leur part de responsabilité dans la pollution des eaux. L'utilisation massive d'engrais, de pesticides en particulier, pollue les nappes phréatiques. La présence de phosphates, de nitrates… rend l'eau de certaines régions très agricoles impropre à la boisson. Les nitrates contribuent pour une large part à l'**eutrophisation** de lacs, comme les Grands Lacs américains : du fait de l'excès de matières nutritives, les algues et micro-organismes prolifèrent et, consommant trop d'oxygène, entraînent l'asphyxie progressive du milieu. Il existe enfin d'autres formes de pollution de l'hydrosphère comme les **pluies acides** : les gaz polluants contenus dans l'atmosphère se combinent avec l'eau pour former des acides. Ces pluies attaquent particulièrement la végétation jusque dans des régions situées souvent très loin de la source polluante. Les forêts canadiennes, scandinaves et d'Europe centrale sont fortement atteintes par ce phénomène.

Une ressource à préserver pour l'avenir

• Préserver l'eau en quantité et en qualité

La protection des réserves mondiales d'eau doit s'effectuer à la fois sur les plans quantitatif et qualitatif. La surveillance et l'entretien des conduites au niveau individuel et collectif permettraient d'éviter les fuites. La consommation peut aussi être réduite par la sensibilisation des gens et des améliorations techniques dans les processus de fabrication industrielle, comme dans l'irrigation. Celle-ci est en effet perfectible : l'étanchéité des conduites est souvent négligée et les techniques telles que l'aspersion ou le goutte à goutte, pratiquées en temps voulu et nécessitant moins d'eau, demeurent encore peu répandues. Enfin, l'eau peut aussi être recyclée, mais ceci suppose des installations adéquates.

Il semble plus difficile encore de lutter contre la pollution, non pas tellement pour des raisons techniques, mais plutôt pour des raisons financières et de prise de conscience. Les stations d'épuration ne sont pas encore généralisées, même dans les pays développés. Tous les pays ne possèdent pas de législation stricte en matière de pollution des eaux et, là où elle existe, elle n'est pas toujours respectée. En France par exemple, beaucoup d'industries, mais aussi des communes, continuent de polluer les eaux. Si le traitement des cours d'eau peut se faire après coup sur un laps de temps relativement réduit, il n'en est pas de même de l'épuration des eaux souterraines qui peut prendre plusieurs dizaines, voire centaines d'années.

Sur un autre plan, l'eau apparaît aussi comme une ressource paysagère (*cf.* p. 383), qu'il convient de préserver et qui est d'ailleurs actuellement mise à l'honneur dans le cadre de politiques de développement durable, cherchant à préserver l'environnement mais aussi à développer des aspects esthétiques, paysagers (*cf.* p. 66). L'intérêt pour les paysages de l'eau n'est pas nouveau en géographie. La géographie rurale a longtemps décrit les **paysages hydrauliques** et notamment les rizières asiatiques (*cf.* p. 186). Ces paysages illustraient en effet la complexité des liens entre l'homme et le milieu, au prisme du contrôle de l'eau par les sociétés (digues, marécages asséchés, techniques d'irrigation…). Les approches géographiques se sont depuis diversifiées : ainsi, le Festival international de géographie de 2003 (FIG 2003), consacré à l'eau, proposait entre autres des réflexions sur « les paysages de l'eau : perceptions et représentations » et sur « le fleuve et la ville : quand on redécouvre les bords de l'eau », les cours d'eau ayant en effet fortement contribué à l'identité de nombre de villes (*cf.* p. 66). Autant de thématiques qui s'intègrent dans le champ de la géographie culturelle (*cf.* article *Culture, géographie culturelle*).

• La nécessité d'une politique de l'eau

Tout État doit veiller à la gestion de l'eau. En France, la **loi sur l'eau** de 1992 a institué un système de planification et de gestion décentralisée à travers six **agences de l'eau** correspondant aux grands bassins fluviaux (Rhin-Meuse, Loire-Bretagne…) : ce sont des établissements publics, dotés de la personnalité civile et de l'autonomie financière. Le budget des agences de l'eau est en majeure partie alimenté par les usagers domestiques, les industriels apportant le complément. Les agriculteurs sont en revanche peu concernés par ce financement alors même qu'ils ont un fort impact sur la ressource en eau (prélèvements et rejets). De plus, la loi sur l'eau contribue par une réglementation stricte à la protection des milieux aquatiques et des ressources en eau grâce à des mesures de lutte contre les pollutions diffuses et ponctuelles. La loi sur l'eau impose des objectifs de résultats mais aussi de moyens, comme la réglementation concernant les périmètres dc protection de captages. Depuis cette loi, les agences de l'eau possèdent des outils de planification : les **SDAGE** et les SAGE. Les **Schémas directeurs d'aménagement et de gestion des eaux** contrôlent la qualité des cours d'eau, orientent et limitent la consommation. Les différentes collectivités territoriales ne peuvent ainsi aménager leur territoire, imaginer de grands travaux, sans tenir compte du SDAGE. Le **Schéma d'aménagement et de gestion des eaux (SAGE)** s'applique à un niveau inférieur : compatible avec le SDAGE, il est généralement mis en œuvre par les collectivités locales.

Cependant, à l'échelle mondiale, l'eau est bien souvent gaspillée et polluée, faute de prise de conscience réelle ou de moyens financiers, notamment dans les PED. Même dans les pays développés, où la gestion paraît stricte, la législation n'est pas toujours respectée. On s'achemine alors parfois vers une politique de prix élevé, selon le principe économique de la valorisation de l'eau, prenant en compte le coût réel de son captage, de son traitement et de sa distribution, dans le but de dissuader le gaspillage. Ces traitements, de plus en plus fréquemment accomplis par des sociétés privées, permettent aussi de dégager des profits et l'eau devient ainsi un enjeu économique. Si elle n'est pas encore considérée comme un bien économique classique dont le prix pourrait fluctuer en fonction d'un marché (comme le pétrole par exemple), sa distribution est souvent confiée à des opérateurs privés et ce dans le monde entier. Face à cette évolution, les opposants cherchent à maintenir l'eau comme partie intégrante du Patrimoine commun de l'humanité et à faire valoir l'accès à l'eau comme un Droit de l'homme.

Mondialisation et politique de l'eau

Le second forum sur la sécurité de l'eau, tenu en 2000 à La Haye sous l'égide de l'ONU, a débouché sur deux constats.
Le premier fait l'objet d'un consensus : l'eau est « indispensable à la vie et à la santé des hommes et des écosystèmes » ; il faut donc l'économiser, les risques de rupture d'approvisionnement étant réels.

Le second : la distribution de l'eau ne peut donc être gratuite… mais la controverse porte sur le fait de confier ou non cette distribution à des sociétés privées. Quelques pays, France et Royaume-Uni en tête, ont déjà développé cette pratique avec, pour l'exemple français, l'essor de compagnies privées. Trois sociétés françaises – Veolia (ex-Vivendi), Suez Lyonnaise des eaux et SAUR – sont aujourd'hui en position de force dans le contrôle de la distribution de l'eau au niveau mondial vu le contexte de mondialisation de l'économie. Les États-Unis, pourtant chantres du libéralisme, ont pris du retard dans ce domaine, la politique de l'eau variant d'un État à l'autre. Les principales ONG, les « mouvements citoyens », mais aussi la plupart des États, demeurent résolument opposés à cette privatisation et pour des raisons diverses : peur d'une perte de contrôle de la part des États, approche plus humanitaire de la part des ONG notamment, qui considèrent qu'on ne peut pas faire de l'eau une marchandise comme les autres et donc qu'on ne peut privatiser ce qui devrait être un service public de base.

Enfin, une gestion internationale des ressources en eau semble nécessaire dans le cadre du développement durable. Elle peut se traduire par une aide financière et technique aux PED, mais aussi par des contrôles plus généralisés et plus stricts, ce qui suppose une véritable coopération internationale.

lire aussi **Agriculture – Climat – Cours d'eau, hydrologie – Déserts arides – Développement durable – Risques, pollution**

ÉCHANGES INTERNATIONAUX

Depuis les années 1980-1990 et l'accélération de la mondialisation, les flux de marchandises, de services et de capitaux sont en plein essor. Ils relient désormais tous les pays. L'intégration à ce vaste système d'échanges, souvent nécessaire au développement économique, rend les États interdépendants, notamment dans le cas des pays du Sud, sous la domination des trois pôles qui constituent la Triade. Ce phénomène, qui a débuté dès la Seconde Guerre mondiale, est lié à plusieurs facteurs d'ordre politique mais aussi technique, comme la révolution des transports et des télécommunications.

Les raisons de la mondialisation des échanges

• Un constat : l'essor des échanges internationaux

Les échanges commerciaux internationaux connaissent une croissance exceptionnelle depuis la Seconde Guerre mondiale, croissance au rythme plus rapide que celui de l'accroissement démographique et surtout du PIB mondial. Ils n'ont pas cessé d'augmenter en volume. Leur progression en valeur, exprimée en monnaie courante, est plus irrégulière du fait de l'inflation et de la variation des taux de change qui n'affectent pas le **volume** : celui-ci, qui est le produit du poids de la marchandise par le coût moyen pour une année prise comme référence, est exprimé en **monnaie constante**, c'est-à-dire corrigée des effets de l'inflation. En 2005, le commerce dépassait en volume pour la première fois le cap des 10 000 milliards de dollars pour les seules marchandises, auxquelles il fallait rajouter 2 400 milliards pour les services. Cet essor, particulièrement rapide et continu (+ 8 %

entre 2004 et 2007), est lié d'une façon générale au développement économique et tient plus particulièrement à certains facteurs qui s'inscrivent dans un contexte de division internationale du travail et de mondialisation : l'accroissement démographique, la révolution des communications et la libéralisation des échanges.

• La révolution des transports et des télécommunications

C'est une véritable révolution des transports et des télécommunications que le monde a connue depuis les années 1960. L'amélioration des communications est en effet une condition *sine qua non* de l'accroissement des échanges, mais elle en est aussi une conséquence dans la mesure où les progrès techniques ont été stimulés par la montée des échanges (*cf.* article *Transport, communications*).

Des progrès décisifs sont accomplis pour rendre les transports plus rapides et moins onéreux. L'augmentation de la capacité des bateaux et leur spécialisation (minéraliers, méthaniers...) ont engendré des économies d'échelle. Plus généralement, l'utilisation massive de **conteneurs**, caisses de 30 à 60 m^3, facilite les transbordements grâce à l'**unitisation des charges** (l'uniformisation des unités de conditionnement) et permet l'**intermodalisme** (ou **intermodalité**), système qui combine plusieurs moyens de transport. Parmi ces progrès, ceux des transports maritimes ont été les plus déterminants pour le commerce mondial. En effet, ils assurent les trois quarts des échanges de marchandises en poids et les deux tiers en valeur, du fait de leur faible coût et de leur adaptation au transport des produits pondéreux. Le reste des échanges s'effectue essentiellement par la route et les conduites, l'avion étant surtout utilisé pour les transports de passagers.

Si la révolution des transports a été déterminante pour le commerce des marchandises et les flux touristiques, celle des télécommunications l'est pour les échanges de services et de capitaux. Le terme de **télécommunications** désigne l'ensemble des procédés de transmission d'informations à distance, au moyen d'un fil ou grâce aux satellites qui se sont multipliés. Ces procédés, associés à l'informatique, forment la **télématique**. L'accès à une multitude d'informations et les échanges quasi instantanés deviennent aujourd'hui des composantes essentielles de l'économie mondiale et de la vie quotidienne dans les pays riches.

- **La libéralisation des échanges mondiaux**

La libéralisation des échanges à l'échelle mondiale a été favorisée après la Seconde Guerre mondiale par les États-Unis, qui prônaient le **libre-échange**, un des fondements du système libéral, afin que le commerce international ne soit soumis à aucune restriction. C'est à leur initiative que fut signé, en 1947, l'**Accord général sur les tarifs douaniers et le commerce** ou **GATT** (*General Agreement on Tariffs and Trades*). Le but était d'abaisser progressivement les **barrières douanières** par la réduction des tarifs douaniers, l'élimination des contingentements à l'importation et la généralisation de la **clause de la nation la plus favorisée** qui oblige un pays à pratiquer avec les autres pays signataires tout accord avantageux conclu avec l'un d'entre eux. L'abaissement des droits de douane sur de nombreux produits, l'interdiction du **dumping** (vendre un produit sur les marchés étrangers moins cher que sur son propre marché, et parfois même à perte) ont été décidés lors des grandes négociations internationales – les ***Rounds*** – tels que le Tokyo Round (1975-1979) ou l'Uruguay Round. Ces dernières, commencées en 1986, ont abouti à un acte final signé en 1994 par 111 pays et à l'issue duquel l'**OMC** (**Organisation mondiale du commerce**) est créée en janvier 1995. L'OMC bénéficie de pouvoirs de contrôle plus étendus que le GATT qu'elle remplace. En 2008, elle comportait 152 membres et 29 pays étaient en cours de négociation pour l'adhésion. Depuis sa création, l'OMC envisageait la tenue d'un nouveau *Round*. Initialement baptisé Millenium Round et censé se tenir à Seattle en décembre 1999, il a été reporté *sine die* notamment en raison des très nombreuses manifestations qui marquèrent ce sommet. Depuis 2000, d'autres *Rounds* partiels ont été tenus par l'OMC tel le Doha Round en 2001 sur le développement, toujours inachevé en 2008 en raison surtout de difficultés à libéraliser les échanges agricoles.

Au-delà de sensibilités variées, les manifestants de Seattle (plus de 40 000 personnes du monde entier) souhaitaient un contrôle citoyen et démocratique de l'OMC. Depuis 2000, les associations constitutives de ces manifestations (**ONG** ou Organisations non gouvernementales, partis politiques, syndicats…) se réunissent lors de **Forums sociaux mondiaux** (FSM) comme à Bamako, Karachi et Caracas en 2006 ou à Nairobi en 2007 pour étudier les moyens de mettre en œuvre une « autre mondialisation » conformément aux vœux de l'**altermondialisme**, qui s'oppose à la mondialisation libérale (« le monde n'est pas une marchandise ») ou cherche du moins à la réguler afin de la rendre plus équitable.

Malgré la tendance générale au libre-échange, tendance renforcée depuis l'ouverture des pays de l'Est et de la Chine, le **protectionnisme** est loin d'avoir disparu et s'accroît même en période de crise. La limitation des importations peut se faire de façon officielle, par exemple en appliquant la **clause de sauvegarde** prévue par le GATT, dans le cas où une importation entraîne une grave gêne sur le marché intérieur, ou encore par des accords comme l'**Accord multifibres** (**AMF**). Celui-ci, mis en place en 1974 dans le cadre du GATT, a concerné 80 % des échanges de textiles et de vêtements. Il a permis aux pays industriels de contingenter les importations de ce type de produits en provenance de pays en développement. Un des buts était de donner aux pays riches le temps de se convertir vers une gamme supérieure. En 1995, dans un contexte de mondialisation croissante et de fin des accords protectionnistes, l'OMC a décidé le démantèlement progressif des AMF sur une période de 10 ans. De ce fait et depuis 2005, les AMF sont remplacés par l'**Accord sur les textiles et les vêtements** qui stipule que les importateurs n'ont plus à répartir leurs commandes entre de nombreux pays, contrairement à ce qu'ils étaient obligés de faire pour ne pas dépasser les quotas d'exportation alloués à chaque pays producteur. Ce démantèlement favorise la Chine qui pourrait, selon la Banque mondiale, réaliser 50 % des exportations mondiales de produits textiles en 2010, ce qui constitue une menace pour de nombreux petits exportateurs, comme les pays du Maghreb.

Le protectionnisme se pratique enfin de façon détournée, par exemple au moyen de normes sanitaires ou de sécurité particulières, ou encore de contraintes administratives. Les États-Unis et le Japon utilisent largement ces procédés.

• Des associations régionales favorisant les échanges

De nombreux regroupements régionaux ont vu le jour depuis 1945, liant souvent entente économique et entente politique. Selon le degré d'intégration économique, on peut distinguer plusieurs types d'associations, toutes contribuant au développement des échanges.

Étapes et principaux aspects de l'intégration économique

Étape	Suppression des restrictions du commerce	Adoption d'un tarif extérieur commun	Suppression des restrictions à la mobilité des facteurs	Harmonisation des politiques économiques
Zone d'échanges préférentiels	Diminution pour certains produits	non	non	non
Zone de libre-échange	oui	non	non	non
Union douanière	oui	oui	non	non
Marché commun	oui	oui	oui	non
Union économique	oui	oui	oui	oui

Source : Y. Berthelot, « Les marchés communs dans le monde », *Encyclopédie de la géographie*, Économica, 1992.

Le domaine de compétence de ces ententes est varié et leur réussite variable.

– L'**OPEP** (**Organisation des pays exportateurs de pétrole**), créée en 1960, se concentre sur l'exportation de pétrole.

– L'**ASEAN** (**Association des nations de l'Asie du Sud-Est**), créée en 1967, essentiellement dans un but politique, regroupe Brunei, l'Indonésie, la Malaisie, les Philippines, Singapour, la Thaïlande et, depuis 1995, le Vietnam et 1997 la Birmanie, le Cambodge et le Laos. En 2008, le Timor-Oriental était candidat à l'adhésion. Elle a aussi permis, grâce à des conditions préférentielles, de développer les échanges régionaux notamment de matières premières et produits agricoles, dans le cadre de l'**ALEA** (**Aire de libre-échange de l'ASEAN**).

– Autre organisation destinée à tisser de forts liens économiques et politiques, le **CAEM** (**Conseil d'assistance économique mutuelle**) ou **COMECON** en anglais, fut constitué sous l'égide de l'URSS en 1949. Jusqu'à sa dissolution en 1991, il regroupait, autour de l'Union soviétique, les pays d'Europe de l'Est, excepté la Yougoslavie, la Mongolie (1962), le Vietnam (1978) et Cuba (1979). Si les échanges étaient importants entre les pays membres, ils sont restés faibles avec les pays tiers, en particulier avec les États capitalistes. La plupart des pays européens anciennement communistes ont intégré l'Union européenne.

– L'**AELE** (**Association européenne de libre-échange**), fondée en 1959 sur une initiative britannique, a favorisé le commerce entre ses dix États membres : le Danemark, le Portugal, le Royaume-Uni, l'Autriche, la Suède, la Finlande, l'Islande, le Liechtenstein, la Norvège et la Suisse. En 2008, seuls les quatre derniers restent intégrés à cette association, les autres ayant rejoint la CEE ou l'UE qui lui a succédé en 1993, à mesure qu'elle gagnait en influence. C'est également en 1993 que l'AELE et la CEE se sont associées dans l'**EEE** (**Espace économique européen**), à l'exception notable de la Suisse qui a refusé cette adhésion par référendum.

– La **CEE** (**Communauté économique européenne**), fondée en 1957, apparaît en effet comme une réussite économique et, plus particulièrement, commerciale. D'abord union douanière, elle a réussi à former un **marché unique** permettant, depuis 1993, la libre circulation des marchandises, des personnes et des capitaux en son sein. L'**UEM** (**Union économique et monétaire**), entreprise par le traité de Maastricht en 1992, qui fonde l'UE, a notamment institué une monnaie unique, l'euro, mise en circulation depuis le 1er janvier 2002. La zone euro compte, en 2008, 15 États membres et l'UE, 27 États membres.

– La CEE a passé des accords de coopération avec 78 **pays** dits **ACP** (Afrique, Caraïbes, Pacifique) par les **Accords de Lomé** I (1975), II (1979), III (1984) et IV (1989) et les **Accords de Cotonou** en 2000 (*cf.* article *Développement, Sud*) qui ont permis entre autres à ces pays en développement, essentiellement africains, d'avoir libre accès au marché commun européen pour un certain nombre de produits et ceci sans réciprocité. Le démantèlement progressif de ces accords, demandé pour 2007 par l'OMC, a conduit certains de ces pays à signer un accord intérimaire également en 2007 avec l'UE, permettant d'une façon générale aux pays ACP de bénéficier encore d'un partenariat privilégié sur certains produits et à tous les PMA d'obtenir des clauses privilégiées.

– L'**ALENA** (**Association de libre-échange nord-américaine**), **NAFTA** en anglais (*North american free trade agreement*), regroupe, depuis décembre 1992, le Canada, les États-Unis et le Mexique, qui s'ancre ainsi au Nord.

– En Amérique latine, le **Pacte andin**, créé en 1961, associait la Bolivie, la Colombie, l'Équateur, le Pérou et le Venezuela, et le

Panamá avec un statut d'observateur. Organisation en net déclin, elle est remplacée en 1996 par la **Communauté andine**, association en crise depuis le départ en 2006 de la principale puissance économique, le Venezuela. Le **Mercosur** a été fondé en 1991 par l'Argentine, le Brésil, le Paraguay et l'Uruguay. Le Venezuela l'a rejoint en 2005. Le Chili et la Bolivie dès 1995 puis, depuis 2003, le Pérou, la Colombie et l'Équateur ont conclu un accord de libre-échange avec lui, entérinant de fait le déclin, voire la fin de la Communauté andine. Depuis 1995, le Mercosur a abouti à la mise en place d'un marché commun et il fonctionne comme une vraie force d'opposition aux ambitions nord-américaines en Amérique du Sud : le retrait du Venezuela du FMI et la création en 2007 de la **Banque du Sud** avec six autres pays latino-américains est d'ailleurs annoncée comme le premier pas vers une monnaie commune. C'est cette opposition aux États-Unis qui explique l'échec, voire l'abandon, du projet de **ZLEA** (Zone de libre-échange des Amériques ; **ALCA** en espagnol). Ce projet, initié en 1994, aurait regroupé à l'échelle de tout le continent américain, l'ALENA, la Communauté andine et le Mercosur, ce qui témoigne de l'interdépendance croissante des économies nationales et du développement des organisations régionales. Mais, initié par les États-Unis, il a suscité des réticences dans l'ensemble du Mercosur, ce qui a conduit à l'arrêt du processus depuis 2005. Le Venezuela est d'ailleurs à l'origine de l'**ALBA**, Alternative bolivarienne pour les Amériques, regroupant Venezuela, Bolivie, Cuba, Dominique et Nicaragua. L'ALBA se veut une anti-ALCA, un de leurs arguments repose sur la fourniture de pétrole vénézuélien à bas prix aux États qui y adhèrent.

– Enfin, l'**APEC** ou **CEAP** en français (**Coopération économique Asie-Pacifique**), née en 1989, regroupe, lors de forums, les pays de l'ALENA, de l'ALEA, l'Australie, la Nouvelle-Zélande, la Papouasie-Nouvelle-Guinée, ainsi que des pays d'Asie orientale (Japon, Chine, Taiwan, Corée du Sud). Si l'objectif initial était d'instaurer, entre 2010 et 2020, une zone de libre-échange, des intérêts divergents ralentissent sa réalisation.

D'autres organisations commerciales sous-régionales ont un plus faible poids économique. Il s'agit par exemple :

– du **MCCA** (**Marché commun centre-américain**) regroupant le Costa Rica, le Guatemala, le Salvador, le Honduras et le Nicaragua ;

– du **CARICOM** (***Caribbean Community***) avec 15 États de la Caraïbe ;

– de plusieurs tentatives de regroupement en Afrique comme le **SACU (Union douanière de l'Afrique australe**, union douanière organisée autour de l'Afrique du Sud).

• La division internationale du travail et le rôle des multinationales

La **mondialisation** de l'économie (*cf.* article *Mondialisation, système-monde*), et plus particulièrement la **division internationale du travail** (**DIT**) accrue et transformée, expliquent la montée des échanges et en sont aussi, dans une certaine mesure, la conséquence. La DIT, c'est-à-dire la répartition des différentes spécialisations entre les pays du monde, s'est longtemps traduite par des échanges de matières premières et de produits de base venant des pays pauvres contre des produits manufacturés exportés par les pays industriels. La **nouvelle DIT** est plus complexe : les pays occidentaux, devenus gros producteurs agricoles, achètent des produits manufacturés de consommation courante aux pays en développement et vendent des produits incorporant de nouvelles technologies. En outre, il faut désormais compter avec les nouveaux pays industrialisés d'Asie. Ces transformations se sont traduites par une intensification des échanges. De plus en plus, on peut parler de **division internationale des processus productifs** dans la mesure où plusieurs pays participent aux différentes étapes de la fabrication d'un produit.

C'est ce processus qui explique le rôle croissant dans le commerce international des firmes **multinationales (FMN),** c'est-à-dire des entreprises dont le siège social se trouve dans un pays mais dont une partie du chiffre d'affaires est réalisé par des filiales installés dans plusieurs autres pays. Ces firmes, appelées aussi firmes **transnationales (FTN)**, ont poussé à la libéralisation des échanges : elles en sont un des moteurs et un des principaux bénéficiaires. Elles ont contribué à la dispersion des lieux de production, profitant de la présence de matières premières, d'une main-d'œuvre nombreuse et bon marché, ou d'avantages fiscaux, comme dans les zones franches. Difficile à évaluer, leur part dans le commerce mondial avoisine 40 % des échanges de marchandises, dont un grande partie est constituée d'échanges **intra-firme**, c'est-à-dire entre la maison-mère et ses filiales ou entre ses filiales. Le montant des ventes de certaines d'entre elles est comparable au PIB de nombreux pays. Elles influencent les décisions de l'OMC et ont un poids politique important.

Des échanges dominés par le Nord

• Des flux essentiellement Nord-Nord

Les échanges internationaux se sont intensifiés, mais aussi diversifiés. Ils engendrent des **flux**, c'est-à-dire des courants d'échanges, visibles ou non, qui sillonnent toute la planète : flux de marchandises, de services, de capitaux et d'hommes.

Les échanges de marchandises sont les plus visibles et les plus quantifiables. Ils sont dominés par les produits manufacturés qui forment les deux tiers des échanges en valeur. Ces échanges, concernant de plus en plus les produits élaborés, sont dominés par les pays industrialisés, ce qui engendre de puissants flux Nord-Nord. Cependant, le poids des pays en développement s'accroît du fait, notamment, des NPI. La part des autres marchandises (denrées alimentaires, matières premières et produits énergétiques) régresse en valeur, tout en constituant des tonnages très élevés. Dans le cas des denrées alimentaires et des matières premières, les pays riches deviennent les premiers fournisseurs et les premiers acheteurs, même si des États du Sud très peuplés comme la Chine pèsent aujourd'hui sur l'offre mondiale. Dans le cas de l'énergie, et en particulier du pétrole, les flux Sud-Nord dominent.

Les échanges de services, où le Nord est en position de force, se sont accrus. Parmi eux, les échanges d'informations sont essentiels dans la mesure où ils guident en grande partie les autres flux. Selon la définition du Bureau international du travail, on nomme **flux d'informations** la circulation de « données de toute nature qui sont rassemblées, organisées et communiquées ». Les progrès technologiques en matière de télécommunications (satellites, Internet, vidéocommunication...) permettent une circulation accélérée, voire instantanée, des informations. La maîtrise de ces flux est devenue un enjeu économique, mais aussi culturel et idéologique, et les pays du Nord les dominent. Les grandes agences de presse sont américaines comme l'*Associated Press* (AP), ou européennes comme l'Agence France-Presse (AFP). Les États-Unis conservent une suprématie encore incontestée dans presque tous les domaines de l'information : banques de données, productions cinématographiques, télévisuelles... (*cf.* article *Transport, communications*).

Les **flux financiers**, difficiles à mesurer, connaissent une croissance exceptionnelle sans commune mesure avec celle des échanges de marchandises. Ils regroupent les flux de devises, effectués pour le règlement des échanges de biens et de services, et les **flux de capitaux**. Ceux-ci correspondent à des placements financiers, tels que les investissements directs dans une entreprise, l'achat d'actions ou d'obligations en bourse, l'achat de devises sur les marchés des changes, les prêts et les emprunts. Ces échanges ont pris de l'ampleur durant les Trente Glorieuses mais leur croissance est devenue spectaculaire depuis les années 1970. Ces années ont vu le développement des **euromarchés**, c'est-à-dire des marchés de capitaux sur lesquels prêts et emprunts sont réalisés dans une monnaie différente de celle du pays où se font ces opérations, ceci afin de contourner les réglementations fiscales nationales. Les **eurodollars** désignent des dollars échangés hors des États-Unis, par exemple entre une banque et une multinationale. Ce développement s'explique notamment par la nécessité de recycler les **pétrodollars**, les dollars accumulés par les pays pétroliers après 1973. Ce **recyclage des pétrodollars** prenait plusieurs formes dont des prises de participation dans des entreprises des pays acheteurs de pétrole, dans le financement de programmes de développement dans les pays vendeurs, dans des prêts sur les marchés financiers ou dans l'aide à certains pays du Sud. Mais c'est durant les années 1980 qu'apparaissent les plus grands bouleversements et particulièrement la **globalisation financière** : du fait de la déréglementation, il existe désormais un marché mondial des capitaux qui fonctionne 24 heures sur 24 et se superpose aux différents marchés nationaux. Ainsi, ces capitaux extrêmement mobiles peuvent être échangés dans l'instant en fonction, par exemple, des fluctuations des taux d'intérêt. La globalisation financière s'est mise en place dans les années 1980 sous l'égide du FMI et de la Banque mondiale et sous l'effet de trois phénomènes (les « **3D** ») :

– la **déréglementation**, processus d'assouplissement ou de suppression des réglementations nationales restreignant la circulation des capitaux (contrôle des changes, encadrement du crédit…) ;

– le **décloisonnement**, abolition des frontières entre les différents marchés financiers nationaux, mais également entre les divers types de marchés financiers (marchés monétaires, marchés des changes…). De nos jours, ces marchés financiers sont interconnectés et forment un vaste marché global ;

– la **désintermédiation**, c'est-à-dire la réduction du nombre d'intermédiaires et la possibilité pour les opérateurs de placer ou d'emprunter des capitaux, d'intervenir directement sur les marchés financiers sans être obligés de passer par les intermédiaires financiers traditionnels comme les banques.

Cette globalisation financière suscite de nombreuses critiques reprises par les mouvements altermondialistes (*cf.* p. 355) : mise en place d'une « dictature » des créanciers et des actionnaires, aboutissant au développement d'un capitalisme purement actionnarial. Elle a néanmoins atteint son but puisque les volumes financiers échangés sont devenus énormes et leurs flux se sont récemment modifiés. Les pays de la Triade (États-Unis, Japon et Union européenne) sont toujours dominants, mais les États-Unis, premiers créanciers mondiaux jusqu'en 1980, sont devenus depuis lors les premiers débiteurs. Les investissements des multinationales américaines à l'étranger restent cependant très importants. Autre transformation, les flux financiers Sud-Nord se sont accrus du fait du service de la dette des pays en développement, mais aussi du fait de l'augmentation des cours du pétrole. Celui-ci constitue une manne financière pour les pays exportateurs du golfe Persique qui la réinvestissent chez eux mais aussi dans plusieurs pays de la Triade. Finalement, seuls quelques pays sont en position de force : les pays pétroliers du golfe Persique, le Japon premier créancier mondial, mais aussi premier emprunteur avec une dette estimée à 148 % du PIB en 2007, et l'Union européenne prise dans son ensemble. Même s'il faut aussi tenir compte de la montée en puissance de la Chine, les échanges financiers apparaissent donc très concentrés et déséquilibrés.

En dehors de tous les flux évoqués ici, il faut compter avec les échanges non officiels : migrations clandestines, mais surtout commerce de la drogue et des armes, ou encore afflux financiers dans les **paradis fiscaux** – territoires offrant des avantages fiscaux conséquents afin d'attirer des entreprises industrielles et commerciales, en particulier. Ces échanges, non quantifiables, sont un aspect essentiel de l'économie mondiale, caractéristique de l'« antimonde ».

• Des échanges multipolaires dominés par le Nord

La Triade domine l'ensemble des échanges mondiaux. Les trois pôles se distinguent nettement sur la carte du commerce international. L'Europe occidentale, qui exporte des produits agricoles et manufacturés et importe des matières premières, de l'énergie et des produits manufacturés, est à la fois une zone de divergence et de convergence des flux. Ceux-ci la relient à toutes les régions du monde, la part de l'Amérique latine et de l'Océanie étant toutefois assez réduite. L'Amérique du Nord est avant tout un pôle récepteur de produits manufacturés venant d'Europe de l'Ouest, ainsi que du Japon et des NPI asiatiques. Inversement, le Japon et, dans une moindre mesure, les pays d'Asie du Sud-Est sont les principaux pôles émetteurs de produits manufacturés. Le Moyen-Orient, exportateur de produits pétroliers, constitue un pôle secondaire. Des lignes de force apparaissent comme celles de l'Atlantique Nord et, de plus en plus, du Pacifique Nord, le trafic transpacifique ayant, depuis le milieu des années 1980, supplanté les échanges transatlantiques. Les trois pôles structurent donc un réseau multipolaire, aux flux très denses dans le Nord, plus diffus dans le Sud.

Le déséquilibre entre les pays industrialisés et les pays en développement, qui s'explique par les inégalités de développement et, dans une certaine mesure, les renforce, est manifeste si l'on considère leur part respective dans les échanges mondiaux. Malgré la croissance asiatique, l'ensemble des PED compte pour moins d'un tiers du commerce mondial contre 42 % pour l'Europe occidentale et 14 % pour l'Amérique du Nord, Mexique compris. Le déséquilibre apparaît également, quoique de manière plus nuancée, dans les balances commerciales et plus généralement dans les balances des paiements. Les rares balances commerciales fortement excédentaires sont celles de pays riches : le Japon et l'Allemagne. Cependant, beaucoup de pays industrialisés connaissent des déficits importants. C'est le cas notamment des États-Unis et de la France, cette dernière compensant ce déséquilibre grâce aux recettes touristiques et à une balance des invisibles très positive. Quoiqu'il en soit, le déficit des pays riches n'a pas la même signification que celui des PED. La plupart de ceux-ci souffrent de la **dégradation** ou **détérioration des termes de l'échange**, c'est-à-dire du rapport entre la valeur des importations et celle des exportations. Les produits de base qui restent malgré tout leurs exportations principales (mis à part le cas des NPI) ont une valeur moindre que celle des produits manufacturés, même si cette valeur peut largement fluctuer en fonction de la demande ou de pratiques spéculatives.

Les prix des produits échangés se fixent en fonction du **marché**. Ce terme peut désigner le lieu même où se déroulent les échanges ou, plus généralement, l'ensemble des offres et des demandes d'un bien ou d'un service. Il existe plusieurs types de marchés où se confrontent acheteurs et vendeurs. Les marchés organisés selon des systèmes

Les échanges commerciaux dans le monde

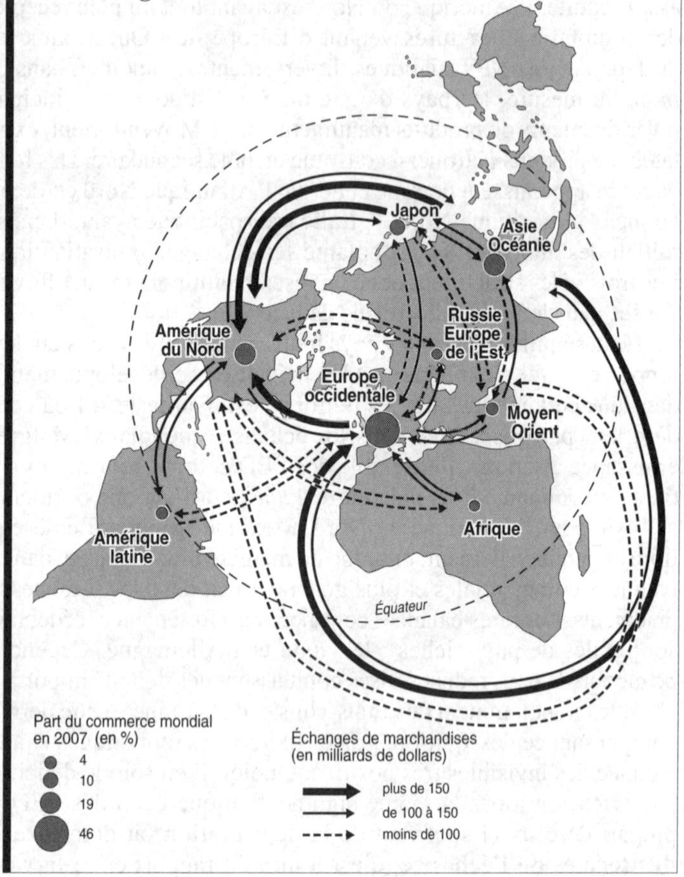

de prix producteurs régressent nettement : le marché du pétrole, par exemple, n'est plus contrôlé par les pays de l'OPEP depuis 1986. Le pétrole est de plus en plus vendu sur le **marché « spot »** de Rotterdam, **marché libre** sur lequel les transactions s'effectuent au jour le jour et sont payables au comptant. Il est aussi échangé sur les **marchés à terme** qui ont tendance à se généraliser : les ventes s'y pratiquent au cours du jour mais pour une livraison différée, ce qui permet de se protéger des fluctuations de prix. Ces marchés concernent les **commodités**, c'est-à-dire des produits standardisés pour lesquels la concurrence ne joue que sur les prix, tels le blé, le sucre, le café, les métaux non ferreux…

Les négociations, au comptant ou à terme, et la fixation des cours des marchandises s'effectuent dans les **bourses de commerce**, généralement situées dans des pays du Nord, comme la bourse de Chicago pour le blé ou le maïs, celle de New York pour le sucre, le coton, les métaux non ferreux…, ou encore celle de Londres pour le cacao, le plomb… Les **bourses des valeurs**, où sont échangés les titres financiers (actions, obligations…) et fixés les cours des monnaies, sont aussi, pour l'essentiel, localisées dans des villes du Nord (New York, Londres, Tokyo, Francfort…) ou dans les NPI comme Singapour. Grâce à leur situation sur des fuseaux horaires différents, les bourses se relaient pour effectuer des cotations en continu. Bourses de commerce et de valeurs ont attiré des organismes financiers et de service (banques, sociétés de conseil…). Ainsi, une dizaine de grandes places financières se dégagent, les premières étant celles de New York, Londres et Tokyo. En 2007, la fusion d'**Euronext** (la Bourse « paneuropéenne » qui gère les places de Paris, Amsterdam, Lisbonne et Bruxelles) avec le New York Stock Exchange (NYSE), situé à Wall Street, a donné naissance à la première bourse transatlantique. Le **Nasdaq** reste ainsi le deuxième marché en actions américain derrière le NYSE. La situation de ces pôles financiers matérialise et renforce la domination des échanges mondiaux par les pays de la Triade et les NPI d'Asie.

Mesurer les échanges

La **balance commerciale** enregistre les flux de marchandises entre un pays et le reste du monde, c'est-à-dire les **exportations** (ventes à l'étranger de marchandises produites par des entreprises installées dans le pays) et les **importations** (achats par les agents économiques du pays de marchandises fabriquées à l'étranger). Le **solde commercial** représente la différence entre les exportations et les importations. Les exportations sont évaluées **FAB** (**franco à bord**) ou FOB en anglais, soit à leur valeur au départ du pays sans compter les frais de transport et d'assurance. Les importations peuvent être évaluées FAB ou **CAF** (CIF en anglais), à leur valeur d'arrivée sur le marché intérieur du pays, **coût d'assurance et de fret** compris. Le **taux de couverture** ou **taux d'indépendance**, exprimé en pourcentage, permet de comparer exportations et importations en valeur ou en volume. Un taux de couverture de 100 % représente un commerce extérieur équilibré, un taux inférieur exprime un déficit commercial et un taux supérieur un excédent. Le **taux de dépendance** est le complémentaire du taux de couverture : un État dont le taux de couverture est de 80 % possède un taux de dépendance de 20 %. On calcule également pour un État le **degré d'ouverture** de son économie en mesurant la part des autres économies dans l'économie nationale. Elle se calcule en faisant le rapport entre la moyenne des exportations et des importations et le PIB. Le **taux de pénétration** indique, pour un secteur ou une branche, la part du marché intérieur couverte par les importations. La part de la production nationale exportée est appelée **effort à l'exportation**. La **balance des invisibles** comprend la balance des services (tourisme, brevets…) et les **transferts unilatéraux** effectués dans le cadre, par exemple, de l'aide au développement ou liés à l'envoi de fonds dans leur pays par les travailleurs immigrés.

Balance des invisibles et balance commerciale forment la **balance des transactions courantes** ou **balance des paiements courants.**

La **balance des capitaux** comptabilise la différence entre les entrées de capitaux venant de l'étranger et les sorties de capitaux vers l'étranger. Il s'agit de prêts et d'emprunts, de placements financiers et d'investissements directs.

La **balance des paiements** regroupe la balance des transactions courantes et la balance des capitaux. C'est l'indicateur le plus global qui retrace, en calculant le solde des entrées et des sorties, l'ensemble des opérations effectuées entre les résidents d'un pays et les non-résidents.

Une balance des paiements est par définition équilibrée puisque toute opération doit avoir été financée pour être engagée. Quand les balances intermédiaires (la balance commerciale par exemple) sont déficitaires, un État est amené à s'endetter pour les rééquilibrer. La **dette extérieure** d'un État représente la somme de ce que la nation doit à d'autres nations. La **dette publique** rassemble toutes les dettes de toutes les administrations publiques, c'est-à-dire tous les engagements de l'État. Un État qui ne peut assurer le **service de la dette** (remboursement annuel du capital et des intérêts) est touché par le **surendettement.** Pour tout emprunt effectué, il y a versement d'intérêts.

Le **taux d'intérêt** définit le rapport entre le capital emprunté et le montant à rembourser chaque année. Les taux fixés par les banques centrales sont des indices de référence qualifiés de **taux directeurs.**

lire aussi

Développement, Sud – Industrie (les espaces de l') – Mondialisation, système-monde – Tourisme – Transport, communications

ÉNERGIE, MATIÈRES PREMIÈRES

Les sources d'énergie et les matières premières sont de plus en plus utilisées. Produites en quantité par un faible nombre de pays, elles engendrent des politiques énergétiques très différentes d'un État à l'autre ; elles représentent un enjeu économique fondamental et peuvent être source de rivalités entre États.

Des ressources de plus en plus utilisées

• Ressources naturelles, matières premières et sources d'énergie

L'expression **ressource naturelle**, très générale, recouvre toutes les richesses potentielles du sol et du sous-sol, qu'elles soient exploitées ou non. Cette expression englobe donc les matières premières et les sources d'énergie contenues en majeure partie dans le sous-sol, mais aussi les ressources superficielles de l'hydrosphère (l'énergie hydraulique…), de la végétation (le bois…), du sol (la tourbe…) et de la faune (la pêche ou encore le **guano**, l'engrais naturel formé de l'accumulation des cadavres et des déjections d'oiseaux).

Les **matières premières** sont des matériaux de base, comme les minerais, généralement destinés à une transformation industrielle, souvent après une opération de raffinage ou de traitement. Les produits agricoles qui ne sont pas forcément transformés constituent un cas particulier. L'expression **source d'énergie** désigne les éléments utilisés pour produire de la chaleur, de l'électricité ou du mouvement. Cette classification pose toutefois problème, le même matériau, le bois par exemple, pouvant aussi bien être une matière première qu'une source d'énergie. Il est aussi possible de distinguer l'**énergie primaire**, libérée directement par une source d'énergie (lors de la combustion du pétrole par exemple), de l'**énergie secondaire**, obtenue par une action anthropique à partir d'une énergie primaire. L'électricité en est l'exemple type. En 2007, le pétrole représente 37 % de l'énergie primaire utilisée dans le monde, suivi du charbon (26 %) et du gaz (24 %).

D'une façon plus générale, on peut diviser les ressources naturelles en trois catégories :

– les **ressources non renouvelables**, ou **fossiles**, sont constituées d'un stock fini de **réserves**. Il faut cependant distinguer les **réserves prouvées**, c'est-à-dire extractibles en fonction des capacités techniques et économiques du moment, des **réserves possibles** ou **probables**. L'évaluation de ces dernières varie en fonction des connaissances géologiques, des conditions financières, mais aussi politiques : les réserves de l'URSS étaient constamment et sciemment

Les ressources non renouvelables et leurs réserves

Dans son ouvrage *Les Limites de la planète*, le démographe Hervé Le Bras dénonçait en 1994 « les mythes de la nature et de la population ». Cet ouvrage eut un certain retentissement dans le contexte d'une montée des préoccupations de développement durable car il soulignait le fait que la notion de ressource non renouvelable pose un problème : elle suppose l'existence d'un stock qui peut être utilisé jusqu'à épuisement. Or, l'évaluation de ces ressources est directement liée à ce qui a été découvert et à ce qui est économiquement exploitable. Ainsi, l'augmentation du prix du pétrole a eu comme conséquence de rendre rentables des gisements jusque-là non exploités. Mieux, les chocs pétroliers ont contribué au développement de la prospection : les réserves prouvées sont en très net essor et leur courbe présente une nette similitude avec celle de la consommation de pétrole.

Cette analyse fait débat et s'oppose à la thèse du ***Peak oil***, soutenue dans les milieux proches de la ***deep ecology*** (*cf.* p. 94) : l'optimum de la production serait déjà dépassé, conduisant à une pénurie proche de pétrole. Ce débat concerne aussi les autres ressources dites non renouvelables. Tout catastrophisme correspond sans doute à une erreur d'analyse mais il faut en tout cas passer de la notion « physique » de ressource non renouvelable à une notion intégrant les paramètres économiques.

surévaluées. En théorie, les ressources non renouvelables sont, à plus ou moins long terme, en danger d'épuisement, même si cette notion reste fortement contestable ;

– les **ressources renouvelables** peuvent, contrairement aux précédentes, se régénérer ; mais elles peuvent s'épuiser si leur consommation se fait plus rapidement que leur renouvellement. Ainsi, le bois constitue une ressource renouvelable ; pourtant les besoins sont tels que l'on assiste à une déforestation accélérée. Face à ce problème, des efforts sont réalisés pour tenter d'organiser la **filière-bois**, avec par exemple le développement des granulés de bois ou des bûches calorifiques en France ;

– enfin, de nombreuses **ressources** sont considérées comme **inépuisables** ou **permanentes**. Ce sont par exemple l'énergie solaire ou l'énergie éolienne.

• Les grandes ressources et leur localisation

Les ressources minières et les sources d'énergie primaire se concentrent dans un faible nombre de pays, du fait des conditions géologiques. Les grands producteurs mondiaux sont aussi bien des PID (États-Unis, Australie...) que des PED (Chine...). Mais les producteurs ne sont pas toujours ceux qui transforment ces ressources. À titre d'exemple, la Guinée possède les deux tiers des réserves mondiales de bauxite mais se contente de l'exporter et n'arrive pas à développer une filière industrielle de fabrication de l'aluminium. L'extrême concentration et la faible part du continent africain caractérisent aussi la production des grandes sources d'énergie.

L'énergie secondaire fut longtemps produite par des pays développés car elle nécessite une forte compétence technologique. C'est le cas de l'**électricité**, produite encore essentiellement par combustion dans des **centrales thermiques** et par les barrages (**hydroélectricité**). De nos jours, et sans même tenir compte de réalisations de prestige comme le barrage d'Itaipu construit sur le Paraná par le Brésil et le Paraguay ou le barrage des Trois Gorges en Chine, les pays du Sud rattrapent peu à peu leur retard. Il existe d'autres techniques de production de l'électricité : les **usines marémotrices** fonctionnent grâce au mouvement de la marée (centrales sous-marines d'Hammerfest en Norvège, de la Rance en Bretagne). La **géothermie** utilise la chaleur terrestre ; elle est développée en Islande, en Nouvelle-Zélande, aux États-Unis et aux Philippines. L'**énergie solaire** est utilisée selon deux techniques. Le solaire thermique, destiné à la production d'eau chaude, est d'utilisation assez ancienne. Le **solaire photovoltaïque** connaît un essor plus récent : produisant directement de l'électricité par un ensemble de cellules photovoltaïques, il se développe aussi bien en Europe du Sud, aux États-Unis que dans tout un ensemble de pays en développement. L'électricité peut également être produite par le vent (**énergie éolienne**) : si de petites éoliennes privées existent depuis le début du XXe siècle, les grands champs d'éoliennes sont en revanche plus récents. Bien que beaucoup moins nombreux qu'en Allemagne et en Espagne par exemple, ceux-ci se développent en France depuis la fin du XXe siècle : éoliennes de la vallée du Rhône, de Corse, centrale d'éoliennes de Dunkerque… Depuis la **loi d'orientation de la politique énergétique** de 2006, un cadre juridique précis fixe les **ZDE** (Zones de développement éolien) qui seules peuvent accueillir les grandes éoliennes de plus de 50 m de haut. Quelques États (Danemark, Inde…) envisagent aujourd'hui de développer également des éoliennes maritimes et d'exploiter les différentes formes d'**énergie marine** – énergie des vagues et des courants – et d'**énergie thermique des mers**, exploitant les différences de température entre les couches superficielles et profondes des eaux océaniques.

Les principaux producteurs de sources d'énergie (en 2006-2007)

	Charbon	Pétrole
1er producteur	Chine	Arabie saoudite
2e producteur	États-Unis	Russie
3e producteur	Union indienne	États-Unis
4e producteur	Australie	Iran
5e producteur	Afrique du Sud	Chine
Part des cinq premiers producteurs mondiaux	83 %	44 %
	Gaz	**Électricité nucléaire**
1er producteur	Russie	États-Unis
2e producteur	États-Unis	France
3e producteur	Canada	Japon
4e producteur	Iran	Allemagne
5e producteur	Norvège	Russie
Part des cinq premiers producteurs mondiaux	52,4 %	67 %

• La consommation des ressources révèle les inégalités Nord-Sud

Depuis les révolutions industrielles du XIXe siècle, la consommation d'énergie a sensiblement augmenté. Le charbon, l'électricité, puis le pétrole ont été à la base de ces changements économiques fondamentaux. Par conséquent, la possession des gisements de pétrole a été un enjeu fondamental, expliquant en partie les visées coloniales des pays européens, principaux bénéficiaires de la révolution industrielle. Entre 1950 et 2005, la consommation mondiale d'énergie a quintuplé. Cette croissance continue n'a pas été freinée par les deux chocs pétroliers de 1973 et 1979.

La consommation d'énergie par habitant en 2005 (en tep)

Islande	12,2
États-Unis	8,1
Union européenne (à 25)	3,5
Pays en développement (PED)	0,9
Monde	1,67

La consommation énergétique est un révélateur des dynamismes économiques et des inégalités Nord-Sud : l'Amérique du Nord, l'Europe occidentale et l'Asie orientale consomment plus de 60 % de l'énergie mondiale, tandis que l'Afrique, le Proche-Orient et l'Amérique latine, en tout une centaine de pays, ne totalisent ensemble que 10 % de cette consommation. De façon encore plus évidente, un Nord-Américain dépense 30 fois plus d'énergie par an qu'un Malien : 8 tep par an contre à peine 0,25 **tep (tonne équivalent pétrole**, unité servant à comparer les sources d'énergie au pétrole brut, pris comme référence ; la tep équivaut à 44,8 gigajoules).

Échanges et politiques énergétiques

• Des flux et des marchés dominés par le Nord

L'inadéquation entre pays producteurs et pays consommateurs explique en grande partie les différents flux mondiaux. Mais les prix sont aussi un facteur primordial dans l'organisation des marchés. Les pays du Sud producteurs de matières premières ne possèdent pas un pouvoir énorme : les cours du cuivre, de l'aluminium, du nickel ou de l'argent sont fixés à New York, ceux du plomb ou du zinc à Londres. De même pour les sources d'énergie, le cours du baril de **pétrole brut**, non raffiné, est globalement fixé à Rotterdam. Cependant, pour les **hydrocarbures** (dont le **pétrole** – hydrocarbure paraffinique – est, avec le gaz naturel, le principal représentant), la situation est plus complexe du fait des intérêts en jeu et de l'histoire récente.

C'est donc en fonction des prix et des besoins que s'organisent les différents flux (*cf.* article *Mondialisation, système-monde*). Ils se font essentiellement vers la Triade qui réalise par exemple les deux tiers des importations mondiales de pétrole raffiné. Dans le détail, des nuances apparaissent : les États-Unis, immenses importateurs énergétiques, sont aussi des exportateurs de charbon.

• Les politiques énergétiques

Les deux chocs pétroliers des années 1970 et la guerre du Golfe en 1991 incitèrent certains États très dépendants à adopter des **politiques énergétiques**, c'est-à-dire un mode de gestion de leurs ressources et de leurs achats. Elles diffèrent d'un pays à l'autre en fonction de leurs ressources, de leurs moyens économiques et de leurs relations internationales.

Le prix du pétrole

Le prix du pétrole brut est fixé pour un **baril** (soit 158,98 litres). Jusqu'en 1973, les « **Sept Majors** » ou « **Sept Sœurs** » fixaient les cours. Ces sept compagnies pétrolières (Exxon, Standard Oil of California, Mobil Oil, Gulf Oil, Texaco, British Petroleum, Royal Dutsch Schell) ont vu leur pouvoir menacé par les producteurs de pétrole à partir de 1973, date du premier choc pétrolier. Il s'agit d'un cas unique de pays producteurs imposant leur volonté à des pays consommateurs. Ce fut possible de 1973 aux années 1980, du fait d'une volonté politique commune de l'**OPEP** (Organisation des pays exportateurs de pétrole), notamment des pays arabes de cette organisation (**OPAEP**), au lendemain de la guerre du Kippour. Aujourd'hui, la situation est plus complexe. L'OPEP fixe son cours du brut, mais ce prix n'est pas une référence absolue car nombre de producteurs n'appartiennent pas à cette organisation. Ce sont les **NOPEP** (pays producteurs non-membres de l'OPEP), qui sont de plus en plus nombreux : certains pays, comme l'Équateur en 1992 et le Gabon en 1996, ont quitté l'OPEP, même si l'Équateur l'a réintégrée en 2007. Outre la cotisation élevée à l'OPEP, ces départs s'expliquent aussi par le fait qu'un pays NOPEP n'est pas tenu par accord de réduire sa production pour faire remonter le prix du baril. De plus, le principal marché du pétrole se tient à Rotterdam. C'est un marché libre fixant un prix, dit **prix spot**, qui varie en fonction de l'offre et de la demande. Or, si la demande est en perpétuelle expansion, la production l'a également été dans le dernier quart du XXe siècle : la mise sur le marché du **Brent** (les barils provenant de la mer du Nord), du pétrole d'Alaska, voire de Sibérie, a permis de faire face à la demande. Toutefois, le prix du baril est globalement à la hausse depuis le début des années 2000 : la principale cause semble être la forte hausse de la demande, liée à une consommation mondiale en forte progression, qui s'explique notamment par les besoins exponentiels des pays émergents, notamment de la Chine. La hausse du prix du pétrole est également liée à l'impact de certaines crises géopolitiques, comme au Nigeria, et à des phénomènes spéculatifs, encouragés par les pays producteurs qui compensent le cas échéant la faiblesse du dollar, préjudiciable car le pétrole est payé en dollar. La **facture pétrolière**, c'est-à-dire le coût des importations de pétrole, s'en trouve donc augmentée.

Jusqu'en 1973, la dépendance énergétique des pays développés demeurait importante, même pour ceux qui, comme les États-Unis, possédaient d'immenses ressources : ils préféraient acheter à bon marché ailleurs et économiser leurs ressources nationales. La conséquence des deux chocs pétroliers fut donc une facture énergétique énorme et une aggravation du **taux de dépendance énergétique**, soit le rapport entre les importations d'énergie et la consommation énergétique. Plusieurs voies sont possibles pour réduire cette dépendance. La première, plus politique qu'économique, fut la diversification des approvisionnements pétroliers, pratiquée notamment par les États-Unis. La deuxième consiste à faire sur le long terme des économies d'énergie : mise au point de moteurs plus économiques, limitation de vitesse, incitations financières pour l'isolation… La troisième voie vise à augmenter la production nationale. La recherche de pétrole national fut menée de façon intensive, par la Norvège et le Royaume-Uni en mer du Nord par exemple. D'autres pays mirent l'accent sur la recherche d'énergies de substitution. De nombreux États ont ainsi relancé une politique charbonnière : la consommation mondiale a augmenté de 50 % entre 1980 et 2004, du fait des États-Unis, mais principalement de l'Inde et de la Chine. Ce charbon est de plus en plus utilisé pour la production d'électricité. Avec le plan Messmer, la France adopta dans les années 1970 une politique nucléaire particu lièrement volontariste et, aujourd'hui, les trois quarts de l'électricité française sont d'origine nucléaire, mais se pose le problème de renouvellement de centrales désormais anciennes.

La recherche d'une certaine indépendance énergétique ou du moins d'une diversification des sources d'approvisionnement est aussi une nécessité géopolitique, comme en témoignent les risques liés à la très forte dépendance des pays européens de l'ex-URSS et du bloc soviétique vis-à-vis des hydrocarbures russes.

Les agrocarburants, solution d'avenir ?

On appelle **biocarburants** les carburants obtenus à partir d'une matière première végétale ou animale : la biomasse. Ils sont produits selon deux grandes filières liées à l'agriculture : le **biodiesel** (**Diester** en France) est produit à partir d'**oléagineux** – plantes riches en corps gras dont on cultive les graines ou les fruits pour en extraire de l'huile à usage alimentaire ou industriel (huiles de colza ou de tournesol principalement) –, le **bioéthanol** est issu de la fermentation de sucre (de canne à sucre, betterave à sucre...). Le terme de biocarburant est cependant contesté pour ces filières à cause de la confusion qu'il entraîne avec l'agriculture biologique. On préfère alors parler d'**agrocarburants** ou **carburants verts**. Le **biogaz** est essentiellement formé de méthane issu de la fermentation anaérobie de matières organiques végétales ou animales (boues de stations d'épuration, déchets ménagers, agricoles, industriels...).

Certains pays ont très tôt tenté de développer les agrocarburants, à l'instar du Brésil qui, avec le **plan Proalcool**, chercha dès 1975, avec un relatif succès, à remplacer l'essence par le méthanol issu de la canne à sucre. Aujourd'hui, les États-Unis, la Chine et le Brésil sont les premiers producteurs de ces agrocarburants. D'ici 2010, la France a prévu de consacrer 1,8 million d'hectares de colza pour cette production, principalement dans les zones laissées en jachère par la Politique agricole commune. Une telle décision pose toutefois de nombreux problèmes, tant politiques qu'écologiques (utilisation d'engrais, forte consommation d'eau…) ou paysagers. Le but est d'atteindre les 10 % de la consommation de carburants pour 2010.

La culture pour les agrocarburants entre aussi en concurrence avec les cultures alimentaires et explique en partie la hausse des prix des céréales depuis le début du XXIe siècle. On envisage donc de développer des agrocarburants à partir d'autres sources, comme les algues par exemple.

lire aussi **Développement durable – Eau – Échanges internationaux – Mondialisation, système-monde – Océan, mer**

ÉROSION, MODELÉ

L'érosion, ou l'usure des sols et des roches, est due à divers facteurs comme l'eau, la glace et le vent.
Ces agents d'érosion ont un rôle différent selon les climats.
L'étude des processus d'érosion et des modelés qu'ils créent relève de la géomorphologie.

De l'érosion à l'accumulation

• Les processus d'érosion à la base de la géomorphologie climatique

Dans une géographie classique conçue jusqu'aux tournant des années 1970 comme une science naturelle, l'étude des phénomènes d'érosion s'intégrait dans le vaste domaine de la géomorphologie. Les géographes ont initialement donné une priorité à la géomorphologie structurale (article *Lithologie, tectonique (géographie et)*). Pourtant, la géographie climatique, donnant la priorité aux phénomènes d'érosion, va peu à peu s'imposer après 1945. Ce phénomène n'est en rien spécifique à la géographie française puisque c'est un géomorphologue américain, William M. **Davis** (1850-1934), qui fut l'auteur en 1899 d'une théorie qui a longtemps servi de cadre de pensée à de nombreux géographes français : la **théorie davisienne des cycles d'érosion**. Selon cette théorie, parfois dite **cycle davisien**, les reliefs connaissent un cycle de jeunesse marqué par des rivières encaissées, auquel succède un cycle de maturité dans lequel l'érosion régressive joue fortement, les captures sont nombreuses et l'érosion aréolaire importante. Enfin, le cycle de vieillesse se traduit par un nivellement complet du relief, la création de surfaces d'érosion et des rivières de faible pente. Un des principaux promoteurs en France des théories davisiennes fut Henri **Baulig** (1877-1962) qui collabora avec Davis et fut notamment l'auteur d'un des premiers dictionnaires spécialisés de géographie : son *Vocabulaire franco-anglo-allemand* *de Géomorphologie*, datant de 1956, avait également le souci de relier la géographie française aux deux autres grandes écoles de géographie, la géographie allemande et la géographie américaine. Pourtant, la théorie davisienne est erronée pour de nombreuses raisons, notamment car elle suppose une action de très longue durée sans variation climatique. Elle a cependant été longtemps dominante en géographie et de nombreux géographes s'en emparèrent, avec plus ou moins de bonheur, certains ayant cherché, dans une géographie coloniale, à comparer l'érosion « normale » et les formes « confuses » des pays tropicaux. À partir des années 1960, d'autres géographes, par exemple Jean **Tricart** (1920-2003), menèrent une analyse plus nuancée et plus globale des processus d'érosion, tout en renouvelant également les méthodes de la discipline.

• L'érosion est inséparable du transport et de l'accumulation

L'**érosion** est l'ensemble des phénomènes qui concourent à l'arrachement et à la dissolution de matériaux. D'une façon générale, les processus d'érosion contribuent à l'abaissement et au nivellement des reliefs créés par la tectonique. Cependant, le terme érosion a une acception plus large, englobant l'érosion proprement dite, mais aussi le transport des matériaux érodés et leur **accumulation**, c'est-à-dire l'abandon et l'entassement de matériel détritique. L'érosion désigne alors l'ensemble des facteurs externes, qui modifient les reliefs et qui, avec les facteurs internes, contribuent à la **géomorphogenèse** ou **morphogenèse**. Cette extension de sens est compréhensible puisque les agents d'érosion sont aussi des agents de transport des matériaux : la rivière roule des galets, le glacier charrie sur ses flancs les rochers arrachés aux parois. Plus loin, les matériaux transportés sont déposés de façon éparse ou en dépôts caractéristiques. Ce sont les **formes d'accumulation**.

Pour un même agent d'érosion, l'érosion proprement dite, le transport et l'accumulation de matériaux (**dépôts**) dépendent d'un certain nombre de facteurs liés entre eux. L'érosion fluviale, par exemple, varie avec la vitesse du cours d'eau et la taille des particules arrachées ou transportées. Mais ces facteurs dépendent eux-mêmes de la pente – la force gravitaire –, du climat, qui induit le régime du cours d'eau, et de la lithologie. Pour un même agent d'érosion, les modalités d'action et les formes créées par érosion – **modelé** – peuvent donc prendre des aspects très différents.

On nomme **agent d'érosion** l'élément qui contribue concrètement à l'érosion (l'eau, le vent, la glace, etc.) et **processus d'érosion** les différentes modalités d'action de celle-ci (chimique ou mécanique notamment). Enfin, un **système d'érosion** ou **système morphogénétique** est la combinaison de tous les processus dans un milieu bioclimatique donné.

• Les différentes typologies en vigueur

Plusieurs typologies sont possibles, selon que l'on privilégie les agents, les processus, les modelés ou encore les systèmes d'érosion.

On distingue plusieurs agents d'érosion principaux. L'eau engendre l'**érosion fluviale**, ou **torrentielle** dans le cas des torrents de montagne véhiculant notamment une charge importante de débris. La glace, dans le sol, engendre l'**érosion périglaciaire**, les glaciers l'**érosion glaciaire**, le vent l'**érosion éolienne**, la mer l'**érosion marine**. Pour chacun de ces agents d'érosion, la **gravité**, c'est-à-dire la force d'attraction terrestre due à la gravitation, peut jouer un rôle non négligeable et accentuer les dynamiques. Mais, même dans le cas dit de **dynamiques gravitaires**, où la gravité a le rôle primordial (avalanches ou écroulements par exemple), la gravité joue rarement seule : elle n'est que le cadre dans lequel opère un agent dominant, eau, glace ou neige. Enfin, l'homme intervient aussi sur l'érosion. Les défrichements excessifs peuvent accélérer les dynamiques de versant et, en fin de compte, les dynamiques fluviales. L'aménagement des cours d'eau a tendance à réduire les dynamiques et l'érosion fluviale. Cependant, dans la plupart des cas, il paraît exagéré de parler d'**érosion anthropique**, l'homme étant plus un facteur de déséquilibre qu'un agent dominant de l'érosion : de son action résulte une accélération ou, au contraire, un ralentissement des processus d'érosion naturelle. Ainsi l'imperméabilisation excessive des milieux urbains peut être considérée comme un facteur aggravant de bien des crues, puisqu'elle limite l'infiltration de l'eau dans le sol. De même, l'endiguement des cours d'eau peut être un facteur aggravant de certaines crues qui se propagent plus rapidement vers l'aval. À l'inverse, l'exemple du Mont-Saint-Michel montre comment l'homme tente de ralentir un processus d'envasement, au nom de valeurs paysagères et patrimoniales.

Une autre typologie, fondée sur les processus d'érosion, distingue l'érosion chimique de l'érosion mécanique. L'**érosion mécanique** ou **désagrégation** désigne l'ensemble des processus d'érosion qui agissent directement par enlèvement de particules. C'est par exemple le glacier, qui « rabote » la paroi ; l'alternance du gel et du dégel qui débite les roches ; le vent qui, transportant des particules, attaque une roche en place par **corrasion**. En revanche, l'**érosion chimique** ou **altération** agit par **dissolution** des matériaux. Les matériaux non dissous – les **altérites** – sont laissés en place ou transportés. En région granitique, ces matériaux, nommés **arènes**, ne sont importants qu'en zone chaude. En région calcaire, l'érosion chimique est un phénomène dominant puisque le calcaire est attaqué par les eaux de pluie, plus ou moins chargées de gaz carbonique : le **modelé karstique** ou **karst** qui en résulte peut être de grande ampleur (gouffres, rivières souterraines…).

Une typologie s'appuyant sur le modelé différencie l'érosion aréolaire de l'érosion linéaire. L'**érosion aréolaire** s'exerce sur des surfaces larges. Elle crée, par exemple, par **aplanissement** ou **planation**, des **surfaces d'érosion**, qui sont de grandes étendues de relief aplani ; le terme **pénéplaine** est réservé à une vaste surface d'érosion faiblement ondulée. Les surfaces d'érosion sont parfois dominées par des reliefs résiduels formés de roches dures, les ***monadnocks***. En revanche, l'**érosion linéaire**, ou **érosion verticale**, est plus concentrée dans l'espace : la création par les rivières des **vallées** dites **en V** en est l'exemple type. Caractéristique des régions tempérées, elle fut la première étudiée et, servant de référence, elle fut souvent qualifiée d'érosion « **normale** ».

Le modelé karstique

Le **karst**, ou **relief karstique**, est l'ensemble des formes liées à la dissolution de roches calcaires. Ces formes sont très diverses et souvent spectaculaires. Elles peuvent s'étendre sur de très grands espaces, lorsque l'affleurement de calcaire est de grande taille, comme dans le cas des **causses** (plateaux calcaires). Sur des espaces plus réduits, la toponymie parle souvent de **chaos**, du fait de leur aspect.

On doit distinguer le karst de surface du karst de profondeur. En surface, les dépressions sont nombreuses, laissant apparaître en relief les zones moins attaquées :

– des **lapiez** ou **lapiaz** : ciselures superficielles d'une surface karstique qui prend l'aspect d'un rocher rainuré ;

– des **dolines,** dépressions fermées de forme circulaire et de petite dimension. Elles sont fréquemment tapissées d'argile de décalcification (**terra rossa**) et sont donc fertiles ;

– des **ouvalas** ou **sotch** qui proviennent de la coalescence de plusieurs dolines ;
– des **vallées sèches**, privées de tout écoulement ;
– des **canyons** ou **gorges** : vallées étroites et profondes aux versants très raides et parfois même surplombants. Elles peuvent se terminer brutalement sous le plateau en **reculée** formant un amphithéâtre, ou **bout du monde**, parfois marqué par la réapparition d'eaux souterraines ou **résurgence** ;
– des **avens** : puits et gouffres s'ouvrant à la surface du plateau ;
– des **poljé** : grandes dépressions fermées, allongées, à fond plat, aux versants rectilignes disposent parfois d'un **ponor**, c'est-à-dire un aven par lequel sont absorbées les eaux superficielles. Le fond des poljés peut comporter des **hums**, buttes pyramidales témoins de l'érosion.

En profondeur, les cavernes, galeries ou grottes sont souvent couvertes de **concrétions** (stalagmites, stalactites, draperies…), qui sont des formes d'accumulation du calcaire dissous par les eaux de surface. D'une façon générale, ces cavités sont parcourues par des réseaux hydrographiques souterrains.

Les formes du relief karstique

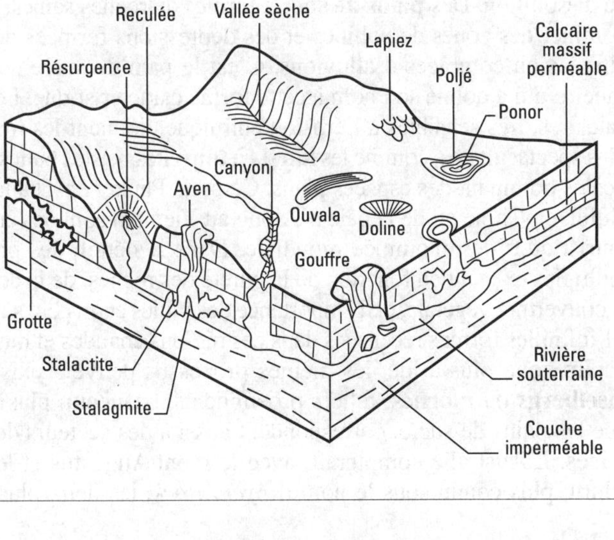

L'érosion varie en fonction du climat

L'érosion varie en fonction des climats qui influent sur les agents d'érosion engendrant des **systèmes d'érosion** différents. L'érosion étant un phénomène lent à l'échelle humaine et même historique, l'étude des climats passés est nécessaire à la compréhension du modelé actuel. Par exemple, les systèmes d'érosion glaciaire, aujourd'hui limités aux hautes montagnes et aux zones polaires, ont concerné une bonne partie du globe à l'ère quaternaire (*cf.* article *Climat*). Les systèmes d'érosion littorale sont pour une bonne part azonaux.

• Les systèmes d'érosion de la zone intertropicale

On distingue, en fonction des précipitations, l'érosion des milieux arides et semi-arides, et l'érosion des milieux équatoriaux et tropicaux à saisons alternées, qui peuvent être très humides.

Dans les zones humides, l'altération chimique domine. Les pluies tièdes et parfois violentes, comme la mousson, dissolvent efficacement les minéraux des roches : on parle de **décomposition ferralitique**. Seuls l'alumine et certains oxydes de fer ne se décomposent pas. Les paysages font alterner des espaces plans issus de la décomposition des roches et des buttes subverticales résistant bien à l'érosion. Sur les fortes pentes, l'eau ne stagne pas et n'a donc qu'un faible pouvoir de dissolution. Des **pains de sucre**, formés de roches saines, peuvent dominer des zones de collines et des dépressions formées de roches altérées ou comblées d'alluvions. C'est le pain de sucre de Rio de Janeiro qui a donné son nom à cette forme caractéristique. Les zones calcaires, très sensibles à l'érosion chimique, donnent les formes les plus spectaculaires, comme les **karsts à tourelles**, vastes buttes subverticales dominant des espaces plans. Ceux de Phuket en Thaïlande, de Guilin en Chine ou de la baie d'Along au Vietnam sont des curiosités touristiques de renommée mondiale. Dans le détail, des processus multiples existent en fonction de la pureté des roches, de la densité de la couverture végétale, de l'importance des pluies et on peut subdiviser à l'infini les formes recensées dans ces régions chaudes et humides.

En zone plus aride, les mêmes processus peuvent exister. Les **inselbergs** ou **mornes**, reliefs proéminents, beaucoup plus étendus que les pains de sucre, correspondent aussi à des secteurs de roches saines. L'Australie compterait, avec le mont Augustus et le rocher Uluru, plus connu sous le nom d'*Ayers Rock*, les deux plus grands inselbergs de la planète. L'érosion aréolaire joue un grand rôle dans les régions où les réseaux hydrographiques ne sont pas organisés. L'écoulement en nappe est responsable de la création de **glacis d'érosion** (en roches sédimentaires) ou **pédiments** (en roches cristallines et métamorphiques), vastes surfaces planes et inclinées, situées au pied des inselbergs. La coalescence de plusieurs pédiments forme une **pédiplaine**, plaine d'érosion parfaite. Issue d'un **arasement** (un aplanissement complet), elle se différencie d'une pénéplaine, où résistent quelques *monadnocks*. Cependant, l'érosion linéaire peut également intervenir lors des rares pluies tombant brusquement sur un sol très sec. L'érosion éolienne est forte dans des régions où la couverture végétale n'est pas continue et encore davantage dans les déserts. Si la **déflation** – arrachement des matériaux meubles – domine, la corrasion joue un rôle non négligeable, surtout dans le cas des tempêtes de sable. Les formes d'érosion prennent des aspects très variables, mais les dépôts sont fréquemment sous forme de dunes (*cf.* article *Déserts arides*).

• Dans les régions tempérées et froides

Les systèmes d'**érosion périglaciaire**, c'est-à-dire liés au gel, concernent les régions froides mais peuvent également survenir dans des régions tempérées en hiver. Le processus de base est l'alternance du gel et du dégel, nommée **cryoclastie** ou **gélifraction**. En gelant, l'eau contenue dans les sols ou les interstices des roches augmente de volume, elle dilate donc les sols et fait éclater les roches. Lors du dégel, les roches débitées sont libérées, l'eau ruisselle sur les pentes et les sols se rétractent. Plus le nombre d'alternances gel-dégel est élevé, plus l'érosion est forte. En haute montagne englacée ou en zone polaire, la cryoclastie est donc moins importante que dans des régions de latitude plus basse, comme l'Islande ou la Norvège, et dans les montagnes de moyenne altitude. Là, le phénomène est maximal, ce qui explique le qualificatif de **périglaciaire** – à côté des glaciers – attribué à ce type d'érosion.

Les sols prennent des formes spectaculaires du fait de l'expulsion différentielle des gros blocs et des **fines** (éléments fins) et de la formation d'**hydrolaccolites** (lentilles de glaces dans le sol). La conséquence est une **figuration périglaciaire**, les sols ayant des aspects géométriques souvent de forme polygonale (des blocs de plus grande taille entourant les particules fines). Ces **sols polygonaux** deviennent des **sols striés** en cas de pente, les polygones s'allongeant dans le sens de celle-ci. Les **buttes gazonnées**, buttes à cœur de glace, sont une autre forme très caractéristique étudiée par la **cryopédologie**. Les roches débitées donnent, dans les zones planes, des **déserts de gélivation**, affleurements chaotiques de pierres. En zone de pente, notamment en montagne, les dynamiques gravitaires, comme l'**éboulisation**, accompagnent la gélifraction : des crêtes étroites aux roches souvent instables dominent des **éboulis**, accumulation de blocs dans les bas versants, créés par la gélifraction et remaniés par la gravité et le ruissellement. Les dépôts fins amenés essentiellement par ruissellement diffus sont des **colluvions**. En zone tempérée, ces phénomènes coexistent avec l'érosion fluviale ou torrentielle selon la pente.

L'**érosion fluviale** est une érosion linéaire s'ordonnant à partir de réseaux hydrographiques plus ou moins élaborés. Tout cours d'eau, même la simple rigole, possède une **charge** propre (un ensemble de matériaux transportés, les **alluvions**) qu'il dépose en partie lors des ruptures de pente, dans des zones de courant moins fort : c'est l'**alluvionnement**. L'alluvionnement peut prendre plusieurs formes. Ce sont parfois des espaces plans, étagés ou non : les **terrasses**, souvent utilisées par les hommes pour s'y installer, dans une proximité relative avec le cours d'eau permettant d'en exploiter le potentiel sans trop en craindre les excès. Leurs différences de nature et d'aspect sont liées à leur origine, qu'il faut mettre en relation avec les changements paléoclimatiques et donc avec les variations de charge et de débit de la rivière. Au contact avec la mer, l'alluvionnement peut créer un delta.

Au contraire, la rivière creuse dans ses parties les plus pentues. En théorie, l'atténuation de la pente qui en résulte entraîne à son tour une modification de la partie en amont qui subit une **érosion régressive**. Si l'on examine le profil en long d'une rivière, l'érosion va donc dans le sens de la création d'un **profil limite**, jamais atteint véritablement, qui correspond à la pente minimale et homogène, sans rupture nette, sur tout le tracé de la rivière. Les réseaux hydrographiques tendent à se hiérarchiser peu à peu. Un bassin-versant peut même capturer les eaux d'un autre bassin proche. Ces **captures** se produisent de différentes manières mais sont rares ; une des plus connues en France est celle de la Moselle par la Meurthe, donnant naissance à la vallée morte du Val de l'Asne, qui tranche la côte de Meuse à l'ouest de Toul.

lire aussi **Climat – Cours d'eau, hydrologie – Déserts arides – Glacier – Lithologie, tectonique (géographie et) – Littoral – Relief**

ESPACE RURAL, CAMPAGNE

Les espaces ruraux ont eu, pendant très longtemps, une vocation essentiellement agricole. Leur étude s'est donc parfois confondue avec celle des campagnes, c'est-à-dire, au sens strict, des champs. La géographie rurale a ainsi longtemps étudié les rapports entre une activité dominante, l'agriculture, les paysages et les sociétés qu'elle induisait. Les choses ont cependant changé à la fin du XXe siècle. Le recul de l'agriculture, souvent lié à sa modernisation, s'est accompagné d'un développement des villes. Les rapports ville-campagne ont donc connu de profonds bouleversements, à tel point que dans un certain nombre de pays développés se pose la question de la pertinence de l'opposition urbain-rural.

Les espaces ruraux ont été jusqu'à récemment à dominante agricole

• Des problèmes de définition

Les campagnes ayant été agricoles pendant des millénaires, les termes assimilent souvent l'activité agricole à l'espace non urbanisé. Ainsi, le terme **campagne** désigne étymologiquement ce qui relève des champs. Il fait donc explicitement référence à une activité agricole et est même parfois employé pour désigner des **champs ouverts**, ou **openfields**, c'est-à-dire non enclos (la campagne de Caen, la Champagne). Mais le mot campagne a acquis un second sens, plus général, désignant tout l'espace non urbain. Le terme **rural** connaît la même ambiguïté : dérivé du latin *rus* (campagne), il désigne pourtant de façon générale tout ce qui n'est pas urbain. Ainsi, en France, la législation considère traditionnellement comme rurale toute personne vivant dans une commune de moins de 2000 habitants agglomérés au chef-lieu, c'est-à-dire toute personne n'habitant pas en ville. Cependant, on peut moduler cette définition depuis que l'INSEE a défini des aires urbaines en fonction non plus seulement de la continuité du bâti et du nombre d'habitants, mais aussi des flux pendulaires de travail. Ainsi, une commune traditionnellement classée comme rurale est considérée comme intégrée à une aire urbaine si plus de 40 % des actifs travaillent dans le pôle urbain.

Les termes caractérisant l'espace cultivé proprement dit ne sont pas forcément plus clairs. Ainsi le mot **terroir** est utilisé pour désigner un petit espace homogène, par ses caractéristiques de sol et de microclimat et donc ses potentialités agricoles ; ce sens est d'ailleurs conforme à la signification que lui donnent les œnologues lorsqu'ils parlent du terroir d'un vin. Pourtant, l'étymologie du terme (du latin *territorium*) en fait parfois et de façon abusive un équivalent du « territoire communal », c'est-à-dire du **finage**, ensemble des terres gérées par la communauté. Enfin, le langage courant fait même du terme un équivalent de « monde rural », par exemple lorsqu'on parle d'un « écrivain du terroir » !

L'adjectif **agraire**, qui qualifie ce qui relève de l'agriculture, est moins polysémique. La **morphologie agraire** est l'étude de la disposition et des formes des parcelles. L'expression **paysage agraire** désigne le mode de culture, l'habitat et le **parcellaire**, c'est-à-dire la géométrie et la répartition des **parcelles** (pièces de terre correspondant à un propriétaire et à une seule culture). Un bocage, par exemple, est un type de paysage agraire. Il est cependant commun en géographie de parler d'espace rural, d'habitat rural, de sociétés rurales pour des espaces, des habitats ou des sociétés agricoles. Enfin, le terme de **système agraire**, autrefois employé en géographie classique, avait un sens très imprécis, désignant tantôt les systèmes de culture (*cf.* article *Agriculture*), tantôt le paysage agraire.

Les modifications des campagnes des pays industrialisés, depuis une cinquantaine d'années, rendent plus visible la confusion sémantique. Un nouveau vocabulaire apparaît pour caractériser les espaces ruraux non agricoles. On a longtemps parlé, à propos du développement des grandes banlieues dans des espaces autrefois agricoles, de **rurbanisation** ou urbanisation du monde rural, d'espace **périurbain** (espace situé autour de la ville, dont les communes conservent des caractères villageois et connaissent, du fait de l'extension urbaine, d'importantes mutations démographiques, sociales, économiques et culturelles), ou encore de **mitage** de l'espace rural lorsque les constructions, souvent de type pavillonnaire, sont éparpillées. Les habitants des espaces rurbanisés sont qualifiés de **rurbains**, nouveaux ruraux travaillant en ville, ce qui se traduit donc par des mouvements pendulaires. Pourtant, avec la généralisation de ce mode de vie, certains géographes tels Edward Soja ou Martin Vanier, critiquant le fait que le terme rurbain soit construit en référence à la ville, ont proposé le concept de **tiers espace** pour désigner ce type d'espace caractérisé par des besoins de type urbain (transport, gestion des déchets…) sans en avoir la densité.

• Pourquoi étudier l'espace rural ?

Les activités humaines ont longtemps été à dominante agricole. Le passage à une société urbaine est un phénomène récent, lié à la révolution industrielle. L'Angleterre fut le premier pays concerné, suivi par d'autres pays d'Europe du Nord et de l'Ouest. En France, la population urbaine ne dépassa la population rurale que dans les années 1930. L'urbanisation du globe est récente et ne touche pas tous les espaces, beaucoup de pays en développement sont encore à dominante rurale.

Les campagnes et les espaces ruraux sont donc le reflet d'héritages très nombreux dont il faut tenir compte dans l'analyse des paysages actuels et que la géohistoire peut chercher à décrypter. Toutes les sociétés rurales, pendant très longtemps agricoles, ont dû tenir compte des conditions économiques, politiques, mais aussi naturelles comme le climat et les sols. Ces sociétés ont modelé les paysages, les champs, l'habitat et ont mis en place des structures économiques et sociales, allant de « l'individualisme paysan » au travail communautaire.

Ces thèmes intéressent particulièrement les géographes, qui se sont aussi préoccupés des liens entre la campagne et la ville. Les premières études sur les rapports ville-campagne datent du XVIIIe siècle. Il est vrai qu'elles furent l'œuvre, non d'un géographe, mais d'un agronome prussien, Johann Heinrich **von Thünen** (1783-1850), qui essayait de rationaliser la gestion de ses propriétés. Selon lui, sur un espace homogène, c'est la distance par rapport à la ville-marché qui règle le bénéfice à l'hectare : les systèmes de production les plus intensifs produisant des légumes et du lait sont situés dans une première auréole à proximité de la ville et bénéficient donc d'une

rente de localisation. Même si elles sont aujourd'hui obsolètes, ces théories, qui montraient que l'étude des rapports ville-campagne est indissociable de celle des espaces ruraux, eurent une grande influence. Elles furent par exemple affinées en économie urbaine par les travaux de William **Alonso** (1933-1999) qui portaient notamment sur l'utilisation des terres urbaines.

L'étude des espaces ruraux est aujourd'hui partie intégrante des réflexions sur l'aménagement des territoires.

L'organisation spatiale selon von Thünen

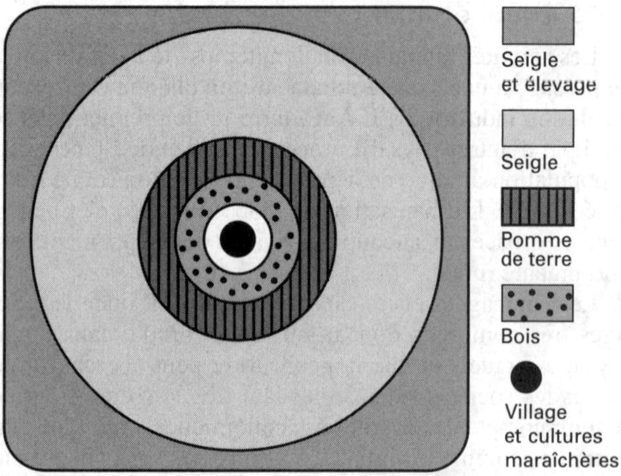

Source : D'après A. Bailly, *Les Concepts de la géographie humaine,* Masson, 1984.

Des paysages agraires modelés au cours du temps

Les paysages agraires actuels sont le fruit d'héritages anciens et continus, mais aussi de modifications souvent profondes survenues au XXe siècle.

• En Europe, les paysages agraires sont en grande partie hérités

En Europe, les trois grands types de paysages agraires (le bocage, l'openfield, les paysages agraires méditerranéens) sont des héritages de périodes parfois très anciennes. Ils ont été décrits par les agronomes du XVIIIe siècle et ont fourni, dès les années 1930, un objet d'étude privilégié pour la géographie française qui, dans une démarche européocentriste, a tenté par la suite de retrouver openfields et bocages un peu partout dans le monde.

L'**openfield,** paysage typique des plaines d'Europe du Nord et de l'Ouest, est un système agraire de champs ouverts associé à un habitat groupé et à des pratiques communautaires. Le finage connaît un **assolement**, visant à l'origine à permettre le repos de la terre en la mettant périodiquement en **jachère.** Le finage est divisé en plusieurs parties soumises à une **rotation culturale**. L'assolement peut être biennal, jachère et céréales se succédant sur une même terre d'une année sur l'autre, ou triennal quand il comporte trois **soles**, c'est-à-dire trois ensembles de parcelles portant chacun momentanément, généralement un an, une même culture ou une jachère. L'assolement peut être fait dans le cadre d'une exploitation ou plus traditionnellement dans le cadre d'un village. Ce système supposait un **habitat groupé** en villages serrés (les maisons étant concentrées en un lieu) de façon à laisser le plus de place possible aux cultures.

La typologie divise classiquement les villages en fonction de leur forme, conformément aux méthodes de la géographie classique qui privilégiait la description. Les **villages-rue**, aux maisons alignées de part et d'autre d'une rue unique, et les **villages-tas**, aux maisons groupées les unes contre les autres, sont les principaux types de villages de défrichement, souvent nés au Moyen Âge. Les **villages nucléaires**, regroupés autour d'un espace central, généralement la place de l'église, sont l'un des types les plus fréquents de villages-tas.

L'openfield est souvent issu de pratiques communautaires comme celle de la **vaine pâture** : sur les champs moissonnés, chacun pouvait faire paître son troupeau librement. Ce système supposait donc l'absence de champs enclos, d'où son nom d'openfield (champs ouverts en anglais). L'openfield disparut plus ou moins rapidement au XIXe siècle. En Angleterre, le phénomène fut accéléré avec le mouvement des **enclosures** qui culmina entre 1790 et 1819 : les grands propriétaires anglais fermèrent leurs champs par des haies, se les appropriant au détriment des communautés villageoises. En

France, par contre, la suppression de la jachère, la montée d'une bourgeoisie rurale et le passage à l'agriculture commerciale furent très progressifs.

Hormis donc en Angleterre, l'openfield a laissé des traces visibles dans les paysages ruraux européens. Les villages groupés demeurent ; le parcellaire et le réseau des chemins laissent encore deviner l'agencement des différentes soles entre elles, malgré les nombreuses modifications du XXe siècle.

Un exemple d'openfield : village alsacien en 1937

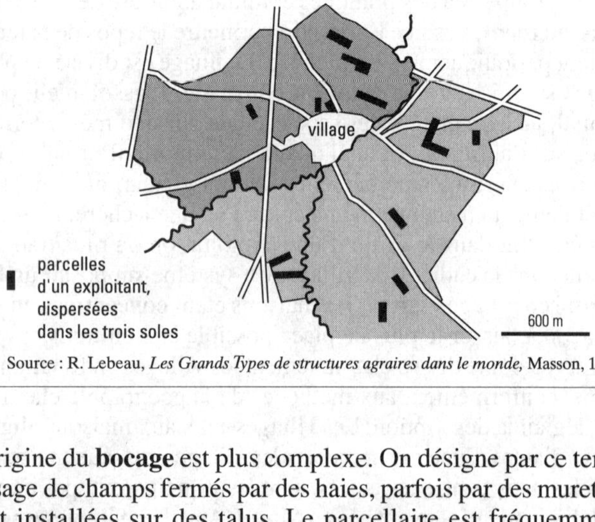

Source : R. Lebeau, *Les Grands Types de structures agraires dans le monde,* Masson, 1979.

L'origine du **bocage** est plus complexe. On désigne par ce terme un paysage de champs fermés par des haies, parfois par des murettes, souvent installées sur des talus. Le parcellaire est fréquemment de forme irrégulière. L'accès aux champs se fait par des chemins creux. L'**habitat** est **dispersé**, c'est-à-dire réparti en un chef-lieu, des **hameaux** (ensembles de quelques maisons regroupées) et de nombreuses fermes isolées. Ceci s'explique en partie par une exploitation individuelle des terres, par opposition à l'openfield. Si l'archétype du bocage est le bocage normand, de nombreuses variétés ont été décrites, de la Galice à l'Angleterre des enclosures. Dans ce pays, le terme désigne la transformation progressive de l'openfield en bocage, qui eut lieu entre le XVe et le XIXe siècle du fait des progrès de l'élevage, mais aussi de la suppression des droits de vaine pâture puis de la réappropriation des communaux par les grands propriétaires.

Le bocage a nettement mieux traversé le XXe siècle que l'openfield puisqu'on le retrouve souvent intact dans de nombreuses régions. Il est vrai qu'il présente de nombreux avantages dont celui d'apporter de l'humidité grâce à l'évapotranspiration des végétaux mais aussi grâce aux haies d'arbres, de l'ombre et une protection contre l'effet desséchant du vent. Néanmoins, mal adapté à la mécanisation, il a tendance à disparaître. Les haies sont peu à peu arrachées (**débocagisation** ou **débocagement**), ce qui modifie l'écoulement des eaux, aggrave l'érosion des sols et donne naissance à des paysages intermédiaires entre bocage et openfield, fréquents par exemple dans le sud de la Bretagne et en Vendée.

Les paysages agraires méditerranéens étaient et sont encore plus complexes. Le parcellaire est souvent irrégulier, les parcelles sont fréquemment encloses par des murets de pierre, autant de caractéristiques qui pourraient rappeler le bocage. Mais l'habitat a toujours été groupé dans de gros bourgs hauts perchés, souvent pour des raisons défensives. La caractéristique fondamentale est la division en trois du finage de la communauté : la partie la plus fertile, l'**ager**, était cultivée, parfois en terrasses, la moins fertile, le **saltus**, était constamment laissée au pacage des animaux et la **silva**, l'espace occupé par la forêt. Cette division ager-saltus-silva est devenue classique et s'emploie désormais hors de la zone méditerranéenne. L'ager lui-même était d'une grande complexité, plusieurs cultures pouvaient coexister sur la même parcelle (***coltura promiscua***), ce qui autorisa nombre de géographes, soucieux de leur rôle normatif, de qualifier ces paysages « d'incomplets » ou « d'imparfaits » par rapport au modèle qu'était l'openfield. Ces paysages agraires subsistent parfois, notamment dans quelques montagnes isolées de Grèce ou d'Espagne. Ils sont cependant en voie de disparition, à cause du passage à une économie de marché, qui suppose la mécanisation et la spécialisation, ou du fait de la **déprise agricole** (disparition des activités agricoles et des agriculteurs), qui engendre souvent un dépeuplement plus général de la campagne (**déprise rurale**).

Ces trois types de paysages agraires européens, souvent transformés ou disparus, sont encore visibles et lisibles dans les paysages actuels.

• Une situation plus complexe hors d'Europe

Aux États-Unis et au Canada anglophone, les paysages agraires ont été déterminés dès 1785 par le système du ***township***, unité cadastrale d'un mille carré (285,4 hectares). L'ensemble était divisé en quarts de sections, ce qui correspondait, selon ses promoteurs, à l'exploitation agricole type, soit 64,6 hectares. Ce système a plus ou moins été appliqué, en fonction notamment du relief. Malgré de nombreux réaménagements, il a remarquablement perduré, conférant au paysage un aspect géométrique « en damier ». De même, au Canada francophone, l'ancien paysage agraire est encore visible. Il s'agit du **rang** qu'on retrouve, avec des nuances, dans d'autres pays, comme le Brésil. La colonisation et l'exploitation des terres se sont faites à partir du fleuve, voie de communication privilégiée. Les villages sont des villages-rues. Les parcelles, très allongées, situées en arrière des habitations, s'étirent jusqu'à la forêt. Ainsi, un arrêté de 1745 harmonisait pour la Nouvelle-France la création de lots de terrain de 1,5 arpents (90 mètres) minimum, par 30 arpents (1 800 mètres) maximum.

Dans les pays anciennement colonisés, les traces des paysages agraires précoloniaux ont souvent été gommées, du moins en partie, par une colonisation agricole de type européen. Le parcellaire, les structures villageoises, l'habitat même ont pu être modifiés, et le paysage est aujourd'hui composite, juxtaposant des structures contemporaines, coloniales et précoloniales. Dans les Andes péruviennes, les grandes exploitations extensives coloniales, les *latifundios* parfois adaptées aux données de l'économie de marché, coexistent avec l'***ayllu***, la communauté villageoise précoloniale, qui revendique encore ses terres. Lorsque ces paysages ruraux ont subsisté, les géographes ont tenté de les décrire dans une perspective européocentriste : tel finage africain était qualifié de bocage ou d'openfield. Ces termes ont ainsi acquis une nouvelle dimension sémantique et sont désormais assimilés à tout type de champ enclos ou ouvert.

En revanche, les paysages asiatiques de **rizières** (parcelles plantées de riz), pourtant là aussi précoloniaux, ont résisté à la colonisation et ont fasciné les géographes. Ceux-ci, dès les années 1930, ont multiplié les longues descriptions de paysages de rizières (terrasses, habitat groupé, variation du paysage selon la saison…), mais aussi les pratiques culturales.

L'histoire a donc eu des conséquences majeures sur la formation des paysages ruraux, mais aussi sur le sens des termes. Le XXe siècle a apporté un nombre substantiel de modifications, voire de bouleversements, à ces paysages.

• Les modifications des paysages ruraux au XXe siècle

Deux types de phénomènes ont contribué à modifier sensiblement les paysages ruraux au cours de ce siècle. Ce sont d'abord les changements propres à l'agriculture, ce sont ensuite les modifications des rapports ville-campagne.

L'agriculture a connu d'importantes modifications. Elles ont eu des conséquences visibles : la déprise agricole s'est souvent traduite par la désorganisation des sociétés rurales, par l'abandon des terres qui retournaient à la friche. Au contraire, l'intensification de l'agriculture a fortement contribué à l'uniformisation des paysages agraires. Les modifications du parcellaire, par la réforme agraire et la collectivisation, ont souvent eu raison des structures agraires préexistantes. Dans certains pays, la Roumanie par exemple, la collectivisation a pu s'accompagner de véritables déplacements de population, la création de nouveaux villages entraînant la destruction des anciennes communautés villageoises. Dans de très nombreux pays, le **remembrement**, c'est-à-dire la redistribution des parcelles d'un finage entre les propriétaires dans un but de rationalisation, a souvent été encouragé par les États et a pu, comme en Bretagne, aboutir à la destruction du bocage par arrachage des haies.

Les rapports ville-campagne se sont également modifiés. Si l'exode rural a longtemps été général, il concerne aujourd'hui essentiellement les pays en développement et nourrit pour une part la croissance urbaine. Un mouvement inverse a actuellement lieu dans bon nombre de pays développés où l'exode rural est plus ou moins arrêté ou limité à quelques régions particulières.

Les espaces ruraux aujourd'hui

• Les espaces ruraux des pays développés

En Europe, les espaces ruraux connaissent des mutations importantes. Les paysages agraires sont, en premier lieu, touchés par les modifications de l'agriculture qui entraînent la concentration des terres, le développement d'une agriculture plus intégrée (*cf.* article *Agriculture*), l'apparition d'un nouvel habitat rural et, enfin, l'abandon des terres et parfois l'exode rural. La **déprise rurale** a eu une importance énorme en Europe dans la première moitié de XXe siècle, contribuant à la désertification de nombreuses régions. Il convient toutefois de ne pas exagérer son ampleur actuelle. Elle est aujourd'hui limitée à quelques régions des pays d'Europe du Sud, la Grèce notamment, où elle touche des zones sensibles moins propices à l'agriculture contemporaine, comme les montagnes.

Plus généralement, ce sont les rapports ville-campagne qui se modifient. Ces rapports sont depuis longtemps des rapports de domination, la campagne étant la pourvoyeuse en hommes et en produits divers de la ville. Les propriétaires terriens pouvaient même être des urbains. Ainsi, dans le Languedoc du XIXe siècle, la monoculture de la vigne était dirigée par la bourgeoisie de Montpellier. Ces rapports de domination existent toujours et se sont parfois élargis avec une domination culturelle, administrative et financière accrue de la ville. Cependant, les rapports ville-campagne se sont singulièrement compliqués, notamment du fait d'une intrication croissante de l'urbain et du rural. Les périphéries urbaines, proposant des centres commerciaux, des zones industrielles et donc des services et du travail, attirent les ruraux autant que les urbains, contribuant ainsi à une uniformisation des modes de vie. Le développement des transports en milieu rural accentue le phénomène : habiter à proximité d'un village ancien, mais aussi d'un échangeur autoroutier, est souvent perçu comme une situation favorable. Cette rurbanisation (*cf.* p. 574) se combine avec un autre phénomène : les campagnes trouvent aujourd'hui de nouvelles vocations en liaison avec la quête des personnes, et parfois des entreprises, d'espaces préservés, adaptés aux exigences nouvelles en matière d'environnement, de qualité de la vie. C'est ainsi que certaines périphéries rurales de France ou d'Allemagne connaissent un regain d'activités et se repeuplent. Ce mouvement s'accompagne même d'un certain **ruralisme**, c'est-à-dire d'une tendance à associer aux campagnes des valeurs d'authenticité qu'on ne retrouverait plus ailleurs et notamment dans les villes, dont il faudrait enrayer le développement (*cf.* p. 569).

Enfin, les espaces ruraux ont aussi, et de plus en plus, une vocation récréative ou touristique. Ils accueillent en effet des urbains, périurbains, mais aussi des ruraux le temps d'une journée ou d'un week-end pour les plus proches, ou pour des vacances dans certains espaces ruraux moins accessibles. Les fonctions de l'espace rural se sont ainsi diversifiées (productive, résidentielle, récréative), mais à des degrés variables selon l'accessibilité de ces espaces, d'où la distinction parfois établie entre un espace rural proche de l'urbain – et pas seulement en terme de distance kilométrique – et un **rural profond**.

Aux États-Unis et dans d'autres « pays neufs », la rurbanisation, qui ne touche pourtant qu'une petite partie de l'espace rural, est nettement plus ancienne qu'en Europe. Plus de 40 % des Américains vivent en banlieue. Comptabilisés dans leur grande majorité comme des urbains, ils n'en modifient pas moins profondément l'espace rural environnant. Les espaces périurbains sont occupés par des exploitations agricoles très intensives : élevage hors-sol, maraîchage, horticulture. Étant donné la taille des deux mégalopoles américaines, ce sont donc de véritables régions agricoles périurbaines qui se sont mises en place, illustrant ainsi la domination non de la ville sur la campagne, mais celle de la banlieue sur un espace agricole périurbain.

• Les campagnes des pays en développement

Dans bon nombre de pays en développement, en cours de transition urbaine, les populations rurales sont encore majoritaires. L'Amérique latine est le continent le moins rural. L'Inde et la Chine, en revanche, comptent à elles deux plus de 1,3 milliard de ruraux !

Pays	Chine	Inde	Kenya	Niger	Bolivie	Brésil	Mexique
Population rurale (en %)	60	71	60	77	36	16	24

Source : www.populationdata.net, 2006.

Le poids de la population rurale s'explique par le rôle souvent essentiel joué par l'agriculture. De plus, si les villes attirent énormément, les campagnes restent très peuplées en raison du fort taux d'accroissement naturel. Enfin, il n'existe quasiment pas d'exode urbain. La périurbanisation se limite quasiment à l'extension des bidonvilles. Mais, ces bidonvilles, s'installant en grande majorité sur des terrains vagues, ou peu revendiqués, ne sont pas un enjeu entre la campagne et la ville comme en Europe.

Quant aux campagnes proprement dites, elles gardent un aspect beaucoup plus traditionnel, avec cependant de très nombreuses variantes selon les pays. La modernisation de l'agriculture n'a pas toujours été mise en œuvre, pour des raisons économiques évidentes, parfois aussi du fait de réticences culturelles. Des héritages sont souvent visibles dans le paysage, mais aussi dans les mentalités : dans les montagnes boliviennes, l'organisation territoriale du village peut toujours se faire par l'***ayllu***, groupe social et clanique ; en Inde, les ***panchayats***, c'est-à-dire les assemblées qui dirigent la vie, les travaux et l'économie des villages, restent souvent aux mains des castes supérieures, malgré leur abolition officielle en 1947 !

Ces campagnes traditionnelles peuvent cependant connaître des changements brutaux, généralement imposés par la ville et par le passage à une agriculture productiviste : création d'un grand barrage, ouverture d'une plantation ou d'une grande voie de communication. Ces changements sont vécus de façon plus ou moins traumatisante et montrent que le rapport ville-campagne reste un rapport de domination.

Il serait tentant de rapprocher la situation des pays en développement de la situation européenne du début du XXe siècle. On y observe aussi la croissance urbaine, l'exode rural et la transition démographique. Ce serait néanmoins oublier que le déclin relatif des campagnes européennes se fit dans un cadre économiquement beaucoup plus favorable que celui qui touche de nos jours les pays en développement.

lire aussi **Agriculture – Urbanisation, métropolisation – Ville**

ESPACE, DIFFUSION SPATIALE

La géographie s'est toujours intéressée aux **lieux**, c'est-à-dire, au sens large du terme, aux portions de la surface du globe. Parfois, ce sont la taille, l'échelle de ces éléments qui la préoccupent, ce qui amène à réfléchir sur le « découpage » de la surface terrestre (lieu, région, pays…). Souvent, c'est la nature même de ces lieux et leur « contenu » qui sont étudiés. Ainsi, le terme d'espace, comme ceux de paysage, de territoire, mais aussi de milieu ou d'environnement correspondent tous à des divisions de l'étendue terrestre et ont pourtant des significations fort différentes.

Espace : un terme à usages multiples

• Un terme neutre ?

Terme polysémique par excellence, le mot **espace** est utilisé avec des sens différents aussi bien par le géographe que par l'astronome, le philosophe ou le mathématicien. Un des sens classiques du terme est celui de séparation, de distance. L'adjectif « espacé » et le terme d'**espacement** (la distance entre deux lieux) sont ainsi parfois utilisés en géographie. Mais, pour le géographe, l'espace est, au sens le plus banal du terme, un lieu ou une portion délimitée, donc cartographiable, de l'étendue terrestre. Ceci correspond d'ailleurs à son sens dans le langage courant : un **espace vert** est bien un endroit délimité, parfois même entouré de grilles, réservé à la nature au sein des villes. L'**espace public**, au contraire de l'**espace privé**, est l'espace ouvert à tous et consacré à la pratique sociale des individus. Cette acception du terme a très souvent été utilisée par la géographie classique : terme commode, mais non défini, espace fut employé d'une manière neutre, par exemple à propos d'espace boisé, d'espace montagnard ou d'espaces urbains. Il en est de même pour l'adjectif corollaire : **spatial**. On étudie les dimensions spatiales de tel phénomène, les discontinuités spatiales de tel autre et, d'une façon générale, la géographie a longtemps été conçue comme l'étude des distributions spatiales. Le terme **spatialité** peut dans ce cas désigner la simple répartition d'un phénomène dans l'espace (sa localisation). Mais, avec l'évolution de la géographie, il a pris une acception plus spécifique, mettant l'accent sur le rapport à l'espace des acteurs, qui peut lui-même influencer la production spatiale ; l'espace n'est plus un simple support mais devient une composante d'un processus.

Si la neutralité du terme espace permet une commodité de langage, sa relative imprécision oblige à le caractériser. Ainsi, une différenciation souvent évoquée oppose l'espace terrestre à l'espace humanisé. L'**espace terrestre** occupe la totalité du globe, alors que l'**espace humanisé**, ou **œkoumène**, ne concerne que les espaces habités par l'homme. L'œkoumène, parfois orthographié **œcoumène** ou **écoumène** dans un souci de francisation qui s'éloigne de l'étymologie (*oikos* signifie la maison en grec), est en extension et tend de plus en plus à se confondre avec l'espace terrestre : l'Everest est fréquenté de façon régulière, une station scientifique est en permanence installée au pôle Sud et des satellites parcourent l'espace, au sens astronomique du terme. Mais le terme d'espace, s'il est souvent utilisé dans un sens assez neutre, est aussi employé avec des acceptions beaucoup plus précises et spécialisées, indiquées par des qualificatifs.

• Un terme à connotations variables

Pour tenter de préciser le terme d'espace, des géographes ont proposé, dans les années 1970-1980, la création de l'expression « **espace géographique** » pour désigner toute étendue physique concrète, mesurable et localisable par un système de coordonnées géographiques (*cf.* p. 36). Cette notion recouvre toutefois des sens différents, les géographes n'ayant pas tous la même conception de leur discipline. L'espace géographique est alors un espace aménagé, modelé, produit par les sociétés et leurs activités, mais aussi par le milieu naturel et les héritages historiques.

La notion d'**espace vécu**, mise à l'honneur par un ouvrage d'Armand **Frémont** (né en 1933), *La Région, espace vécu*, met l'accent sur le fait que l'espace est vécu quotidiennement par ses habitants qui ont chacun une pratique des lieux, des cheminements préférentiels et des mémoires de ces lieux.

La région, espace vécu, selon Armand Frémont

« La région est un espace vécu, vu et ressenti par les hommes. [...] Les hommes se font une certaine image des lieux où ils vivent, de leur espace et de leur région. Et cette image [...] constitue un élément essentiel des combinaisons régionales, le lien psychologique de l'homme à l'espace sans lequel la région ne serait que l'adaptation d'un groupe à un milieu ou une rencontre d'intérêts sur un espace donné. La région, l'espace ne peuvent se comprendre dans toute leur cohérence que si l'on ajoute aux apports antérieurs cet ultime ciment de relations vécues, c'est-à-dire assimilées ou non au plus profond de l'intimité psychologique de chacun ».

A. Frémont, *La Région, espace vécu*, PUF, 1976.

Cet espace peut également être un **espace perçu** ou un **espace représenté**. Il s'agit alors de l'espace tel que se le représentent, se l'imaginent les gens. L'expression espace représenté est préférable à celle d'espace perçu, puisque la **perception** fait appel à des mécanismes sensoriels, tandis que la **représentation** d'un espace met en jeu l'histoire de l'individu, son imagination, ses références, donc une composante socioculturelle. Un moyen d'étude de cette représentation de l'espace est donné par les **cartes mentales**. En demandant à un échantillon d'individus de représenter tel ou tel espace, on obtient des renseignements non seulement sur l'espace et sa perception proprement dite (perception des distances, de la situation des lieux les uns par rapport aux autres...), mais aussi sur l'espace imaginé, rêvé... et donc sur la personnalité de l'individu lui-même. La **géographie des représentations** s'intéresse aussi à la façon dont les représentations de l'espace sont construites.

Si l'espace n'est donc plus considéré en géographie comme un simple support « neutre », dans la mesure où il est produit, vécu, perçu, représenté, il doit être distingué du « territoire » qui est « approprié ».

Une carte mentale : exemple de planisphère réalisé par un étudiant à l'IEP

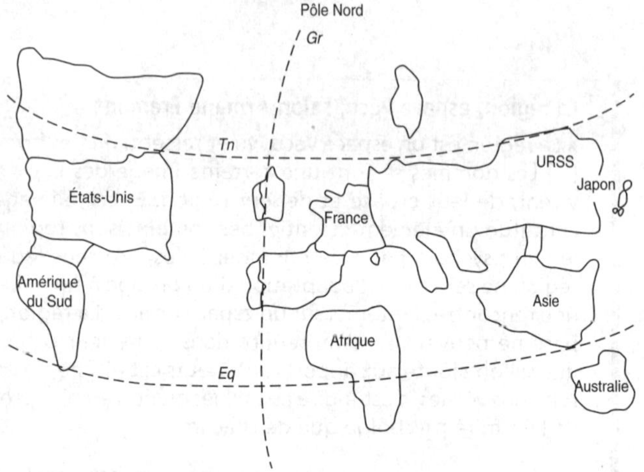

Source : A. Le Roux, « L'après lycée ou les mésaventures cartographiques d'élèves de classe préparatoire », *Enseigner la carte*, revue M@ppemonde n° 3, 1990.

La diffusion spatiale

La diffusion spatiale correspond à l'ensemble des processus qui contribuent au déplacement de phénomènes dans l'espace géographique par **migration** (la relocalisation d'un phénomène) ou par **expansion** (par conquête de nouveaux espaces). Par extension, on appelle également diffusion spatiale le résultat de ce processus. En cas de diffusion spatiale, une **innovation**, c'est-à-dire un phénomène nouveau, perturbateur de l'ordre préexistant, part d'un **espace émetteur** et se dirige vers un ou plusieurs **espaces récepteurs** ; cette diffusion agit par **contagion** de proche en proche.

Les recherches en diffusion spatiale concernent de nombreux domaines aussi variés que l'épidémiologie (la diffusion d'un virus par exemple), la démographie (dans l'Union indienne, la diffusion de la baisse de la fécondité du Kerala au Tamil Nadu voisin, comme l'a montré le démographe Christophe Z. Guilmoto), la géographie de l'agriculture (on a pu étudier la diffusion de telle ou telle plante commerciale), la géographie culturelle et politique (la diffusion d'une idée ou d'un comportement électoral a fait l'objet de recherche, ou encore l'économie spatiale, par exemple dès 1957 avec la **théorie des pôles de croissance** de François **Perroux** (1903-1987). L'idée est que la croissance (l'innovation) n'apparaissant pas partout à la fois, il faut organiser des pôles de croissance, principalement urbains, qui seront les moteurs de la diffusion de cette croissance. Cette théorie fut appliquée dans le cadre de la politique des métropoles d'équilibre (*cf.* article *Aménagement du/des territoire(s)*).

Le concept de diffusion spatiale a été introduit en géographie pour la première fois au début des années 1950 par le suédois Torsten **Hägerstrand** (1916-2004). Selon lui, la diffusion dépend d'un certain nombre de facteurs : la capacité propre de l'innovation à se diffuser, celle du milieu récepteur à accepter l'innovation, la distance entre les deux lieux, la présence ou non de **barrières spatiales,** limitant la diffusion. Certaines barrières stoppent complètement une diffusion (**barrières absorbantes**) alors que d'autres se contentent de la ralentir (**barrières freinantes**). Enfin, la **barrière réfléchissante** dévie la propagation, la détourne. Les canaux de propagation d'une innovation ont fait l'objet de nombreux modèles. L'**effet de voisinage** lié à la proximité joue un rôle évident et engendre une **diffusion de proche en proche**, par contiguïté, une **diffusion en tâche d'huile**. Mais il peut être contrebalancé par une **diffusion hiérarchique** qui touche d'abord les centres et s'organise selon des logiques réticulaires en fonction des axes de communication.

Enfin, la question des **temporalités** a souvent été étudiée par les géographes. Toute diffusion spatiale obéit à un processus en quatre étapes : l'apparition d'une **innovation** en un lieu émetteur ; son expansion en tant que telle ; une étape de **condensation**, où l'innovation n'en n'est plus une et où elle est adoptée dans l'espace récepteur par la majorité des acteurs ; une étape de **saturation**, marquée par la présence maximale de cette innovation. Ces quatre étapes s'ordonnent selon une **courbe de régression logistique**. De telles courbes ont souvent été dressées par les géographes, par exemple en démographie pour étudier le phénomène de **transition démographique**, un phénomène qui peut ici s'analyser sous l'angle de la diffusion temporelle d'un comportement démographique.

lire aussi

Culture, géographie culturelle – Géographie (histoire de la) – Géographie (techniques et méthodes de la) – Territoire, territorialisation

ÉTAT, NATION, PAYS

Les termes État, nation et pays, parfois considérés comme synonymes, ont des acceptions distinctes mais variables selon le contexte. Ces notions s'utilisent largement en géographie, qui étudie notamment les relations de chaque État à son territoire, mais cherche aussi à comprendre la montée des nationalismes, voire les conséquences pour les États de la supranationalité croissante en matière d'économie.

Des termes différents et complémentaires

• Définitions

L'**État** est l'autorité souveraine s'exerçant sur un territoire national. C'est une notion juridique et abstraite, inscrite dans la durée. En revanche, le **gouvernement**, qui dirige l'État pour un temps limité, désigne une réalité concrète. Le terme État peut également se confondre avec ceux, plus concrets, de **pays** et de **territoire national**. On parle des **États-ateliers** pour les petits pays manufacturiers d'Asie du Sud-Est, des **États enclavés**, n'ayant aucun accès à la mer, ou encore des **États-tampons**, coincés entre deux blocs rivaux. On parle également de **cordon sanitaire** pour la situation de ce type d'État : ce fut par exemple le cas des pays d'Europe centrale de 1918 à 1939. La notion d'État, fort étudiée par les historiens et les politologues, a donc très souvent une implication géographique. De plus, l'État se manifeste de façon visible par l'intermédiaire de l'administration et du gouvernement, notamment par l'aménagement de l'espace national.

Le terme **nation** désigne une communauté d'hommes appartenant à un même pays, ayant la même organisation sociale, les mêmes lois et étant généralement nés sur le même sol national. Ainsi, la nation française habite sur un territoire national et on reconnaît comme de **nationalité** française l'individu né sur ce territoire en vertu du droit du sol. L'**étranger**, au sens strict, relève donc d'une autre nationalité. Il peut toutefois arriver qu'une nation ne possède pas d'État ou soit dépossédée de son territoire national, comme ce fut le cas de la Pologne avant 1914. Lorsque l'État correspond à une nation et que celle-ci est à l'origine de sa formation, on parle d'**État-nation**, comme dans le cas de la France.

Le mot ethnie est beaucoup plus restreint que celui de nation, une nation pouvant être pluriethnique, comme au Vietnam ou en Côte d'Ivoire. On utilise aussi l'expression d'**État multinational** pour des pays comme l'ex-Yougoslavie ou la Russie. On appelle **ethnie** une population cohérente, du moins en théorie, par ses caractères culturels, voire simplement religieux. Le terme **peuple**, parfois préféré, est plus vague : il désigne souvent l'ensemble des habitants d'un pays. Les deux termes ont été utilisés par la géographie coloniale, puis tropicale. On parle également de **peuples premiers** pour désigner les occupants originels de certains territoires, ultérieurement colonisés par les puissances européennes, et qui conservent des modes de vie relativement traditionnels (*cf.* p. 90).

Tous ces termes caractérisent les différents pays ou les différents États, au sens d'entité géographique. Le terme **patrie**, la terre natale (*pater*, père en latin), est l'équivalent de pays, même s'il a une connotation plus sentimentale ou plus idéologique. Enfin, un pays ou une patrie ne possède pas forcément d'État, comme c'est le cas pour les pays colonisés.

• Pays et patrie peuvent avoir d'autres sens

Patrie et pays peuvent néanmoins avoir des acceptions différentes dans le langage courant, voire géographique, et correspondre à des divisions de l'espace de taille très variée. Le mot **pays** a changé de sens au cours de l'histoire et pouvait s'appliquer dans l'ancienne France à une région, voire à une commune, car il désignait un espace de vie homogène. On parle ainsi aujourd'hui du Pays basque ou, à une autre échelle, du Pays rochois désignant en Haute-Savoie les quelques kilomètres carrés autour de la Roche-sur-Foron. Cette acception du mot renvoie également aux notions d'**avant-pays** et d'**arrière-pays**, termes de localisation, mais pouvant aussi exprimer l'existence de liens avec un espace de référence. Le terme est parfois employé pour désigner des personnes issues d'un même « pays » (« *nous sommes pays* »). Enfin, il a été remis à l'honneur par la loi dite LOADDT (*cf.* p. 434). Le terme patrie possède aussi plusieurs acceptions et est utilisé à des échelles très diverses : la ville de Pézenas est ainsi désignée comme « la patrie de Molière ».

La formation des États et ses implications géographiques

• Trois types d'États

Historiquement, on peut distinguer trois types d'États. Les **États-nations** se sont généralement constitués de façon plus ou moins lente, à partir d'un centre originel, et ont grossi au fil des conquêtes successives. La France et la Russie correspondent à ce type d'État.

D'autres proviennent de la fusion de peuples, de communautés ethniques. Cet **État-fusion** a pu naître si les communautés éprouvaient un sentiment national commun, comme ce fut le cas pour les unifications allemande et italienne au XIXe siècle. En revanche, la fusion peut se produire entre des communautés ethniques voisines mais différentes, s'unissant contre un oppresseur. Tel fut le cas

Combien d'États dans le monde ?

En 2008, l'ONU dénombrait 227 **entités territoriales** encore nommées « pays et zones du monde », toutes recensées dans un but avant tout statistique. Mais le caractère très flou de ces deux termes témoigne de la difficulté à définir et dénombrer les États. L'ONU définit en effet comme « entité territoriale » les DROM et les PTOM français ou encore des territoires autonomes comme le Groenland ou Aruba, qui dépendent respectivement du Danemark et des Pays-Bas. L'assemblée générale des Nations unies comportait à la même date 195 membres, auxquels on doit ajouter plusieurs États non-membres pour des raisons de neutralité, mais qui possédaient une mission permanente d'observation : le Saint-Siège (Vatican) et l'Autorité palestinienne. Par ailleurs, des États reconnus par la communauté internationale comme les îles Cook et Niue ne sont pas non plus membres de l'ONU en raison de leur forte dépendance envers la Nouvelle-Zélande. Enfin, Taiwan, en conflit avec la Chine populaire depuis 50 ans, n'était pas représentée. En outre, sans tenir compte des zones colonisées et revendiquant leur indépendance et donc leur statut d'État (Tibet…), d'autres entités territoriales non représentées à l'ONU peuvent pourtant être reconnues par un seul État, comme la République turque de Chypre, reconnue par la seule Turquie. Il est donc très difficile de répondre à cette question d'apparence simple : combien y a-t-il d'États dans le monde ?

de la Yougoslavie, née de la lutte contre l'Empire ottoman, puis autrichien. Le premier nom du pays fut d'ailleurs le Royaume des Serbes, Croates et Slovènes, montrant ainsi que plusieurs ethnies pouvaient se doter d'un État commun, sans toujours éprouver un sentiment national. La disparition de la Yougoslavie témoigne cependant de la fragilité de ce type de fusion.

Le troisième type est représenté par les États nés d'une scission (**État-scission**) liée à la désagrégation d'un empire colonial ou à un mouvement séparatiste obtenant l'indépendance, comme ce fut le cas de l'Érythrée en 1993, voire du Timor-Leste en 2002.

La division en trois types d'États reste toutefois théorique puisqu'au fil de l'histoire un pays peut passer d'une catégorie à l'autre. Ainsi, l'Espagne, née à la fin du Moyen Âge de la fusion entre, notamment, la Castille et la Catalogne, s'est agrandie par conquêtes successives jusqu'à devenir un immense empire colonial qui s'est par la suite disloqué en un certain nombre d'États : la Grande-Colombie dont rêvait *El Libertador* Simón Bolívar a éclaté en plusieurs États. Deux siècles plus tard, l'Espagne elle-même n'est pas à l'abri de **mouvements séparatistes** au Pays basque où une population à forte cohésion culturelle et linguistique réclame la reconnaissance de « droits historiques ».

• Les implications géographiques de telles formations

La genèse des États a des conséquences sur l'organisation de l'espace et, en particulier, sur les caractéristiques de la **capitale**, la ville où siège le gouvernement et qui se trouve donc à la tête (*caput*, en latin) du pays. Par extension, on parle cependant de **capitale économique** pour une ville qui est un centre économique dominant : New York est la capitale économique mondiale, mais n'est pas la capitale politique des États-Unis.

Le premier type d'État (État-nation) suppose, au cours des siècles, un pouvoir fort, qui s'est souvent traduit par la **centralisation**, c'est-à-dire par la concentration en un point des pouvoirs et d'une grande partie des activités, donc par la présence d'une capitale importante.

En revanche, les États-fusion peuvent présenter d'autres caractéristiques. Par souci d'équité entre les différents partenaires, la solution fédérale ou confédérale peut être choisie. La **confédération** garantit plus d'autonomie aux États membres et, souvent, les décisions fondamentales doivent être prises à l'unanimité. La **fédération** suppose une perte de souveraineté plus importante et les États membres mettent en commun au moins leur politique étrangère, leur monnaie, leur défense. Tel est le cas des **États fédérés** aux États-Unis ou des *Länder* (***Land*** au singulier) en Allemagne. La capitale de ces États-fusion peut être de trois types. Si un pays a imposé l'union à des États moins puissants, la capitale reste la même et le centralisme peut être très fort : Berlin, capitale de la Prusse, est devenue capitale du Reich après une unification largement décidée par l'État prussien. De même, l'union entre deux États peut aboutir à la présence de deux grandes villes, l'une « confisquant » les pouvoirs de l'autre : le Yémen unifié possède avec Aden et Sanaa deux villes concurrentes, anciennes capitales respectives du Yémen du Sud et du Nord, mais seule Sanaa est capitale du Yémen unifié. Enfin, dans les États fédéraux et confédéraux, la capitale est souvent une ville de taille moyenne : Berne pour la Suisse et Washington pour les États-Unis ne sont pas les plus grandes villes du pays.

L'État-scission pose des problèmes souvent diamétralement opposés. Sa capitale peut être trop importante par rapport à la taille du pays, le cas le plus remarquable étant celui de Vienne. La capitale prestigieuse de l'empire d'Autriche-Hongrie, démantelé par les traités de Saint-Germain-en-Laye et du Trianon, regroupait, en 1920, près du tiers des habitants de l'Autriche. De plus, sa position, centrale dans l'empire, est désormais périphérique.

Un cas particulier de scission est représenté par la décolonisation. Les États créés peuvent correspondre à une entité précoloniale ou donner naissance à des États plus ou moins artificiels, ne coïncidant pas forcément à une ethnie bien définie, comme ce fut fréquemment le cas en Afrique. Se pose alors le délicat problème des frontières.

La scission d'un État peut également engendrer la création de **micro-États** qui se réduisent parfois à de simples villes comme Singapour, se séparant en 1965 de la Fédération de Malaisie. Certains ont obtenu leur indépendance lors de la décolonisation, comme Brunei, ex-colonie anglaise de Bornéo, indépendante en 1984. D'autres demeurent des reliques du passé, tel Saint-Marin qui n'adhéra pas, au XIXe siècle, à l'unité italienne.

La formation de l'État influence donc directement sa géographie et ses traditions, centralisatrices ou fédérales. Une fois constitué, l'État structure la société mais aussi l'espace national.

• L'État intervient dans la vie politique, économique et sociale d'un pays à des degrés divers

Le philosophe Thomas Hobbes, dès le XVIIe siècle, voyait en l'État un « **Léviathan** » (monstre phénicien et biblique) : le frontispice de son ouvrage représentait un géant couronné, dont le corps était fait de milliers d'individus agglomérés. L'État a en effet en charge une communauté nationale. Son action multiforme varie selon les régimes politiques en place. Les manifestations de l'État, concernant toute la société, ont toujours intéressé les géographes. Ces derniers se sont peu interrogés sur la nature de l'État, mais plutôt sur son poids et son influence sur le territoire.

Le poids de l'État s'évalue par l'importance de l'appareil et du secteur étatiques. Prédominant dans les États de type communiste, le rôle de l'État est également important dans les démocraties libérales. Il régule la vie économique (**État keynésien**) par des mesures législatives, par une planification indicative, mais aussi par l'intervention directe d'un **État entrepreneur**. Il peut l'influencer plus directement encore par les nationalisations et étatisations. L'**étatisation** transfère à l'État une entreprise qu'il dirige directement. Fréquent dans les démocraties populaires, ce système a souvent été qualifié de **socialisation des moyens de production** (*cf.* p. 498). En revanche, la **nationalisation** remet à la collectivité, à la nation, une entreprise que l'État ne dirige pas directement.

Par ces moyens, l'État a une action spatiale et influence la géographie d'un pays : directement par la création de grands combinats industriels, par des déplacements d'usines dans les anciennes démocraties populaires, par la réalisation de grands travaux de prestige, mais plus souvent indirectement par l'aménagement du territoire ou par des mesures économiques touchant plus particulièrement telle ou telle région (*cf.* article *Aménagement du/des territoire(s)*).

L'État gère aussi la vie sociale et devient même, à certaines périodes, un **État-providence** : ainsi, à partir de 1945, au Royaume-Uni, l'État multiplie les gestes sociaux (gratuité des soins, lois sur le logement, sur le système scolaire, création de villes nouvelles, loi d'assistance nationale). « L'**État du bien-être** », traduction littérale de ***welfare state***, influe donc sur la société et la géographie du pays.

Des évolutions divergentes

Aujourd'hui, si la mondialisation de l'économie pousse à la perte de souveraineté des États, les mouvements nationalistes, de plus en plus puissants, peuvent en revanche entraîner des modifications territoriales.

• Nation et nationalisme

L'exaltation du sentiment national, la volonté de reconnaissance nationale pour des groupes, parfois de taille réduite, ne sont pas nouveaux. Mais, avec l'échec de l'internationalisme prolétarien et la crise économique qui favorise le repli sur soi, le **nationalisme** connaît une poussée fulgurante avec des conséquences géographiques fondamentales. La scission d'États parfois anciens est fréquente. Le phénomène touche l'ex-bloc soviétique mais aussi les mouvements séparatistes, importants en Belgique ou en Italie.

Ces bouleversements, notables en Europe, font de celle-ci « le nouveau continent ». Ils modifient fortement les données politiques et économiques de toute l'Europe et sont un exemple pour tous les **irrédentismes**, c'est-à-dire les mouvements ayant une forte cohésion nationale refusant toute domination par une autre nation. Le terme, né en Italie, est plus précis que ceux de **sécession** ou **séparatisme** (action par laquelle un groupe se sépare, pacifiquement ou non, d'un État pour en créer un autre ou adhérer à un autre), dans la mesure où un groupe organisé peut vouloir faire scission pour des raisons autres que nationales. Ces mouvements peuvent déboucher, dans le pire des cas, sur la guerre (Yougoslavie), sur la séparation à l'amiable (Tchécoslovaquie) ou sur l'octroi d'une certaine autonomie dans un cadre national rénové. La Belgique a ainsi adopté, en 1993, un régime fédéral donnant aux Flamands et aux Wallons des gouvernements régionaux, sans régler pour autant une situation conflictuelle ; la France se pose la question de la reconnaissance d'un « peuple corse », ce qui pose le problème de la place des particularismes au sein de la république. On appelle **particularisme** la tendance d'une communauté culturelle, religieuse… à conserver ses usages particuliers, en s'opposant à la communauté plus large dont ils font partie. Un particularisme a souvent pour support principal des arguments historiques et culturels mais peut également reposer sur des considérations spatiales. Ainsi, les populations insulaires réclament parfois la reconnaissance de la spécificité de leur territoire, ce qui a permis par exemple à la plupart des grandes îles de la Méditerranée d'obtenir des États dont elles dépendent des statuts de relative autonomie. L'autre danger de ces particularismes est la montée des **sentiments territorialistes** qui tendent à exclure toute personne étrangère au territoire, voire à contester des frontières parfois anciennes.

• Une tendance à la supranationalité en matière économique

À l'inverse, la **supranationalité** s'amplifie dans les grandes organisations économiques. Il est d'ailleurs possible que cette montée ait renforcé par effet d'opposition celle des nationalismes. Cet abandon, volontaire ou non, d'une parcelle du pouvoir national jusque-là détenu par le gouvernement est lié à la mondialisation de l'économie, au poids de plus en plus fort des FMN, et a conduit des États importants à abandonner une partie de leur politique financière et économique. En revanche, les domaines politique, militaire et même social restent globalement l'apanage des États. L'histoire de la construction de l'Union européenne semble à cet égard révélatrice : cette union internationale, pourtant la plus poussée au monde, n'a pu aboutir encore à une véritable union politique.

De façon plus ponctuelle, les coopérations interétatiques, qui relèvent donc de l'international et non du supranational, se multiplient. D'une façon plus générale, les organisations dites régionales engendrent des modifications dans la géographie des pays les constituant, favorisant par exemple des régions frontalières. Les régions ou pays les plus pauvres d'Europe sont aidés par l'UE qui contribue ainsi à un rééquilibrage régional en Europe.

Cette coopération internationale modifie enfin la représentation que l'on se fait de l'espace. La France se veut par exemple la « charnière de l'Europe », son « centre de gravité », avec l'axe Paris-Berlin. On remarque cependant que l'hexagone demeure en dehors de l'axe rhénan, cœur économique de l'UE ou **dorsale européenne**. Certaines régions, traditionnellement en marge comme l'Alsace, se voient promues, à l'échelle européenne, région centrale. En tout cas, la perception de l'espace français est de moins en moins nationale et de plus en plus européenne.

lire aussi

Aménagement du/des territoire(s) – Frontière – Géopolitique – Mondialisation, système-monde – Région – Systèmes politiques et économiques (géographie et) – Territoire, territorialisation

EXCLUSION, INTÉGRATION, INSERTION

La géographie s'intéresse depuis longtemps aux problèmes de société. Ceux-ci recoupent des phénomènes d'exclusion mais aussi des difficultés d'intégration ou d'insertion qui sont devenus, dans les pays industrialisés, à la fois des enjeux sociaux majeurs et de grands thèmes du discours politique. À la différence des sociologues, les géographes, notamment les spécialistes de géographie sociale, étudient surtout les traductions spatiales de ces phénomènes et les formes de marginalisation socio-spatiale dont sont victimes les populations concernées.

Comment évaluer la pauvreté et la précarité ?

La **pauvreté** est un phénomène très répandu dans le monde. Elle l'est d'abord dans les pays du Sud et constitue même l'un des critères du sous-développement (*cf.* article *Développement, Sud*). Elle est parfois qualifiée de **pauvreté absolue** tant elle s'exprime par des manques fondamentaux (faim, malnutrition chronique, insuffisances en matière de santé ou de logement minimum). On parle parfois d'**indigence** pour qualifier le grand dénuement, c'est-à-dire le manque du minimum vital. La pauvreté se mesure aujourd'hui de différentes manières, souvent en comptabilisant la part de la population qui vit avec l'équivalent de moins de un dollar par jour, plus rarement de deux dollars par jour. Certains États ont cependant leur propre mode d'évaluation, insistant plus particulièrement par exemple sur la satisfaction des besoins alimentaires de base (c'est le cas de l'Inde) ou sur la capacité à vivre longtemps et en bonne santé, ce dernier critère renvoyant plutôt à la notion de développement humain. La Banque mondiale a créé avec l'**IPH-1** (**indicateur de pauvreté humaine**) un outil de mesure de la pauvreté dans les pays en développement permettant la comparaison entre États. Il combine plusieurs variables dont le pourcentage d'individus dont l'espérance de vie n'atteint pas 40 ans, la part des adultes analphabètes, la part de la population qui n'a pas accès aux services de base (eau potable, santé) ainsi que la part des enfants de moins de 5 ans souffrant d'insuffisance pondérale. Contrairement à l'IDH, cet indicateur n'intègre donc pas de variable monétaire pour évaluer la pauvreté.

La pauvreté s'exprime différemment dans les pays de l'ex-URSS dans lesquels la faiblesse du niveau de vie de la majorité de la population, les pénuries alimentaires, aujourd'hui heureusement plus rares, l'offre insuffisante en biens de consommation entretenaient une situation de pauvreté atténuée mais chronique et généralisée. Ces États restent aujourd'hui difficiles à comparer aux autres en matière de pauvreté et ne sont généralement pas présents dans les classements de l'IPH.

La pauvreté dans les pays riches et industrialisés constitue une autre réalité sociale. Elle se caractérise par un manque global d'éléments de bien-être matériel dont les sanitaires, l'eau chaude courante, la télévision, le lave-linge, la qualité nutritionnelle de la nourriture, l'accès aux vacances, l'automobile... On la qualifie parfois de **pauvreté relative** puisqu'il existe, dans ces pays, des équipements collectifs, une protection sociale minimum ou parfois des systèmes d'aide financière pour les plus démunis. Cette pauvreté s'évalue par rapport à des **seuils de pauvreté** ou **indices de pauvreté** calculés en référence au prix des denrées principales de consommation. Un individu (ou un ménage) est considéré comme pauvre lorsque son niveau de vie est inférieur au seuil de pauvreté. Certains États, comme les États-Unis ou le Canada, ont une approche absolue du seuil de pauvreté alors que d'autres, comme les pays européens, mesurent la pauvreté de manière relative. On parle alors de **pauvreté monétaire** et elle est mesurée en comparant les bas revenus au **revenu médian** de la population (revenu tel que la moitié de la population est en dessous, la moitié au-dessus). On utilise en Europe deux seuils : le seuil à 50 % du revenu médian (qualifié classiquement de **seuil de pauvreté**) ou le seuil à 60 % du revenu médian (qualifié parfois de **seuil de risque de pauvreté**).

Dans le même souci de permettre la comparaison entre États, la Banque mondiale a créé en 1998 un indicateur global de pauvreté adapté aux PID. C'est l'**IPH-2** qui mesure la part de la population dont l'espérance de vie ne dépasse pas 60 ans, le pourcentage d'individus dont l'aptitude à lire et écrire est insuffisante, la proportion de la population ayant un revenu disponible inférieur à 50 % du revenu médian et le pourcentage de **chômeurs de longue durée** (c'est-à-dire de plus de 12 mois). Selon ce critère, ce sont les pays scandinaves qui, parmi les pays riches, ont les taux de pauvreté les plus faibles.

Classement des États selon l'IPH-1 et l'IPH-2

IPH-1 : Les 5 États du Sud les mieux classés	IPH-1 : Les 5 États du Sud les moins bien classés	IPH-2 : Les 5 États de l'OCDE les mieux classés
Barbades	Tchad	Suède
Uruguay	Mali	Norvège
Chili	Burkina Faso	Pays-Bas
Argentine	Éthiopie	Finlande
Costa Rica	Niger	Danemark

Source : PNUD, Rapport sur le développement humain 2007-2008.

Une autre manière d'apprécier la situation monétaire d'une population est d'évaluer la distribution des richesses et la manière dont elles sont plus ou moins égalitairement réparties. Cela se mesure par le **coefficient de Gini** (ou **indice de Gini**) qui propose des valeurs de 0 à 1, les pays les moins inégalitaires ayant des indices d'environ 0,2 alors que les plus inégalitaires, dont de nombreux pays d'Amérique latine, présentent des coefficients supérieurs à 0,6. La France, avec 0,36, se situe en position intermédiaire. La mise en évidence de la pauvreté dans les pays riches et la persistance de celle-ci malgré les politiques sociales ont alimenté le discours médiatique et donné lieu à une floraison de termes. On emploie par exemple le terme de **Quart-monde** pour désigner la fraction de la population d'un pays riche qui vit dans la pauvreté. L'expression, forgée dans les années 1960 par analogie à Tiers-monde, se retrouve aujourd'hui dans le nom de l'association caritative **ATD Quart-monde** (ATD signifiant « aide à toute détresse »), dont l'objectif est de réduire la pauvreté en donnant aux pauvres des moyens de prendre en charge leur sortie de l'état de pauvreté. On qualifie également de **nouveaux pauvres** des populations démunies en situation particulière (jeunes n'ayant jamais travaillé par exemple) ou qui ont connu des ruptures qui les ont conduit à la pauvreté : rupture professionnelle (licenciement, faillite, emplois précaires à répétition...), rupture familiale (divorce), rupture psychologique (alcoolisme...).

La pauvreté est donc un état plus ou moins facilement mesurable mais elle est aussi le résultat d'un processus. Une phase de **précarité sociale** précède souvent la pauvreté. Elle se traduit par l'absence d'une ou plusieurs sécurités, notamment celle de l'emploi, qui provoque une vulnérabilité personnelle qui peut conduire à la pauvreté. Le chômage est en effet un important facteur de précarité, surtout quand il touche des personnes relativement âgées et peu qualifiées. L'exclusion professionnelle provoque donc la précarisation sociale. Les chances de **réinsertion**, de retrouver une place dans la société, s'amenuisent avec la longueur de la période de chômage d'autant que l'inactivité pèse sur les sans-emploi qui parfois renoncent à mener de nouvelles recherches. Quand la précarité devient persistante, touchant plusieurs domaines de l'existence, elle conduit à la pauvreté.

À la différence des sociologues, ce sont surtout les traductions spatiales de la pauvreté qui intéressent les géographes. Dans les pays du Sud, la pauvreté est encore largement rurale et prend des formes différentes selon les régions du monde. Elle est souvent la conséquence d'un manque de terre à cultiver, lui-même lié à la combinaison entre une forte pression démographique, une insuffisance de moyens techniques ou financiers pour augmenter les surfaces cultivées, par exemple grâce à l'irrigation, et à des structures foncières inégalitaires. Relativement diluée dans le monde rural, la pauvreté est plus concentrée dans les villes du Sud. Elle s'exprime notamment par la multiplication et la croissance rapide des quartiers sous-intégrés et de bidonvilles (*cf.* articles *Ville* et *Urbanisation, métropolisation*). Dans les pays du Nord, les territoires de la pauvreté sont surtout urbains. Ils ont été bien étudiés dans les villes anglo-saxonnes où se combinent parfois pauvreté et ségrégation ethnique, par exemple dans les ghettos des villes états-uniennes. Dans les villes européennes, c'est surtout à partir de la fin des Trente Glorieuses que les géographes se sont mis à étudier les manifestations spatiales de la pauvreté urbaine, dans les centres mais surtout dans les banlieues populaires des grandes villes.

Exclusion et marginalisation sociales

La pauvreté et la précarité sont des facteurs qui peuvent conduire à l'**exclusion sociale**. Il s'agit d'un processus de marginalisation de certaines catégories situées en dehors des sphères sociales classiques et reconnues ou qui en sortent sans parvenir à y entrer de nouveau. L'exclusion s'oppose donc à l'**insertion sociale** dont bénéficient les populations qui ne souffrent d'aucun handicap économique ou social majeur.

Les pauvres ne sont bien évidemment pas les seuls exclus. Toutes les personnes qui sortent de la norme, par exemple pour des raisons de santé (handicapés physiques ou mentaux, personnes en longue maladie…), de comportements (drogués, délinquants…) ou de situation particulière (personnes incarcérées…), peuvent se sentir plus ou moins victimes d'exclusion. Ce peut être également le cas de certaines minorités (étrangers, immigrés ou descendants d'immigrés, Français de couleur...) qui se trouvent parfois confrontées à ce type de difficulté, notamment dans leur rapport au monde du travail. Ce sentiment peut se retrouver enfin chez des personnes en situation difficile et qui se sentent délaissées ou insuffisamment épaulées (personnes âgées isolées, mères célibataires…). Il y a donc des niveaux à l'exclusion et le sentiment d'exclusion repose non seulement sur des critères objectifs, mais aussi sur la représentation que chacun se fait de sa condition personnelle.

Les causes profondes de l'aggravation de l'exclusion dans les sociétés occidentales de la fin du XXe siècle prêtent encore à débat. D'après le sociologue français Edgar Morin, le passage d'une solidarité traditionnelle de personne à personne à une solidarité moderne, d'administration à catégories sociales, semble en être partiellement responsable. Le développement du mode de vie urbain et la déstructuration des familles élargies qui intégraient les collatéraux éloignés ont abouti à des formes de détresse sociale que ne peuvent compenser les mesures collectives.

Les personnes souffrant d'une exclusion profonde accèdent à une condition peu enviable qui s'apparente à celle des **parias** que connaissent certaines sociétés traditionnelles : les **intouchables** en Inde (ou ***dalits*** – opprimés, ou encore ***harijan*** – Enfants de Dieu), rejetés car « impurs » et donc très pauvres ou les ***Burakumin*** qui sont au Japon les descendants de populations considérées comme impures car elles travaillaient dans des professions touchant à la mort et au

Pauvreté et exclusion en France

En 2007, la France compte plus de 5 millions d'exclus dont la plus grande part (4,2 millions) vivent en dessous du seuil de pauvreté et 10 % n'ont aucune ressource. Le phénomène est essentiellement urbain (trois quarts des exclus vivent dans des villes de plus de 20 000 habitants) et touche des personnes peu formées (les deux tiers n'ont aucun diplôme ou seul le certificat d'étude). Plus de la moitié des exclus (56 %) n'ont pas de logement stable ou sont SDF (plus de 100 000 personnes en 2007, dont deux tiers d'hommes), plus de 80 % sont des chômeurs inscrits à l'ANPE ou des chômeurs de longue durée, souvent découragés ; près d'un tiers d'entre eux présentent un état de santé dégradé. Tous les exclus ne sont donc pas sans emploi et, avec le développement d'activités faiblement rémunérées ou à temps partiel, émerge depuis quelques années une nouvelle catégorie de « **travailleurs pauvres** », actifs dont les revenus n'atteignent pas le seuil de pauvreté. En 2007, ils sont évalués à plus d'1 million d'individus.

La lutte contre l'exclusion est devenue l'un des grands thèmes du débat social et politique. Elle passe par le **RMI (revenu minimum d'insertion)** créé en 1988 dont les bénéficiaires (les Rmistes) sont plus de 1,2 million en France métropolitaine et représentent une part encore plus importante de la population totale dans les DROM. Elle passe également par la mise en place d'autres moyens de dégager des revenus (vente de journaux par exemple) ; par la création de structures d'accueil (chiffonniers d'Emmaüs, l'Armée du Salut, les Restos du cœur), par d'autres actions caritatives (Secours catholique, Secours populaire...), par la mise en place de mesures incitatives pour développer l'embauche des jeunes chômeurs (exonération de charges sociales), par la création d'emplois réservés aux jeunes (emplois-jeunes jusqu'en 2002), par l'octroi de subventions accordées à des **entreprises d'insertion** qui ont pour but de favoriser le retour à l'emploi. Elle passe enfin par des mesures visant à améliorer l'accès aux soins des plus démunis (dont la **CMU** ou **Couverture maladie universelle** mise en place en 2000), à permettre un accès plus aisé aux logements sociaux ou à lutter contre l'échec scolaire comme cela a été tenté avec la création des **ZEP, Zones d'éducation prioritaires**, qui bénéficient de crédits et d'aménagements particuliers.

sang (équarrisseurs, bouchers, tanneurs). La **marginalité sociale** (situation d'individus qui vivent en marge du fonctionnement dominant de la société) ne recoupe pas totalement l'idée d'exclusion. La marginalité peut d'abord résulter d'un choix (vie en communauté par exemple). Elle dépend également du type de société dans laquelle elle s'exprime : les Intouchables en Inde sont des exclus d'une société excluante en raison du système de castes, pourtant théoriquement aboli depuis 1947, qui cloisonne la société et ne facilite pas les relations entre ses membres. Ils bénéficient cependant d'un sentiment d'union des exclus et ne sont donc pas des marginaux au sens strict. Par contre, les **SDF (sans domicile fixe)** ou **sans-abris** se retrouvent exclus de sociétés incluantes, parfois dites égalitaro-individualistes, et donc d'autant plus victimes de la marginalité.

Comment favoriser l'intégration ?

• Intégration, assimilation

Toute personne issue d'un pays étranger, c'est-à-dire **immigrée**, se trouve soumise, qu'elle soit étrangère ou naturalisée, au problème de son adaptation au nouvel environnement social du pays d'accueil.

Cette adaptation peut se faire par l'**intégration**. Celle-ci représente la possibilité pour l'immigré d'être accueilli par la communauté nationale, d'avoir des relations avec les autres membres de celle-ci sans confiscation de son identité propre et de son **particularisme**, c'est-à-dire de ses habitudes et de ses coutumes. Selon le Haut Conseil à l'intégration (rapport de février 1991), favoriser l'intégration suppose de « susciter la participation active à la société nationale d'éléments variés et différents, tout en acceptant la subsistance de spécificités culturelles, sociales et morales ». Ceci sous-entend une volonté réciproque de se considérer comme membre d'un ensemble dont il faut respecter l'intégrité en utilisant les convergences culturelles, mais sans en nier les différences. La difficulté de percevoir et d'évaluer la nature et la qualité du rapport entre un immigré et un pays d'accueil rend délicate l'analyse du degré d'intégration d'une population. Elle est cependant réelle dans les sociétés des pays développés même si elle demande du temps et peut s'avérer réversible : un Français **immigré de la deuxième génération**, c'est-à-dire

Melting-pot ou salad-bowl ?

Un des mythes fondateurs de l'État américain était celui du ***melting-pot***, du **creuset**, dans lequel devaient se fondre les populations immigrées. Il s'agissait là d'une volonté d'acculturation, voire d'assimilation, par laquelle on supposait que l'enrichissement de la culture américaine résultait à la fois de cette diversité originelle et de la capacité des populations nouvelles à oublier volontairement leurs particularismes. Cette idée du creuset est apparue, à partir des années 1960, comme largement utopique, les populations minoritaires souhaitant souvent conserver leur particularisme et bénéficiant d'une meilleure reconnaissance de leur droits, par l'intermédiaire notamment de politiques d'***affirmative action*** (littéralement « action positive »), accordant aux minorités des avantages spécifiques, par exemple des emplois réservés. On utilise aujourd'hui une autre métaphore culinaire, le ***salad bowl*** (ou ***tossed salad***) pour exprimer ce qu'est devenue la société américaine. C'est l'image d'un saladier dans lequel, si les ingrédients sont effectivement mélangés, ils restent cependant distincts et conservent leur aspect et leur saveur particuliers. L'Amérique d'aujourd'hui revendique son **pluralisme culturel**, son **multiculturalisme** et rejette le cliché du creuset. En Californie, la population de souche européenne ne représente plus que 58 % de la population totale et voit sa part se réduire face aux Latino-Américains sans cesse plus nombreux. Ces nouveaux Américains n'ont rien de commun avec la culture anglo-saxonne originelle ; ils s'intègrent à la société de ce pays mais refusent l'assimilation, donc l'oubli de leurs coutumes, de leur langue maternelle. Cela peut conduire à une certaine forme de **communautarisme**, marquée par la juxtaposition de communautés ethniques ou parfois religieuses qui cherchent davantage à conserver leur identité, à préserver leurs particularismes qu'à s'intégrer ou à se fondre dans la société du pays d'accueil. Aux États-Unis, certains se réjouissent de cette évolution alors que d'autres se révoltent contre cette « dérive communautariste », qui pourrait affecter la **cohésion sociale**, c'est-à-dire le fonctionnement harmonieux de la société, voire provoquer une fragmentation progressive de la culture américaine en quête de valeurs et de références unitaires.

issu de parents étrangers et immigrés, peut se retrouver au chômage et se sentir moins bien intégré que ses parents.

L'**assimilation** compte un degré de plus dans l'adaptation et se définit comme l'adhésion à la communauté d'accueil à travers le partage des mêmes valeurs, des modes de vie et l'adoption de réactions devenues proches de celles de ses autres membres. Ce terme s'utilise aujourd'hui de moins en moins en raison de sa connotation coloniale ou néocoloniale qui voit dans l'assimilation la volonté d'une négation de la culture originelle de l'étranger.

• Les politiques d'intégration

La volonté de lutter contre la marginalisation, voire l'exclusion sociale dont sont parfois victimes les populations d'origine étrangère, a donné lieu à la création, dans de nombreux pays industrialisés, de **politiques d'intégration**. Elles supposent la mise en place d'un arsenal législatif qui régit, par exemple, les possibilités d'accéder à la nationalité du pays d'accueil, de pratiquer des **mariages mixtes**, entre une personne de la nationalité du pays d'accueil et un étranger, ainsi que la participation à la vie politique locale et nationale. Elles présentent également des aspects socio-économiques qui entraînent des mesures particulières en matière de politique de la ville (lutte contre la ghettoïsation de certains quartiers), du logement, de l'éducation, de l'emploi ou de la santé. Elles sous-entendent enfin de préserver l'égalité des salaires et des prestations sociales et donc de lutter contre la volonté de « préférence nationale ». Elles vont parfois jusqu'à des mesures de **discrimination positive** visant, par la mise en place d'avantages spécifiques en faveur d'une communauté ou d'une minorité, à compenser en partie les discriminations dont elle a pu être la victime.

Ces politiques se heurtent à des problèmes statistiques de décompte de l'immigration, à la difficulté à évaluer le degré d'intégration d'un individu et à des problèmes de maîtrise de l'**immigration clandestine** (immigration illégale). Elles diffèrent selon la tradition des pays concernés, certains comme l'Allemagne faisant de la maîtrise de la langue le principal outil d'intégration, d'autres comme le Royaume-Uni ou les États-Unis acceptant le multiculturalisme et certaines formes de communautarisme que d'autres, comme la France, rejettent. Se réclamant de l'héritage des Lumières et de la Révolution, la France voit en effet souvent dans le communautarisme un danger pour l'idéal républicain et demande donc aux immigrants de faire la preuve de leur volonté d'intégration en acceptant certaines formes d'assimilation. Elles aboutissent parfois à des réformes importantes qui alimentent le débat politique et déchaînent fréquemment des campagnes d'opposition. En

France, la réforme du code de la nationalité et les lois 1993 (lois Méhaignerie dites lois Pasqua) ont durci les règles d'acquisition de la nationalité ou de la qualité de résident, même si leur application a varié d'un moment à l'autre. En 2008, les questions de l'intégration, de l'accès à la citoyenneté, toujours liées à celle de la gestion de l'immigration et du contrôle des migrants clandestins, sont de nouveau au cœur du débat politique. Elles dépassent aujourd'hui les cadres nationaux et conduisent les nations européennes à tenter de rapprocher leurs appréciations respectives de ces questions.

La France face à l'intégration

La France est une terre d'accueil qui s'est trouvée confrontée à la difficulté d'intégrer les immigrants, les gens du voyage et certains Français des DROM ou d'origine étrangère.

L'intégration de ces populations dépend de nombreux facteurs dont l'ancienneté et le contexte de l'arrivée en France, l'environnement socio-économique ou la volonté de l'immigré d'adapter son mode de vie.

Les migrants européens du début du siècle (Italiens, Belges, Polonais...), d'abord largement rejetés, se sont pour la plupart totalement assimilés à la culture et au mode de vie français. Par contre, l'adaptation a été plus difficile pour les populations immigrées pendant les Trente Glorieuses, surtout quand le pays d'origine n'appartenait pas à la même communauté religieuse. Elle s'est déroulée sans trop de problèmes pour les travailleurs d'Europe méditerranéenne et pour les **rapatriés** ou **pieds-noirs** contraints de rentrer en France après l'indépendance des pays du Maghreb. Elle a été plus difficile pour les **harkis** (musulmans d'Algérie engagés du côté de l'armée française dans la lutte contre le FLN et ayant opté pour la nationalité française) et partielle pour les immigrés d'origine maghrébine. Parmi eux, les immigrés de la première génération se sont généralement bien intégrés même s'ils ont souvent refusé l'assimilation.

Les immigrés de la seconde génération ou « **beurs** » (déformation de la transformation en verlan du mot « arabe ») s'intègrent par le biais d'une certaine **acculturation** (modification d'une culture au contact d'une autre). Les enfants d'immigrés présentent une forme d'acculturation particulière qui consiste en une modification des structures de leur mode de pensée pour donner naissance à une nouvelle culture, synthèse des deux cultures d'origine. Certains jeunes de la deuxième génération se définissent ainsi davantage par leur appartenance à la « banlieue » que par rapport à leur identité musulmane. On parle là d'**acculturation formelle** ou de **syncrétisme**. Enfin, des personnes qui rejetteraient la culture française au nom de celle de leur pays d'origine pratiqueraient une **contre-acculturation**.

lire aussi **Développement, Sud – Société, géographie sociale – Urbanisation, métropolisation – Ville**

FRONTIÈRE

La frontière est une **limite** séparant deux zones, deux États, c'est-à-dire une ligne de séparation très nette et souvent matérialisée dans l'espace (par exèmple par des postes frontières, voire des barbelés). La frontière représente une rupture souvent franche entre deux modes d'organisation de l'espace, entre des réseaux de communication, entre des sociétés souvent différentes et parfois antagonistes. La frontière a donc une forte implication géographique, et la géographie s'intéresse aux **discontinuités**, aux ruptures dans l'espace.

Les différents types de frontières et leurs fondements

• Frontières internationales et frontières intérieures

Une **frontière** est avant tout une limite entre deux États. Frontière maritime, elle est définie par la loi dite des 200 milles qui limite la zone d'activité exclusive du pays riverain. Frontière terrestre, son tracé est parcouru de postes frontières et gardé par des douanes. Ce tracé peut être reconnu par la communauté internationale ou résulter d'un **état de fait territorial** : tel pays victorieux dans un conflit peut imposer des frontières englobant un « territoire occupé », comme Israël après la guerre des Six Jours. Plus complexe encore, une frontière peut être reconnue par une partie seulement de la communauté internationale : tel fut le cas de la frontière entre la RDA et la Pologne, la ligne Oder-Neisse, longtemps non reconnue par la RFA. La distinction entre ces types de frontières, qui relève de la politique internationale, a des implications géographiques fortes. Une frontière unanimement reconnue engendre un type d'occupation humaine différent, généralement plus paisible qu'une frontière contestée et permet souvent des relations entre **pays limitrophes**, ayant une frontière commune.

Mais le terme de frontière peut aussi s'étendre à des divisions intraétatiques, à des découpages administratifs. C'est notamment le cas des États à structure fédérale, comme les États-Unis. En Afrique du Sud, la politique de l'apartheid avait généré des frontières intérieures par la création de **bantoustans**, c'est-à-dire par un regroupement de populations noires dans des espaces donnés. La limite était alors une frontière ethnique, sociale et économique ; elle séparait les ethnies, créant une **ségrégation** (du latin *segregare*, mettre à part) à l'intérieur du même pays. Un découpage administratif n'est donc une frontière que s'il y a une rupture entre deux espaces. En France, la limite entre deux départements n'est pas une frontière, car elle ne présente pas de césure dans l'occupation de l'espace, sauf parfois dans le **territoire mental** de ses habitants qui, poussés par un fort sentiment régionaliste (cas corse, savoyard, voire parisien), assimilent leur limite départementale à une frontière. Il faut dans ce cas parler de **frontières invisibles**.

• Différents types de frontières internationales

Concept politique par excellence, la frontière est également une césure économique, culturelle et linguistique. D'un point de vue politique, le concept de frontière est inséparable de celui d'État. Tout gouvernement applique une politique plus ou moins stricte de contrôle de ses frontières. Dans les années 1990, la création d'États nouveaux en Europe de l'Est (République tchèque, Slovaquie, États baltes...) l'a prouvé. L'établissement de douanes témoigne d'une réalité géopolitique mais aussi d'un réflexe territorialiste, la frontière ayant le rôle symbolique de protéger une identité ressentie comme menacée.

Mais la frontière constitue également, dans bien des cas, une frontière économique. C'est le cas pour des pays aussi semblables que ceux d'Europe occidentale aux relations économiques très étroites, mais qui n'utilisent pas la même monnaie. La création de l'euro répond à cette volonté de rapprochement économique et donc de suppression des frontières. La frontière économique est encore beaucoup plus nette dans certains cas, comme celle entre les États-Unis et le Mexique, cas très rare de frontière terrestre entre Nord et Sud (*cf.* p. 220).

Séparant des communautés nationales, la frontière est souvent une frontière linguistique, culturelle, voire religieuse. Notons toutefois que pour ces critères, la frontière ne représente plus une ligne administrative, mais un **espace frontalier** parfois très étendu. De part et d'autre de la frontière administrative, du fait des échanges, des mariages et des rectifications historiques de frontière, on comprend souvent les deux langues et la culture de la région concernée peut être un véritable **syncrétisme** de celles des deux États, une fusion de deux cultures. Il peut même arriver que cette frontière soit uniquement politique et économique. Ainsi, celle qui sépare l'Autriche de l'Allemagne n'est ni linguistique ni culturelle.

• La genèse des frontières internationales

Trois types de frontières se distinguent en fonction de leur formation. La **frontière historique**, façonnée par un ou plusieurs conflits, reste prédominante en Europe. Ces frontières, résultat de multiples guerres de conquête, présentent très souvent un tracé sinueux, qui peut même comporter des **enclaves**, des parties de territoires totalement incluses dans un autre pays (comme l'enclave espagnole de Llivia en France). Beaucoup de ces frontières européennes ont été fixées après un conflit de grande ampleur, lors de grandes conférences dirigées par le camp vainqueur comme en 1815, 1918 et 1945.

Les frontières issues du partage colonial représentent un type tout à fait différent. Au tracé souvent rectiligne, comme pour une bonne partie des États africains, délimitant de véritables **États-tranches** comme le Mali ou la Mauritanie, les frontières ignorent parfois superbement les frontières linguistiques, culturelles et religieuses préexistantes, à moins qu'elles ne les recoupent volontairement dans un but politique. Dans le détail, ces tracés rectilignes sont marqués par la présence de formes particulières, les **queues de poêle** (ou ***panhandle)***, avancées territoriales à destination d'un fleuve (en Namibie, la bande de Caprivi vers le fleuve Zambèze) ou de la mer, par exemple dans le cas de la région côtière de la République démocratique du Congo. Ces queues de poêle correspondent donc à un effet de ***scramble***, de ruée vers un objectif, à moins qu'elles n'aient été prévues pour séparer géopolitiquement deux types de régions : en Afghanistan, le corridor de Wakhan fut réalisé pour séparer le monde russe de l'empire colonial anglais. Ces frontières ont été rarement touchées après la décolonisation en vertu d'un ***uti possidetis*** (état de fait). Enfin, les frontières des pays neufs ont également un tracé rectiligne mais correspondent le plus souvent à une réalité différente car souvent tracées dans des « terres vierges », dans des zones de front pionnier. Tel est par exemple le cas d'une partie des frontières nord-américaines.

Un exemple de queue de poêle : le couloir de Caprivi

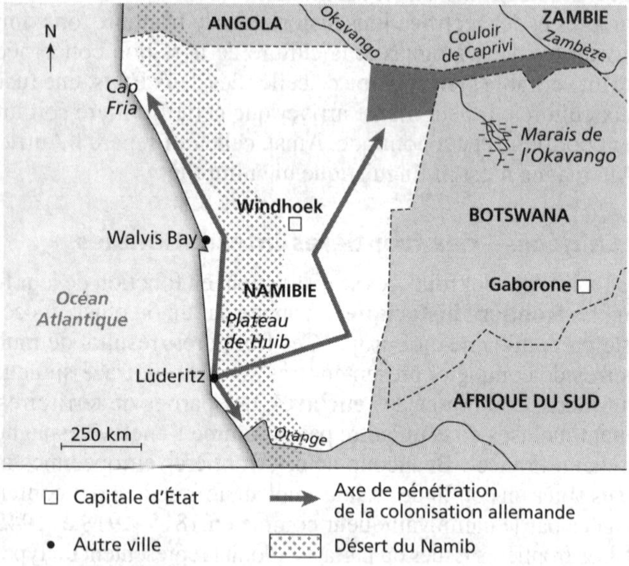

Source : J. Alpini, « De la naissance des territoires aux "queues de poêle" et autres écarts de forme », *M@ppemonde* n° 71, 2003.

Parallèlement à ces trois types de frontières, hommes politiques, géographes et même historiens ont souvent différencié frontière « naturelle » et frontière « artificielle ». La **frontière naturelle,** concept aujourd'hui dénoncé par les géographes, serait une limite bien nette du relief – montagne, fleuve ou côte –, qui délimiterait « naturellement » le territoire d'une communauté nationale. Cette notion est largement utilisée pendant la Révolution française par Danton (« les limites de la République sont marquées par la nature », 1792). De même, l'abbé Grégoire, pour qui la volonté révolutionnaire de certains Savoyards ne semblait pas suffire à justifier le rattachement de la Savoie à la France déclarait : « Vainement a-t-on voulu au Piémont lier la Savoie. Sans cesse les Alpes repoussent celle-ci dans les domaines de la France et l'ordre de la Nature serait contrarié si leur gouvernement n'était pas identique ». D'un État à l'autre, le choix de la frontière naturelle n'était pas le même et si les Français la voyaient au Rhin comme du temps de la France des 130 départements de Napoléon, les Allemands la préféraient sur la ligne de crête des Vosges ! Un tel concept suppose un déterminisme naturel, la nature prévoyant l'emplacement des futures nations. Il eut un grand succès au début du siècle, notamment en Allemagne, où ces idées confortèrent les théories de l'**espace vital**, le ***Lebensraum***, espace minimal nécessaire au peuple allemand pour vivre. Repris par les nazis, ce concept fut appliqué à partir de 1940 dans le cadre de l'ordre nouveau et les frontières du Grand Reich se voulaient aussi des frontières naturelles abritant le peuple aryen.

L'occupation de l'espace frontalier

• Des espaces souvent marginaux

D'une façon générale, toute frontière induit un paysage et une pratique de l'espace particuliers. Souvent, la zone frontière est un espace à l'écart du développement du pays, une marge ou un **confins** (zone située à l'extrême limite du territoire et considérée comme « loin de tout »). En témoigne la situation géographique des capitales, rarement à proximité des frontières. Le développement historique de l'État s'est souvent fait à partir de ce siège du pouvoir. Les exceptions existent toutefois, notamment dans les pays anciennement colonisés. Kinshasa et Brazzaville, par exemple, sont situées face à face sur le Congo, fleuve qui constitue leur frontière commune issue du partage colonial.

• Le cas des frontières reconnues

Dans le cas d'une frontière reconnue par la communauté internationale où il n'y a guère de compétition entre États, c'est une frontière linéaire nette. Ouverte ou fermée, elle engendre alors des modes d'occupation de l'espace très différents.

Dans le cas d'une **frontière fermée**, comme celle entre les deux Corée, la zone frontalière est, du moins d'un côté, sous haute surveillance militaire ou policière et occupée par de nombreux postes de contrôle reliés entre eux par des routes parallèles à la frontière. Cette zone était nommée ***limes*** dans l'Empire romain, terme désignant le chemin et par extension l'ensemble de la frontière. Les nationaux sont généralement exclus de cette bande qui constitue alors un véritable ***no man's land***.

Dans le cas d'une frontière ouverte, les problèmes sont sensiblement différents. Les migrations journalières de populations frontalières sont fréquentes, les **frontaliers** (ou **travailleurs transfrontaliers**) logeant dans le pays au plus faible niveau de vie et travaillant dans l'autre. Le sens et l'intensité des flux varient en fonction du contexte économique. La Suisse a longtemps envoyé chaque jour des milliers de frontaliers en France, avant que le mouvement ne s'inverse. Une frontière ouverte crée des flux nombreux et oblige donc les gouvernements respectifs à prendre des mesures de coordination, notamment dans le domaine des transports.

Cette coordination peut prendre plusieurs formes. Ce peut être une réalisation de prestige, comme le tunnel sous la Manche. C'est aussi, dans le cadre de l'Union européenne, le futur réseau intégré de transports rapides, reliant les grandes métropoles, de Lyon à Amsterdam. Ce sont enfin les associations et **régions transfrontalières** comme la Grande Région Sarlorlux qui rassemble des régions françaises,

La frontière entre le Mexique et les États-Unis : une interface Nord-Sud

La frontière entre les États-Unis et le Mexique est une **interface** (zone de contact entre des espaces de nature différente) mettant en relation directement et sur une grande distance la première puissance mondiale et un PED. La frontière est surveillée, un mur est même en construction, mais les migrants mexicains sont nombreux à la franchir pour aller travailler clandestinement aux États-Unis. La « complémentarité » entre ces deux États, au niveau de développement économique si différent, se manifeste par les ***maquiladoras***, zones franches créées initialement à l'intention d'usines de montage dont la production est destinée à l'exportation et installées au Mexique le long de la frontière. Les bureaux, laboratoires et tâches de conception… sont en revanche localisés du côté américain. Les échanges entre les deux pays, facilités par l'ALENA, vont donc croissants. Attirant les investisseurs américains, voire japonais, elles offrent également des emplois aux Mexicains. Elles contribuent à fixer les populations candidates au départ (*cf.* p. 287). On peut ainsi constater de part et d'autre de la frontière et sur toute sa longueur l'existence de villes « jumelles » ou ***twin cities*** ou encore **doublets** (San Diego et Tijuana par exemple). Par ailleurs, les différences dans la densité des réseaux de transports témoignent des contrastes de l'occupation de l'espace.

belges, allemandes et un État, le Luxembourg. Cette organisation a établi un pôle international d'activités dans cette région et encourage notamment les coopérations universitaires et industrielles. Un tel exemple montre que les volontés tendent à réduire les discontinuités spatiales issues du fait frontalier, souvent considéré comme une gêne, et à créer des relations plus étroites entre les pays.

Enfin, il faut insister sur un dernier type d'occupation de l'espace engendré par le fait frontalier. Il s'agit de la constitution de **camps de réfugiés**, vastes regroupements de personnes fuyant les persécutions. *A priori* temporaires, ils sont parfois installés depuis des années. Ils contribuent alors à modifier sensiblement les caractères de la zone d'accueil, économiquement, socialement, mais aussi parfois politiquement. L'installation de camps palestiniens en 1967 au Liban-Sud, celle de 200 000 réfugiés du Darfour au Tchad en 2003, furent de puissants facteurs de déséquilibre de ces régions.

• Les frontières contestées et les fronts pionniers

Une frontière peut entraîner des modes de peuplement très différents lorsqu'elle est, par exemple, contestée pour des raisons historiques. Dans ce cas, elle engendre un peuplement actif de la part des deux États qui veulent stabiliser cette frontière à leur profit, tandis que les relations transfrontalières sont réduites par les éventuelles tensions. S'il se trouve dans une zone relativement peu peuplée, ce type de frontière s'accompagne de **front pionnier**, c'est-à-dire d'une frontière intérieure que l'on repousse jusqu'aux limites externes du pays, voire au-delà. Au Brésil, la conquête de l'Amazonie correspond certes à un besoin en terres, mais aussi à une volonté d'occuper les frontières de l'ouest, contestées par plusieurs États.

Le peuplement de ces régions peut être volontaire, comme dans le cas du *Far West* américain au XIXe siècle ; il peut être fortement encouragé par l'État, c'est le cas de la Marche verte marocaine pour peupler et donc occuper *de facto* le Sahara espagnol. Il peut aussi se dérouler de façon très autoritaire : le Tibet, front pionnier chinois, est l'objet d'une **sinisation** (peuplement et contrôle économique par des populations chinoises) importante, pour contrôler une population aux velléités d'indépendance, mais aussi une frontière qui fit l'objet de tensions avec l'Inde. Ce peuplement des marges frontalières est inséparable de l'idée de nationalisme et ses moyens sont souvent la colonisation agricole ou militaire.

La terminologie géographique possède plusieurs expressions pour caractériser les fronts pionniers. Certains auteurs et gouvernements des

PED préfèrent, à la place du terme de colonisation, celui de **transmigration**, qui ne fait pas référence à un passé colonial souvent douloureux. Le terme fut au départ employé à propos de l'Indonésie et des déplacements de Java vers Bornéo ; il désigne des déplacements sur de longues distances à travers un même pays. Le terme même de front pionnier devient parfois plus un concept qu'une réalité : le « front » de colonisation des marges est souvent très lâche, très étendu. Il est alors préférable de parler de **frange pionnière**. Parfois, ce front peut se réduire à un **peuplement linéaire de pénétration** comme le Transsibérien qui engendre un peuplement très étroit sur plusieurs milliers de kilomètres.

Enfin, l'ouverture d'un front pionnier peut déboucher sur un processus de **territorialisation** (appropriation d'un espace par un groupe d'hommes qui en fait son territoire) et provoquer une modification des logiques territoriales nationales. C'est le cas dans la partie orientale du Paraguay, à la frontière avec le Brésil où, depuis les années 1960-1970, s'effectue une intense colonisation de la part d'abord de cultivateurs de soja brésiliens, puis de Paraguayens qui quittent le centre du pays pour se rendre vers l'est. Il en résulte la naissance d'un nouveau territoire qualifié par Sylvain Souchaud « d'espace brésiguayen », au peuplement mixte, à l'agriculture productive et dans lequel la concurrence pour l'espace est rude. Il se produit également une modification de l'organisation de l'espace paraguayen : un nouvel axe dynamique reliant Asunción à la ville frontalière de Ciudad del Este a supplanté la traditionnelle ligne de force du pays, qui s'étirait de la capitale à la ville d'Encarnación, au sud-est du pays.

Les frontières évoluent

• Frontières qui s'ouvrent, frontières qui se ferment

Une frontière considérée comme fermée peut, à la faveur d'un bouleversement politique, s'ouvrir plus ou moins brutalement. Les modifications qui en résultent sont souvent importantes. Ce peut être un mouvement migratoire immédiat de populations fuyant un pays. Cela s'est produit avec la fin du rideau de fer en Europe, aussi bien pour les frontières terrestres que maritimes, comme dans le cas des Albanais migrant vers l'Italie au milieu des années 1990. Inversement, à moyen terme, des réfugiés retournent « au pays » et les touristes se pressent pour découvrir ces « beautés cachées » : en Asie, l'ouverture du Cambodge depuis la fin des années 1990 a alimenté de nombreux circuits touristiques à destination des temples d'Angkor, empruntés par exemple par d'anciens *boat people*, désireux de revoir leur pays. Le manque d'infrastructures pose alors des problèmes, notamment aux frontières : les postes de douane habitués à de rares passages parviennent difficilement à gérer les trafics nés de la situation nouvelle et doivent être renforcés. Il peut également s'avérer nécessaire de créer, des deux côtés de la frontière, un réseau de transports, tandis que l'ensemble de la zone frontalière voit son économie se modifier, généralement dans le sens d'une amélioration.

Mais une frontière peut aussi se fermer, le plus souvent en cas de guerre. Les effets sont désastreux pour les régions frontalières qui cessent brutalement d'être un lieu d'activités pour redevenir une simple périphérie nationale. Les conséquences ne touchent pas uniquement les transports, tous les secteurs économiques de la région pâtissent de la situation. La fermeture peut également résulter, comme entre l'Inde et le Bangladesh où un mur est en cours d'édification, d'une volonté de contrôler des flux migratoires jugés excessifs ou des trafics de produits illicites (drogue, armes…).

• Frontières qui naissent, frontières qui disparaissent

Phénomène lié à l'émergence d'un nationalisme, des frontières peuvent naître après un conflit, dans le cadre d'une grande conférence ou, plus rarement, dans la paix. Tel est pourtant le cas de la « séparation de velours ». Elle consacra la fin de la Tchécoslovaquie en 1993 et vit, après discussion entre les deux parties, la création d'une frontière entre la République tchèque et la Slovaquie. Passant parfois au milieu de deux villages ou séparant une grande entreprise de son bassin de main-d'œuvre, ce nouveau fait frontalier bouleverse l'économie des régions concernées. Une guerre civile peut également aboutir à la naissance d'une frontière, alors placée sous haute surveillance. C'est le cas, entre autres, de celle qui sépare l'Érythrée de l'Éthiopie. C'est aussi par la guerre que la Yougoslavie se disloque depuis 1991. Enfin, de grandes conférences remodèlent les frontières, notamment à l'issue de conflits, parfois avec le souci de respecter les souhaits des peuples concernés. Le démantèlement de l'Autriche-Hongrie en 1918 en est un exemple. Mais les conférences internationales peuvent aussi donner naissance à des frontières immédiatement contestées – c'est le cas du partage de la Palestine en 1947 – et donc à des espaces frontaliers fermés, ou sous très forte occupation militaire. L'actuelle frontière entre Israël et l'Autorité palestinienne est sans aucun doute le cas le plus complexe. Le territoire de cette Autorité palestinienne, créée en 1993 après les Accords de Washington puis d'Oslo, mais sans cesse remis en question par l'occupation israélienne, est en « peau de léopard » c'est-à-dire qu'il forme un ensemble particulièrement discontinu ; le mur, construit unilatéralement par Israël, est là pour témoigner du tracé effectif d'une frontière voulue par un seul des deux protagonistes. Il s'agit d'une frontière ouverte mais en sens unique : Israël peut à tout moment pénétrer dans des zones officiellement sous contrôle palestinien, mais filtre les entrées de Palestiniens.

Un mouvement inverse voit la disparition de certaines frontières soit par la fusion de deux États après une guerre (Yémen ou Vietnam, par exemple), soit par une simple atténuation du fait frontalier dans le cadre de grandes organisations régionales comme l'Union européenne (UE) ou l'Association de libre-échange nord-américain (ALENA). Les limites entre pays existent toujours mais, comme dans le cas de l'UE, elles ne sont plus des frontières économiques et peuvent permettre l'apparition de grands projets frontaliers. Les régions concernées cessent d'être des marges pour devenir de nouveaux centres : avec le tunnel sous la Manche, la région lilloise se retrouve au cœur d'un espace économique en voie d'unification, allant d'Amsterdam à Londres et Paris. Certes, la frontière est encore une frontière culturelle et parfois linguistique mais, à long terme, les disparités transfrontalières doivent s'amenuiser. La perméabilité croissante des frontières résulte en effet de la mondialisation de l'économie : perméabilité financière, économique… Elle est enfin liée à la facilité accrue des déplacements des hommes, par exemple en Europe dans le cadre des Accords de Schengen.

lire aussi **État, nation, pays – Géopolitique**

GÉOGRAPHIE (HISTOIRE DE LA)

Pour *Le Petit Robert*, la **géographie** est « l'étude des phénomènes physiques, biologiques, humains localisés à la surface du globe terrestre, et spécialement l'étude de leur répartition, des forces qui les gouvernent et de leurs relations réciproques ». Selon cette définition, la géographie tire son originalité et sa spécificité de la prise en compte des phénomènes dans leur dimension spatiale et elle est aussi bien une science naturelle qu'une science humaine. Elle peut donc apparaître pour ses détracteurs comme un « fourre-tout », comme un simple bagage culturel un peu encyclopédique ou comme une synthèse forcément superficielle de disciplines aussi diverses que la géologie et la sociologie. Elle peut même être considérée comme fondamentalement inutile à une époque de spécialisation extrême des sciences et dans « un monde fini ». Rien d'étonnant alors si la géographie se pose de nombreuses questions sur elle-même et sur sa finalité. L'histoire de la discipline est révélatrice de ses interrogations.

De la description du monde à sa compréhension

La conception et les buts mêmes de la géographie ont sensiblement varié au fil du temps. Le XXe siècle, et surtout les quarante dernières années, ont apporté bon nombre de modifications au point qu'on a pu parler de changement de paradigme, un **paradigme** étant, selon le sociologue Pierre Bourdieu, « l'état de l'accomplissement scientifique accepté par une fraction importante des chercheurs et s'imposant aux autres ». Ce changement de paradigme a vu pour la géographie française le passage d'une géographie classique à de nouvelles géographies.

La géographie est une discipline ancienne, dont les bases sont fixées depuis longtemps : la description du monde à but géopolitique, faite par le géographe **Strabon** (v. 58 avant J.-C. – v. 24 après J.-C.) dans l'Antiquité, a des accents de modernité.

Les buts et les méthodes de la géographie selon Strabon

La géographie est d'abord une description du monde : « l'on y apprend les données physiques du pays, les divers types d'animaux et de végétaux. Ajoutons-y la connaissance de la mer, car nous sommes d'une certaine manière des êtres amphibies, et marins tout autant que terriens. »

« Mais l'étude de la géographie comporte aussi toute une part non négligeable de réflexion théorique, soit dans l'ordre de la technique, des mathématiques et de la physique, soit à partir de l'information historique et des récits légendaires. »

Cette géographie s'adresse « au monde du gouvernement et répond à ses besoins ». [Le présent traité] « s'adresse aux mêmes lecteurs [que les commentaires historiques], et tout particulièrement aux gens hauts placés. » [...] « Il est clair que la géographie tout entière est orientée vers la pratique du gouvernement. »

• 2000 ans de géographie : la description et la mesure du monde

Dès l'origine, la géographie se veut une description du monde. **Hérodote** (v. 484-v. 425), le « père de l'Histoire », est aussi le premier géographe : il décrit en effet peuples et contrées, au ve siècle avant J.-C., pendant les guerres médiques. Ératosthène, Hipparque, Démétrios de Callatis, plus tard Strabon, décrivent aussi des pays, qu'ils ne connaissent d'ailleurs pas forcément eux-mêmes. Les voyages d'Alexandre le Grand sont pour Strabon une source d'inspiration essentielle, la description de l'Inde occupant une part importante de sa *Géographie*. On retrouve ainsi, dès l'origine, la distinction qui durera jusqu'aux années 1970, entre l'explorateur, homme de terrain, et le géographe, homme de science, distinction chère au Petit Prince de Saint-Exupéry.

Les écrits antiques ont des points communs qui vont fixer le champ de la géographie pour longtemps. La mesure du monde tout d'abord. Ératosthène, comme Hipparque, avant tout mathématiciens et astronomes, mesurent la Terre et calculent assez précisément son diamètre. Cette mesure du monde est à la base de la cartographie et de ses liaisons avec la géographie. La description des « peuplades étranges » est le deuxième aspect de cette géographie antique. De même, les tremblements de terre recensés en Grèce, les climats, les caractères atmosphériques sont largement décrits. La géographie est donc à la fois humaine et physique, et a une visée géopolitique, puisqu'elle doit servir les gouvernements. Malgré des changements d'optique liés aux découvertes successives et surtout à la modification de la vision du monde, cette description du monde, immense inventaire des hommes et des lieux, va se poursuivre, jusqu'au XIXe siècle, tant que des explorateurs découvrent encore des terres nouvelles. En plein cœur du XIXe siècle, la *Royal Geographical Society* recevait encore à Londres les témoignages des explorateurs qui, de Burton à Stanley, parcouraient le « continent noir ».

Dès 1757, Emmanuel Kant a théorisé les buts de la géographie. Auteur d'une *Géographie physique*, le philosophe relie pour la première fois très nettement la géographie physique et la géographie humaine. Le but n'est plus l'inventaire et la mesure des continents mais l'étude des rapports entre la politique, l'économie et les données du milieu. À sa suite, la géographie va ainsi passer durant le XIXe siècle d'une philosophie de la nature à une science de la nature.

• En France, la géographie classique, dominante jusqu'aux années 1970

La géographie française acquiert une position dominante dans la première moitié du XXe siècle, grâce à Paul **Vidal de La Blache** (1845-1918). Jusqu'aux années 1950, on nommera **géographie vidalienne**, puis **géographie classique**, le courant dominant qui règne sur toute la géographie française jusqu'au milieu des années 1970. Vidal de La Blache publia au début du XXe siècle de nombreux ouvrages de géographie humaine, physique et régionale, dont certains ont des préoccupations géopolitiques.

La géographie vidalienne avait plusieurs caractéristiques : elle était avant tout un **naturalisme**, terme à comprendre ici comme le fait que la nature est le principe organisateur de toute société. Les conceptions de Vidal de La Blache s'apparentaient à ce que l'historien Lucien Febvre nomma le **possibilisme**. Le milieu naturel joue un rôle primordial et offre aux hommes des « possibilités » ou potentialités entre lesquelles ils choisissent. Ils adoptent ainsi, par leurs productions, par leur habitat… différents **genres de vie**, concept essentiel de la pensée vidalienne. L'étude du milieu devient donc le fondement sur lequel repose toute étude géographique. Tout travail de géographie humaine nécessite par conséquent, au préalable, une présentation du milieu, le but étant de voir comment l'homme répond aux « contraintes » de ce milieu.

Cette géographie nécessitait des études de détail pour lesquelles l'échelle de la région semblait la plus appropriée. Ainsi, la géographie régionale devint la « discipline reine de la géographie ». Par ailleurs, la géographie vidalienne supposait tout un ensemble de choix méthodologiques particuliers (*cf.* p. 238) et une démarche d'ensemble basée sur l'**induction**. La **méthode inductive** suppose en effet de partir de l'observation de cas précis pour arriver *in fine* à l'établissement de lois générales : la production d'ouvrages de référence censés couvrir le monde, les ***Géographies Universelles***, fut longtemps un des buts de cette géographie. Vidal en entama une avec Lucien Gallois peu de temps avant sa mort. Pourtant, cette géographie pratiqua le plus souvent l'**exceptionnalisme**, c'est-à-dire qu'elle étudia les cas pour eux-mêmes, multipliant ainsi les **monographies** (*cf.* p. 428), sans véritable souci de démarche comparative.

Cette conception de la géographie eut des implications fondamentales, à court terme d'abord. Autorité reconnue, Vidal de La Blache fut consulté pour participer au découpage de l'Europe lors du traité de Versailles. Sa mort, en 1918, lui évita de répondre à la question fondamentale : pouvait-on concilier les idéaux wilsoniens de liberté des peuples, la notion – en vogue à l'époque – de « frontière naturelle » et les ambitions hégémoniques de quelques puissances victorieuses ? À long terme, ses conceptions ont influencé la géographie française pendant plus de 50 ans. Elles furent reprises et amplifiées par son gendre Emmanuel **de Martonne** (1873-1955), qui y ajouta le primat de la géomorphologie sur les autres branches de la géographie physique, car elle donnait un statut scientifique à la géographie (*cf.* article *Lithologie, tectonique (géographie et)*).

Dès les années 1930, Pierre **Gourou** (1900-1999) apporta un certain nombre de nuances à la notion vidalienne de genre de vie : étudiant une **civilisation** asiatique, celle du Tonkin, il caractérisa celle-ci par un ensemble de **techniques de production** ou de techniques d'exploitation de la nature, et par des **techniques d'encadrement** relevant de données culturelles (langage, régime foncier, religion…) et politiques (cadres villageois, étatiques…).

La géographie classique française eut une forte influence à l'étranger malgré le prestige d'autres écoles de géographie : l'école allemande, plus sensibilisée à la géopolitique ou à l'analyse spatiale ; l'école américaine, plus tournée vers l'économie. Mal compris, le possibilisme de la géographie classique donna vite naissance à un déterminisme naturel, qui s'accompagna, en pleine époque coloniale, d'un européocentrisme.

Déterminisme et européocentrisme

La géographie a longtemps présenté deux caractéristiques : l'**européocentrisme** – tout est expliqué ou plutôt décrit en référence à l'Europe –, et le **déterminisme naturel** ou physique – tout est expliqué par des données naturelles. Le cas des textes sur les Alpes françaises est révélateur. Celles-ci sont « les cathédrales de la terre » (John Ruskin), « les montagnes de référence » (Paul Veyret), « la synthèse des montagnes du monde, l'archétype du soulèvement et du plissement » (Roger Frison Roche), « moins humides que les montagnes océaniques, plus équilibrées que les méditerranéennes, hautes mais creusées de profondes vallées » (Paul Veyret).

Ces montagnes ont donc « naturellement » donné naissance à « une civilisation extraordinaire » : « la rudesse, la robustesse, la ténacité, la continuité dans l'effort, le sens de la lutte, l'attachement au sol, la frugalité, le sens de la liberté, le sens de l'économie, l'endurance, le sang froid face au danger sont autant de vertus qui contribuent à forger un type d'hommes et un type de civilisation. Ce sont ces montagnards prolifiques qui, ayant essaimé à travers la France, ont contribué à sa vitalité. » (Germaine Veyret).

Citations recensées par C. Bras, A. Sgard, « Les Géographes et la montagne. Thématique et langage », université de Grenoble I, 1983.

Pourtant, peu à peu, cette conception naturaliste de la géographie fut contestée. Mais son influence était si grande en France que la contestation vint surtout de l'étranger.

- **La remise en cause de la géographie classique**

Ce sont les Américains et les Allemands qui ont, parfois très tôt, remis en question la géographie classique. Le premier problème était celui de la croissance des villes qui engendrait un développement de phénomènes d'une ampleur nouvelle : attraction exercée par les villes sur les campagnes environnantes, localisation spécifique par quartiers des activités… Aux États-Unis, l'essor urbain a amené des sociologues à se pencher sur la **spatialisation économique** et à élaborer, dès les années 1930, des **modèles spatiaux**. Les principaux sont ceux de l'**École de Chicago** (*cf.* p. 581) : Burgess en 1926, Hoyt en 1939, Harris et Ullmann en 1945 étudient notamment le fait qu'à Chicago les activités se localisent en auréoles à partir d'un noyau central, la City ; les industries se répartissent en zones bien distinctes de même que les habitants, groupés selon les ethnies et le niveau de vie. Ces modèles, aujourd'hui courants, étaient à l'époque fondamentalement novateurs. En Allemagne, Walter **Christaller** (1893-1969) élabore en 1933 la **théorie des places centrales**. Les villes sont des places centrales offrant des biens et des services plus ou moins étendus. Il faut distinguer deux sortes de biens : les **biens de base**, qui font la spécificité de telle ville, et les autres, que l'on peut trouver dans d'autres places moins importantes. L'éloignement d'une ville engendre un coût supplémentaire pour celui qui souhaite s'y procurer tel bien ou tel service : c'est la **distance économique**. Le nombre et la taille des villes sont fonction de ces données et on peut distinguer sept niveaux de places centrales, du village à la métropole régionale. En outre, pour un espace homogène, la disposition de ces places centrales n'est pas aléatoire mais s'organise selon une mosaïque d'hexagones emboîtés. Tous ces travaux, ainsi que d'autres, notamment la loi de Reilly (*cf.* p. 429) ou ceux plus anciens de A. Weber en 1909 (*cf.* p. 282) qui avait approfondi ceux de J. von Thünen datant de 1827 (*cf.* p. 181-182), considéraient la géographie comme une science humaine. Ils n'ont connu de succès, en France, qu'après 1945. La critique du système vidalien dominant était difficile, d'autant plus que toutes ces approches évacuaient les données naturelles : la géographie ne pouvait plus être considérée comme une science naturelle. Dans les années 1960, d'autres géographes étrangers ont influencé des géographes français qui remettaient peu à peu en cause les canons de la géographie classique en proposant des analyses basées sur la modélisation : il s'agit par exemple de Torsten Hägerstrand en Suède, de Peter Haggett et Richard Chorley à Cambridge.

Le modèle de Christaller

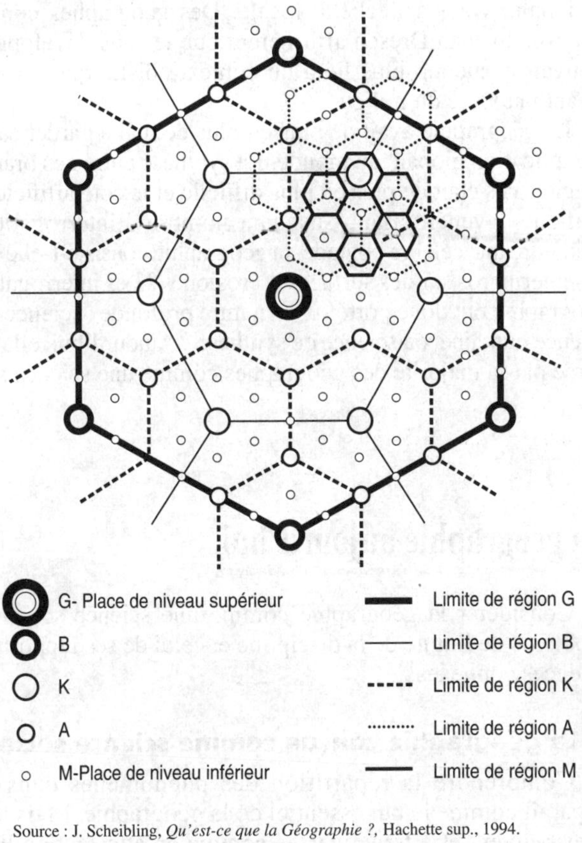

Source : J. Scheibling, *Qu'est-ce que la Géographie ?*, Hachette sup., 1994.

Enfin, à la même époque, la géographie française, qui était longtemps restée en position de retrait vis-à-vis du politique, acquiert une nouvelle sensibilité aux préoccupations politiques, du fait du contexte de décolonisation et de la guerre d'Algérie, mais également du rôle prégnant de géographes marxistes et, enfin, de mai 1968. Par exemple, l'essor à partir de 1965 de la **géographie du sous-développement,** qui prenait en compte l'échelle étatique, fut une cause de rupture avec une **géographie tropicale** (*cf.* article *Développement, Sud*), fortement marquée par une vision naturaliste et ethnographique et qui analysait les phénomènes à l'échelle régionale, voire à l'échelle locale. Des géographes comme Yves Lacoste ou Jean Dresch affirmèrent que le sous-développement se trouvait beaucoup plus lié à un contexte historique qu'à une soi-disant pauvreté du milieu.

La géographie avait de plus en plus de mal à garder sa vocation d'explication globale du monde. La synthèse entre des branches très spécialisées était de plus en plus difficile et le côté artificiel de cette pratique devenait criant, suscitant nombre d'interrogations. Pour reprendre une célèbre boutade, la géographie consiste-t-elle à « mettre des guérilleros sur des surfaces d'érosion » ? Les interrogations de la géographie ont donc porté sur sa nature profonde : science naturelle, science humaine, ou science de synthèse ? Aujourd'hui, elle est considérée par la majorité des géographes comme une science sociale.

La géographie aujourd'hui

Considérer la géographie comme une science sociale pose le problème de l'unité de la discipline et celui de ses rapports avec les sciences connexes.

• La géographie conçue comme science sociale

Comprendre la répartition des phénomènes dans l'espace apparaît comme le but essentiel de la géographie. Mais les approches peuvent être très diverses comme en attestent en France les nombreux courants apparus dans les années 1970, années de crise et de remise en question de la discipline. Cette « **nouvelle géographie** » englobe à cette époque aussi bien la géographie de l'espace vécu que la géographie radicale, inspirée du marxisme, la géographie quantitative, la géographie systémique et la géographie du sous-développement.

Quant à la définition même de l'objet d'étude des géographes, il pose encore problème de nos jours. Selon la plupart des géographes, c'est « l'espace comme dimension de toute vie sociale »

(Jacques Lévy) ou « la Terre des hommes » (Paul Claval) qui doit être étudiée. Cet espace n'est donc pas neutre. C'est un territoire car il est aménagé, structuré, organisé de façon consciente ou non par les sociétés, qui se le sont approprié. C'est ce que l'on a pu appeler la **production d'espace**. La géographie est donc fondamentalement une **science sociale**, c'est-à-dire une science ayant pour objet l'étude du comportement des hommes vivant en société et de la société résultant des rapports entre les individus. Selon cette conception, la géographie doit étudier les **acteurs** de cette production d'espace (les États, les individus, les FMN, etc.) dans leurs comportements spatiaux et leurs stratégies. Elle doit aussi comprendre les formes, les entités géographiques créées et les logiques qui les dirigent. La géographie ne relève donc pas du particulier, de l'étude de cas, de l'**idiographie**, mais d'un ensemble de « lois » à portée générale, **nomothétiques**. Ceci ne veut toutefois pas dire qu'il y ait un consensus sur la nature profonde de la géographie. On peut distinguer de nos jours plusieurs pôles centrés soit sur l'analyse spatiale (*cf.* p. 247), soit au contraire sur une géographie sociale et de la territorialité (*cf.* p. 507), soit encore sur une géographie culturelle (*cf.* p. 74).

Le Festival International de Géographie (FIG) de Saint-Dié (Vosges)

En 1990, dans le but de médiatiser la discipline, eut lieu le premier **Festival International de Géographie**. Le succès fut immédiat et le **FIG** est de nos jours unanimement reconnu comme un succès mondial. Ce festival se tient toutes les années à Saint-Dié-des-Vosges, et ce pour plusieurs raisons : la volonté du maire, Christian Pierret, et le fait que c'est un moine de Saint-Dié, Waldseemüller, qui proposa au XVIe siècle de donner le nom d'Amerigo (Vespucci) aux terres qui venaient d'être découvertes lors des grands voyages de découverte…

Le succès du festival tient à son caractère tout à la fois scientifique, populaire et festif. Durant quatre jours, des géographes, mais aussi des artistes, des chefs d'entreprises et des hommes politiques participent à des débats ouverts au grand public. Les débats s'articulent autour d'un thème chaque année renouvelé (par exemple « Entre guerres et conflits : la Planète sous tension » en 2008). Le FIG attire tous les ans plusieurs dizaines de milliers de participants.

> Ce festival décerne plusieurs prix :
> – un prix scientifique, le Prix International de Géographie, créé en 1991, afin de récompenser un géographe ayant contribué de manière importante à l'avancée scientifique de sa discipline ;
> – un prix de vulgarisation scientifique, le prix Ptolémée, créé en 1994, afin de distinguer un ouvrage qui permet de mieux faire connaître la géographie à un large public ;
> – des prix littéraires, le prix jeune public et le prix Amerigo Vespucci, créé en 1990, qui couronne l'auteur d'une œuvre qui aborde le thème de l'aventure et du voyage. Ce fut le cas par exemple de Bernard Giraudeau, récompensé en 2007.

• Les branches de la géographie

La géographie se divisait classiquement en trois grandes branches : la géographie physique, la géographie humaine et la géographie régionale (*cf.* p. 428). Cette division est conforme à l'histoire de la discipline mais n'a plus vraiment de sens de nos jours, toute géographie englobant les sociétés humaines et la notion classique de région ayant évolué. Les disciplines de **géographie humaine** sont nombreuses et variées : la géographie agraire ou rurale, la géographie urbaine, la géographie de la population, la géographie sociale proprement dite, la géographie industrielle ou du tourisme font partie des branches principales. Globalement, toutes ont des préoccupations d'explication de faits politiques (**géopolitique**), économiques (**géographie économique**) ou de société (**géographie sociale**). La **géographie appliquée**, qui touche à différentes branches de la discipline, fournit des analyses et des prospectives dans un but d'aménagement ou de stratégie de localisation, ceci en liaison avec des organismes publics ou privés. Désormais reconnue par la géographie universitaire, elle offre de nouveaux débouchés aux géographes, spécialistes des territoires.

Chaque branche est elle-même subdivisée. Ainsi, dans le cas de la **géographie de la santé**, qui étudie les variations spatiales des niveaux de santé d'une population, on peut distinguer la **géographie des maladies**, qui s'intéresse à la distribution spatiale et sociale des maladies en analysant l'influence du milieu naturel ou humain, et la **géographie des soins**, qui analyse l'offre et le recours aux soins, en recensant notamment l'équipement sanitaire, sa fréquentation et ses variations spatiales.

La division extrême des activités des géographes pose deux problèmes : celui des méthodes et celui de la concurrence de disciplines connexes. Étant passée en quelques années de la description traditionnelle à l'explication dans des domaines aussi spécialisés que la perception des crues ou les conditions sociales et sanitaires de diffusion d'une maladie, la géographie a dû se doter d'instruments de travail nouveaux. Le géographe économiste, qui alignait il y a trente ans des chiffres de production, utilise désormais des modèles économiques ou fait appel à la géographie quantitative qui privilégie une approche mathématique. Les géographes se servent ainsi de techniques issues d'autres sciences et sont de plus en plus au contact avec des économistes, des climatologues ou des médecins, pour rester dans les exemples cités. Quant au géomorphologue, qui ne disposait parfois que d'un crayon et de « son coup d'œil », il est de plus en plus intégré dans des laboratoires spécialisés.

• Quelle place pour la géographie physique ?

La géographie physique, autrefois dominante, est désormais une discipline en crise ; elle est même quelquefois considérée comme non géographique. Il est vrai qu'elle vise parfois à l'autonomie et que son but initial d'explication du milieu est non seulement peu à peu perdu de vue du fait de l'hyperspécialisation des sciences de la Terre, mais également contesté. La **géographie physique** regroupe la climatologie, l'hydrologie, la biogéographie, la pédologie et la géomorphologie. Chacune de ces branches peut se subdiviser, et ce d'autant plus qu'elle progresse. Ainsi, la **géomorphologie**, l'étude des formes de la surface terrestre, longtemps discipline reine de la géographie physique, peut se subdiviser presque indéfiniment. Elle étudie en effet les formes de relief liées à la structure – **géomorphologie structurale** – ou aux processus d'érosion – **géomorphologie climatique** –, à un processus d'érosion particulier – **glaciologie**, **karstologie** –, aux dynamiques – **géomorphologie dynamique**. Globalement, toutes ces branches sont cependant en déclin, concurrencées par l'émergence d'une nouvelle géographie physique.

Une des tentatives d'intégration de la géographie physique à la « nouvelle géographie » s'est en effet faite par le biais de l'**environnementalisme** et de la **géographie environnementale**. Ces termes, déjà utilisés au début du XXe siècle, sont à nouveau en vigueur pour désigner l'étude des **géosystèmes**, des systèmes produits par l'action conjuguée du relief, du climat, des eaux, des sols et des sociétés (*cf.* p. 344). Selon ces thèses, l'espace est non seulement produit par l'homme, mais aussi par des éléments naturels. Mises au premier plan par le renouveau de l'écologie, surtout par la montée des préoccupations liées au développement durable, elles donnent à la géographie physique un nouveau champ d'étude : celui du milieu de vie, l'homme en tant qu'acteur de l'espace pouvant influer sur la nature. Ainsi, pour les aléas naturels, la compréhension du phénomène devient moins importante que le risque proprement dit qu'il fait encourir aux populations.

• Les rapports de la géographie avec les sciences connexes

On peut appeler **sciences connexes** les disciplines ayant un champ d'action et des méthodes très proches de la géographie. Historiquement, plusieurs de ces sciences, la climatologie par exemple, sont issues de la géographie. Rien que de très normal à cela : la géographie antique était une explication globale du monde.

Par rapport à ces sciences, la géographie a son champ d'action privilégié : l'espace. Mais si l'on reprend les exemples étudiés, on s'aperçoit qu'un certain nombre de concepts géographiques ont été introduits par des sociologues (École de Chicago), des urbanistes, des médecins (épidémiologie), voire des passionnés d'agronomie (von Thünen). Pourtant tous avaient une conception de l'espace, tous faisaient en somme de la géographie.

De même, le concept de géosystème peut se comparer à l'écosystème étudié par les écologues. Les géologues établissent des cartes géologiques et, dans plusieurs pays, la géomorphologie se rattache institutionnellement à la géologie. Enfin, quand le sociologue repère les lieux sensibles d'une ville pour trouver les conditions « d'un déchiffrement de l'espace urbain » (Pierre Sansot, *Poétique de la ville*, Éd. Klincksieck, 1973), il ne fait certes pas de la géographie mais ne s'en éloigne guère.

Les rapports sont donc multiples entre la géographie et les sciences connexes. Le problème crucial concerne ses rapports avec l'histoire, et ce pour plusieurs raisons. La géographie a été conçue au XIXe siècle comme un cadre, ou une introduction, aux études historiques. De plus, les deux matières sont reliées dans l'enseignement secondaire français, ce qui n'est pas le cas général dans le monde. Par ailleurs, l'histoire du temps présent, étudiant également les aspects sociologiques, économiques ou politiques du monde contemporain, se pose parfois en concurrente de la géographie. Au demeurant, elle emploie parfois les mêmes méthodes. Certes, si l'histoire publie des atlas et a donc une vision spatiale, si la géographie travaille sur les **mémoires** des lieux, c'est-à-dire sur les héritages d'un passé plus ou moins lointain, la géographie a une finalité qui lui est propre : au-delà de la dimension historique, des mémoires qui peuvent permettre de comprendre les distributions spatiales, c'est l'étude de la structuration présente de l'espace qui est le but du géographe. La démarche géographique reste cependant sensible au temps, s'attachant plus aux temporalités (*cf.* p. 195) qu'à une stricte démarche historique qui aurait pour but la recherche des permanences dans l'organisation de l'espace.

Plusieurs spécialités sont même à mi-chemin entre la géographie et l'histoire. Des géographes se sont spécialisés dans la **géographie historique**, l'étude de la géographie du passé, par exemple l'utilisation des terres ou la population à telle époque donnée. Parallèlement, des historiens, comme Marc Bloch, ont étudié l'histoire des paysages ruraux français et ont fait une véritable **histoire géographique**. Fernand Braudel, qui étudiait les rapports entre territoire et économie sur un temps long, a nommé sa démarche **géohistoire**. Ce terme a été repris par de nombreux géographes qui, tels Alain Reynaud ou Christian Grataloup, réalisent avec les outils des géographes une étude géographique des processus historiques.

lire aussi

Carte, histoire de la cartographie – Culture, géographie culturelle – Espace, diffusion spatiale – Géographie (techniques et méthodes de la) – Paysage – Région – Société, géographie sociale – Territoire, territorialisation

GÉOGRAPHIE (TECHNIQUES ET MÉTHODES DE LA)

Les méthodes et techniques de la géographie ont sensiblement évolué ces trente dernières années. Cette évolution est indissociable de l'histoire même de la géographie, de ses buts et de ses préoccupations. On peut, en première approche, considérer une **méthode** comme un ensemble de procédés et de démarches, ou même comme une démarche en tant que telle. Une **technique** permet la mise en pratique de cette méthode : c'est en somme un outil de travail.

Les méthodes de la géographie classique

La **description** a longtemps été, depuis l'Antiquité, un des buts de la géographie. En France, au XXe siècle, la géographie classique l'a souvent utilisée comme méthode de base. La description reste donc indissociable de la géographie – « science du terrain » –, qui observait et analysait le particulier et ne généralisait, éventuellement, qu'ensuite. Deux conceptions de cette description coexistaient, particulièrement en géographie régionale. La première se voulait une description, la plus complète possible, des différents éléments du milieu, classés dans un ordre quasiment immuable. Aux caractéristiques du relief et de la géologie succédaient le climat puis la végétation, les sols, les caractères de la population et les différentes branches de l'économie. Une division régionale du milieu étudié clôturait l'étude montrant que, par delà « l'unité incontestable de l'aire étudiée », elle n'en présentait pas moins de forts particularismes locaux. À cette conception s'opposait une **description**

« **raisonnée** » qui tendait à sélectionner les éléments remarquables du milieu étudié, afin de les expliquer ensuite. Le couple **description-explication** constituait donc une des méthodes de base de la géographie classique, qu'il s'agisse de géographie générale ou régionale. Dans ce cas, la description se rapprochait d'une **analyse paysagère**, car elle identifiait, consciemment ou non, les éléments du milieu. Elle n'était cependant pas neutre et le choix de ces éléments variait selon l'auteur.

Exemples de graphiques utilisés en géographie

1. L'**histogramme** et le « **diagramme en bâtons** »

Ce type de graphique à deux dimensions, formé de rectangles de taille proportionnelle au phénomène étudié, est très « parlant ». Si un **histogramme** représente les classes d'une variable statistique, et donc uniquement des séries continues (la pyramide des âges est un double histogramme), le **diagramme en bâtons** peut représenter des séries discontinues. Il est notamment utilisé pour étudier l'évolution d'un phénomène ou établir des comparaisons (ici, on constate la place importante des pays africains dans les sommes distribuées par la France au titre de l'aide publique au développement).

L'APD bilatérale de la France en 2005

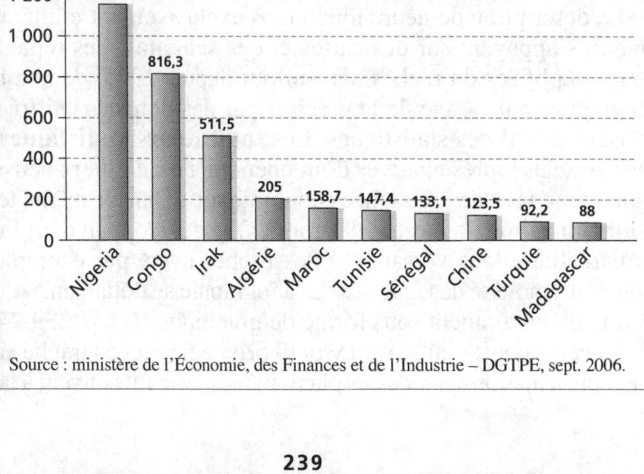

Source : ministère de l'Économie, des Finances et de l'Industrie – DGTPE, sept. 2006.

2. Le **diagramme circulaire** ou « **camembert** »

Dans ce type de graphique en forme de cercle, les secteurs représentent les parts d'un même ensemble. Le graphique ci-dessous montre la prépondérance au sein de l'UE des étrangers issus d'autres pays membres de l'UE.

Origine géographique des étrangers dans l'UE à 25 (2005)

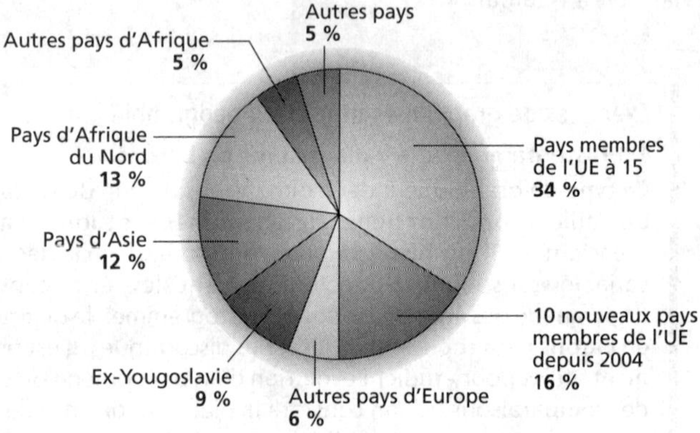

3. La **pyramide des âges** (*cf.* p. 413)

Représentant à une date donnée les effectifs classés par sexe et par âge d'une population, elle permet d'en voir les grandes caractéristiques.

La description demeura longtemps exclusivement « littéraire », tout en s'appuyant sur des cartes et des **schémas**, des représentations simplifiées du réel. Mais, surtout depuis 1945, de nombreux géographes ont essayé de la préciser par des données chiffrées, en utilisant l'outil des statistiques. Les **indicateurs statistiques** sont des variables représentatives d'un phénomène à étudier : densité de population, taux de croissance économique… Dans le même temps, la **morphogénie** (la mesure des formes) se développait dans l'étude du parcellaire, des versants et des roches avec, par exemple, les indices d'émoussé des galets… La géographie se dotait ainsi d'outils de travail, notamment sous forme de graphiques (*cf.* p. 239-240).

La **carte** constituait un autre outil privilégié du géographe en tant que représentation spatiale des phénomènes. Elle fut souvent à la base de la description. Dans le cas de la carte topographique par exemple, elle remplaçait le « terrain » sur lequel le géographe n'allait pas forcément. Elle était ainsi une réduction du réel, que l'on expliquait et que l'on commentait. Dans cette conception classique de la géographie, la carte vient à la fin de l'analyse, comme une synthèse de celle-ci, sa fonction restant cependant toujours très descriptive (cartes thématiques de l'industrie, cartes géomorphologiques, cartes de synthèse régionale…). Elle peut aussi être produite au cours de l'étude afin de faire progresser l'analyse. La démarche dépasse alors souvent la simple description (*cf.* article *Carte, histoire de la cartographie*).

Cependant, tous ces outils restaient le plus souvent utilisés dans un but essentiellement descriptif. Ainsi, dans les années 1960, nombre d'études de géographie faisaient de la description le but même de la discipline. À preuve, de nombreuses thèses de géographie de cette époque ne comportaient aucune introduction. Elles n'en avaient pas besoin, la problématique était évidente : la description d'un terrain souvent choisi en fonction d'affinités personnelles. Les études géographiques débouchaient souvent sur une classification des phénomènes en plusieurs types, en fonction d'un, voire plusieurs critères, soit une **typologie**. L'utilisation actuelle des techniques élaborées durant ces années se fait généralement dans un autre contexte théorique.

De nouvelles méthodes dans les années 1960-1970

À partir des années 1960, chaque branche de la géographie va en se spécialisant. Les techniques de laboratoire, de plus en plus fréquentes, notamment en géographie physique, se doublent d'une réflexion méthodologique sur l'apport des mathématiques (statistiques, probabilités et modèles mathématiques).

• Le rôle des grandes grilles d'analyse à partir des années 1960

À partir des années 1950 et surtout 1960, la géographie française connaît d'importants bouleversements. Ceux-ci sont en partie liés aux deux grilles d'analyse prépondérantes à l'époque : le marxisme et le structuralisme.

Le **structuralisme** identifie les structures fondamentales au sein des sociétés, notamment en privilégiant la globalité par rapport à l'individu ou en recherchant des invariants plutôt que l'histoire des sociétés. Répandu dans les années 1970, mais en net recul depuis une vingtaine d'années, il a moins touché la géographie que l'histoire. Cependant, des méthodes et techniques de l'analyse spatiale sont en partie liées au structuralisme : la modélisation et la chorématique recherchent la structure des lieux et dépassent donc l'**idiographie** (l'étude du particulier). Plus généralement, ces courants de pensée ont, avec d'autres, contribué au développement de l'**épistémologie** de la géographie, c'est-à-dire d'une réflexion sur la science elle-même, sur ses principes, ses méthodes et ses buts.

Le **marxisme** a toutefois été important dans la géographie française de cette période, avec le développement de la géographie critique. L'analyse dialectique a eu quelque succès en géographie et de nombreux géographes se sont réclamés du marxisme. Plusieurs méthodes peuvent être considérées comme ayant été influencées par le marxisme. L'**économisme**, compris ici comme le fait de privilégier la description exhaustive des différents secteurs économiques d'un espace, peut ainsi être considéré comme un avatar méthodologique d'un marxisme mal compris. De même, la grille de lecture « **centre-périphérie** » est directement issue d'une vision marxisante de l'espace. Introduite en géographie par Alain Reynaud en 1973 pour qualifier l'opposition Nord-Sud, elle reprend à la suite des économistes les concepts de dominant et de dominé. Un espace (le centre), qui concentre divers pouvoirs, domine des périphéries plus ou moins intégrées et plus ou moins dominées. Selon A. Reynaud, le **centre** est donc « l'endroit où les choses se passent » et la périphérie est le négatif du centre, marqué par sa subordination d'un point de vue décisionnel. Toutefois, centre et périphérie peuvent changer au cours de l'histoire : il est donc toujours nécessaire de prendre en compte les temporalités. Le couple « centre-périphérie » connut un véritable succès en géographie urbaine et, d'une façon générale, en géographie systémique.

• L'analyse quantitative en géographie

L'expression **analyse quantitative** est préférable à celle de **géographie quantitative**, pourtant plus employée, dans la mesure où il s'agit d'une méthode qui vise à quantifier les phénomènes. Elle s'appuie sur des données chiffrées, traitées par la statistique, et fait appel à l'informatique, seul outil assez performant pour traiter des masses de données considérables. Auparavant les statistiques étaient employées comme complément d'une description « littéraire », elles sont désormais au cœur de la démarche.

Les probabilités et les statistiques descriptives sont les outils les plus simples. Les probabilités permettent les calculs de fréquences, par exemple pour les crues ou dans la géographie des transports. L'utilisation des **paramètres de position** se généralise : les **médianes** (valeur centrale séparant en deux parties égales une population donnée) et les **moyennes** (valeur centrale d'une distribution) sont les outils les plus employés. Les **paramètres de dispersion** mesurent l'hétérogénéité d'une population. La **variance** et l'**écart-type** (racine carrée de la variance) montrent la dispersion par rapport à la moyenne. Les **quantiles** sont encore plus utilisés : divisant la population en classes d'effectifs égaux, par exemple en quatre classes pour les **quartiles**, en dix pour les **déciles**, ils permettent d'établir des comparaisons. Ainsi peut-on confronter les revenus des 10 % les plus riches d'une population à ceux des 10 % les plus pauvres.

Plus sophistiquée, utile pour traiter des informations complexes, l'**analyse factorielle** permet, grâce à l'informatique, l'analyse simplifiée d'un ensemble de données et la description synthétique d'éléments mutuellement indépendants. Elle fut à l'origine très employée en géographie urbaine. Autre apport des mathématiques, la **théorie des graphes**. Elle est pertinente pour l'étude des réseaux, les réseaux de transport par exemple. Un **graphe** est un ensemble fait de nœuds et d'arcs, ou de segments reliant ces nœuds.

Parmi les autres techniques largement utilisées depuis les années 1970, on peut citer les **tests d'hypothèse** qui permettent de vérifier une hypothèse émise ou encore les **anamorphoses**. Ces schémas, réalisés par informatique, modifient une superficie en fonction d'une valeur plus ou moins élevée, proportionnelle au phénomène représenté, ce qui donne des images étranges mais parlantes.

Toutes ces méthodes, permettant d'arriver à des réalisations intéressantes, connurent un succès certain et sont encore utilisées. Les statistiques, ne serait-ce qu'en invitant à une critique des chiffres bruts, ont accru la rigueur des études géographiques. La possibilité d'établir des théories, elles-mêmes testées par l'analyse, a renforcé le caractère scientifique de la discipline et a contribué au développement d'une **pensée nomothétique**, c'est-à-dire renvoyant à un ensemble de lois à portée générale. Cependant l'analyse quantitative a vite connu des limites car statistiques et informatique ne sont que des outils,

Anamorphose : Le TGV « raccourcit » les distances

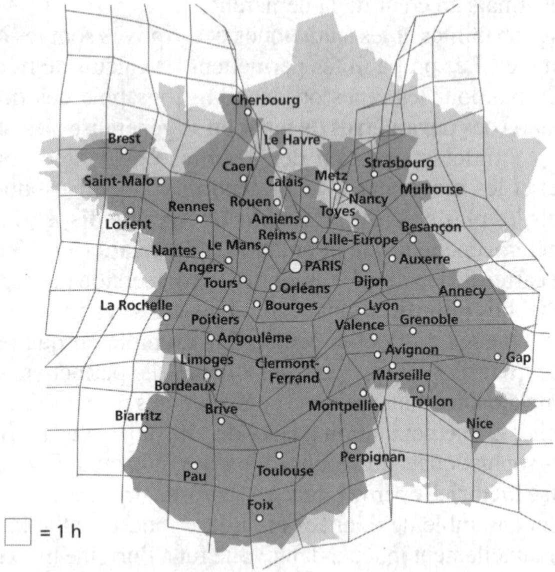

Source : G. Fumey, « Avec le TGV, la France, l'Europe et le monde lancés à toute vitesse », site de l'association Cafés géographiques, 27 mai 2007, http://www.cafe-geo.net/article.php3?id_article=1099

des techniques. Une volonté de réflexion, parfois oubliée dans l'analyse quantitative, mais aussi le désir de percevoir la réalité géographique dans sa globalité expliquent le développement des modèles.

• Modèles et systèmes

Les **modèles** constituent, selon le géographe anglais Peter **Haggett** (né en 1933), une « représentation schématique de la réalité élaborée en vue d'une démonstration ». Il s'agit d'une technique assez ancienne, la « théorie des places centrales » de Christaller de 1933 étant plus un modèle, une simplification, qu'une théorie. Un modèle est une construction transposable qui identifie les éléments le constituant et examine leurs relations et leur interdépendance. Un modèle peut être affiné par l'analyse des **résidus**, c'est-à-dire des écarts entre une valeur (ou un phénomène) observée et une valeur déduite du modèle.

On peut distinguer plusieurs types de modèles, en fonction de critères différents. Aux **modèles descriptifs**, résultats du travail d'observation, s'opposent les **modèles explicatifs**, représentation d'une théorie. Les **modèles mathématiques**, donnés sous forme d'équation, se distinguent des **modèles de système** identifiant sous forme de schémas les éléments et les flux d'un système donné. Représentation simplifiée de la réalité et des relations entre les différents acteurs de cette réalité, le modèle permet mieux que d'autres techniques d'appréhender certains problèmes. Ainsi les **modèles logistiques**, utilisant la loi logistique, permettent d'étudier la **diffusion spatiale** (*cf.* p. 194), ou la propagation d'un phénomène dit **innovation**, qui se diffuse dans l'espace, par contagion, malgré l'existence de barrières diverses. Enfin, on qualifie de **modèles graphiques** les modèles qui utilisent des signes et figurés.

Par le biais des modèles de système, mais aussi des modèles mathématiques, l'**analyse systémique**, dite parfois par extension **géographie systémique**, étudie les systèmes géographiques. Tout **système** (*cf.* p. 350), défini comme un ensemble cohérent d'éléments interdépendants et non hiérarchisés, a une **structure** et un état à un moment donné, que l'on peut modéliser. Il peut être ouvert ou fermé sur l'environnement, en équilibre ou évoluer. Cette évolution se fait souvent dans le sens d'une organisation croissante de l'espace, d'une **structuration**, elle est alors étudiée par l'analyse systémique. Celle-ci cerne les dynamiques et les actions réciproques entre les éléments (**interactions**) et, notamment, les actions en retour ou **rétroactions** ou ***feedbacks*** provoquées par toute modification du système. Elle peut même procéder à des prévisions.

Techniques et méthodes récentes de la géographie

• Des techniques communes aux autres sciences

Diverses techniques, déjà en partie évoquées, sont mises en œuvre dans le cadre de la méthode **hypothético-déductive**, qui a peu à peu remplacé la démarche inductive (*cf.* p. 228). Elle étudie un phénomène en fonction d'une hypothèse qu'elle vérifie, la vérification pouvant aboutir à une validation ou à une réfutation. L'adoption de ce type

Quelques indicateurs de production et de croissance utilisés en géographie

Le **PIB, produit intérieur brut**, est un **agrégat**, c'est-à-dire une grandeur représentative de l'économie d'un État. Il représente la somme des valeurs ajoutées créées par les agents économiques nationaux ou étrangers opérant sur le territoire métropolitain en un an. La **valeur ajoutée** se définit comme la différence entre la valeur des biens produits et les consommations intermédiaires. Pour mesurer la croissance économique, on utilise le **taux de croissance du PIB**, c'est-à-dire la variation annuelle du PIB en pourcentage. On le calcule en glissement (variation entre deux dates à un an d'intervalle) ou en moyenne annuelle (variation entre le PIB moyen de deux années consécutives). Le **taux de croissance annuel moyen** représente la moyenne des taux de croissance annuels observés sur une période donnée.

Le **PNB**, ou **produit national brut**, est un autre agrégat construit à partir du PIB en lui ajoutant les revenus réalisés à l'étranger et transférés dans le pays et en retranchant les revenus réalisés dans le pays et versés à l'étranger. Le **RNB**, ou **revenu national brut**, est le PNB plus les flux nets de revenu primaire des non-résidents. Il s'agit d'une valeur très proche de celle du PNB.

Ces indicateurs s'expriment également par rapport au nombre d'habitants du pays. Le **PNB par habitant** et le **PIB par habitant** constituent des indicateurs du développement qui permettent d'évaluer le potentiel économique d'un État en rapport avec sa masse démographique. On utilise parfois le PIB réel par habitant calculé en dollars ajustés selon les **parités de pouvoir d'achat**, c'est-à-dire les taux de change, qui permettraient qu'une quantité de monnaie donnée puisse avoir le même pouvoir d'achat dans les autres pays après conversion en monnaie locale. Le choix du critère monétaire n'est pas anodin car il induit notamment des modifications dans la perception de la puissance économique respective des États et donc dans les classements internationaux. Ainsi la Chine, considérée comme 3e puissance mondiale en 2008 selon le PIB, se classe au 2e rang si l'on utilise le PIB par PPA.

de méthode suppose donc l'élaboration d'une **problématique**, c'est-à-dire d'une ou plusieurs questions qui vont guider le raisonnement, raisonnement au cours duquel on pourra être amené à modifier le questionnement initial. Les techniques utilisées diffèrent souvent entre les différentes branches de la géographie, mais presque toutes proviennent de sciences connexes. En géographie physique, les mathématiques sont largement utilisées. Ainsi, la modélisation mathématique est employée pour étudier les dynamiques de pente et les techniques d'échantillonnage obéissent à des règles statistiques précises. Les techniques sophistiquées de laboratoire, de plus en plus mises à contribution, sont souvent issues de la géologie. Tel est le cas, par exemple, des techniques de la paléoclimatologie. Les techniques de la géographie humaine se retrouvent dans d'autres disciplines comme l'économie et la sociologie. Il en est ainsi des enquêtes, de la quantification, de la modélisation... Certains indicateurs économiques sont ainsi très utilisés en géographie.

Par ailleurs, certaines techniques, largement utilisées par la géographie classique ont été repensées : c'est par exemple le rôle de la description. On distingue de plus en plus, suite aux travaux de l'anthropologue Clifford **Geertz** (1926-2006) la **description mince** (ou ***thin description***) de la **description épaisse** (ou ***thick description***). Alors que la description mince cantonne l'observateur dans un rôle d'observateur, la *thick description*, description en profondeur de ce que l'on voit, est basée sur une interprétation : celle de l'auteur avec son vécu et son regard engagé.

• L'analyse spatiale

L'**analyse spatiale** repose sur la démarche hypothético-déductive. Elle a pour but de comprendre les causes et conséquences de la localisation des populations et des activités par une approche nomothétique (*cf.* p. 233) et modélisée. Elle cherche ainsi à mettre en évidence les formes d'organisation spatiale au travers de différentes notions clés : distance, réseau... L'espace n'est donc pas neutre, mais il est en tant que tel un élément de l'organisation spatiale.

Dans ce cadre théorique, les chorèmes et la chorématique inventée en 1980 par Roger **Brunet** (né en 1931) et reprenant la grille de lecture « **point-ligne-surface** » issue des arts plastiques, ont connu un succès important. Si l'on considère que la géographie établit des lois générales et n'est pas la science du particulier, il est possible d'individualiser les formes élémentaires d'organisation de l'espace qui se combinent et se retrouvent en tout lieu. Ces formes élémentaires ou **chorèmes** sont, selon R. Brunet, au nombre de 28. Ils forment un langage, un outil sémiologique, un « alphabet de l'espace » grâce auquel il est possible de construire des modèles, souvent nommés par extension chorèmes ou **schémas chorématiques**.

« Les vingt huit chorèmes »

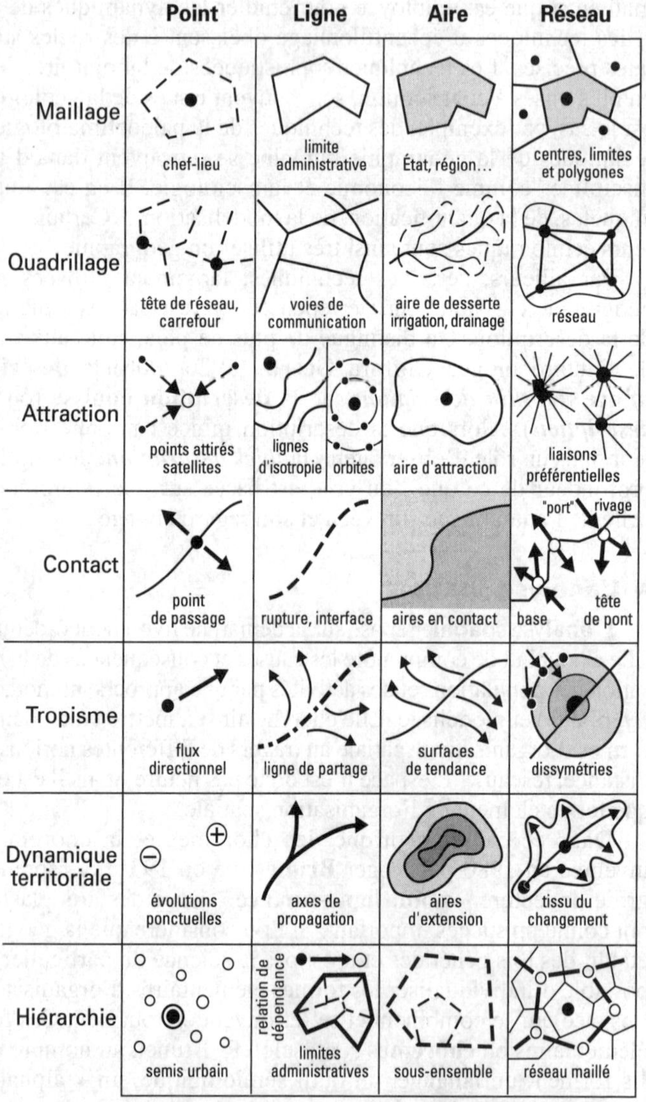

Source : R. Brunet, *Géographie universelle : Mondes nouveaux*, Belin-Reclus, 1990.

« Un exemple de modèle chorématique : l'île tropicale »

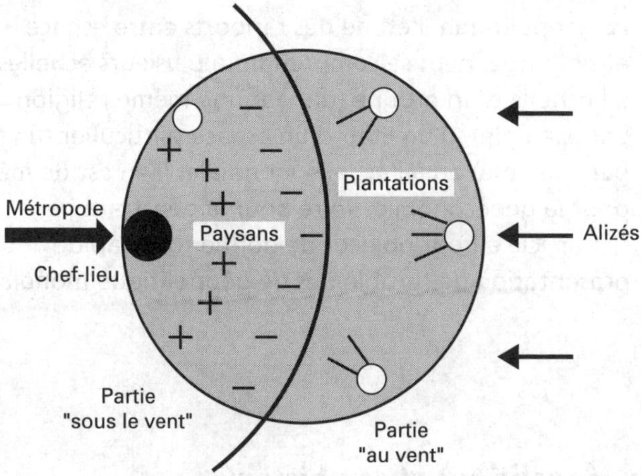

Source : R. Brunet, *Géographie universelle : Mondes nouveaux*, Belin-Reclus, 1990.

Ainsi, le modèle de l'île tropicale est représentatif de la structure de beaucoup de ces îles : l'asymétrie climatique, l'économie coloniale et le peuplement marginal correspondent à un modèle, schématisé en quelques signes.

La construction de ces modèles nécessite cependant une interprétation préalable, parfois délicate. Comment analyser les structures spatiales ? Comment faire une « bonne chorématique » ? Car la chorématique ne dispense pas de l'analyse et l'utilisation de chorèmes n'est pas un gage absolu de science. On retrouve en somme les interrogations et objections émises pour les autres méthodes, à la différence que la chorématique est plus spécifique de la géographie. S'agit-il d'un apport essentiel à la réflexion géographique ou d'une simple mode, comme semble le suggérer le réel recul de la chorématique en géographie depuis quelques années ?

lire aussi

Carte, histoire de la cartographie – Culture, géographie culturelle – Géographie (histoire de la) – Société, géographie sociale

GÉOPOLITIQUE

La **géopolitique**, l'étude des rapports entre espace et politique, peut se comprendre à plusieurs échelles : à l'échelle d'un groupe (uni par une même religion par exemple), d'un État, d'un espace particulier (un océan par exemple) ou à l'échelle mondiale. Il en est de même pour la géoéconomie, voire pour la géostratégie. Cet article a pour objectif de donner une rapide présentation des problèmes de géopolitique mondiale.

La géopolitique et son histoire : des concepts relativement récents

Les théories géopolitiques, essentiellement élaborées au XXe siècle, tiennent compte de données humaines, voire naturelles, et ce à diverses échelles. Elles englobent des préoccupations géostratégiques et géoéconomiques.

• Géopolitique, géographie politique, géostratégie et géoéconomie

L'étude de la **géopolitique** pose deux questions fondamentales : en quoi un espace donné influence-t-il la politique d'un groupe, d'une nation ou d'un ensemble de nations ? En quoi la politique, d'un État par exemple, se sert-elle de sa géographie pour bâtir une théorie ? La géopolitique diffère, sensiblement, de la **géographie politique** qui correspond à une description des États du monde à un moment donné. La géographie politique constitue une discipline statique par rapport à la géopolitique qui a toujours une dimension prospective. La **géographie électorale** se limite, quant à elle, à analyser des résultats électoraux sur un territoire, en fonction de critères historiques, socio-économiques, mais aussi du découpage des circonscriptions électorales.

La politique étant très majoritairement l'œuvre des États, la géopolitique s'intéresse en priorité aux espaces nationaux, à leurs frontières, aux sociétés qui les composent, aux tensions et problèmes qui peuvent amener ces territoires nationaux à se modifier. Les minorités ethniques, religieuses et les systèmes d'alliance sont parmi les domaines d'étude des géopoliticiens. Mais la géopolitique s'intéresse aussi aux représentations mentales et aux conceptions qu'ont les habitants de tel ou tel territoire en tant qu'espace national. Le sentiment de sécurité ou d'insécurité à l'intérieur de ses frontières, la conception de l'autre ou des idéologies différentes en vigueur à l'étranger font partie du champ d'étude de la géopolitique.

Étudiant les rapports entre un espace et la politique, la géopolitique essaie de différencier les facteurs d'explication permanents des facteurs conjoncturels qui influencent les décisions des États. Certains facteurs sont, en effet, structurels, comme la situation géographique de l'entité territoriale et ses caractéristiques naturelles. La prise de conscience de ces paramètres a engendré les premières mesures géopolitiques. Lorsque Vauban, en 1673, demande à Louis XIV de « rendre son **pré carré** » (d'agrandir le territoire national), il témoigne d'une conscience géopolitique et ce n'est pas un hasard si la notion de frontière se précise au même moment. La frontière, fortifiée par Vauban, limite et défend les acquisitions territoriales. Cette prise de conscience du territoire national créera le mythe des « frontières naturelles » et fera de la carte un instrument essentiel de la stratégie.

D'autres facteurs de la politique des nations sont en revanche plus variables. Ainsi, les ressources naturelles ne déterminent pas des politiques constantes. L'intérêt pour telle ou telle ressource varie en fonction des moyens techniques, mais aussi de l'épuisement des gisements et, surtout, de la fluctuation des cours des matières premières. Le pétrole à 140 dollars le baril est un enjeu stratégique infiniment plus important qu'un pétrole à 15 dollars ! Les sources d'énergie peuvent être néanmoins, momentanément, des éléments déterminants des choix géopolitiques des nations. La localisation du pétrole peut même influencer la conception que l'on a de tel ou tel espace. Ainsi, la France tenta en vain de dissocier le cas de l'Algérie et celui du Sahara, riche en pétrole, lors des Accords d'Évian en 1962 ; pourtant l'Union française considérait jusque-là le Sahara (« Territoires du Sud ») comme dépendant de l'Algérie française.

Des conceptions géopolitiques découlent les préoccupations géoéconomiques et géostratégiques, champs d'étude respectifs de la géoéconomie et de la géostratégie. « Sœur cadette de la géopolitique » selon Mackinder, un des fondateurs de la géopolitique, la **géostratégie** étudie les rapports entre géographie et stratégie, notamment militaire. L'emplacement des forces de frappe respectives, les stratégies navales ou terrestres, les alliances, mais aussi le contrôle d'espaces clés comme les détroits sont du domaine de la géostratégie. Quant à la **géoéconomie**, elle étudie les rapports entre espace et activités économiques, pour déterminer le poids des facteurs spatiaux dans l'économie. Considérant le monde comme un système, elle analyse, notamment, les contradictions pouvant exister entre des stratégies géopolitiques étatiques et une économie-monde en plein développement.

La géopolitique, la géoéconomie et la géostratégie, si elles étudient les rapports des régions, des groupes sociaux et des États avec leurs voisins, ont également une vision planétaire et considèrent le monde comme un ou plusieurs systèmes. En cela, elles sont donc pleinement géographiques.

• Une vision géopolitique du monde

Si certaines prises de conscience par les États remontent au XVIIIe siècle, voire à l'Antiquité, c'est le XXe siècle qui a théorisé les grandes notions de géopolitique. La recherche s'est essentiellement portée vers deux directions : quels sont les rapports entre l'État et son territoire et peut-on conduire une réflexion géopolitique mondiale ?

Le britannique Halford J. **Mackinder** (1861-1947) est souvent considéré comme le fondateur de la géopolitique moderne, bien qu'avant lui d'autres, comme Clausewitz, aient déjà eu de telles préoccupations. Il est en effet le premier à considérer le monde comme une totalité. Selon lui, les divers océans forment un tout, l'**océan mondial**. Les terres émergées ne se divisent qu'en trois ensembles : l'**île mondiale** (Europe, Asie et Afrique réunies) et les deux **îles périphériques** : l'Amérique et l'Australie. Cette description se complète d'une analyse. Le cœur de l'île mondiale, ce que Mackinder appelle ***heartland*** (le « cœur du monde »), correspond au nord et au centre de l'Eurasie. Il est composé de vastes plaines (la plaine russe), de grands fleuves (la Volga, l'Ob) et d'immenses pâturages, autant d'éléments favorables faisant de cette région celle qui doit dominer le monde. Le *heartland* est entouré par plusieurs cercles concentriques ou **anneaux**. Un croissant intérieur hostile (montagnes d'Asie et Sibérie) protège le *heartland*. Des **croissants maritimes**, par exemple celui allant de l'Europe à l'Arabie, sont plus ou moins éloignés, et deux autres *heartlands* secondaires existent, l'un en Afrique du Sud et l'autre centré sur les Grandes Plaines américaines. Cette vision, exprimée en 1904, fut complétée, en 1943, par le concept de **puissance maritime**, concept créé par Mackinder en grande partie pour rendre compte de l'émergence de la puissance américaine. Le contrôle des mers est fondamental et le croissant maritime nommé ***rimland*** par l'américain Nicholas J. **Spykman** (1893-1943) peut efficacement s'opposer au *heartland*, puissance continentale. Ces théories, pourtant imprégnées de déterminisme géographique (*cf.* encadré p. 254), connurent un immense succès et influencent encore profondément les conceptions géopolitiques mondiales pour une raison évidente : le *heartland* décrit dès 1904 correspondait (analyse prophétique ?) à l'URSS et les puissances maritimes furent les alliées des États-Unis dans le contexte de la Guerre froide. L'Alliance atlantique n'était-elle pas à l'origine une union des croissants maritimes pour contrôler l'océan mondial et tenter de contrer la puissance terrestre soviétique ? Ces analyses sont aujourd'hui périmées. Le monde actuel s'avère plus complexe, surtout depuis la fin de l'URSS. Cependant, elles peuvent encore servir de grille de lecture dans un monde multipolaire.

• L'État et la géopolitique

Les rapports entre les États et leurs territoires ont été analysés par l'école allemande, essentiellement par Friedrich **Ratzel** (1844-1904). Ratzel se veut biogéographe ; il définit l'État comme « une forme d'extension de la vie à la surface de la Terre ». Selon lui, et conformément à l'**organicisme**, l'État réagit comme un organisme et désire donc s'accroître : tout État est par conséquent en concurrence avec les autres et doit obtenir un « **espace vital** » ou ***Lebensraum***, (du titre de l'un de ses ouvrages). Au début du XXe siècle, l'Allemagne est considérée comme un État « imparfait », car elle ne regroupe pas tous les Allemands, par opposition aux « nations anciennes » à l'unité achevée. Elle est « l'empire du milieu », menacée sur ses flancs par la France et les Slaves. Elle doit donc atteindre ses « frontières naturelles », correspondant à la ***Mitteleuropa*** (l'Europe centrale). Enfin, l'Allemagne doit avoir « naturellement » une politique mondiale ou ***Weltpolitik***. Ces théories, complétées par d'autres géopoliticiens, furent reprises et amplifiées par les nazis. Ainsi, selon Karl **Haushofer** (1869-1946), ami personnel de Rudolf Hess, quatre grandes puissances – le Japon, les États-Unis, la Russie et bien entendu l'Allemagne – ont pour « vocation » de dominer le monde, en le partageant, entre elles, en zones d'influence. Même si Haushofer ne fut jamais personnellement membre de la NSDAP, son engagement politique fut important dans les premières années du régime nazi.

Pour toutes ces raisons, au lendemain de la Seconde Guerre mondiale, le concept même de géopolitique fut discrédité, avant de

Géographisme et déterminisme

L'étude des conceptions géostratégiques et des causes de la plupart des conflits locaux semble *a priori* justifier la célèbre phrase de Napoléon, qui affirmait que « les États font la politique de leur géographie ». En effet, au cours de l'histoire, la géographie a toujours été mise en avant pour justifier une volonté d'expansion : c'est le **géographisme**, idéologie imprégnée de déterminisme naturel et présentant l'avantage de déculpabiliser des hommes qui ne feraient somme toute qu'obéir aux lois de la nature. Ce géographisme s'applique de différentes façons : ce peut être la thèse des « frontières naturelles » (*cf.* p. 218) ; ce peut être la mobilisation de l'opinion contre un ennemi lui aussi « naturel » (ce fut par exemple l'Angleterre puis l'Allemagne pour la France, c'est encore de nos jours la Grèce pour la Turquie, l'Équateur pour le Pérou...). Le géographisme est également la source de nombreuses conceptions géopolitiques plus générales : opposition « naturelle » entre *heartland* et monde maritime, établissement d'une doctrine continentale, comme la doctrine de Monroe aux États-Unis...

Il semble cependant que les États fassent moins la politique de leur géographie que celle de leur histoire : la **doctrine de Monroe**, datant de 1823, et qui justifie les interventions américaines en Amérique latine, a été mise en place, non du fait d'une proximité géographique (Washington est plus proche de Paris que de Rio de Janeiro), mais du fait, à l'époque, d'une volonté de contrebalancer une influence européenne hégémonique et de se créer une **aire d'influence**, c'est-à-dire un espace dans lequel un pays est libre d'intervenir de façon détournée ou plus directe.

connaître rapidement une singulière renaissance dans le contexte de la Guerre froide, car ces théories furent les premières à mettre l'accent sur les rapports complexes entre politique et territoire national. La géopolitique a connu un renouveau en France à partir des années 1960-1970, principalement grâce à Yves **Lacoste** (né en 1929). Celui-ci est à l'origine de la revue *Hérodote*, créée en 1976 et sous-titrée à partir de 1982 *Revue de géographie et de géopolitique*. Yves Lacoste est également l'auteur, en 1976, d'un ouvrage (*La Géographie, ça sert d'abord à faire la guerre*) qui provoqua un certain scandale dans le milieu universitaire, à une époque où la géographie classique, encore dominante, était peu ouverte aux analyses géopolitiques. Dans celui-ci, Yves Lacoste affirmait que la géographie avait toujours été un instrument essentiel dans les mains des militaires, qu'il s'agisse de la production par l'armée française de cartes d'état-major (*cf.* p. 41) ou de son utilisation par l'armée américaine dans le contexte de la guerre du Vietnam.

Géopolitique mondiale et géopolitique des États

• D'un monde bipolaire à un monde plus complexe

De 1946 à 1989, la Guerre froide a coupé le monde en deux. Ce conflit a eu une dimension géopolitique majeure, puisque les stratégies reposaient sur des concepts tels que la formation de blocs, de réseaux d'alliances à l'échelle mondiale. Les théories « des dominos », « des trois mondes », « du Tiers-monde » ou « des trois cercles » sont toutes des visions de l'espace et donc de géopolitique mondiale. Leur connaissance est essentielle pour comprendre les choix géopolitiques actuels à l'échelle mondiale.

En 1947, la doctrine Truman, qui lance la Guerre froide, est une doctrine géopolitique. Correspondant à une stratégie d'**endiguement**, ou ***containment*** en anglais, du communisme, elle crée un réseau d'alliances à l'aide du plan Marshall. Il s'agit d'éviter que le communisme ne déborde des « digues » fixées à Yalta. Cette idée est reformulée en 1954 par Eisenhower dans « la **théorie des dominos** ». Les États sont comparés à des dominos placés sur leur tranche : si un seul tombe (dans le communisme), tous s'effondrent par effet d'entraînement. Le Pacte de Rio (1947), le traité de l'Atlantique

Nord (1949), l'ANZUS (1951) et le Pacte de Bagdad (1955), sont à cette époque les mailles du monde occidental : c'est « la **pactomanie** ». La réponse soviétique est du même ordre et le discours de Jdanov, en 1947, apparaît comme une réplique inversée du discours de Truman, par la mise en place du Kominform.

Qu'est-ce qu'une puissance ?

La notion de **puissance** doit être au préalable différenciée de celle de pouvoir. D'après Jean-Baptiste Duroselle, le **pouvoir** est la capacité pour un État d'influencer la volonté du peuple à l'intérieur de son propre territoire, la notion de puissance correspondant plus à la capacité pour cet État d'imposer sa volonté à l'extérieur. La puissance d'un État peut donc être considérée comme sa capacité d'action sur la scène internationale, comme sa capacité par exemple à imposer sa volonté aux autres États. On peut distinguer deux formes de puissance : le ***hard power*** (pouvoir « dur » ou coercitif), c'est-à-dire la capacité à imposer sa volonté par la force grâce à la puissance militaire et stratégique, mais aussi grâce à la puissance économique ; et le ***soft power*** (pouvoir « doux » ou attractif, défini en 1990 par l'américain Joseph Nye) qui s'exprime par la persuasion et consiste à user de son influence politique pour faire adopter par les autres son point de vue. Les États-Unis sont une (voire la seule) **superpuissance** ou **hyperpuissance**, car ils possèdent les deux attributs, avec un *hard power* présent sur une grande partie de la planète et un *soft power* encore plus important. Celui-ci s'appuie sur des valeurs universelles (liberté, Droits de l'homme, démocratie), un système universitaire attractif pour les étudiants du monde entier, une culture à rayonnement planétaire et les moyens notamment technologiques de diffuser ces valeurs (cinéma, télévision, Internet). C'est ce *soft power* qui contribue à façonner la représentation, en bien ou en mal, de nombreuses situations stratégiques, donc du monde, et permet souvent aux États-Unis de fixer des règles en leur faveur qui deviennent alors de nouvelles sources de puissance.

Ce monde bipolaire s'est rapidement compliqué par des dissensions à l'intérieur de chaque camp. Le cas chinois coupe ainsi le camp soviétique en deux et Deng Xiaoping formule en 1974 la « **théorie des trois mondes** » : aux mondes capitaliste et social-impérialiste s'oppose le monde socialiste représenté par la Chine. Mais, dès les années 1950, d'autres ruptures dans ce monde bipolaire apparaissent. Le concept de « Tiers-monde », créé par A. Sauvy en 1952 et repris lors de la Conférence de Bandoeng en 1955, a une dimension géopolitique, voire géoéconomique. Le terme sera d'ailleurs vite confondu avec celui de « pays en voie de développement ». La Conférence de Belgrade, en 1961, explicite le **non-alignement** ; les participants affirment leur volonté d'emprunter une « troisième voie », en ne s'alignant ni sur les États-Unis, ni sur l'URSS : à la division Est-Ouest, il faut ajouter la coupure Nord-Sud.

À la veille des années 1990, les analyses géopolitiques étaient donc une combinaison des idées de Mackinder, revues et complétées au prisme du sous-développement et de conflits locaux, échappant plus ou moins aux stratégies de Guerre froide. La chute du communisme a rendu caducs bon nombre de ces visions et des choix géostratégiques de Guerre froide.

• Le rôle de l'arme atomique

De la Seconde Guerre mondiale à 1989, les choix stratégiques ont en grande partie été fondés sur l'arme nucléaire et donc sur une conception particulière des conflits : un missile longue-portée peut en quelques minutes frapper n'importe quel endroit de la planète depuis n'importe quel autre. Dans un tel contexte d'**équilibre de la terreur**, ces choix échappent, en partie, aux logiques territoriales *stricto sensu* et ne relèvent que partiellement du domaine de la géostratégie. La course aux armements se fait dans deux directions : l'augmentation du nombre de missiles et l'innovation technologique. Elle a donc une dimension géoéconomique. L'Initiative de défense stratégique américaine des années 1980 (**IDS** encore nommée « **parapluie nucléaire** » ou « **guerre des étoiles** ») reposait sur un réseau de satellites supposé détecter puis détruire tout missile ennemi. Malgré leurs efforts, les Soviétiques ne purent suivre ni techniquement, ni financièrement… et l'IDS est ainsi parfois considérée comme une des causes de la gigantesque crise économique soviétique et donc de la fin de l'URSS.

Pourtant, si la perception que les stratèges ont de l'espace et du temps s'est modifiée, la dimension spatiale persiste. Le territoire national est toujours qualifié de **sanctuaire**, c'est-à-dire d'espace inviolable dont l'agression entraînera des « représailles massives ». La notion de **glacis défensif**, qui désigne, dans son sens premier, le terrain découvert devant une fortification et sur lequel on voit venir l'ennemi, est toujours à l'honneur ; l'Europe de l'Est en fut l'exemple type, protégeant la forteresse soviétique. De même, le but final de la course aux armements étant de garder une **capacité de seconde frappe**, ou la possibilité de répliquer après une attaque nucléaire massive, les considérations spatiales ne sont jamais évacuées. Les États-Unis étant un État-continent, l'agresseur potentiel ne pouvait être sûr de détruire d'un seul coup l'armement de l'ennemi. Le phénomène est renforcé par les pactes militaires, qui contribuent à la dispersion spatiale des missiles, et par la présence des sous-marins nucléaires qui parcourent l'océan mondial. Enfin, l'existence de missiles de portée intermédiaire et à courte portée renforce les logiques territoriales.

Les bouleversements politiques survenus depuis 1989 ont imposé unc nouvelle approche des conceptions géopolitiques et du rôle de l'armement atomique. Les États-Unis, devenus seule superpuissance (ou hyperpuissance), tentent de renforcer leur monopole, par excmple en relançant en 2003, le projet de « parapluie nucléaire ». Cependant, malgré ou à cause de cette situation hégémonique, le sanctuaire américain se trouve menacé et atteint le 11 septembre 2001 par des attentats terroristes sans précédent. Les Américains, choqués, ont découvert leur vulnérabilité et ont imposé un nouveau concept géopolitique dans les relations internationales. Il s'agit, selon les termes de George W. Bush, de « l'**axe du mal** », soit d'un ensemble de réseaux terroristes anti-américains et de pays censés les soutenir (les « États voyous », ***rogues states*** en anglais). Au-delà du slogan simpliste et destiné à une opinion américaine traumatisée, ce concept est finalement assez novateur, car il redéfinit celui plus traditionnel d'ennemi, qui n'est plus attaché à un territoire mais à un ensemble de pays hostiles localisés sur plusieurs continents, et d'autres pays supposés amis mais abritant à leur insu des groupes terroristes. Il ne s'agit donc pas d'un **axe**, mot créé par référence à l'Axe (lors de la Seconde Guerre mondiale, entre l'Allemagne et ses alliés, dont le Japon) car « l'axe du mal », s'il existe, est beaucoup plus diffus : il s'apparenterait plutôt à un réseau constitué de pays ou de groupes de personnes isolés géographiquement les uns des autres et non liés nécessairement par un pacte.

Une vision géopolitique actuelle

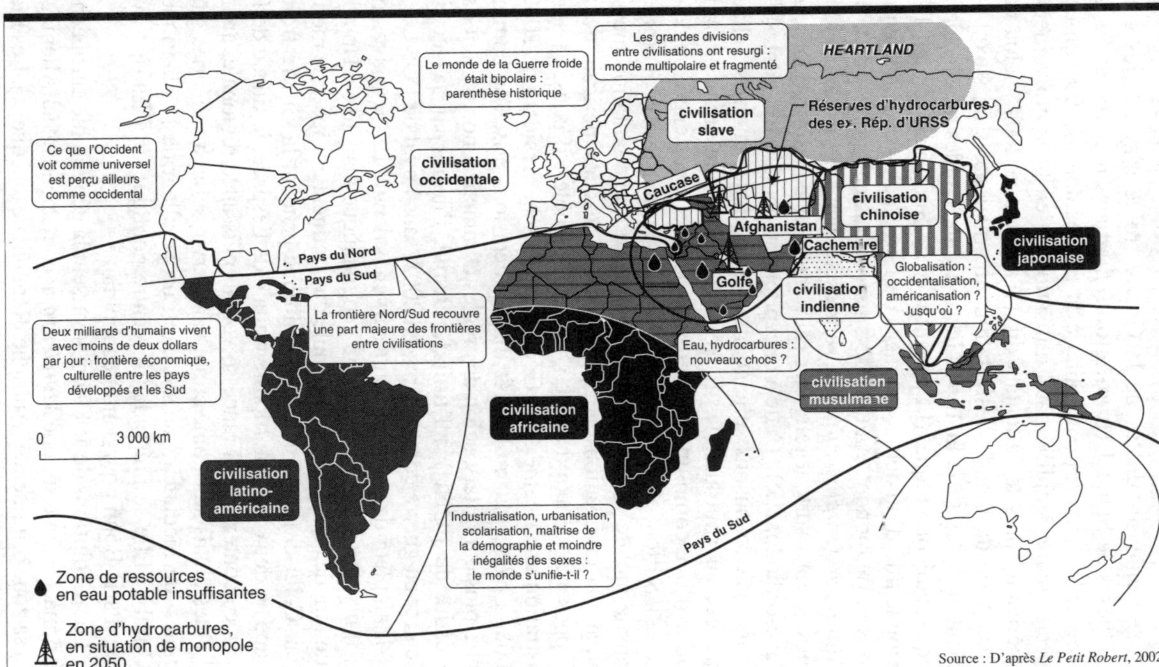

Source : D'après *Le Petit Robert*, 2002.

• La situation géopolitique actuelle : « choc de civilisations » ou nouvel équilibre mondial ?

Les analyses duales de la Guerre froide n'ayant plus cours, les thèses de Samuel **Huntington** (*cf.* articles *Religion* et *Société, géographie sociale*) ont connu à la fin des années 1990 un essor spectaculaire, amplifié par l'utilisation qu'en fit le gouvernement américain après les attentats du 11 septembre 2001. Selon cette conception du monde, les relations internationales ne s'expliqueraient plus, depuis la fin de la Guerre froide, par des raisons idéologiques ou économiques (l'opposition Nord-Sud), mais seraient liées, selon le titre d'un de ses ouvrages de 1996, à un « choc de civilisations ». Le monde serait divisé en sept aires culturelles (*cf.* article *Culture, géographie culturelle*) correspondant à des critères « ethniques », mais surtout religieux (aire musulmane, aire hindoue, aire slave-orthodoxe...). Cette conception du monde est contestable pour plusieurs raisons : elle néglige les diversités internes à chaque aire ou, au contraire, les liaisons entre ces aires (par exemple, l'idée d'une communauté méditerranéenne va à l'encontre de ces thèses). Surtout elle sous-estime le poids des tensions économiques dans le monde. Enfin, elle s'accompagne d'une tentation messianique : la civilisation occidentale et son leader américain devant s'opposer à « l'axe du mal », ce qui a semble-t-il poussé l'administration américaine sous George W. Busch, Président de 2000 à 2008, à passer du **multilatéralisme** (décisions prises en commun entre plusieurs États, selon des règles communes, notamment dans le cadre de l'ONU) à l'**unilatéralisme**, illustré par sa décision d'entrer en guerre contre l'Irak en 2003, sans l'aval de l'ONU.

L'ampleur des changements survenus depuis 1989 prouve donc qu'il n'y a pas de déterminisme géographique mais une adaptation à un monde changeant. L'exemple du continent européen le montre bien. Celui-ci fut un enjeu géopolitique pendant la Guerre froide, coupé en deux par une rupture brutale de l'espace, le rideau de fer. Dans ce contexte, la France se voulait puissance régionale, ancrée à l'Ouest, mais autonome et pouvant servir, selon les théories gaulliennes, de médiateur dans « une Europe allant de l'Atlantique à l'Oural ». Elle se prétendait le centre politique de l'Europe avec l'axe Paris-Bonn pour centre économique.

Les révolutions de 1989 bouleversent la géographie européenne désormais centrée sur une ***Mitteleuropa*** correspondant à l'Allemagne et à sa zone d'influence (Autriche, République tchèque...). Les États européens issus du démantèlement de l'URSS et les anciennes démocraties populaires s'insèrent peu à peu dans l'Union européenne, mais forment parfois des zones d'instabilité, comme dans les Balkans. Le morcellement en de multiples États, aux frontières souvent contestées, et la montée des nationalismes créent dans cette région une situation complexe et instable, que l'on qualifie parfois de **balkanisation**. Cependant, ce terme assez péjoratif, créé en référence au morcellement des Balkans à la veille de 1914, s'applique à des zones où les nationalismes sont enchevêtrés ; il est donc en partie impropre ici, comme dans tous les cas de morcellement issus d'une décolonisation.

Enfin, malgré les tensions liées au 11 septembre 2001, et le regain d'intérêt que connaît l'ONU, la géopolitique cède un peu le pas à la géoéconomie. Les sommets du **G8** (groupe des huit pays les plus riches du monde, ex-**G7**, élargi depuis 1994 à la Russie : États-Unis, Japon, Allemagne, France, Italie, Royaume-Uni et Canada) sont aujourd'hui parmi les principaux lieux de décisions mondiales, même si de nombreuses voix s'élèvent contre ce « directoire mondial » informel, le G8 n'étant pas unanimement reconnu. C'est en effet lors de sa réunion annuelle que sont prises, depuis 1975, des décisions conjointes, en matière monétaire par exemple. Au-delà du cas du G8, les organisations régionales témoignent d'une « nouvelle pactomanie », qui n'est plus militaire mais économique.

• Géopolitique des États : le cas français

Les conceptions géopolitiques françaises se sont donc adaptées. Le territoire français, bordé de quatre mers et océan aurait pu faire du pays une puissance maritime. Mais, la France s'est, de Louis XIV à Napoléon, tournée vers l'Europe continentale. Il faut attendre le XIXe siècle et la colonisation pour voir la France adopter une stratégie mondiale. Du fait de ce passé, la France « quatrième Grand » joue un rôle de premier plan dans le monde. Elle est particulièrement implantée en Afrique noire, y compris dans l'ancien empire colonial belge, au nom de la francophonie. Quatorze pays africains sont ainsi liés à la France dans le cadre de la **zone franc**, union monétaire des pays où circule le **franc CFA** (**Communauté financière africaine**), autrefois défini par rapport au franc français et, depuis 2002, à l'euro. Mais, là comme ailleurs, elle est en recul. En Afrique noire, les États-Unis, mais aussi la Chine supplantent peu à peu la France. De même, le Maghreb et la péninsule d'Indochine, trop lointaine, ne sont plus des chasses gardées françaises. Par son arme nucléaire, la France, durant la Guerre froide, s'était donnée le statut de grande puissance européenne, voire mondiale, statut que ne lui conférait pas forcément sa puissance économique. Mais l'arme nucléaire est moins un signe de puissance car elle est difficilement utilisable dans les conflits actuels ; sous la pression internationale, la France a même dû cesser de procéder à des essais nucléaires depuis janvier 1996. Parallèlement, le passage vers une compétition géoéconomique mondiale est moins avantageux pour un pays en crise économique.

Les événements de 2001 ont un temps à nouveau modifié la donne : l'alignement du Royaume-Uni sur les États-Unis, suite au 11 septembre, a contribué dans un premier temps à une marginalisation de la politique française. En revanche, la crise irakienne de 2003 remit un temps en valeur le rôle de la France, détentrice du droit de veto au Conseil de sécurité de l'ONU.

Pourtant, la tendance semble être celle d'un recul des positions françaises, mais aussi celle d'une dilution de l'importance même des États dans le contexte de la mondialisation. L'échelle étatique a certes toujours été une grille de lecture privilégiée par la géopolitique, mais, de nos jours, de nombreux analystes pensent non seulement que l'État joue un rôle moins important qu'auparavant, mais aussi que la structure territoriale serait en train de disparaître au profit d'un monde en réseaux. Cela est notamment illustré par l'importance prise à l'échelle internationale par le **terrorisme**, c'est-à-dire l'utilisation d'actions violentes et meurtrières pour choquer les opinions publiques et déstabiliser les États. Il en a résulté une large déterritorialisation des conflits, ceux-ci étant le fait d'organisations présentant des ramifications dans plusieurs États et agissant à l'échelle de la planète, comme le réseau Al-Qaida.

lire aussi **Frontière – Mondialisation, système-monde – Océan, mer**

GLACIER

Les **glaciers**, ces masses de glace continentale en mouvement, se localisent essentiellement aux pôles. Toutefois, les glaciers les plus célèbres et les plus étudiés restent les glaciers de montagne aux caractéristiques sensiblement différentes des glaciers polaires. Ces deux types possèdent néanmoins des points communs puisque ce sont de formidables agents d'érosion dont l'action, encore importante de nos jours, a été déterminante lors des périodes glaciaires du Quaternaire.

Les différents types de glaciers

• Les glaciers polaires

Au nord du cercle polaire arctique, les glaces occupent 4 % de l'Alaska, 60 % du Spitzberg et la quasi-totalité du Groenland. Mais les **glaciers polaires** les plus importants sont en Antarctique, où ils couvrent 98 % du territoire. Ce sont de grandes **calottes de glace** de forme lenticulaire, les **inlandsis**, qui peuvent atteindre des milliers de mètres d'épaisseur et se caractérisent par la prédominance des **glaces froides**, d'une température inférieure à 0 °C toute l'année. À leur extrémité, ces calottes se terminent par des émissaires, glaciers où coexistent glaces froides et **glaces tempérées**, c'est-à-dire pouvant connaître des températures positives.

Du fait de leur masse, de leur enchâssement entre les reliefs et de la présence de glaces froides, les calottes glaciaires ne présentent qu'une faible dynamique, mais peuvent connaître des phénomènes **supraglaciaires** – ou superficiels – importants. Ainsi, les rares pluies d'été (moins de 400 mm par an au Spitzberg par exemple) engendrent des rivières supraglaciaires importantes, les **bédières**, qui disparaissent brutalement dans des **moulins**, véritables gouffres à la surface du glacier. Des **lacs supraglaciaires** se localisent dans ces creux. Si tous ces phénomènes peuvent se retrouver à la surface des glaciers de montagne, l'originalité réside ici dans la taille énorme du phénomène : on a estimé ainsi à 130 millions de m^3 le volume d'un lac supraglaciaire aux îles Kerguelen.

Coupe d'une calotte glaciaire

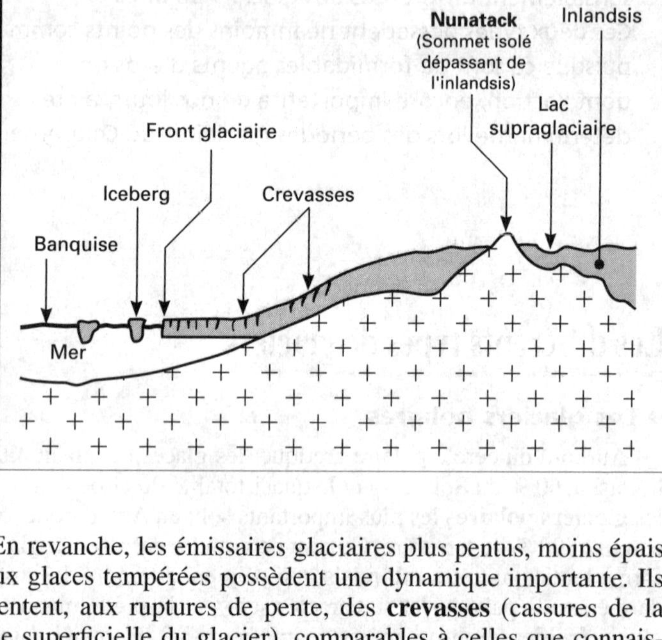

En revanche, les émissaires glaciaires plus pentus, moins épais et aux glaces tempérées possèdent une dynamique importante. Ils présentent, aux ruptures de pente, des **crevasses** (cassures de la partie superficielle du glacier), comparables à celles que connaissent les glaciers de montagne et des **séracs**, blocs de glace isolés provenant de la fragmentation du glacier. Leur terminaison est un **front glaciaire** généralement très haut. Dans le cas d'une calotte aboutissant dans une mer ou un océan, c'est toute la partie basse du glacier qui flotte et les ruptures du front glaciaire, sous l'effet de la poussée, engendrent la création d'**icebergs**, masses de glace flottantes et dérivantes au gré des courants marins, dont la taille peut être gigantesque au point de dépasser celle du Luxembourg. À titre d'exemple, en 2002, un iceberg détaché du continent antarctique dans la mer de Ross mesurait 200 km de long sur 31 km de large. Si le front glaciaire se trouve sur la terre ferme, les **rivières**

sous-glaciaires apparaissent à l'air libre. Ce sont les collecteurs des nombreux moulins, de la fonte des glaces et d'une façon plus générale de toute l'eau du bassin-versant. Gelées l'hiver, elles connaissent une crue de printemps, la **débâcle**, et changent très souvent de cours ne créant donc pas de vallée mais une étendue uniformément plate, le ***sandur*** ou ***sandr***. La **banquise** ou ***pack***, formée à la surface des mers polaires, ne s'apparente pas à un glacier, puisqu'il s'agit d'eau de mer gelée, la **glace de mer**.

• Les glaciers de montagne

Les **glaciers de montagne** sont de plus petite taille. Le grand glacier d'Aletsch en Suisse n'atteint pas 23 km de long et, dans le Karakorum, le glacier géant du Baltoro, avec ses 57 km environ, est plus petit que bon nombre de glaciers d'Alaska ou du Groenland. Ils connaissent des vitesses et des dynamiques beaucoup plus importantes que les glaciers polaires car ils sont constitués de glaces tempérées et généralement localisés sur de très fortes pentes. Ainsi, un glacier rapide avance de plus de 100 m par an. Les crevasses et chutes de séracs sont donc ici des phénomènes prédominants.

Les différents éléments d'un glacier de montagne

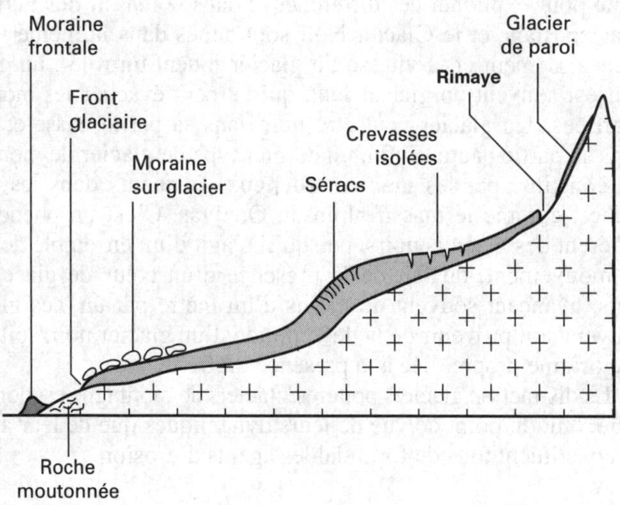

Plusieurs classifications des glaciers de montagne coexistent. Une première typologie se fonde sur leur topographie. Les **glaciers de versant**, souvent raides et peu épais, n'ont pas véritablement créé de vallée glaciaire. Un type particulier de glacier de versant est constitué par les **glaciers de paroi**, minces carapaces de glace accrochées sur les versants très raides de la haute montagne. Les **glaciers de cirque**, enchâssés au fond d'un cirque glaciaire peuvent, s'ils sont importants, passer à des **glaciers de vallée**. Ceux-ci sont caractérisés par l'existence dans leur partie basse d'une avancée longue et étroite du glacier ou **langue glaciaire**. Enfin, les **glaciers de calotte** existent également, même si les calottes sont rares et de toute petite taille, puisque les hautes montagnes ne recèlent que peu de plateaux de haute altitude propices à ce type de formations.

Une autre typologie distingue les glaciers en fonction de leur aspect, mais aussi de leur couverture et de leur alimentation. Elle sépare les glaciers blancs des glaciers noirs. Les **glaciers blancs**, où la glace apparaît en surface, sont caractéristiques des montagnes humides comme au Népal, où la forte alimentation en glace se combine souvent à de fortes vitesses. À l'opposé, on trouve les **glaciers noirs**, recouverts en surface de **moraines** : débris rocheux, qu'ils ont arrachés ou qui sont tombés sur eux. Ce type de glacier est plus caractéristique des montagnes sèches comme le massif du Mercantour. Cette distinction climatique est toutefois insuffisante pour expliquer ces différences : dans le massif des Écrins, le Glacier Blanc et le Glacier Noir sont situés dans la même vallée. L'encaissement et la vitesse du glacier jouent un rôle : un glacier noir est souvent un glacier lent, qui ne peut évacuer les moraines charriées. Un glacier peut être noir dans sa partie basse et blanc dans sa partie haute. Enfin, un dernier type de glacier de montagne est constitué par les **glaciers rocheux**, fréquents dans les zones sèches, comme le massif alpin du Queyras. C'est un phénomène différent des glaciers noirs, puisqu'il s'agit d'un ensemble de blocs en mouvement, du fait de la présence d'un cœur de glace. Très lents, avançant souvent de moins d'un mètre par an, ces glaciers peuvent soit provenir de la décrépitude d'un glacier noir, soit avoir une origine propre, liée à la présence du froid.

La distinction glaciers polaires/glaciers de montagne est donc très nette, tant du point de vue de leurs dynamiques que de leur aspect. Ils constituent tous de formidables agents d'érosion.

L'érosion glaciaire

Tous les glaciers possèdent les mêmes caractéristiques d'érosion, de transport et créent des dépôts sensiblement identiques.

• L'érosion glaciaire

Si les eaux sous-glaciaires peuvent avoir une action érosive non négligeable, c'est surtout le glacier en tant que tel qui joue le rôle majeur. Du fait de sa masse et de la pente, le glacier glisse lentement vers l'aval. C'est ce glissement, ce **fluage glaciaire**, qui érode le soubassement. Souvent chargé à sa base de débris, le glacier façonne et creuse les reliefs sous-jacents par débitage et par abrasion. Les traces de ce phénomène deviennent bien visibles lorsque le glacier s'est retiré : il s'agit de **stries glaciaires** et **cannelures**, issues du contact avec des pierres charriées par le glacier, et aussi des **roches moutonnées**, de forme convexe et polies par le glacier. Les ***fjell*** (terme norvégien), des zones plus ou moins planes, caractérisées par ces formes, alternent avec des zones lacustres liées au surcreusement.

Par ailleurs, l'action érosive du glacier se traduit par la constitution de vallées typiques, les **vallées glaciaires**. Dans sa partie amont, le glacier de montagne crée un **cirque glaciaire** : une zone surcreusée, aux versants raides, généralement en demi-cercle. Deux cirques glaciaires, côte à côte, peuvent alors isoler une **pyramide de cirque** (un sommet pyramidal bien distinct des reliefs environnants).

Plus en aval, la vallée proprement dite est une **auge glaciaire** ou **vallée en U**, ainsi appelée du fait de son fond plat et de ses versants raides, eux-mêmes dominés par une zone à plus faible pente, l'**épaulement**. Mais ces auges ne sont pas uniformes. Certaines, taillées dans la roche en place et marquées par l'absence de fond plat, ont alors une forme semi-circulaire (auge en **berceau**). Dans des zones de roches dures, où le glacier érode moins, la vallée se resserre pour former un **verrou glaciaire**. À l'inverse, en zone de roches meubles, l'auge peut s'élargir pour créer un **ombilic**, ce qui donne généralement naissance, suite au retrait glaciaire, à un espace plus ou moins plan (**oule** dans les Pyrénées). Ces reliefs ont souvent influencé le peuplement et les activités humaines : si les ombilics permettaient facilement aux activités agricoles de se déployer, de nombreux bourgs en revanche se sont situés de manière préférentielle sur les verrous, lieux stratégiques permettant facilement de contrôler les vallées.

• Le transport par le glacier

Les roches arrachées par le glacier sont transportées en surface et au fond même du glacier. D'autres, issues des versants supérieurs, s'infiltrent à l'intérieur du glacier par les crevasses ou par la **rimaye**, la crevasse sommitale issue du décrochement de la paroi. Ces roches constituent soit un matériel morainique indifférencié, transporté pêle-mêle, soit des moraines mieux organisées. Arrachant une quantité importante de matériaux sur ses bords, le glacier est souvent bordé de **moraines latérales**, la confluence de deux glaciers pouvant transformer une moraine latérale en **moraine médiane**.

• Les formes d'accumulation

Après avoir érodé et transporté du matériel morainique, le glacier dépose celui-ci dans sa partie aval, ou parfois sur ses flancs, formant alors des terrasses morainiques ou **terrasses de kame**. En zone de montagne, le front glaciaire est donc toujours accompagné d'une zone de dépôt, plus ou moins étendue, la **marge proglaciaire**, située en avant du glacier et où les eaux de fonte sont l'agent morphogénétique dominant. Des moraines latérales peuvent subsister, issues d'une époque où le glacier était plus important. En aval, les matériaux transportés de front par le glacier forment une **moraine frontale**, très souvent entaillée, ou détruite par les crues des rivières sous-glaciaires. Plusieurs arcs morainiques, ou **vallums**, subsistent parfois. Dans ce domaine proglaciaire, peuvent même se loger des **lacs proglaciaires**, mais ils connaissent des vidanges fréquentes, parfois catastrophiques : soumis à l'avancée du glacier et aux crues, logés dans un matériau meuble, ils sont en équilibre instable.

Enfin, les dépôts glaciaires peuvent provenir du fond même du glacier. C'est le cas des **drumlins**, dépôts morainiques de forme allongée, souvent abandonnés par le glacier lors d'une rupture de pente, par exemple dans un ombilic. De telles formations ne sont naturellement visibles qu'une fois le glacier retiré. On parle alors d'**héritages glaciaires**.

Formidables agents d'érosion, les glaciers ont donc contribué à modeler les reliefs, non seulement des régions de montagne, mais aussi d'espaces beaucoup plus vastes. En effet, ils atteignirent une extension maximale à l'ère quaternaire (*cf.* article *Climat*). En revanche, de nos jours, le réchauffement climatique (*cf.* article *Risques, pollution*) pose la question inverse de leur recul généralisé, voire de leur disparition, dans la plupart des zones montagneuses.

Les glaciers, une ressource importante

Les glaciers sont une ressource importante à plusieurs points de vue. Ils servent tout d'abord de réserves d'eau, alimentant de très nombreux fleuves : à l'échelle planétaire, on estime que plus d'un sixième de la population mondiale dépend des glaciers ou du manteau neigeux saisonnier pour son approvisionnement en eau. Pour cette raison, le réchauffement climatique et la fonte des glaciers de montagne constituent une véritable menace pour des millions d'habitants qui utilisent ces eaux pour irriguer les cultures, au Pérou, en Chine ou en Inde. Les glaciers peuvent ainsi constituer des enjeux géopolitiques : une des causes de l'attachement chinois au Tibet est la présence dans cette région de glaciers himalayens qui contribuent pour une bonne part à l'alimentation des grands fleuves chinois.

Dans un autre domaine, les glaciers ont souvent influencé culturellement les sociétés vivant à leurs pieds et certains jouent un rôle religieux fort : celui des sources du Gange est sacré ; au Pérou, le sanctuaire de Qoyllurit'i, où eut lieu une apparition miraculeuse en 1780 est, à 5200 mètres d'altitude, le pèlerinage le plus haut d'Amérique latine.

Les glaciers constituent également une ressource patrimoniale ou paysagère essentielle : comment imaginer Chamonix sans la mer de Glace ? De nombreux pays ou régions utilisent les glaciers comme support de produits touristiques : c'est le cas par exemple de l'Alaska avec le Parc national de Wrangell-St. Elias, le plus vaste des États-Unis. C'est aussi le cas de l'Islande, autoproclamée « Terre de glace et de feu », et qui médiatise notamment les quelques icebergs du Jokulsarlon, seul endroit où un glacier islandais se jette dans la mer. Dans certaines stations alpines, le ski sur glacier est depuis longtemps un argument publicitaire.

lire aussi **Climat – Montagne – Risques, pollution**

INDUSTRIE (ENTREPRISES, SECTEURS)

Les entreprises constituent la base de toute production industrielle. Privées ou publiques, elles s'expriment dans des secteurs industriels variés et sur des marchés de tailles très différentes, de l'échelle locale à la planète toute entière. Les plus importantes d'entre elles et notamment les firmes multinationales font partie des principaux acteurs de la mondialisation.

Définition et rôle de l'industrie dans l'économie

L'**industrie** représente souvent une activité essentielle de la vie économique d'une région ou d'un État. Elle regroupe l'ensemble des activités économiques qui ont pour objet de transformer des richesses naturelles en vue de produire des biens matériels. Elle se distingue en ce sens de l'**artisanat**, encore très présent notamment dans les pays du Sud, qui concerne des structures de taille inférieure (**ateliers**), employant peu de salariés, ne produisant pas en grande série et vendant le plus souvent les produits localement et directement. Les **manufactures** furent, dès le XVIIIe siècle en France et au Royaume-Uni, les premiers établissements industriels associant un grand nombre d'employés dans des structures de grande taille.

L'industrie, également détentrice et responsable de l'emploi de grandes masses de travailleurs, exerce un effet d'entraînement sur les autres secteurs, notamment l'agriculture et les services. Le niveau industriel est donc un bon indicateur du développement d'un État au point que l'on parle parfois de **pays industrialisés** pour qualifier les pays du Nord (les pays développés). On peut quantifier le niveau industriel en évaluant la **valeur ajoutée industrielle par habitant** (la valeur de la production moins la valeur des consommations intermédiaires rapportée au nombre d'habitants).

On constate cependant, dans la plupart des pays, que le développement économique s'accompagne d'une réduction du poids de l'industrie dans les emplois et dans la valeur ajoutée par suite des mutations technologiques récentes qui semblent se faire au profit d'une **tertiarisation** de l'économie, c'est-à-dire de la multiplication des emplois de services, qui caractérise les économies postindustrielles. Il convient cependant de signaler que la frontière entre industrie et services est devenue moins étanche : de nombreuses firmes industrielles importantes produisent aujourd'hui également des services (produits financiers, touristiques, de transport...).

L'entreprise : à la base de la production industrielle

• La définition de l'entreprise

L'**entreprise industrielle** (ou **firme**) constitue classiquement le maillon central du système capitaliste. C'est une unité économique dont la vocation est de produire des biens destinés à être vendus sur des **marchés**, des espaces au sein desquels s'effectuent les échanges. Ils peuvent être de dimension réduite dans le cas d'un marché local mais peuvent atteindre la taille d'un État – c'est le **marché national** (qui, dans les États très peuplés et à fort pouvoir d'achat comme les États-Unis, peut largement suffire aux besoins d'une entreprise) – ou s'étendre au-delà, à l'échelle d'un continent, voire à l'ensemble de la planète (*cf.* article *Mondialisation, système-monde*). Une entreprise qui produit pour l'exportation participe à l'équilibre commercial de la nation. Pour son activité, l'entreprise utilise des **facteurs de production** (travail, capital...) qu'elle rémunère et qui peuvent être accrus par des investissements. Elle cherche, dans les pays à économie de marché, à produire davantage par une **croissance intensive**, c'est-à-dire qui repose sur des gains de productivité, et s'oppose à la **croissance extensive** des systèmes planifiés initiés dans l'ex-URSS, basée sur l'accroissement des facteurs de production. L'entreprise est aussi une unité juridique qui peut comprendre un seul ou plusieurs établissements, bâtiments industriels ou **usines**, situés ou non dans la même zone. Son **siège social** est le lieu où se trouvent les organes de direction.

• Les différents types d'entreprises industrielles

Les économistes et les géographes différencient surtout les entreprises selon leur statut, leur taille et l'étendue de leur influence.

On classifie d'abord les entreprises selon leur **structure financière** (répartition du capital) en distinguant les entreprises privées des entreprises publiques ou mixtes. Les **entreprises privées**, théoriquement indépendantes du pouvoir politique, recherchent le profit pour ensuite le distribuer aux actionnaires ou le réinvestir, notamment dans l'entreprise, favorisant ainsi sa croissance. Les **entreprises mixtes** possèdent des capitaux privés et publics alors que les **entreprises publiques** sont contrôlées par l'État, qui possède au moins la majorité du capital. Les entreprises peuvent être ou non exposées à la concurrence. Dans l'ex-URSS, toutes les entreprises étaient publiques et l'État possédait l'intégralité du capital ; il s'agissait davantage de structures prolongeant les administrations que de véritables entreprises. Les entreprises publiques peuvent subir une **privatisation** par la vente d'une partie (**privatisation partielle**) ou de la totalité de leur capital à des actionnaires privés. Le mouvement inverse consiste en une **nationalisation** (*cf.* p. 201), c'est-à-dire le passage d'une entreprise privée sous le contrôle de l'État. En France, trois vagues de nationalisations furent effectuées : 1937 avec le Front populaire, 1945 à l'issue de la Seconde Guerre mondiale et 1982 après l'alternance socialiste. Depuis 1986, elle a par contre connu plusieurs vagues de privatisations, décidées au départ par des gouvernements de droite, qui en ont fait un élément de stratégie industrielle. Les ouvertures de capital et les privatisations d'entreprises publiques se sont ensuite poursuivies, quelle que soit la couleur politique des gouvernements.

Selon la taille ou la structure sociale, on distingue en général les petites entreprises de moins de 50 salariés, les entreprises moyennes de 50 à 500 salariés et les grandes entreprises au-delà. Ces seuils varient cependant beaucoup selon les États. On associe en général les deux premiers groupes sous le terme de **PME** (**petite et moyenne entreprise**) ou **PMI** (**petite et moyenne industrie**). Ces dernières pratiquent souvent la **sous-traitance** en fournissant à une entreprise plus importante un produit intermédiaire ou une prestation spécifique. On parle parfois de **TPE** (**très petite entreprise**) pour qualifier les structures de moins de 20 salariés (en France, les deux tiers d'entre elles n'ont en fait aucun salarié). Il convient de ne pas confondre TPE et **micro-entreprise**, celle-ci correspondant en France à une entreprise qui bénéficie d'un régime fiscal particulier, à la condition que son chiffre d'affaire ne dépasse par un certain plafond.

Enfin, chaque entreprise se caractérise par son rayon d'action et l'étendue de son influence. Celles au rayonnement le plus remarquable sont sans doute les **FMN** ou **firmes multinationales**, définies comme des entreprises qui possèdent des filiales industrielles dans un nombre minimum de pays (au moins 6, selon l'ONU) et qui réalisent une part significative (mais variable selon les sources, de 10 % à 50 % !) de leur chiffre d'affaires à l'étranger, y compris par des alliances avec des firmes locales pouvant aller jusqu'à former une **entreprise commune** ou **coentreprise** ou encore ***joint venture***. Les FMN les plus internationales connaissent une certaine **déterritorialisation**, ou une atténuation des liens qui les unissent à leur pays d'origine à mesure que les marchés sur lesquels elles sont présentes deviennent plus planétaires. Le terme de **firme transnationale** (**FTN**) est assez délicat à employer. Parfois utilisé comme équivalent pur et simple de FMN, parfois préféré à celui-ci, il est également utilisé pour caractériser des FMN réalisant l'essentiel de leur chiffre d'affaires à l'étranger et n'ayant plus de véritable ancrage local. Le terme de **firme globale** (ou ***world company***) désigne, cas extrême, une entreprise complètement mondialisée. Néanmoins, cette notion relève encore plus du mythe ou de la métaphore que d'une réalité concrète. Les FMN sont majoritairement des firmes industrielles mais beaucoup d'entre elles, notamment les *keiretsu* japonais, ont des activités de services (banque, assurance…) et certaines d'entre elles, comme AOL Time Warner, Vivendi, CNN ou encore FedEx, sont des entreprises de services.

Le poids économique des FMN les plus performantes dépasse celui de nombreux États. Elles participent à la **transnationalisation**, qui désigne une politique de conquête des marchés par les multinationales cherchant à s'établir notamment sur les trois principaux marchés de la Triade. Les FMN, sous la pression de la concurrence, doivent, dès la conception d'un nouveau produit, adopter une stratégie mondiale. Les États-Unis, le Japon et les États de l'Union européenne possèdent la majorité des plus grandes entreprises mondiales mais les pays émergents en comptent de plus en plus. Elles s'intègrent enfin dans la mondialisation (*cf.* article *Mondialisation, système-monde*) avec un marché planétaire, une stratégie mondiale et des réseaux d'information et de communication qui ignorent les frontières.

Au Japon, les FMN sont de deux types. Il s'agit d'abord des anciens ***zaibatsu***, conglomérats d'entreprises réunis autour d'une famille (ou ***honsha***) qui ont bénéficié d'un soutien politique de haut niveau de leur naissance, au XVIIe siècle (Mitsui, Sumitomo...), jusqu'à leur démantèlement en 1945 à l'issue de la défaite japonaise. Dans la réalité, elles se sont vite reconstituées sur une structure tricéphale : entreprises industrielles, maison de négoce (***sogo shosha***) et entreprise financière, banque et compagnie d'assurance. Le terme de ***zaïkaï*** a longtemps été utilisé pour qualifier ces *zaibatsu* reconstitués. La prise de pouvoir de plus en plus effective par les banques depuis le milieu des années 1980 a fait évoluer la terminologie et on parle aujourd'hui plus fréquemment de ***keiretsu*** pour désigner les groupes d'entreprises qui ont succédé aux *zaïkaï*. Il existe également au Japon des multinationales plus récentes, comme Sony ou Hitachi, qui ne possèdent pas l'héritage historique des *zaïkai* et sont organisées plus classiquement autour d'une structure pyramidale. Les ***chaebol*** ou ***jaebol*** de la République de Corée du Sud sont des grandes entreprises industrialo-commerciales d'origine familiale (Samsung, Hyundai, Daewoo...), donc assez proches des *zaibatsu* japonais.

C'est dans ces grandes entreprises que les méthodes de travail et de production ont été progressivement améliorées. Ce fut le cas au début du siècle aux États-Unis avec l'invention du **taylorisme** (du nom de l'ingénieur américain Frederick Taylor) qui repose sur une **Organisation scientifique du travail** (**OST**) dont l'objectif premier est d'accroître la productivité grâce à la division du travail à la fois par séparation entre tâches de conception et d'exécution et aussi grâce à une parcellisation du travail face à la machine en opérations simples et répétitives. Cela permet une forte spécialisation des ouvriers attachés à un poste fixe, le chronométrage de leur travail et une rémunération au rendement. Le taylorisme fut appliqué précocement dans des abattoirs de Chicago puis, dès le début des années 1910, dans l'industrie automobile et en premier lieu dans les usines Ford.

Henry Ford (1863-1947) perfectionna et compléta le taylorisme (on parle parfois de **tayloro-fordisme**) en développant l'utilisation de la chaîne de production et la **standardisation** qui permet, grâce à l'emploi de pièces interchangeables, la production en grandes séries. Mais le **fordisme** repose aussi sur d'autres évolutions, notamment la pratique de salaires élevés (*Five dollars day,* soit le double de ce qui était pratiqué habituellement). Cela permettait d'abord, par l'augmentation du pouvoir d'achat des ouvriers, de stimuler la demande globale de biens de consommation. Un autre objectif était, face à des conditions de travail devenues plus difficiles, de limiter les contestations et de fidéliser la main-d'œuvre en luttant notamment contre le ***turn over*** (**rotation de l'emploi**), c'est-à-dire des démissions fréquentes qui entraînent un fort renouvellement de la main-d'œuvre. Le fordisme reposait enfin sur d'autres pratiques comme l'emploi de la publicité ou le développement du service après-vente et donc de la liaison industrie-tertiaire. Il fallut attendre la fin de la Seconde Guerre mondiale pour qu'il se diffuse hors de l'Amérique du Nord, en Europe, puis dans le reste du monde. Il constitua, dans les pays à économie de marché, le modèle dominant d'organisation du travail et ce jusqu'aux années 1980, période à laquelle il fut progressivement supplanté par le **toyotisme**.

Né au Japon, ce nouveau système de production est présenté, selon les auteurs, soit comme un perfectionnement du fordisme, soit comme modèle alternatif à celui-ci. Il est basé sur quelques principes comme la production en « **juste à temps** » ou **flux tendus**, c'est-à-dire avec le moins de stock possible et un fort esprit d'équipe qui permet la pratique du ***kaisen*** (l'apport de petites améliorations constantes au produit) dans le but d'atteindre une qualité optimale. On parle souvent des « **Cinq zéros** » pour caractériser le toyotisme : zéro stock, zéro délai, zéro défaut, zéro panne et zéro papier (le moins possible de formulaires administratifs).

C'est enfin dans ces grandes entreprises que la **flexibilité** – la souplesse de l'organisation des moyens de productions – est poussée le plus loin dans le but de s'adapter aux évolutions de la demande et de la conjoncture économique. Elle s'applique aux machines, mais concerne aussi la main-d'œuvre, à qui l'on demande par exemple d'ajuster son temps de travail journalier, mensuel ou annuel aux besoins et aux fluctuations de la demande.

La concentration industrielle

La concentration industrielle a d'abord un sens géographique : il s'agit de la concentration des établissements industriels ou **usines** dans l'espace. Elle a pour objet d'accroître la **productivité** (le rapport entre la production et les facteurs qui ont permis de l'obtenir) et de réaliser des **économies d'échelle** en réduisant le coût de l'unité produite grâce à l'augmentation de l'échelle de la production : c'est l'avantage de la grande entreprise.

La concentration résulte d'un choix stratégique pour orienter la croissance de l'entreprise. La **concentration** peut être d'abord **horizontale**, c'est-à-dire s'exercer dans les mêmes secteurs. C'est l'exemple de Peugeot qui absorba Citroën en 1974, puis Chrysler France en 1978.

Répartition des 500 plus importantes entreprises mondiales en 2007, par pays ou par zone

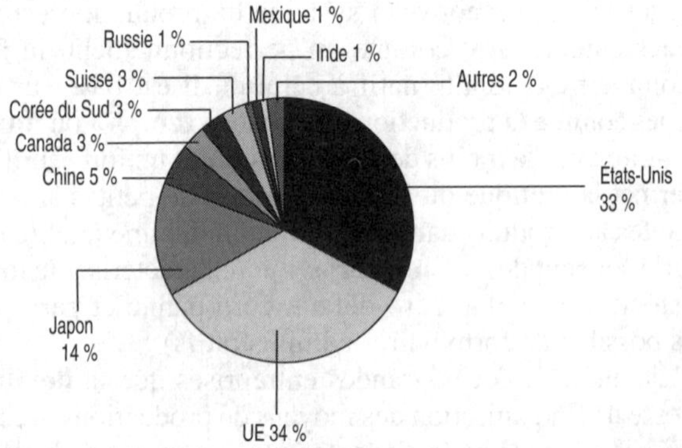

La **concentration verticale** concerne des secteurs complémentaires vers l'amont (approvisionnement) ou l'aval (distribution, commercialisation). Les compagnies pétrolières qui prennent le contrôle d'entreprises de raffinage et de chaînes de distribution en constituent un exemple. La concentration dans des secteurs différents, ou **concentration conglomérale**, aboutit à la formation de **conglomérats industriels**, ou d'entreprises possédant des activités dans des domaines forts différents et non liés. Ce type de concentration répond à une logique financière destinée le plus souvent à réduire les risques et augmenter la puissance. Une concentration importante aboutit à la formation d'un **oligopole** (petit nombre d'entreprises dominant un marché). Une concentration maximale aboutit au **monopole** : dans ce cas, une entreprise contrôle à elle seule tout un marché. On parle parfois de **trust** pour désigner ces concentrations aboutissant à des situations d'oligopole ou de monopole. Des **lois antitrust** ont été mises en œuvre dans le monde entier pour combattre ces concentrations industrielles et des formes « d'abus de position dominante », comme cela a été le cas pour la firme américaine Microsoft, condamnée à plusieurs reprises depuis 2004 par la Commission européenne. Ces lois répriment également les **cartels**, c'est-à-dire les ententes entre entreprises dans le but d'éliminer la **concurrence**, à savoir la rivalité entre des vendeurs (ou des acheteurs) concernés par le même marché. Le cartel international du pétrole concernait sept entreprises qui fixaient un prix commun et se partageaient les marchés. Pour contourner ces lois antitrust se sont constituées des **holdings**, sociétés purement financières qui contrôlent des entreprises dans des secteurs différents.

Les classifications industrielles

Dans leur ensemble, les activités industrielles forment classiquement le **secteur secondaire**, la frontière entre celui-ci et le secteur tertiaire étant cependant de plus en plus floue en raison notamment de l'existence d'entreprises à la fois industrielles et de services (*cf.* article *Services, secteur tertiaire*). Les **industries de base** se situent au premier stade de la transformation industrielle. Elles regroupent les activités de transformation des matières premières en produits semi-finis. Elles sont également qualifiées d'**industries lourdes** ou **industries de biens intermédiaires** en ce sens qu'elles opèrent à un stade de production situé entre les matières premières et les produits de l'industrie de transformation. Elles font souvent partie de la **grande industrie** regroupant les **industries de capital** (dites aussi **capitalistiques**) qui mobilisent beaucoup de capitaux.

Elles ont parfois été considérées, notamment dans les pays du bloc communiste et dans certains PED comme l'Algérie, comme des **industries industrialisantes** – possédant un pouvoir d'entraînement sur les autres industries –, qui peuvent en profiter pour se développer vers le haut, par **remontée de filière**, par exemple en développant des industries de biens d'équipements ou en passant de la chimie lourde à la production d'engrais, d'insecticides ou de médicaments.

Les **industries de transformation** utilisent des biens intermédiaires produits par les industries de base. On distingue les **industries de biens de production** ou d'équipement, utilisés pour produire d'autres biens ou destinés à une activité professionnelle et les **industries de biens de consommation courante** ou biens d'usage, destinés à une consommation individuelle. Les industries de biens d'équipement produisent par exemple des machines-outils, des moteurs, alors que les industries de biens de consommation fabriquent des produits finis comme l'habillement, l'électroménager ou l'électronique grand public.

Les **industries agroalimentaires** constituent un cas à part, transformant les matières premières agricoles en produits agroalimentaires destinés à satisfaire les besoins alimentaires des consommateurs. Elles sont en général comptées parmi les industries de biens de consommation courante.

Les **industries de pointe** concernent des secteurs à fort coefficient de recherche, fondés sur l'innovation et l'invention, très capitalistiques, et typiques des pays à fort développement. On parle parfois pour les qualifier d'**industries de haute technologie** ou ***high tech***. **Industries légères**, elles utilisent peu de matières premières et consacrent une grande part de leurs investissements à la **recherche-développement**, c'est-à-dire à l'ensemble des travaux destinés à créer de nouveaux procédés et de nouveaux produits. On y intègre les secteurs de la pharmacie, de l'informatique-électronique, de l'aérospatiale, des télécommunications et des biotechnologies.

lire aussi **Industrie (les espaces de l') – Services, secteur tertiaire**

INDUSTRIE (LES ESPACES DE L')

À la différence de l'agriculture, l'industrie est peu consommatrice d'espace, bien qu'elle représente souvent une bonne part de l'activité productive d'un État. Les entreprises recherchent des localisations régionales avantageuses et des sites locaux adaptés à leurs besoins et à leur secteur d'activité. La nature des facteurs de localisation industrielle évolue selon la conjoncture, les nécessités du marché et les volontés d'aménagement du territoire. Ces évolutions permettent de comprendre les mutations que connaissent les anciennes régions industrielles et l'apparition de nouveaux espaces de production, notamment dans les pays émergents et les espaces les mieux intégrés à l'économie mondialisée.

Les espaces industriels

Si l'on excepte quelques principautés ou micro-États, tous les pays de la planète possèdent des espaces industriels. Ce sont parfois des espaces ponctuels, complexes industriels de taille variable, ou des espaces plus vastes, ville industrielle, voire bassin ou région industrielle.

À grande échelle, la concentration industrielle se traduit par la création d'**agglomérats industriels** le long des axes de communications, dans les vallées, les espaces périurbains, les espaces proches des gares, les ports fluviaux ou maritimes et les aéroports. Dans certains espaces favorables au développement industriel, des **complexes industriels** peuvent naître par concentration d'industries liée à une seule activité (complexe sidérurgique, dans le cas de la production d'acier) ou à des activités différentes, parfois complémentaires. L'expression de ***cluster* industriel** (ou **district industriel**) désigne plus particulièrement la concentration en un même lieu de firmes spécialisées dans un même secteur d'activité. On parle d'**industrie sur l'eau** quand ces complexes, pour profiter des localisations littorales, s'installent en bord de mer, en gagnant quelquefois sur les étendues marines par la construction de **terre-pleins industriels**, parfois qualifiés abusivement de **polders industriels** (*cf.* article *Ports*). On parle de **complexe militaro-industriel** pour qualifier le système formé par l'association des industries de l'armement et de celles qui sont utiles à la défense. L'URSS avait développé à outrance son complexe militaro-industriel pour rivaliser avec les États-Unis.

Quand les concentrations sont de grande ampleur et concernent une activité particulière, elles forment des **bassins industriels**. Ce terme est souvent employé pour qualifier des zones marquées par la production de matières premières et l'industrie lourde. On évoque ainsi le bassin industriel lorrain ou le bassin de la Ruhr. La notion de **région industrielle** est pratiquement équivalente même si elle exprime parfois une réalité plus large. On parle également de **foyer industriel** pour qualifier un espace dans lequel l'industrie marque les paysages mais aussi les modes de vie des sociétés. Le bassin minier du Nord-Pas-de-Calais représente un foyer industriel.

Toute région industrielle est marquée par un **tissu industriel** spécifique dont la cohérence ou la solidité s'évaluent en étudiant la nature et la répartition par branche des établissements industriels, ainsi que le degré d'interdépendance et de complémentarité qui existe entre les entreprises et leur environnement géographique, économique et social et entre les différentes unités industrielles.

On différencie fréquemment les régions industrielles selon leur ancienneté. Les **vieilles régions industrielles** sont les pays noirs, certaines vallées industrielles (vallées vosgiennes pour l'industrie textile par exemple), les industries urbaines anciennes et les zones portuaires héritées de l'activité coloniale. Aujourd'hui, elles sont souvent marquées par la **désindustrialisation**, c'est-à-dire la réduction du nombre de firmes et d'emplois industriels, et une montée corrélative du chômage. Cette évolution se retrouve dans les paysages qui se chargent de **friches industrielles**, c'est-à-dire d'espaces abandonnés, où se dégradent les anciens équipements (outillage industriel et bâtiments). Certaines d'entre elles ont pratiqué une **reconversion**, à savoir un changement de stratégie et une tentative pour développer d'autres secteurs. Les **pôles de reconversion** correspondent à des espaces industriels en crise, à l'échelle d'une ou plusieurs communes, qui ont reçu des aides pour attirer d'autres activités. Quand la reconversion d'une région ou d'une entreprise industrielle se trouve marquée par un changement de secteur d'activité et une réorganisation des méthodes de production, on parle de **restructuration industrielle**.

On parle de **nouvelles régions industrielles** pour qualifier les espaces qui ont connu un fort développement depuis les années 1980, consécutif à la volonté des grandes firmes de diversifier leur espace de production, de réduire leurs coûts de production ou de se rapprocher de marchés porteurs ou d'espaces concentrant de nombreux atouts. Ces régions sont situées dans des pays émergents à forte croissance, dont beaucoup sont localisés en Asie. Les « quatre dragons » ont inauguré le processus, suivis par les États-ateliers asiatiques, les NPI d'Amérique latine, puis le littoral sud-est de la Chine et aujourd'hui des États comme l'Inde ou le Vietnam, recherchés par les firmes multinationales mais qui fréquemment développent également leur propre industrie (industrie automobile en Inde avec la firme Tata Motors). Très souvent, les entrepreneurs étrangers sont attirés par l'existence de **zones franches** dans lesquelles les conditions d'implantation sont particulièrement favorables (avantages fiscaux et régime douanier privilégié). On trouve également de nouvelles régions industrielles dans les pays anciennement industrialisés, surtout en périphérie des capitales et des grandes villes et dans des régions attractives sur le plan climatique : la *Sun Belt* américaine, le Sud de l'Espagne ou la Côte d'Azur en France. Elles se développent également dans certaines régions marginales ou pionnières, suite à la volonté des États d'exploiter des ressources lointaines (Amazonie brésilienne, Nord du Canada, Sibérie...).

Bassins ou régions industriels présentent une concentration d'activités qui crée des **paysages industriels**. Ceux-ci sont spécifiques par l'importance et la diversité des établissements de fabrication, le caractère imposant des bâtiments, la présence d'infrastructures de liaison ou les nuisances qui les caractérisent. Tout paysage suscite des réactions très variées selon l'observateur, celui-ci ne pouvant l'apprécier qu'en fonction des images et des représentations qu'elles déclenchent. Ainsi, les paysages miniers de **terrils** (cônes de résidus de production minière) et de **corons** (alignement de maisons de mineurs dans les pays noirs) peuvent être différemment perçus selon l'observateur, le visiteur occasionnel ne voyant éventuellement là qu'un déchet industriel alors qu'un habitué y verra un élément du patrimoine régional, dont certains pourront avoir envie d'exploiter le potentiel touristique (*cf.* article *Tourisme*).

Une ville très marquée dans ses paysages par l'activité industrielle est parfois qualifiée de **ville industrielle**. Cependant, toute ville possédant quelques activités industrielles, il convient de réserver ce terme aux villes dans lesquelles l'emploi industriel tient une place importante. Il s'agit souvent des cités des bassins sidérurgiques mais aussi des **technopoles** (terme féminin), c'est-à-dire des centres urbains actifs qui ont développé les industries de haute technologie et la recherche. Ces dernières possèdent souvent un ou plusieurs parcs technologiques (ou **parcs scientifiques**) consacrés aux industries de pointe et à la recherche ou **technopôles** (terme masculin), dans lesquels se concentrent les industries *high-tech* : Silicon Valley aux États-Unis, Sophia Antipolis en France…

Des facteurs de localisation industrielle en mutation

• La quête de la localisation idéale

Il existe un grand nombre de facteurs de localisation industrielle. Ceux-ci ont été mis en évidence dès le début du XXe siècle par l'économiste allemand Alfred **Weber** (1868-1958), auteur de la ***Théorie de la localisation des industries***, dite aussi **théorie de Weber.** Il tenta de théoriser et de modéliser le processus de localisation des industries en montrant que, face à un espace hétérogène (plus ou moins de nœuds de transport, des surcoûts liés au relief…), les entreprises dans leur quête d'un **optimum de localisation**, ou une situation idéale, sont contraintes d'opérer des choix en combinant plusieurs impératifs.

Elles recherchent avant tout des localisations qui leur permettent de simplifier et d'optimiser leurs conditions de production et de maximiser les profits. Historiquement, elles ont d'abord cherché à minimiser les coûts des transport en se rapprochant des sources de matières premières et d'énergie ainsi qu'à accéder à des marchés de consommation porteurs. Elles ont ensuite recherché davantage un

fonctionnalisme productif, c'est-à-dire un environnement propice à une plus grande facilité de production et à des gains de productivité en privilégiant la présence de bas salaires, de sous-traitants potentiels ou de services spécialisés. Aujourd'hui, elles sont plus sensibles à la qualité des liaisons, au cadre de vie ou aux avantages fiscaux.

La localisation est cependant plus ou moins déterminante selon le type d'activité industrielle ou la taille des structures à créer, d'autant qu'avec la diversification des industries, la complexité des facteurs de localisation a augmenté. On distingue aujourd'hui :

– des **industries liées**, dont la localisation dépend étroitement des possibilités d'approvisionnement (gisement, port d'importation…). Ce sont souvent des industries de base ;

– des **industries induites**, dont la position dépend soit d'un marché de consommation, soit d'autres entreprises complémentaires par sous-traitance ;

– des **industries libres**, qui ne dépendent d'aucun facteur particulier.

• La recherche des marchés de consommation

Les industries traditionnelles ont avant tout recherché à se localiser près des **marchés de consommation**. Avant la révolution des transports, l'acheminement d'un produit industriel dans un lieu lointain supposait une lourde charge qui pesait sur le prix du produit. On recherchait donc à s'implanter à proximité de marchés de consommation importants, accessibles et si possible en croissance. De nombreuses industries choisirent ainsi des localisations urbaines, ce qui déboucha sur une concentration du travail industriel dans les villes et permit leur développement accéléré.

Cependant, avec la baisse du coût des transports et leur accélération, ce facteur de localisation lié à la consommation est moins déterminant. Si les grandes villes continuent à attirer l'industrie, ce phénomène de **métropolisation industrielle**, c'est-à-dire de concentration industrielle dans les très grandes villes, s'explique surtout par les équipements et services fournis par ces métropoles. Il rejoint le phénomène plus général de métropolisation, lié à la mondialisation. La recherche de marché de consommation peut cependant encore jouer à une autre échelle, par exemple dans le cas des investissements faits en Chine par des FMN cherchant à conquérir ce grand marché.

• Des facteurs de localisation devenus primordiaux avec la mondialisation

Lors de la révolution industrielle, les premières implantations industrielles ont opté pour des **localisations à la source** (à proximité de ressources jugées indispensables). Les industries recherchaient la présence d'eau (utilisée pour sa force motrice, le lavage ou l'évacuation des déchets), de matières premières énergétiques (charbon…) ou minières (fer…), matériaux pondéreux dont le déplacement est coûteux. Les industries sidérurgiques des **pays noirs** (anciennes régions charbonnières) ainsi que les complexes textiles ont recherché ce type de localisation.

Avec la mondialisation et le rôle des interfaces littorales, les industries privilégient les littoraux, lieux d'importation de matières premières et d'exportation de produits finis. On a vu se développer dès les années 1970 des **localisations sur l'eau**, des complexes industriels de front de mer ou **complexes industrialo-portuaires** (**ZIP** ou **Zone industrialo-portuaire**), s'intégrant dans le phénomène plus large de littoralisation de l'économie. Certains ports spécialisés ont été conçus dans cette optique : Fos-sur-mer en France, Sparrows Point près de Baltimore aux États-Unis, Ijmuiden aux Pays-Bas.

Le coût de la main-d'œuvre constitue un facteur de production désormais essentiel. On recherche des **gisements de main-d'œuvre**, si possible qualifiée et se contentant de salaires réduits. Les villes ont été là aussi des lieux recherchés lors des premières implantations industrielles. Aujourd'hui, les démarches d'entreprises qui pratiquent la **délocalisation** (le transfert d'une part de l'activité vers un pays tiers, voire une autre région du même pays) dans les États (ou régions) à bas salaires sont partiellement dues à la recherche de coûts de production réduits liés à la faiblesse des traitements et des charges salariales. La baisse des coûts de production permet à l'entreprise d'être plus rentable et donc de bénéficier d'avantages comparatifs par rapport à ses concurrents. La formule vient d'une théorie émise par l'économiste David Ricardo au début du XIXe siècle qui démontrait que, dans un contexte de libre-échange, un État avait intérêt, s'il souhaitait augmenter la richesse nationale, à se spécialiser dans le type de production pour lequel il détenait un **avantage comparatif** par rapport à ses concurrents, soit par une certaine prédisposition liée notamment au type de ressources disponibles, soit en comptant sur des gains de productivité.

Enfin, et c'est souvent l'essentiel aujourd'hui, l'**accessibilité d'un lieu** est primordiale. La distance de la zone d'implantation au réseau autoroutier, aux grandes lignes ferroviaires, à l'aéroport international ou d'affaires, au port, la proximité et la qualité des transports publics sont autant de facteurs de localisation importants. Certaines villes choisissent des espaces bien adaptés aux exigences de l'entreprise, assez proches de la ville-centre et surtout bien reliés aux voies de communication, pour créer des **parcs industriels**, où se concentrent sur un même espace plusieurs entreprises parfois complémentaires. En se développant, ces espaces accueillent un nombre plus important d'entreprises et deviennent des **zones industrielles** ou des **zones d'activités** quand l'espace suscite également l'installation d'entreprises de services.

• À la recherche d'un environnement favorable

On parle de **système industriel** pour qualifier l'ensemble des relations techniques, financières, économiques, sociales, politiques des établissements industriels et des entreprises avec leur environnement. Les industries recherchent tout d'abord un **environnement économique** favorable. Elles s'implantent dans des sites industriels dynamiques, marqués parfois par une tradition industrielle, par la présence d'autres entreprises et de sous-traitants potentiels, par l'existence de services adaptés : banques, assurances…

L'**environnement créatif** joue également un rôle et nombre d'entreprises s'installent à proximité des grandes universités, de Grandes Écoles, de centres de recherche producteurs de chercheurs et de personnels spécialisés. Elles recherchent également un tissu de PME et de services de haut niveau. Elles trouvent notamment cela dans les technopôles et on parle de **technopolisation** pour qualifier leur localisation préférentielle dans ces espaces spécifiques. Ceux-ci se situant dans les grandes aires urbaines, la technopolisation participe de la métropolisation.

Elles recherchent aussi une localisation favorable. Les décideurs partent en général d'une idée de la situation générale du lieu recherché liée à l'image qu'ils ont des espaces concernés, c'est-à-dire à des représentations, plus ou moins exactes, des potentialités et des contraintes d'un lieu. Les entreprises qui opèrent dans des secteurs industriels de pointe recherchent de plus en plus les **aménités** du cadre de vie (son caractère agréable). Sont prises en compte les caractéristiques naturelles (notamment climatiques) des lieux, l'ambiance qui y règne, la vie culturelle, la présence d'équipements publics, d'espaces verts, d'infrastructures de loisirs. Les entreprises sont enfin sensibles à la qualité du cadre de travail qui dépend souvent de la volonté des pouvoirs publics proposant des aides à l'implantation industrielle, une taxation réduite, des réglementations souples, un accueil de qualité. Les entreprises qui délocalisent en Asie du Sud sont au moins aussi sensibles à ces aspects qu'aux faibles charges salariales.

Les dynamiques industrielles

La mobilité géographique des entreprises résulte de la volonté de réduire des déséquilibres spatiaux au niveau national et régional et de la nécessité de s'adapter aux lois du marché.

La **déconcentration industrielle** consiste à lutter contre la saturation de certaines régions industrielles en motivant la création de nouvelles unités de production dans des régions jusqu'alors peu industrialisées. Ce sont des opérations ponctuelles. Elles ne doivent pas être confondues avec une véritable politique de **décentralisation industrielle** consistant, dans le cadre d'une politique d'aménagement industriel, à favoriser l'implantation d'entreprises dans des régions périphériques qui, par le biais de systèmes d'incitation financière, retrouvent un pouvoir d'attraction. Elle sous-entend également le transfert des structures financières et une adaptation des infrastructures de communication. Elle a des implications humaines, par les migrations intérieures de travailleurs qu'elle engendre, et aboutit à modifier la géographie économique d'une région ou d'un pays.

La **délocalisation industrielle** est un processus de mobilité géographique des unités de production industrielle. Les motivations sont nombreuses : volonté d'accéder à de nouveaux marchés de consommation, recherche de conditions de production plus favorables ou de législations fiscales et sociales avantageuses, stratégie destinée à contourner les barrières douanières protectionnistes ou volonté de diversifier les lieux d'implantation pour limiter les risques. Une **délocalisation** suppose l'abandon d'un site industriel originel et la recherche d'un lieu plus adapté aux profits désirés. Elle peut s'opérer à plusieurs échelles (mondiale, nationale, régionale) et s'associe parfois à un **redéploiement industriel**, à une restructuration de l'activité industrielle ou une reconversion de celle-ci.

Le terme de **relocalisation** est beaucoup plus difficile à définir en raison de ses différents sens : s'il correspond pour certains au déplacement du siège social d'une entreprise à l'étranger, il évoque en revanche pour d'autres l'arrêt d'une délocalisation et le retour de la firme dans son pays de départ. Il peut aussi être employé par euphémisme pour désigner une délocalisation. Enfin, plusieurs géographes l'emploient à une autre échelle : la **relocalisation du monde** caractériserait les conséquences spatiales de la mondialisation (atténuation des différences Nord-Sud, concentration dans les métropoles et sur les littoraux...).

Les délocalisations ont des conséquences sociales importantes. Elles entraînent la **mobilité** des travailleurs qui sont contraints de suivre l'entreprise dans son déplacement pour conserver leur emploi. Quant elles s'effectuent vers l'étranger, elles aboutissent à un transfert d'emplois qui peut participer à augmenter le chômage dans le pays de départ. L'essentiel des délocalisations s'effectue des pays développés vers les pays émergents qui cherchent à attirer les multinationales pour enclencher ou accélérer leur développement et leur procurant des avantages fiscaux ou des facilités administratives. C'est le cas de la Chine qui a ouvert de nombreuses zones franches portuaires dont les **Zones économiques spéciales** ou **ZES** (Shenzhen par exemple) dans lesquelles se sont installées des entreprises souhaitant produire pour l'exportation en bénéficiant de coût de production très bas, grâce à des exonérations fiscales et une main-d'œuvre bon marché. Les ***maquiladoras*** (*cf.* p. 220) en sont une autre forme : ces complexes industriels américains implantés au Mexique reçoivent des États-Unis (et sans droit de douane) des pièces détachées qui sont montées au Mexique (profitant des coûts de main-d'œuvre réduits) et reviennent ensuite aux États-Unis sous la forme de produits finis peu taxés. Le gouvernement mexicain les favorise en autorisant l'afflux d'investissements étrangers tout en faisant pression pour le maintien de bas salaires.

Plus généralement, avec la mondialisation, les interfaces – continentales ou maritimes – et les métropoles sont devenues des espaces privilégiés pour l'implantation d'industries.

lire aussi

Industrie (entreprises, secteurs) – Mondialisation, système-monde – Ports – Services, secteur tertiaire

LITHOLOGIE, TECTONIQUE (GÉOGRAPHIE ET)

La lithologie et la tectonique, deux des principales branches de la géologie, ont longtemps été étudiées par la géographie classique, dans le cadre de la géomorphologie structurale. Leur étude ne relève plus en rien aujourd'hui de la géographie, mais ces deux branches ont laissé en héritage tout un ensemble de termes et de concepts parfois encore utilisés par les géographes. Le vocabulaire spécifique de la tectonique des plaques conserve une large audience en raison de l'impact médiatique des grandes catastrophes naturelles.

Des années 1930 aux années 1970, le primat de la géomorphologie

Conformément à une tradition de géographie classique, la géographie physique a longtemps été la première partie de toute étude régionale : il s'agissait de dessiner un cadre dans lequel les hommes choisiraient, conformément aux principes vidaliens, un genre de vie (*cf.* article *Géographie (histoire de la)*). Cette géographie, science naturelle parmi d'autres, donna la première place, dès les années 1930, non à l'étude des sols ou aux conditions climatiques, mais à la **géomorphologie**, c'est-à-dire à l'étude des formes du relief terrestre. Cette discipline présentait le double avantage de donner un statut pseudo-scientifique à la géographie du fait des nombreuses mesures pratiquées, mais aussi de favoriser de longues descriptions, technique préférée de la géographie classique. La conséquence est que les termes descriptifs qui caractérisent les formes du relief sont très nombreux (*cf.* article *Relief*). Dans le contexte de spécialisation croissante des disciplines à partir des années 1930 et donc d'une division de la géographie entre géographie physique et géographie humaine, de plus en plus de travaux spécialisés dans la seule géomorphologie ont vu le jour en géographie. Ainsi, et jusqu'aux années 1980, plus de 25 % des thèses d'État de géographie étaient des thèses de géomorphologie et plus de 20 % des thèses de géographie humaine comportaient des chapitres de géomorphologie.

On peut subdiviser la géomorphologie en **géomorphologie structurale** et **géomorphologie climatique**. La géomorphologie structurale étudie les reliefs conformément à la structure, c'est-à-dire à l'organisation des roches et à la tectonique, alors que la géomorphologie climatique se préoccupe plus du modelé (*cf.* articles *Érosion, modelé* ; *Glacier* ; *Littoral* ; *Montagne*). Si la géomorphologie climatique s'impose peu à peu à partir des années 1960, la géomorphologie structurale a été jusqu'à cette époque la discipline reine de la géographie. Cette discipline a continué à être étudiée puis enseignée en géographie, d'autant que le succès de la théorie de la tectonique des plaques dans les années 1970 lui a redonné une seconde jeunesse. Rien d'étonnant donc si l'un des premiers essais d'épistémologie de la géographie a été, en 1971, l'*Épistémologie de la géomorphologie* d'Alain Reynaud.

Un révélateur de l'importance de cette discipline est que l'épreuve majeure de l'agrégation de géographie fut, jusqu'aux années 1980, la **coupe géologique**, exercice de virtuosité devant permettre d'expliquer le relief : sous un **profil topographique** (graphe représentant de profil le relief), on figurait les roches et leur disposition, leur agencement. Ainsi, l'étude de la nature du sous-sol, des roches (la **lithologie**, du grec *lithos*, pierre) et de leur agencement constituait souvent le premier temps du travail de géographie classique, avec pour objectif principal d'en étudier les conséquences sur la disposition des reliefs. La suppression de cette épreuve d'agrégation au tournant des années 1990 est le révélateur d'une évolution de la géographie et du recul de l'ensemble de la géographie physique. La dernière évolution en date confirmant cette tendance vient de l'École normale supérieure de Lyon, ne proposant plus depuis la session 2008-2009 de carte géologique comme document d'accompagnement de l'épreuve de commentaire de carte topographique au concours d'entrée. Car désormais, en considérant la géographie comme une science sociale, il est évident que l'histoire d'un relief né il y a des millions d'années ne relève pas de la géographie.

Un exemple de coupe géologique : la Lorraine

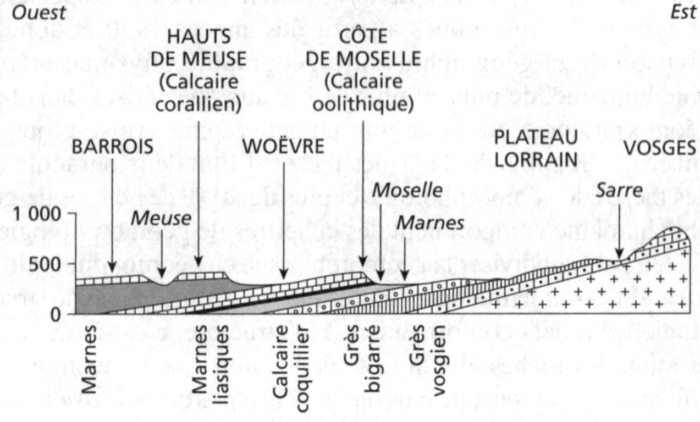

La lithologie, un outil de la géographie classique

• Géographie et étude des roches

Les **roches** intéressent les géographes à plusieurs titres. Le mot roche fait partie de ces termes issus du langage courant, qui peuvent avoir de multiples acceptions. Il est parfois synonyme de pierre, de rocher (bloc de grande taille) ou de roc (terme plus vague, employé par les géographes pour désigner des blocs ou des gros rochers). Ainsi, un **enrochement** désigne toute agglomération de blocs dans un but technique (piles de pont ou jetées dans les ports par exemple). Comme en témoigne la toponymie, le terme roche peut même désigner une colline, une montagne, une hauteur : la Roche de Solutré ; Rochechouart, commune du Limousin située sur une colline.

Néanmoins, c'est dans son acception géologique, soit un ensemble de minéraux, qu'il est le plus utilisé. Un **minéral** est une portion de matière solide, formant le constituant de base des roches. Les roches se composent donc de plusieurs minéraux juxtaposés : le **granite**, par exemple, est formé de quartz, de feldspath et de mica noir. L'étude des roches revient donc à la **géologie**, science qui étudie la composition, la structure et l'évolution de la Terre. La **résistance** des roches est plus ou moins forte : une roche dure, comme le calcaire, engendre des versants raides, une roche tendre, comme les marnes, favorise des versants plus doux. Leur **perméabilité** a aussi des conséquences. Une roche imperméable (argile, marne…) retient l'eau en surface alors qu'une roche perméable se laisse traverser par l'eau. Ainsi, les paysages du **calcaire** (roche perméable en grand, lorsqu'elle est fissurée) sont marqués par une aridité de surface, contrastant avec des circulations d'eau souterraines. De même, leur **compacité** (roche plus ou moins friable) et la **texture** (agencement entre eux des minéraux) peuvent avoir des répercussions sur la forme des reliefs. Enfin, une roche se caractérise par son **faciès**, c'est-à-dire par son aspect particulier qui renseigne sur ses caractères lithologiques (faciès gréseux, calcaire…) et/ou sur les conditions de sa formation (faciès marin, lacustre…).

En plus de l'explication du relief, les géographes ont trouvé d'autres intérêts à l'étude des roches. En effet, l'affleurement de telle ou telle roche influence en partie le sol et la végétation : on oppose ainsi, en zone méditerranéenne, la **garrigue** des sols calcaires (composée de formations végétales basses et discontinues) au **maquis** des sols siliceux (à la végétation plus haute et plus dense). Par extrapolation, des géographes ont poussé plus loin ces relations dans le cadre du **naturalisme**, compris ici comme le fait que la nature est le principe organisateur de toute société. Cette perspective naturaliste, dominante en géographie avant 1960, engendra une survalorisation des faits naturels. Ainsi, nombreux sont ceux qui ont pensé que les roches et leur disposition pouvaient expliquer les caractères du peuplement et surtout l'aspect des campagnes, thème essentiel de la géographie rurale française : le calcaire créait l'openfield, le granite le bocage ! De telles idées sont empreintes de **déterminisme** : un fait, ici d'ordre naturel, entraîne une conséquence, dans une relation de cause à effet quasi exclusive. On a même pu arriver à cette époque à quelques « perles » : ainsi, se fondant sur le fait que le calcaire sert souvent de support à l'openfield, organisation agricole communautaire, il fut possible d'écrire que le calcaire votait à gauche et le granite, support fréquent du bocage, à droite !

• Les grands types de roches

On distingue les roches selon leur origine et leur composition. Les **roches éruptives** montent des profondeurs vers la surface. Elles se classent en deux catégories : les roches plutoniques et les roches volcaniques. Les **roches plutoniques** (Pluton étant le dieu des enfers supposés être situés à l'intérieur de la terre) sont des **roches endogènes** car elles se sont formées ou solidifiées en profondeur. Ces roches, dont le granite est le type le plus fréquent, sont **intrusives**, c'est-à-dire installées à la place de roches préexistantes. Les roches plutoniques affleurent sous forme de blocs immenses, dénommés **plutons** ou **batholithes**, ou quelquefois par le biais de **filons**, c'est-à-dire des couches très fines, filiformes, correspondant au remplissage de fissures. On les distingue selon la profondeur de leur formation, leur texture et la présence ou l'absence de quartz. Une roche éruptive qui arrive directement à la surface est une **roche volcanique** (de Vulcain, le dieu des volcans et des forgerons). Elle se traduit par l'émergence de **magma** à la surface terrestre, c'est-à-dire de roches en fusion situées dans les zones profondes de l'écorce terrestre, dont la température peut atteindre 1 200 °C. Le magma parvient le plus souvent à la surface sous forme de **laves**, qui donnent naissance à des coulées volcaniques. Ces coulées sont parcourues de filons, quand la lave s'infiltre par des diaclases ou par des failles, et d'**aiguilles volcaniques** (une **aiguille** désigne de façon générale tout sommet pointu, particulièrement en montagne). Quand elles ne sont pas sous forme de lave, les émissions volcaniques se présentent sous la forme de **pyroclastes**, émissions gazeuses ou solides projetées par des explosions lors des éruptions volcaniques. Elles donnent naissance à des **nuées ardentes**, mélanges de poussières incandescentes et de gaz surchauffés, ou à des projections solides de taille variable, dont la consolidation produit des **tufs** ou des **ponces**, selon la finesse des éléments projetés.

Au cours de leur montée vers la surface, les roches plutoniques engendrent des températures et des pressions fortes qui modifient la structure des roches encaissantes, quelle que soit leur nature. C'est le phénomène du **métamorphisme**, ou de la **métamorphisation**, qui se traduit dans l'espace par la création, autour du batholite, de roches plus ou moins métamorphisées nommées **auréoles de métamorphisme**. Le terme de **schiste** (du latin, *schistos*, fendu), qui peut également désigner une roche sédimentaire issue de la compaction d'argile, a souvent été employé pour décrire des roches très variables, plus ou moins métamorphisées, mais présentant un aspect feuilleté. Les **roches sédimentaires** sont des **roches exogènes**, d'origine externe, et ne forment que 5 % de la lithosphère. Elles sont stratifiées, c'est-à-dire qu'elles forment des couches ou **strates** souvent inclinées. C'est la disposition de ces strates entre elles que l'on nomme **stratification**. Les strates découlent de l'évolution, ou **diagenèse**, plus ou moins poussée d'un **sédiment**, c'est-à-dire de matières minérales et/ou organiques transportées, puis déposées en milieu subaquatique (souvent) c'est-à-dire subaérien (plus rarement).

On classe généralement les roches sédimentaires selon leur origine (roches détritiques, organogénétiques ou chimiques) et leur série (siliceuse, alumineuse…). Les **roches sédimentaires détritiques** se forment à partir de roches désagrégées par les agents d'érosion (eau, fleuve, glacier, etc.). On les distingue grâce à plusieurs facteurs de classification, dont le principal est la **granulométrie**, la taille des éléments détritiques. Les **sables** sont des roches sédimentaires de granulométrie moyenne et texture meuble ; un **grès** est un sable dont les grains ont été réunis par un ciment naturel siliceux ou calcaire. Les **molasses** sont des roches détritiques, souvent gréseuses, formées le plus souvent par l'érosion de reliefs proches et qui s'accumulent dans des **bassins molassiques** comme c'est le cas en Aquitaine, sur le piémont pyrénéen. Les roches détritiques à plus faible granulométrie sont surtout des **argiles**, formations imperméables, et des **marnes** (des argiles contenant plus de 35 % de calcaire). Enfin, en granulométrie, on distingue pour les éléments les plus grossiers les **graviers** (2 mm à 20 mm), des **galets** (20 à 200 mm) et des **blocs** (plus de 200 mm).

Les **roches sédimentaires organogénétiques** sont des roches siliceuses, des calcaires et des combustibles minéraux, comprenant les hydrocarbures et les charbons. Les **hydrocarbures** sont essentiellement des pétroles et des asphaltes naturels. Les **charbons** sont caractérisés par une forte teneur en carbone (de 55 à 95 %). On les subdivise en **tourbes** (55 à 65 % de carbone), en **lignites** – charbons bruns ou noirs (65 à 75 %) – et en **houilles** – charbons noirs (75 à 95 %). Les tourbes se développent dans des tourbières à partir de débris de plantes herbacées (mousses, sphaignes, graminées), de matière organique provenant de la transformation de matières végétales et minérales.

Les **roches sédimentaires d'origine chimique et biochimique** sont très variées : carbonatées, siliceuses, salines, ferrifères ou phosphatées. Les **roches carbonatées** sont les plus représentatives. Elles contiennent plus de 50 % de carbonates et sont pour l'essentiel des **calcaires** ($CaCO_3$) plus ou moins purs. La **meulière** est un calcaire siliceux, la **craie**, un calcaire friable, tendre et poreux.

Il existe des roches siliceuses en milieu calcaire, parfois sous forme de concrétions comme les **silex**, durs et facilement détachables, ce qui en a fait un outil de choix pour les hommes de la

Préhistoire. Les roches salines sont le **sel gemme**, l'**anhydrite**, le **gypse**, les **sels de potasse**. La **potasse** est souvent exploitée industriellement (pour la fabrication de savon par exemple), comme ce fut le cas au cours du XXe siècle dans le bassin potassique de Mulhouse, où se sont développées des cités minières donnant naissance à des paysages urbains particuliers et à une forte identité régionale au point d'inciter les municipalités à s'associer en une communauté de commune – la Communauté de commune du Bassin potassique –, aujourd'hui dissoute. L'**alios**, croûte ferrugineuse dure qui résulte de l'accumulation d'oxyde de fer dans un sol sableux, est une roche ferrifère comme la **latérite**. On le trouve notamment dans les Landes de Gascogne, en compagnie de la **garluche**, qui en dérive et a été utilisée pendant longtemps comme minerai de fer. La **bauxite** est une roche détritique proche de la latérite de laquelle on extrait l'alumine qui permet d'obtenir, après transformation industrielle, le minerai d'**aluminium**. Enfin, on parle de roches phosphatées quand la proportion de phosphate dépasse les 50 %.

La tectonique à l'origine d'une nomenclature très détaillée en géographie

• Géographie et tectonique

Avec le recul de la géographie physique classique, l'étude des mécanismes tectoniques, qui appartient par nature aux géologues, devient sans cesse moins présente tant dans la recherche que dans les programmes scolaires et universitaires. À l'origine, la connaissance des mécanismes tectoniques était considérée comme un complément indispensable à l'apprentissage de la géomorphologie, l'étude des formes de relief devant évidemment prendre en compte les forces et les dynamiques qui ont participé à les mettre en place. Les géographes s'intéressaient d'ailleurs davantage à la **macrotectonique**, des processus qui se développent de l'échelle mondiale à l'échelle régionale, laissant aux géologues la **microtectonique**, l'analyse des forces et des formes fines, visibles de l'échelle de l'affleurement à l'échelle microscopique. Dans le champ de la macrotectonique, la formulation de la théorie de la tectonique des plaques a notamment provoqué une double révolution, à la fois chez les géologues et chez les géographes. Les programmes de géographie du secondaire ont réservé pendant longtemps une place privilégiée à l'étude de ces mécanismes, en provoquant ainsi certains chevauchements, ces thèmes figurant également dans les programmes de sciences de la vie et de la Terre. Depuis une vingtaine d'années, les réformes dans ce domaine marquent l'évolution de la discipline vers les sciences sociales : l'étude des mécanismes de la tectonique des plaques est aujourd'hui réservée aux géologues alors que les géographes en étudient les manifestations les plus marquantes et leurs conséquences humaines et économiques. Les phénomènes tectoniques sont cependant encore abordés par la **géographie environnementale** qui étudie, entre autres, les aléas naturels liés à des mouvements tectoniques, les risques induits pour les populations et les moyens de s'en prémunir (*cf.* article *Risques, pollution*).

• Constitution du globe terrestre et tectonique des plaques

La connaissance de la structure interne du globe terrestre et des mouvements constitue le champ d'étude de la **géophysique**. En partant du centre vers la périphérie, la Terre se compose de la graine, du noyau, du manteau et de l'écorce. La **graine** (1 270 km de rayon) constitue la partie la plus centrale et la plus dense. Elle est séparée du noyau par la **discontinuité de Lehman**. Le **noyau** (2 000 km de rayon) est principalement composé de nickel et de fer et présente une forte densité. La **discontinuité de Gutenberg-Wiechert** sépare le noyau du **manteau**, moins dense, épais de 2 850 km et représentant l'essentiel (83 %) du volume total du globe. Une autre **discontinuité**, dite **de Mohorovicic**, limite le manteau vers l'extérieur et le sépare de la **croûte terrestre** (ou **écorce terrestre**), encore moins dense et beaucoup plus fine (de 10 à 40 km d'épaisseur). Elle forme la partie la plus superficielle du globe terrestre et se trouve en contact avec l'atmosphère, l'hydrosphère et la biosphère. La Terre offre la particularité, parmi les planètes du système solaire, d'être constituée non pas d'une seule croûte terrestre mais de deux croûtes, l'une continentale et l'autre océanique. Les **croûtes océaniques** sont denses, lourdes, peu épaisses (moins de 10 km), principalement basaltiques et âgées au maximum de 180 millions d'années. Les **croûtes continentales** sont moins denses, plus épaisses (plus de 20 km), principalement granitiques et souvent très anciennes (plus de 4,5 milliards d'années). Toutes les mers ne sont pas situées sur des croûtes océaniques. La mer du Nord ou la Manche, par exemple, se développent sur une croûte continentale recouverte d'eau salée.

Depuis la compréhension du phénomène de la tectonique des plaques, la connaissance de la structure du globe s'est précisée. La théorie de la **dérive des continents** fut exposée en 1912 par un météorologiste allemand, Alfred **Wegener** (1880-1930). Impressionné par la coïncidence des formes de l'Afrique et de l'Amérique et par de nombreuses similitudes géologiques intercontinentales, il supposa que les continents forment des sortes de radeaux rigides qui flottent sur un magma visqueux. D'après lui, les continents, aujourd'hui séparés, constituaient à l'origine un supercontinent (la **Pangée**), qui comptait une partie nord (la **Laurasie**) et une partie sud (le **Gondwana**), que séparait à l'est l'échancrure d'une mer (la **Téthys**). Depuis les années 1960, les thèses de Wegener ont été supplantées par la théorie de la **tectonique des plaques** qui repose sur la différenciation entre lithosphère et asthénosphère. La **lithosphère** est rigide et formée de la croûte et de la partie supérieure du manteau. Entre la lithosphère et le manteau profond, ou **mésosphère**, se trouve l'**asthénosphère**, une zone de transition plastique, très dense et plus chaude que la croûte. Les **plaques tectoniques** (ou **plaques lithosphériques**) sont des fragments de lithosphère, des calottes sphériques qui se déplacent sur l'asthénosphère par le biais de **courants de convection**. Ces courants résultent de différences de chaleur et de pression entre le sommet et la base de l'asthénosphère. Une plaque peut être totalement océanique (plaque de Nazca, plaque pacifique), mixte (plaque eurasiatique) ou continentale (plaque iranienne).

Les limites de plaques sont des zones étroites dans lesquelles se concentrent les mouvements à l'origine de la formation des reliefs océaniques et continentaux et de l'activité sismique et volcanique du globe. Il existe des zones d'écartement de plaques où les plaques tendent à s'éloigner, ce qui provoque la naissance d'un profond fossé (le **rift**) et d'une déchirure ou **fissure crustale** (de la croûte terrestre) par laquelle les matériaux éruptifs de l'asthénosphère parviennent à la surface. C'est le phénomène de l'**accrétion** qui aboutit à l'enrichissement de la plaque par production de croûte océanique et création d'une dorsale médio-océanique. L'Islande ou les Açores sont des fragments de la dorsale médio-atlantique.

Il existe par contre des zones de convergence de plaques où les plaques s'affrontent soit par **subduction**, l'une plongeant sous l'autre sous l'effet de la poussée et des différences de densité, soit par **collision**. Dans le premier cas, c'est souvent un fragment de lithosphère océanique qui passe sous la lithosphère continentale (plaque de Nazca et plaque américaine au niveau des Andes par exemple), ce qui provoque l'apparition de phénomènes magmatiques et la formation d'une chaîne de montagne sur le continent et d'une fosse du côté de l'océan. Quand deux plaques océaniques s'affrontent, la plus ancienne et donc la plus dense s'enfonce en subduction sous l'autre ce qui donne naissance en surface à un **arc insulaire** (ou **guirlande insulaire**), un archipel formé d'un alignement d'îles volcaniques (Kouriles, Mariannes, Andaman et Nicobar). Lorsque deux plaques continentales entrent en contact, il en résulte une **orogenèse**, la formation d'une chaîne de montagne. Ainsi, l'Himalaya résulte de la collision du Deccan dans l'Asie après une longue phase de subduction.

Il existe enfin des zones de **failles transformantes** dans lesquelles il n'y a ni accrétion ni subduction mais **cisaillement**, un coulissement accompagné d'un décrochement d'une plaque par rapport à l'autre. C'est le cas de la faille de San Andreas, en Californie, le long de laquelle les séismes sont nombreux.

Enfin, la croûte terrestre peut être affectée de mouvements lents qui résultent de la rupture de l'**isostasie** – l'équilibre relatif de la croûte terrestre. Le plus souvent, cet **équilibre isostatique** a été affecté par la présence d'une calotte glaciaire, qui a créé une **anomalie isostatique** positive, puis par la déglaciation qui provoque une anomalie négative et donc un **rééquilibrage isostatique**. La Scandinavie, délestée de sa calotte glaciaire depuis 8000 ans, présente toujours une anomalie négative et continue à se soulever, ce qui a provoqué des modifications du tracé des littoraux en mer Baltique, la désaffection de certains ports et la nécessité de créer de nouvelles infrastructures ayant accès à des eaux plus profondes.

• Séismes et volcanisme : effets induits de la tectonique des plaques

Les géographes s'intéressent de nos jours aux séismes pour leurs conséquences, principalement par une approche en terme de risques (*cf.* article *Risques, pollution*), mais également par une analyse en terme de prospective dans le cas d'un aménagement du territoire (constructions **parasismiques**, c'est-à-dire résistant aux séismes, plans de secours…). Dans la plupart des cas, les séismes résultent du mouvement de deux plaques lithosphériques contiguës.

Ils peuvent également être liés à une faille ou à son rejeu et à une montée de magma lors d'une éruption volcanique. Un **séisme** (ou **secousse tellurique**) correspond à un tremblement de terre dont l'origine se situe en profondeur. Il possède un **foyer** plus ou moins profond et un **épicentre** : le point de la surface situé à la verticale du foyer. Les séismes peuvent être superficiels (moins de 100 km), intermédiaires (100 à 300 km) ou profonds (300 à 700 km).

La **sismologie** est la science qui analyse les séismes. On mesure d'abord les séismes par leur **magnitude**, soit l'évaluation de l'énergie dissipée par le séisme. L'**échelle de Richter** (1935) calcule la magnitude grâce à des enregistrements sur des **sismographes**. L'échelle est ouverte et n'a donc pas de limite théorique. Les séismes de magnitude supérieure à 8 sont relativement rares, le record en la matière appartenant au Chili, victime d'un séisme de magnitude 9,5 en 1960. Il provoqua un tsunami qui traversa l'océan Pacifique, dévasta les îles Hawaï et causa des dégâts importants sur les côtes du Japon et de Nouvelle-Zélande. Par rapport à un séisme de magnitude 5, un séisme de magnitude 6 présente une énergie trois fois supérieure (100 fois supérieure pour une magnitude 7 et 3 150 fois pour une magnitude 8). L'**intensité d'un séisme** correspond à une échelle de dégâts. Elle se mesure à l'aide de l'**échelle de Mercalli** (1902, modifiée en 1956) qui compte 12 degrés ou l'**échelle MSK** (Medvedev-Sponheuer-Karnik, 1964), graduée également de 1 à 12.

Le volcanisme est essentiellement localisé aux limites de plaques. Il apparaît dans les zones de divergence de plaques au niveau des rifts ou dans les fossés intracontinentaux (Afrique de l'Est). On le trouve également dans les zones de convergence de plaques notamment dans les cas de subduction (ceinture de feu du Pacifique). Il existe cependant un volcanisme intraplaques, à la verticale des **points chauds** (***hot spot***) qui sont des zones fixes d'anomalies thermiques situées peut-être dans le manteau supérieur mais plus certainement dans le manteau profond. Les plaques se déplaçant au-dessus des points chauds, il se forme des archipels volcaniques (îles Hawaï). Selon le type de laves et de projections, on distingue classiquement plusieurs grands types de volcanisme : le **type hawaïen**, caractérisé par l'émission continue de laves très fluides (îles Hawaï, ou Fournaise à la Réunion) ; le **type strombolien** dans lequel s'associent des coulées de lave et des **scories**, c'est-à-dire

La correspondance entre échelle de Mercalli et échelle de Richter

Échelle d'intensité de Mercalli	Richter
I. Séisme perçu uniquement par quelques personnes ; détecté seulement par des instruments très sensibles.	2
II. Perçu par quelques personnes au repos et se trouvant aux étages supérieurs ; balancement d'objets suspendus.	3
III. Perçu principalement par des personnes à l'intérieur des édifices. Les automobiles stationnées peuvent bouger.	
IV. Perçu par la plupart des gens à l'intérieur des édifices et par certains à l'extérieur ; suffisant pour réveiller certaines personnes ; bruits de vaisselle, fenêtres et portes.	4
V. Perçu par presque tout le monde ; plusieurs personnes sont réveillées ; bris de vaisselle et de fenêtres.	5
VI. Perçu par tout le monde ; plusieurs personnes sont effrayées et courent à l'extérieur ; quelques meubles sont déplacés ; quelques morceaux de plâtre tombent et quelques dommages aux cheminées ; dommages légers.	6
VII. La plupart des gens paniquent et courent à l'extérieur ; dommages minimes aux constructions conçues pour les zones sismiques, de minimes à moyens chez les bonnes constructions ordinaires, importants chez les mauvaises constructions.	
VIII. Dommages légers aux constructions conçues pour les zones sismiques, importants chez les bonnes constructions ordinaires avec des effondrements possibles, catastrophiques chez les mauvaises constructions.	7
IX. Dommages considérables aux constructions conçues pour les zones sismiques ; édifices déplacés sur leurs fondations ; fissuration du sol ; bris des canalisations souterraines.	
X. Quelques bonnes constructions en bois et la plupart des constructions en maçonnerie sont détruites ; sol fortement fissuré ; plusieurs glissements de terrain se produisent.	8
XI. Très peu de constructions en maçonnerie restent debout ; rails tordus ; ponts détruits ; larges fissures dans le sol.	
XII. Destruction quasi totale ; ondulations visibles à la surface du sol ; objets projetés dans les airs.	9

des projections de pierres et de gaz (Stromboli en Sicile) ; le type vulcanien pour des laves visqueuses qui se solidifient dans la cheminée et finissent par la boucher – la lave est alors pulvérisée en cendres ou en ponces (Vulcano en Sicile) – ; le type péléen, dans le cas de laves très visqueuses (rhyolite, dacite), se traduit par des éruptions entrecoupées de longs intervalles. Le volcanisme est ici explosif avec des **nuées ardentes**, masses de gaz et de poussières brûlantes. Après l'éruption, la cheminée est fréquemment occupée par une aiguille de lave solidifiée (montagne Pelée en Martinique).

Toutefois, cette division, schématique, est aujourd'hui largement remise en question par les vulcanologues, qui privilégient une typologie sans discontinuité, en fonction de l'indice de la lave.

Les **geysers**, sources d'eau chaude intermittentes et jaillissantes, sont typiques des zones volcaniques (Islande, par exemple).

• Tectonique et géomorphologie

À grande échelle, les mouvements de plaques se traduisent par une tectonique qui peut être souple ou cassante selon la lithologie et donne lieu à la naissance de formes de relief spécifiques.

La tectonique souple touche principalement des roches sédimentaires et aboutit à l'apparition d'**accidents tectoniques** sous la forme de **plissements** (formation de plis) et de **charriages** (chevauchements de grande ampleur). On distingue deux types principaux de plis : le **synclinal**, qui se présente sous la forme d'une ondulation abaissant les plans stratigraphiques en voûte concave vers le ciel, et l'**anticlinal** qui, au contraire, est une ondulation élevant les plans stratigraphiques en voûte convexe vers le ciel. Le style et l'intensité de la déformation conditionnent la physionomie des plis, ce qui permet de distinguer de nombreux types de plis : plis droits ou coffrés, plis en genou, plis déversés ou même plis couchés.

Quand les conditions lithologiques sont différentes, quand la déformation se fait brutale et intense, la tectonique devient cassante et s'exprime sous la forme d'**accidents tectoniques** particuliers : diaclases, flexures et failles. Une **diaclase** est une cassure sans déplacement des compartiments. Une **flexure** se présente sous la forme d'un déplacement vertical relatif de deux compartiments sans qu'il y ait rupture de la continuité des plans stratigraphiques qui sont simplement tordus et étirés. Une **faille**, au contraire, est une cassure de terrain déterminant un déplacement généralement vertical de deux compartiments de l'écorce terrestre en brisant la continuité de la série stratigraphique. Quand le déplacement se fait à l'horizontal, on parle de **décrochement**.

Toute faille présente un **plan de faille**, surface le long de laquelle ont glissé les deux compartiments. Une faille possède également un **rejet**, correspondant au déplacement vertical ou horizontal des deux compartiments et qui se définit selon sa direction, son sens et sa hauteur. Le **regard** d'une faille est tourné du côté affaissé.

Selon le type de cassure et le jeu différentiel des blocs affectés, on distinguait des **failles conformes** (le pendage de la faille est de même sens que celui des couches qu'elle affecte), des **failles contraires** (le pendage de la faille est de sens opposé à celui des couches qu'elle affecte), des **failles normales**, avec un plan de faille incliné vers le compartiment affaissé ou des **failles inverses** ou **chevauchantes**, avec un plan de faille qui surplombe le compartiment affaissé. Un **gradin de faille** se présente comme une succession de cassures, généralement conformes, qui forment des paliers sur un versant. Un **horst** est un compartiment soulevé entre deux failles dont le regard est tourné vers l'extérieur, limité par des failles normales de même direction et dominant des compartiments abaissés.

Un **graben** ou **fossé tectonique** est au contraire un compartiment abaissé entre deux failles dont le regard est tourné vers l'intérieur. Le fossé rhénan apparaît comme un graben entre deux horsts : celui du massif des Vosges et de la Forêt noire. Un **fossé en touche de piano** présente un fossé affaissé de manière unilatérale. Quand le basculement s'effectue dans le même sens à l'échelle d'une région, cela produit une succession de **blocs monoclinaux**. Enfin, toute faille existante peut être affectée par un **rejeu**, une reprise du mouvement pouvant s'effectuer dans le même sens ou en sens contraire du mouvement originel.

lire aussi **Érosion, modelé – Relief – Risques, pollution**

LITTORAL

Les zones littorales sont une interface entre la mer et la terre. Ce contact engendre des complémentarités, mais aussi des ruptures, tant physiques qu'humaines. L'organisation spatiale, souvent linéaire, peut ainsi connaître des discontinuités entre les activités liées à la mer et les activités tournées vers l'intérieur.

La formation des littoraux

• Littoral, côte et rivage : problèmes de définition

Les termes de littoral, côte et rivage, souvent confondus, peuvent avoir la même signification, celle de zone de contact direct, mais assez mal délimitée, entre la mer et la terre. Mais ces termes revêtent chacun plusieurs sens. Le terme de **littoral**, dans son sens le plus large, concerne toute la région située sous l'influence directe, mais aussi indirecte, de la mer. On parle ainsi de climat littoral pour des zones situées parfois à des dizaines de kilomètres de la mer, voire de **façade littorale** pour toute région dont le développement économique est lié à la mer. Ainsi, les façades littorales chinoises, influencées par l'ouverture maritime du pays, correspondent à des régions d'une étendue supérieure à celle de la France. Dans ce cas, le terme englobe alors l'**arrière-pays** (ou ***hinterland***), c'est-à-dire tout l'espace lié au littoral, à ses activités et à ses ports. Le terme de littoral est également parfois employé pour désigner la partie de la mer, ou de l'océan, proche de la terre, comme dans l'expression pêche littorale. Enfin, dans la législation française, la **commune littorale** désigne toute commune riveraine des mers et océans, mais aussi les communes riveraines « des étangs salés, des plans d'eau intérieurs d'une superficie supérieure à 1000 hectares » et « des estuaires et des deltas lorsqu'elles sont situées en aval de la limite de salure des eaux et participent aux équilibres économiques et écologiques littoraux ».

Le terme de **rivage**, assez flou, est souvent réservé au contact direct entre la mer et la terre ; en fait, il s'agit de la zone directement soumise à l'action des marées, dite **zone intertidale**, comprise entre les hautes et basses eaux. Le terme d'**estran** est un équivalent plus précis car il ne prête pas à une double interprétation. Enfin, la **côte** est souvent considérée comme la zone en relief (comme l'indique l'origine du terme) dominant l'estran et située au-dessus du **niveau de haute mer**, niveau des marées hautes. Le contact entre estran et côte proprement dite se nomme alors **trait de côte**.

• L'influence du continent

Au contact de la terre et de la mer, le littoral dépend en partie de la géologie continentale. Il est façonné par le processus d'érosion dominant, marin ou continental, et, dans le détail, par l'érosion éolienne. Ainsi, l'inégale résistance des roches et la présence de failles influencent le tracé des côtes, engendrant, par exemple, des **baies**, des rentrants de taille inférieure aux golfes, et des **anses**, de taille encore plus petite. Les directions structurales, prédominantes sur le continent, jouent aussi un rôle. Quand elles sont parallèles à la direction de la côte, celle-ci est relativement rectiligne et des ensembles, ou chapelets, d'îles parallèles à la côte émergent. En revanche, quand elles sont perpendiculaires, la côte a un aspect très dentelé, faisant alterner des avancées, les **caps** ou **pointes**, et des rentrants très marqués, les **criques**, parfois nommées dans le Midi de la France **calanches** ou **calanques**. Il est toutefois préférable de réserver ce dernier terme aux criques calcaires, à bords raides, en partie ennoyées par une élévation du niveau des mers.

L'aspect de la côte peut être directement lié à des processus d'accumulation ou d'érosion continentale. C'est notamment le cas des deltas, rias, abers et fjords (*cf.* article *Cours d'eau, hydrologie*). Mais du fait des variations du niveau de la mer, de ses remontées, ou **transgressions**, et de ses reculs, ou **régressions**, des processus d'érosion continentaux ont pu modeler des formes aujourd'hui englouties, tandis que des formes d'origine marine peuvent être émergées. C'est le cas des **terrasses marines**, zones planes de dépôts marins, témoignant d'anciennes transgressions.

• L'influence des processus marins sur les littoraux

L'érosion marine dépend de processus exceptionnels, comme les raz-de-marée, et de processus habituels : les vagues, les embruns et les marées. Les vagues, en déferlant sur les côtes, ont un pouvoir d'**abrasion**, c'est-à-dire d'érosion par enlèvement direct de matériaux. Elles peuvent engendrer un courant spécifique, ou **courant de débris**, lorsqu'elles ne déferlent pas perpendiculairement au rivage.

Les types de plages et les dépôts de sable

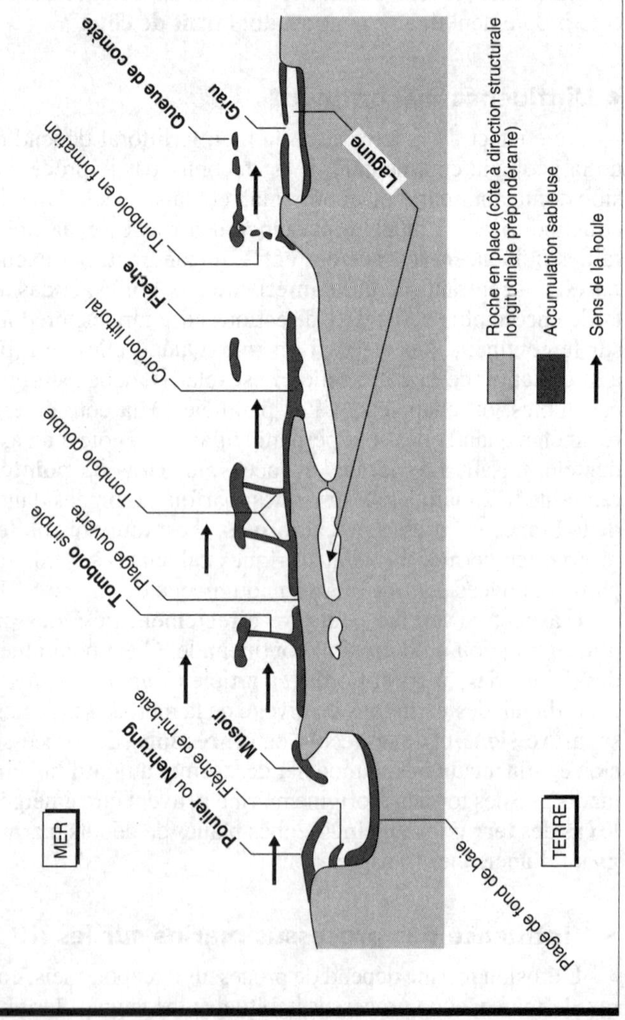

La **marée** est une onde liée à une oscillation de grande ampleur se propageant sur tout l'océan mondial du fait de l'attraction, conjuguée ou non, du Soleil et de la Lune. Le pouvoir érosif de la marée dépend de son amplitude, ou **marnage**, la différence de hauteur entre haute et basse mer. Le marnage peut être énorme, jusqu'à 20 mètres dans la baie de Fundy au Canada.

La marée engendre des **courants de marée** à proximité des côtes ; ils sont plus ou moins forts en fonction de la topographie, du marnage et du décalage entre les heures de marée des différents points de la côte. Ces courants sont maximaux dans les resserrements comme les détroits. De même, lors de la marée montante, le **flot** (ou **flux**) peut remonter les estuaires sur des dizaines de kilomètres et, parfois, engendrer une vague déferlante vers l'amont (le **mascaret**). La marée apporte donc de l'eau salée assez loin dans les terres et modifie les milieux. Lors de la marée descendante, le **jusant** (ou **reflux**) s'ajoute au courant fluvial.

Érodant ou déposant en fonction des circonstances, la mer a globalement une action de **régularisation** des côtes par érosion préférentielle des saillants et comblement des rentrants, mais elle a parfois une action inverse par l'érosion différentielle des seules parties meubles et la mise à jour d'une structure sous-jacente (**côte contraposée**). Les formes d'accumulation les plus fréquentes sont les **plages**, formées de galets et de sable, et dont la partie supérieure est recouverte par la mer. Le **cordon littoral**, la partie haute de la plage, peut être accolé à la côte ou libre. De forme globalement allongée, il est discontinu dans le détail. La dénomination des formes créées dépend fortement de leur configuration topographique. En arrière peuvent se développer des champs de dunes.

Les **récifs coralliens** constituent une forme d'accumulation particulière. Les **coraux**, organismes élaborant du calcaire et présents dans de nombreuses mers chaudes, édifient des **récifs**, rochers émergés ou à fleur d'eau. Leur surface, ou **platier corallien**, a parfois l'aspect d'une véritable île couverte de plages. Les **récifs barrières** sont parallèles aux côtes, comme c'est le cas de la Grande Barrière australienne. Les **récifs annulaires** créent un anneau de corail isolant en leur centre un lagon, étendue d'eau communiquant uniquement avec l'océan par des passes. L'ensemble, récif et lagon, forme un **atoll**.

L'érosion marine est surtout manifeste dans le cas des côtes à falaises. Les **falaises** sont les escarpements, parfois subverticaux, liés à l'action marine. Le terme est donc à proscrire pour tout escarpement continental n'ayant aucun rapport avec la mer. Les vagues sapent la base des falaises et l'écroulement consécutif engendre souvent des estrans rocheux. Les falaises sont très nettes lorsqu'elles correspondent au tracé d'une faille ou quand elles sont taillées dans certaines roches comme les craies. C'est le cas en pays de Caux, où elles présentent même des vallées suspendues, les **valleuses**.

• Variété du milieu littoral

On peut distinguer de nombreux types de milieux littoraux en fonction des climats, de la topographie, de la présence ou non de sable, du type de végétation et d'une éventuelle insularité qui entraîne l'existence ou non de telle ou telle espèce.

Dans le détail, c'est la situation par rapport aux hautes eaux qui différencie plusieurs milieux sur un même littoral. Les plages sableuses voient le développement de la végétation au-dessus du niveau des très hautes marées, donc plutôt sur les dunes qu'elle contribue à stabiliser. En arrière des dunes, les lagunes, qui ne communiquent pas avec la mer, sont peu à peu comblées par des vases diverses et sont parfois des écosystèmes très riches.

Les **marais maritimes** (***wadden*** aux Pays-Bas) sont toutes les terres basses inondables lors de marées. Il peut s'agir de lagunes fermées ou de marais d'estuaire. Ils sont parcourus par les courants de marée et connaissent des zones d'eau stagnante, les **marais mouillés**, du fait des tassements nombreux dans des matériaux tourbeux et sableux. La partie basse des marais, inondée à chaque marée haute, s'appelle la **slikke** ou la **vasière**, et ne comporte pas de végétation. Leur partie haute n'est recouverte par la mer que lors des très hautes eaux dues aux marées exceptionnelles. Elle est donc occupée par des végétaux **halophiles** (adaptés à la salinité), d'où son nom d'**herbu**, de **schorre** ou de **mollière** en Picardie. L'ensemble de ces marais, parfois nommés **palus**, notamment dans le sud-ouest de la France, forme des écosystèmes particuliers, dans lesquels les oiseaux et les moustiques occupent une bonne place.

Un type particulier de marais est constitué par les marais tropicaux à la végétation beaucoup plus riche. La **mangrove** est la zone recouverte par la haute mer. Dominée par des grands arbres à racines aériennes, les palétuviers, elle correspond donc à la slikke. Plus haut, correspondant au schorre, se développe l'**arrière-mangrove**, aux espèces variées mais moins hautes que celles de la mangrove.

Une occupation humaine spécifique des littoraux

• Des milieux littoraux inégalement occupés

La notion de **maritimité** désigne la relation culturelle, économique, voire physiologique, de l'homme au milieu maritime, et donc au littoral. Or, ce regard a longtemps été négatif dans de nombreuses civilisations et les littoraux ont globalement été délaissés par les populations. Deux raisons peuvent être avancées : les zones de marais, par ailleurs peu utilisables, étaient hostiles car souvent infectées par le paludisme ; de plus, des raids de pirates sévissaient dans de nombreuses régions du monde.

Cependant, de nombreux littoraux ont été peuplés précocement en raison d'avantages spécifiques. Les climats côtiers sont souvent plus pluvieux, ce qui explique, par exemple, le peuplement littoral de certaines marges désertiques. Les activités de pêche et de commerce ont développé de nombreux sites portuaires dès l'Antiquité, sites souvent conçus également pour la défense. Des sociétés « maritimes » ont ainsi pu coexister avec des sociétés « terriennes » habitant à proximité immédiate de la mer.

On assiste cependant de nos jours à une **inversion géographique** : les littoraux sont globalement considérés comme attractifs. Le regard des sociétés, leur représentation du littoral mais aussi de la mer, est en effet positif. En conséquence, l'aménagement des littoraux s'intensifie en raison de la **littoralisation** croissante du peuplement et des activités. La pression démographique, dans de nombreux pays du Sud, pousse des populations en mal de terres à coloniser des régions autrefois délaissées. Plus de 60 % de la population du Bangladesh habite à une altitude inférieure à 4 mètres dans le delta du Gange et du Brahmapoutre, ce qui n'est pas sans poser de nombreux problèmes, du fait du relèvement du niveau de la mer. L'accroissement des échanges commerciaux, et plus particulièrement maritimes, renforce le rôle des ports (*cf.* article *Ports*), tandis que l'essor du tourisme balnéaire est à l'origine d'une nouvelle pression sur certains littoraux qui s'en trouvent souvent largement modifiés (*cf.* article *Tourisme*).

• Une organisation spécifique de l'espace

Les îles et **archipels** (groupes d'îles) sont un cas particulier. Une **île** est une étendue de terre entourée d'eau. De taille variée, une île est en effet plus grande qu'un **îlot** mais plus petite qu'un continent. Une île a forcément des rapports étroits avec la mer, qui l'isole du reste des terres émergées et conditionne en grande partie l'organisation des activités et donc de l'espace. Ses habitants, nommés **insulaires** ou **îliens**, sont conscients de l'insularité, ne serait-ce que par les obstacles mis à leurs déplacements vers l'extérieur, donc par un certain **isolement**, terme provenant de *isola* (en italien, île). Le terme d'**îléité** désigne le sentiment d'être sur une île. La présence d'une côte influence aussi l'occupation de l'espace sur les continents, et ceci quelle que soit l'échelle considérée.

À l'échelle communale, deux types d'activités se retrouvent en bord de mer : activités marines et activités terriennes. Liées, sur la plupart des littoraux, à la coexistence de deux sociétés, elles génèrent des territoires spécifiques à chacune des sociétés, l'une vivant de la mer, l'autre vivant à côté de la mer, ce qui crée une zonation visible dans les villes et villages portuaires. Possédant une rive marine et une « rive continentale », ils voient la juxtaposition de modes de vie et d'activités ne se mélangeant pas. Le fait littoral est donc porteur de ruptures : rupture dans l'occupation de l'espace entre deux types d'activités dominantes, mais aussi, pour les marins, entre la terre et la mer, entre un espace de vie et un espace de travail.

À une autre échelle, le tracé des côtes influence celui des moyens de transport, mais aussi les réseaux urbains, contribuant à la linéarité de leur plan d'ensemble. En Languedoc-Roussillon, les grands centres (Nîmes, Montpellier, Béziers et Perpignan) sont situés à une distance de la mer de 15 à 30 km en arrière des étangs et reliés entre eux par un réseau de voies ferrées et routières parallèles à la côte. À cette urbanisation linéaire d'arrière-pays (le « trottoir de la Méditerranée ») correspond un certain nombre de points sur la côte, anciens centres portuaires de ces villes (Palavas pour Montpellier par exemple) à partir desquels s'est souvent effectuée l'urbanisation de masse du littoral dans un but touristique.

Enfin, à l'échelle d'un pays, les façades littorales peuvent régler toute l'organisation spatiale. C'est surtout le cas des États vivant directement de la mer, en particulier des États insulaires, et des pays possédant des ports de première importance ou vitaux pour l'économie nationale. La façade pacifique du Japon concentre ainsi l'essentiel de la population et des activités économiques du pays. Elle est un des cœurs de l'économie mondiale. Autre modèle du rôle des façades littorales, le dynamisme et le poids démographique et économique de São Paulo, capitale économique du Brésil, située à 50 km de la côte, ne seraient pas le même sans les liens l'unissant avec le port industriel de Santos, qui est en fait une extension de la mégapole vers l'océan.

L'organisation d'un espace littoral : Bouzigues (Hérault)

Le village de Bouzigues est révélateur des répartitions spatiales le long d'un littoral, celui de l'étang de Thau, en fonction de l'activité dominante. Le village se divise traditionnellement en deux groupes sociaux, correspondant d'un côté aux viticulteurs et d'un autre aux « gens de l'étang », pêcheurs et « **parqueurs** » (les exploitants des parcs à huîtres ou à moules). La division est spatiale, économique, sociale, voire politique : l'aquaculture constitue aujourd'hui l'activité noble, en tout cas rémunératrice, alors que la viticulture, autrefois dominante, est en net recul. Les viticulteurs occupent le « haut » du village, les parqueurs et les pêcheurs occupent le bas. L'opposition spatiale va très loin puisqu'au jeu de boule des parqueurs, sur le port, s'opposait encore récemment celui des viticulteurs, sur la place de l'église. Le déménagement de la mairie, du haut du village vers l'étang, est révélateur de cette mutation. Mais la division est également culturelle : deux fanfares concurrentes s'opposèrent longtemps, les viticulteurs ont la réputation d'être « plus distingués » que les parqueurs. Le point de rencontre des « gens de l'étang » se situe au port, avec ses restaurants – souvent tenus par les parqueurs –, son musée de la conchyliculture, témoin d'un développement touristique récent. Cependant, l'étang lui-même se divise entre le port de pêche, naturellement séparé du port de plaisance, et les « **mas** », les exploitations conchylicoles, subdivision sur laquelle se greffe l'espace des plages. Un village de quelques centaines d'habitants peut donc se scinder en plusieurs territoires mentaux, guidés par les activités littorales ou non.

• L'avenir des littoraux

Les menaces pesant sur les littoraux sont nombreuses. C'est d'abord la pollution provoquée par l'accroissement de la population, l'urbanisation et l'industrialisation croissante des côtes, voire par l'exploitation touristique. La remontée du niveau des mers pose aussi problème. Phénomène incontestable, il est en grande partie lié au réchauffement climatique. Les estimations de ce relèvement ne sont pas exemptes d'un certain catastrophisme et varient selon les organismes et les modèles climatiques, de 30 à 110 cm pour 2100. Mais un simple relèvement du niveau des eaux de 30 cm entraînerait une submersion fréquente de la place Saint-Marc à Venise par les grandes marées. Pour éviter cela, le gouvernement italien tente de lutter contre ces ***acqua alta*** par l'installation de digues gigantesques. Les Pays-Bas, maîtres en la matière et aujourd'hui fortement menacés par le phénomène, furent les premiers au XXe siècle à pratiquer une politique systématique de construction de grandes digues, isolant en arrière des terrains gagnés sur la mer, les **polders**. Il s'agit de terres conquises sur la mer ou sur des marais grâce à des procédés d'endiguement, de pompage et globalement de maîtrise de l'eau. En France, c'est notamment le cas dans l'anse (ou la baie) de l'Aiguillon, en Poitou-Charentes, où les aménagements ont donné naissance à la partie « desséchée » du marais poitevin.

D'autres aménagements gigantesques existent, à base de remblais. Il est alors préférable de parler de **terre-pleins** plutôt que de polders. Ce sont souvent des **terre-pleins industriels** ou **industrialo-portuaires**. De telles réalisations ont été entreprises à Singapour, Tokyo, Dubaï, mais aussi aux Maldives, où a été créée, face à Malé, la capitale, une île totalement artificielle dénommée Hulhumalé. À Bangkok, il est prévu de lutter contre la montée du niveau des mers et l'enfoncement progressif de la ville par l'établissement de terre-pleins de plus de 80 km de long, à but industriel, portuaire, mais aussi touristique. Toutefois, l'ampleur des travaux (prévus à terme… pour 2090) et le coût de telles constructions les rendent hors de portée des pays les plus pauvres, par exemple des 12 millions de paysans vivant dans le delta du Nil, à moins que la coopération internationale et l'aide aux pays en développement ne financent de grand projets « clé en main ». Mais là aussi, par manque de moyens financiers ou techniques, nombre de polders sont abandonnés, voire détruits. La **dépoldérisation** est aussi liée, notamment dans les pays développés, à la déprise agricole, mais aussi à des raisons environnementales.

Aménagement et littoral en France

Afin de protéger mais aussi de développer les activités de la zone littorale, l'État a peu à peu imposé une législation aux communes littorales, jugée parfois insuffisante par les défenseurs de l'environnement ou au contraire trop contraignante par les partisans du développement d'un tourisme de masse. Ainsi, le **Conservatoire national de l'espace littoral et des rivages lacustres** créé en 1975, tente de sauvegarder le milieu naturel spécifique à cette zone, en le mettant hors de toute atteinte d'équipement ou d'urbanisation. Son action intègre aussi des préoccupations sociales et économiques, en favorisant par exemple certains types d'agriculture. En 2007, 103 000 hectares et 880 km de rivages étaient contrôlés par le Conservatoire. Il s'agit notamment de sites naturels remarquables (Pointe du Raz en Bretagne, Pointe de la Caravelle en Martinique, Côte des Agriates en Corse...).

La **loi littoral**, promulguée en 1986, puis complétée en 1989, vise à une protection plus globale du littoral grâce à plusieurs moyens, dont la création d'un droit de passage de 3 mètres le long du littoral, la mise en place d'un certain nombre de contraintes dans l'élaboration des PLU des communes littorales, l'obligation d'une concertation entre État et communes lors de la création d'un aménagement routier. Toutefois, cette loi ne règle pas l'ensemble des problèmes d'aménagement du littoral. Témoin, l'exploitation des plages qui est souvent confiée aux communes, qui profitent du flou de la loi littoral et laissent souvent restaurateurs et hôteliers installer sur le domaine public des constructions légères, nommées **paillotes**.

lire aussi **Échanges internationaux – Océan, mer – Pêche, aquaculture – Port – Risques, pollution – Tourisme**

MÉTÉOROLOGIE

La **météorologie** est l'étude du temps, c'est-à-dire de l'état de l'atmosphère à un moment donné. Cette étude suppose la connaissance des mécanismes planétaires de la circulation atmosphérique. Très variables selon les zones, ce sont eux qui créent les climats et contribuent à individualiser les milieux géographiques, champs d'investigation des géographes. La géographie classique s'est donc intéressée à cette discipline, tant pour elle-même que pour ses rapports avec les climats, l'agriculture ou la biogéographie. Par ailleurs, la météorologie est indissociable d'une analyse prospective, la prévision météorologique, qui a toujours joué un rôle essentiel pour les sociétés humaines.

La prévision du temps : une préoccupation ancienne

Les différentes sociétés ont toujours eu le souci de la compréhension des mécanismes météorologiques dans un but prévisionnel : la **prévision météorologique**. La cause essentielle de ces préoccupations est évidemment le fait que le temps jouait un rôle essentiel pour l'agriculture. On estime que le premier traité de météorologie est chinois et date de – 3000 ans. De même, les Indiens eurent très rapidement le souci d'étudier la mousson ; dans la Grèce antique, Aristote, dans le cadre de sa réflexion sur la nature, établit un traité de météorologie. Mais il faut attendre la Renaissance (on attribue par exemple la girouette à Léonard de Vinci) et donc l'époque moderne pour arriver à une compréhension globale du temps : en 1644 par exemple, Torricelli invente le baromètre à mercure, quatre ans seulement avant que Blaise Pascal ne démontre que la pression varie avec l'altitude.

Dictons et météorologie populaire

La **météorologie populaire** est issue d'une connaissance empirique du temps par des sociétés longtemps agricoles. Basée sur l'observation, notamment des rythmes végétatifs, elle s'est toujours mêlée à des croyances diverses dans lesquelles intervenaient la religion et les mythes populaires. Le tout s'est exprimé par des dictons populaires, prégnants jusqu'au début du xxe siècle. Par exemple, le tonnerre s'explique par l'intervention du Malin (« le diable bat se femme » – Bretagne), à moins que ce ne soit « les anges qui jouent aux quilles » – Bourgogne – ou « le Bon Dieu qui joue aux boules ». De même, le vent est l'œuvre du démon qui « s'efforce d'entraîner quelqu'un » – Côtes-d'Armor –, à moins qu'il ne s'agisse de l'œuvre de « dragons ou de lutins qui balayent avec leur queue tout ce qui fait obstacle ».

La météorologie populaire fournit aussi divers remèdes à toutes ces calamités. On peut ainsi, par exemple, pour faire cesser le vent, « tirer un coup de fusil au milieu et crier : détourne-toi, diable ! » – Languedoc –, ou « jeter dedans une fourche » – Haute-Bretagne – ou encore demander au curé de détourner le vent « en plaçant la pointe de son chapeau du côté où il veut que le vent souffle ».

Si ces croyances n'ont souvent pas dépassé le cap du xxe siècle, il n'en est toutefois pas de même de certains dictons de portée plus générale qui prévoyaient le temps à plus long terme, comme par exemple le toujours célèbre « S'il pleut à la Saint-Médard, il pleut 40 jours plus tard ».

Dictons recensés par J.-P. Chassany, *Les Couleurs du vent*,
Éditions Maisonneuve et Larose, 1986.

De nos jours, la météorologie et les prévisions météorologiques sont encore indispensables à l'agriculture, au tourisme et à la prévention des risques climatiques : tornades, tempêtes, cyclones tropicaux… La prévision météorologique est également devenue, surtout dans les pays riches, un outil de planification et d'organisation de nombreuses activités à l'air libre – loisirs, tourisme, manifestations sportives… – et, comme en témoignent les taux d'audience des principaux bulletins météorologiques télévisés, une information considérée bien souvent comme nécessaire à la vie quotidienne.

La prévision météorologique est toutefois plus ou moins facile selon les zones. Les types de temps de l'équateur et des zones froides ne fluctuent guère d'un jour sur l'autre. En revanche, les latitudes moyennes sont marquées par une extrême variabilité.

La prévision repose sur des mesures de températures et de pressions aussi bien au sol qu'en altitude et sa qualité dépend du nombre d'informations collectées. Le réseau de stations météorologiques se complète de l'utilisation du radar, mais surtout de satellites, comme **Météosat** (famille de satellites **géostationnaires** européens, qui restent fixés sur le même point de la surface terrestre), directement affectés à l'analyse météorologique. Des cartes météorologiques sont établies une ou deux fois par jour. Elles donnent, pour une heure précise, les champs de pression (sous forme d'**isobares**, lignes d'égale pression), des relevés de températures, des directions de vents, ainsi que des indications sur les principaux fronts. C'est leur comparaison qui permet de suivre jour par jour les trajectoires des principales perturbations.

Toutefois, cette prévision ne peut être parfaite, car si les mécanismes globaux sont connus, certains événements ne sont pas toujours aisés à prévoir. Une dépression peut par exemple disparaître au niveau du sol et ne plus exister qu'en altitude (**occlusion**). Le passage d'un simple temps couvert à un temps pluvieux peut, lui aussi, ne pas être détecté. Globalement exacte à court terme, la prévision est dépendante d'un nombre important de paramètres qui peuvent évoluer de façon différente. La prévision à long terme est donc périlleuse et seules des tendances peuvent être données. Elle nécessite enfin d'importants moyens financiers, souvent hors de portée des pays pauvres.

L'atmosphère est en mouvement

• Qu'est ce que l'atmosphère ?

L'étude du temps, la météorologie, suppose la connaissance des mécanismes planétaires de la circulation atmosphérique. On appelle **atmosphère** l'enveloppe gazeuse entourant le globe terrestre. Composée aux trois quarts d'azote, elle renferme plus de 20 % d'oxygène et des gaz rares tels l'hélium ou l'**ozone**, qui absorbe une grande partie du rayonnement ultraviolet. Sa hauteur, qui peut atteindre des centaines de kilomètres, est plus importante à l'équateur qu'aux pôles. Sa composition et ses caractéristiques varient avec l'altitude. La couche la plus basse, celle que nous respirons, la **troposphère**, est la plus mince (elle ne dépasse pas 15 km) et la plus comprimée puisqu'elle représente 90 % de la masse de l'atmosphère. Au-delà de sa partie supérieure (la **tropopause**) apparaît la **stratosphère**, beaucoup plus calme sauf aux latitudes tempérées où des vents puissants la parcourent : les ***jets streams*** ou **courants** jets. La stratosphère est importante car c'est elle qui renferme la couche d'ozone, nécessaire à la vie sur Terre. Plus en altitude, la **mésosphère** (entre 50 et 90 km), puis la **thermosphère**, constituent les étages supérieurs de l'atmosphère.

Composée d'air, l'atmosphère pèse donc un certain poids et exerce une pression que l'on appelle **pression atmosphérique**. Mesurée par un baromètre, celle-ci varie avec la température, l'humidité de l'air mais aussi avec l'altitude : plus on monte, plus cette pression diminue. La **pression normale**, la moyenne pour le globe terrestre au niveau de la mer, est de 1 013 hectopascals (hPa) environ.

L'atmosphère présente donc des caractéristiques différentes selon l'altitude. Dans la troposphère, des **masses d'air** s'individualisent selon les caractères de l'air qui les compose, continental ou maritime, polaire ou tropical. La troposphère est également affectée de nombreux mouvements. Les mouvements verticaux sont nommés **turbulences**.

• Les facteurs des mouvements atmosphériques

La troposphère est en instabilité continuelle pour plusieurs raisons. L'air contient tout d'abord plus ou moins de vapeur d'eau : un air chaud peut renfermer beaucoup plus d'humidité qu'un air froid. Ensuite, les alternances jour-nuit et la position en latitude réchauffent ou refroidissent les basses couches de l'atmosphère. Or, un air chaud a tendance à se détendre et, devenant plus léger, à prendre de l'altitude. Ce phénomène, appelé l'**ascendance**, a des conséquences. Du fait de la variation de pression, la température de l'air fluctue selon le **gradient adiabatique**. Au niveau du sol, la pression tombe en dessous des 1 013 hPa : on parle alors d'une zone de **basse pression**, ou **dépression**. Cet air chaud, souvent saturé en humidité, va, en gagnant de l'altitude, se vider peu à peu de son eau et créer par **condensation** (passage de la vapeur d'eau à l'état liquide) une pellicule nuageuse.

Inversement, une masse d'air froid plus lourde a tendance à s'écouler vers le bas et donc à perdre de l'altitude. Cette **subsidence** se traduit au niveau du sol par une pression supérieure à la normale, c'est-à-dire par une zone de **haute pression** ou **anticyclone**.

Les mouvements verticaux de l'atmosphère

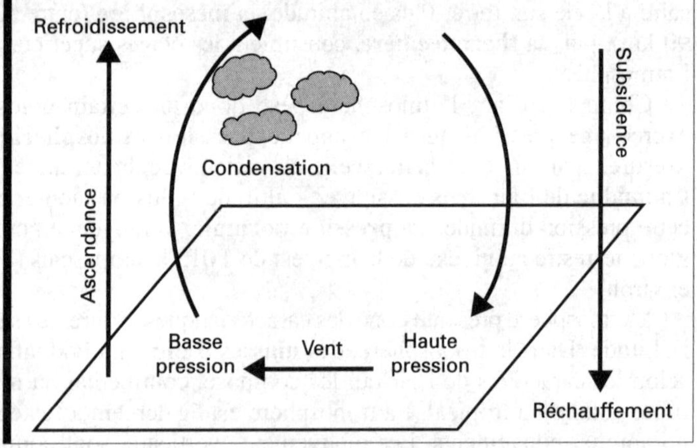

Ces mouvements verticaux de la **toposphère** s'accompagnent de mouvements horizontaux (**advection**) : les **vents**, allant globalement des zones de haute pression vers les dépressions ; ils peuvent être des vents généraux comme les ***westerlies*** (vents d'ouest des latitudes tempérées) ou des vents régionaux comme le fœhn ou le mistral. Le **mistral**, vent froid de la vallée du Rhône, (appelé **tramontane** en Languedoc) et la **bora** de la côte dalmate ont une origine composite : liés aux différences de pressions, ils sont canalisés par les vallées (**effet de tuyère**), ce qui explique leur violence et leur turbulence. Il existe aussi des vents locaux comme les **brises**. Ces dernières, liées à des différences thermiques entre deux points d'un versant ou d'un littoral, ne doivent pas être confondues avec la **bise**, désignant dans le langage courant des vents froids et secs venant généralement du nord.

Tous ces grands mécanismes se retrouvent au niveau planétaire : c'est la circulation atmosphérique générale.

La circulation atmosphérique générale

L'atmosphère est animée d'une circulation générale, organisée en fonction de cellules zonales. Elle connaît des variations saisonnières de détail.

• Circulation et cellules atmosphériques

Les grands mouvements de l'atmosphère sont liés à un « moteur », la **circulation convective**, c'est-à-dire aux capacités ascensionnelles de l'air chaud. Ces mouvements s'organisent en trois boucles dans lesquelles et entre lesquelles l'air circule. On donna le nom de **cellule de Hadley** au phénomène, du nom du mathématicien anglais qui fut le premier à les mettre en évidence, au XVIIIe siècle.

La circulation en grandes cellules

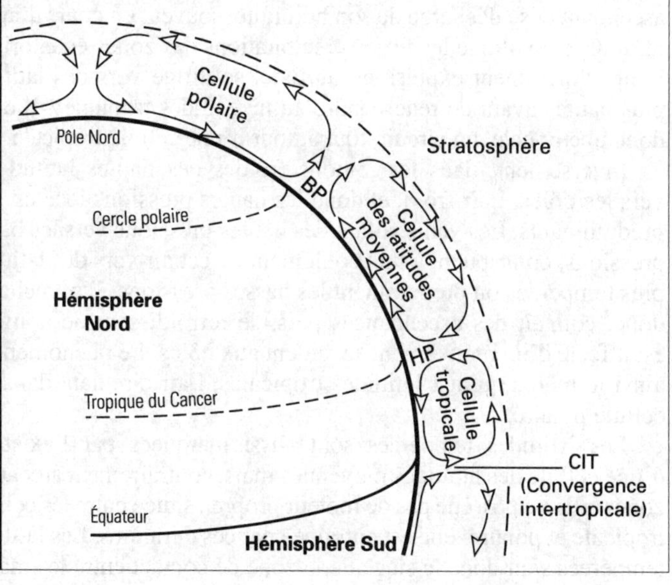

Au niveau des tropiques existent de vastes zones de **calmes tropicaux** : ce sont les cœurs des anticyclones tropicaux, comme celui des Açores, déjà connus des premiers grands navigateurs, de Bartolomeo Dias à Vasco de Gama. Ces zones de beau temps sec ne présentent que peu de vent. En revanche, leurs pourtours sont animés de vents importants et réguliers : les **alizés**. Issus des anticyclones, ils peuvent être des vents marins, également bien connus des navigateurs, ou des vents continentaux, appelés **harmattan** au sud du Sahara et **étésien** en Méditerranée orientale.

Du fait de la rotation de la Terre et de la **force de Coriolis** qu'elle exerce notamment sur l'atmosphère, ces vents divergent du cœur de l'anticyclone, dans le sens des aiguilles d'une montre dans l'hémisphère Nord et en sens contraire dans l'hémisphère Sud. Leur **convergence** s'effectue pour une part au niveau de l'équateur, dans une zone que les climatologues nomment la **Convergence intertropicale** (**CIT**) et que les marins appellent « **pot au noir** » pour ses orages fréquents, ou « **chaudière tropicale** » pour ses ascendances d'air visibles, en milieu de journée, avec les mouvements des nuages. Dans cette région très chaude, l'air subit un fort mouvement ascendant et se décharge de son humidité, souvent en cours d'après-midi. Ceci explique les fortes précipitations des zones équatoriales. L'air, violemment expulsé en altitude, se dirige vers des latitudes plus hautes avant de redescendre au niveau des tropiques. Il décrit donc une boucle, un circuit, tout autour d'une cellule tropicale.

Inversement, dans les régions froides des hautes latitudes et vers les pôles, l'air froid, et donc les hautes pressions locales, sont prédominants. Les vents, allant des hautes pressions vers les basses pressions, contribuent à un écoulement de cet air vers des latitudes plus tempérées où prédominent les basses pressions. Il se réchauffe donc, connaît des ascendances puis, se refroidissant de nouveau, est affecté d'un mouvement subsident aux pôles. Le phénomène est ainsi le même qu'aux latitudes tropicales, l'air circulant dans une cellule polaire.

Les latitudes tempérées sont aussi marquées par l'existence d'une cellule des latitudes moyennes mais, contrairement aux autres zones, elle ne possède pas de moteur propre : située entre les cellules tropicale et polaire, elle est entraînée par ces dernières. Les latitudes tempérées sont donc le siège de la zone de contact entre les masses d'air polaire et les masses d'air tropical, appelée **front polaire**. Le front polaire est toujours une zone de contact complexe et plus encore lorsque les différences de températures sont extrêmes. Il peut décrire des indentations, des mouvements tourbillonnaires nommés **perturbations**. Ces dernières se succèdent souvent par groupes de trois ou quatre et font alterner sur les latitudes tempérées des types de temps très variables, amenant de la pluie, parfois des **orages**, du fait de la présence d'ascendances verticales très fortes, comme en témoignent la présence de nuages à grand développement vertical, les **cumulonimbus**.

La circulation atmosphérique est donc zonale. À l'équateur, zone d'ascendance souvent nuageuse, succèdent les tropiques marqués par la présence d'anticyclones, puis les latitudes moyennes perturbées et enfin les hautes latitudes froides et sèches.

• Des variations saisonnières

Cette circulation générale varie dans le détail selon les saisons, notamment avec les fluctuations du front polaire. En hiver, l'air froid est plus important sur les pôles et donne parfois naissance à de très forts **anticyclones thermiques**, liés uniquement à la subsidence d'un air très froid, comme c'est le cas en Sibérie. Dans ces régions, les températures sont plus élevées en altitude qu'au sol : c'est le phénomène de l'**inversion thermique**, qui peut également exister en montagne, lorsque de l'air froid est « coincé » au pied d'un versant.

La cellule polaire est donc très active et les descentes d'air froid plus importantes. Le front polaire, poussé vers le sud en hiver, se retrouve au contraire beaucoup plus au nord en été, ce qui a de nombreuses conséquences. En été, les anticyclones tropicaux « se gonflent » et se déplacent vers le nord. Ainsi, l'anticyclone des Açores recouvre en cette saison une bonne partie de la France amenant un beau temps chaud. En hiver, le phénomène inverse se produit, laissant les perturbations envahir le pays. D'autres irrégularités saisonnières peuvent avoir une plus grande ampleur. Dans la zone tropicale proche de l'équateur, notamment en Inde, le printemps est torride, les ascendances se multiplient et une dépression se forme au niveau du sol. Elle attire, dans l'hémisphère Nord, les alizés de l'hémisphère Sud. Ces vents de **mousson**, qui ont traversé des mers parmi les plus chaudes au monde, sont gorgés d'humidité et engendrent des pluies diluviennes. Ce phénomène, souvent décrit pour l'Asie du Sud, s'accompagne d'une « **mousson d'hiver** », période sèche et froide du fait des vents dominants d'origine nordique. Les moussons existent de façon plus atténuée sur certaines côtes africaines, essentiellement du golfe de Guinée, c'est la **mousson guinéenne**.

Une autre variation saisonnière de la circulation atmosphérique concerne l'hémisphère Sud. Il s'agit du phénomène d'***El Niño*** qui se produit sur les côtes du Pérou, en été, vers Noël (d'où le nom d'*El Niño*, l'Enfant-Jésus). L'anticyclone du Pacifique Sud peut disparaître vers le sud-ouest. Les alizés qui soufflaient régulièrement laissent alors la place libre aux dépressions atmosphériques qui apportent des pluies plus ou moins violentes. *El Niño* prend parfois l'aspect d'une véritable catastrophe climatique, comme en 1983, où des trombes d'eau s'accompagnèrent d'un réchauffement brutal de l'océan et d'une destruction du plancton perturbant la pêche et l'économie péruvienne. Ses conséquences humaines sont donc fortes : aux victimes directes liées aux inondations, aux cyclones ou au contraire aux sécheresses et à la multiplication des feux de forêt, s'ajoutent les conséquences indirectes comme la recrudescence de la malaria qui toucha le Pérou en 1983, avec la prolifération des moustiques. *El Niño* de 1997-1998 fut lui aussi particulièrement violent, provoquant des pluies torrentielles et des inondations sur la côte Est de l'Amérique du Sud et des sécheresses exceptionnelles entraînant des feux de forêts, notamment en Indonésie. La question se pose aujourd'hui des liens entre la fréquence et l'ampleur des *Niños* et les fluctuations climatiques récentes : dans quel sens joue la causalité, si elle existe ?

Le phénomène est imprévisible et irrégulier : certaines années « **anti-Niño** » ne le connaissent pas. Il est lié à l'**oscillation australe** ou **ENSO** (*El Niño Southern Oscillation*) : les anticyclones de l'hémisphère Sud s'affaiblissent sur leur versant oriental et se renforcent sur leur côté occidental. Si la cause d'un tel déplacement est encore incertaine, la catastrophe de 1983, en revanche, a montré que l'oscillation australe avait également touché d'autres anticyclones que celui du Pacifique Sud et qu'il s'agissait là d'un phénomène planétaire n'épargnant pas l'hémisphère Nord.

De tels phénomènes existent également ailleurs : dans le Pacifique Nord (*North Pacific Oscillation* ou **NPO**), dans l'Atlantique (**oscillation nord-atlantique** ou *North Atlantic Oscillation* : **NAO**). Le NAO se traduit par des descentes d'air arctique vers les Açores, avec des conséquences sur le climat de l'Europe occidentale. Ses effets semblent toutefois moindres que ceux d'*El Niño*.

• Les principaux types de temps

Les anticyclones sont des zones de beau temps. Les anticyclones thermiques composés d'air très froid sont très secs. Pour les anticyclones chauds, la subsidence est génératrice de stabilité. Le phénomène inverse, l'ascendance de l'air, explique le mauvais temps et la nébulosité liés aux dépressions. Les perturbations parcourant le front polaire ont souvent le même aspect. L'air froid est surmonté par l'air chaud et le contact entre les deux – le **front** proprement dit – provoque le siège d'une importante **nébulosité** : une grande partie du ciel se couvre de nuages. Les **nuages**, formés par l'accumulation de particules d'eau ou de glace en suspension dans l'air, n'ont pas le même aspect selon leur altitude, car la rétention en eau varie avec la température. La perturbation est annoncée par les **cirrus**, nuages de très haute altitude composés de cristaux de glace, à l'aspect de « traînée d'avion ». Puis viennent des nuages de plus en plus épais et de moins en moins hauts. Ce système perturbé se déplace à des vitesses variables et s'accompagne de vents. La fin de la perturbation, la **traîne**, apporte quelques **grains**, des épisodes perturbés très courts, avec des vents violents et parfois des pluies, mais aussi des éclaircies.

Coupe verticale d'une perturbation

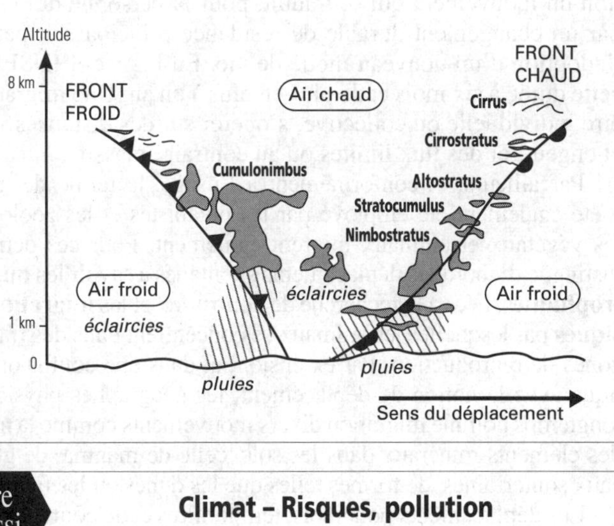

lire aussi **Climat – Risques, pollution**

MIGRATIONS, MOBILITÉS

Migration, mobilité et mouvement sont des formes de déplacement de personnes que le géographe étudie pour en connaître les causes, les modalités, les flux et réseaux, ainsi que les conséquences spatiales.

Migration, mouvement, mobilité

Le terme de migration s'utilise largement en géographie et dans de nombreuses sciences connexes. On appelle **migration** tout déplacement de population vers un autre espace en vue de s'y établir au moins temporairement. En géographie, le terme a de nos jours une signification plus précise et on considère comme migration un mouvement qui se traduit, pour la personne qui l'effectue, par un changement durable de résidence principale et parfois par l'adoption d'un nouveau mode de vie. En France, l'INSEE établit cette durée à six mois et de plus en plus à un an. Une migration peut être individuelle ou collective, s'opérer sur des distances variables et engendrer des flux limités ou au contraire massifs.

Par ailleurs, et conformément à l'usage, le terme de migration a été également été employé par les botanistes et les zoologues car les végétaux et animaux migrent également. Pour ces derniers, on distingue d'abord les déplacements spontanés à savoir les **migrations trophiques**, liées à la recherche de nourriture, et les **migrations génésiques** par lesquelles les animaux se concentrent dans des frayères ou zones de reproduction. Par extension, et dans une confusion sémantique avec la notion de déplacement, les géographes physiciens ont longtemps nommé migration divers mouvements comme la migration des éléments minéraux dans les sols, celle de magma, de glace, des eaux souterraines, de formes telles que les dunes ou les falaises.

Les déplacements ponctuels, temporaires et de courte durée, sont qualifiés de **mouvement**, et non de migration, chez la plupart des auteurs. On les distingue selon leur périodicité. À rythme quotidien, les **mouvements pendulaires** (ou alternants ou **navettes**) sont effectués le plus souvent entre le lieu d'habitation et le lieu de travail : plus d'un travailleur sur deux en France, au Royaume-Uni et en Belgique ne réside pas dans la commune où il exerce son métier et la proportion est encore supérieure aux États-Unis (plus de 60 %). Les travailleurs **frontaliers**, qui pour des raisons économiques choisissent de travailler dans un État voisin de celui dans lequel ils résident, accomplissent des mouvements pendulaires entre deux ou plusieurs États en franchissant à chaque fois une ou plusieurs frontières. Les **mouvements hebdomadaires**, en général en début et fin de week-end, concernent par exemple les élèves internes du secondaire, certains étudiants et certains citadins qui se rendent dans leur « maison de campagne ». À période plus longue, on peut évoquer les **mouvements** de travailleurs **saisonniers**, dans le cadre d'activités agricoles ou touristiques, ou les déplacements de longue durée de militaires ou de personnels de chantiers. De la même façon, la **nomadisation**, c'est-à-dire l'adoption d'un genre de vie itinérant, n'est pas considérée comme une migration. Les **nomades**, à l'inverse des **sédentaires**, sont des personnes sans résidence fixe, qui pratiquent le **nomadisme** : ils se déplacent le plus souvent selon le rythme des saisons. Ce sont fréquemment des pasteurs qui recherchent des pâturages pour leurs troupeaux, mais aussi les **forains** (personnes qui travaillent dans les fêtes foraines ou les marchés itinérants). Le vrai nomadisme a aujourd'hui pratiquement disparu et on parle de **semi-nomades** pour qualifier les populations qui possèdent un lieu d'ancrage dans l'espace à partir duquel s'organisent leurs déplacements saisonniers. Le terme de migration ne s'applique pas non plus aux déplacements touristiques qui ne sont que des voyages, même s'ils peuvent prendre un caractère massif et induire une certaine polarisation de l'espace (*cf.* article *Tourisme*). Le terme de **néo-nomadisme** s'utilise parfois pour qualifier, aux États-Unis par exemple, des changements fréquents de résidence pour cause professionnelle, forme de déplacement intermédiaire entre mouvement et migration.

La **mobilité** est un concept dont les contours sont moins nets et prêtent à discussion et interprétation. Au sens géographique, c'est-à-dire celui de la **mobilité spatiale** (ou **mobilité géographique**), le terme exprime à la fois le processus qui aboutit au déplacement par lui-même mais aussi la capacité ou l'aptitude au mouvement, voire tout ce qui concoure à créer les conditions du déplacement. Certains géographes lèvent l'ambiguïté en utilisant plutôt, pour exprimer cette inégale potentialité à être mobile dans l'espace, le concept de **motilité**, emprunté à la biologie. Elle dépend de la volonté ou de la motivation des personnes susceptibles de se déplacer, déterminée par leurs stratégies personnelles et les opportunités qui leur sont offertes, mais aussi de leur capacité physique à se mouvoir et, critère souvent fondamental, des moyens d'information et de transport auxquels elles ont accès. La motilité exprime donc surtout un potentiel : elle peut être forte sans donner lieu à un déplacement, ou faible mais concrétisée par un mouvement. Le plus souvent, le rapport entre motilité et mouvement est cependant avéré.

Les types de mobilités se distinguent, comme c'est le cas des mouvements, selon l'échelle des espaces concernés et les temporalités. Certains auteurs réservent l'usage du concept aux déplacements de fréquence quotidienne ayant pour support des espaces de relative proximité, et notamment aux déplacements domicile-travail, même si ceux-ci s'effectuent sur des distances croissantes (*cf.* article *Urbanisation, métropolisation*). Cette mobilité est donc essentiellement urbaine et périurbaine. Il n'est toutefois pas impropre de parler de mobilité de fin de semaine, par exemple entre résidence principale et secondaire, se traduisant par des déplacements souvent plus longs, voire de mobilité saisonnière, correspondant aux périodes de vacances (*cf.* article *Tourisme*).

Il existe par ailleurs d'autres formes de mobilité qui n'intéressent les géographes qu'à la marge. Il s'agit de la **mobilité sociale** (ou **capillarité sociale**) qui caractérise une évolution de statut social qui se traduit par une ascension ou par une régression, à l'issue d'un licenciement et d'une dégradation de pouvoir d'achat par exemple. La **mobilité professionnelle** correspond à un changement de métier. Elle peut être horizontale, sans modification de niveau de qualification et de revenus, ou verticale en cas de changement de niveau hiérarchique.

Les grands types de migration

On distingue d'abord les **migrations intérieures** (ou **internes**), qui s'effectuent à l'intérieur des frontières d'un État et les **migrations externes**, ou **internationales**, qui s'effectuent avec un franchissement de frontière nationale. Les premières sont souvent des

migrations de voisinage, limitées dans l'espace, alors que les secondes peuvent supposer d'importants déplacements, par exemple d'un continent à un autre. Cette distinction selon la distance n'est cependant pas toujours pertinente, des migrations internationales pouvant s'effectuer sur des distances relativement courtes, par exemple, depuis les **Accords de Schengen** en 1985, au sein de l'**espace Schengen**, espace de libre circulation qui associe en 2008 la Norvège, l'Islande et la Suisse à 22 États de l'Europe des 27, le Royaume-Uni, l'Irlande, Chypre, la Bulgarie et la Roumanie ayant choisi de ne pas l'intégrer. Au contraire, les populations des États-continents peuvent migrer sur plusieurs milliers de kilomètres sans changer de pays (par exemple entre les provinces occidentales de la Chine comme le Xinjiang et les grandes villes de l'Est du pays). Les migrations internationales induisent une **émigration** (la sortie de son pays pour s'installer dans un autre) et une **immigration** (l'entrée dans un État différent d'une personne non autochtone désirant s'y installer). Dans ce cas, on peut calculer pour un État ou une zone géographique la **migration totale** (somme des départs et arrivées pour un même endroit) et surtout la **migration nette** ou **solde migratoire** (solde entre départs et arrivées définitives par rapport à une même zone). Si les entrées l'emportent sur les sorties, il y a **immigration nette** (ou **excédent migratoire**), sinon **émigration nette** (ou **déficit migratoire**). On calcule également le **taux d'immigration** ou **d'émigration** d'une population, soit le rapport, sur une année, entre les arrivées (ou les départs) et la population totale. La différence entre les deux taux exprime le **taux de migration nette**. En combinant le solde migratoire et le solde naturel, il est possible d'évaluer l'accroissement total d'une population. À noter que la notion d'étranger ne recoupe pas totalement celle d'immigré : un **étranger** est une personne qui possède une nationalité différente de celle de l'État dans lequel elle réside, même si elle est née dans ce pays, alors qu'un **immigré** est une personne née dans un pays différent de celui dans lequel elle s'est installée, même si elle a acquis, depuis son arrivée, la nationalité du pays d'accueil. Les immigrés sont donc des **expatriés**, littéralement des personnes qui ont quitté leur patrie, de manière forcée ou de leur plein gré.

Les migrations intérieures et internationales participent des mêmes processus, comme en témoignent les systèmes de relais qui existent souvent entre elles, des personnes pratiquant d'abord une migration intérieure avant de s'expatrier.

On distingue ensuite les migrations selon leur caractère temporaire ou définitif. La plupart des types de migrants peuvent appartenir à l'une ou l'autre catégorie. Si les **rapatriés**, personnes déplacées, chassées du pays dans lequel elles avaient élu domicile, et contraintes de revenir dans leur patrie originelle (ou celle de leurs ancêtres), ont souvent peu d'espoir de retour, les travailleurs migrants peuvent avoir comme projet initial de retourner dans leur pays mais aussi choisir de s'installer définitivement dans le pays d'accueil, pour peu que celui-ci autorise cette installation et offre de bonnes conditions d'insertion. Il en est de même pour les **réfugiés politiques**, qui ont quitté leur pays en raison d'une crainte fondée de persécution due à leur appartenance à une ethnie ou un groupe social, à leur religion, à leur nationalité, ou à leurs convictions politiques et qui ont trouvé refuge dans un autre pays. Certains d'entre eux migrent temporairement dans un État voisin et espèrent un retour rapide au pays alors que d'autres, notamment ceux qui ont parcouru de longues distances et trouvé refuge dans un pays accueillant, n'envisagent parfois pas de rentrer définitivement dans leur pays d'origine. Certains États privilégient l'immigration temporaire (États du golfe Persique par exemple) alors que d'autres, pays d'Europe ou d'Amérique du Nord notamment, sont plus ouverts aux flux définitifs. Ces pays acceptent généralement, sous certaines conditions, l'**immigration familiale** (ou **regroupement familial**), qui se traduit par la possibilité donnée au travailleur expatrié de faire venir sa famille dans le pays d'accueil. Les conditions de ces regroupements varient cependant selon les pays et font fréquemment l'objet de polémiques, comme en témoignent les controverses à propos de la décision d'autoriser en France l'utilisation de tests ADN afin de prouver une filiation. Le caractère de l'immigration évolue également dans l'histoire : la France des années 1960 connaissait surtout une immigration temporaire, dans le cadre du système de la **noria** (par analogie au système d'irrigation), sorte de relais migratoire qui permettait à un migrant, après quelques années d'expatriation, d'être remplacé par un autre membre de sa famille ou de son village. Les difficultés économiques des années 1970, ainsi que la fermeture des frontières qui en a découlé, vont modifier les pratiques, mettre fin à la noria et aux flux temporaires et donc provoquer la généralisation de l'immigration définitive.

On distingue également les migrations selon leur objet, leur origine. Les **migrations écologiques** sont les plus anciennes et supposaient pour les hommes la nécessité de mieux s'adapter aux évolutions du milieu naturel. Encore pratiquées aujourd'hui par des victimes de catastrophes naturelles ou de dérèglements climatiques importants (sécheresse, effets d'*El Niño*...), souvent qualifiés d'**éco-réfugiés** ou de **réfugiés de l'environnement**, elles font donc partie des **migrations forcées**. Celles-ci résultent cependant plus souvent de facteurs politiques et furent nombreuses dans l'histoire : traite des Noirs dans le cadre du commerce triangulaire du XVe au XIXe siècle ; **déportations**, c'est-à-dire déplacements forcés, souvent en période de guerre (peuple Navajo, au milieu du XIXe siècle, aux États-Unis ; divers peuples au sein de l'URSS sous Staline pendant les années 1930 ; Juifs d'Europe déportés pendant la Seconde Guerre mondiale vers les camps d'extermination nazis) ; **désurbanisation** ou exode urbain qu'ont subi les populations de Phnom Penh de 1975 à 1978 ; déplacements massifs nés de modifications de frontière (Allemagne après 1945, Inde en 1947, Pakistan en 1972) ; **exil**, c'est-à-dire départ forcé de personnes persécutées qui deviennent des **réfugiés politiques** si elles trouvent refuge dans un État qui les accueille mais n'ont, dans le cas contraire, que le statut de personnes déplacées.

Les **migrations volontaires** sont, pour les plus traditionnelles, des **migrations de colonisation**, dans le but de repousser des fronts pionniers (*Mato Grosso* brésilien ou Sibérie du début du siècle), parfois qualifiées de **ruées** quand le mouvement est soudain et massif. Les ruées résultent de l'apparition de facteurs d'attraction auxquels il est difficile de résister et qui sont le plus souvent liés à la découverte de ressources du sous-sol. La **ruée vers l'or** qui toucha la Californie au milieu du XIXe siècle en est le plus bel exemple. Ce sont également des **migrations économiques**, c'est-à-dire des **migrations de travailleurs** à la recherche d'un emploi ou de meilleures conditions de travail. Ceux-ci peuvent être des travailleurs peu qualifiés (***arm drain***) ou au contraire des spécialistes, techniciens, cadres ou chercheurs qui participent au phénomène de ***brain drain*** (« fuite des cerveaux »), dont se plaignent de nombreux pays du Sud qui se voient privés de leur meilleurs éléments, séduits par les salaires et la qualité de vie des pays industrialisés. Ce sont enfin des **migrations d'agrément** pour des travailleurs ou des retraités à la recherche d'aménités, par exemple dans le Sud de la France ou la *Sun Belt* américaine.

Lorsqu'une bonne part des ressortissants d'un État résident à l'étranger, quelles que soient les raisons qui ont suscité ces migrations, cela aboutit à la formation d'une **diaspora**, terme qualifiant à l'origine la dispersion du peuple juif, mais aujourd'hui plus largement utilisé : on parle de la diaspora arménienne, chinoise, indienne, libanaise, portugaise... Chaque diaspora s'alimente des descendants des premiers expatriés, qui ont souvent la nationalité du pays d'accueil, et de nouveaux migrants utilisant les réseaux familiaux et villageois pour faciliter leur intégration. Les **transferts financiers** de la diaspora, à savoir les sommes d'argent envoyées par les émigrés à leurs familles restées au pays, jouent souvent un rôle considérable dans la vie des populations et l'économie des pays concernés, assurant parfois aux pays émetteurs des ressources substantielles et participant à leur intégration dans l'économie mondialisée. C'est le cas de l'Inde, mais aussi de la Tunisie ou du Mexique.

Le terme d'**exode** doit être utilisé avec précaution, sur la forme (il est de genre masculin ce qui suppose de ne pas féminiser les adjectifs qui le suivent) et sur le fond. Son étymologie fait référence aux événements bibliques, ce qui sous-entend un caractère à la fois massif, collectif et brutal... Il est donc utilisé avec raison pour qualifier aussi bien le déplacement des populations du Nord de la France en 1940 que la fuite des Rwandais en direction du Zaïre pendant l'été 1994. Le terme d'**exode rural**, qui évoque la migration progressive des ruraux vers les villes, doit lui aussi être utilisé avec précaution tant il semble indiquer l'existence d'un phénomène massif, avec d'importantes conséquences sur les espaces de départ et d'accueil, alors que des mouvements d'une telle ampleur n'ont pas été fréquents dans l'histoire. L'emploi de ce terme date du XIXe siècle, à une époque où le phénomène était massif en Europe. Il est toujours très utilisé en géographie comme pour exagérer l'importance des ruptures avec les racines rurales et dénoncer l'explosion urbaine et le progrès du mode de vie citadin.

Certains auteurs, à la suite du géographe américain Wilbur Zelinsky, parlent de **transition migratoire** pour montrer que des liens existent entre le degré d'évolution démographique d'une population, notamment la transition démographique, et le type de migration qu'elle pratique. Quand une population entre en transition démographique, quand la pression démographique augmente, les migrations pionnières, l'exode rural et les migrations internationales s'accroissent rapidement. En fin de transition démographique, les premières déclinent rapidement alors que les deux dernières se maintiennent. Des migrations interurbaines ou intra-urbaines, le

La diaspora indienne dans le monde au début du XXIe siècle

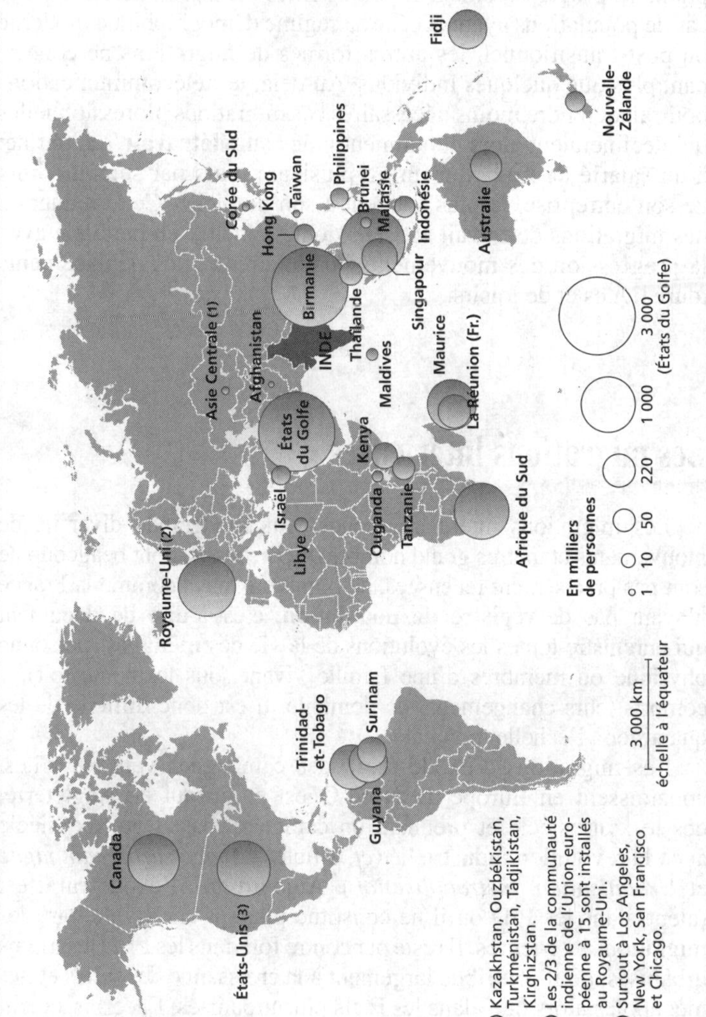

Source : Données du ministère des Affaires étrangères et www.hindustantimes.com *in* « L'Inde, grande puissance émergente », *Questions internationales* n° 15, © La Documentation française, sept.-oct. 2005.

plus souvent entre le centre des grandes villes et les périphéries, prennent progressivement le relais. Elles sont dominantes dans le cas de populations ayant accédé au régime démographique moderne ou post-transitionnel, les autres formes de migrations ne concernant plus que quelques individus. Au-delà, les télécommunications pourraient rendre moins nécessaires ces migrations professionnelles qui déclineraient alors notamment grâce au **télétravail**, qui permet à un salarié de travailler un ou plusieurs jours par semaine hors de son entreprise, le plus souvent à son domicile. Cette réduction des migrations de travail est sans doute à mettre en parallèle avec la progression des mouvements pendulaires et des déplacements touristiques et de loisirs.

Les migrations intérieures

Les migrations intérieures concernent une grande diversité de mouvements et un très grand nombre de personnes, dont beaucoup ne sont pas précisément recensées, de nombreux pays comme la France n'ayant pas de **registre de population**, c'est-à-dire de document qui enregistre toutes les évolutions de la vie des **ménages** (personne physique ou membres d'une famille vivant sous le même toit), y compris leurs changements de domicile. Il est donc difficile de les quantifier à l'échelle mondiale.

Les migrations d'exode rural, des campagnes vers les villes, apparaissent en Europe du Nord-Ouest et surtout en Angleterre, dès le XVIIIe siècle et prennent un caractère massif au XIXe siècle avec la révolution industrielle (*cf.* articles *Espace rural, campagne* et *Urbanisation, métropolisation*). Aujourd'hui, l'exode rural est ralenti dans les PID où il ne constitue plus qu'une faible part des migrations intérieures. Il reste par contre fort dans les PED les moins urbanisés, où il contribue largement à la croissance des villes et des mégapoles alors que, dans les États plus urbanisés, l'accroissement naturel est devenu très nettement le principal facteur de la croissance urbaine. La Chine représente à cet égard un cas particulier puisque cet État a volontairement limité l'exode rural en contrôlant la population (grâce au système du ***hukou***, c'est-à-dire du livret de résidence, destiné à empêcher les déplacements sans autorisation) et en restreignant pendant longtemps les migrations à des déplacements entre unités administratives de même niveau : de village à village, de ville moyenne à ville moyenne… C'est de moins en moins le cas depuis le milieu des années 1980 et cette libéralisation a engendré un mouvement massif de migration vers les villes et la formation d'une « population flottante » (les ***mingong***), estimée en 2007 à environ 147 millions d'habitants, qui échappent largement au contrôle de l'administration et constituent une bonne part des urbains pauvres. À l'heure actuelle, les flux d'exode rural sont souvent complexes et se combinent avec des mouvements interurbains. Il existe même des cas de **rétromigrations**, de mouvements inverses, des campagnes vers les villes, par exemple en cas de crise économique et urbaine importante et durable.

Au sein des mouvements migratoires intérieurs, on assiste aujourd'hui, aussi bien dans les PED que dans les PID, à un accroissement des **migrations interurbaines** et intra-urbaines. Les premières s'effectuent entre villes de même niveau mais plus souvent d'une ville petite ou moyenne vers une métropole régionale ou nationale. Leur motivation principale est la quête de l'emploi et ce sont donc souvent les jeunes qui constituent le contingent le plus important de migrants. Les **migrations intra-urbaines** correspondent majoritairement à des **flux centrifuges**, du centre vers la périphérie, essentiellement dirigés vers les espaces périurbains attractifs pour leur cadre de vie et par la qualité des axes et des moyens de transport qui les relient aux espaces centraux. Il existe également des **flux centripètes**, de la périphérie vers le centre.

Parmi les migrations intérieures, les **migrations de retraités** tiennent aujourd'hui une place non négligeable. Ces migrants quittent la résidence qui était la leur pendant leur période d'activité pour retrouver leur région d'origine, s'installer dans leur résidence auparavant secondaire ou rejoindre un espace ensoleillé. Ils cèdent alors à l'**effet Sud** que connaissent beaucoup d'États développés, c'est-à-dire à l'attractivité exercée par les régions méridionales qui bénéficient d'un cadre de vie et d'un climat agréables : Sud de la France, du Royaume-Uni, de la Suède ; la Bavière en Allemagne ; la Floride aux États-Unis.

Enfin, les **migrations de fronts pionniers** sont une autre forme de migrations intérieures, qui obéissent à des motivations diverses : économiques pour l'exploitation de ressources du sol ou du sous-sol ou l'extension du territoire cultivé, mais aussi démographiques, ou encore géopolitiques ou stratégiques (Amazonie, Tibet...). Ce sont le plus souvent des **migrations intrarurales**, pratiquées notamment par des paysans cherchant ailleurs de nouvelles terres à exploiter. Elles s'effectuent spontanément ou de manière plus ou moins orientée, comme au Brésil ou en Indonésie, où l'État a mis en place, depuis le début des années 1960, une politique ambitieuse qualifiée de **transmigration indonésienne**. Il s'agissait de transférer des populations de Java, île très densément peuplée, voire surpeuplée, vers les îles et archipels moins densément peuplés ou quasiment déserts de Sumatra, Kalimantan, Sulawesi et Irian Jaya. Cette politique avait le double but de réduire la concentration humaine à Java, pour limiter le risque d'explosion sociale, tout en permettant un meilleur contrôle du territoire par une certaine « javanisation » des contrées périphériques. L'Amazonie reste aujourd'hui le front pionnier le plus actif en terme de migrations. Les migrants ne réussissent pas toujours leur transfert car, à leur méconnaissance des caractères des milieux et des potentialités des sols, s'ajoutent souvent d'autres handicaps, dont le manque d'encadrement technique, l'isolement dans des espaces mal desservis et l'éloignement des lieux de consommation et d'échange. De nombreux migrants abandonnent donc leur terre, tentent leur chance dans une ville voisine ou rentrent dans leur région d'origine. En Amazonie brésilienne, ils sont de plus souvent poussés à le faire par des firmes ou des groupes d'intérêt miniers, forestiers ou agricoles qui convoitent les terres qu'ils occupent.

Les migrations internationales

En 2007, on estime le nombre de migrants internationaux à environ 210 millions de personnes dans le monde, soit environ 3 % de la population mondiale. Ces migrations internationales, dont le poids numérique semble donc relativement faible, sont cependant très importantes en termes de conséquences sociales et spatiales pour les espaces concernés. Elles constituent l'un des grands problèmes du monde moderne et sont, bien souvent, une conséquence des écarts de développement, voire une réponse au sous-développement.

Toute migration suppose l'existence d'un foyer de départ, d'un foyer d'accueil, de facteurs d'attraction et de répulsion, ainsi que de flux de personnes et de biens. On parle ainsi de **filière migratoire** pour qualifier l'ensemble formé par un flux important et tous les éléments qui ont concouru à sa création. L'ensemble des flux migratoires intérieurs et internationaux constitue un **système migratoire** : on parle du système migratoire européen, nord-américain…

Les migrations internationales aboutissent également souvent à la création, dans les pays d'accueil, d'**îlots culturels** dans lesquels se regroupent les nouveaux arrivants. Ils y trouvent des facilités d'insertion, voire d'intégration, et une forme de solidarité qui permet de lutter contre l'isolement et la marginalisation. Les *Chinatowns* ou quartiers chinois, *Little Italy* à Manhattan, le quartier africain de la Goutte-d'Or à Paris sont autant de ces îlots culturels dont la présence marque le caractère **cosmopolite**, c'est-à-dire résultant de peuples d'origines différentes, des grandes villes de la planète. Par le biais d'unions avec les populations locales, les migrations provoquent également des **métissages** qui se traduisent par la naissance de personnes issues de populations d'origine et de couleur de peau différentes. En Amérique, on distingue les **métis**, nés de l'union d'un Blanc ou d'un Noir avec un Indien et les **mulâtres**, issus de l'union d'un Noir et d'un Blanc.

• Les migrations liées à des causes politiques

Les causes politiques ont été, dans l'histoire, à l'origine du déplacement de masses humaines très importantes.

Il s'agit par exemple des 9 millions d'Allemands qui refluent de Prusse orientale et des régions de l'Est de l'Allemagne en 1944-1945 à la suite de l'avancée de l'Armée rouge. On peut également citer les populations juives soviétiques qui ont gagné l'État d'Israël au moment de sa création, les réfugiés chiliens après le coup d'État de 1973, les ***boat people***, populations originaires de la péninsule indochinoise qui quittaient leur pays sur des embarcations de for tune, les Cubains fuyant le régime castriste, les populations de l'ex-Yougoslavie contraintes de se déplacer ou encore les Rwandais qui, en 1994, ont tenté d'échapper aux luttes interethniques en trouvant refuge au Zaïre.

On qualifie aujourd'hui de réfugiés ou **réfugiés politiques** les individus qui quittent un État dans lequel leur sécurité et leur liberté ne sont plus assurées et trouvent refuge dans un pays étranger qui les accueille et leur accorde parfois un statut spécifique. La relative amélioration de la situation internationale depuis les années 1990 a provoqué la réduction spectaculaire du nombre total de réfugiés politiques à l'échelle de la planète, de plus de 20 millions à la fin des années 1990 à 8,4 millions en 2006, auxquels il faut ajouter les 4,3 millions de réfugiés palestiniens qui ne relèvent pas de l'**UNHCR** (Haut Commissariat des Nations unies pour les réfugiés) mais de l'**UNRWA** (Office de secours et de travaux des Nations unies pour les réfugiés de Palestine dans le Proche-Orient).

Les **migrants forcés**, qui quittent leur pays mais restent indésirables pour les États d'accueil, n'obtiennent pas de statut particulier et ne sont donc pas des réfugiés politiques. Ils font partie des **populations déplacées** (ou **personnes déplacées**) estimées à 25 millions dans le monde en 2007.

Les migrants forcés et les réfugiés proviennent aujourd'hui essentiellement de PED touchés par des conflits, des luttes interethniques, des tensions sociales graves ou une instabilité politique. Ils trouvent refuge soit dans des pays limitrophes, quand leur capacité de déplacement est limitée, soit dans des États plus lointains, reconnus pour leur volonté de respecter les Droits de l'homme et qui possèdent parfois des structures d'accueil spécifiques.

• Les migrations liées à des causes socio-économiques

Elles résultent de plusieurs facteurs. Il existe tout d'abord des **migrations de la faim** qui s'effectuent à la suite, par exemple, d'une période de sécheresse. Le Nordeste brésilien et le Sahel ont connu périodiquement ces déplacements massifs de population à la recherche de subsistances. Il s'agit le plus souvent de **migrations de travailleurs** ou **migrations économiques**. Elles donnent lieu à des mouvements massifs et génèrent des flux de population qui partent, pour les plus importants, des pays du Sud en direction des États industrialisés.

Ces migrations sont conditionnées par un certain nombre de facteurs qui incitent ces populations à quitter leur pays et les attirent dans d'autres États. Les **facteurs de répulsion** (ou **d'expulsion**) ou ***push factors*** résultent de la pression démographique, de la difficulté de vivre dans les mégapoles surpeuplées, de l'inégalité dans la répartition des terres, de l'inefficacité de systèmes agraires dominés par l'agriculture vivrière et du chômage ou du sous-emploi. À l'inverse, certains **facteurs d'attraction** ou ***pull factors*** ont favorisé la convergence de populations dans des États développés qui ont connu une période de croissance forte pendant les Trente Glorieuses et ont eu besoin d'un complément de main-d'œuvre que l'exode rural ne parvenait plus à fournir. Les populations plus défavorisées y recherchent la présence d'infrastructures sociales, d'un marché de l'emploi ouvert, de niveaux de vie attrayants et de possibilités de promotion sociale.

On distingue dans le monde quatre types de **foyers d'accueil**.

– Des pays dans lesquels l'immigration répond à une longue tradition et qui bénéficient d'économies dynamiques : États-Unis, Canada ou Australie. Les États-Unis constituent aujourd'hui le principal foyer d'immigration et comptent près de 35 millions d'immigrants, soit 12 % de la population. Les plus nombreux sont des **Latino-Américains** dits aussi ***Latinos***, terme à connotation péjorative qui qualifie des populations originaires d'Amérique latine attirées par la proximité des États-Unis, le potentiel économique de ce pays et l'existence de communautés d'accueil bien implantées au Sud du pays. Les ***Chicanos*** sont des Latino-Américains d'origine mexicaine (ou plus généralement d'Amérique centrale) qui migrent en grand nombre vers les États-Unis et comptent parmi eux de nombreux clandestins, parfois encore qualifiés de ***wet backs***, littéralement « dos mouillés » en raison du fait qu'ils franchissaient autrefois le Rio Grande à la nage.

– Des pays industriels de l'Ouest européen demandeurs en travailleurs peu qualifiés : Allemagne, France, Suisse. L'Europe occidentale, surtout l'Union européenne et la Suisse, compte au début du XXIe siècle plus de 20 millions de migrants dont les deux tiers proviennent de pays extra-communautaires. L'Allemagne continue à accueillir plusieurs centaines de milliers de personnes par an et reste le premier pays d'immigration d'Europe. Elle entretient un couple migratoire avec la Turquie, a reçu des ***Aussiedler***, Allemands de souche exilés dans l'ex-URSS et de retour dans l'Allemagne réunifiée, et reçoit aujourd'hui des populations nombreuses venant d'Europe orientale. L'Espagne, ancienne terre d'exode devenue pays d'immigration, est aujourd'hui confrontée à une très forte pression migratoire de la part de populations en provenance du Maghreb, dont beaucoup tentent d'entrer illégalement dans la péninsule. Le Royaume-Uni est un pays d'accueil pour de nombreux ressortissants du *Commonwealth* (Indiens, Pakistanais…) et la France reste un grand pays d'immigration puisqu'elle comptait, en 2006, 4,9 millions d'immigrés venus en partie d'Afrique du Nord et d'Europe méridionale.

– Des pays pétroliers dont la main-d'œuvre est insuffisante : Arabie saoudite et émirats du golfe Persique qui recrutent dans les pays de la péninsule indienne, Libye qui attire notamment des travailleurs égyptiens. Ces États comptaient en 2006 plus de 12 millions d'étrangers et ceux-ci constituent plus de 30 % de la population de l'Arabie saoudite, plus de 70 % de celle du Koweït et près de 80 % de celle des Émirats arabes unis.

– Des pays de plantation ayant besoin de main-d'œuvre peu exigeante. La Côte d'Ivoire représentait, avant la grave crise qui débuta en 2002, un pays d'immigration pour les populations des pays du Sahel et de certains États peu avancés du golfe de Guinée. Elle hébergeait également jusqu'en 2002 plus de 20000 Français, pour la plupart des **coopérants**, personnes expatriées le plus souvent dans des pays du Sud pour exercer leur profession (hydrauliciens, agronomes, médecins, enseignants…) dans le cadre d'accords de coopération visant au développement de ces États.

Les **foyers de départ** de travailleurs se situent pour l'essentiel en Afrique, en Asie et en Amérique latine. Dans chaque continent existent des pôles émetteurs traditionnels : le Mexique, la Bolivie et les Caraïbes pour l'Amérique latine ; les États du Sahel, l'Égypte ou le Mozambique pour l'Afrique ; la Turquie pour le Proche-Orient ; l'Inde, le Pakistan, la Birmanie et les Philippines pour l'Asie.

• Les politiques migratoires

Les migrations font l'objet, notamment dans les grands pays d'accueil, de **politiques migratoires** qui consistent en une volonté de gérer les flux migratoires en tenant compte des besoins et en utilisant divers outils de contrôle. Il s'agit le plus souvent, pour les pays d'accueil, de tenter de se mettre à l'abri de flux intempestifs, notamment clandestins, tout en conservant la possibilité de recourir à l'immigration pour alimenter les besoins actuels ou futurs en main-d'œuvre. Ces politiques peuvent se faire à l'échelle nationale ou régionale en les intégrant dans des politiques d'aménagement du territoire afin de procéder à des actions de rééquilibrage du peuplement. Au niveau international, elles donnent lieu, depuis le milieu des années 1970, à des contrôles de plus en plus stricts qui passent par la mise en place de **quotas**, c'est-à-dire de limitation du nombre, ou parfois du type d'étrangers, autorisés à entrer sur le territoire. Certains États comptabilisent précisément par secteur professionnel leurs besoins en travailleurs et évaluent ainsi le nombre de migrants qu'ils autorisent, selon leur compétence, à entrer sur leur territoire. Il s'agit d'aller dans le sens de ce que certains appellent une **immigration choisie** en l'opposant à une **immigration subie**, c'est-à-dire non contrôlée. Elles se traduisent également par la limitation de l'immigration familiale, par le durcissement de l'accès à la **naturalisation** (possibilité de changer de nationalité pour devenir citoyen du pays d'accueil) et par la lutte contre l'immigration clandestine. Celle-ci suppose, dans le cas par exemple de l'Union européenne, d'accorder les législations, de prendre des mesures efficaces aux frontières externes de l'Union (et surtout de l'espace Schengen), voire de passer des accords avec les États pourvoyeurs de travailleurs immigrés, notamment en leur accordant des aides spécifiques. Le développement des espaces de coopérations régionales (ALENA, UE...) implique une gestion sans cesse plus internationale des flux migratoires.

Ces politiques de contrôle ont souvent pour réponse une immigration clandestine, qui est facilitée par la mise en place de réseaux, gérés par des passeurs professionnels. Elle débouche parfois sur des drames humains et des décès de migrants irréguliers, par exemple suite au naufrage de ***pateras*** (barques) qui tentent de franchir certains détroits. L'immigration clandestine connaît donc des routes privilégiées, des flux variant selon diverses temporalités, mais également diverses zones-relais, par exemple au Maroc entre l'Afrique subsaharienne et l'Europe : elle dessine donc une géographie particulière et est un véritable système spatial et temporel. Ainsi, l'immigration à destination de l'Union européenne emprunte aussi bien le détroit de Gibraltar, entre Maroc et Espagne, que la traversée entre Maroc et îles Canaries, que le passage par les enclaves de Ceuta ou Melilla ou encore l'île de Lampedusa, en Italie. Par ailleurs, si l'Andalousie accueille temporairement de très nombreux travailleurs marocains légaux ou illégaux, pour travailler à la saison dans les *huertas*, les régions de Valence en Espagne et de Perpignan en France possèdent quant à elles diverses zones-relais pour aider ces migrants désirant continuer vers la France ou l'Allemagne.

La difficulté du contrôle de l'immigration clandestine sur de vastes espaces conduit les autorités à opter parfois pour des méthodes radicales : édification de murs à la frontière États-Unis/Mexique ou autour des enclaves espagnoles au Maroc, mise en place de radars, de miradors, de patrouilles de surveillance.

Migrations et mondialisation

Le lien entre migrations et mondialisation semble relever, au moins sur le plan numérique, de l'évidence. La mobilité internationale, qualifiée parfois de **nomadisme planétaire**, est en effet une forme de réponse à la mise en relation de manière sans cesse plus active des différentes parties de l'espace-monde. Les manifestations concrètes en sont un accroissement rapide des flux migratoires.

Cela avait été le cas à la fin du XIXe siècle et au début du XXe siècle, lors de ce que certains qualifient de première mondialisation (*cf.* p. 353-354). À cette époque, les flux étaient, en proportion de la population mondiale, bien plus massifs qu'aujourd'hui. On constate également, depuis les années 1970, une progression numérique globale des migrations avec des flux sans cesse plus planétaires et des populations plus variées, travailleurs, étudiants, mais aussi réfugiés ou familles.

La progression de ces flux est liée à la mondialisation de l'économie, qui creuse les inégalités entre territoires, incitant les populations des États les moins favorisés à migrer vers les pays en forte croissance. Ces mouvements sont facilités par la diversification des moyens de transports et la baisse globale de leur coût, autre aspect de la mondialisation. Elles sont également suscitées par les images de richesse et d'abondance des pays du Nord, véhiculées entre autres par divers médias (TV, Internet…).

Les migrations économiques impliquent les principaux acteurs de la mondialisation que sont les hommes et les entreprises. Mais elles découlent souvent de stratégies de délocalisation des FMN qui cherchent à satisfaire leurs besoins en main-d'œuvre. Elles sont facilitées par l'existence, à l'échelle de la planète, de réseaux migratoires actifs, parfois liés à des diasporas, dont les revenus alimentent les économies des pays émetteurs.

Les migrations de population constituent donc à la fois un indicateur pertinent de la mondialisation, mais aussi l'une de ses conséquences.

lire aussi **Peuplement – Tourisme – Ville – Urbanisation, métropolisation**

MILIEU, GÉOSYSTÈME, ENVIRONNEMENT

Longtemps abordée selon une approche naturaliste, la notion de milieu s'est progressivement élargie et est aujourd'hui très utilisée en géographie pour qualifier ce qui constitue le cadre de vie des sociétés ou, en utilisant un concept voisin, leur environnement. La notion de milieu a ainsi alimenté les controverses entre géographes, fait l'objet de nombreuses déclinaisons qui ont abouti à une richesse sémantique, mais aussi à un relatif flou notionnel.

Le milieu, une notion naturaliste très utilisée en géographie classique

La notion de milieu recoupe des sens très variés. Le **milieu** désigne étymologiquement ce qui est au centre. Le terme a subi une évolution étrange pour exprimer tout ce qui entoure un groupe humain. Le géographe considère en général le milieu dans la manière dont il peut influencer le comportement des hommes par ses potentialités et les contraintes qu'il leur impose. Il refuse cependant aujourd'hui de lui accorder une part déterminante dans la compréhension de l'organisation des systèmes socio-économiques.

• La notion contestée de milieu physique

Notion phare de la géographie classique, le milieu a cependant toujours été une notion contestée, et ce par des géographes aussi différents qu'Élysée Reclus, Max Sorre ou Pierre Gourou. Pourtant, pour une majorité de géographes et dans une perspective naturaliste, le terme a longtemps posé peu de problèmes. On parlait alors de **milieu physique** ou **milieu naturel**, qui est le résultat de la combinaison et de l'interaction de phénomènes relevant de trois facteurs : les facteurs climatiques, les **facteurs édaphiques** – venant de la propriété du sol et des roches sous-jacentes – et les **facteurs biotiques** – liés au monde vivant végétal ou animal. Bien qu'encore fréquemment utilisé aujourd'hui dans le langage journalistique ou géographique pour qualifier le cadre physique dans lequel s'inscrivent les sociétés humaines, les géographes s'accordent aujourd'hui pour refuser l'expression de milieu naturel tant la connotation de virginité qu'il implique se trouve en contradiction avec la réalité : il n'existe plus, en effet, sauf éventuellement à très grande échelle, de zones échappant à toute influence humaine. Il n'y a donc plus de milieu naturel, tous les **milieux** étant **anthropisés**, soumis à l'influence humaine, et l'**œkoumène** ou **écoumène** (part de la Terre habitée par l'homme) est aujourd'hui planétaire. Les géographes conscients de ces questions ont longtemps contourné la difficulté en adjoignant des guillemets à l'adjectif « naturel » ou en employant le terme de **milieu bioclimatique**, qui valorise l'importance des facteurs liés aux climats et préfigure une **organisation zonale**, le long des parallèles. Certains ont poussé plus loin la déclinaison en évoquant des **milieux morphoclimatiques**, quand le climat est considéré comme un facteur essentiel qui agit sur le modelé, des **milieux morpholithologiques**, quand la nature de la roche prend une importance primordiale, des **milieux hydromorphologiques**, quand le rôle des cours d'eau est au centre de l'analyse ou des **milieux géomorphologiques** ou **morphostructuraux**, quand l'étude est centrée sur les formes de relief. Ces expressions sont aujourd'hui largement tombées en désuétude.

• La notion de milieu géographique

Le terme de milieu a été fort utilisé de l'époque de Vidal de La Blache jusqu'aux années 1960. D'abord surtout l'apanage des géographes physiciens, il participa à la conception possibiliste du rapport entre les hommes et le milieu physique. Le terme évolua par la suite et fut de plus en plus utilisé par certains auteurs de géographie humaine qui luttaient au contraire contre tout déterminisme naturel et s'attachaient à centrer l'analyse des milieux sur les caractères sociaux de leurs occupants. Cependant, marqué par l'ambiguïté de son interprétation, le terme a été concurrencé dans les années 1970 par la notion d'espace ou **espace géographique** qui tend à recentrer l'objet de la géographie, discipline dont le but est avant tout de comprendre de quelle façon les sociétés humaines se sont appropriées l'espace sur lequel elles se sont implantées. La notion de **milieu géographique** est ainsi progressivement apparue, recouvrant un sens plus large que celui de milieu naturel et qualifiant un espace marqué par une combinaison de caractéristiques naturelles, sociales, économiques, voire culturelles et présentant une certaine homogénéité. L'homme est ainsi pris en compte dans la mesure où, sans gommer le milieu naturel, il le modifie, l'aménage ou l'exploite de façon à créer des compositions originales. Le milieu géographique se veut donc une sorte de synthèsc entre le milieu physique et l'espace humain. Les programmes actuels du secondaire en France utilisent toujours la notion de milieu en précisant qu'ils sont « entre nature et société ». Cela traduit le fait qu'un milieu dépend à la fois des caractères géophysiques et climatiques qui le caractérisent mais aussi, et sans doute surtout, de la manière dont les hommes l'ont mis en valeur et des techniques qu'ils ont choisi de mobiliser pour en exploiter les potentialités et s'adapter aux contraintes locales. En ce sens, on s'autorise aujourd'hui une utilisation de la notion de milieu selon un spectre très large, et souvent comme synonyme de type d'espace. On parle donc aussi bien de milieu rural que de milieu urbain, de milieu littoral que de milieu montagnard.

• Diversité et évolution des typologies de milieux

Il existe de nombreuses typologies de milieux sans qu'aucune ne soit parvenue à s'imposer totalement, l'évolution de la perception du concept de milieu ayant fait se modifier la nature des typologies proposées. Les plus classiques cherchaient d'abord à distinguer les milieux selon les caractères physiques dominants qu'ils présentaient et leur répartition à l'échelle de la planète.

On distingue par exemple milieux zonaux et azonaux. Un **milieu zonal** épouse les contours des aires climatiques et la contrainte imposée par le climat sur le monde vivant est considérée comme une preuve d'homogénéité. L'utilisation de l'adjectif **zonal** doit donc être réservée à ces espaces homogènes sur le plan bioclimatique, qui résultent de l'organisation de la circulation atmosphérique et se développent en bandes parallèles. Par contre, le terme de **zone**, utilisé dans le même sens conformément à son étymologie, s'emploie parfois comme un synonyme très imprécis du terme espace. On parle donc de **zone**

climatique, de zone tropicale par exemple, ce qui est conforme au sens premier, mais également de zone franche, de zones industrielle ou d'activité, de zone de libre-échange… Terme vague et donc d'emploi aisé, il s'utilise aujourd'hui largement dans tous les domaines de la géographie et à toutes les échelles. Un **milieu azonal** est plus local ou situé dans des espaces géographiques non jointifs, éloignés les uns des autres, comme les milieux montagnards, littoraux ou océaniques.

Les milieux zonaux sont donc des **milieux bioclimatiques** dans lesquels la trame des climats et de la végétation est considérée comme l'élément principal à prendre en compte pour toute analyse. On parlait donc de « milieu tropical humide », de « milieu tropical aride » ou de « milieu tempéré », chacun présentant des **contrastes climatiques**, c'est-à-dire des nuances, voire des oppositions, plus ou moins marquées. Les géographes ont longtemps cherché à mettre en évidence des correspondances et des liens de causalité entre les milieux bioclimatiques et les types d'organisation des sociétés humaines de façon à faire apparaître des milieux géographiques à l'homogénéité plus ou moins marquée. Aujourd'hui, adoptant en cela une démarche plus environnementaliste, ils envisagent davantage les caractères bioclimatiques des milieux en termes de ressources ou de contraintes pour les sociétés humaines.

Parmi les typologies classiques, certaines ont cherché à prendre en compte les hommes mais en mettant surtout en évidence l'impact du milieu sur les sociétés. Certains géographes comme Jean Demangeot ont proposé une différenciation entre les milieux selon les potentialités et les **contraintes**, c'est-à-dire les difficultés qu'ils supposent pour la mise en valeur humaine : le manque d'eau en milieu aride, le froid en zone polaire ou l'**insalubrité** (le caractère nuisible pour la santé) de certains milieux, dont les **milieux amphibies**, marqués par des marécages et des eaux stagnantes et dans lesquels pullulent, par exemple, les moustiques vecteurs de paludisme. Il a ainsi été amené à distinguer des « bons » et les « mauvais » milieux, des **milieux difficiles** et des **milieux** plus **maniables**. La frontière reste cependant parfois difficile à déterminer tant les contraintes sont diversement perçues selon les civilisations et le caractère répulsif ou propice de certains milieux fait autant appel à l'histoire qu'aux conditions du milieu physique. On peut même assister à certains phénomènes de **renversement géographique**, certains milieux, longtemps considérés comme répulsifs, sont devenus au contraire attractifs. Ce fut le cas de nombreux milieux littoraux, délaissés en raison de leur insalubrité et de leur ouverture aux invasions, qui ont pu devenir, une fois la paix revenue et avec des techniques de drainage appropriées, très favorables au tourisme. Ce fut également le cas des versants de haute montagne, longtemps répulsifs ou utilisés uniquement en été, qui ont trouvé de nouvelles vocations avec l'essor du ski alpin.

D'autres typologies ont mis davantage l'accent sur l'impact des sociétés humaines sur les milieux physiques. C'est ainsi que Geneviève et Philippe Pinchemel ont distingué des **milieux abiotiques** (à faible empreinte humaine ou animale) et **biotiques** (largement transformés par les êtres vivants). Ils ont pris la précaution de préciser que les milieux faiblement anthropisés se réduisent aujourd'hui à des espaces d'extension fort limitée (milieux de haute latitude, de très haute altitude, hyperarides…) et ne sont pas pour autant des milieux naturels, car ils ne sont pas à l'abri d'influences directes (exploitation minière, passage d'un oléoduc…) ou indirectes (pollution) de l'action des hommes.

Certaines typologies, comme celle proposée par Pierre Pech et Hervé Regnauld, sont moins centrées sur les climats mais ont insisté davantage sur le caractère dominant du milieu physique et l'utilisation que les hommes en ont fait. Ils ont ainsi distingué les espaces marqués par l'aridité, où le manque d'eau est le caractère principal du milieu, les plus grandes forêts du monde, souvent très peu densément occupées, les grands espaces défrichés, les littoraux fragiles, les montagnes instables et les espaces encore quasiment inexploités. L'ancienneté de l'occupation humaine, la densité du peuplement, le type d'occupation et de mise en valeur du sol, les atteintes à l'environnement sont donc considérées et les composantes physiques du milieu ne sont privilégiées que si elles restent prépondérantes. Certains ont cherché à distinguer les milieux selon la manière dont les hommes en ont affecté les équilibres environnementaux. Ainsi, des milieux très largement déforestés, victimes de surpâturage, bétonnés à l'extrême s'opposaient à des milieux plus préservés, dans lesquels l'homme n'a pas joué de rôle trop déstabilisateur.

Des termes voisins de plus en plus utilisés : environnement, géosystème

Le terme de milieu souffre de la concurrence d'autres termes qui, selon les périodes, ont été utilisés par les géographes avec des significations proches, à l'instar de **paysage**, parfois employé à tort comme synonyme de milieu (*cf.* article *Paysage*).

Certains géographes soucieux de lutter contre toute forme de déterminisme ont également utilisé le terme de **géosystème,** terme introduit par Georges **Bertrand** en 1972, ou **système géographique**, pour désigner un écosystème localisé associé à un espace social, c'est-à-dire un ensemble d'éléments naturels mais aussi sociaux formant un tout cohérent, ayant une unité spatiale et donnant donc à l'espace sa spécificité. La notion se distingue de celle de milieu en mettant clairement l'homme au cœur du modèle, le rôle des sociétés humaines étant envisagé en tenant compte à la fois des héritages et des actions en cours des hommes sur l'espace. C'est également une notion qui se veut systémique, insistant surtout sur les interactions et les dynamiques entre chaque composante du géosystème et entre ces éléments et les hommes, le tout étant uni par des relations fonctionnelles étroites. Certains vont jusqu'à considérer un géosystème comme un espace présentant, par les relations spécifiques qu'entretiennent les éléments qui le composent, un certain

Les interactions du géosystème

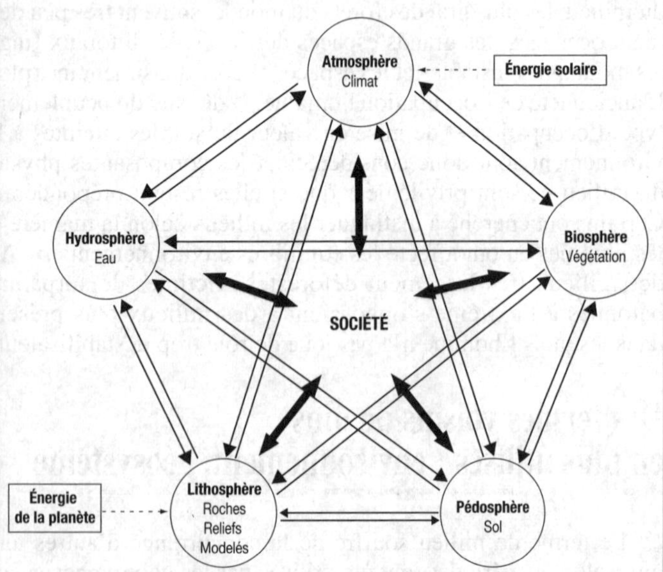

équilibre, éventuellement mis en péril à la suite de crises naturelles ou d'interventions humaines inconsidérées.

La notion de géosystème recoupe donc pour partie celle d'**écosystème**, utilisée par les écologues pour qualifier un espace uni par des relations entre la **biocénose**, qui désigne une communauté d'êtres vivants partageant les mêmes conditions de vie, et le **biotope**, qui désigne les caractères de leur milieu de vie (roche, eau, air…). La **biosphère** – l'ensemble des êtres vivants à la surface du globe – forme également un écosystème. La principale différence entre les notions d'écosystème et de géosystème provient de la place accordée à la dimension humaine, davantage prise en compte dans le géosystème, et le fait que l'action de l'homme dans le cadre des géosystèmes n'est pas envisagée comme essentiellement perturbatrice, ce qui est parfois le cas de la vision qu'ont certains écologues radicaux du rapport entre les hommes et les écosystèmes ou, selon un terme plus large, de l'environnement.

Le terme d'**environnement**, dont l'utilisation s'est popularisée à partir des années 1970, a été depuis fréquemment employé soit comme équivalent de « milieu naturel », soit dans le sens de milieu construit par l'homme (milieu urbain par exemple), soit encore dans un sens plus large pour exprimer tout ce qui entoure les groupes humains et agit sur eux : les activités et les aménagements humains, les relations entre humains, les institutions, la culture. À la différence du géosystème, que l'on aborde surtout par la manière dont les éléments qui le composent sont en interrelations, l'environnement prend donc en compte toute la diversité des aspects du cadre de vie des sociétés, à savoir des composantes naturelles, des éléments matériels (densité des infrastructures de transport, présence de zones industrielles, types de quartiers urbains...), des dimensions non matérielles comme le type de culture dominant mais aussi les représentations qu'ont les populations de leur cadre de vie et qui sont souvent fort différentes de celles qu'en ont les observateurs extérieurs.

La notion d'environnement peut donc être assez large quand on l'envisage comme le cadre de vie des êtres vivants, combinant des éléments naturels et socio-économiques. Le terme a également évolué vers une dimension écologiste que ne recouvrent pas les notions de milieu ou de géosystème, associée à l'idée d'un patrimoine à la fois fragile et précieux et qu'il convient donc de préserver. On parle de protection de l'environnement alors qu'on ne l'envisage pas pour un

Le système GTP

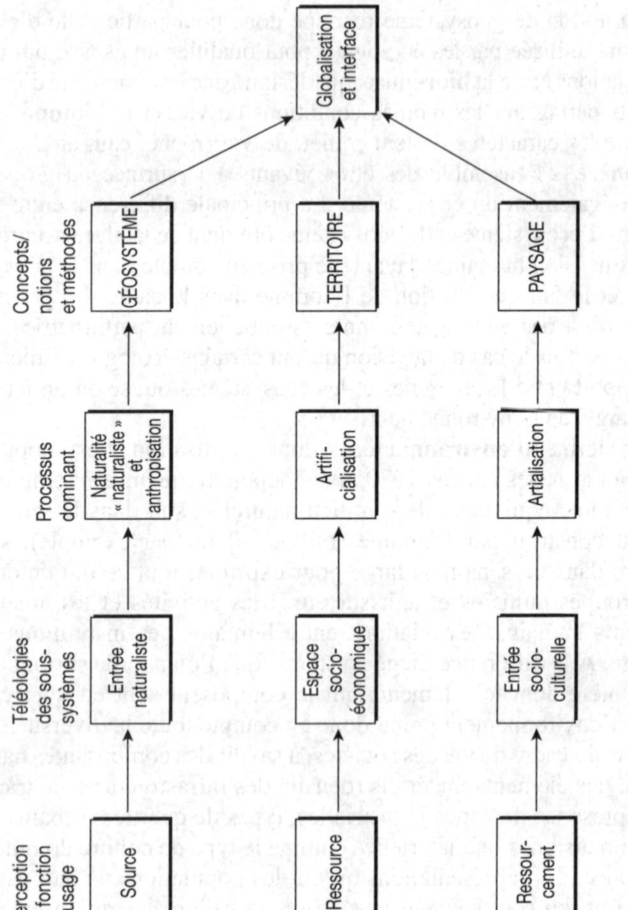

Source : Figure extraite de *Une Géographie traversière* de Claude et Georges Bertrand, © Éditions Arguments, novembre 2002.

« milieu ». La question de base est donc celle de la place de la nature et des relations entre celle-ci et les sociétés humaines.

Les géographes ne conçoivent plus désormais la nature en tant que telle comme un objet d'étude. La **géographie environnementale**, qui connaît un essor depuis une vingtaine d'années, a pour objet d'étudier les géosystèmes et leurs rapports avec les sociétés et les territoires. Cette géographie peut analyser la manière dont les conditions naturelles peuvent apporter des ressources, constituer des atouts, mais aussi représenter des contraintes ou des risques pour les sociétés humaines. Souvent vue comme un prolongement moderne de l'approche naturaliste, elle a évidemment largement contribué à un emploi plus large de la notion d'environnement. Mais elle a parfois des buts plus ambitieux tel le **système GTP** (Géosystème-Territoire-Paysage), proposé par Georges Bertrand dès 1991. S'appliquant à un espace donné, cette construction systémique a pour but de rendre compte de la complexité de l'environnement géographique en respectant sa diversité et son interactivité. Les trois entrées sont liées aux critères d'anthropisation, d'artificialisation et d'artialisation (*cf.* p. 383) de cet espace. Le Géosystème, concept ici naturaliste, permet de comprendre le fonctionnement physique d'un espace géographique et son degré d'anthropisation, le Territoire de voir les conséquences de l'organisation sociale et économique sur l'espace considéré, le Paysage d'appréhender la dimension socioculturelle de ce même ensemble géographique.

L'étude des milieux intéresse donc de nombreuses branches de la géographie. Elle demeura longtemps le domaine quasi exclusif des géographes physiciens, notamment des spécialistes de **biogéographie**, qui analysent les formations végétales, leur distribution zonale ou azonale et leur exploitation, voire leur dégradation par les hommes. La banalisation de l'analyse systémique en géographie, la prise de conscience progressive que l'homme fait partie intégrante du milieu et en constitue la principale composante, au point de parfois en affecter les équilibres, ont contribué à donner une audience plus large à la notion et aux concepts voisins.

lire aussi **Espace, diffusion spatiale – Lithologie, tectonique (géographie et) – Paysage – Sols – Territoire, territorialisation – Végétation**

MONDIALISATION, SYSTÈME-MONDE

La **mondialisation** est un processus historique qui aboutit à créer à l'échelle mondiale des liens croissants entre les différentes activités humaines, notamment économiques, mais aussi culturelles ou politiques. Il contribue donc à une mise en relation de différents espaces ou territoires, participant ainsi à créer un véritable système-monde. Phénomène en cours, la mondialisation est devenue un objet d'étude privilégié pour les économistes, les politologues, mais aussi les géographes.

La mondialisation ou le monde comme un système

• Du système-monde à la mondialisation

Comme pour tout phénomène en cours, la mondialisation donne lieu à une terminologie fluctuante et à de nombreuses variations sémantiques. Le terme de mondialisation, qui s'est désormais imposé chez les géographes comme chez les autres scientifiques et dans l'opinion publique, a pourtant été un temps moins utilisé par la discipline que celui de système-monde, sans que ces deux termes soient pour autant des équivalents. L'expression de système-monde a été formulée dès 1984 par des géographes réunis dans le **groupe Dupont** – association francophone de géographes se voulant en rupture avec la géographie classique, fondée en 1971 à Avignon, d'où son nom. Il faut cependant attendre 1990 et la parution d'une nouvelle *Géographie Universelle*, plus particulièrement du tome I, « Mondes nouveaux », sous la direction de Roger Brunet et Olivier Dollfus, pour que cette notion s'impose.

En première approche, de nombreux auteurs considèrent la **mondialisation** comme un processus qui relie entre eux les différents territoires du monde et qui tend littéralement à faire de la planète « un seul monde », le **système-monde**, c'est-à-dire le monde considéré comme un système, comme un tout cohérent. Ce processus est inhérent à l'extension du système libéral à l'échelle mondiale. L'ensemble est organisé par de nombreux acteurs, les États mais aussi les firmes multinationales, ainsi que des organisations internationales (OMC...), voire transnationales comme les ONG.

Le terme mondialisation vient de l'anglais *globalization.* Le terme de **globalisation** est donc parfois considéré comme un équivalent pur et simple de mondialisation. Toutefois, le mot pose problème et est souvent associé en français aux aspects financiers de la mondialisation. Mais il est aussi considéré de façon plus large que celui de mondialisation, c'est-à-dire s'appliquant à des phénomènes qui touchent l'ensemble du globe, comme la question de l'environnement.

Le terme de mondialisation a lui aussi connu des variations sémantiques : jusqu'aux années 1980, il était employé dans un sens très général. Le terme avait en effet connu un succès relatif dès 1971 suite à la popularisation des thèses du sociologue canadien Marshall Mac Luhan qui décrivait un **village planétaire** (ou dans la traduction littérale de *global village* : **village global**), marqué par une uniformisation des cultures, notamment du fait du rôle croissant des médias. Dans les années 1980, le terme s'impose dans un sens plus économique, notamment grâce à l'économiste Théodore Levitt, auteur d'un article référence en 1983, « *The globalization of Marketts* ». De nos jours, on recense diverses définitions de la mondialisation. La plupart des économistes, tel Joseph Stiglitz, insistent sur le constat d'interdépendance et d'intégration des différentes économies. En revanche, les géographes et les historiens privilégient une approche en terme d'espaces (la mondialisation serait, selon Jacques Lévy, « l'émergence du Monde comme espace »), mais aussi de temporalités : on peut, suite aux travaux de Fernand Braudel et de Paul Bairoch, considérer la mondialisation comme le processus historique d'extension progressive du système capitaliste dans l'espace mondial. Dans son acception actuelle, la mondialisation ne se limite donc pas aux aspects économiques (*cf.* article *Échanges internationaux*), mais elle touche aussi les aspects sociaux (*cf.* article *Société, géographie sociale*), culturels (article *Culture, géographie culturelle*) et même politiques (*cf.* article *Géopolitique*).

Comme tout processus, la mondialisation doit être analysée en termes de dynamiques, mais aussi de territoires. Elle doit être appréhendée de façon multiscalaire, comme une mise en relation entre des territoires d'échelles différentes. En témoigne l'utilisation de l'adjectif **glocal**, formé par la combinaison de global et local qui, en géographie, met en avant l'idée d'une relation directe entre un lieu (ou un phénomène localisé) et l'échelon global, sans passer par les espaces d'échelle intermédiaire (État, associations régionales par exemple). On parle aussi de **glocalisation**, s'agissant des entreprises qui associeraient un mode de gestion à la fois local et global.

• L'analyse systémique, méthode d'étude du système-monde et de la mondialisation

L'étude de la mondialisation emprunte pour beaucoup à l'**analyse systémique** et peut être rapprochée du **holisme** (du grec *holos*, entier), qui trouve vain de séparer les parties, les théories isolées, et privilégie l'étude globale du « corps », ici le monde. L'analyse systémique suppose ici de considérer la Terre comme un **système**, c'est-à-dire comme un ensemble cohérent d'éléments liés entre eux. L'étude de l'organisation de ce système et des réseaux formés par les relations entre les différents acteurs et lieux est par conséquent privilégiée. Du point de vue de l'analyse systémique, les processus de mondialisation présentent plusieurs caractéristiques essentielles. La mondialisation crée un **métasystème**, système englobant tous les autres systèmes géographiques. C'est ensuite un système souvent considéré comme fermé, sans échanges avec l'extérieur, ainsi que l'envisageait Paul Valéry en écrivant en 1945 « le temps du monde fini commence ».

La pensée systémique remonte au début du XXe siècle et aux **théories du chaos** défendues notamment par le mathématicien et philosophe Henri Poincaré qui montra le rôle de la notion de hasard dans le système newtonien. Cette théorie suppose l'impossibilité de contrôler toutes les perturbations pouvant exister au niveau des systèmes dynamiques non linéaires et de leur environnement. Dans les années 1960, la théorie du chaos connut un succès important qui n'a pas concerné la seule géographie : la cybernétique l'a beaucoup utilisée pour les recherches sur le système nerveux. Le structuralisme (*cf.* p. 241) contribua également à son succès car cette théorie privilégiait l'étude globale d'un système dont on ne souhaitait pas appréhender immédiatement les moteurs. Cette théorie fut surtout popularisée par le météorologue Edward **Lorenz** (1917-2008), auteur en 1972 d'une célèbre métaphore : le « battement d'ailes d'un papillon en Chine peut-il provoquer une tornade au Texas ? ». Appliqué à notre planète, la Terre envisagée comme un système forme un ensemble cohérent et complet, dans lequel tout dépend de tout. Ainsi, n'importe quel événement peut avoir des implications pour la Terre entière. Ces interrelations se traduisent par une modification des phénomènes et, dans la formule de Lorentz, par une amplification. Cette conception considère donc qu'aucun point de la planète ne se trouve à l'écart ou en dehors du système. Ce qui semble aujourd'hui une évidence : l'homme fréquente les pôles et la haute montagne, il intervient dans le fond des océans au moins de façon épisodique. Et aucun pays, aucun groupe social ne vit plus en **autarcie** totale, c'est-à-dire sans échanges extérieurs. Les échanges, même réduits, sont la règle et engendrent des flux et des rapports de force. Le terme d'**isolat**, espace sans liaison avec l'extérieur, ne peut donc plus être employé que de manière relative pour certains pays à l'écart du grand commerce international, pour telle ou telle vallée himalayenne ou plus souvent encore pour les îles, le concept d'**insularité** supposant l'isolement et la séparation comme caractéristique majeure. Il n'empêche, tout pays a des échanges extérieurs. Telle vallée va bientôt s'ouvrir (ou est déjà ouverte) au trekkeurs, et l'île déserte, retirée du monde, se trouve tout de même appropriée par un pays et concernée par la loi des 200 milles marins.

La géographie physique, qui découvrit la tectonique des plaques dans les années 1960, a été la première concernée par ce type d'analyses systémiques. Mais c'est en géographie humaine que l'analyse systémique connut un important succès après 1975 et la publication de l'ouvrage *Le Macroscope* par le biologiste Joël de Rosnay. Le **macroscope** est selon lui l'inverse du microscope dans lequel le chercheur regarde l'infiniment petit : la petite cellule (le chercheur) examine l'infiniment grand (le système étudié, en l'occurrence la Terre). Pour y arriver, seule une **théorie de la complexité** est possible. Celle-ci peut se définir par plusieurs caractéristiques : la grande variété des éléments mis en relation, la diversité des liaisons entre ces éléments, la non-linéarité des interactions et l'existence d'un jeu d'échelles entre les divers éléments du système. Ce qui est au cœur de l'analyse systémique en géographie, c'est donc la présence de causalités multiples (*cf.* p. 245) et non plus seulement linéaires, et l'importance des rétroactions ou *feed-back*. Un tel succès de l'analyse systémique s'explique sans doute par le fait qu'elle permet de traiter des objets en rompant avec une liaison de cause à effet – elle rompt ainsi avec le danger du déterminisme – et par le fait que les instruments de la géographie classique ne permettaient de répondre que partiellement aux interrogations sur le monde contemporain entré dans une nouvelle phase de la mondialisation.

Temporalités et prospective

Appréhendant la mondialisation en terme d'enjeux, l'analyse systémique privilégie une vision dynamique, marquée par la prospective et par des scénarios pour le futur. Mais elle est aussi une vision historique qui considère le passé comme ayant laissé dans le monde un certain nombre d'héritages.

• Les mémoires du monde

L'organisation du monde est étroitement attachée à l'histoire récente de notre planète, mais aussi à nombre d'éléments naturels, comme les climats et la végétation. Histoire et nature constituent autant d'**héritages** expliquant le fonctionnement actuel du système-monde. Ainsi, les problèmes du Sahel sont liés à des héritages naturels, la désertification et l'assèchement du climat, mais aussi, et surtout, à des héritages historiques, la colonisation, les découpages territoriaux, puis un néocolonialisme modifiant économies, sociétés et cultures. Et l'intégration de ces économies dans le marché mondialisé constitue un facteur de déséquilibre supplémentaire. Ces héritages ne sont pas statiques, mais bien dynamiques, et influencent aujourd'hui les sociétés sahéliennes.

Un équivalent du terme héritage est celui de **mémoire** proposé par de nombreux auteurs. Le terme doit ici être compris dans son sens de stock d'informations, au même titre qu'une mémoire en informatique. Ces informations sont rentabilisées de façon très variable par les sociétés, qui les subissent ou les modifient. Si les mémoires de la nature comptent toujours (reliefs, sols, climats, eaux, végétation), la mémoire historique joue un rôle majeur dans l'organisation du monde actuel. Celui-ci s'est notamment structuré au XXe siècle avec l'internationalisation de l'économie mondiale qui s'est accélérée dès 1918 et s'est amplifiée après 1945. Celle-ci s'est généralisée dans les années 1970 suite à la crise du modèle fordiste qui a contribué à la dérégularisation du marché mondial. L'**internationalisation** découlait de la tendance des PDEM à développer leurs exportations pour accéder à des marchés plus larges. Elle a débouché sur la **transnationalisation**, c'est-à-dire la multiplication des investissements et des implantations à l'étranger, puis sur la **globalisation économique**, c'est-à-dire la volonté, dès la conception d'un produit, de mettre en œuvre une stratégie mondiale en envisageant des marchés à l'échelle de la planète.

• Les temporalités de la mondialisation

Les temporalités de la mondialisation font l'objet de nombreuses discussions chez les historiens, les économistes et les géographes. Comme pour tout processus en cours, la mondialisation actuelle est mal cernée faute de recul historique suffisant et ses temporalités sont analysées de manière divergente : de quand date-t-elle exactement ? Comment nommer les périodes qui l'ont précédée ? Ainsi, si certains parlent actuellement de seconde mondialisation, d'autres, tel Jacques Lévy, considèrent qu'il y a eu jusqu'à six mondialisations dans l'histoire de l'Humanité, la première étant la diffusion planétaire de l'*Homo sapiens sapiens* à l'ensemble de la planète.

Historiquement, la mondialisation actuelle fut en effet précédée par d'autres périodes durant lesquelles des processus de mise en relation, certes sur des espaces plus réduits, furent à l'œuvre : dès l'Antiquité, on a pu parler d'**empire-monde**, à propos de l'empire d'Alexandre le Grand. Mais c'est au XVIe siècle, avec les Grandes Découvertes, qu'apparaissent des économies dominantes (en l'occurrence européennes) et influentes sur les cinq continents, les **économies-monde** selon l'expression de l'historien Fernand Braudel. Durant ce que certains considèrent comme la première mondialisation, de nombreux lieux étaient cependant encore à l'écart, formant, au sens strict du terme, des isolats. Le monde ne pouvait donc pas être véritablement considéré comme un système. Pour cette raison, on préfère souvent réserver le terme de **première mondialisation** à la période suivante.

La situation change en effet radicalement à la charnière des XIXe-XXe siècles avec la conquête des pôles puis des plus hauts sommets de la Terre, avec la découverte de lieux jusque-là inaccessibles, notamment en Afrique, mais surtout avec l'extension du système colonial qui amène des échanges à l'échelle planétaire et crée ou renforce la dépendance de la plupart des régions du monde vis-à-vis de quelques États essentiellement européens, mais aussi des États-Unis. Ce que l'on considère parfois comme la **deuxième mondialisation** mais plus souvent comme la première mondialisation est intrinsèquement lié aux révolutions industrielles des XVIIIe et XIXe siècles, à l'amélioration des moyens de transport et au développement du capitalisme libéral. Cette mondialisation a provoqué un net accroissement des écarts entre les régions du monde, notamment entre métropoles et colonies.

La mondialisation actuelle est donc considérée selon les auteurs comme la seconde ou comme la **troisième mondialisation**. Elle se déploie réellement dans les années 1980 et est caractérisée par un net accroissement des échanges facilités par l'accélération des transports et des communications, notamment avec Internet qui permet une « contraction de l'espace-temps » (*cf.* article *Transport, communications*). Toutefois, elle a été précédée par une période qui, de 1945 aux années 1980, l'a préparée, ce qui amène plusieurs auteurs à considérer que la mondialisation actuelle date réellement d'une soixantaine d'années. Derrière ce débat s'en profile donc un autre, classique dans toute analyse historique : celui entre temps long et temps court. Faut-il privilégier la continuité historique ou les ruptures plus conjoncturelles ? Cette période peut elle-même se décomposer en trois étapes. La première, de 1945 aux années 1960, fut celle d'une internationalisation de l'économie qui tranchait avec les replis importants des deux périodes de guerre et des années 1930. Malgré tout, le contexte de Guerre froide, les conflits coloniaux et le fort protectionnisme constituaient des freins importants au processus de mondialisation. Après une étape transitoire caractérisée par l'établissement d'une économie multinationale, les années 1980 sont marquées par l'établissement d'une économie globale (3e étape), cette dernière se jouant essentiellement dans la sphère financière.

La mondialisation intègre ainsi de plus en plus de territoires et touche des domaines de plus en plus divers. La question de la mondialisation culturelle devient notamment un thème de débats : s'achemine-t-on vers une culture uniformisée sur le modèle occidental, voire américain, ou vers une culture métissée ? À moins que ne triomphent les replis identitaires ? (*cf.* article *Culture, géographie culturelle*).

• Mondialisation et prospective territoriale : fragmentation ou intégration ?

Phénomène en cours, la mondialisation peut être étudiée en termes d'analyse des conséquences et donc de prospective. Deux thèses s'opposent diamétralement. La thèse de la **prospérité globale** est le scénario idyllique défendu par la Banque mondiale et par les libéraux. Selon cette thèse, la déréglementation et l'accroissement de la mobilité des entreprises favorisent une croissance économique globale qui touchera à terme tous les pays et régions du monde. De ce fait, tous les types d'espaces participeront à l'intensification des échanges, créant ainsi des îlots de plus en plus intégrés dans la mondialisation, chaque pôle économique créant une intégration de son arrière-pays par ***trickle down effect***, un effet de « ruissellement », d'entraînement, de diffusion de la richesse vers le bas. À terme, les différences sociales et humaines disparaîtraient ainsi peu à peu de la surface de la planète.

À l'inverse, la thèse beaucoup plus pessimiste de la **fragmentation globale** est défendue entre autres par la plupart des mouvements altermondialistes (*cf.* article *Échanges internationaux*). Elle critique la thèse précédente qui oublie notamment les effets de domination politique de certains espaces sur d'autres. Au contraire de la thèse de la prospérité globale, elle soutient l'idée que tous les territoires n'ont pas la possibilité de s'intégrer au monde, que donc cette insertion est forcément sélective et limitée à quelques types d'espaces, comme les métropoles. En conséquence, l'aggravation des inégalités est planétaire et oppose de plus en plus un archipel de richesse dans un océan de pauvreté. Au Nord, les délocalisations contribuent à augmenter la fragmentation des territoires, au Sud, si certains espaces se développent, la pauvreté globale en revanche ne sera non seulement pas atténuée, mais devrait même augmenter. Partisans de la prospérité globale et de la fragmentation globale sont néanmoins d'accord pour dire que la mondialisation contribue à la fois à atténuer les inégalités Nord-Sud et à amoindrir le rôle des États.

Les analyses géographiques se rapprochent généralement de la thèse de la fragmentation, dans la mesure où elles font apparaître que la mondialisation met en concurrence des territoires, avec des « gagnants » et des « perdants », selon qu'ils offrent ou non des atouts leur permettant de s'insérer dans l'espace mondialisé, et ce de façon différenciée, c'est-à-dire en position de force ou non.

Le processus de mondialisation n'est en effet pas déconnecté des lieux et ne conduit pas à une **déterritorialisation** des phénomènes, dans la mesure où ils restent ancrés dans un territoire, dont les éléments constitutifs sont autant de paramètres favorables ou non à la localisation de telle ou telle activité ou infrastructure.

Acteurs et lieux de la mondialisation

• Les acteurs et les réseaux de la mondialisation

La mondialisation est impulsée par de nombreux acteurs. Certains d'entre eux, comme les ONG, jouent un rôle relativement secondaire, bien que croissant. Avec les délocalisations et l'extension du système libéral, les firmes multinationales détiennent un rôle de plus en plus important à l'échelle planétaire ; le chiffre d'affaires des plus importantes d'entre elles est supérieur au PNB de bon nombre d'États. Leur implantation engendre un **maillage**, une grille de découpage de l'espace, bien souvent indépendant du maillage politique lié aux États. Cependant, les États et les associations régionales comme l'Union européenne sont des acteurs encore essentiels de la mondialisation. Mais tous ne pèsent pas le même poids. C'est autour de quelques pays jouant le rôle de centres que s'organisent les autres, périphéries plus ou moins intégrées. Enfin, des organismes internationaux, comme l'OMC, contrôlés par les États, jouent un rôle en contribuant notamment à la dérégulation économique.

Ces acteurs sont, du fait de l'accroissement des échanges (*cf.* article *Échanges internationaux*), interconnectés par des relations de plus en plus complexes. Se forment ainsi des **réseaux**, c'est-à-dire un ensemble de chemins qui relient les différents lieux de la planète, lieux qui deviennent ainsi des **nœuds** ou **points nodaux**. Ce sont les réseaux matériels, telles les routes ou voies maritimes et aériennes, et les réseaux immatériels, Internet par exemple, qui supportent les flux de personnes, de marchandises, de services, d'information…, qui s'articulent notamment autour de métropoles, aéroports, ports…

Certains lieux participent de façon privilégiée à la mondialisation : il s'agit de littoraux (comme la façade orientale de l'Asie), d'interfaces continentales (comme la zone frontalière Mexique/États-Unis) et surtout de métropoles. Les métropoles, et plus encore les **métropoles mondiales**, dites aussi **villes mondiales**, sont le cœur de cette mondialisation. Dotées de pouvoir de commandement en matière politique, économique, financière et culturelle, ces agglomérations fortement peuplées et étendues dans l'espace (comme Los Angeles) rayonnent sur l'espace mondial, en diffusant des décisions, informations… et en attirant population, capitaux et marchandises. Parmi ces métropoles mondiales, la sociologue Saskia Sassen a distingué trois **villes globales**, qui surpassent les autres par leur rôle dans la mondialisation : New York, Londres et Tokyo, auxquelles on adjoint parfois Paris (*cf.* article *Ville*). Les villes mondiales fonctionnent en réseau et entretiennent de telles relations entre elles qu'elles paraissent parfois plus proches les unes des autres que des espaces qui les environnent. Elles sont, selon les termes du géographe Olivier Dollfuss, « l'ensemble des villes qui contribuent à la direction du monde » et forment l'**archipel mégalopolitain mondial** (ou **AMM**). Concentrant les fonctions de commandement, il est le véritable cœur de la mondialisation.

• La Triade et ses périphéries

Le monde s'ordonne ainsi autour d'un certain nombre de **pôles**, qui sont les centres d'impulsion de la mondialisation. Cette notion de pôle fait référence à la grille de lecture centre-périphérie (*cf.* article *Géographie (techniques et méthodes de la)*). La mondialisation peut donc s'analyser en fonction de cette centralité qui suppose de fait l'existence de périphéries, voire de marges. Plus que la notion un peu floue de centre, le pôle est à la fois le lieu d'où la mondialisation est impulsée et le lieu autour duquel tout s'organise. Les trois pôles principaux, Union européenne, Amérique du Nord et Japon constituent la **Triade**. Ce terme, inventé en 1985 par l'économiste Kenichi Ohmae par analogie avec les mafias chinoises, avait pour but de décrire l'émergence de stratégies globales d'entreprises multinationales qui se focalisaient principalement sur les États-Unis, le Japon et l'Europe. Ces pays de la Triade formaient dès 1985 un marché homogène qui produisait et absorbait plus des trois quarts des produits à haute densité technologique. Certains, comme Christian Grataloup, préfèrent toutefois le terme de **diade**, partant de l'idée qu'Europe et Amérique du Nord constituent historiquement et culturellement le même pôle. La Triade domine politiquement, économiquement et culturellement le monde, alors qu'elle ne représente que 15 % de la population mondiale. Elle contrôle notamment les organisations internationales tel le FMI (Fonds monétaire international). On parle parfois de **triadisation** pour évoquer l'accroissement de la domination de ces pôles de l'économie mondiale sur le reste de la planète. Les États-Unis sont la seule **superpuissance** véritable puisqu'ils dominent aussi bien sur les plans économique et culturel, que politique et militaire.

Un certain nombre d'États gravitent autour de ces trois pôles : NPI asiatiques autour du Japon, pays de l'AELE et anciens **PECO** – Pays d'Europe centrale et orientale – qui ont peu à peu intégré l'Union européenne. C'est pourquoi on peut élargir la notion de Triade à un ensemble de trois sphères : l'ALENA, l'Asie orientale et l'Europe occidentale et centrale. Ces trois sphères peuvent se livrer entre elles une concurrence redoutable, créant alors un oligopole de concurrence (*cf.* p. 277). La véritable guerre de l'industrie aéronautique, que se livrent Américains et Européens, illustre cette situation. Mais ces sphères s'entendent lorsque des intérêts communs sont en jeu.

Ces trois sphères sont chacune dominées par un pays, respectivement les États-Unis, le Japon et l'Allemagne. Elles possèdent leurs propres périphéries et leurs propres zones d'influence, Amérique latine pour l'Amérique du Nord, Asie du Sud et Océanie pour l'Asie orientale, Afrique pour l'Europe. Les trois sphères disposent en effet d'un certain nombre de **puissances relais**, c'est-à-dire de pays amis bien intégrés et relativement puissants. Ce sont les « bébés tigres » d'Asie : Malaisie, Indonésie, Philippines et Thaïlande, relais de la puissance japonaise et sud-coréenne. Ce sont également les **puissances régionales**, c'est-à-dire des pays puissants influençant fortement leurs voisins. Ce sont la Chine, l'Inde, ou encore le Brésil qui joue un rôle plus important que le Portugal dans le monde **lusitanien** (de langue portugaise). Ce sont aussi l'Australie, l'Afrique du Sud et, à un degré moindre, le Nigeria.

Même à l'intérieur de ces puissances, l'influence de la Triade reste forte. Toutes sont donc des **périphéries**, des ensembles sous la domination d'un centre. Il faut donc, là comme ailleurs, analyser les espaces en fonction de leurs liaisons plus ou moins fortes avec le centre. Certains pays ou régions sont des périphéries à intégration forte ou moyenne dans la mondialisation comme l'Argentine, la Turquie, l'Afrique du Nord, la Nouvelle-Zélande. Mais d'autres le

L'inégale insertion des États dans la mondialisation, selon le PNUD

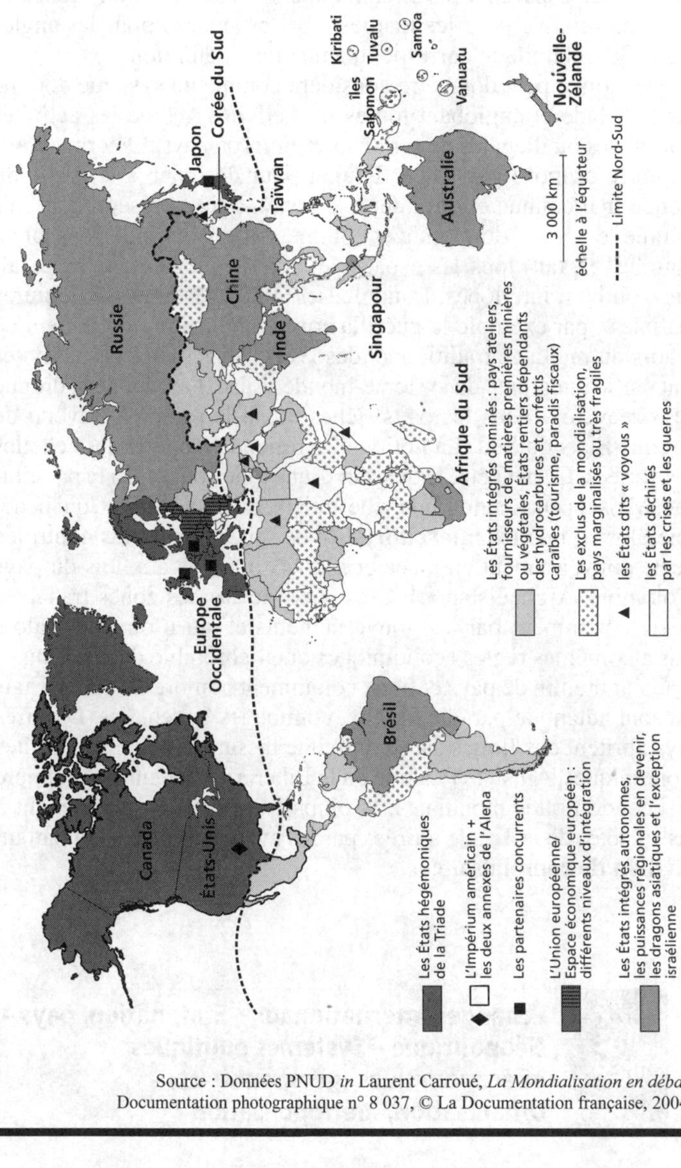

Source : Données PNUD *in* Laurent Carroué, *La Mondialisation en débat*, Documentation photographique n° 8 037, © La Documentation française, 2004.

sont moins ou peuvent même être considérées comme des **marges** relatives, voire des **angles morts**. Le terme doit être ici compris comme des espaces à part, relativement « en dehors du monde », de façon relative pour les marges, plus prononcée pour les angles morts. L'Antarctique correspond à une telle définition.

Le monde peut donc être considéré comme un système dominé par la Triade et englobant toutes les activités, même les activités marginales ou illégales de certaines régions ou pays. Le terme d'**antimonde** proposé par Roger Brunet pour désigner « la partie du monde mal connue et qui tient à le rester, qui se présente à la fois comme le négatif du monde et comme son double indispensable » englobe, en fait, tous les espaces et activités légales, mais parallèles, ou bien interlopes, frauduleuses. Elles génèrent des ruptures spatiales : par exemple la guérilla contrôlant une région la tient en dehors du maillage traditionnel des États. Mais toutes ces activités font partie intégrante du système-monde. Ainsi, l'argent de la drogue est « recyclé » dans les pays riches et est le principal revenu de certains États du Sud. La notion d'antimonde recoupe des échelles très variées. Ce peut être le quartier d'une ville consacré à la prostitution. Mais il peut s'agir d'une ville entière, ou d'une région, qui bénéficie alors d'une **extraterritorialité** de fait, n'étant plus contrôlée par le gouvernement en place et n'obéissant plus aux lois du pays (Colombie, Afghanistan…). C'est aussi le cas des zones franches, créées sciemment par les gouvernements et qui n'obéissent alors plus aux mêmes règles économiques que l'ensemble de la nation. Il peut s'agir enfin de pays entiers, notamment nombre de micro-États qui sont autant de paradis fiscaux, comme les Seychelles. D'autres pays abritent des flottes sans commune mesure avec leurs activités économiques. Ainsi, le Panamá ou le Liberia possèdent les première et seconde flottes mondiales, la plupart des navires appartenant à des sociétés de la Triade attirées par les avantages fiscaux et battant **pavillon de complaisance**.

lire aussi

Échanges internationaux – État, nation, pays – Géopolitique – Systèmes politiques et économiques (géographie et) – Urbanisation, métropolisation

MONTAGNE

Milieu spécifique et contraignant par bon nombre de ses caractères naturels, la montagne a cependant été très tôt habitée et mise en valeur. Si l'exploitation touristique a parfois pris le relais des activités traditionnelles, les espaces montagnards restent souvent marginalisés.

Une notion malaisée à définir

• Des problèmes de définition

Comme tous les termes issus du langage courant, celui de montagne pose des problèmes de définition. Une **montagne** renvoie souvent à un sommet isolé ; dans ce cas, le terme équivaut à celui de **mont** (Mont-Blanc ou montagne Pelée, par exemple). Mais le mot montagne désigne aussi une chaîne de montagnes (chaîne des Pyrénées par exemple) ou tout un ensemble, équivalant alors au terme de **massif** (massif du Vercors). Par ailleurs, le terme est utilisé pour des reliefs de dimensions très variables, allant de l'Himalaya à la montagne Sainte-Geneviève (60 mètres d'altitude). Enfin, la montagne désigne aussi un milieu spécifique, le milieu montagnard. Ainsi, parler de montagne alpine peut renvoyer aussi bien aux Alpes en tant que chaîne de montagnes qu'aux caractéristiques du milieu montagnard dans les Alpes.

Une montagne est donc un relief proéminent, d'une certaine élévation par rapport au niveau de la mer (**altitude**) et souvent bien individualisé par rapport aux milieux environnants. Mais cette notion se combine avec celle de pente et de versant, par opposition au **plateau**, espace plan qui peut avoir, lui aussi, une altitude très élevée, comme le plateau tibétain ou l'Altiplano péruvien. Toute montagne comporte en effet une certaine **dénivellation** ou **dénivelée** (terme parfois orthographié au masculin), c'est-à-dire une différence d'altitude entre des points hauts, situés à l'**amont** (du côté du mont), et des points bas, situés à l'**aval** (du côté de la vallée).

Les critères administratifs permettant de classer telle ou telle zone comme zone de montagne varient selon les pays : l'Allemagne fixe la limite inférieure des communes de montagne à 500 mètres, la Suisse tient compte de la durée de la saison végétative. En France, un décret de juin 1961 définissait la zone de montagne française en fonction des deux critères altitude et pente : était considérée comme commune de montagne toute commune ayant plus de 80 % de son territoire à une altitude supérieure à 600 mètres, ou une dénivelée entre le point cultivé le plus bas et le point cultivé le plus haut de 400 mètres au minimum. Cette définition, forcément arbitraire, a été modifiée progressivement : une commune est dite de montagne quand elle connaît « une limitation des possibilités d'utilisation de la terre en fonction des conditions climatiques ». La présence à une altitude moindre dans la majeure partie du territoire (au moins 80 %) de fortes pentes (supérieures à 20 %) telles que « la mécanisation ne soit pas possible ou nécessite l'utilisation d'un matériel très onéreux » permet également de classer une commune en zone de montagne. La **loi montagne** de 1985 reprend cette définition et divise la France en sept massifs (Alpes du Sud, Alpes du Nord, Corse, Jura, Massif central, Pyrénées et Vosges). Elle a pour but de concilier aménagement et protection d'un « patrimoine naturel et culturel » par la mise en œuvre d'une politique spécifique de développement. Elle établit ainsi diverses contraintes, par exemple dans le domaine de la construction (routes, immobilier, remontées mécaniques) ou dans la gestion de la forêt.

• Les différents types de montagne

Différentes typologies classent les montagnes en fonction de leur altitude, de leur topographie ou de leur géologie. En fonction de l'altitude, on peut distinguer les moyennes et hautes montagnes. Ainsi, dans les Alpes, le massif du Mont-Blanc constitue une haute montagne alors que les Préalpes, qui ne culminent guère au-dessus de 2000 mètres, sont considérées comme de moyennes montagnes.

Mais on peut aussi diviser les montagnes en chaînes et massifs de montagnes, et en montagnes isolées. Une **chaîne de montagnes** est un ensemble de monts disposés, comme son nom l'indique, de façon linéaire, par opposition au **massif montagneux**, plus ramassé. On parle ainsi de la chaîne des Puys, mais on dit le Massif central. Comme pour le terme montagne, la toponymie assimile des entités de taille fort variable, comme le massif des

Annapurnas ou le massif de l'Himalaya. Les termes de chaîne et de massif sont souvent confondus et on parle indistinctement de massif himalayen ou de chaîne himalayenne. Le mot **cordillère**, désignant fréquemment dans le monde hispanique un ensemble de montagnes très allongées, comme la cordillère des Andes, est souvent assimilé à celui de chaîne. Quant à celui de **sierra**, il met l'accent sur l'aspect topographique en « dents de scie » de certaines chaînes de montagnes aux pics acérés.

Enfin, les typologies géologiques différencient les montagnes en fonction de leur origine ou, plus communément, en fonction de l'âge de leur plissement. Si les **massifs anciens** et les **montagnes jeunes**, ou récentes, sont souvent constitués des mêmes matériaux, la montagne jeune est une montagne de soulèvement récent (Alpes, Rocheuses…), par rapport aux massifs anciens issus d'orogenèses plus anciennes (Massif central, Appalaches…) (*cf.* articles *Lithologie, tectonique (géographie et)*).

Des caractéristiques physiques spécifiques

• Les caractéristiques climatiques

Il n'existe pas de **climat montagnard** (ou de **climat de montagne**) proprement dit, mais une **dégradation montagnarde**, c'est-à-dire que la montagne modifie fortement les données du milieu environnant, tout en gardant certaines de ses caractéristiques. Ainsi, la montagne ne peut être qualifiée de milieu totalement azonal : une montagne tropicale diffère d'une montagne tempérée.

Cette dégradation montagnarde, avant tout climatique, est liée au facteur altitudinal et à la masse même de la montagne, qui modifie fortement la circulation atmosphérique et les vents. La température diminue avec l'altitude, diminution mesurée par le **gradient thermique** : du fait d'une atmosphère moins importante et donc d'une diminution de l'absorption des calories, la température baisse en moyenne de 0,5 °C pour 100 mètres de dénivelée. Cette moyenne varie cependant selon la saison, l'orientation du versant, l'altitude et la région. De même, les précipitations varient avec l'altitude : c'est le **gradient pluviométrique**. En effet, la montagne étant un obstacle aux perturbations atmosphériques, les dépressions ont tendance à être bloquées par les reliefs. Pour franchir l'obstacle créé par la montagne, les dépressions doivent se vider et créent donc des **précipitations orographiques**. Pour les Alpes, les précipitations augmentent en moyenne de 50 mm tous les 100 mètres avant de se stabiliser, la haute montagne étant un pôle d'aridité. Il faut de plus, d'une façon générale, opposer **versant au vent**, très humide car recevant de plein fouet les dépressions, et **versant sous le vent**, beaucoup plus protégé. À La Réunion, si le versant au vent peut recevoir plus de 5 mètres de pluie par an, le versant sous le vent n'en reçoit pas 500 mm. Tout versant crée donc des phénomènes d'exposition différentielle, d'**orientation** par rapport à un phénomène – les pluies dans le cas de La Réunion. Plus fréquemment, les versants connaissent de fortes différences thermiques liées à leur exposition au soleil, le versant orienté au sud (l'**endroit**, la **soulane**, l'**adret**) étant plus ensoleillé que le versant orienté au nord (l'**envers**, l'**ombrée**, l'**ubac**).

Le fœhn

Les régions situées au pied des montagnes connaissent, à certaines périodes, des vents chauds, rapides, descendants et secs portant des noms différents selon les pays et les régions : vent d'**autan** dans la région toulousaine, **lombarde** en Savoie, **zonda** en Argentine, **chinook** dans les Rocheuses, **sirocco** au Maroc, fœhn dans les Alpes suisses. Ce dernier terme est d'ailleurs devenu le terme générique : on parle d'**effet de fœhn**. Ces vents sont liés au franchissement d'une barrière montagneuse par une masse d'air qui, en montant, s'est brutalement asséchée. La descente sur l'autre versant de l'air sec et réchauffé par compression (effet **catabatique**) forme le **fœhn**. Ces vents sont donc liés à une opposition classique versant au vent/versant sous le vent. Mais il n'y a fœhn que dans des cas exceptionnels : de fortes différences de pression entre les deux versants, un effet de couloir qui accentue la vitesse du vent, par exemple.

Ces vents desséchants, entraînant des remontées de température supérieures à 10 °C, sont parfois très violents et peuvent dépasser 80 km à l'heure. Engendrant au printemps la fonte brutale des neiges et des crues, un départ précoce de la végétation, fatals en cas de regel, ils peuvent aussi entraîner des conséquences physiologiques certaines, bien que peu connues, provoquant notamment des troubles du comportement.

• L'étagement bioclimatique des milieux

Du fait du changement progressif du climat avec l'altitude, les sols, la végétation et l'hydrologie se modifient graduellement : c'est l'**étagement** des milieux, phénomène spécifique à la montagne. Les végétaux et les animaux connaissent donc le phénomène de l'**adaptation** : des modifications héréditaires de leur organisme leur permettent de se développer dans un environnement souvent plus contraignant que celui des plaines. Quant aux hommes, particulièrement sensibles à la raréfaction progressive de l'oxygène, il semble que, dans la plupart des cas, il n'y a pas adaptation, mais simplement **acclimatation** (adaptation temporaire et non héréditaire). Si l'étage inférieur des montagnes reste sensiblement le même que le milieu de plaine environnant, plus l'altitude augmente, plus ce milieu se transforme. Image aujourd'hui évidente, du Kilimandjaro à l'Annapurna, il peut neiger sous les tropiques. Pourtant, les géographes anglais du XIXe siècle ne croyaient pas à l'authenticité du témoignage des explorateurs découvrant en Afrique les pentes enneigées des montagnes de la Lune.

Plusieurs classifications identifient des étages successifs en zone de montagne. Pour les montagnes de la zone tempérée, la classification écologique fait succéder à un **étage collinéen** de feuillus, un **étage montagnard**, où apparaissent les conifères, puis un **étage subalpin** qui précède un **étage alpin**, domaine de la pelouse alpine (*cf.* article *Végétation*). Ce type de classification, qui induit l'existence d'un étagement pédologique, les sols variant avec l'altitude, est le plus fréquemment employé, mais les géomorphologues en utilisent un autre qui distingue, en fonction des processus d'érosion, des étages infra-périglaciaires, périglaciaires et glaciaires.

Plus généralement, on fait référence à l'étagement des milieux de la **moyenne montagne** et de la **haute montagne**. Mais les géographes ne s'accordent pas sur la limite entre les deux. Les géographes physiciens situent parfois beaucoup plus haut que les géographes humains la base de la haute montagne. Pour les premiers, la haute montagne est généralement la zone située au-dessus des alpages : haute montagne minérale, domaine des éboulis et des **névés** (restes de neige hivernale), ou haute montagne englacée. Elle est marquée par l'absence d'une couverture végétale permanente. Pour les seconds, la haute montagne commence beaucoup plus bas, là où l'homme ne peut avoir une activité permanente. Une telle définition englobe alors les alpages. Enfin, pour le législateur français, la zone de haute montagne combine une altitude supérieure à 1 200 mètres et une faible densité d'occupation par le gros bétail.

Le terme **piémont**, parfois écrit **piedmont**, désigne généralement la zone située au pied d'une chaîne de montagnes et ayant des liens avec celle-ci. Ces liens sont d'ordre physique, démographique ou économique, à l'image de la province italienne du Piémont par rapport aux Alpes. Le terme se trouve parfois restreint, en géomorphologie, aux seules zones constituées de débris provenant des montagnes.

• Le rôle de la pente

On compare communément les milieux de montagne et les milieux de plaine. Ainsi, la pelouse alpine, formation végétale caractéristique de l'étage alpin, est comparable à la **toundra**, formation végétale des hautes latitudes. Pourtant, dans le détail, les milieux de montagne sont originaux du fait des fortes pentes et des phénomènes gravitaires qui en résultent : érosion des sols et dynamiques de versant. La pente est, avec certains facteurs climatiques (neige, gel…), une des causes essentielles de la fragilité de ces milieux.

Autre spécificité des zones de montagne, les phénomènes de **domination** des étages supérieurs sur les étages inférieurs contribuent à l'originalité de ces milieux. Ainsi, l'avalanche, issue d'un étage plus élevé, détruit des forêts plus basses.

Des milieux anciennement mis en valeur, mais des espaces marginalisés

• Une anthropisation précoce

Très tôt l'homme a fréquenté les montagnes, malgré des conditions souvent plus contraignantes que dans les plaines. Ne poussent en montagne que les céréales dites « pauvres » : en Asie l'orge y remplace le riz ; dans les Alpes, le seigle y supplante le blé. Cependant, le milieu montagnard offre des avantages. Du fait des précipitations orographiques, les montagnes des pays tropicaux secs sont souvent plus fertiles que les plaines, trop sèches. C'est le cas des montagnes du Hoggar ou d'Éthiopie qui dominent des déserts arides.

C'est aussi le cas des Andes péruviennes qui surmontent les déserts côtiers du Pacifique. Les montagnes présentent également un milieu sain et les populations y sont protégées du paludisme, par exemple, qui sévit encore dans de nombreuses zones de plaine. En Afrique, les populations montagnardes étaient à l'abri de la mouche tsé-tsé, vecteur de la maladie du sommeil. De même, les montagnes ont servi de refuges aux populations fuyant des persécutions. Les populations corses se réfugiaient en montagne pour se protéger contre les razzias des pirates ; les populations berbères se sont retranchées dans l'Atlas lors de la conquête arabe ; au Moyen Âge, les Albanais de Skanderbeg utilisaient les montagnes comme repaires face à la menace turque.

Si la moyenne montagne a souvent été une protection, une **montagne refuge**, la montagne est de plus une montagne sacrée. Le mont Olympe, le mont Ararat et le Chomolungma (nom tibétain de l'Everest, signifiant « déesse mère de la Terre ») font figure de domaines des dieux. Les pèlerinages au sommet des montagnes constituent un phénomène planétaire, concernant aussi bien les populations quechuas du Pérou que les Indiens se rendant aux sources du Gange. Ces raisons expliquent le précoce peuplement des zones de montagne mais aussi qu'on ait voulu les « conquérir » : ainsi, dès 1280, Pierre d'Aragon gravit le Canigou et tue le dragon.

Au XIXe siècle, en Europe, le phénomène s'inverse et, dans le contexte de révolution agricole, la montagne apparaît alors comme un espace répulsif, hostile et peu propice à une économie rentable, à l'exception des exploitations minières. Le cloisonnement des vallées devient un obstacle à la pénétration par la voie ferrée, symbole de progrès. Ce phénomène touche également les sociétés coloniales où les plaines font l'objet de champs d'expérimentation de la part des colons de l'Algérie aux Indes.

• Des activités agropastorales longtemps dominantes

Les sociétés montagnardes ont géré les potentialités du milieu. Des réseaux de communication d'une remarquable efficacité ont lutté contre l'**enclavement** (fait d'être mal relié à l'extérieur) et le **cloisonnement** créés par les reliefs. Ainsi, les Incas avaient équipé les Andes d'un réseau exceptionnel de chemins et les paysans des Alpes franchissaient les cols glaciaires bien avant les premiers alpinistes.

De plus, ces sociétés agraires ont résolu le problème des fortes pentes par le système des **terrasses**, espaces plans permettant la culture et contribuant à la protection des sols. Ce système, répandu dans la plupart des montagnes de la terre, peut être complété par des systèmes d'irrigation, dont les plus performants sont ceux des **rizières** asiatiques (ensembles de terrains plans sur lesquels on cultive le riz). La gestion des versants, qui engendre un fort travail collectif, se combine souvent avec une forte adaptation à l'étagement. Les villages peuvent être situés dans trois lieux différents. En fond de vallée, comme c'est souvent le cas dans les Alpes : le versant est alors parcouru de sentiers menant aux cabanes d'alpage. Le village peut également se trouver à mi-versant, à la charnière de deux étages : dans l'Himalaya, les sociétés Tamang construisent leur village sur le principe des maisons-terrasses, à la limite entre l'étage de l'orge et de la forêt supérieure ; le village est alors au centre du finage. Enfin, les habitations sont quelquefois situées en haut du versant. C'est parfois le cas dans les Andes où le village est sur l'altiplano et domine le ***secano*** (terme générique dans le monde hispanique pour désigner la zone de cultures sèches, par opposition au ***regadio***, domaine des cultures irriguées). Ces sociétés pratiquent ainsi un étagement des cultures qui rentabilise au mieux les possibilités du milieu.

Toutefois, les cultures étant en majorité pauvres, ces sociétés pratiquent essentiellement l'élevage, ce que certains auteurs ont appelé la « vocation **pastorale** » des montagnes. Le principe de base est l'**estivage**, le fait d'aller à un pâturage d'été (l'**estive**) situé en dehors du village. Ce pâturage peut se situer simplement sur un haut versant, à l'étage de la pelouse alpine : c'est l'**alpe** ou l'**alpage** que gagnent les troupeaux au printemps lors de la **remue**, avec parfois une étape, à un niveau intermédiaire, dans des chalets nommés **petites montagnes** en Savoie, **mayens** en Suisse romande. Mais il peut être plus lointain, le troupeau franchissant des dizaines ou des centaines de kilomètres pour gagner ses pâturages d'été. Ce phénomène, la **transhumance**, s'accomplissait autrefois le long de sentiers, les **drailles** ou **drayes**. Il existe toujours, y compris en France, mais les troupeaux voyagent désormais par camion.

Avec l'attraction exercée par les plaines, plus riches, une forte émigration a débuté avec la révolution industrielle. Cette émigration n'était parfois que temporaire ou saisonnière. Dans les montagnes tempérées où l'hiver est une morte saison, ce phénomène était très répandu au XIXe siècle. Les colporteurs pyrénéens et alpins, par exemple, trouvaient un travail hivernal à Toulouse ou à Grenoble.

• Des espaces souvent marginalisés

Du point de vue du peuplement, on peut distinguer, à l'échelle mondiale, trois types de montagnes. Les montagnes peu peuplées comme les Rocheuses américaines et canadiennes, la Patagonie, les montagnes de Sibérie n'ont jamais fixé de fortes populations du fait de leur situation périphérique par rapport aux territoires nationaux, mais aussi en raison de conditions bioclimatiques difficiles. D'autres ont été et restent des foyers relatifs de peuplement, notamment dans les pays du Sud (montagnes africaines, une grande partie de l'Himalaya). D'autres enfin, longtemps peuplées, sont en déprise. Cette déprise, commencée au XIXe siècle pour les montagnes du Nord, s'est perpétuée et a gagné, depuis la fin du XXe siècle, de nombreuses montagnes du Sud, comme les Andes.

À l'échelle des États, on distingue ceux où la montagne est marginale de ceux où elle se trouve au cœur du territoire national. Pour les premiers, la Thaïlande par exemple, les grandes villes de plaine attirent les populations montagnardes et les politiques nationales ne tiennent que rarement compte de l'originalité des milieux montagnards. Pour les seconds, comme le Bhoutan, véritables États montagnards, la situation ne s'améliore toujours pas puisque la transition démographique et la surpopulation concernent les sociétés montagnardes et que la « soupape » de l'exode ne marche qu'à l'échelle internationale. La pression démographique et les problèmes sociaux n'y sont pas forcément plus présents, mais le milieu montagnard, plus fragile, supporte moins les agressions. Tel est le cas, par exemple, de la **déforestation**, liée à une très forte poussée démographique. Sur les versants himalayens, la transition démographique a comme conséquence une surexploitation des sols mais la déforestation ne s'intensifie pas plus que dans certaines plaines amazoniennes. Cependant, du fait de la pente, la déforestation accélère l'érosion des sols et aggrave les inondations pendant la mousson.

• Le tourisme : un rôle important dans les montagnes européennes, mais marginal à l'échelle mondiale

Avec le développement du tourisme, certaines montagnes ont connu un regain d'activité, témoignant ainsi du phénomène de **renversement géographique** : les avantages, les inconvénients et les risques d'un milieu donné – dans le cas présent, la montagne – se perçoivent de façon très différente, voire opposée, en fonction du contexte. Dès le XIXe siècle, le romantisme fait découvrir les « sublimes horreurs » des hautes montagnes ou le charme romantique des vallons et des lacs de moyenne montagne. Tourisme d'été, puis d'hiver avec le développement, dès l'entre-deux-guerres, du ski, le phénomène reste cependant marginal jusqu'aux années 1960. Mais le tourisme de masse a entraîné la multiplication des stations de sports d'hiver et l'aménagement parfois abusif des versants. De nos jours, le tourisme d'été en montagne connaît un net regain, lié à l'image de pureté et de santé associée à la moyenne montagne. Plus généralement, les espaces montagnards périurbains du Nord sont particulièrement fréquentés pour les activités de loisirs.

Toutefois, le bilan est mitigé. Le tourisme a souvent ralenti le déclin démographique des montagnes concernées. Mais le phénomène reste marginal à l'échelle mondiale, même si certaines montagnes du Sud sont aussi concernées par l'internationalisation croissante du tourisme de masse. Le Kilimandjaro et les versants népalais de l'Himalaya s'intègrent désormais au tourisme international avec le développement des **treks** ou **trekkings**, marches de plusieurs jours effectuées par des groupes de randonneurs, souvent dans le cadre de tour-opérateurs. Si les conséquences économiques pour les pays concernés s'avèrent intéressantes, en revanche les problèmes sont certains : le camp de base de l'Everest est désormais la plus haute poubelle du monde.

Cependant, la plupart des montagnes mondiales ne sont pas ou peu touchées par le tourisme. À une autre échelle, les Pyrénées, par exemple, sont beaucoup moins concernées que les Alpes. Malgré ces transformations et le progrès des communications, l'**isolement** est encore souvent ressenti par les populations vivant en montagne. En dehors des causes concrètes, dues au relief, aux conditions climatiques et au faible peuplement, le sentiment d'isolement est également lié à des causes plus subjectives tenant aux représentations que l'on a de son territoire.

lire aussi **Climat – Érosion, modelé – Risques, pollution – Tourisme – Végétation**

Océan, mer

Les mers et les océans, qui occupent les trois quarts de la surface terrestre, sont des milieux naturels variés et fragiles. Traditionnellement utilisés pour la pêche et la navigation, ils sont de plus en plus exploités et pollués. Ils constituent un enjeu économique et géostratégique majeur.

La Terre, planète bleue

• Définitions : la mer, les mers, les océans

Les eaux marines représentent 97,4 % de l'hydrosphère, un chiffre qui justifie l'expression « planète bleue » : les trois quarts de la surface terrestre sont immergés sous les océans et les mers.

Les **océans**, vastes étendues d'eau qui séparent les continents, sont au nombre de cinq : océans Pacifique, Atlantique, Indien, Arctique et Antarctique. Le plus important, le Pacifique, couvre à lui seul 179 millions de km^2, soit 300 fois la France. Étant donné que les océans communiquent tous entre eux et avec la plupart des mers, on peut parler d'**océan mondial**.

Le terme de **mer** est beaucoup plus imprécis. Il est souvent employé de façon très générale : on parle ainsi de « la mer » à propos des océans et, par exemple, des « mers du Sud », notamment pour l'océan Indien. À l'inverse, les grandes étendues d'eau **intracontinentales** (c'est-à-dire isolées de l'océan mondial, et possédant une altitude pouvant être très différente de celle de celui-ci) sont qualifiées indistinctement par la toponymie de mers ou de lacs. Les **mers fermées** ou **mers intérieures** sont des lacs de très grande dimension, constitués d'une eau plus ou moins salée, et qui ne sont pas reliés à l'océan mondial. Leur taille peut être très variable : ainsi, la mer Morte est beaucoup moins étendue que le lac Victoria.

Dans son sens restreint, une mer est une partie d'océan bien identifiée, séparée topographiquement de la masse océanique. Les **mers épicontinentales** ou **mers bordières** sont de simples **golfes** des océans, c'est-à-dire des rentrants de grande dimension. La mer de Norvège est une partie bien individualisée de l'océan Atlantique, la mer d'Oman, un golfe de l'océan Indien. Cependant, le golfe du Bengale, occupant à l'est de l'Inde une position similaire, n'a pas droit à l'appellation de mer.

Les **mers intercontinentales** ou **mers continentales** (mer Méditerranée, mer des Caraïbes) sont, comme leur nom l'indique, encore plus nettement séparées des océans. Elles sont parfois insérées entre des continents et reliées à l'océan par un passage étroit : un **détroit**. Le contrôle de ce détroit est alors fondamental pour les pays limitrophes, dans un but tant militaire qu'économique (Turquie pour le détroit des Dardanelles, Royaume-Uni pour le détroit de Gibraltar…). Les mers intercontinentales peuvent être également isolées de l'océan par un arc insulaire, archipel incurvé créé par subduction de plaques lithosphériques : ainsi, la mer des Caraïbes est séparée de l'océan Atlantique par l'arc des Antilles.

• Genèse et relief des mers et des océans

Le relief des océans présente des similitudes d'un océan à l'autre du fait de leur origine tectonique. En revanche, le relief des mers

Qu'est-ce qu'un continent ?

Un **continent** désigne une immense étendue de terre émergée, mais l'emploi du terme n'est pas toujours conforme à cette définition, sans doute trop vague. L'ensemble des terres émergées, soit un quart de la surface terrestre, est subdivisé traditionnellement en cinq continents : l'Afrique, l'Amérique, l'Asie, l'Europe et l'Océanie, subdivision qui concerne donc l'espace habité. Cependant on parle aussi du continent antarctique.

Il peut paraître paradoxal de ne considérer qu'un seul continent américain, alors que l'Amérique du Nord et l'Amérique du Sud ne sont reliées que par une bande de terre très étroite, un **isthme**, en Amérique centrale. Cela d'autant plus que l'on parle de continent européen alors qu'aucune mer ni même aucune limite physique nette ne l'individualise. L'Europe n'est en fait qu'une **péninsule** de l'Asie, c'est-à-dire une avancée de terre ou **presqu'île** de grande taille. Aussi parle-t-on parfois de continent eurasiatique. Enfin, faut-il parler de continent pour l'Océanie, littéralement « patrie des océans », formée de multiples îles ? Ou doit-on réserver le terme à la seule Australie ?

peut présenter de fortes différences d'une mer à l'autre. Si la frange littorale, touchée par les régressions et transgressions diverses, présente des points communs, tel n'est pas le cas de la pleine mer. Le relief est bien entendu lié à l'origine des mers. Les mers fermées et les mers bordières sont parfois de simples creux à peine marqués, comme la Manche, simple extension de la plate-forme continentale. Mais ce peut être aussi des mers profondes correspondant à des fossés d'effondrement, comme la mer Morte (401 mètres de profondeur). Les mers continentales, comme la Méditerranée ou la mer des Caraïbes, présentent aussi des fonds très importants : 4 400 mètres pour la Méditerranée, 7 300 mètres pour la mer des Caraïbes.

Les eaux marines

• Des masses d'eau assez nettement individualisées

La première caractéristique des eaux marines est leur teneur en sel, leur **salinité**. D'une moyenne de 34,7 grammes par litre, elle varie sensiblement en fonction des apports en eau douce, des précipitations et de l'évaporation. Ainsi, les lacs et les mers fermées des régions sèches, peu alimentés en eau douce par les fleuves, ont des salinités très importantes. D'une façon générale, on peut donc individualiser des **masses d'eau** au comportement différent, en fonction de leur salinité, mais aussi en fonction de leur température. Les eaux antarctiques, par exemple, peu salées et très froides (de – 1 °C à + 0,5 °C), se distinguent nettement des eaux circumpolaires, plus chaudes (+ 3 °C) et plus salées.

• Des eaux en mouvement

Les eaux océaniques sont animées de mouvements répondant à la dynamique des fluides. Tous n'ont pas le même impact géographique. Ainsi, sur les littoraux, les marées ont des conséquences plus importantes que les vagues. Ces dernières contribuent à l'érosion littorale et peuvent apporter des **embruns** (gouttelettes d'eau de mer projetées) lorsqu'elles déferlent ou sont écrêtées par le vent.

Les courants de l'océan Atlantique

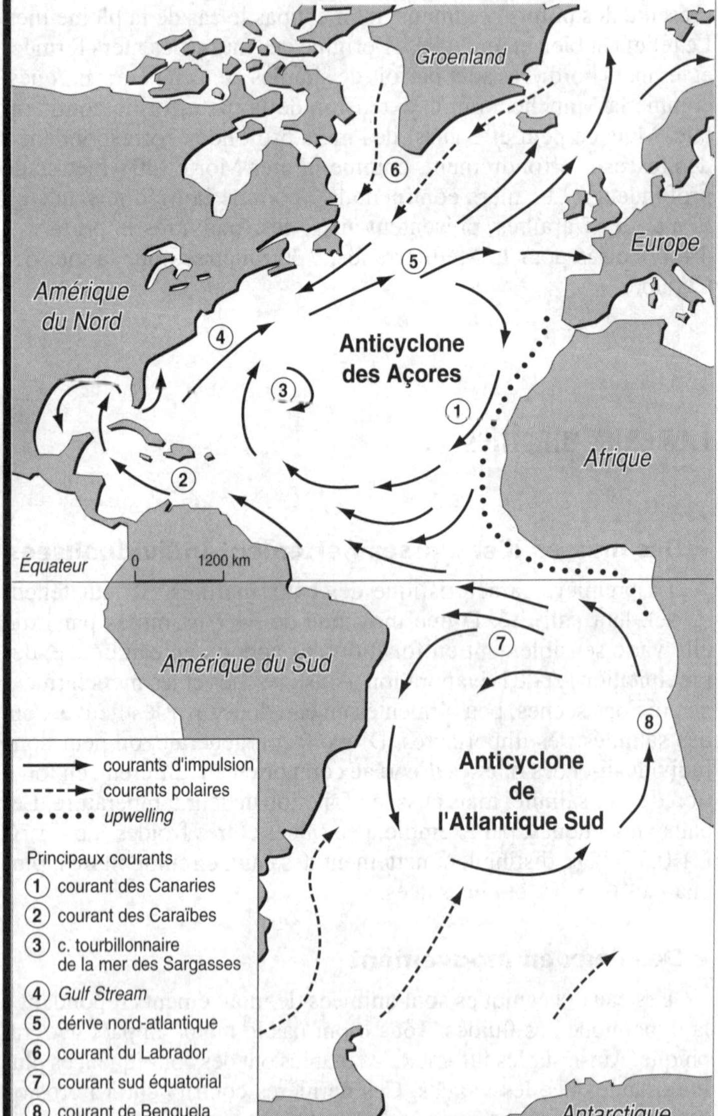

Les **vagues** sont des ondes plus ou moins importantes se propageant à la surface de la mer. On peut les classer en fonction de leur aspect, en grande partie lié à leur longueur d'onde, mais aussi aux modifications qui peuvent être provoquées par les hauts fonds, ou en fonction de leur origine. Les vagues peuvent être créées par les vents locaux ou être indépendantes de ceux-ci, comme l'est la **houle**. Il s'agit dans ce cas de l'oscillation régulière de la surface marine, qui se traduit par des vagues non déferlantes, c'est-à-dire ne basculant pas. Elle est liée à la propagation, loin de leur zone d'origine, dite **zone de génération**, de séries de vagues, les **trains de houle**, qui s'aplatissent peu à peu. Le **raz de marée**, terme descriptif désignant une vague souvent unique, et parfois gigantesquc, peut être d'origine diverse (météorologique, sismique...). Le terme de **tsunami** est réservé au raz de marée d'origine sismique.

Les **courants marins** ont eux aussi une importance fondamentale, mais non catastrophique. Ces déplacements d'eau marine, qui connaissent des trajets réguliers et peuvent concerner des masses d'eau colossales, ont des origines diverses. La force liée à la rotation de la Terre (**force de Coriolis**) n'intervient pratiquement pas directement. En revanche, les vents dominants jouent un rôle majeur dans la formation des **courants** dits **d'impulsion**. Ainsi, la carte des courants de l'océan Atlantique (*cf.* p. 374) montre bien que ceux-ci suivent le trajet des alizés, du moins en surface. En profondeur, en effet, la direction des courants se modifie peu à peu et décrit un angle progressif (**spirale d'Ekman**) par rapport à l'impulsion de surface. Il faut donc distinguer les courants de surface, comme les **dérives**, des courants de profondeur aux directions sensiblement différentes.

Mais les différences de densité de l'eau, plus ou moins froide, sont elles aussi responsables de la création de courants plus lents : les **courants de décharge**. Les eaux polaires, froides et peu salées, migrent vers les basses latitudes et l'équateur en s'enfonçant peu à peu. Elles sont remplacées en surface par des eaux plus légères d'origine tropicale qui migrent vers les hautes latitudes.

Les eaux froides polaires peuvent localement réapparaître en surface si des courants d'impulsion entraînent au large les eaux superficielles. Ainsi, au large du Maroc, le courant des Canaries emporte les eaux autochtones, remplacées par des eaux froides de profondeur qui remontent (***upwelling***). Inversement, lorsque des eaux de surface sont refroidies, elles s'enfoncent (***cascading***).

Les courants marins créent donc un immense brassage des eaux. Ils contribuent ainsi à une modification des climats littoraux. Les courants chauds venant des tropiques, comme la dérive nord-atlantique baignant le Portugal, réchauffent sensiblement le climat tandis que les courants froids, comme celui du Labrador, aboutissent au résultat inverse. Ainsi New York, qui est à la latitude de Lisbonne, possède un climat beaucoup plus rigoureux que la capitale portugaise.

Ces courants sont également en partie responsables de la répartition des écosystèmes marins de surface et donc des zones de pêche.

Enfin, la masse des océans et la complexité des courants océaniques rendent difficile la modélisation et donc la prévision des conséquences éventuelles du réchauffement climatique sur l'environnement mondial.

Des océans de plus en plus exploités

• L'intérêt économique des océans

L'une des utilisations traditionnelles des ressources océaniques est la pêche. Cependant, mers et océans renferment aussi de nombreuses richesses minières et énergétiques. Celles-ci ne sont connues que depuis relativement peu longtemps, mais semblent constituer des ressources quasiment inépuisables. Le forage ***off-shore***, c'est-à-dire en pleine mer, du pétrole est à l'heure actuelle la principale activité d'exploitation de ces ressources. Mais les gisements sous-marins de **nodules polymétalliques** sont probablement les ressources les plus prometteuses pour l'avenir. Il s'agit de concrétions minérales, de faible taille et à très forte teneur métallique, principalement situées à une profondeur supérieure à 4000 mètres. Même si leur exploitation pose des problèmes concrets, c'est surtout l'absence de législation internationale qui est gênante : peut-on exploiter des eaux internationales situées au beau milieu de l'océan Pacifique ?

Un autre grand intérêt des mers et des océans est qu'ils constituent des supports pour le transport international de marchandises, les voies maritimes étant de plus en plus fréquentées. L'exploitation des océans est donc en net développement. De ce phénomène découlent deux types de conséquences : la nécessité d'adapter le droit des océans à une situation nouvelle et la pollution accrue de l'un des derniers milieux « naturels ».

Enfin, les océans sont sans doute une source future d'énergie renouvelable. Si les centrales **marémotrices** (qui exploitent l'énergie produite par les marées) canadiennes, norvégiennes ou françaises restent peu efficaces, on fonde quelques espoirs sur l'exploitation de l'**énergie marine** (ou **énergie des vagues et des courants**), déjà testée grâce à une centrale dans l'archipel écossais des Orcades, ainsi que sur l'implantation en mer d'éoliennes, quand les surfaces terrestres sont saturées (Danemark), voire sur l'**énergie thermique des mers**, exploitant les différences de température entre les couches superficielles et les couches profondes des eaux océaniques.

• Une pollution croissante

La pollution des mers et des océans est la conséquence logique de cette activité : 6,5 millions de tonnes de déchets se déposent chaque année au fond des mers. Certes, ce phénomène concerne surtout les littoraux, puisque 60 % de la population mondiale vit à moins de 100 km d'une côte. De même, les mers fermées ou peu reliées à l'Océan, comme la mer Méditerranée ou la mer Intérieure japonaise, sont logiquement plus touchées que les autres. Mais la haute mer n'est pas épargnée. La pollution la plus spectaculaire est constituée par les marées noires occasionnées par les accidents de pétroliers. Les chiffres sont inquiétants : on dénombre plus de 1 000 accidents ces vingt dernières années, qui ont déversé environ 3 millions de tonnes de pétrole dans l'océan mondial. En 1978, le seul Amoco Cadiz a répandu 228 000 tonnes d'hydrocarbures sur les côtes bretonnes.

Mais en dehors de ces accidents répertoriés, combien y a-t-il de **dégazages**, c'est-à-dire de vidanges des résidus des soutes, en pleine mer ? De même, quel est l'état réel des mers et océans bordant l'ex-URSS ? Les informations qui nous parviennent aujourd'hui sont très alarmantes : des milliers d'obus à l'ypérite (le « gaz moutarde ») seraient abandonnés en mer de Kara et de Barentz.

Le problème de la pollution est donc un enjeu majeur. Peu d'actions concrètes ont été entreprises, si ce n'est au niveau national par quelques États développés, qui ont interdit le déversement des égouts en mer. Peu de pays ont pris de telles mesures et, de toute façon, celles-ci ne concernent que les littoraux. Le contrôle de la haute mer nécessite une coopération internationale, comme celle qui a abouti, à partir de 1975, au **Plan d'action pour la Méditerranée** (**PAM**), sous l'égide du **PNUE** (**Programme des Nations unies**

pour l'environnement), chargé de coordonner la lutte contre les pollueurs. De nos jours, une telle lutte s'inscrit en France dans le cadre du protocole de Rio de 1992 (*cf.* p. 96) au moyen de diverses lois. Celle de 1999 vise, à terme, à éliminer toute pollution d'origine continentale (soit 80 % de la pollution marine) par le traitement des eaux usées et par l'élimination définitive des rejets de substances toxiques dans les fleuves.

• L'Océan, un enjeu géopolitique

Parmi les nombreux enjeux géopolitiques des océans, deux sont fondamentaux : d'abord celui du droit des océans et notamment de l'étendue des eaux territoriales ; ensuite celui de l'accès à l'océan mondial, qui pose le problème des **pays enclavés**, c'est-à-dire sans accès à la mer.

Longtemps, l'accès d'un pays à la mer a été un impératif fondamental pour sa survie. Du port et du « couloir de Dantzig », attribués à la Pologne dans l'entre-deux-guerres, à la bande d'Arica, que se disputent le Chili et la Bolivie, en passant par la politique de recherche d'une « mer libre » menée par la Russie, les exemples sont nombreux qui montrent l'importance donnée par les États à ce libre accès. De nos jours, malgré l'importance des transports aériens et terrestres, cet impératif existe encore. En témoignent les embargos qu'ont connus de nombreux pays enclavés depuis une vingtaine d'années.

L'accès à l'océan mondial est donc un impératif économique et géostratégique. Rien d'étonnant par conséquent si les ports, les zones côtières, mais aussi les routes maritimes ont été des enjeux fondamentaux de la lutte entre les puissances. On retrouve là le concept de puissance maritime, s'opposant aux puissances continentales, dont la principale représentante fut la Grande-Bretagne, qui contrôlait les détroits et les ports de la route des Indes.

Une telle politique a fortement marqué le droit des océans. Si les mers intérieures étaient contrôlées par les États riverains, la liberté de navigation était le postulat premier de cette politique. Dès le XIXe siècle, la Grande-Bretagne, alors dominante, fut le partisan déclaré de cette politique, en opposition avec les nombreux États qui souhaitaient une très large appropriation des eaux côtières. Au XXe siècle, les États-Unis prennent le relais de la Grande-Bretagne et Wilson, en 1918, prône dans ses « 14 points » la « liberté absolue de navigation sur mer en dehors des eaux territoriales ».

L'étendue des **eaux territoriales** a été et reste un sujet de discorde entre de nombreux pays tournés vers la pêche. Le passage des **zones de pêche exclusives** (réservées aux nationaux) de 12 à 50 milles marins en 1972 déclencha la « guerre de la morue » entre la Grande-Bretagne et l'Islande, qui se traduisit par le sabordage de navires anglais par des Islandais et par la rupture des relations diplomatiques entre les deux pays. Suite au conflit, et du fait des étendues très variables des eaux territoriales d'un État à l'autre, se réunit, en 1982, à la Jamaïque, la **Conférence de Montego Bay** sur le droit de la mer. Ses conclusions, ratifiées par la France en 1996 et par toutes les grandes puissances à l'exception notable des États-Unis, reconnaît la mer comme « patrimoine commun de l'humanité » et distingue la haute mer des eaux territoriales. L'étendue des eaux territoriales varie encore, selon les États et les situations antérieures, de 12 à 200 milles marins (un **mille marin** équivaut à 1 852 mètres, soit, approximativement, à une minute de la grande circonférence terrestre). Mais la conférence crée également une **Zone économique exclusive** (**ZEE**) d'une dimension de 200 milles (qui peut donc être plus grande ou égale aux eaux territoriales), sur lesquels les États sont souverains dans le domaine économique même s'ils ne peuvent s'opposer au « libre passage inoffensif des navires ». La convention de Montego Bay a prévu le cas particulier des **États archipels**, c'est-à-dire constitués entièrement d'îles relativement proches les unes des autres et formant archipel. L'espace compris entre les îles les plus éloignées forme les **eaux archipélagiques** qui bénéficient d'un régime comparable à celui de la ZEE.

La haute mer (60 % de l'océan mondial) est libre, sauf quelques cas particuliers. La conférence interdit notamment le piratage et l'esclavage. Elle prévoit aussi la répression des navires pollueurs… même si la communauté internationale n'a guère les moyens de faire appliquer cette mesure.

lire aussi **Eau – Littoral – Pêche, aquaculture – Risques, pollution – Transport, communications**

PAYSAGE

Polysémique, le terme paysage a pu, dans l'histoire de la géographie, prêter à des interprétations contradictoires. Cette polysémie n'a pourtant pas empêché la géographie de se définir pendant longtemps comme la « science du paysage », le terme étant l'un des plus employés par les géographes. De nos jours, le concept de paysage connaît un renouveau important dans le cadre de la géographie culturelle.

La notion de paysage, au cœur de la géographie classique

Dans son sens premier, le **paysage** est « l'étendue géographique qui présente une vue d'ensemble » ou encore « une vue d'ensemble que l'on a d'un point donné » (*Grand Dictionnaire encyclopédique Larousse,* 1984). Il rejoint ainsi le terme **panorama**, peu utilisé en géographie, si ce n'est dans le contexte du tourisme. Le mot paysage s'emploie notamment en peinture, pour désigner la représentation d'un site naturel ou urbain. Le paysage est ainsi ce que l'on voit d'un « pays », en fait de notre environnement. Il n'est donc pas une réalité mais la représentation de cette réalité, une réalité qui est perçue de manière différente selon les individus. Le terme paysage revêt cependant d'autres acceptions, aussi bien dans le langage courant – on parle du paysage politique ou encore du PAF (paysage audiovisuel français) – que pour désigner un état de fait.

La notion de paysage a été largement utilisée en géographie classique, au point que l'on a pu parler d'un « absolutisme paysager de la géographie » : le géographe a en effet été longtemps celui qui savait, grâce à son « coup d'œil », lire – en réalité décrire – puis interpréter le paysage, qui sélectionnait dans cette description les aspects « remarquables » avant de les expliquer (**analyse paysagère**). C'est cette conception de la géographie, remise en cause dès les années 1960 (*cf.* p. 239), qui a conduit le géographe anglais Peter Haggett à poser la question essentielle : « La géographie est-elle une science ou un art ? » S'il concluait naturellement qu'elle devait être une science, en revanche, la géographie classique s'est longtemps regardée, au moins partiellement, comme un art, par exemple à la suite de **de Martonne** qui, en 1902, affirmait que cette discipline « veut, dans l'exécution, un certain sentiment d'art ». Le terme de paysage a en effet été mis à la mode dès le début du XXe siècle. Il présentait deux avantages : son principal mérite était de donner à la géographie un objet d'étude, même s'il fallait ici entendre par paysage un milieu « naturel » global ; son second intérêt était de répondre aux tendances idiographiques de la géographie, science du particulier. Les paysages agraires furent ainsi les plus abondamment analysés : expressions de l'ordre des champs modelé par le relief mais surtout par l'histoire, la pédologie et la société, ils correspondaient à l'essence même de la géographie classique. Souvent romantique ou à prétention littéraire au début du XXe siècle, la géographie s'est faite plus précise dès les années 1930 avec le développement de la **morphométrie**, qui mesurait les tailles et étudiait les formes des parcelles cultivées, des versants… Cette conception classique, parfois encore en vigueur aujourd'hui, répondait au besoin de poser, de sélectionner les problèmes à expliquer, et elle s'intéressait tout particulièrement aux changements progressifs et aux ruptures du paysage.

Cette approche s'est retrouvée dans presque toutes les branches de la géographie. Leur point commun reposait dans l'absence de statut accordé à ce paysage : les géographes classiques ont en effet très souvent employé le terme de manière vague et non définie, comme une commodité, comme un synonyme imprécis d'espace ou de milieu. Tel fut notamment le cas en géographie physique, où l'expression « paysage naturel » a été utilisée comme un équivalent de « milieu naturel ». Le paysage pouvait même être considéré comme une réalité. Cette interprétation est liée à l'influence de l'école de géomorphologie allemande : en allemand, paysage se dit ***Landschaft***, mot qui désigne aussi les caractéristiques naturelles d'un espace, ou encore une contrée voire une région.

Le paysage : une notion recentrée

Dans un contexte de contestation de la géographie classique, l'utilisation du terme a été condamnée par nombre de géographes dans les années 1970-1980. Le terme est à nouveau très utilisé, mais la question de sa signification reste ouverte. Les géographes physiciens, notamment les hydrologues, continuent de l'employer dans son sens classique, proposant même la création d'un **indice paysage**, qui permet d'appréhender tous les paramètres jouant dans les processus d'érosion. Cet indice tient compte des facteurs suivants : la résistance du substrat, le type de modelé, les aménagements humains, les marques de l'érosion, l'aspect des thalwegs, le couvert végétal. Tous ces facteurs sont coefficientés pour donner l'indice paysage. De telles préoccupations répondent à la volonté de « globaliser » la géographie physique et d'éviter la seule analyse géomorphologique.

Mais c'est surtout depuis que la géographie est conçue comme une science sociale que le terme connaît un renouveau : après avoir été un temps délaissé car trop peu « scientifique », il a été repris par un certain nombre de géographes, notamment par les partisans d'une géographie des représentations. Armand Frémont le relie dès 1967 dans sa thèse au concept d'espace vécu (*cf.* p. 193) et le développement de la géographie culturelle le remet au premier plan. Conformément à sa définition originelle, le paysage ne peut être étudié séparément des conceptions véhiculées par l'observateur, eux-mêmes guidés par tout un ensemble de données culturelles. Le paysage ne relève donc pas seulement de la biosphère, on ne peut le confondre avec le milieu, mais il est lié à l'homme en société qui lui confère une valeur affective, voire des valeurs esthétiques (**esthétique paysagère**). C'est ce qui amène à parler de **civilisations paysagères**. L'Asie orientale dès l'Antiquité et l'Europe à partir de la Renaissance correspondent à ce type de civilisation. Pour Augustin **Berque** (né en 1942), qui reprend les travaux du philosophe japonais Watsuji Tetsurô (1899-1960), il existe un « milieu humain » (le Fûdosei), terme qu'a traduit Augustin Berque par **médiance**, qui correspond à la relation particulière de l'être au milieu. Cette médiance passe par un processus, la **trajection paysagère**, qui agit entre le sujet et l'objet, entre la nature et la culture, entre l'individu et le groupe social. Il s'agit d'un processus historique et géographique qui fonctionne à tout instant de manière réflexive : la société se représente son environnement, mais elle tend également à l'aménager en fonction de ses représentations.

Le concept d'**artialisation**, du philosophe Alain Roger (*Le Court Traité du paysage*, 1997), qui désigne littéralement l'intervention de l'art dans la transformation de la nature selon des normes culturelles, a été repris par certains géographes, dont Augustin Berque. L'artialisation serait ainsi ce qui transforme le pays en paysage, selon un double mouvement : l'artialisation *in situ* imprime l'art dans un site (par exemple par la création de monuments tels que la pyramide du Louvre ou de jardins de ville) ; l'artialisation *in visu* engendre une représentation de ce site, participant ainsi à la création de modèles culturels. La géographie du tourisme (*cf.* p. 513-514) a utilisé cette approche pour développer une typologie : le paysage-site de référence comme celui de la baie d'Along, le paysage-motif comme la plage tropicale ou le paysage toscan…

Le paysage : une ressource

L'individu et la société s'approprient leur environnement en le chargeant de valeurs culturelles : le paysage est donc une **ressource** importante (la **ressource paysagère**), c'est-à-dire une richesse potentielle « offerte » par l'environnement et exploitée ou non par l'homme.

Culturellement, en Occident comme en Asie, le paysage renvoie avant tout à l'idée de **nature**, comprise ici comme l'ensemble des éléments physiques entourant l'homme. Les « **paysages naturels** », supposés vierges de toute empreinte humaine, ont donc longtemps été valorisés. Pourtant, aucun paysage n'est « naturel » au sens où tous ont été façonnés par des générations successives, et même si la présence humaine est réduite dans tel ou tel lieu, les valeurs de celui qui le regarde ne sont pas naturelles mais culturelles.

Parfois assimilé au cadre de vie, donc à l'environnement de la vie quotidienne, le paysage est de plus en plus analysé en tant que patrimoine à sauvegarder, ce qui suppose une perception à forte valeur affective : tel « paysage grandiose » prêtera plus à discussion qu'un paysage plus banal. Tel « paysage naturel » sera à sauvegarder, ce qui pose de fait la question du « **complexe de la balafre** ». Cette expression du philosophe Alain Roger veut rendre compte de la volonté fréquente de défendre une nature idéalisée contre une empreinte humaine (par exemple la création d'une nouvelle route) en recréant une imitation de la nature.

Si, par extension, on a parfois pu parler de paysage naturel à propos de paysages ruraux, cette acception du paysage pose aussi la question des **paysages urbains**, et de la représentation que l'on se fait de la ville. L'expression de paysage urbain est assez récente : elle apparaît dans les années 1970 dans le discours scientifique. Elle reste aujourd'hui mal comprise, le paysage étant assimilé à des valeurs esthétiques pseudo-naturelles. Cette incompréhension est particulièrement importante dans les deux civilisations paysagères que sont l'Occident et la Chine : par exemple, l'expression est difficilement traduisible en chinois. Pourtant, toute opération d'urbanisme peut être vue comme la volonté de promouvoir un paysage urbain, et non comme une atteinte au paysage. Le paysage urbain se caractérise en effet par un certain nombre de valeurs aussi bien positives (la beauté, la culture, la convivialité, la présence de lieux de **sociabilité**, où l'on peut facilement entrer en contact avec les autres…) que négatives (la pollution, l'enfermement, la laideur de certains quartiers industriels et commerciaux…), qui s'opposent en fait aux valeurs attribuées à des paysages ruraux et non pas « naturels ». La question des paysages urbains préoccupe cependant de plus en plus les géographes en raison des liens qu'ils entretiennent désormais avec les urbanistes, les écologues, les paysagistes…, mais aussi du fait de leurs préoccupations paysagères renouvelées dans le cadre disciplinaire de la géographie culturelle ou dans celui plus général du développement durable.

lire aussi

Culture, géographie culturelle – Espace, diffusion spatiale – Géographie (histoire de la) – Milieu, géosystème, environnement – Ville

PÊCHE, AQUACULTURE

La pêche et l'aquaculture, activités traditionnelles, connaissent, depuis une trentaine d'années, de profonds bouleversements dans leurs structures, notamment en raison de leur industrialisation et de leur intégration de plus en plus poussée dans la filière agroalimentaire. Elles sont caractéristiques de l'évolution d'une économie en voie de mondialisation rapide.

De la pêche côtière et artisanale à la grande pêche

• Les zones de pêche dépendent de la richesse des écosystèmes

Les principales zones de pêche mondiales dépendent de la richesse des écosystèmes, eux-mêmes liés à la présence de courants, à la température de l'eau, mais surtout à la proximité des côtes et à la profondeur. L'étage supérieur ou **photique** (encore éclairé) abrite des écosystèmes d'une richesse sans commune mesure avec le domaine abyssal. Les **abysses**, fonds de plus de 2000 mètres de profondeur, sont des zones entièrement obscures, marquées par une très faible présence animale et l'absence totale de végétaux chlorophylliens.

La partie la moins profonde des mers et océans abrite une vie **benthique** – le **benthos** –, se localisant sur le fond, et une vie **pélagique**, en libre mouvement dans la masse océanique. Le développement des écosystèmes pélagiques est guidé par la présence plus ou moins grande de **plancton**, animaux et végétaux microscopiques, globalement plus nombreux dans les eaux tempérées et froides, les plus poissonneuses. Parmi le zooplancton, le **krill**, formé de crustacés, est considéré comme l'une des grandes ressources alimentaires de demain et est déjà utilisé dans l'industrie agroalimentaire.

Aujourd'hui, on recense deux fois plus de prises dans les eaux froides et tempérées de l'hémisphère Nord que dans les eaux intertropicales. Mais ce contraste est aussi lié à leur inégale fréquentation par les navires des grands pays pêcheurs, qui privilégient la proximité : l'océan Indien, bordé par des PED, est « sous-exploité », même si l'Indonésie et l'Inde sont les 5ᵉ et 6ᵉ pêcheurs mondiaux.

On observe un net développement de la pêche en eaux profondes. Les eaux de faible profondeur restent cependant les plus fréquentées, du fait de la richesse de leurs écosystèmes. Partie intégrante du plateau continental, elles sont parcourues par les chalutiers du monde entier.

• Les types de pêche et d'aquaculture

En mer, on distingue traditionnellement trois types de pêches. La **pêche côtière** est une pêche de proximité qui existe le long de presque toutes les côtes du monde. Le pêcheur, propriétaire ou non d'un navire, peut employer plusieurs personnes, soit à bord, soit pour la commercialisation du poisson sur les marchés locaux. La **pêche hauturière** (de l'ancien français *hauture*, « haut », « qui se repère à la hauteur des astres ») désigne traditionnellement une pêche hors de vue des côtes. Le terme pose un problème : il a en effet longtemps été un équivalent de la pêche lointaine. Mais un certain nombre d'auteurs préfèrent le réserver à une pêche artisanale, certes éloignée des côtes, mais restant dans un secteur géographique limité, assez proche de son port d'attache. Enfin, la **pêche lointaine**, ou **grande pêche**, correspond à une activité pratiquée sur un navire de taille minimale qui s'absente de son port d'attache pour de longues périodes : les arrêtés français de 1942 et 1973 situent le seuil minimal de la grande pêche à une absence de 20 jours pour des navires de 150 **tonneaux** (unité de volume correspondant à 2,83 m^3).

Pratiquées par des groupes sociaux spécialisés ou non, toutes ces activités ont influencé l'économie et la société locales. Il est des villages ou des villes où la plupart des emplois sont liés à la pêche, qu'il s'agisse des marins pêcheurs ou des gens travaillant à quai. La pêche côtière, en particulier, a pu donner naissance à un artisanat local, notamment sur les côtes méditerranéennes, pour la fabrication de barrières fixes de filets adossés au rivage (**madragues** en France, ***amicao*** au Portugal…). La commercialisation est aussi génératrice d'activités. Elle est parfois faite à la **criée** : vente aux enchères publiques des poissons à peine débarqués dans le port (par extension, le terme désigne aussi le bâtiment). L'acheteur, ou **mareyeur**, expédie ensuite ce poisson vers les grossistes. Mais les mutations de ces activités traditionnelles bouleversent le tissu socio-économique : plus de la moitié des mareyeurs français devraient disparaître d'ici vingt ans, comme bon nombre de marins pêcheurs.

L'**aquaculture** se distingue de la pêche en ce qu'elle est une « culture » ou un élevage. Le terme, proche de **mariculture**, est parfois employé – notamment en Amérique du Nord – pour qualifier l'élevage d'organismes marins destinés à un usage alimentaire ou autre (bijouterie, cosmétique...). La **conchyliculture**, ou culture des coquillages, est pratiquée depuis longtemps, parfois depuis l'Antiquité, notamment pour l'**ostréiculture** (élevage des huîtres) et la **mytiliculture** (élevage des moules) et, depuis moins longtemps, pour la **pectiniculture** (élevage des coquilles Saint-Jacques). D'autres branches de l'aquaculture sont en plein essor : ainsi de l'**algoculture** (culture des algues) ou de la **pisciculture** (élevage de poissons). Cette dernière activité, fort ancienne, connaît un net développement et une industrialisation croissante (30,3 millions de tonnes en 2005). Actuellement, l'Asie (avec la Chine : 70 % de l'aquaculture mondiale, mais aussi l'Inde et l'Indonésie) est très largement en avance dans ce domaine, ce qui remet en question la hiérarchie traditionnelle des grand États pêcheurs. La **salmoniculture** – élevage de la truite et du saumon – est en plein essor ; les élevages de bar, de turbot progressent également. Le saumon est d'ailleurs surnommé « poulet de la mer », par analogie avec les méthodes de l'aviculture hors-sol. L'aquaculture a fourni, en 2005, 60 % des poissons d'eau douce, 30 % des crevettes et un total de 48 % du total **halieutique** (issu de la pêche). Cette progression s'explique par l'accroissement de la demande. En effet, le poisson est de plus en plus intégré à la filière agroalimentaire (les farines de poisson servent d'aliments pour les porcs, les poulets... et les poissons).

• L'évolution actuelle de la pêche : modernisation et intensification

L'essor de la production halieutique résulte des progrès techniques effectués dans deux domaines : les navires et les techniques de pêche.

Depuis les années 1960, les navires sont devenus de plus en plus gros et puissants. Cette course au gigantisme s'est accompagnée d'une modification de la finalité même du navire avec le développement des **navires usines**, destinés non seulement à la pêche, mais aussi au traitement du poisson (congélation, fabrication de farines, etc.).

Désormais, l'intégration à la filière agroalimentaire est totale puisque le produit arrive fini et emballé au port. Le relais est alors pris par les entrepôts de stockage et les réseaux de distribution. Ces navires usines peuvent être de gigantesques unités. Les **navires gigognes**, d'une part, déposent sur le lieu de pêche de petits bateaux, les **catchers**, uniquement destinés à la pêche, et, d'autre part, stockent et transforment les produits de la pêche.

De même, les techniques de pêche se sont modifiées. Outre l'utilisation du sonar dans la détection des bancs de poissons, les filets se sont sensiblement transformés, notamment les **chaluts**, filets-poches connus depuis très longtemps. Les **chaluts de fond** « raclent » le fond pour piéger les poissons plats vivant dans la vase ; les **chaluts flottants**, ou **pélagiques**, traquent les espèces de surface. Leur taille s'est accrue parallèlement à celle des moteurs des **chalutiers**, les navires qui les tractent. Certaines techniques traditionnelles, comme les **palangres** (lignes munies de multiples hameçons), utilisées par les **palangriers**, ont été adaptées au gigantisme : mesurant parfois plus de 150 km, elles peuvent être entièrement mécanisées, y compris pour le décrochage du poisson, le nettoyage des hameçons et le **boëttage** (la **boëtte**, ou **bouette**, étant l'appât que l'on pose sur les hameçons).

Certaines campagnes de pêche, pratiquées par des flottilles de chalutiers usines, ont donc un rendement extraordinaire. Rien d'étonnant alors si les prises se trouvent en augmentation.

Des prises accrues mais des problèmes écologiques préoccupants

• Les grands pays pêcheurs

Du fait des progrès techniques, de la demande croissante liée en partie à l'augmentation de la population mondiale, le tonnage mondial des prises maritimes, qui ne dépassait pas 10 millions de tonnes en 1932, est passé à 63 millions en 1978 et est désormais supérieur à 110 millions de tonnes.

L'importance du secteur de la pêche varie selon les pays, pour diverses raisons. La proximité de bancs de poissons conséquents contribue à développer un secteur artisanal et aujourd'hui industriel.

Les habitudes culturelles et alimentaires d'un pays jouent aussi un rôle (au Japon par exemple). Les cinq grands pays pêcheurs – Chine populaire, Pérou, États-Unis, Chili et Indonésie – réalisent ainsi à eux seuls près de 40 % des prises mondiales. Mais la pêche tient aussi une place essentielle dans l'économie de nombreux autres pays, comme la Norvège, le Danemark ou le Portugal, et plus particulièrement dans les petits pays et communautés insulaires : Fidji, Féroé ou Falklands. Le cas de l'Islande est révélateur. La pêche occupe les trois quarts des exportations, soit six fois plus que les exportations industrielles. Seulement 5 % des 309000 habitants vivent directement de la pêche, mais les industries dérivées, conserveries et usines de congélation notamment, occupent un Islandais sur six. Les méthodes sont modernes et traditionnellement novatrices : l'Islande exporte en effet du poisson congelé depuis 1936. Conscients de ce trésor, les Islandais l'ont toujours défendu, notamment par l'extension progressive de leurs eaux territoriales à 200 milles marins et la « guerre de la morue » qui s'en est suivie. Mais la surpêche, la migration de bancs entiers de poissons plus au nord, le moratoire de la chasse à la baleine, le faible développement de l'aquaculture entraînent une baisse du niveau de vie. Comme toute monoactivité, la monoactivité de la pêche est risquée.

• Les problèmes écologiques liés à la pêche

Les problèmes liés à la pêche sont nombreux. On dénonce communément le principe du chalutage, qui en « raclant les fonds marins » modifie sensiblement les **écosystèmes benthiques** (du fond des mers). Mais deux autres problèmes se posent : la surpêche et la pêche d'espèces menacées.

Du fait de la concurrence, de la fréquentation de certains secteurs poissonneux, par exemple en mer du Nord ou au large du Japon, on assiste parfois à une véritable **surpêche** ou surexploitation des bancs poissonneux, qui met en péril le renouvellement de certaines espèces. Conséquence économique : les rendements chutent graduellement. Ce phénomène se trouve accentué par un gaspillage énorme : de 20 à 40 millions de tonnes de poissons trop jeunes ou non commercialisables sont tués inutilement chaque année. Dans les pays développés, des mesures préventives ont pu être prises pour contrer ce fléau. Ainsi, l'**Europe bleue**, créée par la CEE en 1983, a pour objet de réguler et d'organiser les marchés, mais aussi de lutter contre la surpêche. Elle prévoit des réglementations sur le maillage des filets, sur les

campagnes de pêche, c'est-à-dire les périodes spécifiques à telle ou telle pêche, et des quotas en fonction des espèces. Ceux-ci sont fixés d'après des considérations économiques, mais aussi d'après les **TAC** (*Total Allowable Catch*, ou prise maximale admise). Ce total désigne la quantité maximale de poissons qui peut être pêchée sans arriver à une surpêche. Cette politique a été réformée en 2002 par le plan Fischler : afin de protéger différentes espèces, l'UE proposait de lutter contre la pêche illicite et la surpêche en limitant les prises entre 2003 et 2006.

Pour les mêmes raisons, la FAO préconise, depuis 1992, un ensemble de recommandations pour « assurer la conservation des ressources bio-aquatiques ». Néanmoins, peu de pays ont ratifié ce texte, soulignant ainsi la contradiction entre buts écologiques et impératifs économiques nés de la mondialisation. Par exemple, les navires du monde enticr pêchent la crevette sur les côtes du Sénégal grâce à des sociétés mixtes intégrant des capitaux locaux : les crevettes ne représentent parfois que 10 % des prises, le reste étant rejeté…

Un autre problème est lié à la pêche d'espèces menacées. Le cas de la chasse à la baleine est le plus sensible (on parle de chasse et non pas de pêche pour un mammifère, le terme *pêcher* venant du latin *piscari*, « poisson »). Si des accords sur sa limitation existent depuis 1937, les premières mesures importantes datent de 1980, avec l'interdiction des navires usines. Un moratoire a été décidé depuis 1982, mais il a été violé par certains pays, comme l'Islande en 2006. Si l'Islande a annoncé en 2007 la fin de la chasse à la baleine (il est plus rentable de développer un tourisme lié à l'observation des baleines que d'accumuler des invendus), en 2008, le Japon poursuit toujours cette activité (en théorie à but scientifique). L'espèce reste donc menacée à très court terme. D'autres espèces se trouvent également en danger, comme les cachalots, longtemps chassés pour l'**ambre gris**, matière noire et odorante utilisée en parfumerie, provenant de l'encre secrétée par les mollusques dont les cétacés se nourrissent. Ce sont des espèces protégées, mais de façon plus ou moins efficace selon les pays.

lire aussi **Littoral – Océan, mer – Ports**

PEUPLEMENT

L'une des grandes questions de la géographie concerne le peuplement de la planète, la complexité des processus qui l'ont dirigé et les grands contrastes et déséquilibres qui en résultent. Ceux-ci débouchent sur les appréciations relatives de surpeuplement ou de sous-peuplement. L'étude du peuplement a longtemps été privilégiée par une géographie classique qui tentait de relier ce processus aux facteurs naturels et historiques. De nos jours, cette discipline connaît un certain recul, mais l'étude des dynamiques de peuplement à différentes échelles intéresse les géographes, notamment dans le cadre d'études prospectives en liaison avec l'aménagement des territoires.

La notion de peuplement

La **population** est l'ensemble des personnes vivant dans un espace donné et à un moment donné. Les populations humaines prises dans leur ensemble forment l'**humanité**.

La notion de **peuplement** désigne dans son sens strict le processus d'occupation de l'espace par une population, mais, par extension, on nomme également peuplement les caractéristiques de la répartition et de l'occupation d'un territoire par une population. Dans le premier sens, on analyse, selon une perspective historique, les étapes de la colonisation d'un espace en recomposant les vagues de migration successives et les fluctuations spatiales des différents fronts pionniers. La seconde acception tend au contraire à caractériser une situation à un moment donné.

Les géographes analysent la nature du peuplement, les **contrastes de peuplement**, c'est-à-dire les différences voire les oppositions entre des régions selon leurs densités de population et la manière dont le peuplement est concentré en quelques pôles ou au contraire dispersé sur l'ensemble du territoire. Ils étudient également le rapport entre peuplement rural et peuplement urbain. En règle générale, le **peuplement urbain** se définit par son caractère concentré dans des localités suffisamment importantes (mais les seuils varient de 200 à 50 000 habitants selon les pays) (*cf.* article *Ville*), par la faible part des activités agricoles et par la quantité d'équipements et de services dont il peut disposer. Le **peuplement rural** se définit, par opposition, de la même façon. À l'échelle de la planète, le peuplement se

Les géographes et le peuplement : de l'habitat à l'habiter

La géographie classique a longtemps procédé à l'étude de l'**habitat**, c'est-à-dire du mode de groupement des établissements humains. Cet habitat, qui est le résultat du peuplement, était surtout étudié à une échelle locale ou régionale, dans un contexte de ruralité encore dominant dans l'entre-deux-guerres : ainsi, de nombreuses thèses ont étudié jusqu'aux années 1950 l'« habitat rural » dans telle ou telle région, montrant les particularités architecturales des maisons, la forme des villages, etc.

Pourtant, dans les années 1950-1960, d'autres géographes, à la suite de Pierre Gourou, ont appréhendé le problème à une échelle plus globale, abandonnant cette étude minutieuse de l'habitat au profit d'une analyse d'ensemble du peuplement. Telle est, par exemple, la thèse de Gilles **Sautter** (1920-1998) qui, en 1966, a tenté de répondre à la difficile question du sous-peuplement de l'Afrique noire, « de l'Atlantique au Congo », en montrant notamment l'importance des techniques dans l'appréciation des rapports entre données naturelles ou historiques et peuplement.

Ayant connu un net reflux dans les années 1980-1990, les études sur le peuplement sont à nouveau en vogue grâce au concept d'**habiter**. Toute vie humaine consiste à habiter l'espace et est donc fondée sur une expérience de cet espace, des lieux publics mais aussi des lieux privés. Concept multiscalaire, l'habiter est, selon Michel Lussault, « la spatialité typique des acteurs individuels ». Volontairement pluridisciplinaire, il fait appel à la philosophie, à l'architecture, à l'urbanisme, à la sociologie, à l'ethnologie... Toute géographie étant de près ou de loin en rapport avec ce concept, il est donc possible de la considérer comme « une science de l'habitation humaine ».

partage aujourd'hui de manière quasiment équitable entre rural et urbain (50 % d'urbains dans le monde en 2007). Les pays industrialisés sont en moyenne très urbanisés (75 % d'urbains en 2007), alors que les pays les moins avancés conservent un peuplement très majoritairement rural (71 % de ruraux en 2007), et ce malgré une croissance urbaine rapide.

La densité de population : un marqueur du peuplement

L'intensité de l'occupation humaine d'un territoire a depuis toujours intéressé les géographes. Ils l'ont quantifiée en évaluant la **densité de population** d'un espace, c'est-à-dire le nombre d'habitants rapporté à la superficie (habitants par kilomètre carré le plus souvent). La **densité brute** exprime le rapport entre la population et la superficie de l'ensemble du territoire national. C'est donc une mesure très globalisante qui ne donne pas une véritable idée de l'intensité du peuplement, puisque celui-ci n'est ni continu ni homogène sur le territoire. Il est donc judicieux de la compléter par des mesures de **densité nette**, en comparant la population à la proportion du territoire effectivement occupé : au Japon, la densité brute est de 337 hab./km^2 mais moins d'un tiers de la surface totale du pays est effectivement habité. La densité nette est donc de plus de 1 130 hab./km^2. Les pays scandinaves présentent des densités brutes très faibles (Norvège : 14 hab./km^2) mais des densités nettes proches des moyennes européennes. L'Égypte fournit un cas extrême où 99 % des habitants se concentrent sur moins de 5 % du territoire, à savoir les parties fertiles de la vallée du Nil et de son delta. La densité brute du pays est de 75,2 hab./km^2 mais la densité nette dépasse les 1 200 hab./km^2.

À l'échelle de la planète, la densité brute moyenne s'élève à 50 hab./km^2 en 2007. Les densités les plus fortes se rencontrent aujourd'hui sur le continent asiatique qui a récemment dépassé l'Europe. La densité de population dans les pays du Sud tend à augmenter rapidement alors qu'elle stagne dans les pays développés, caractérisés par un moindre dynamisme démographique.

Les États les moins densément peuplés (moins de 6 hab./km²) sont des cas particuliers liés à la présence d'une partie d'un désert sur le territoire national. Les densités maximales (plus de 300 hab./km²) se retrouvent dans des micro-États asiatiques, méditerranéens ou du golfe Persique. Le Japon est le plus densément peuplé des États de plus de 100 millions d'habitants.

La France métropolitaine, avec une densité de 112 hab./km², est nettement moins densément peuplée que ses principaux voisins. Elle est marquée également par d'importants contrastes entre des régions très densément peuplées (Île-de-France : plus de 950 hab./km², Nord-Pas-de-Calais : plus de 350 hab./km²) et les espaces de la « **diagonale du vide** » ou « **diagonale des faibles densités** », qui, de la Lorraine rurale aux Landes, présentent des densités moyennes inférieures à 30 hab./km².

Évolution de la densité de population par région géographique

	Monde	Afrique	Amérique latine	Amérique du Nord	Asie[2]	Europe[2]	Océanie	Russie
1950	18	7	8	8	50	76	1	8
1970	27	12	14	11	76	89	2	9
2000	48	30	25	14	116	98	4	8
2010[1]	51	34	29	16	131	99	4	8

1. Prévisions. 2. Sauf Russie. Source : Nations unies, 2007.

L'histoire du peuplement de la planète

Le peuplement humain de la planète s'est effectué au cours des âges à partir d'un berceau originel situé en Afrique. On a cru longtemps, selon la théorie de l'***east side story*** d'Yves Coppens, que l'origine de la lignée humaine se situait en Afrique orientale, à la suite de la formation du rift est-africain vers 12 millions d'années : ses conséquences climatiques et environnementales auraient provoqué, à l'ouest du rift, le développement des primates et, à l'est, celui des hominidés. Cette théorie est aujourd'hui remise en question, notamment depuis la découverte au Tchad en 2001 d'un crâne daté de 7 millions d'années, baptisé Toumaï, qui appartiendrait à un très ancien représentant de la lignée humaine.

L'***homo sapiens***, littéralement « l'homme qui sait », connut ensuite une expansion qui le conduisit à migrer et à s'adapter à des milieux de vie différents. C'est ainsi qu'à partir du foyer originel furent colonisés les espaces d'Afrique de l'Ouest, du Moyen-Orient, puis l'Asie du Sud et la Sibérie. À partir de la Sibérie naquirent deux courants divergents : l'un se dirigea vers le Caucase et l'Europe, l'autre vers l'Asie du Nord et, par le détroit de Behring, vers l'Amérique. Il convient de signaler que la découverte de ce berceau originel et les progrès de la génétique moderne ont permis de nier la notion même de **race**, subdivision de l'espèce humaine, que l'on établissait par exemple selon des critères de couleur de peau. Il n'existe pas de ruptures entre les différents groupes humains qui composent l'humanité et la planète est habitée par une seule et unique race humaine. Pour les distinguer selon leurs traditions, leur langue ou leur religion, on emploie volontiers le terme de « **peuple** » dans le sens de personnes partageant le même héritage ou un héritage voisin. Toutefois, certains États démocratiques (États-Unis, Inde…), partant du constat de différences sur la couleur de peau ou divers héritages culturels, recensent leurs habitants en plusieurs **ethnies**, terme à comprendre ici comme un groupe humain de taille plus réduite qu'une nation et présentant des caractères communs, essentiellement culturels. Ces États utilisent parfois ces renseignements à des fins de **discrimination positive** (ou ***affirmative action***), dont le but est d'accorder des privilèges ou des compensations à des catégories défavorisées.

Dans une perspective historique, le peuplement des continents s'est ensuite largement modifié, et ce surtout depuis le XVIIIe siècle. En 1700, l'**écoumène** ou **œkoumène**, l'espace terrestre habité, était beaucoup moins étendu qu'aujourd'hui puisque la moitié des terres étaient inhabitées. Aucun continent, sauf l'Antarctique, n'était vide d'hommes mais de vastes espaces d'Amérique ou d'Océanie étaient déserts, l'Asie centrale ex-soviétique, très peu peuplée, et l'Afrique, occupée essentiellement sur quelques littoraux. La planète a connu ensuite une véritable **anthropisation** (colonisation par l'homme d'espaces encore vierges de son influence). Parfois, des vagues migratoires provoquèrent des **crises démographiques**, c'est-à-dire de brusques augmentations de la mortalité ayant pour conséquence, en l'absence d'une compensation par la fécondité, une diminution des populations. Tel a été le cas en Amérique latine après la venue de colons ibériques qui, outre le développement de la pratique de l'esclavage, furent à l'origine d'un choc microbien consécutif à l'importation de maladies contre lesquelles les populations locales n'étaient pas immunisées. Le XIXe siècle a été celui du peuplement de l'Amérique du Nord et de la Russie. La croissance de l'Europe commençait à se tarir alors que les Européens continuaient à coloniser le reste de la planète : plus de 50 millions d'entre eux s'implantèrent en Amérique du Nord entre 1830 et 1930. Depuis le milieu du XXe siècle, on assiste à une redistribution de la croissance démographique au profit de l'Asie, de l'Afrique et de l'Amérique centrale et méridionale.

La **dynamique** actuelle **du peuplement**, c'est-à-dire ses tendances évolutives, montre une **métropolisation de la population**, à savoir une concentration du peuplement dans les grandes villes ou mégapoles. Elles tirent leur prospérité de leur situation favorable et des échanges qu'elles peuvent créer. Cette dynamique se combine avec la **littoralisation**, c'est-à-dire la concentration des hommes sur les littoraux, majoritairement dans de grandes villes côtières qui sont des lieux privilégiés de la mondialisation. Elles sont notamment adaptées à la **maritimisation** de l'économie, évolution majeure de la polarisation des activités et des réseaux planétaires, qui se traduit par l'augmentation de la part des littoraux et notamment des espaces portuaires dans les économies nationales et par extension dans l'économie mondiale.

Certains géographes parlent enfin de **contraction de l'espace-temps** pour exprimer l'accélération des transports et des communications, et le sentiment de rétrécissement de l'espace physique qui en résulte. Ces évolutions modifient les contraintes d'implantation des populations et ont favorisé le peuplement de certains espaces attractifs et accessibles. Elles expliquent en partie, dans les PID, la forte croissance démographique qu'ont connue les espaces périurbains depuis la fin des années 1970.

L'inégal peuplement de la planète

• Foyers de population et déserts humains

L'ensemble de la planète est aujourd'hui occupé, traversé et parcouru au moins ponctuellement ou de façon irrégulière. La notion d'écoumène perd ainsi de son sens puisqu'il est bien difficile de

Les foyers de peuplement dans le monde

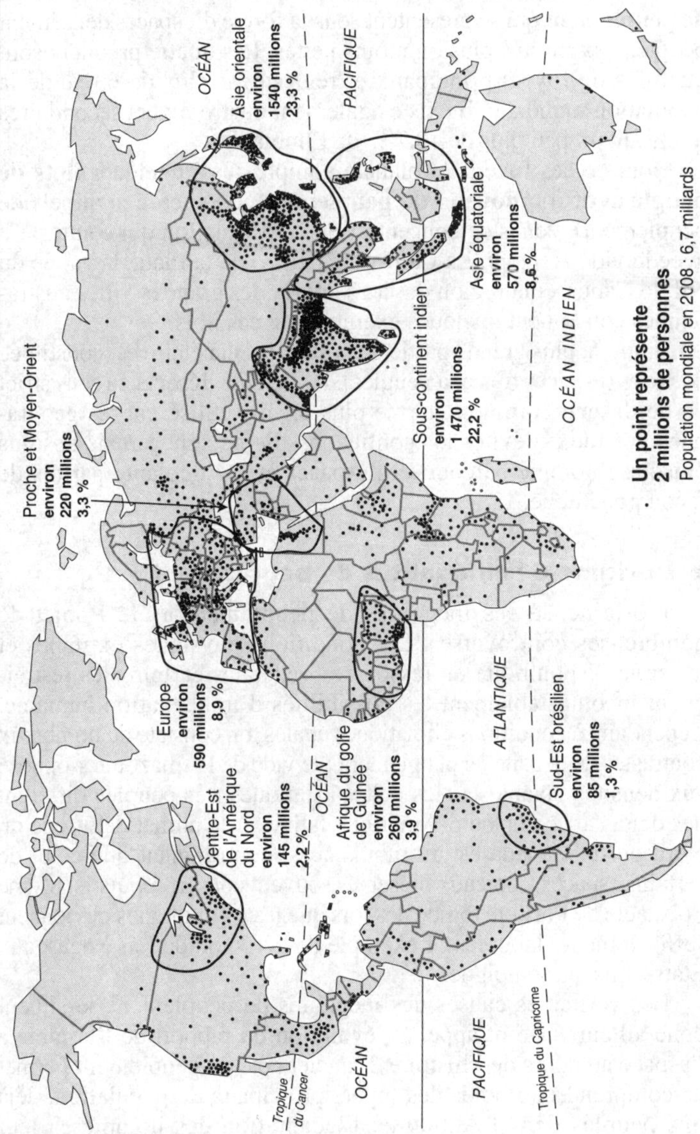

délimiter les espaces qui n'en font pas partie. Le peuplement de la planète est cependant très discontinu. On distingue de grands **foyers de peuplement** qui se présentent sous la forme d'espaces densément peuplés aux limites plus ou moins nettes. Les quatre premiers sont qualifiés de foyers principaux et regroupent plus de 63 % de la population mondiale. Il existe également quatre foyers secondaires totalisant un peu plus de 10,7 % de l'humanité.

Hors de ces foyers, la planète compte aussi quelques **îlots de peuplement** (ou **noyaux de peuplement**, ou encore archipels de peuplement), zones de concentration de population qui contrastent avec le vide alentour. La Californie, le Rio de la Plata, la vallée du Nil, le Caucase, la région du lac Victoria, les grandes villes australiennes constituent quelques exemples de ces îlots.

Enfin, la plus grande partie de la surface planétaire est constituée de **vides** (espaces très peu peuplés). Il s'agit de **déserts** au sens strict ou de **déserts humains**, terme plus précis, utilisé par les géographes désireux d'éviter les confusions. Ils ne sont jamais absolus puisque l'homme parcourt ces espaces et s'y implante parfois de façon ponctuelle.

• L'origine des inégalités de peuplement

L'origine de ces inégalités de peuplement a été l'objet de nombreuses controverses. Les conditions physiques extrêmes et la faible disponibilité en ressources végétales et animales restreignent incontestablement les possibilités d'implantation humaine. Cependant, à conditions climatiques égales, on constate de nombreux contrastes de densité de peuplement : le vide de l'Amazonie s'oppose aux densités javanaises, les deltas asiatiques très peuplés diffèrent des deltas africains ou d'Amérique latine, et le climat d'Europe du Nord ou du Canada est au moins aussi contraignant que celui de certains espaces tropicaux présentés souvent comme répulsifs. Même l'obstacle de l'aridité tombe dès lors que les technologies deviennent suffisamment élaborées : l'exemple de la région de Las Vegas, aux États-Unis, en témoigne.

Les véritables causes des inégalités de peuplement se situent donc ailleurs et font appel à l'évolution du rapport de l'homme à l'espace au cours de l'histoire. L'ancienneté du peuplement permet de comprendre le poids des foyers principaux de population, déjà très peuplés dans l'Antiquité. L'adaptation des hommes à leur milieu bioclimatique, qui dépend étroitement de la capacité des sociétés à évoluer et des modes d'organisation sociale, n'est pas égale à l'échelle de la planète. La riziculture inondée, parfaitement adaptée au climat de mousson, explique les densités maximales des zones asiatiques, alors que l'agriculture sur brûlis n'a pas autorisé de telles concentrations. Dans certains cas, la densification de la population sur un espace, liée à la conjonction des progrès agricoles et de l'accroissement démographique, a provoqué l'apparition de progrès économiques annexes, eux-mêmes à l'origine d'une **croissance cumulative** (qui s'amplifie d'elle-même) de la population. La démographe danoise Ester **Boserup** (1910-1999) l'a démontré en étudiant l'île de Java où, en contradiction avec les théories malthusiennes, c'est la pression démographique qui a permis l'évolution des méthodes culturales et donc finalement l'augmentation des densités humaines.

Au contraire, une crise démographique peut affecter durablement un territoire au point qu'il conserve longtemps de faibles densités. C'est ce qui s'est passé dans certains pays d'Amérique latine à partir du XVe siècle, en raison de l'importation de maladies par les colons espagnols et portugais.

Enfin, l'évolution des sociétés a également été déterminante puisque l'économie industrielle et l'urbanisation ont provoqué une polarisation des populations sur des espaces réduits et une émancipation de celles-ci par rapport aux contraintes naturelles.

Surpeuplement et sous-peuplement

Le **surpeuplement** ou **surpopulation** se définit comme un excès de population par rapport aux ressources disponibles et à la préservation d'un niveau de vie considéré comme minimal. Toute relative, donc, cette notion s'emploie de moins en moins à l'échelle d'un État alors qu'elle est encore utilisée pour qualifier certaines zones rurales ou certains quartiers urbains. Elle est corrélative de la notion d'**optimum de peuplement**, autrefois employée pour désigner la population « idéale » d'un espace compte tenu de ses potentialités.

Les fortes densités de population n'impliquent pas fatalement un surpeuplement, ainsi qu'en témoigne la situation d'États comme le Japon ou les Pays-Bas. La concentration de la population peut en effet se révéler créatrice de richesses mais également constituer un frein au développement en provoquant des charges importantes en termes de nutrition, d'équipements sociaux ou d'aménagements urbains.

La notion de **sous-peuplement** pose le même problème. Si le sous-peuplement peut être un atout en provoquant une faible pression sur les ressources, il peut en même temps constituer une contrainte par le manque de main-d'œuvre et de marché de consommation qui empêche parfois la maturation d'un processus de développement. Les États sous-peuplés (à ne pas confondre avec les États peu densément peuplés) doivent également assumer des aménagements d'autant plus coûteux qu'ils sont peu utilisés. En ce sens, l'Australie peut être considérée comme l'archétype de l'État sous-peuplé. Il n'en reste pas moins que les faibles densités n'ont jamais constitué des obstacles durables à la prospérité économique. Les zones sous-peuplées peuvent avoir été soumises au **dépeuplement**, c'est-à-dire à une perte de population. Celle-ci peut avoir une double origine : la **dépopulation**, c'est-à-dire une diminution de la population par excès des décès sur les naissances, ou le **déficit migratoire** par excès des flux d'émigration sur les flux d'immigration.

lire aussi **Migrations, mobilités – Population, démographie – Urbanisation, métropolisation – Ville**

POPULATION, DÉMOGRAPHIE

La population mondiale a plus que doublé en une cinquantaine d'années, passant de 3 milliards de personnes en 1950 à 6,7 milliards au début du XXIe siècle. Cette explosion démographique a intéressé de nombreux spécialistes qui, des démographes aux sociologues, ont cherché à comprendre les mécanismes qui conditionnent l'évolution des populations, à analyser la diversité des situations démographiques et à anticiper l'évolution de la population mondiale et les politiques à mettre en œuvre pour la maîtriser ou l'infléchir. Les géographes se sont démarqués de l'approche comptable de l'analyse démographique pour se concentrer sur les conséquences économiques, territoriales et environnementales de l'évolution des populations.

Les principes de l'évolution démographique

• Instruments de mesure et mécanismes de l'évolution d'une population

L'étude des populations humaines et de leurs mouvements naturels ou migratoires constitue le champ de la **démographie**. Cette science repose essentiellement sur des analyses quantitatives qui permettent de comprendre l'histoire d'une population, d'en apprécier la dynamique et d'envisager son évolution future. Elle prend en compte à la fois la situation des ressortissants du pays concerné et celle des **étrangers**, à la nationalité différente de celle du pays où ils résident (quel que soit leur lieu de naissance), et celle des **immigrés**, nés dans un pays différent de celui où ils résident (quelle que soit leur nationalité). En France, le suivi et l'analyse des évolutions démographiques sont assurés par l'**INED (Institut national d'études démographiques**) qui utilise notamment les données issues des **recensements de population**, c'est-à-dire des enquêtes effectuées périodiquement par l'**INSEE** (**Institut national de la statistique et des études économiques**) afin de connaître le nombre et les principales caractéristiques des habitants d'un pays. En France, ces recensements, effectués autrefois tous les 8 ou 9 ans, sont aujourd'hui réalisés en continu, en étudiant chaque année une part de la population totale.

Géographie et démographie

La géographie et la démographie sont deux disciplines voisines. En effet, comme les historiens ou les économistes, les géographes utilisent les sources des démographes et notamment les registres de population ou d'état civil, les recensements et les enquêtes démographiques et sociales. Ce rapprochement a surtout eu lieu dans les années 1950-1960 lorsque, confrontés au baby-boom et à l'urbanisation croissante, dans une démarche cumulative, les géographes ont progressivement intégré les aspects démographiques à leurs réflexions sur les espaces étudiés, allant parfois jusqu'à en faire la partie centrale de leur analyse. À cette époque, après avoir étudié les éléments du milieu naturel, l'approche la plus commune était d'analyser les caractères du peuplement d'un espace puis les dynamiques démographiques, à savoir l'évolution des principaux indicateurs (natalité, fécondité, mortalité...) et les flux migratoires.

Aujourd'hui, les géographes se distinguent des démographes par une approche résolument spatiale, souvent dans une perspective d'aménagement. Ils étudient particulièrement les effets territoriaux des évolutions démographiques mais aussi les conséquences des grandes mutations économiques et sociales sur la population des espaces concernés. Ils analysent, par exemple, les défis économiques et sociaux posés par l'urbanisation ou par le dépeuplement de certains territoires ruraux, les effets de la hausse de l'espérance de vie sur la demande en services de santé et sur leur distribution spatiale, ou encore les conséquences de la mondialisation sur les flux migratoires internationaux.

Une population évolue d'abord par ses naissances. Le **taux de natalité**, exprimé en ‰, représente le nombre de naissances vivantes pour 1 000 habitants en un an. Ce taux dépend de la proportion de femmes en âge de procréer dans la population totale et de leur fécondité moyenne. Il est donc indispensable d'adjoindre à l'analyse de la natalité d'une population une évaluation de sa fécondité. Celle-ci s'exprime de deux façons :

– soit par le **taux de fécondité**, c'est-à-dire le nombre moyen de naissances vivantes en un an pour 1000 femmes en âge de procréer ;

– soit par l'**indice synthétique de fécondité** (**indice conjoncturel de fécondité** ou **somme des naissances réduites**), plus fréquemment utilisé. Cet indice exprime la somme des taux de fécondité par âge à une date donnée. Il se calcule en procédant d'abord à l'évaluation de la fécondité des femmes de 15 ans, premier âge de procréation, à une date donnée, en faisant le rapport entre leur nombre et le nombre d'enfants qu'elles ont mis au monde à cette date. On répète ensuite l'opération pour chaque âge jusqu'à 50 ans, âge considéré comme la limite de procréation. La moyenne de tous ces indices constitue l'ISF, exprimé en général en nombre d'enfants par femme.

Dans de nombreux cas, le niveau de la fécondité est lié à celui de la **nuptialité**, qui exprime la propension d'une population à se marier et s'évalue grâce au **taux de nuptialité** (rapport entre le nombre de mariages conclus en un an et la population moyenne de cette même année). L'ISF permet d'estimer si, à l'échelle d'une population, le **renouvellement** ou le **remplacement des générations** est assuré ou non. À partir d'un ISF de 2,1 enfants par femme, on estime, au moins pour les pays du Nord, qu'il y aura assez d'enfants pour remplacer leurs parents.

Une population évolue également par les décès qui la touchent. Le **taux de mortalité**, exprimé lui aussi en ‰, est le nombre de décès dans l'année pour 1000 habitants. C'est un indice quelque

Le seuil de remplacement des générations

Si l'on considère 100 couples, il faudrait 200 enfants pour, à terme, les remplacer. Cependant, il naît naturellement 105 garçons pour 100 filles. Il faudra donc 205 enfants pour assurer le renouvellement des 100 couples. Mais pour qu'il y ait effectivement remplacement des générations, il faut que les petites filles deviennent des femmes. Or deux d'entre elles en moyenne, dans les PID, n'atteindront pas l'âge moyen de maternité évalué à 28 ans. Pour compenser cette perte, il faut donc accroître la fécondité de départ de 2 pour 100, soit 4 pour 200. Il faut donc que les 100 couples de départ aient 209 enfants pour que le remplacement des générations soit assuré. En arrondissant à 210, l'ISF nécessaire est donc de 2,1 enfants par femme.

peu ambigu qui dépend de la fréquence des décès à chaque âge mais surtout de la structure par âge de la population. Ainsi, les États européens ont des taux de mortalité plus élevés que beaucoup de pays en développement car ils présentent un fort pourcentage de personnes âgées dans la population totale. On parvient à mieux appréhender la qualité des conditions sanitaires et du niveau de vie d'une population en analysant trois indicateurs complémentaires : le **taux de mortalité infantile** (nombre d'enfants de moins de un an décédés dans l'année pour 1 000 naissances vivantes durant la même année), le **taux de mortalité juvénile** (même définition mais prenant en compte les décès d'enfants de moins de cinq ans) et enfin l'**espérance de vie**. Ce dernier indicateur exprime à une date donnée le nombre moyen d'années de vie d'un individu, soit sa **longévité**. On le calcule le plus souvent à la naissance mais parfois aussi à l'âge de vingt ans, pour avoir une idée de la longévité réelle d'une population, déduction faite de la mortalité des enfants et des adolescents. C'est donc un indicateur très utile mais il faut l'utiliser avec précaution car il n'a de valeur qu'au moment de la mesure et n'autorise que difficilement la prospective. Bien que les gains en espérance de vie soient évalués aujourd'hui dans les PID à environ 3 mois par an, il est bien difficile d'établir des projections à long terme tant sont nombreux les facteurs qui pourraient perturber, globalement ou régionalement, ces prévisions.

On évalue la progression naturelle d'une population en calculant le **bilan** ou **solde naturel** (ou encore **croissance naturelle**), c'est-à-dire la différence entre le nombre des naissances et le nombre des décès. Sauf en temps de guerre ou en cas de dépopulation, le solde naturel est généralement positif, ce qui traduit un **excédent naturel**, un nombre de naissances supérieur à celui des décès. Le **taux d'accroissement naturel**, qui se calcule en faisant la différence entre les taux de natalité et de mortalité, se définit comme le pourcentage d'augmentation (ou de réduction) d'une population en un an, ce qui explique que ce taux s'exprime en % et non en ‰. Avec un taux de 2 % par an, une population double en 35 ans et avec un taux de 3 % par an, elle double en 23 ans.

Une population évolue enfin selon le rapport entre les **immigrants** qu'elle accueille et les **émigrants** qui quittent le pays. Le rapport immigration/émigration permet d'évaluer l'**accroissement** (ou **balance** ou **solde**) **migratoire** d'une population, exprimé en valeurs absolues ou en % : solde positif, et donc **excédent migratoire** ; solde nul ou solde négatif, et donc **déficit migratoire**. Cet indicateur se calcule pour toute unité administrative, de l'État à la commune. Cependant, pour les déplacements internes à la France, qui ne sont pas soumis à déclaration, il faut se référer aux recensements. En comparant deux recensements successifs, on peut par exemple calculer le solde migratoire d'un département en confrontant les chiffres de population totale et d'accroissement naturel aux deux époques. On calcule également le **taux d'immigration** ou d'**émigration** d'une population, c'est-à-dire le rapport, sur une année, entre les arrivées (ou les départs) et la population totale. La différence entre les deux taux exprime le **taux de migration nette**. En ajoutant le solde naturel au solde migratoire (en valeurs absolues), il est alors possible d'évaluer l'**accroissement total** d'une population.

• Un modèle théorique : la transition démographique

L'évolution de toutes les populations de la planète semble passer par une période de **transition démographique**. Celle-ci se définit comme une période de fort accroissement naturel, née du passage d'un régime démographique traditionnel (fortes fécondités, forts taux de natalité et de mortalité) à un régime moderne (faibles fécondités, faibles taux de natalité et de mortalité).

La transition démographique

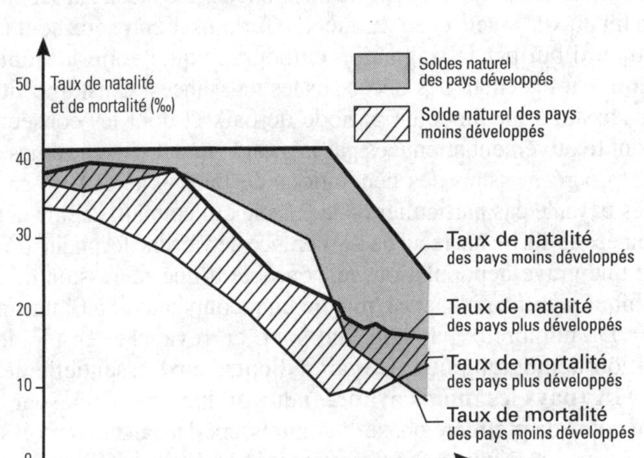

La période pré-transitionnelle est celle de l'« équilibre » du **régime démographique traditionnel**. Le taux de natalité reste très élevé mais le taux d'accroissement naturel est faible car le taux de mortalité est également fort. La population totale augmente très lentement, d'autant que les crises démographiques, qui se manifestent par de brusques relèvements du taux de mortalité (ou **pics de mortalité**), sont fréquentes. En revanche, la période de transition démographique correspond à celle du plus fort accroissement naturel et connaît deux phases successives. Au cours de la première, le taux de mortalité chute alors que le taux de natalité se maintient à un niveau élevé, ce qui induit un accroissement naturel croissant. Les progrès agricoles, sanitaires et médicaux sont à l'origine de cette évolution. La seconde phase est marquée par une moindre chute du taux de mortalité (car la population est en cours de vieillissement) et une chute du taux de natalité, liée à la baisse de la fécondité, en raison d'évolutions socioculturelles qui semblent se trouver en relation avec le processus de développement économique et humain. L'accroissement naturel se réduit alors jusqu'à atteindre le **régime démographique moderne**, de nouveau équilibré et caractérisé par des taux faibles et proches.

La situation démographique diffère donc selon le degré de développement d'un État. Les pays industrialisés ont tous atteint aujourd'hui la phase post-transitionnelle. Parmi eux, les États d'Europe de l'Ouest ont commencé très tôt leur évolution, traversant la première phase du XVIIIe siècle au début du XIXe siècle, la seconde dès la fin du XIXe siècle et au XXe siècle. Certains d'entre eux sont atteints aujourd'hui par la stagnation démographique, voire la **dépopulation**, par excédent des décès sur les naissances. C'est une situation jusqu'alors inconnue en période de paix et dont les conséquences sont relativement atténuées par la grande quantité de femmes en âge de procréer, issues des générations du baby-boom. À noter, parmi ces pays, le cas particulier de la Russie qui connaît, depuis la fin des années 1980, un net recul de l'espérance de vie, une fécondité très basse et une grave dépopulation, responsable d'une régression démographique significative, et ce, malgré un recours massif à l'immigration.

De nombreux pays du Sud sont, en revanche, en pleine transition démographique. Certains d'entre eux, essentiellement des **PMA (pays les moins avancés)** du continent africain, sont encore en cours de première phase et connaissent des taux d'accroissement souvent supérieurs à 2,5 %, qui résultent d'une natalité très forte et d'une mortalité en cours de réduction. Certains États du Sud ont

Classement des États et régions du monde selon leur situation démographique en 2008

Situation démographique	Niveau d'accroissement	Moyennes par grands ensembles régionaux	Situation de quelques pays significatifs
Stade post-transitionnel avancé	Dépopulation	Europe orientale (– 0,4 %)	Ukraine (– 0,6 %), Russie (– 0,5 %), Allemagne (– 0,2 %)
Stade post-transitionnel	De 0 % à 1 %	Europe occidentale (0,1 %) UE à 27 (0,1 %), Europe septentrionale (0,2 %), Asie orientale (0,5 %), Amérique du Nord (0,6 %), Afrique australe (0,8 %)	Portugal (0 %), Japon (0 %), France métrop. (0,43 %), Chine (0,5 %), Singapour (0,6 %), États-Unis (0,6 %), Thaïlande (0,7 %), Rép. d'Afrique du Sud (0,9 %)
Transition démographique très avancée : fin de phase 2	De 1 % à 2 %	Océanie (1,1 %) MONDE : 1,17 % Asie du Sud-Est (1,4 %), Amérique latine (1,5 %), Asie centrale et méridionale (1,7 %), Afrique septent. (1,9 %)	Turquie (1,3 %), Brésil (1,4 %), Indonésie (1,4 %), Algérie (1,6 %), Inde (1,6 %), Bangladesh (1,9 %)
Transition démographique avancée : milieu de phase 2	De 2 % à 2,5 %	Asie occidentale (2 %)	Égypte (2,1 %), Soudan (2,2 %), Philippines (2,2 %), Papouasie-Nouvelle-Guinée (2,2 %)
Transition démographique amorcée : milieu de phase 1 à début de phase 2	Plus de 2,5 %	Afrique centrale et orientale (2,5 %), Afrique occidentale, (2,6 %)	Afghanistan (2,7 %), Territ. palestiniens (2,9 %), Yémen (3,2 %), Burundi (3 %), Timor-Est (3,3 %), Niger (3,4 %)

réussi à atteindre la seconde phase par une évolution régulière ou bien, comme la Chine ou l'Inde, à accélérer le processus grâce à des politiques coercitives en matière de **planning familial**, terme qui qualifie l'ensemble des moyens mis en œuvre pour maîtriser la fécondité d'une population. Les nouveaux pays industrialisés d'Asie ont, quant à eux, atteint la phase post-transitionnelle en même temps qu'ils accédaient au développement industriel.

Enfin, le niveau d'avancement dans la transition démographique conditionne peut-être de manière plus globale l'évolution des États. Le démographe et politologue Emmanuel Todd considère par exemple que la phase de la transition démographique est la plus déstabilisante pour un pays ou une région et donc la plus propice aux tensions internes, aux révolutions, voire aux tentations impérialistes.

• Les politiques démographiques

Certains États considèrent qu'il ne faut pas tenter d'influer sur les comportements démographiques de leurs ressortissants, soit qu'ils pensent que ce domaine touche à des structures sociales trop profondes pour qu'on puisse sans danger tenter de les modifier, soit qu'ils considèrent qu'il n'existe pas de mesure réellement efficace pour peser sur le nombre des naissances (sauf à attenter au plus élémentaire des droits de l'homme). D'autres États, en revanche, voient se profiler de graves déséquilibres démographiques qui pourraient devenir (ou sont déjà) la source de problèmes économiques ou sociaux importants. Ils peuvent alors décider la mise en place d'un programme politique de **régulation des naissances**. Tel est le cas, par exemple, de certains pays touchés par le vieillissement. Ils pratiquent des **politiques natalistes** ou **anti-malthusiennes**, destinées à augmenter la fécondité. Il s'agit essentiellement de motiver les ménages grâce à des avantages financiers ou fiscaux, à la mise en place de congés parentaux parfois rémunérés, à l'amélioration des possibilités de garde des enfants... Certains PED ont, au contraire, mis en place des **politiques antinatalistes**, qualifiées parfois de **malthusiennes**. On retrouve parfois le terme de **néo-malthusianisme contemporain** pour évoquer toutes les doctrines et pratiques anticonceptionnelles actuelles. La Chine, en combinant des moyens coercitifs de pression sociale et des distributions massives de moyens de **contraception**, c'est-à-dire de contrôle et de limitation de la fécondité, de façon réversible et individuelle, a obtenu des résultats spectaculaires. L'Inde, dans les années 1970, a eu beaucoup moins de succès avec ce type de méthode. De nombreux PED tentent aujourd'hui de modifier la fécondité de leurs ressortissants en mettant en œuvre des programmes destinés à accélérer le développement social, notamment par une amélioration de l'accès à l'éducation des enfants et tout particulièrement des filles.

La croissance démographique mondiale

• Une croissance en cours de ralentissement

La population mondiale a connu au cours de son histoire des périodes de **révolution démographique**, de brusques accroissements de la population. La **révolution mésolithique** (– 35000 ans) a permis à la population mondiale d'atteindre, grâce à une série de progrès techniques, 4 millions d'habitants. La **révolution néolithique** (– 10000 à – 5000 ans) correspond au développement de l'élevage, de l'agriculture et de la sédentarisation des populations, qui se sont multipliées pour atteindre 80 millions de personnes à la fin de la période. La troisième révolution démographique débuta au XVIIIe siècle et fut marquée par un essor sans précédent. Évaluée à 500 millions d'habitants au milieu du XVIIe siècle, la population mondiale atteint le milliard d'habitants au milieu du XIXe siècle. Son rythme de progression s'accélère encore par la suite : 2 milliards en 1940, 4 en 1975, 5 en 1987 et 6,3 milliards à la mi-2003. Au total, la population du monde a sextuplé depuis 1750 et plus que doublé depuis 1950.

• L'accélération du rythme de progression de la population mondiale

La progression de la population mondiale a été inégale selon les continents et les époques. Faible jusqu'au XIXe siècle (12 à 18 % pour le XVIIe siècle), elle s'accélère ensuite pour atteindre une progression de près de 80 % au XIXe siècle et de plus de 350 % au XXe siècle.

Jusqu'au XXe siècle, l'Europe était responsable de l'essentiel de l'essor démographique de la planète. Le début du XXe siècle s'est caractérisé, en revanche, par le ralentissement de l'accroissement européen et le développement de la population asiatique et sud-américaine. La Chine a gagné presque 700 millions d'habitants entre 1900 et 1990. À partir des années 1950, l'Afrique a pris le relais de façon explosive et connaît, aujourd'hui encore, les taux de fécondité les plus élevés.

L'explosion démographique a très tôt été un sujet d'inquiétude, dont témoignent les théories nées du **malthusianisme démographique**. Pour Thomas **Malthus** (1766-1834), si l'accroissement de la population est infini et suit un modèle géométrique, en revanche les ressources disponibles, et notamment les productions agricoles, n'augmentent que de manière arithmétique et restent limitées. Le risque est donc celui d'une surpopulation qui conduirait le monde à une paupérisation inéluctable. Pour ce pasteur anglican libéral, le danger était, dans l'Angleterre du début du XIXe siècle, la poussée d'une classe sociale considérée comme incontrôlable et dangereuse (le prolétariat), les classes dirigeantes éduquées ayant, elles, un « esprit de prévoyance et de responsabilité ». Pour ces différentes raisons, les thèses malthusiennes furent sévèrement critiquées par Proudhon puis par Marx. Elles sont aujourd'hui abandonnées. Malthus avait compris la nécessité de connaître les dynamiques démographiques, mais il n'avait pas envisagé certains facteurs, ce qui rend son interprétation trop alarmiste. Il n'avait pas imaginé l'existence de la transition démographique et le ralentissement de la croissance des populations, ni les effets positifs de la pression démographique sur le progrès technique, notamment en matière agricole, qui conduisent les hommes à adapter les techniques aux nécessités. On parle souvent à ce propos d'**effet Boserup**, du nom de l'économiste danoise Ester Boserup qui a montré les conséquences positives d'une augmentation de la population dans l'île de Java. La raréfaction des famines dans le monde, alors que la population ne cesse d'augmenter, constitue un argument supplémentaire à opposer aux théories malthusiennes.

• Les perspectives démographiques

La conférence des Nations unies sur la population dans le monde, tenue au Caire en septembre 1994, a abouti à une prise de conscience générale de l'importance des problèmes de population et des enjeux qu'ils représentent pour le XXe siècle. Depuis lors, la communauté internationale exerce une surveillance plus active de la situation démographique internationale et des évolutions globales et régionales. L'ONU par exemple publie, chaque année, une actualisation de ses ***World Population Prospects*** (prévisions démographiques par pays et par zone), de même que de nombreux États organisent des recensements et tiennent à jour leurs statistiques de manière à anticiper les évolutions de leurs populations.

Il s'avère que la population mondiale s'accroît aujourd'hui moins vite qu'on ne le prévoyait et que la fécondité baisse dans de nombreux PED. Selon les dernières prévisions, la population mondiale n'a progressé que de 1,57 % par an depuis 1990 alors que, pendant les 15 années précédentes, elle avait connu un rythme annuel de 1,73 %. Le taux de croissance de la population mondiale, encore de 2,2 % en 1962, est évalué en 2007 à 1,17 %, taux le moins élevé depuis la fin de la Seconde Guerre mondiale. Depuis l'année 2000, la population augmente d'un peu plus de 78 millions de personnes par an, alors qu'à la fin des années 1980 la planète voyait s'accroître sa population de 87 millions chaque année. La population totale du globe (plus de 6,7 milliards d'habitants en 2008) est donc nettement inférieure aux prévisions des années 1970.

Si le ralentissement démographique que subit actuellement la planète touche les PID, il est surtout provoqué par l'évolution de certains pays en développement. On constate en effet un mouvement à la baisse des indices synthétiques de fécondité dans de nombreux pays du Sud. Cette tendance, inaugurée dans les années 1970 en Asie et en Amérique latine, s'étend également aujourd'hui à de nombreux États africains. Cependant, la population de ces États va encore croître de façon importante dans les prochaines années en raison de sa grande jeunesse et de la baisse souvent concomitante de la mortalité. La population africaine, par exemple, devrait doubler dans les 40 prochaines années (de 922 millions en 2005 à 1,88 milliard en 2045) et celles d'Asie et d'Amérique latine augmenter de moitié. L'ONU a évalué une « projection moyenne », selon laquelle la population mondiale pourrait atteindre 7,6 milliards en 2020, 8,3 milliards en 2030 et peut-être 9 milliards en 2045, c'est-à-dire notablement moins que les estimations alarmistes des années 1970, qui envisageaient plus de 12 milliards d'habitants en 2020.

Les structures démographiques

Un des champs d'étude de la démographie consiste à analyser, à partir de statistiques, les structures d'une population afin de comprendre ses spécificités et d'en envisager les conséquences sociales ou spatiales. L'étude des structures de population consiste généralement à analyser sa composition par sexe, par âge et par catégorie socioprofessionnelle d'une population. Il peut être également intéressant d'en étudier la structure ethnique (États-Unis, Brésil, Rwanda…), la structure religieuse (Indonésie, Irlande, Russie…) ou la structure linguistique (Suisse, Belgique, Inde…).

• La structure par sexe et par âge

Le **sex-ratio** ou **indice de masculinité** exprime le rapport entre le nombre d'hommes et de femmes à la naissance ou à un âge donné.

Biologiquement, il naît en moyenne 105 garçons pour 100 filles. En revanche, le nombre de femmes dans la population totale excède dans la plupart des cas celui des hommes en raison de la plus grande longévité des femmes. Il existe cependant des zones où le rapport naturel n'est pas respecté. Certains pays d'Asie (Inde, Chine, Bangladesh) présentent un **indice de masculinité** de 1,06 à 1,1 (106 à 110 hommes pour 100 femmes) en raison, notamment, de soins postnataux plus attentifs accordés aux enfants de sexe masculin ou d'avortements sélectifs d'embryons féminins après échographie.

La **structure par âge** des populations permet de déterminer la jeunesse d'une population ou, au contraire, sa tendance au vieillissement. On distingue en général les populations jeunes (moins de 15 ans), adultes (de 16 à 64 ans) et âgées (plus de 64 ans). On trouve parfois des limites légèrement différentes : 0-20, 21-60 et plus de 60. La **pyramide des âges** permet de visualiser, à un moment donné, la structure par âge et par sexe d'une population. Elle se présente sous la forme d'un histogramme en deux parties qui marque, pour les hommes à gauche et les femmes à droite, les effectifs vivants à chaque tranche d'âge. L'axe horizontal est consacré aux effectifs, alors que l'axe vertical représente l'âge des populations, croissant de bas en haut. On étudie une pyramide des âges en analysant sa forme générale puis les irrégularités qui la caractérisent.

Une pyramide à base large et évasée et à sommet étroit témoigne d'une population à forte fécondité et à faible longévité, typique des PED. Les pyramides des pays développés ont en revanche un sommet épaté qui atteste de la forte espérance de vie et une base en cours de rétrécissement qui représente le **non-remplacement des générations** ou ***baby krach***. Ces deux évolutions sont responsables du processus de **vieillissement** ou **papy-boom**, qui est l'accroissement de la proportion de personnes âgées dans une population : **vieillissement par le haut** (de la pyramide des âges), lié à l'allongement de l'espérance de vie, et **vieillissement par le bas**, dû à la chute de la fécondité. Dans ce cas, l'**âge médian**, c'est-à-dire l'âge qui sépare en deux effectifs égaux la population totale, recule de plus en plus.

Les irrégularités visibles sur une pyramide des âges se différencient selon leur caractère symétrique ou dissymétrique. Parmi les variations symétriques, on trouve les **classes creuses** qui sont des périodes de forte réduction de la fécondité, liées généralement à la séparation des conjoints en temps de guerre et, au contraire, les classes surreprésentées, comme ce fut le cas de la génération du

La pyramide des âges d'un pays en milieu de transition démographique : l'Afghanistan en 2008

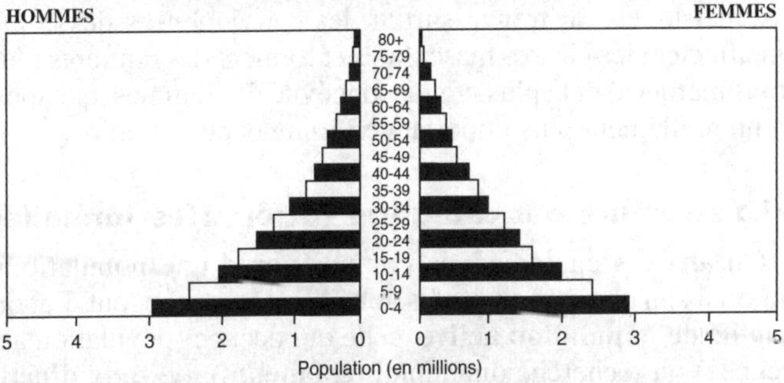

La pyramide des âges d'un pays terminant sa transition démographique : le Maroc en 2008

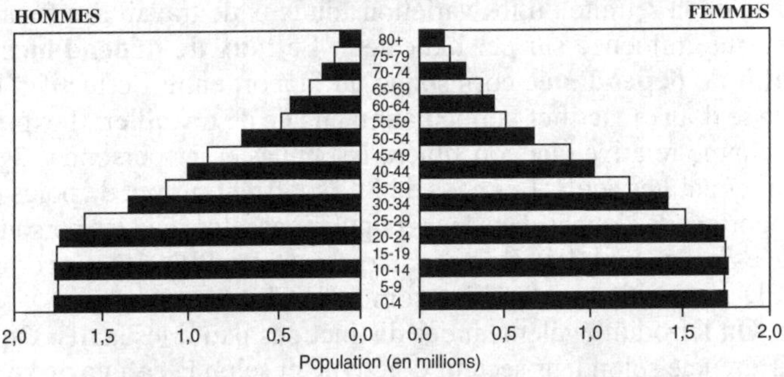

La pyramide des âges d'un pays en situation post-transitionnelle : la France en 2008

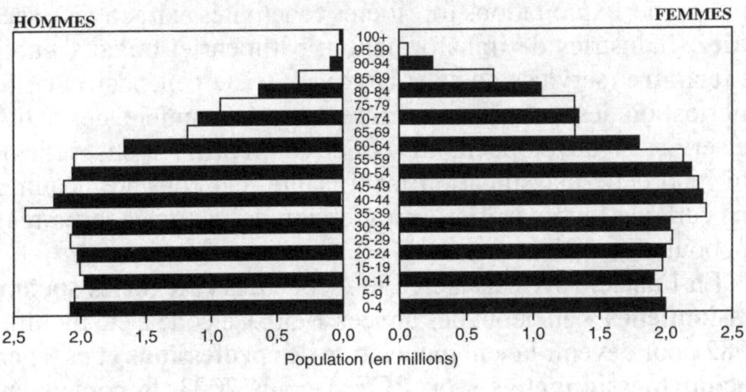

Sources : Données du Bureau du recensement américain.

baby-boom, période de forte croissance de la natalité dans les pays occidentaux pendant les années 1950 et 1960. Parmi les variations dissymétriques, on trouve surtout les conséquences des combats (qui affectent les classes masculines et forment des rentrants plus ou moins marqués) et la plus grande longévité des femmes, qui apparaît par un renflement plus important en sommet de pyramide.

• La structure par catégorie socioprofessionnelle

On analyse également la composition d'une population par rapport à son occupation professionnelle. On évalue tout d'abord la quantité de **population active**, celle qui occupe (population active occupée) ou recherche un emploi (**chômeurs**). Le **taux d'activité** d'une population définit la proportion d'actifs par rapport à la population en âge de travailler (de 15 à 64 ans). Les modifications de l'âge de la retraite ou les variations du taux de travail des femmes ont une influence sur cet indicateur. Le **taux de dépendance** ou **ratio de dépendance** correspond au rapport entre l'effectif d'une classe d'âge inactif et la population en âge de travailler. Il exprime la charge relative que constituent les jeunes et les personnes âgées sur les adultes actifs. Les pays du Sud souffrent surtout du poids très important des jeunes dans leurs populations, alors que les personnes âgées pourraient devenir une charge pour les PID et pour certains PED en situation particulière comme la Chine.

On introduit également des distinctions parmi les actifs. On les différencie selon leur secteur d'activité et selon la **catégorie socioprofessionnelle (CSP)** à laquelle ils appartiennent. La population se répartit en trois secteurs d'activité : les **secteurs primaire** (agriculture, pêche, exploitations forestières et activités extractives), **secondaire** (industries de transformation, bâtiment et travaux publics) et **tertiaire** (services au sens large). Il existe cependant une forte imbrication des trois secteurs entre eux (par exemple, des activités de service se développent au sein des entreprises industrielles), ce qui rend cette classification insuffisante. On constate néanmoins une certaine **tertiarisation** (progression des activités tertiaires) de la population active.

En France, l'INSEE a créé le « code des **catégories socioprofessionnelles** » au début des années 1950. Ce code a été modifié en 1982 pour devenir la « nomenclature des **professions et catégories socioprofessionnelles** » ou **PCS**. Depuis 2003, la nomenclature des PCS se décline en 4 niveaux, les 497 professions répertoriées en niveau 4 se regroupant en 42 postes de niveau 3, 24 postes de niveau 2 et 8 grands groupes de niveau 1, dont 6 groupes d'actifs (agriculteurs exploitants, artisans, commerçants et chefs d'entreprise, cadres et professions intellectuelles supérieures, professions intermédiaires, employés et ouvriers) et 2 d'inactifs (retraités et autres inactifs). La valeur statistique des PCS demeure cependant insuffisante car elle repose sur les renseignements plus ou moins exacts librement délivrés lors des recensements. Les PCS restent encore assez imprécises pour les professions indépendantes. La classification d'un ménage dans une PCS se fait souvent en prenant en compte la PCS de l'homme, cc qui conduit à ne pas considérer suffisamment l'activité féminine.

Définition et mesure du chômage

Si la notion de **chômage** semble claire au premier abord, sa définition et son évaluation posent en réalité des problèmes. Le **Bureau international du travail** (BIT) a créé une définition utilisable dans tous les pays, qui repose sur quatre conditions : il faut être en âge de travailler (15 ans et plus), sans activité rémunérée la semaine précédant l'enquête, capable de travailler, effectivement à la recherche d'un emploi et disponible dans un délai de 15 jours. Le **taux de chômage** est le nombre des chômeurs au sens du BIT, rapporté à la population active totale (salariés, non-salariés, chômeurs). Si le taux de chômage est une donnée significative, c'est davantage la durée du chômage qui compte réellement. Pour un nombre total de 2 millions de chômeurs, il pourrait se présenter deux cas extrêmes : 2 millions de chômeurs permanents alors que le reste de la population active ne connaît pas ce problème, ou 2 millions de chômeurs entrant au chômage chaque jour et en sortant le lendemain.

Ce qui compte est en réalité la durée moyenne du chômage ou le pourcentage de **chômeurs de longue durée** (plus d'un an). Il convient également, pour évaluer l'ampleur du problème de l'emploi, de prendre en compte les personnes dites en situation de **sous-emploi**, c'est-à-dire qui travaillent involontairement moins que la durée normale du travail dans leur activité (**travail à temps partiel** subi) et qui sont à la recherche d'un travail supplémentaire. Il faut prendre également en compte la part des actifs qui occupent un **emploi précaire** (contrat à durée déterminée ou travail temporaire), les personnes en situation de fragilité professionnelle (dont l'emploi est menacé, notamment en période de récession économique) et les **travailleurs découragés** qui ne cherchent plus d'emploi et disparaissent des statistiques. On distingue le chômage partiel (chômage saisonnier ou technique) du chômage réel, dont on identifie quatre types principaux. Le **chômage frictionnel** (ou **chômage d'ajustement**) découle de la mobilité normale de la main-d'œuvre et correspond à la période de recherche d'emploi. Il n'est donc pas incompatible avec le plein emploi et demeure difficilement compressible. Le **chômage conjoncturel** ou **cyclique** est le chômage qui varie selon la conjoncture. Il peut être quasiment nul en période d'expansion et très élevé en période de récession économique. Le **chômage structurel** ou **chômage chronique** s'explique par des rigidités qui réduisent l'**employabilité** de la main-d'œuvre – sa capacité à trouver un emploi (coût trop élevé de cette main-d'œuvre, mobilité insuffisante, formation insuffisante ou en inadéquation par rapport aux besoins du marché du travail...). Enfin, les économistes parlent de **chômage technologique** pour qualifier la perte d'emplois liée à la mécanisation de nombreuses fonctions autrefois assurées par les hommes.

La mesure du chômage est difficile et varie selon les sources. En France, le point sur la situation de l'emploi est fait au mois de mars par l'INSEE, qui calcule le taux de chômage en utilisant les critères du BIT. On utilise également les statistiques **ANPE** (**Agence nationale pour l'emploi**) pour dénombrer les **DEFM** (**demandes d'emplois en fin de mois**) et comptabiliser les personnes inscrites à l'ANPE, à la recherche d'un emploi permanent à temps complet et qui accepteraient immédiatement un emploi s'il leur était proposé. Enfin, il existe également une « enquête emploi » qui détermine la **PSERE**, population dépourvue d'emploi, disponible et ayant effectué au moins un acte de recherche d'emploi dans le mois précédant l'enquête. Face à ces multiples calculs, l'OCDE a créé une harmonisation entre les taux de chômage nationaux et les taux issus des statistiques du BIT. On parle là de **taux de chômage standardisés**.

lire aussi **Migrations, mobilités – Peuplement – Services, secteur tertiaire**

PORTS

Les ports sont localisés sur une **interface**, c'est-à-dire une zone de contact, d'échanges entre deux espaces de nature différente, ici la mer ou un fleuve et la terre ferme. Les liaisons avec leur arrière-pays sont donc spécifiques. Le développement des transports maritimes et la multiplication des échanges ont rendu nécessaires des infrastructures de plus en plus importantes.

Les grands types de ports

• Le port, lieu d'échanges lié à une ville

Quelle que soit son activité, tout port, même le plus modeste, a une double mission : permettre l'accostage de navires et le transbordement de marchandises et/ou de passagers qui sont embarqués ou au contraire débarqués des navires. Un port est donc, selon l'expression de Roger Brunet, une **synapse**, un lieu de communication, d'échanges entre deux mondes, de contact entre une zone terrestre et une zone maritime (port de pêche ou de plaisance par exemple) ou entre deux zones terrestres, mais grâce à un cheminement marin et/ou fluvial. Concrètement, un port est un plan d'eau généralement abrité de la houle. Il comporte des quais et fréquemment des **bassins**, souvent nommés **darses** en Méditerranée. On distingue les **bassins à flot** – fermés par des écluses et dans lesquels le niveau de l'eau est maintenu stable – des **bassins de marée**, accessibles depuis la haute mer, quel que soit le niveau de la marée. Ces plans d'eau, bien délimités et individualisés, permettent le **mouillage** de différents types de navires – c'est-à-dire leur accostage – et possèdent un équipement, des grues notamment, pour le chargement ou le déchargement de marchandises. Certains bassins, les **cales de halage** ou ***slipways***, sont des rampes inclinées de mise à sec des navires permettant de les stationner dans des **bassins de**

radoub ou **cales sèches** ; ces dernières servent pour la réparation à sec et le nettoyage (le **radoubage**), hors de l'eau, du navire. Le terme de **dock** peut désigner un bassin entouré de quais, mais aussi l'ensemble des entrepôts qui jouxtent ces bassins. Le **docker** est l'ouvrier employé au chargement et au déchargement des navires. En avant du port, l'étendue d'eau, appelée la **rade**, permet aux navires de jeter l'ancre en attendant de pouvoir arrimer à quai.

Les sites des ports sont très variés : fond d'estuaire comme à Nantes, golfe à Saint-Pétersbourg, fjord à Oslo, baie à Alger, etc. Ces sites naturels sont historiquement liés à la présence de villes vivant du port. Par un glissement sémantique, le terme de port désigne d'ailleurs toute la ville lorsqu'elle dépend de l'activité portuaire. De nos jours, ces sites anciens présentent parfois des inconvénients, tel l'envasement. Des ports récents sont aménagés sur des sites totalement artificiels : c'est le cas des **terre-pleins industrialo-portuaires**, vastes étendues planes gagnées sur la mer par remblaiement.

• Ports maritimes et ports fluviaux

On peut distinguer deux types de ports, les ports maritimes et les ports fluviaux, en fonction, non pas de leur localisation, mais de leur activité. Un **port maritime**, dont le trafic se fait par mer, peut en effet se situer sur un cours d'eau, au fond d'un estuaire notamment. Les ports maritimes sont logiquement les plus importants, du fait de la taille des navires. Les infrastructures y sont donc énormes et coûteuses, ce qui pose le problème de leur statut. En France, le statut de **port autonome**, qui date de 1965, permet une autonomie de gestion pour les établissements portuaires ; l'État ne s'occupe que de la construction et de l'entretien des infrastructures. En France, les trois premiers ports autonomes selon le tonnage sont le PAM (Port autonome de Marseille), le port du Havre et celui de Dunkerque. En revanche, les **ports non autonomes** sont gérés directement par l'État, qui accorde des concessions et touche directement les principaux droits d'entrée au port.

Les **ports fluviaux**, dont le trafic se fait par voie fluviale, ont des infrastructures plus réduites, du fait de la plus petite taille des navires circulant sur les fleuves, les **péniches**. Toutefois, certains ports fluviaux peuvent traiter des tonnages importants, comme Rotterdam – port maritime et fluvial – ou Moscou. Cependant, ce trafic est toujours inférieur au trafic maritime pour un même port.

• Les fonctions des ports

Plusieurs types de ports se distinguent en fonction de leur activité prédominante, ou au contraire de leur polyvalence, elle-même liée en partie à leur taille.

Les ports ont parfois une fonction unique ou, du moins, une fonction nettement dominante. Ainsi en est-il de certains ports de pêche comme Lorient en France, mais aussi des **ports de plaisance**. En net développement depuis une vingtaine d'années, ceux-ci sont réservés à des embarcations d'agrément, de faible taille, restant à quai une bonne partie de l'année. D'autres ports, Douvres par exemple, se sont spécialisés dans le transport des passagers par ***ferry-boat*** (**transbordeur** en français) : ces ferries sont des bateaux spécialement aménagés pour le transport de trains ou de véhicules et de leurs passagers. Les **ports de guerre**, comme Vladivostok (Russie), abritent les flottes militaires. Certains ports industriels, de taille importante, ont également des activités uniques ou prédominantes. Les **terminaux maritimes**, pétroliers ou minéraliers par exemple, sont spécialisés dans l'exportation ou l'importation de telle ou telle matière première ou source d'énergie et sont conçus pour accueillir de gigantesques navires, supertankers ou minéraliers, de plusieurs centaines de mètres de long. Certains ports, enfin, accueillent presque exclusivement des navires transportant du vrac, les **vraquiers**, terme étendu au port lui-même.

À ces ports spécialisés s'opposent des ports polyvalents. C'est le cas de tous les grands ports mondiaux, tel Rotterdam. Mais c'est aussi le cas de ports de taille beaucoup plus réduite. Par exemple, le port de Sète, situé au 11e rang des ports de commerce français en 2005, fait office aussi bien de port de pêche, de port de passagers, à destination du Maroc principalement, ou de port industriel traitant des marchandises « conteneurisées », du vrac et des hydrocarbures.

Un autre type se multiplie avec la mondialisation et la conteneurisation du transport maritime : le ***hub* portuaire**, lieu de transbordement, de groupage-dégroupage de marchandises, accueillant des navires transocéaniques qui apportent la marchandise et des navires de taille souvent plus restreinte (***feeders***) qui prennent en charge une partie de cette marchandise pour la redistribuer, pratiquant ainsi le ***feedering***. On peut distinguer, en fonction du volume traité, des *hubs* mondiaux comme Pusan en Corée du Sud, port polyvalent dont plus de 40 % du trafic est constitué de transbordements, et des *hubs* régionaux comme Gioia Tauro en Italie.

On peut enfin différencier les ports en fonction de leurs **rentrées** ou de leurs **sorties** (marchandises déchargées ou chargées). Si de nombreux ports ont un trafic équilibré, tel n'est pas toujours le cas. Ainsi, Hambourg totalise deux fois plus d'entrées que de sorties. En revanche, certains ports pétroliers chargent jusqu'à 200 fois plus de marchandises qu'ils n'en déchargent.

Des ports en mutation

• L'industrie, secteur traditionnellement lié au port

L'activité traditionnelle induite par le port en tant que tel réside dans le stockage des matériaux déchargés ou à charger. Un port possède donc une série d'entrepôts et est relié à son arrière-pays par un système de voies de communications. Beaucoup de ports étant installés à proximité immédiate de fleuves, les modes de transport les plus fréquents sont le transport fluvial et la voie ferrée. C'est ce qui explique que nombre de villes, comme Rouen, aient des ports maritimes et fluviaux. Du fait de ces facilités, un **secteur industrialo-portuaire** s'est développé dans de nombreux ports. Plus ou moins important selon les spécificités du port, il complète les chantiers de réparation navale. Les ports de pêche ont par exemple attiré des conserveries, des entrepôts frigorifiques…

Le port a donc toujours été un centre industriel et l'idée même de port demeure inséparable de celle d'**arrière-pays** ou ***hinterland*** (mot allemand). Cet arrière-pays est, au sens réduit, le bassin de main-d'œuvre de ces entreprises et la zone continentale directement liée au port. Dans son acception plus large, il s'agit de la zone reliée au port par des réseaux de transport, voire de toute sa zone d'influence. L'**avant-pays** (***foreland*** en anglais) désigne l'espace lié au port mais situé outre-mer. Ces notions anciennes ont acquis une dimension nouvelle dans les années 1960, avec le développement du secteur industrialo-portuaire et l'adaptation des ports en conséquence.

• L'adaptation des ports au gigantisme

Trois phénomènes liés entre eux sont à la base du développement des ports : le développement du trafic maritime (10 fois plus important de nos jours qu'en 1945), l'abaissement de son coût et l'internationalisation croissante de l'économie. Dans les années 1960, deux types d'industries se sont particulièrement développés en milieu portuaire : la sidérurgie et les raffineries. Le secteur sidérurgique, traditionnellement implanté à proximité immédiate des mines, a connu d'importantes difficultés liées au coût d'exploitation et à l'épuisement progressif des mines. D'où l'idée de développer une **sidérurgie sur l'eau**, sur le littoral, à Dunkerque par exemple. Elle reçoit d'outre-mer le fer et le charbon, phénomène rendu économiquement possible par l'abaissement du coût des transports maritimes. Quant aux raffineries, elles reçoivent le pétrole brut qu'elles transforment. Ces deux secteurs aujourd'hui en crise ont néanmoins complètement modifié l'aspect des ports.

Il a fallu dans un premier temps s'adapter au gigantisme des navires. Les pétroliers géants, dits **supertankers** ou **superpétroliers**, peuvent mesurer plus de 300 mètres de long et nécessitent des quais adaptés à leur taille. De même, les chenaux d'accès aux ports durent être approfondis. Le site initial de beaucoup de ports devenant donc inutilisable, il a fallu créer de nouveaux sites. Ainsi, le port du Havre a été complété en 1975-1976 par la création du port d'Antifer, conçu pour accueillir les supertankers. On parle alors de **port d'éclatement** (ou **port relais**), pour de tels terminaux avancés dont la cargaison est déchargée et en partie rechargée sur des navires de petite taille qui approvisionnent les autres ports de la région.

Partout, l'espace occupé par le port s'est accru : installations portuaires proprement dites, zones industrielles liées, réseaux de communication de plus en plus complexes. Le port de Dunkerque occupe désormais plus de 10 km de littoral et s'est doté de deux **avant-ports**, bassins précédant le port même, dont l'un accepte les navires de 300000 tonnes, et ce, quel que soit le niveau de la marée. À Marseille, c'est tout l'étang de Berre qui a été aménagé, à partir de 1968, pour accueillir les navires géants : ports de Lavéra puis de Fos-sur-Mer, raffineries de La Mède et de Berre, oléoduc remontant la vallée du Rhône, réseau d'autoroutes reliant les sites à Marseille. Là, l'aménagement portuaire a été conçu comme moteur à l'échelle de toute une région, voire à l'échelle internationale : le **PLSE** (*pipeline* sud-européen), mis en place à la même époque, associe plusieurs oléoducs qui acheminent les hydrocarbures du port de Lavéra vers la vallée du Rhône (« couloir de la chimie », au sud de Lyon) puis vers Karlsruhe (Allemagne). Malgré la réussite ponctuelle du PLSE, la crise économique de 1973 a fait du projet un échec global.

Le problème de l'aménagement portuaire s'est encore posé dans les années 1990 et 2000 avec le développement des porte-conteneurs : un porte-conteneurs de 300 mètres de long occupe en effet à lui seul 9 hectares de quais. Mais à ces impératifs techniques s'ajoutent ceux de la concurrence internationale.

• Une concurrence de plus en plus vive

Du fait de la mondialisation accélérée de l'économie, les grands ports mondiaux se livrent une concurrence effrénée. Ainsi, le port de Dunkerque pâtit de la rude concurrence menée par les ports belges de Zeebrugge et surtout d'Anvers, eux-mêmes victimes de la concurrence de Rotterdam, second port mondial. Dans ce contexte, la rapidité des services de manutention, notamment dans le maniement des conteneurs, est souvent primordiale pour une entreprise, tout comme la place disponible et l'étendue de l'*hinterland* du port. Autant d'atouts que possède Rotterdam, relié par le Rhin à l'Allemagne et à la Suisse, et par le canal Main-Danube à l'Europe centrale.

D'autres ports compensent tel ou tel handicap par la création de **zones franches**, zones d'implantation industrielle ou commerciale strictement délimitées, offrant des exemptions fiscales et des

La zone portuaire de Rotterdam

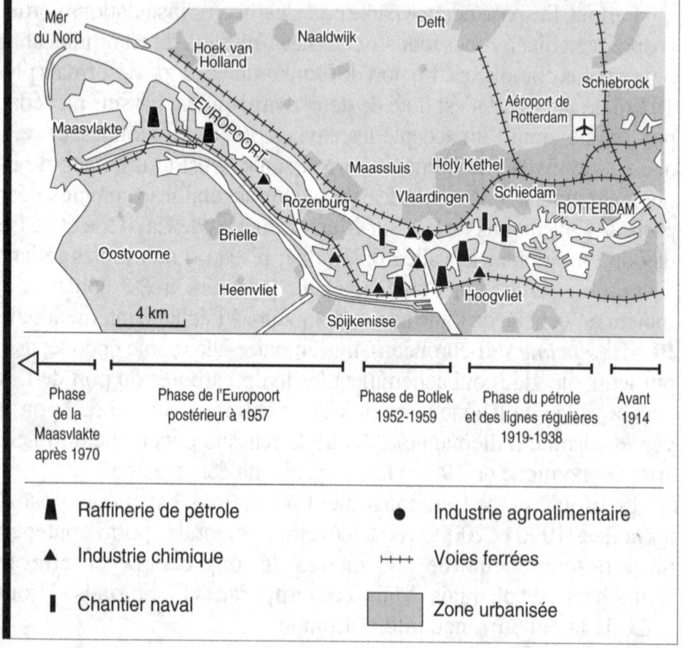

privilèges douaniers. En Chine, par exemple, les **ZES** (**Zones économiques spéciales**) se sont multipliées depuis 1980 dans les villes portuaires. Facilitant l'implantation de multinationales, elles ont contribué au décollage économique du littoral chinois.

Avec la littoralisation et la maritimisation de l'économie mondiale, le rôle des ports s'accroît. Trois grandes façades maritimes concentrent près des trois quarts du trafic portuaire mondial et donc les plus grands ports : la façade asiatique du Pacifique, la côte atlantique des États-Unis, le Nord-Ouest de l'Europe avec le ***Northern Range***, vaste façade portuaire allant du Havre à Hambourg et centrée sur les ports de Rotterdam et d'Anvers.

Le retard des ports français

La France présente un curieux paradoxe. Pays maritime par excellence, avec plus de 5 000 km de côtes, elle ne les utilise pourtant que très peu. Quatrième exportateur mondial, elle n'est qu'au 23e rang mondial pour le trafic portuaire.

Les ports fluviaux sont peu importants. Malgré des fleuves souvent praticables, aucun effort véritable n'a été fait récemment pour aménager des canaux qui soient accessibles aux gigantesques péniches parcourant l'Europe centrale. Le Rhône, la Seine et le Rhin ne forment pas un véritable réseau navigable, en tout cas utilisable pour un transport de masse.

Les ports de pêche sont de taille réduite, à l'exception de ceux de Boulogne, Concarneau, Brest, Le Guilvinec et Lorient.

Le trafic passager des ports français est faible et concentré dans quelques ports effectuant la liaison continent-Corse (Nice, Marseille, Bastia, Ajaccio) ou desservant le Royaume-Uni. Plus surprenant est le retard des grands ports industriels français, qui s'explique en partie par l'absence de prise de conscience politique Le trafic passager des ports français est faible et concentré dans quelques ports effectuant la liaison continent-Corse (Nice, Marseille, Bastia, Ajaccio) ou desservant le Royaume-Uni. Plus surprenant est le retard des grands ports industriels français, qui s'explique en partie par l'absence de prise de conscience politique du problème et par le fait que certains projets importants d'aménagement portuaire (Fos-sur-Mer par exemple) ont vu le jour audébut des années 1970 et ont été immédiatement remis en question par la crise économique. Le total des marchandises déchargées dans l'ensemble des ports français est inférieur à celui de Rotterdam. Le premier port français pour le tonnage, Marseille, est certes le premier port de la Méditerranée – deux fois plus important que celui de Gènes –, mais c'est en comptabilisant comme marseillais tous les ports liés du bassin de Berre : Fos-sur-Mer, Lavéra, etc.

Le retard est encore plus important pour les conteneurs. Le Havre, premier port français pour les conteneurs, ne figure qu'au 8e rang européen en 2004. L'ensemble des conteneurs traités en France ne représente que 80 % des conteneurs traités à Anvers… Anvers, qui est d'ailleurs souvent qualifié de « 4e port français », dans la mesure où y est traitée une grande quantité de marchandises françaises. Depuis 10 ans, les gouvernements français tentent de résoudre ce problème par le développement de la coopération interportuaire, mais aussi par de grands projets comme au Havre, qui devrait passer en 2008 au 6e rang européen.

Les grands ports mondiaux en 2005

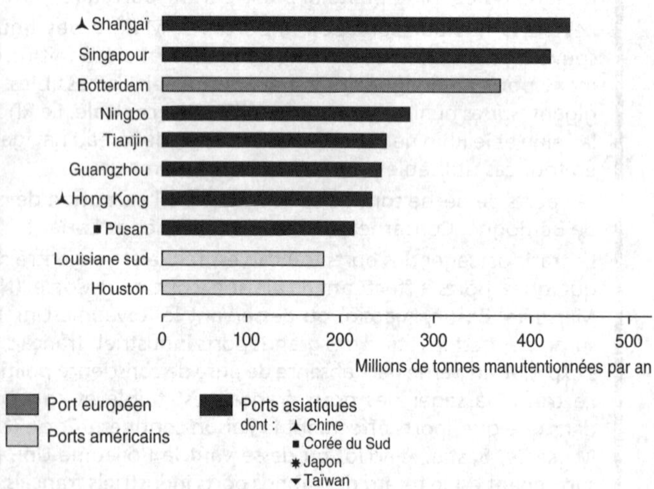

lire aussi **Échanges internationaux – Géopolitique – Littoral – Pêche, aquaculture – Transport, communications**

RÉGION

Le terme de région est l'un des plus employés par les géographes. La géographie régionale, qui étudie les régions et leur « découpage », a été l'une des orientations majeures de la géographie, notamment avant 1960. Pourtant, peut-être du fait même de sa très fréquente utilisation, non seulement par les géographes, mais aussi par divers organismes, par d'autres sciences et dans le langage courant, le terme de région reste mal défini et peut prendre des sens parfois très différents.

La région, une des mailles de l'espace

• Des entités spatiales d'échelles très diverses

Le terme **région** est très ancien puisqu'il était déjà employé dans la Rome antique, divisée en quatorze « régions », quatorze quartiers dirigés par un curateur. Le terme a donc bien valeur, dès l'origine, de découpage territorial. Plus encore, il suppose à la tête de la région une autorité, un « centre du pouvoir ». Ce sens du mot région se retrouve durant tout le Moyen Âge, tantôt pour désigner l'espace autour de la ville, tantôt de façon plus vague pour désigner une contrée.

La région prend parfois un sens beaucoup plus précis. Ainsi, les régions officielles françaises, ou d'autres pays, possèdent des limites administratives clairement établies et des pouvoirs très précis. Au nombre de 26 en France (4 DROM compris), anciennement nommées « **régions de programme** », ce sont des **circonscriptions** (des divisions administratives) de taille plus importante que le canton ou le département. Ce découpage administratif n'est pas le seul à porter en France le nom de région. L'administration militaire divise la France en plusieurs **régions militaires**, de taille étendue. Au contraire, l'INSEE définit des **régions agricoles** de taille réduite. Présentant une unité et une « vocation agricole » dominante, ces régions, au nombre de 600, correspondent à ce que l'on nommait sous l'Ancien Régime un « pays ».

De nombreuses divisions, souvent administratives, prennent donc le nom de région. Ainsi, les régions officielles, **régions-plan** ou régions de programme, sont des régions nouvelles, créées par une volonté politique. Elles correspondent à un objectif précis, par exemple une volonté de décentralisation. D'autres découpages territoriaux, tels les **évêchés** et les **académies**, peuvent être considérés comme des « régions ecclésiastiques » ou des « régions universitaires ». Le terme de recteur (celui qui dirige une académie) vient d'ailleurs du latin *regere* (« diriger »), tout comme le mot région.

Les limites historiques et administratives des régions

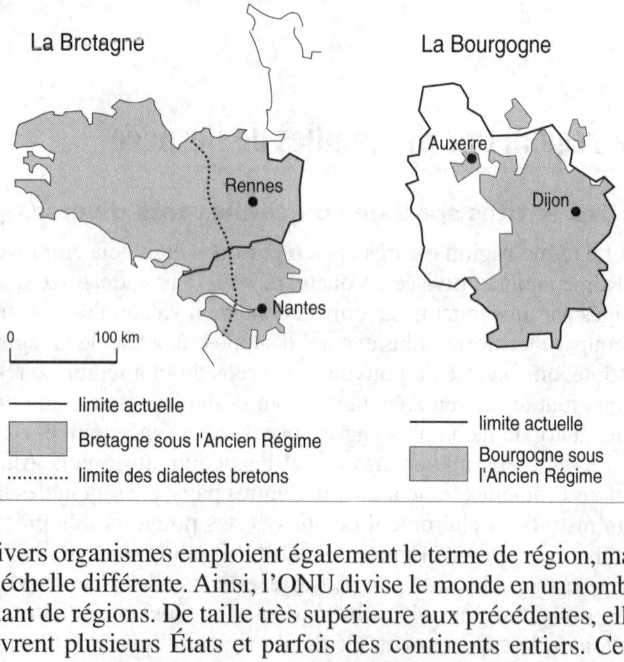

Divers organismes emploient également le terme de région, mais à une échelle différente. Ainsi, l'ONU divise le monde en un nombre fluctuant de régions. De taille très supérieure aux précédentes, elles recouvrent plusieurs États et parfois des continents entiers. Cette vision d'un monde découpé en grandes régions (le Proche-Orient, le monde chinois…) est peu à peu passée dans le langage courant, sinon journalistique. On parle d'une **puissance régionale**, le Brésil par exemple, pour un pays qui a une influence économique ou politique sur ses voisins. De même, divers organismes interétatiques, comme l'Union européenne, sont souvent nommés associations ou unions régionales. Enfin, les conflits internationaux ne mettant pas en danger l'équilibre mondial, les conflits du Proche-Orient par exemple, sont souvent qualifiés de **conflits régionaux**.

Quant aux géographes, ils emploient très souvent le terme de région en le qualifiant par un caractère dominant ou une localisation : région urbaine, région de montagne ou région lyonnaise. La région apparaît donc, en première approche, comme un découpage de l'espace marqué par l'existence d'un critère dominant, le tout sans préjuger de sa taille. Les géographes ont donc tenté de définir clairement le terme et de le différencier d'autres découpages, notamment de celui de « pays ».

• Quelques précisions de vocabulaire

Face à la polysémie du mot **région** et à ses synonymes possibles, de nombreux géographes ont tenté de préciser la terminologie. Roger Brunet, par exemple, a proposé une nouvelle interprétation des termes posant problème et l'adoption de termes nouveaux comme celui de **géon** – un espace façonné par un système spatialisé identifiable. De dimension variable, il s'applique aussi bien à la vallée de la Meuse qu'au Middle West.

On peut ordonner les **mailles** de l'espace, c'est-à-dire les découpages du territoire qui organisent l'espace, en fonction de leur taille. De la parcelle à l'État, certains termes peuvent être assez facilement définis. Ainsi, le **pays** ou la **contrée** sont de petite taille, présentent une unité de lieu et de vie et sont souvent centrés sur une ville. La région qui, selon Roger Brunet, est « la notion la plus floue et la plus controversée de la géographie », trouve néanmoins sa place dans cette typologie. De taille souvent plus importante qu'une contrée, la région possède également une unité de vie, un centre, ce qui est d'ailleurs conforme à l'étymologie du terme. Un terme équivalent pourrait être celui de **province**. Un révélateur de l'assimilation province-région est fourni par les médias qui ont longtemps utilisé indistinctement les expressions « en direct des régions » ou « en direct des provinces », ou encore « en direct de la province », ce terme désignant en France tout ce qui n'est pas Paris. Cet usage globalisant est cependant passé de mode : dans un langage « politiquement correct », on utilise désormais le mot région (le plus souvent au pluriel) au lieu de celui de province. Ce dernier terme est en effet chargé d'une connotation historique, qui le rend parfois « vieillot ». Cependant, une province peut être le nom officiel d'une entité administrative, comme c'est le cas au Canada.

Enfin, le terme de **district** est lui aussi assez flou. En France, il recoupe souvent une réalité administrative : un **district urbain** est une association de communes, autour d'une ville-centre, qui ont mis en commun la gestion de certains problèmes (incendies, transport…). Dans les États fédéraux, un **district fédéral** (**DF**) correspond au territoire sous l'autorité de la capitale (DF de Mexico par exemple). Mais le terme est parfois pris comme un équivalent de « région » ou de « pays », terme d'ailleurs institutionnalisé en France de 1790 à 1795 avant d'être remplacé par celui d'arrondissement.

L'emploi du terme région reste donc délicat, même si de plus en plus nombreux sont ceux qui lui donnent comme caractéristique d'avoir un centre, une direction. Une telle approche exclut les régions naturelles. Ce sont pourtant celles-ci qui ont été au cœur de la géographie française pendant plus de cinquante ans.

La région est au cœur de la démarche géographique

• La « région naturelle »

La région a longtemps été au centre de l'analyse géographique. Dès 1728, Philippe Buache, géographe du roi, divise le royaume en bassins hydrographiques. Son analyse, malgré de très nombreuses erreurs, est révolutionnaire car elle fait fi des divisions administratives et accorde le primat à la géographie physique, en l'occurrence l'hydrologie.

Mais l'ouvrage essentiel qui fonde l'analyse régionale est, en 1903, le *Tableau de la géographie de la France*, de **Vidal de La Blache**. Décrivant une série de « pays », il affirme que les différences régionales sont liées à des différences d'ordre naturel, essentiellement morphologiques. Cet ouvrage, qui eut un retentissement considérable, est considéré comme fondateur d'une école de géographie, l'école de géographie française ou école « vidalienne ». À sa suite, les géographes considéreront la région avant tout comme une **région naturelle**, indépendante des limites administratives, les caractères physiques conditionnant, voire déterminant, les traits essentiels de l'occupation humaine.

La **géographie régionale**, qui voit alors le jour, découpe l'espace en de très nombreuses régions et multiplie les **monographies régionales** (étude détaillée d'un espace, visant à l'exhaustivité), avec une double finalité. La description d'une étendue assez vaste – la

chorographie – permet d'arriver à une meilleure compréhension générale des phénomènes que la description d'un lieu précis ou **topographie**. L'étude régionale doit notamment permettre de comprendre les relations entre le milieu physique et les activités humaines. L'autre finalité est, par la multiplication des monographies régionales, d'arriver *in fine* à un « inventaire » du monde. C'est dans ce but que Vidal de La Blache commença, en 1914, une *Géographie universelle*.

Dominante jusqu'aux années 1960, cette conception de la géographie montre pourtant rapidement ses limites. Les monographies régionales tournent parfois à l'exercice purement académique. Le critère physique présidant au découpage, le déterminisme naturel est parfois porté à son comble. Les études régionales se multiplient et la recherche des limites précises de la région pose problème pour deux raisons essentielles. D'une part, le phénomène physique, fondateur de l'originalité régionale, n'est pas toujours évident et l'on invente même le concept de « région de transition », c'est-à-dire d'espace à mi-chemin entre deux régions et que l'on nomme pourtant aussi région. D'autre part, cette analyse se heurte au problème, visible dès le départ, des « régions humaines » (dont l'unité n'est pas liée au milieu naturel) et notamment urbaines, qui, de plus, n'ont guère de limite précise. Vidal remarque le premier, dès 1910, que « les régions naissent par leur centre ».

Dans les années 1930, la loi de **Reilly** conceptualise le tout : l'attraction des villes sur leur environnement existe et ne dépend que de la « masse » de la ville et de la distance du lieu donné à cette ville. La multiplication, dans les années 1950, des études sur les régions « centralisées par une ville », la région lyonnaise notamment, et sur les régions historiques présentant peu d'unité physique (la Bourgogne, par exemple) sonnera le glas de la géographie vidalienne. De même, le découpage de la France en régions de programme entre 1947 et 1955 a accéléré la réflexion des géographes sur ce thème, même s'ils n'ont guère été associés au découpage.

Aujourd'hui, les conceptions sur l'analyse régionale sont sensiblement différentes. Pourtant, l'héritage vidalien reste important et marque de façon inconsciente certains discours.

• Les grands types de régions

Le problème de l'établissement d'une classification des grands types de régions a été longtemps discuté : alors que les géographes français ont longtemps privilégié le critère naturaliste, dès 1954, aux États-Unis, Walter **Isard** (né en 1919) crée la *Regional Science Association* et une nouvelle discipline, la **science régionale**, qui se veut une science à part entière, à mi-chemin entre géographie, économie et urbanisme. Privilégiant au départ l'approche quantitative, elle fut introduite en France dès le début des années 1960, non par des géographes, mais par des économistes, François **Perroux** (1903-1987) et Jacques **Boudeville** (né en 1919) qui fondèrent en 1961 l'*Association de Science Régionale.*

Malgré le contexte des Trente Glorieuses et le développement de l'urbanisation, rares ont été les géographes qui se sont emparés de cette réflexion. On peut toutefois citer Raymond Dugrand et surtout Michel Rochefort, co-auteur du rapport Hautreux-Rochefort sur les métropoles d'équilibre (*cf.* p. 28). La science régionale connut dans les années 1990 une tentativc de renouvellement de la part des économistes Paul Krugman et Masahita Fujita, sous le nom de **Nouvelle économie géographique**.

À la suite de ces différentes réflexions, on distingue désormais assez classiquement trois grands types de régions : la **région-plan** ou **région-programme**, conçue comme une région administrative, les régions polarisées et les **régions homogènes**. Ces dernières se présentent en effet comme des espaces relativement homogènes. Ce sont des régions historiques et des **régions paysages**. Ainsi, la forêt landaise, le bassin charbonnier du Nord de la France ou l'Armor breton présentent une très grande homogénéité de paysage, du fait d'une activité humaine quasiment exclusive ou d'un élément naturel profondément ressenti par ses habitants. Les régions naturelles sont donc l'un des types de régions paysages. Certaines **régions urbaines**, comme la Ruhr, sont aussi des régions paysages. De dimension plus petite qu'une mégalopolis, elles ne sont guère polarisées par un centre dominant, comme c'est encore le cas pour les conurbations, de dimension plus réduite.

Les **régions historiques** peuvent présenter des paysages très divers, leur unité venant d'une histoire commune. Le Pays basque, qui présente des zones côtières, des montagnes déjà élevées et un avant-pays, possède une unité grâce au sentiment d'appartenance de ses habitants à la même région, voire au même peuple, ce qui se manisfeste en particulier par une identité linguistique. Car le sentiment **régionaliste**, autonomiste ou même indépendantiste, est fréquent dans ce type de région. Ces régions historiques peuvent ou non présenter un centre, souvent une ville, ancienne capitale, polarisant l'espace : Dijon, capitale des ducs de Bourgogne, structure une partie de la région. Les régions homogènes présentent souvent des limites nettes, correspondant à celles du phénomène dominant, même si les régions historiques gardent parfois les souvenirs d'anciennes conquêtes âprement disputées : le Mont-Saint-Michel est-il en Bretagne ou en Normandie ? Preuve, s'il en était besoin, que la région est un « espace perçu » ou un « espace approprié ».

À ce type de régions, qui par définition ne sont pas forcément organisées par un centre, s'opposent les **régions polarisées** dont tous les points sont attirés par un même pôle, conformément aux théories de Cristaller (*cf.* p. 230-231). Complémentarité, interdépendance et hiérarchisation en sont les traits dominants. Les limites régionales ne sont pas toujours nettes, l'attraction de la ville variant selon la distance. Ce type de région est de dimension variable. La région parisienne, définie comme la zone polarisée par Paris, couvre un tiers, voire, à la limite, toute la France ! Dans le cas d'une petite ville qui n'a qu'une petite aire d'influence, on en revient à la notion de pays.

Cependant, cette division est trop schématique. La Bourgogne, par exemple, faiblement polarisée par Dijon, proche de Lyon mais attirée par Paris, n'est pas une région polarisée, pas plus qu'elle n'est une région paysage. Elle est certes une région historique. Mais ses activités font que l'organisation de l'espace est générée par le transit sur le plus grand axe de circulation français et donc par les activités liées à ces dynamiques. Il existerait ainsi des régions intermédiaires. Ne retourne-t-on pas là à un autre concept traditionnel, celui de la **région de transition**, celle par laquelle, étymologiquement, on transite ?

Les régions administratives : le cas français

• Les 26 régions françaises et leur mise en place

Les régions françaises ont été mises en place dans l'après-guerre, en liaison avec l'aménagement du territoire. La première date importante est 1947, année où sont nommés des inspecteurs généraux de l'administration en mission extraordinaire, pour préparer le découpage régional, qui devient officiel en 1955. Dès leur création, ces régions et surtout leur délimitation, souvent jugée arbitraire, ont été contestées. Pour certains, elles étaient trop grandes. Ainsi Grenoble était-elle « déçue » de ne pas être à la tête d'une région « Alpes » ou « Dauphiné ». À l'inverse, la création de deux régions normandes peut en partie s'expliquer par la volonté de satisfaire à la fois Caen et Rouen. En conséquence, l'une des critiques classiques portées aux régions est leur taille : d'aucuns les trouvaient trop petites, en comparaison de certains *Länder* allemands. Les critiques portaient aussi sur l'inégalité des régions : l'Île-de-France a 50 fois plus d'habitants que la Corse, et la région Midi-Pyrénées est 6 fois plus étendue que l'Alsace. Enfin, certains étaient mécontents du nom donné à leur région : ainsi, la région « Centre » correspondait en fait au Val-de-Loire. Aujourd'hui, certaines contestations subsistent, remises à l'ordre du jour par la relance de l'aménagement des territoires : volonté de réunir les deux régions normandes, voire la Bourgogne et la Franche-Comté.

Quoi qu'il en soit, ces régions n'ont été dotées de réels pouvoirs que tardivement. En 1964, les préfets de région furent créés, puis en 1972 les conseils régionaux. Mais il faudra attendre 1982, et la **loi** Defferre **de décentralisation**, pour voir la région accéder au titre de collectivité territoriale. Le conseil régional, désormais élu au suffrage universel direct, dispose d'authentiques pouvoirs, notamment en matière financière.

Territoire	Ancien statut	Nouveau statut
Guyane française	DOM	DROM
Guadeloupe	DOM	DROM
La Réunion	DOM	DROM
Martinique	DOM	DROM
Nouvelle-Calédonie	TOM	POM/PTOM dans le cadre de l'UE
Polynésie française	TOM	POM/PTOM dans le cadre de l'UE
Wallis-et-Futuna	TOM	COM, collectivité d'outre-mer/PTOM dans le cadre de l'UE
Terres australes et antarctiques françaises	TOM	TOM/PTOM dans le cadre de l'UE
Corse	Collectivité territoriale	COM, collectivité spécifique
Mayotte	Collectivité territoriale	COM, collectivité d'outre-mer départementale/ PTOM dans le cadre de l'UE
Saint-Pierre-et-Miquelon	Collectivité territoriale	COM, collectivité d'outre-mer territoriale/ PTOM dans le cadre de l'UE

Enfin, en ce qui concerne l'outre-mer, et depuis la réforme constitutionnelle de 2003, le statut des départements et territoires d'outre-mer (**DOM-TOM**) a changé. Les DOM sont devenus des **DROM** (départements et régions d'outre-mer) et les TOM ont disparu, sauf pour les Terres australes, afin de faire place aux **COM** (collectivités d'outre-mer), statut particulier octroyant une certaine autonomie. Ce nouveau statut s'applique également à la Corse. Quant à la Polynésie française et à la Nouvelle-Calédonie, elles forment maintenant des **POM** (pays d'outre-mer au sein de la République). Les DROM font partie intégrante de l'UE, au même titre que Madère, les Açores et les Canaries, et bénéficient d'un statut particulier : celui de **régions ultrapériphériques**. En revanche, les POM et les COM sont considérés par l'Union européenne, à l'exception notoire de la Corse, comme des **PTOM** (pays et territoires d'outre-mer), au même titre, par exemple, que le Groenland (Danemark) ou Aruba (Pays-Bas), ou les îles Falkland (Royaume-Uni) : ils ne font donc pas partie de l'espace communautaire, mais bénéficient d'un régime spécial d'association à l'UE.

• L'évolution du découpage administratif : les nouveaux territoires

Si la France est divisée en régions administratives de grande taille, elle est également divisée à d'autres échelles. Certaines de ces divisions ont pour unique vocation un objectif électoral : c'est le cas du **canton**, de taille supérieure à la commune et souvent à la communauté de communes, dont le but est d'élire le conseiller général.

La **commune** est la plus petite division administrative. Il existe plus de 36 500 communes en France, toutes dotées d'une mairie et administrées par une **municipalité**. Ce chiffre constitue un record européen, les autres pays étant plus petits et ayant opté pour un maillage plus large. Cette petite taille posant souvent des problèmes, de très nombreuses communes se sont peu à peu associées. Au départ informelles, ces associations ont pu prendre la forme de communautés urbaines (le « Grand Lyon », anciennement Courly) ou encore de syndicats, comme les **syndicats intercommunaux à vocation multiple** (**SIVOM**), par exemple pour la collecte des ordures ou la gestion de l'eau.

La **loi d'administration territoriale de la République** de 1999 (dite **loi ATR**) modifie et organise cette coopération intercommunale en créant les **EPCI** (établissements publics de coopération intercommunale), qui ont des compétences et des obligations définies par la loi. On distingue plusieurs types d'EPCI :

– les syndicats intercommunaux, dont les anciens SIVOM ;

– les **communautés urbaines**, d'au moins 500 000 habitants ;

– les **communautés d'agglomération**, qui regroupent au moins 50 000 habitants autour d'une ville-centre d'au moins 15 000 habitants (ou autour d'une préfecture), et ce, sans enclave et sur un territoire d'un seul tenant ;

– les **communautés de communes** pour les ensembles plus petits, mais là aussi sur un territoire d'un seul tenant et sans enclave.

Par ailleurs, la **loi d'orientation pour l'aménagement et le développement du territoire** de 1995 (**LOADT**, dite aussi loi Pasqua) puis la **loi d'orientation pour l'aménagement durable des territoires** de 1999 (**LOADDT**, dite aussi loi Voynet) créent le **pays**, échelon intermédiaire entre les EPCI et le département : les pays sont des « espaces caractérisés par une cohésion géographique, culturelle, économique ou sociale suffisante, au sein desquels des collectivités territoriales et leurs groupements s'engagent à définir un projet de développement durable ». Il y a donc en France de **nouveaux territoires** : pays, communautés de communes…, qui se superposent à l'ancienne division administrative.

À une autre échelle, les **départements** ont un double statut. Un département est une collectivité territoriale gérée par un conseil général élu au suffrage universel, mais est aussi une circonscription administrative de l'État, dirigée par un préfet représentant l'État, qui siège à la **préfecture**, chef-lieu du département. Il s'agit la plupart du temps de la ville la plus importante, mais ce n'est pas systématique : la préfecture de la Guadeloupe est Basse-Terre et non Pointe-à-Pitre, celle de la Marne est Châlons-en-Champagne et non Reims. Les départements sont subdivisés en **arrondissements**, qui ont pour chef-lieu les **sous-préfectures**. Leur nombre varie selon les départements, en partie en fonction de leur taille.

De la commune à la région puis à l'État, la France est donc caractérisée par l'existence de structures de pouvoir emboîtées, souvent appelée « **mille-feuille administratif** ». La question de sa simplication est régulièrement posée par les politiques : faut-il, par exemple, supprimer ou réformer les départements ?

De manière à comparer les situations des différents pays, la Commission européenne a mis en place, au début des années 1970, la **NUTS** (**nomenclature des unités territoriales statistiques**).

Chaque État membre est divisé en un ensemble de régions de niveau NUTS 1. Chaque NUTS 1 est ensuite scindée en régions de niveau NUTS 2, qui sont à leur tour subdivisées en régions de niveau NUTS 3. Depuis le début des années 1990, dans un objectif statistique, la Commission a créé une classification communautaire des **unités administratives locales (UAL)**, de taille inférieure aux NUTS, et composée de deux niveaux : UAL 1 et UAL 2. Ce dernier correspond au concept de commune ou de municipalité dans l'ensemble des pays membres.

Les divisions territoriales en France, en Allemagne et en Italie

Pays	NUTS 1	NUTS 2	NUTS 3	UAL 1	UAL 2
France	9 zones d'étude et d'aménagement du territoire	26 régions	100 départements		36 678 communes
Allemagne	16 *Länder*	41 *Regierungsbezirke*	439 *Kreise*	539 *Verwaltungsgemeinschaften*	13 176 *Gemeinden*
Italie	5 *gruppi di regioni*	21 *regioni*	103 *provincie*		8 100 *comuni*

N.B. : la France et l'Italie ne possèdent pas officiellement d'échelon UAL 1, même si, par leur taille, les communautés de communes françaises correspondent à cet échelon.

lire aussi

Aménagement du/des territoire(s) – Espace, diffusion spatiale – Géographie (histoire de la) – Territoire, territorialisation

Relief

Le relief est l'une des principales composantes des géosystèmes et l'un des éléments les plus « remarquables » des paysages. L'étude du relief, c'est-à-dire de la forme de la croûte terrestre, relève de la géomorphologie, qui a longtemps été l'une des principales branches de la géographie classique. Plus généralement, la description de la disposition du relief est encore parfois considérée comme une étape importante de l'analyse géographique, notamment quand il s'agit de prendre en compte l'influence du milieu dans les choix de mise en valeur des sociétés humaines.

Une multitude de termes, à utiliser souvent avec précaution

• Qu'appelle-t-on relief ?

Les termes décrivant le relief sont multiples, parfois polysémiques et rarement neutres. Le terme **relief** désigne, étymologiquement, « ce que l'on relève » ; il s'applique donc, au sens strict, à une forme saillante. Cependant, au sens large, utilisé en géographie, il définit l'ensemble des irrégularités de la surface de la croûte terrestre. Ainsi, il se compose d'éléments en creux et d'éléments en position surélevée, que l'on qualifie parfois de « reliefs ».

Le relief résulte du jeu des forces tectoniques mais aussi des différences lithologiques, les roches les plus dures étant mises à jour par l'érosion différentielle. Si les deux phénomènes concourent à la formation du relief, c'est l'action des forces internes, l'**orogenèse**, qui est prédominante. Ainsi réserve-t-on parfois le terme relief aux formes structurales, et parle-t-on de **modelé** plutôt que de **relief d'érosion** pour désigner des formes essentiellement dues à l'érosion. La **géomorphologie structurale**, longtemps discipline reine de la géographie, étudie les reliefs en les confrontant essentiellement à la **structure**, c'est-à-dire à l'organisation des roches qui dépend de la lithologie et de la tectonique. En revanche, la **géomorphologie climatique** se préoccupe plus du modelé (*cf.* article *Lithologie, tectonique (géographie et)*).

• Des termes parfois peu précis

De nombreux termes désignent les formes du relief. Souvent issus du langage courant qui les utilise dans un sens descriptif, ils peuvent prendre en géographie un sens explicatif. Ainsi, le terme de **falaise**, réservé à un escarpement lié à l'action marine, est parfois utilisé par des géographes dans le cas d'un escarpement continental. Plus souvent, les termes manquent de précision. À titre d'exemple, une **colline** désigne certes unanimement un relief souvent isolé de faible altitude relative, comme il en existe dans le Bassin parisien, mais les sommets hauts de plus de 3000 mètres qui dominent la vallée de Katmandou sont aussi qualifiés de « basses collines ». Inversement, une même réalité peut être désignée par plusieurs termes : ainsi, les minces colonnes créées par ravinement dans les matériaux meubles et protégées par un bloc sommital se nomment indifféremment **cheminées de fées** ou **demoiselles coiffées**.

Ces désignations multiples se compliquent par le fait que les géographes ont souvent introduit des appellations issues de patois locaux ou de langues étrangères : un **baou** (**baux** au pluriel) est un sommet effilé en Provence ; une ***varzéa*** est une plaine inondable du bassin de l'Amazone, séparée du fleuve par la ***restinga***, bourrelet créé par les dépôts liés au fleuve…

• Des termes révélateurs de l'évolution de la géographie

L'étude des termes d'origine étrangère est révélatrice de plusieurs faits. Il est bien sûr logique que leur origine corresponde aux pays où les formes qu'ils désignent sont fréquentes. Ainsi, les termes se rapportant aux dunes viennent principalement de l'arabe, alors que les termes liés à l'érosion glaciaire sont souvent d'origine scandinave. Un ***fjell*** (mot d'origine norvégienne) est un plateau autrefois modelé par les glaces, aujourd'hui occupé par une multitude de petits lacs ; un ***ös*** (terme suédois) ou un ***esker*** (terme islandais) est un relief allongé créé par un cours d'eau sous-glaciaire et subsistant après la déglaciation. Mais derrière cette constatation, on devine les terrains de prédilection de la géographie française : terrains de proximité comme la Scandinavie ou régions de l'ancien empire colonial pour le Sahara. En effet, si un salar (*cf.* p. 74) désigne en Amérique latine la même réalité qu'une sebkha dans le monde arabe, c'est ce dernier terme qui s'impose presque toujours. De même, la faible présence de termes d'Asie centrale est révélatrice de la rareté des études françaises concernant cette partie du monde.

Une autre caractéristique de la géographie traditionnelle est perceptible par l'étude des registres où elle a puisé une partie de sa terminologie. Cherchant à rendre évocatrices, voire poétiques, les longues descriptions topographiques fréquentes jusque vers 1960, certains géographes ont fait appel à des termes anthropomorphiques – termes qui révèlent aussi une conception organiciste. Une **butte**, relief isolé de faible hauteur avec des versants peu inclinés, a souvent été qualifiée de **mamelon** ; si ce relief était allongé, on parlait de **croupe**. Une lèvre désignait le rebord abrupt d'une vallée, par exemple ; on a même pu parler des « lèvres d'une gorge »... Autant de termes, peut-être moins instructifs sur les formes de relief que sur les géographes eux-mêmes. Une **artère** désigne encore aujourd'hui un axe naturel (vallée...) ou de communication. De même, les termes issus du langage architectural ou militaire restent parfois employés : une **paroi** pour un grand escarpement montagnard, pouvant localement comporter des **dalles** (partie raide et sans fissuration), une **voûte** pour la partie supérieure d'une grotte, et le terme de **bastion** pour désigner un sommet massif, isolé et constituant un obstacle à la circulation.

Les formes topographiques

Le terme de **topographie** possède deux sens voisins. C'est d'abord la description des formes de terrain, de leurs configurations et de leurs associations, sans prendre en considération les éléments liés à leur genèse. C'est aussi, dans un sens plus restreint, la disposition du relief en un lieu. Dans la géographie classique, l'analyse topographique constitue la première étape de l'étude réelle, ou cartographique, d'un espace. Elle permet surtout au géographe de se faire une idée plus ou moins précise du type de milieu qu'il doit étudier, de façon à orienter sa réflexion et à exercer des comparaisons à l'aide de références géologiques, morphologiques, humaines ou sociologiques. En dehors des montagnes, les principales formes topographiques que l'on distingue sont :

– la **plaine**, étendue plane ou peu ondulée, où les vallées ne sont pas encaissées ;

– le **plateau**, étendue plane ou peu ondulée, souvent en position dominante du fait de l'encaissement des vallées. Aucun critère de taille n'entre en compte dans sa définition puisque l'on parle de plateau aussi bien pour de petites superficies que pour le plateau de Millevaches, ou pour le plateau tibétain, ou encore pour les *tepuis* vénézuéliens, ces « montagnes » tabulaires dont les caractères ont inspiré Sir Arthur Conan Doyle dans son roman *Le Monde perdu* ;

– la **vallée**, volume en creux compris entre deux lignes de crête et généralement emprunté par un cours d'eau. Les **lignes de crête** ou **lignes de faîte** – reliant les points les plus hauts – se rejoignent vers l'amont en s'élevant, tandis qu'elles s'abaissent et s'écartent vers l'aval. Le **talweg** (ou **thalweg**) est la ligne qui joint les points les plus bas d'une vallée, à l'intersection des deux versants. L'**interfluve** désigne la zone comprise entre deux vallées, qui sert souvent de **ligne de partage des eaux**, séparant deux bassins-versants. Un **sommet** est le point culminant d'une ligne de crête. Quand celle-ci s'abaisse pour ensuite remonter, elle forme un **col**.

Montagnes et vallées possèdent des **versants**, qui relient la ligne de crête au talweg. Leur **profil**, leur allure générale, peut être concave, convexe ou rectiligne. Dans ce dernier cas et lorsque l'inclinaison est forte (30° environ), on parle de **versant réglé**. L'inclinaison d'un versant, la **pente**, est un élément déterminant de la topographie d'un lieu. Elle se mesure en pourcentage ou en degrés grâce au calcul de l'angle fait par la pente avec l'horizontale. Ainsi, un angle de 45° correspond à une pente de 100 %. L'inclinaison des versants a donné naissance à une toponymie variable selon les régions, et toujours très subjective : ainsi, un **abrupt** peut être, selon les cas, aussi bien un versant raide qu'une véritable falaise subverticale.

Une **ligne de rupture de pente** correspond à la ligne à partir de laquelle la pente d'un versant change de valeur, tout en conservant le même sens. Deux lignes de rupture de pente délimitent généralement un **replat**, c'est-à-dire une partie de versant en pente douce ou nulle entre deux parties en pente plus forte.

Une **dépression** est une zone déprimée entourée de reliefs plus élevés. De taille et d'origine diverse, elle peut posséder un écoulement. Si cet écoulement se fait vers l'extérieur, on parle de **dépression exoréique** ; sinon, on parle de dépression fermée ou **endoréique**. Une dépression circulaire dont les pentes s'abaissent de façon concentrique vers le point le plus bas est une **cuvette**.

Enfin, les milieux littoraux présentent des formes topographiques spécifiques (*cf.* p. 304).

Les formes structurales de relief

Longtemps décrites et utilisées dans l'analyse géographique, elles ne conservent un intérêt en géographie qu'en raison de la toponymie locale, qui utilise encore souvent ces termes, et de la volonté de ne pas perdre une part du vaste patrimoine de la discipline. Les **reliefs structuraux**, dont la forme topographique dépend de la structure géologique interne, de la lithologie et de la tectonique, sont rarement des **reliefs primitifs,** c'est-à-dire ne résultant que des forces internes (ce qui n'est possible que pour des reliefs volcaniques d'édification récente). Ce sont le plus souvent des **reliefs dérivés**, pour lesquels l'**érosion différentielle** a mis en valeur les différences de dureté des roches. Il est possible d'étudier d'abord à petite échelle, puis à plus grande échelle, les formes de détail ayant donné lieu à un foisonnement de termes spécifiques.

• Les grands ensembles morphostructuraux

On peut distinguer le relief océanique du relief continental. Le relief océanique est mieux connu depuis quelques dizaines d'années grâce, notamment, aux techniques acoustiques qui, au moyen de sonars, ont permis la mesure des profondeurs – la **bathymétrie** – ainsi que la réalisation de cartes détaillées et d'images informatiques en trois dimensions.

La profondeur moyenne des océans est de 3 730 m et l'essentiel du fond des océans est constitué par des **plaines abyssales** situées entre 4000 et 5000 m de profondeur. Tapissées d'une couche de sédiments plus ou moins épaisse, elles sont accidentées par de grands volcans isolés ou en ligne qui émergent parfois sous forme d'îles

(Hawaï), ou qui restent immergés et sont alors qualifiés de **guyots** quand ils sont aplanis par le travail des vagues. Ils correspondent en général à des points chauds ou aux premières manifestations volcaniques de la dorsale. Les **dorsales médio-océaniques** se présentent comme des bandes de relief boursouflées, parfois larges de plus de 1000 km et s'élevant jusqu'à 3000 m au-dessus des plaines abyssales et, quelquefois, jusqu'à l'émersion (Islande). Elles sont marquées par l'existence d'un profond sillon (ou fossé) en leur centre, le **rift**, situé à la verticale de la zone d'accrétion. Les dorsales sont également découpées par des cassures perpendiculaires.

Les **marges continentales actives** correspondent à des limites de plaques lithosphériques et sont marquées par la présence de **fosses océaniques** qui forment de profonds sillons et peuvent dépasser 11000 m de profondeur (11034 m pour la fosse des Mariannes dans le Pacifique). Les **marges continentales passives** sont des espaces où le passage du continent à l'océan se fait au sein de la même plaque lithosphérique : côte européenne, littoral occidental de l'Afrique... La transition continent-océan se fait progressivement, la limite entre les eaux ayant varié selon les époques et les variations du niveau moyen des océans (**eustatisme** ou **glacio-eustatisme**), lié à l'alternance des phases climatiques glaciaires et interglaciaires et donc aux fluctuations de la part de l'hydrosphère prise sous forme de glace. À proximité du continent se trouve le **plateau continental** ou **plate-forme continentale**, dont la profondeur n'excède pas 2000 m. Il est limité par un **talus continental** qui plonge vers les plaines abyssales. Plate-forme et talus sont fréquemment entaillés par des **ravins** ou **canyons sous-marins**, témoins de la puissance des grands fleuves pendant les périodes glaciaires de **régression marine**, ou de baisse du niveau des mers lors des épisodes glaciaires. La déglaciation post-würmienne a provoqué, au contraire, une remontée du niveau marin (**transgression flandrienne**) ennoyant en partie ces espaces de transition.

Le relief continental est constitué de chaînes de montagnes, anciennes ou récentes, de boucliers et de bassins sédimentaires. Les **chaînes de montagnes récentes** ont été formées depuis le début du crétacé (il y a 140 millions d'années). Elles composent deux grandes ceintures, longues de plusieurs dizaines de milliers de kilomètres, larges de 200 à 1000 km et dont l'altitude dépasse par endroit les 8 km (8848 m pour l'Everest, également dénommé Chomolungma dans l'Himalaya). On y distingue une **ceinture péri-pacifique**, le long de laquelle l'activité volcanique est abondante, et une **ceinture « alpine »**, de Gibraltar aux îles de la Sonde, où l'activité est moins importante. Ces chaînes sont toujours en surrection, phénomène compensé par une érosion intense qui tend à les niveler.

Les chaînes anciennes ou **massifs anciens**, ou encore bourrelets marginaux, sont des espaces formés de roches anciennes (paléozoïques) ayant subi un soulèvement. Elles ont ensuite été nivelées par l'érosion et rajeunies lors des poussées orogéniques de montagnes récentes situées à proximité. C'est le cas des Alpes scandinaves, de l'Oural, des Appalaches ou du Massif central.

Les aires continentales stables, ou **cratons**, sont caractérisées par une sismicité faible dans des zones où l'épaisseur de la croûte va de 30 à 40 km. Elles forment des **boucliers** (ou **socles**) où affleurent les roches éruptives et métamorphiques précambriennes (plus de 570 millions d'années). Les boucliers constituent des parties de plaques peu à peu soulevées puis rabotées par l'érosion pour former de grands plateaux étagés et fracturés par de nombreuses cassures ou failles. Les boucliers canadien, africain, scandinave, brésilien, arabe et indien sont les plus importants. Ces ensembles précambriens sont parfois traversés par des **fossés intracratoniques** ou **graben** ou **rifts**, sillons larges de 50 à 100 km et très longs. Dans les portions déprimées des socles, les invasions marines ont provoqué l'accumulation de sédiments dont l'épaisseur peut atteindre 5 000 m. Ces séries sédimentaires récentes, subhorizontales, constituent des **plates-formes** ou des **bassins sédimentaires** : Grandes Plaines américaines, bassin sibérien ou Bassin parisien.

• Les formes structurales à grande échelle

Elles dépendent de la lithologie, de l'intensité des forces tectoniques et des forces érosives. Les formes de relief en structure sédimentaire peu déformée ont été bien étudiées en France, notamment en raison de la présence et de l'extension des bassins sédimentaires et en particulier du Bassin parisien. Les strates y ont été peu déformées et leur **pendage**, c'est-à-dire la valeur de l'angle formé par l'inclinaison des couches par rapport au plan de l'horizontale, est resté faible. La **structure** est dite **monoclinale** quand les couches ont subi un mouvement de bascule et présentent un pendage du même côté ; elle est dite **horizontale** ou **aclinale,** quand le pendage est nul. Elles donnent lieu à des reliefs peu marqués dont la plus caractéristique est la **cuesta** ou **côte**, rebord de plateau formé par une couche dure inclinée qui protège une couche tendre. La côte se présente sous la forme d'un relief dissymétrique : d'un côté, un abrupt à corniche, le **front de cuesta**, opposé au pendage des couches, domine une dépression, alors que de l'autre côté, une pente plus douce, le **revers**, suit le pendage de la couche dure.

La cuesta se trouve mise en relief par le déblaiement d'une **dépression orthoclinale** (dont le tracé est perpendiculaire au pendage des couches), dans laquelle coule une **rivière subséquente** ou **orthoclinale**, parallèle au front. Lorsque le front est entaillé par un cours d'eau venant de la dépression, il se forme un **entonnoir de percée cataclinale**. Dans la dépression orthoclinale, peuvent exister des buttes dégagées par l'érosion : **butte témoin** coiffée par la roche dure, ou **avant-butte** dépourvue de roche dure.

Enfin, différentes terminologies classent les cuestas en fonction de leur localisation par rapport aux reliefs proches. Une **boutonnière** ou un **bray** (du pays de Bray en Normandie, qui présente cette forme de relief) correspond à deux cuestas se faisant face, du fait de l'évidement de la voûte d'une ondulation anticlinale de faible amplitude (c'est l'équivalent d'une combe en structure plissée).

En structure plissée, les formes de relief sont plus vives, la tectonique, souple et souvent également cassante, ayant été plus active. Si le relief respecte la disposition générale des couches, on parle de **relief conforme** (sous-entendu à la structure). Un **val** est une forme en creux qui correspond à un synclinal, un **mont** coïncide avec une voûte anticlinale. Un mont peut être entaillé par un ravin cataclinal, appelé **ruz**. Un mont peut être traversé perpendiculairement par une vallée, nommée **cluse** (ou **clue** en Provence, **clusaz** en Savoie). Dans le langage courant, ce terme peut également désigner toute vallée comprise entre des versants raides. Relief et structure ne coïncident pas toujours : on parle alors d'**inversion de relief** et de **relief inverse**. Une **combe** est une dépression évidée dans les couches tendres d'un anticlinal et un **mont dérivé** est formé par le dos d'une couche dure sous-jacente qui apparaît au fond d'une combe. Un synclinal peut correspondre à un relief dominant les espaces environnants, nommé **val perché** quand les anticlinaux voisins ont été évidés ou qu'une tectonique cassante l'a porté en altitude.

D'autres termes sont parfois utilisés plus ou moins conformément à leur acception géologique : ainsi, le terme de **barre** est, au sens strict, un relief résultant de la forte inclinaison d'une couche, ce qui n'a rien de commun avec la Barre des Écrins, dans les

Hautes-Alpes, qui culmine à plus de 4000 m d'altitude sous la forme d'une arête cristalline ne relevant donc pas de la structure sédimentaire. Le terme de **crêt** pose les mêmes problèmes pour des inclinaisons moins fortes.

• Les formes de relief volcanique

Un **volcan**, formé par différents produits magmatiques, présente souvent une forme de **cône**, ou **cône volcanique**, au sommet duquel s'ouvre un trou en forme d'entonnoir, ou **cratère**, par lequel s'échappent les matières volcaniques montées par la **cheminée**.

Les formes de relief volcanique de détail sont nombreuses. Elles caractérisent d'abord les cratères : un ***maar*** est un cratère d'explosion formant une dépression souvent occupée par un lac ; le terme de **caldeira** désigne, quant à lui, un cratère d'effondrement résultant de l'écroulement de la partie centrale du volcan. De même, les épanchements de lave ou **coulées volcaniques** donnent naissance à des reliefs spécifiques. Ces coulées magmatiques, lorsqu'elles sont très visqueuses, car composées de laves acides, forment des coulées chaotiques nommées ***cheires*** (terme auvergnat signifiant « pays pierreux ») ou ***aas*** (terme hawaïen). En revanche, lorsque les laves sont basiques (le **basalte** est la principale roche issue de ce type de lave), ces coulées se déposent sous forme de **laves cordées** (d'aspect ridé), également appelées ***pahoehoe*** (terme hawaïen). Si elles se solidifient rapidement, elles donnent naissance sur leur rebords à des reliefs en forme de prisme, nommés **orgues basaltiques**. La Chaussée des Géants, en Ulster, en est un des plus remarquables exemples, inscrit au patrimoine mondial de l'UNESCO.

À une autre échelle, le **neck** est un culot de lave et de brèches résistantes, remplissant une ancienne cheminée et laissé en saillie par l'érosion différentielle ; de même, le **dyke** est un mur de lave colmatant une ancienne fente volcanique et laissé en saillie par l'érosion différentielle. La **mesa** est une butte tabulaire, détachée d'un plateau de lave, ou **plateau basaltique** ; la **planèze** est une mesa triangulaire et inclinée, découpée dans les pentes d'un dôme de laves par des torrents divergents ; les **barrancos** sont des ravins divergents sur cône de scories.

Les formes du relief volcanique

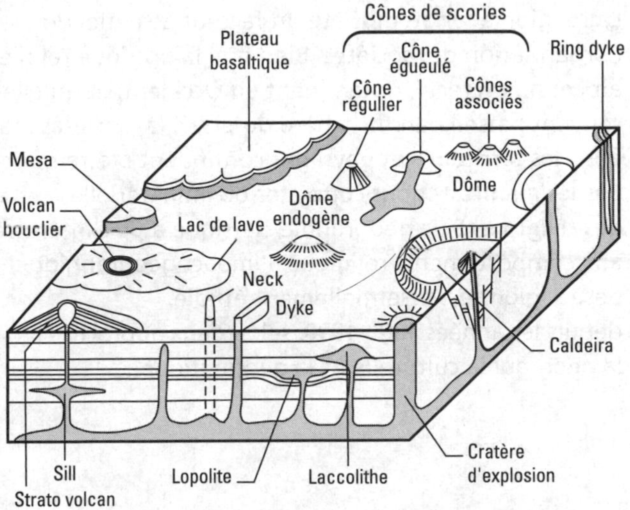

Source : D'après J.-M. Caron, *Comprendre et enseigner la planète Terre,* Orphys, 1989.

lire aussi **Érosion, modelé – Lithologie, tectonique (géographie et) – Montagne**

RELIGION

La religion a longtemps été un facteur essentiel de l'organisation des sociétés. Bien que la pratique religieuse ait connu un recul, notamment en Occident, et qu'elle soit souvent passée dans la sphère du privé, les sociétés mais aussi les territoires et paysages continuent d'être marqués par les manifestations concrètes ou immatérielles des religions. Si la géographie classique a pu s'intéresser aux comportements religieux, l'impact géographique des religions est essentiellement étudié, depuis les années 1980-1990, selon deux approches : la géographie culturelle et la géopolitique.

Religion, territoires et sociétés

Les religions marquent les paysages et les territoires en sacralisant certains lieux. Leur influence sur les sociétés est fondamentale.

• Religion et lieux sacrés, réels et imaginaires

Les religions ont cherché à localiser concrètement un certain nombre d'événements et de lieux mythiques, et donc à s'ancrer dans l'espace. Certains lieux bien définis, comme La Mecque, Rome ou Jérusalem, constituent ainsi des buts de **pèlerinages**, des voyages rituels pour les croyants. Ces pèlerinages conservent une forte empreinte spatiale et des conséquences économiques non négligeables. Ils sont l'une des principales motivations du tourisme religieux. La Mecque reçoit plus de 2 millions de pèlerins par an, et Lourdes, 5 à 6 millions de visiteurs par an.

Parfois, ce souci de localisation répond à des questions fondamentales comme celle qui agita l'Occident au cours du Moyen Âge et d'une partie de l'époque moderne : pouvait-on avec précision localiser l'Enfer et le Paradis ? La cartographie médiévale, fortement imprégnée par une vision symboliste (*cf.* p. 40), tenta d'y répondre. Pour le Paradis, elle eut souvent recours aux mythes ou aux récits imaginaires et fabuleux, comme celui du royaume catholique du prêtre Jean que l'on croyait régner, au Moyen Âge, sur les Pygmées, les Amazones, la fontaine de Jouvence et le Paradis. La cartographie le situait au-delà et à revers d'un islam menaçant. Le mythe a donc une teneur géographique, voire géopolitique. L'autre localisation du paradis était le ciel. Les monuments, telles les cathédrales gothiques, devaient s'élever le plus haut possible. Les montagnes, qu'il s'agisse de l'Olympe ou de la montagne Sainte-Geneviève, étaient les demeures des dieux. Quant à l'Enfer (du latin *inferno*, « le bas »), ses portes étaient localisées dans un édifice volcanique sentant le soufre ou dans un profond abîme. Ces localisations sacralisantes se sont traduites par l'érection de croix, d'églises, de temples ou de pagodes sur les sommets, ou à proximité des lieux maudits afin de conjurer le malheur. De même, des trajets menant aux lieux saints ont été sacralisés au cours du temps (comme ceux de Saint-Jacques-de-Compostelle ou des sources du Gange).

La religion peut ainsi être un élément de structuration de l'espace ou de marquage territorial, comme à Jérusalem avec le mur des Lamentations, la basilique du Saint-Sépulcre et la mosquée du Dôme du Rocher. On peut aussi évoquer une territorialité héritée du découpage en paroisses dans les pays catholiques. Enfin, au sein d'une ville, tel quartier peut être réservé aux croyants, véritable **ghetto**, au sens premier du terme, c'est-à-dire fondé sur un rassemblement ethnique ou religieux. La religion produit donc des lieux sacrés, parfois tabous. Elle détermine ainsi des frontières souvent invisibles, mais parfois bien réelles, lorsque le sommet, le secteur urbain ou le monument est interdit aux non-croyants.

• Les religions influencent fortement les sociétés

En tant qu'explications du monde et de l'au-delà, les religions influencent tous les secteurs de la vie, des plus concrets aux plus immatériels. En cela, elles intéressent aussi bien la géographie électorale par exemple que la géographie du symbolique. Les religions peuvent être le fondement des rapports sociaux. Le cas de l'hindouisme et des castes en est l'exemple le plus net. Une **caste** (ou ***varna***) est un groupe social rigide et héréditaire : on naît dans telle ou telle caste, du fait de ses vies antérieures. Malgré leur suppression officielle dans l'Inde laïque, elles déterminent encore les rapports sociaux. Naître **intouchable** ou ***harijan*** (terme popularisé par Ghandi, dans un but d'intégration des intouchables et signifiant « créature de Dieu ») ou encore ***dalit*** (« opprimé »), c'est être issu d'une basse caste considérée comme « polluante », et donc être, aujourd'hui encore, l'objet d'une véritable ségrégation sociale. Toute personne ayant un contact physique avec un intouchable devient « polluée » à son tour. C'est pourquoi des quartiers, mais aussi des métiers, considérés comme sales, sont réservés aux intouchables. À une autre échelle, le statut inférieur de la femme, plus ou moins fort selon les époques et les sociétés, est lui aussi fondé sur des interprétations du christianisme ou de l'islam.

Les religions dictent également des valeurs morales, indiquant « ce qui est bien et ce qui est mal », ce qui a souvent des conséquences, par exemple en matière démographique (perception de l'avortement, de la contraception…).

D'autres pratiques et comportements sociaux s'expliquent en partie par le poids de la religion, comme les orientations politiques individuelles, mais aussi les comportements alimentaires et les pratiques agricoles. L'interdiction de la consommation d'alcool ou de porc chez les musulmans, de la vache chez les hindous, ont des effets réels : l'Inde possède par exemple le plus grand nombre de bovins au monde. La symbiose religion-agriculture a même pu donner lieu à des cultes de la terre associée à la fertilité. Le culte de la ***Pachamama*** (littéralement la « terre mère ») dans les Andes ou les religions du riz en Asie du Sud témoignent de traditions vivaces qui transcendent les grandes aires religieuses. Ces traditions ne sont pas antagonistes avec des pratiques catholiques ou bouddhistes.

Religion et géopolitique

• Les grandes aires religieuses

Les religions forment de grandes **aires religieuses**, au sein desquelles elles sont dominantes voire, dans certains cas, uniques. Ces aires religieuses possèdent des traits communs incontestables. Référence commune, inséparable de l'histoire et de la culture d'un peuple, parfois promue au rang de religion d'État, la religion influence en effet très fortement le groupe social. Elle peut aussi être un acteur géopolitique primordial, aussi bien pour servir l'unité nationale que

Les grandes aires religieuses

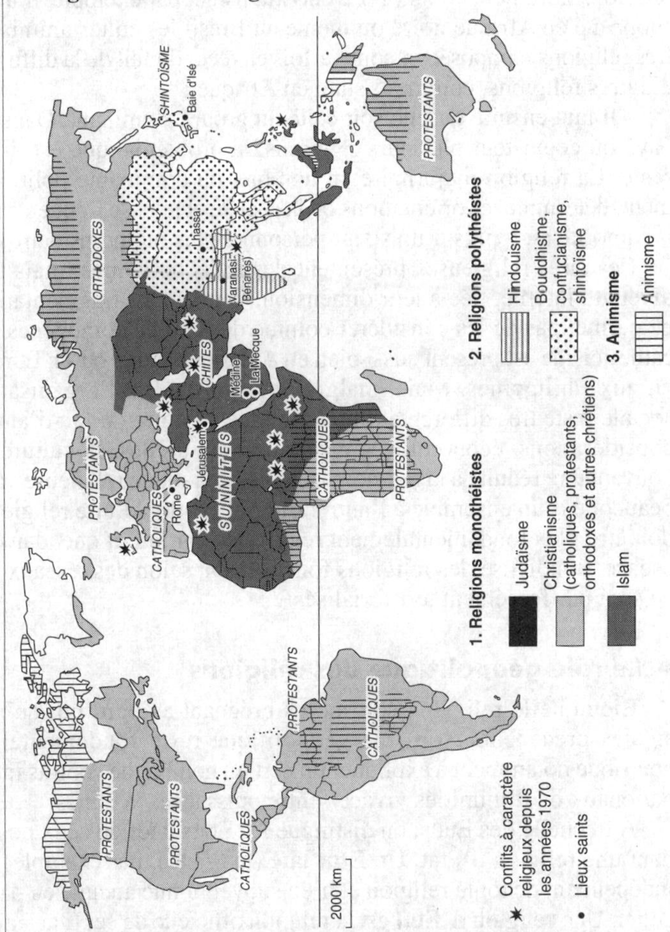

pour contester un gouvernement en place. Cependant, une très forte empreinte de la religion ne se réalise qu'à deux conditions :

– la religion doit d'abord s'inscrire dans la durée. Les religions implantées de force dans un cadre colonial marquent certes les paysages par leurs aspects monumentaux et les mentalités par divers héritages, mais elles sont souvent moins prégnantes que des religions librement choisies. Le christianisme, par exemple, n'a pas supprimé en Afrique noire ou même au Brésil les cultes animistes. Ces religions « imposées » sont parfois en recul du fait de la diffusion d'autres religions, comme l'islam en Afrique ;

– il faut ensuite qu'elle soit celle du groupe dominant. Dans les pays où coexistent plusieurs religions, la problématique est différente. La religion majoritaire en nombre, ou dominante politiquement, détermine les orientations de la société et pousse fréquemment la minorité au repli sur un statut personnel plus ou moins octroyé.

Ces aires religieuses présentent des traits communs, mais leur diversité interne, liée à leur dimension, voire à leur fragmentation, ne permet pas de les considérer comme des entités homogènes. Le catholicisme est présent aussi bien en Amérique latine qu'en Europe ou aux Philippines. Mais, malgré des similitudes, l'organisation sociale reste très différente d'un ensemble à l'autre du fait d'autres considérations, économiques mais aussi culturelles, la culture ne pouvant être réduite à la religion. De plus, la pratique religieuse varie beaucoup d'un ensemble à l'autre. Enfin, la notion d'aire religieuse doit être plus fondamentalement relativisée par le fait que, dans un espace mondialisé, les religions fonctionnent selon des réseaux qui ne sont pas forcément territorialisés.

• Le rôle géopolitique des religions

Bien que le religieux soit moins prégnant aujourd'hui qu'aux siècles précédents, son rôle géopolitique reste fondamental. Il contribue notamment à expliquer un certain nombre de conflits internationaux ou d'inimitiés vivaces entre puissances voisines.

À l'échelle des États, on distingue les États laïcs de ceux possédant une religion d'État. Un **État laïc** (la France, par exemple) est indépendant de toute religion et n'en subventionne aucune en particulier. Une **religion d'État** est la religion officielle de cet État – ainsi de l'islam pour le Maroc ou le Pakistan –, aucune séparation n'existant entre l'Église et l'État, qui la finance. Dans ce cas, la religion peut même être le ciment de la cohésion nationale et influencer de très nombreux pans de la vie publique : plusieurs pays musulmans ont adopté des législations tenant compte de la **charia**, ensemble de règles de conduite s'imposant aux musulmans.

Cette distinction est fondamentale. Cependant, le rôle politique de la religion dans un pays dépend également d'autres facteurs, dont le principal est son poids réel. Les messages des Églises, ceux contre l'avortement par exemple, ont beaucoup moins d'impact en France qu'aux États-Unis. Ceux-ci ne possèdent pourtant pas non plus de religion officielle, mais la culture dominante, celle de l'élite économique et politique – les **WASP** (***White Anglo-Saxon Protestant***) – demeure fortement imprégnée par la religion protestante. Dans ce cas, les groupes religieux se comportent comme des **lobbies** (au singulier **lobby**), des groupes de pression organisés et activistes essayant de faire prévaloir leurs idées.

Un certain « retour du religieux » renforce le phénomène. Le XXe siècle a vu dans plusieurs pays – du bloc soviétique essentiellement – l'implantation forcée d'un athéisme d'État, et un peu partout un recul des pratiques religieuses. Les différentes Églises ont d'ailleurs réagi à ce phénomène : concile de Vatican II (de 1962 à 1965) adaptant le catholicisme au monde moderne, modernisme islamique au Moyen-Orient. En retour, ces réformes et le recul du religieux ont souvent généré le développement d'un **intégrisme** (attitude de conservatisme intransigeant au sein d'une religion) et une exacerbation du phénomène religieux, comme en témoigne la montée de l'**islamisme** (interprétation intégriste de l'islam). Le terme ne doit pas être assimilé à celui de **fondamentalisme**, qui désigne un protestantisme fondé sur l'interprétation littérale de la Bible (même si le langage journalistique parle de fondamentalisme musulman…). Enfin, les religions ont aussi servi de moyen de contestation sociale, de la Pologne communiste à l'Iran moderniste du Shah.

Dans les pays où coexistent plusieurs religions, des conflits peuvent éclater. Ces antagonismes peuvent être larvés, comme celui opposant une partie de l'opinion française à un islam jugé dangereux, hégémonique et intégriste. Mais le conflit peut être beaucoup plus violent. En témoigne par exemple la guerre civile qui, en Irak, oppose depuis 2005 les chiites, localisés principalement au sud, et les sunnites occupant le centre du pays. Si le conflit n'a évidemment pas qu'une dimension religieuse et a été favorisé par la déstabilisation du pays liée à l'intervention américaine de 2003, la religion est néanmoins un vecteur de conflit entre ces deux grandes branches de l'islam : le **sunnisme** est la principale branche de l'islam mondial, mais il est nettement minoritaire en Irak. En opposition aux sunnites qui suivent la tradition islamique enseignée par Mahomet (la *sunna*), le **chiisme**, fidèle à Ali, le neveu de Mahomet, accorde un rôle essentiel à ses dirigeants religieux et à « la mission des douze Imams » qui ont pour tâche d'interpréter la pensée du Prophète.

Enfin, les conflits religieux peuvent prendre une dimension internationale, en particulier dans les zones de contact entre aires religieuses différentes. La raison en est évidente : hormis peut-être les philosophies orientales (bouddhisme et confucianisme notamment), les grandes religions font du prosélytisme, ont des tendances hégémoniques et se heurtent donc, sur leurs marges, aux autres aires religieuses. Il n'en résulte cependant un conflit que dans les cas d'inimitié traditionnelle et la religion peut alors être considérée comme un prétexte. La guerre peut donc devenir une « guerre sainte » comme dans l'exemple des **croisades** au Moyen Âge (au sens littéral, « pèlerinage armé pour délivrer la croix », c'est-à-dire Jérusalem) ou du **djihad** (ou **jihad** – littéralement, le « combat sacré »). Souvent considéré par les musulmans comme le sixième pilier de l'islam, le djihad est avant tout un combat intérieur, de lutte contre soi-même. Mais il s'agit aussi d'une lutte contre les infidèles (djihad mineur).

De nombreux autres conflits peuvent être analysés avec une grille de lecture religieuse. Il serait cependant extrêmement réducteur de faire de ces rivalités des conflits religieux, la religion étant dans de tels cas un relais du nationalisme.

De nos jours, de façon plus globale, à la suite de Samuel **Huntington** (*cf.* article *Géopolitique*), cette grille de lecture connaît un très net regain d'intérêt. Selon Huntington, depuis la fin de la guerre froide les conflits ne s'expliqueraient plus par des raisons idéologiques ni économiques (l'opposition Nord-Sud), mais seraient liés à un « **choc de civilisations** ». Le monde serait divisé en sept aires culturelles correspondant à des critères « ethniques » mais surtout religieux (aire musulmane, aire hindoue, aire slave-orthodoxe…). Cette conception du monde, très contestable, car négligeant volontairement l'économique et le politique ainsi que les diversités internes à chaque aire, a été l'un des supports idéologiques des interventions américaines de 2002-2003 en réponse aux attentats du 11 septembre 2001.

lire aussi **Culture, géographie culturelle – Géopolitique – Exclusion, intégration, insertion**

Risques, pollution

À côté des risques naturels se multiplient, depuis le début du XXe siècle, des risques technologiques et, plus généralement, une pollution importante qui inquiète les opinions publiques, mais aussi les États et instances internationales. Les géographes se sont toujours intéressés aux risques, mais ce champ d'étude relève actuellement de façon plus spécifique de la **géographie environnementale** qui analyse les géosystèmes et la manière dont les hommes doivent composer avec les ressources, les contraintes et les risques du milieu dans lequel ils vivent. Cependant, la prise en compte des risques est aussi le fait d'autres branches de la géographie, comme la géographie urbaine ou même la géographie culturelle. Ce thème est également privilégié dans le cadre du développement durable.

Qu'est-ce qu'un risque majeur ?

On appelle **risque majeur** tout danger important menaçant un groupe humain (il s'agit donc d'un terme prévisionnel), soit du fait d'une menace naturelle (ce sont les **risques naturels** tels les séismes ou les avalanches), soit du fait de l'action même de l'homme (ce sont les **risques artificiels** ou **risques technologiques**, tels les pollutions ou incendies). Lorsque l'événement se produit, il faut alors parler de **catastrophe majeure**. Il faut aussi différencier catastrophe majeure et **événement majeur**. Ainsi, un séisme se produisant en zone inhabitée est un événement naturel majeur, mais n'est pas une catastrophe majeure. De même, la plupart des avancées catastrophiques des glaciers, les ***surges*** (ou **foirages glaciaires**), sont des événements naturels majeurs mais ne menacent personne. Le terme d'**aléa** insiste quant à lui, conformément à son étymologie (hasard), sur l'idée de probabilité et sur le caractère aléatoire, difficilement prévisible des événements (aléa naturel, aléa technologique…).

Les risques majeurs correspondent donc aux aléas potentiellement catastrophiques pouvant entraîner des milliers de victimes. Leur prévision est par conséquent essentielle. Celle-ci repose sur une recherche fondamentale et sur la **prospective**, c'est-à-dire les hypothèses de scénario que l'on peut envisager. Une nouvelle discipline, la (ou les) **cindynique(s)** – du grec *kindunos* : danger) ou science(s) du danger – fédère des activités jusqu'alors séparées. Elle a pour objectif de traiter conjointement tous les aspects des risques naturels et technologiques : scientifiques, culturels, légaux, et ce à plusieurs niveaux : étude de probabilité, moyens de prévention, conséquences sur les individus... Elle évalue notamment la **vulnérabilité** des populations et des territoires, en mesurant l'ampleur des conséquences potentielles d'un aléa. Cette évaluation intègre de nombreuses données, aussi bien physiques, démographiques qu'économiques, politiques, sociales et culturelles. Enfin, le degré de **résilience**, soit la capacité de faire face à un risque avéré mais aussi de se relever, se réorganiser, est un autre élément à prendre en compte en géographie des risques. Ces thématiques sont de plus en plus intégrées par la société occidentale, qui serait devenue, selon le sociologue allemand Ulrich Beck, une « **société du risque** », c'est-à-dire une société postindustrielle où les risques sont devenus centraux, se sont multipliés et complexifiés (risques naturels, technologiques, mais aussi économiques, sanitaires et sociaux) mais qui sont de plus en plus considérés comme inacceptables, contrairement à des sociétés traditionnelles ou même industrielles où le risque est considéré comme inévitable ou du moins indissociable du progrès.

Les risques naturels et leur prévision

Liés au climat, au relief et à la géologie, les risques naturels posent d'importants problèmes de prévision. On peut les classer en fonction de leur cause : risque lié à la pente, à l'eau… Cependant, il existe aussi des **risques combinés**, liés à plusieurs phénomènes et qui sont souvent les plus dangereux. Le séisme en haute montagne du Nevado del Ruiz en Colombie entraîna, en 1985, l'effondrement d'un front glaciaire, engendrant à son tour un **lahar**, c'est-à-dire une coulée de boue, qui fut meurtrier. De même, il peut y avoir combinaison entre risque artificiel et naturel, un séisme pouvant par exemple provoquer des ruptures de canalisation de gaz et donc des incendies, comme ce fut le cas à Kobe en 1995.

• Les risques liés aux phénomènes atmosphériques

Le climat et ses dérèglements sont responsables de nombreuses catastrophes naturelles. Les **sécheresses** sont des périodes plus ou moins longues d'insuffisance de pluies. Si le terme peut désigner des phénomènes habituels, comme l'aridité estivale des zones méditerranéennes, il peut aussi désigner des phénomènes inhabituels et dangereux, donc parfois considérés comme des risques. À l'opposé, une surabondance de précipitations constitue un autre risque climatique.

Les **ouragans** sont de violentes tempêtes, surtout caractéristiques des régions tropicales, se déplaçant très rapidement et marqués par des vents violents pouvant fréquemment dépasser les 400 km/h. Ce sont donc des **cataclysmes**, des événements brutaux, désastreux et rapides. Leur passage sur une mer chaude accélère leur dynamique et accentue le risque combiné de **raz de marée** : au Bangladesh, des vagues de 7 mètres de haut accompagnèrent l'ouragan de mai 1985 et firent 55 000 morts et disparus. Le langage courant a multiplié les appellations pour désigner les différentes formes d'ouragans : **typhons** (terme plus employé pour le Pacifique occidental et la mer de Chine), ***hurricanes*** (terme habituellement employé pour l'Amérique du Nord) et **cyclones**. Ce dernier terme reste souvent réservé aux phénomènes touchant la zone intertropicale, mais le terme de cyclone peut désigner en météorologie toute masse d'air animée d'un mouvement de rotation en sens inverse des aiguilles d'une montre, et ce à l'inverse des anticyclones… Les **tornades** (terme générique provenant de l'espagnol *tornado* – qui tourne) définissent des perturbations atmosphériques tourbillonnaires qui s'apparentent à des cyclones mais de moindre ampleur et se déplacent sur les continents, notamment en Amérique du Nord.

Cependant, les ouragans sont des risques majeurs relativement prévisibles, fréquents et attendus. Aux Antilles et aux États-Unis, ils sont quasiment annuels et les météorologues américains leur ont même donné pour les répertorier des prénoms féminins… seule une femme pouvant être, dans leur esprit, comparée à une telle manifestation ! Sous la pression des mouvements féministes, ils portent désormais dans le monde alternativement des prénoms de femme et d'homme, tels Marylin ou Hugo. Ces cyclones sont suivis par satellite. Il est donc possible de prévoir leur trajet sur plusieurs jours, d'avertir les populations concernées et de limiter les dégâts. Une différence majeure existe toutefois entre les pays du Nord, où les populations généralement bien logées peuvent supporter le choc des cyclones, et les pays du Sud, où le même phénomène naturel représente un risque bien supérieur. Les cyclones ont tué, entre 1947 et 1970, 750 000 personnes au Bangladesh et 7 000 aux États-Unis. Toutefois, le passage du cyclone Katrina à la Nouvelle-Orléans en 2005, qui fit plus d'un millier de morts suite à la rupture d'une digue du Mississipi, est là pour rappeler que même les pays développés ne sont pas à l'abri de telles catastrophes.

• Les risques liés à l'eau

Les **inondations** et les crues constituent des risques majeurs fréquents. Le terme de **crue**, souvent réservé aux rivières, parfois étendu aux lacs, ne désigne toutefois pas forcément une catastrophe. Toute rivière possède, chaque année, une période de hautes eaux, ou de crue, qui ne se traduit qu'exceptionnellement par une inondation. De plus, une crue sortant du lit de la rivière et se traduisant par une inondation n'est pas non plus forcément un désastre. Les crues régulières et nourricières du Nil étaient attendues par les paysans égyptiens comme un bienfait avant la construction du haut barrage d'Assouan, mis en eau en 1970. Enfin, une inondation peut être engendrée par une crue, mais aussi par une forte marée, un raz de marée, une fuite de canalisation d'eau ou une rivière rompant ses digues, tel le Rhône lors des inondations de 2003 en Arles.

Les crues exceptionnelles sont peu prévisibles. Les hydrologues estiment qu'une rivière connaît en milieu tempéré une crue exceptionnelle tous les cent ans – **crue séculaire** (ou **crue centennale**) – et une crue importante tous les dix ans – **crue décennale** –, mais il ne s'agit que d'une notion très théorique et la fréquence de ces crues catastrophiques reste mal connue. Lorsqu'elles interviennent en zone densément peuplée, ce sont alors des catastrophes majeures, comme les crues qui ont touché l'Europe centrale en 2002. Celles de la Seine à Paris en 1910 et de l'Arno à Florence en 1966 sont restées célèbres. Dans ce dernier cas, l'étude des causes du phénomène a montré leur complexité et donc la difficulté de le prévoir. Aux fortes pluies automnales, caractéristiques du Bassin méditerranéen, se sont ajoutées la déprise rurale, responsable du manque d'entretien des rigoles en amont ; l'**imperméabilisation** des sols en milieu urbain, empêchant l'imbibition de ceux-ci et favorisant un écoulement immédiat vers la rivière ; des erreurs humaines, puisque les barrages en amont de Florence ont tardé à écrêter la crue et que, du fait d'une importante artificialisation du fleuve, il s'écoula plus rapidement entre des digues trop étroites. Lors de forts orages, ou en zone de forte pente, une crue peut en effet se déclencher en quelques heures. Il n'est alors plus temps de faire quoi que ce soit ! La seule prévention efficace consiste à établir des cartes de risques signalant les zones inondables et nécessite une volonté politique assez forte pour déclarer ces zones non constructibles. Les **PPRI (Plans de prévision des risques inondation)** établis sur prescription préfectorale correspondent à cette volonté en recensant les zones inondables ou non, mais aussi les zones inconstructibles à garder comme zone d'expansion des crues.

• Les risques liés aux mers et océans

Un **raz de marée** est une vague souvent unique d'une taille gigantesque, dépassant parfois 10 mètres de haut. Lorsque celle-ci déferle sur une côte habitée, elle peut engendrer des dégâts énormes. Le terme de raz de marée est donc descriptif, ses causes pouvant être météorologiques ou géologiques. Toutefois, lorsque l'origine est volcanique (ou sismique), il vaut mieux parler de **tsunami**. Ce terme est d'origine japonaise car les tsunamis sont fréquents dans les régions d'Asie de l'Est et du Sud situées sur la **ceinture de feu du Pacifique**, une bande de forte activité volcanique de 38 000 km de long aux marges de l'océan Pacifique, des Andes à la Nouvelle-Zélande. Celui du 26 décembre 2004 qui toucha tout l'océan Indien, suite à un séisme à Sumatra, fit plus de 150 000 morts.

La prévision de telles catastrophes reste difficile, voire impossible. La surveillance par satellite, renforcée après ce tsunami, peut au mieux avertir les populations concernées quelques heures auparavant.

• Les risques géophysiques et géologiques

Les **risques géophysiques** regroupent tous les risques liés à l'instabilité de la structure profonde du globe et, par extension, tous les risques liés à l'instabilité du sol et du sous-sol. Les risques d'origine géologique en forment donc un sous-ensemble puisque, outre les tsunamis déjà mentionnés, ils concernent le volcanisme et les séismes, difficiles à prévoir dans ce dernier cas.

Les **séismes** ou **tremblements de terre** ou encore **secousses telluriques**, liés au jeu des plaques tectoniques, restent certes plus fréquents dans certaines régions, mais ils peuvent exceptionnellement toucher des zones ordinairement plus calmes. Ainsi, la France n'est pas à l'abri d'un séisme majeur et en a déjà connu : celui de Corrençon (Vercors), en 1962, eut une magnitude quasiment comparable à celui d'Arménie, en 1988. Les régions de contact entre plaques sont les plus sensibles : la faille de San Andreas aux États-Unis, toute la chaîne andine, la ceinture de feu du Pacifique et l'Asie centrale connaissent les plus forts risques. Ce sont des risques de première importance car ils peuvent toucher des zones très habitées, comme de grandes villes : le séisme de Mexico fit, en 1985, 20000 morts. Les populations qui résident dans les grandes villes ou sur les littoraux menacés (Californie et Asie orientale, surtout) vivent dans la crainte que survienne un ***Big One***, c'est-à-dire un séisme de grande magnitude (plus de 8) (*cf.* p. 299) qui provoquerait un très grand nombre de victimes. Cette peur est d'autant plus justifiée que les séismes importants peuvent entraîner, par leur capacité de destruction, des risques combinés, naturels ou humains. Ainsi, même en France, la création d'une centrale nucléaire doit prendre en compte le risque sismique. Étant donnée l'importance de ces risques, la recherche et la prévision ont fait ces dernières années des progrès considérables. Plusieurs méthodes fondées sur les signes avant-coureurs ont été proposées.

Les Chinois, par une observation du niveau des puits et des variations du champ magnétique, ont pu prévoir deux séismes, mais ont aussi connu des échecs importants et n'ont pu prévoir le séisme du Sichuan en 2008, dont les conséquences furent catastrophiques. On privilégie actuellement en France l'établissement d'un réseau complet de stations sismologiques automatiques afin de mieux estimer le risque, de mieux connaître la structure profonde de la lithosphère et, à terme, de constituer une banque de données pouvant permettre des recherches fondamentales. Le réseau **Sismalp**, composé d'une cinquantaine de stations installées dans les Alpes françaises, a également pour but de répondre à la demande d'informations lors d'un séisme important : localisation de l'événement, diffusion d'informations auprès des médias.

D'autres moyens peuvent permettre de limiter les conséquences des séismes comme l'éducation des populations des régions les plus sensibles, la construction aux normes parasismiques. Mais le séisme de 1995 à Kobe au Japon a montré que de telles mesures n'étaient pas toujours efficaces ni toujours respectées. De plus, leur coût souvent très élevé les met hors de portée des PED et les 25000 morts du séisme d'Arménie en 1988 sont autant liés aux constructions hétéroclites s'effondrant sur leurs habitants qu'à la violence du séisme.

Les **éruptions volcaniques** (*cf.* p. 297) posent des problèmes différents. Toutes ne constituent pas des risques naturels et il faut distinguer les **éruptions de type explosif**, soudaines et très dangereuses, de celles de type **effusif**, plus calmes, créant des coulées de lave fluide souvent dangereuses aussi, mais à l'impact moins immédiat. Les populations peuvent, en général, prendre leurs dispositions. La population islandaise vit ainsi depuis plus de 1000 ans sur une île à 97 % volcanique et n'a connu qu'une catastrophe majeure, celle du Laki en 1783. Le second problème posé par les éruptions de type explosif tient à leur fréquence souvent très faible. Le volcan Pinatubo était, avant son éruption de 1991, considéré comme non dangereux par les populations habitant ses flancs.

La prévision des éruptions a fait d'immenses progrès et les volcans les plus dangereux sont sous une surveillance permanente. C'est du moins le cas dans les PID. En Europe, l'Etna, volcan sicilien en activité, fait l'objet d'une surveillance constante et des recherches très poussées ont été entreprises pour faire progresser les méthodes de prévision des éruptions et les techniques de guidage des coulées de lave, afin qu'elles se détournent des lieux habités. C'est souvent plus difficile dans les PED : les gouvernements indonésiens, philippins… n'ont pas les moyens financiers de surveiller leurs centaines de volcans.

• Les risques liés à la pente

Les risques liés aux dynamiques de pente affectent essentiellement les milieux montagnards. Les **laves torrentielles**, des coulées de boue, se produisent souvent dans le lit d'un torrent. Elles peuvent avoir comme origine une crue, donc de fortes pluies, et sont liées aux dynamiques de pente. Ce ne sont que rarement des risques majeurs, les populations, habituées, vivant à l'abri du phénomène. Toutefois, exceptionnellement, les laves torrentielles peuvent causer des dégâts en coupant des routes, en se produisant dans des lieux inhabituels et en détruisant des habitations. Leur prévision est très difficile, mais leur prévention repose notamment sur le reboisement des versants raides, seul capable d'éviter un ravinement en cas de violent orage.

Les effondrements, glissements de terrain ou écroulements dépendent des roches. On appelle **écroulement** toute chute soudaine d'une quantité énorme de matériaux. Ce terme est préférable à celui d'**éboulement**, trop vague car pouvant aussi désigner des phénomènes lents ou de faible ampleur. Phénomène rare, difficile à prévoir car lié à un ensemble complexe de causes, l'écroulement peut devenir une catastrophe majeure par sa soudaineté. L'**effondrement**, événement souvent lié aux mêmes causes que l'écroulement, présente un aspect topographique différent, car il correspond à un affaissement brutal d'un terrain sur lui-même. Le **glissement de terrain**, terme plus vague, désigne une dynamique de versant se produisant sur des terrains gorgés d'eau. Leur prévision reste aléatoire et repose essentiellement sur l'établissement de cartes de risques. Mais celles-ci ne peuvent prévoir la date exacte du phénomène.

D'autres risques liés à la pente ont pour origine la neige et la glace. Les **avalanches** constituent un risque relativement prévisible car ce sont les chutes de neige plus ou moins importantes qui dictent le phénomène. Aux **cartes de localisation probable des avalanches (CLPA)** se superposent des **Plans de prévision des risques (PPR)** qui délimitent pour les principales communes de montagne les zones « rouges » inconstructibles, « bleues » constructibles sous réserve de prescriptions particulières, ou « blanches » constructibles car en théorie à l'abri du risque d'avalanche. De tels plans limitent le danger, mais leur élaboration, parfois négociée en fonction des intérêts économiques de la commune, peut les rendre sujet à caution : en 1999, une avalanche emportait 17 chalets et faisait 12 victimes au hameau du Tour à Chamonix, dans une zone pourtant classée en zone blanche. Enfin, Météo France annonce en hiver des échelles de risques en fonction de l'enneigement plus ou moins important et de la stabilité du manteau neigeux. Néanmoins, les avalanches restent un risque majeur en zone de montagne et peuvent, occasionnellement, créer des catastrophes. En 1970, l'avalanche de Val d'Isère fit 39 morts ; des causes humaines – un permis de construire accordé sans étude préalable ayant aggravé le risque naturel.

• Les autres risques naturels

Les risques liés à une forme de vie animale ou virale font aussi partie des risques majeurs. Les invasions de criquets, de sauterelles… se traduisent généralement par la destruction de récoltes, qui peuvent avoir des répercussions importantes (difficultés économiques, voire disettes). Les **épidémies**, c'est-à-dire la propagation rapide d'une maladie souvent infectieuse à un grand nombre de personnes, dans un territoire donné et pour une période déterminée (le terme est cependant parfois utilisé aujourd'hui pour désigner la multiplication de cas de maladies non contagieuses comme le cancer, ce qui supprime aussi l'idée de période déterminée) et les **pandémies** (épidémie d'extension au moins continentale) ont un impact humain bien supérieur. Souvent non prévues, elles sont habituellement prévenues par des mesures d'ordre sanitaire classiques. Et si l'on pensait, il y a encore peu, que ces risques constituaient désormais le triste privilège des populations des PED aux conditions sanitaires peu satisfaisantes (choléra au Sénégal en 2005), la pandémie de **sida** (syndrome d'immunodéficience acquise) a montré le contraire. Dans ce cas, la différence entre Nord et Sud réside essentiellement dans l'inégal accès à la prévention et aux soins qui, à terme, accroît le nombre de personnes contaminées dans les PED de façon beaucoup plus importante que dans les pays riches. Certains de ces **risques sanitaires** (affectant la santé) sont accrus par l'augmentation de la mobilité des hommes : ainsi en est-il de l'épidémie de **SRAS** (syndrome respiratoire aigu sévère) qui débuta en Chine en 2002 et qui motiva une alerte mondiale déclenchée en 2003 par l'**OMS** (Organisation mondiale de la santé, organisme de l'ONU).

Enfin, il existe des **risques secondaires**, liés à des phénomènes naturels moins importants, mais pouvant, exceptionnellement, s'avérer très dangereux. Ce sont, par exemple, les tempêtes de sable provoquées par le **simoun** (vent sec), dans les marges sahariennes, les tempêtes de neige dues au blizzard ou encore la grêle. De même, les marées sont un risque secondaire, mais les marées catastrophiques de 1953 firent des milliers de victimes aux Pays-Bas.

La notion de risque naturel est donc une notion géographique de base, montrant que l'homme n'est pas encore parvenu à s'affranchir des contraintes naturelles. Multiformes, ils se traduisent souvent par des catastrophes majeures pouvant faire des milliers de victimes. Le risque est accru dans les PED pour des raisons économiques.

Des risques d'origine anthropique en augmentation

En augmentation constante, les **risques anthropiques** (liés à l'action de l'homme), dits aussi **risques artificiels** ou **risques technologiques** correspondent à des accidents spectaculaires mais aussi à une pollution « banale » de plus en plus problématique.

• Des risques spécifiques en augmentation

Les risques artificiels sont parfois spécifiques, comme les explosions rares en milieu inhabité. S'ils ont souvent un aspect comparable aux risques naturels – des crues, des incendies, des affaissements de terrain peuvent aussi bien être liés à des aléas naturels qu'à des actions anthropiques –, ils n'en demeurent pas moins originaux.

Les **incendies de forêt**, parfois déclenchés volontairement par l'homme, se trouvent également facilités par le non-entretien des sous-bois. Les effondrements sont parfois d'origine anthropique, tels, en Lorraine, les **effondrements miniers** provoqués par l'extraction sous-jacente du sel, ou en Normandie les **effondrements de marnières**. Les **marnières** sont des cavités profondes (parfois plus de 40 m), autrefois forées par les agriculteurs afin d'extraire la marne pour amender les terres agricoles. Riche en apport calcaire, la marne assurait la fertilisation des sols, compensant ainsi l'acidité des terres normandes. De nos jours, ces marnières s'effondrent parfois entraînant alors des accidents. Enfin, les **affaissements de terrain** peuvent être provoqués par un pompage excessif des eaux, notamment en milieu urbain. Le phénomène est spectaculaire à Venise ou encore à Bangkok. Dans cette ville, les 11 000 puits, qui extrayaient 10 millions de m^3 d'eau par jour au milieu des années 1990, ont contribué à un abaissement responsable de plusieurs inondations (*cf.* article *Littoral*). Cet enfoncement a pu aller jusqu'à 10 cm par an dans les années 1980. Diverses mesures l'ont limité à 2-3 cm depuis le début du XXIe siècle, mais elles sont désormais contrariées pas la remontée du niveau des mers liée aux changements climatiques.

Certains géographes, à la suite des sociologues, incluent aussi dans les risques d'origine anthropique, les **risques sociaux** ou **sociétaux** (violences urbaines par exemple), qui sont toutefois de nature fort différente des précédents.

• Des risques souvent liés à des accidents industriels

Du fait de l'industrialisation, ces risques artificiels sont en augmentation constante depuis le XIXe siècle, époque à laquelle apparut le **smog** londonien. Ce terme, créé à partir de *smoke* (fumée) et de *fog* (brouillard) désigne une forte pollution sous forme de fumée mêlée au brouillard.

Les pollutions représentent un des aléas les plus fréquents. Plusieurs accidents majeurs l'ont montré ces vingt dernières années. On entend par **pollution** une atteinte grave à l'environnement. Ce sont d'abord les **marées noires** : ces déversements brutaux d'hydrocarbures en pleine mer du fait généralement d'un accident, provoquent une pollution chimique majeure. Les accidents de l'Erika en Bretagne, du Prestige sur les côtes espagnoles, ou de l'Exxon Valdes en Alaska sont les plus spectaculaires, mais d'autres les ont précédés sur les mêmes sites, sans parler des **déballastages** illicites mais fréquents en haute mer : les navires pétroliers vidangent leurs cuves qu'ils ont remplies d'eau de mer après la livraison de leur chargement de pétrole ; les autres types de navires rejettent des résidus contenus dans leur combustible non utilisés. On parle parfois de façon abusive de **dégazages** pour désigner ces opérations de déballastage. Enfin, le risque de pollution par marée noire peut être un risque combiné quand il est provoqué par des aléas naturels, par exemple un cyclone qui affecte des plates-formes ou des terminaux pétroliers. Ce fut le cas dans le golfe du Mexique en 2005 suite au passage de l'ouragan Katrina.

Ce sont ensuite des **pollutions chimiques** comme lors d'accidents industriels. À Seveso, en Italie, l'émission d'un nuage de gaz toxique, la dioxine, contamina 37000 personnes en 1976. À Bhopal, en Inde, l'explosion d'une usine de l'Union Carbide, en 1984, libéra un gaz toxique responsable de 7000 morts, 50000 handicapés à vie et 100000 blessés. À Toulouse, le 21 septembre 2001, l'explosion de l'usine AZF fit 30 morts, plus de 2000 blessés et des dégâts matériels considérables dans l'ensemble de la ville. Cet accident pose le problème de la localisation de telles unités à proximité des grandes villes. Si finalement la décision fut prise de ne pas reconstruire cette unité de production, de nombreuses usines du même type restent encore en activité à proximité immédiate de grandes villes. La lutte contre de tels risques suppose donc un solide arsenal juridique. La CEE avait pris des directives importantes, comme la **directive Seveso** en 1982. Tout établissement concerné doit avertir les populations des risques encourus, prévoir des moyens en cas d'accident et s'installer dans une zone peu urbanisée. En 1996, la **directive Seveso 2** a repris et complété ces exigences de sécurité et a renforcé les dispositions relatives à la prévention des accidents majeurs. Elle a parallèlement introduit quelques mesures complémentaires comme les tests des plans d'urgence, le renforcement des systèmes d'inspection et une meilleure maîtrise de l'urbanisation aux alentours des usines. Mais ces mesures n'empêchent pas l'accident (l'usine AZF de Toulouse était classée Seveso) et, de toute façon, ne s'appliquent pas aux usines délocalisées dans les pays du Sud, notamment pour des raisons d'économie sur les normes de sécurité.

Le **risque nucléaire** est une autre menace potentielle de premier ordre. Outre celle, mal connue, de 1957 dans l'Oural, deux catastrophes majeures ont eu lieu. Celle de Three Miles Island, en 1979, aux États-Unis, irradia 40 ouvriers. Mais la plus importante est celle de Tchernobyl, en Ukraine, en 1986 : le nuage radioactif toucha toute l'Europe, notamment la France quatre jours plus tard. La prévention de tels risques suppose une volonté, celle de fermer dans un temps très court les centrales les plus obsolètes, nombreuses en Ukraine par exemple. Mais encore une fois cette volonté se heurte à des problèmes financiers considérables.

• La pollution « banale » de l'air et de l'eau

Moins spectaculaire, mais aussi dangereuse, la pollution de l'eau et des nappes phréatiques est non seulement un risque, mais aussi une réalité de plus en plus fréquente. Elle concerne aussi bien les pays pauvres que les pays riches où les infiltrations de polluants divers, notamment de nitrates dans les nappes, constituent un risque de première importance. Dans certains PED, la pollution de l'eau peut être également liée à la pollution fécale, en l'absence de latrines privées ou publiques dûment équipées.

Le problème des **déchets** engendre également une pollution « banale », mais en augmentation. Que faire, en effet, des déchets domestiques et industriels ? Dans les pays développés, une législation salutaire, mais encore incomplète, se met progressivement en place, interdisant les « décharges sauvages » et privilégiant le tri sélectif. Mais elle n'est pas appliquée partout, ni dans de nombreux pays du Sud, ni même au sein de l'UE : la décharge à l'air libre d'Entressen à Marseille a fait l'objet d'un arrêté de fermeture en 2006, neuf ans après les premières directives européennes.

De même, la pollution « banale » de l'air désigne un risque « ordinaire » mais de plus en plus inquiétant, notamment dans les milieux urbains, qui souffrent plus que d'autres des méfaits de la circulation automobile, des rejets industriels et du chauffage. Les fortes pollutions de l'air ont même pu engendrer des conséquences majeures : en 1952, on dénombra 4000 morts à Londres du fait d'une forte concentration en polluants. Les études épidémiologiques montrent une surreprésentation des bronchites, de l'asthme et des irritations des yeux dans les villes. Un tel problème est exacerbé dans certains pays d'Europe centrale et orientale : jusqu'en 1989, l'absence de prise de conscience politique a contribué, par exemple, à une forte pollution de l'air par la poussière de lignite, et de l'eau par la multiplication des nitrates. La reconversion industrielle s'est faite à marche forcée dans certains pays comme la République tchèque, tandis que d'autres comme la Roumanie paient encore ces choix politiques. De nos jours, la prise de conscience du phénomène varie d'un pays à l'autre : en France, comme dans une vingtaine de pays, c'est la mise en place de réseaux de surveillance et d'un « **indice Atmo** » mesurant la qualité de l'air dans les grandes villes. C'est aussi pour la première fois dans plusieurs pays la mise en place de mesures encore timides lors de pics de pollution (vitesse limitée, voire interdiction totale de circulation comme à Milan ou Lyon…). Des mesures comparables sont prises dans plusieurs PED (au Mexique, au Chili), mais elles sont encore trop ponctuelles et pas toujours respectées, alors même que le problème est plus important que dans les PID, du fait de voitures plus polluantes.

Ces pollutions sont à l'origine de risques sanitaires, risques qui sont aussi liés à d'autres sources de pollution (pesticides contenus dans certains aliments, nuisances sonores…), mais aussi aux conditions de vie plus générales (précarité sociale…).

• Des risques planétaires encore mal connus

De nos jours, aux catastrophes avérées, comme les pollutions massives, s'ajoutent des risques de dimension planétaire. Ces derniers sont souvent très médiatiques et un certain catastrophisme privilégie les risques spectaculaires : ainsi les **pluies acides** liées aux fumées d'usines chargées en dioxyde de soufre détruiraient les forêts.

Mais le **réchauffement climatique** constitue sans aucun doute le phénomène le plus connu du grand public. Même si les fluctuations climatiques ne s'expliquent pas que par la pollution (*cf.* p. 60-61), le réchauffement actuel est lié à deux phénomènes. C'est d'abord le **trou dans la couche d'ozone**, favorisé par l'émission de chlorofluorocarbures (CFC). Ce gaz s'attaque à l'ozone situé dans la stratosphère et crée donc « un trou » qui laisse passer une plus grande quantité d'énergie solaire. Situé aux pôles, il contribue en outre à une fonte de la banquise antarctique et engendre ainsi directement une élévation du niveau de la mer. Il s'agit ensuite de l'**effet de serre**, lié à une concentration croissante en gaz carbonique dans l'atmosphère, du fait d'une augmentation de la combustion de pétrole, de charbon, mais aussi de méthane (du fait de l'agriculture). Le CO_2 bloque en partie les rayonnements renvoyés par la surface terrestre, ce qui contribue directement au réchauffement. De tels faits sont indéniables. Sur 150 ans de mesures météorologiques au niveau international, les cinq années les plus chaudes ont eu lieu depuis 1998 ; le niveau de la mer s'est relevé de plus de 10 cm entre 1900 et 2000 ; la production de CO_2 est en augmentation de plus de 30 % depuis 1750… Mais les prévisions sont beaucoup plus alarmantes : sa concentration dans l'atmosphère devrait doubler d'ici 2050.

Parallèlement, le dérèglement climatique s'intensifie : les deux tempêtes qui touchèrent la France en décembre 1999 s'apparentaient à des tempêtes tropicales, rarissimes en cette période de l'année, par leur puissance et leur vitesse. De même, les crues catastrophiques liées à de fortes pluies, ou au contraire les périodes de **canicule** (période de chaleur exceptionnelle et prolongée) sont plus fréquentes ; celle de 2003 fut particulièrement importante.

Ceci dit, les prévisions fluctuent beaucoup en fonction des modèles climatiques : selon les évaluations, le réchauffement pourrait être de + 1 à + 3,5 °C d'ici 2100, ce qui entraînerait évidemment des conséquences très différentes selon les cas. Ces conséquences sont d'ailleurs difficiles à prévoir : modification des écosystèmes, remontée dramatique du niveau des mers pour certaines zones littorales, sécheresses dans d'autres régions, conséquences sur l'économie difficilement prévisibles. Et certaines conséquences supposées de l'effet de serre peuvent aller en sens inverse de l'évolution climatique générale : ainsi, le réchauffement pourrait affecter la dérive nord-atlantique, ce qui pourrait paradoxalement provoquer un refroidissement du climat en Europe occidentale.

La prévention de tels phénomènes nécessite une coopération internationale initiée par quelques grandes conférences. La **Conférence de Londres** en 1990, regroupant 70 pays, avait programmé d'ici l'an 2000 la suppression des CFC, responsables du trou dans la couche d'ozone et donc en partie du réchauffement planétaire. Ce protocole fut finalement appliqué par 114 pays et, dès 2000, les CFC avaient diminué de plus de 85 %. Le **Sommet de la Terre**, organisé sous l'égide de l'ONU en 1992, à Rio de Janeiro (*cf.* article *Développement durable*), n'a pris aucune décision essentielle, par manque de volonté commune, se contentant d'établir le **protocole de Rio**, d'ailleurs non accepté par l'ensemble des pays participant au sommet : introduction du principe de précaution, du principe du pollueur-payeur (les pays les plus pollueurs devant donner les plus grosses contributions financières), nécessité d'études d'impact sur l'environnement, utilisation des meilleures techniques disponibles et de meilleures pratiques environnementales. En 1997, la Conférence de Kyoto sur le réchauffement climatique a abouti à un accord historique (**protocole de Kyoto**) prévoyant une réduction moyenne de 5,2 % des rejets de gaz nocifs à effet de serre d'ici 2012. Mais il ne s'agit là que d'un accord de principe. En 2008, les États-Unis, principaux pollueurs de la planète et pays participant à la Conférence de Kyoto, n'avaient toujours pas ratifié le protocole. La Conférence de Bali, en 2007, va dans le même sens et prévoit une conférence amenant à un « accord climatique global » d'ici 2009.

Si de telles conférences constituent un progrès indéniable car elles témoignent d'une prise de conscience progressive, seuls quelques États et organisations régionales, comme l'Australie et l'Union européenne, ont en revanche une réelle politique de l'environnement. Risques naturels et artificiels peuvent donc engendrer des catastrophes importantes. Si les premiers sont les plus fréquents, les seconds sont de plus en plus nombreux et lancent un véritable défi aux sociétés industrialisées du Nord et du Sud. Face à celui-ci, l'objectif d'un développement durable s'impose peu à peu.

lire aussi **Aménagement du/des territoire(s) – Cours d'eau, hydrologie – Développement durable**

SERVICES, SECTEUR TERTIAIRE

Nombreuses, variées et omniprésentes dans l'espace, les activités de services recoupent pour partie le secteur tertiaire. Celui-ci progresse très rapidement dans les pays du Sud et représente, dans bien des pays du Nord, plus de la moitié des emplois et du PNB.
Il participe à la polarisation de l'espace et des réseaux de transport et d'échanges.

La diversité des services

Un **service** est un produit de l'activité humaine destiné à la satisfaction des besoins. Il correspond donc à une prestation, ce qui est conforme à son sens premier (« rendre service ») : ni agricole ni industriel, il ne donne donc pas lieu à une production matérielle mais se caractérise par des transferts de travail et de savoir (transport, recherche, enseignement ou conseil…) et parfois de biens : il est en effet habituel d'intégrer le commerce aux services. Certains **services** sont dits **banals**, c'est-à-dire en contact direct avec le consommateur final (**services de proximité**) qui les utilise fréquemment (commerce, école…), notamment parce qu'ils sont proches de son domicile et donc d'accès aisé. D'autres sont des **services anomaux**, plus spécialisés et auxquels on a recours plus rarement (théâtre…).

Selon une ancienne typologie, créée en 1947 par l'économiste Colin Clark, il est habituel de dire que les services forment, avec les échanges, le **secteur tertiaire,** soit l'ensemble des activités transactionnelles. Le secteur tertiaire s'opposerait aux **secteurs primaire** (ensemble des activités productrices de matières premières : agriculture, mines, forêts) et **secondaire** (ensemble des activités de transformation des matières premières). Néanmoins, cette typologie ne définissait les services qu'en creux : elle fut en effet fondée en pleine époque fordiste, dans une société très marquée par l'industrialisation et dans laquelle les services étaient encore peu nombreux. Mais l'augmentation du secteur tertiaire et la variété croissante des activités relevant de ce secteur ont conduit à une multiplicité de typologies, ce d'autant plus que de nombreuses activités de services sont désormais entremêlées avec les activités industrielles et que la barrière entre secondaire et tertiaire est de plus en plus difficile à définir. Ainsi, de plus en plus d'auteurs excluent désormais le commerce des services puisqu'il aboutit à un transfert de marchandises.

On distingue néanmoins classiquement selon le niveau de spécialisation ou selon le type d'activités :

– le **tertiaire inférieur**, qui regroupe les emplois domestiques, le commerce de détail, l'artisanat et l'ensemble des **services à la personne**, à savoir selon la définition légale en France, « l'ensemble des services contribuant au mieux-être de nos concitoyens sur leurs lieux de vie, qu'il s'agisse de leur domicile, de leur lieu de travail ou de loisirs ». Un cas particulier de tertiaire inférieur, parfois nommé **tertiaire parasitaire**, représente une large part des activités artisanales et commerciales du **secteur informel**. Celui-ci regroupe des activités de production de services mais aussi de biens qui échappent à toute réglementation et à toute forme de prélèvement fiscal. Fréquent dans les PED mais existant aussi dans les PID, il concerne notamment, pour les services, les activités de ménage, de jardinage, d'aide à domicile, les réparations simples… ;

– le **tertiaire supérieur**, qui regroupe des services de haut niveau technique employant une main-d'œuvre très qualifiée. Secteur de décision, il englobe les banques, les assurances et les professions libérales ;

– le **tertiaire quaternaire** ou **secteur quaternaire**, qui représente la recherche, l'informatique, l'enseignement et l'information.

Au sein de chaque catégorie, on distingue également, selon leur finalité ;

– les **services marchands**, à but lucratif, qui sont le plus souvent soumis à la **concurrence**, à la confrontation entre plusieurs vendeurs d'un même produit ou d'une même prestation. C'est le marché qui détermine leur prix de vente. Ils incluent tout d'abord les **services commerciaux** qui regroupent le petit commerce indépendant, la vente par correspondance et les **grandes surfaces**. Celles-ci se présentent sous la forme de libres-services qui sont, selon leur surface et en France, des **supérettes** (de 100 à 400 m^2), des **supermarchés** (400 à 2500 m^2), ou des **hypermarchés** (plus de 2500 m^2). Les **centres commerciaux** associent aux grandes surfaces des boutiques d'accompagnement. Les services marchands concernent également les professions libérales (médecins, avocats, notaires, architectes) et les spectacles, le tourisme, les assurances, les banques, les services de gestion et de conseil aux particuliers ou aux entreprises. Les services aux entreprises font partie du tertiaire de production ou **tertiaire industriel**, ou « **tertiel** ». Il s'agit des activités d'**ingénierie** (activités de conception, d'étude et de coordination exercées par des ingénieurs et techniciens pour la réalisation ou la mise en service d'un ouvrage), de gestion, de conseils juridiques, de commercialisation et de **communication** (services qui englobent l'échange ou le transfert d'information ainsi que la promotion publicitaire). Dans ce domaine, la distinction entre secteurs secondaire et tertiaire est parfois difficile : un comptable qui travaille dans une entreprise industrielle fait partie du secteur secondaire alors qu'un ouvrier peintre ou électricien qui travaille dans un grand magasin est comptabilisé dans le secteur tertiaire ;

– les **services non marchands** qui correspondent aux services financés par l'impôt et qui sont gérés par l'État ou les collectivités locales. Leur prix de vente n'excède normalement pas leur prix de revient et se trouve souvent inférieur à celui-ci, notamment dans le cas des **services d'intérêt général**, utiles à tous et devant donc être peu coûteux pour rester accessibles. Ils correspondent donc à la notion de **service public**, activité disponible en théorie pour tous de manière égalitaire et donc conformes à la notion d'intérêt général. Ils regroupent des **services sociaux** (enseignement, santé, maisons de retraite ou ANPE), la sécurité, l'animation, la culture et des **services de distribution** (postes et télécommunications, eau, gaz ou électricité). Cependant, il faut noter qu'avec la privatisation de la distribution de l'eau ou de l'électricité, ces services deviennent peu à peu des services marchands. Les services non marchands constituent l'essentiel de l'**administration** qui regroupe les personnels (en partie des fonctionnaires) et les services nécessaires au fonctionnement des pouvoirs publics et de l'État.

L'essor des services

Les économies contemporaines ont été marquées par la **tertiarisation**, c'est-à-dire la progression importante des activités tertiaires. Aujourd'hui, les services représentent approximativement les deux tiers du PNB et des emplois mondiaux et plus du quart des exportations mondiales. Le tertiaire est également le secteur d'activité le plus créateur d'emplois. La France occupe une place de choix dans le monde des services puisqu'elle se classe aujourd'hui quatrième exportateur mondial dans ce domaine (voyages touristiques, assurances…).

L'importance des services constitue un indicateur de développement. Les pays les moins développés ont souvent une très faible part des services dans le PIB et dans la population active ; elle est souvent inférieure à 35 %, notamment dans les PMA. Elle est cependant en très nette augmentation dans de nombreux PED. Il faut signaler enfin que les services représentent, dans ces pays, une large part du secteur informel qui joue le rôle de soupape au chômage et permet de pallier les insuffisances des entreprises locales.

Les pays du Nord ont connu une tertiarisation beaucoup plus massive, qui témoigne de leur entrée dans une **ère postindustrielle** ou **néo-industrielle** marquée par la nette prédominance (plus de 60 %) des services dans le RNB et dans la population active.

Cette évolution est à relier à de nombreux phénomènes :

– les gains de productivité réalisés dans les secteurs primaire et secondaire ont libéré de la main-d'œuvre ;

– le poids de la crise a accentué la désindustrialisation ;

– l'augmentation du rôle de l'État a entraîné la multiplication de services publics non marchands ;

– la hausse du niveau de vie et le développement de nouveaux besoins (transports, santé, loisirs, tourisme…), parfois liés aussi au vieillissement de la population ;

– la généralisation du travail féminin qui a fourni à la fois un potentiel de main-d'œuvre et créé de nouvelles activités de services (restauration rapide, plats cuisinés, structures de garde d'enfants) ;

– la croissance des activités de commerce, de transport et d'échange ;

– l'essor de l'urbanisation, à la fois cause et conséquence de la tertiarisation.

D'une façon plus générale, la mondialisation renforce cette tendance : après avoir favorisé les délocalisations industrielles des industries des pays développés vers les PED, la mondialisation des services aux entreprises est désormais effective. Non seulement les services jouent un rôle majeur dans l'organisation des flux et des mobilités grâce aux transports, mais on assiste de plus à une délocalisation des services aux entreprises comme la publicité, les centres d'appel ou la bureautique, ce qui se traduit là aussi par de nombreuses délocalisations. Ainsi, les **centres d'appel** ou ***call centers*** sont des plates-formes chargées du démarchage de nouveaux clients (le **télémarketing**) et de l'assistance téléphonique ou Internet aux utilisateurs des différents produits. Bénéficiant de la baisse du coût des communications, ces services sont de plus en plus externalisés dans des pays du Sud, en Inde par exemple, mais aussi à Maurice qui est l'un des lieux d'implantation privilégiés du fait de la double pratique de l'anglais et du français et du faible décalage horaire de l'île par rapport à l'Europe.

Les services hiérarchisent et polarisent l'espace

• La localisation des activités de services

Les **services banals**, les plus nombreux (santé, éducation, poste ou transports en commun), ainsi que le commerce se retrouvent partout dans l'espace et bénéficient de points de desserte multiples. Leur répartition se calque étroitement sur la localisation des populations. L'État intervient parfois dans la localisation des services banals, en limitant par exemple le nombre d'officines pharmaceutiques.

Pour des services de niveau supérieur, la clientèle de proximité ne constitue pas un marché suffisant et les implantations doivent être plus spécifiques. Le géographe Walter **Christaller** (1893-1969) (*cf.* p. 231) a émis une théorie de localisation des services et des commerces selon les **lieux centraux** ou **places centrales**. Chaque équipement tertiaire découperait l'espace en hexagones formés par l'espace de recrutement de sa clientèle, l'aire de chalandise. La taille de celle-ci dépend étroitement du degré de banalité de l'activité. Au-delà de la limite de l'**aire de chalandise** (ou **portée limite**), le client renonce car la distance au service est devenue dissuasive ; il se tourne alors vers un autre centre. Cette théorie a été largement contestée. Elle est de toute façon inopérante aujourd'hui, notamment du fait du **comportement spatial** des consommateurs, qui ne se déterminent pas en fonction du seul caractère d'éloignement, mais cherchent aussi à limiter leur temps de déplacement en tenant compte de l'**accessibilité d'un lieu**, d'autant meilleure que le coût financier et horaire nécessaire pour l'atteindre sont plus réduits. Ils peuvent donc choisir un centre plus éloigné de leur domicile mais mieux desservi par les voies de communication. Ils recherchent également la possibilité de grouper leurs achats en un même lieu en ayant recours parfois à un centre commercial lointain mais complet, bien desservi et qui offre des parkings. C'est ainsi que se sont développées des localisations linéaires le long des voies de communication et des implantations groupées dans les périphéries urbaines, alors que les petits commerces spécialisés des centres-villes se maintiennent difficilement.

• La ville et les services

Les villes sont les espaces privilégiés des services. Une ville présente un pouvoir de **polarisation**, c'est-à-dire d'attraction sur l'espace dont elle constitue le centre, qui détermine son influence à l'échelle régionale, nationale, voire mondiale. Or, cette capacité à attirer des consommateurs potentiels dépend étroitement des services qu'elle possède. Leur présence ou leur absence est donc à la base des hiérarchisations urbaines. Les petites villes, comme les bourgs ruraux, dépourvus de services anomaux, possèdent une aire d'influence limitée. Les métropoles régionales en offrent un éventail plus complet alors que certains services rares (finance internationale, recherche…) ne sont présents que dans les capitales.

À l'intérieur du tissu urbain, les services présentent des localisations particulières. Les centres ont été généralement très prisés : centres anciens des villes européennes pour les commerces ou **centre des affaires** (*Central Business District* ou **CBD**) des grandes villes des **pays neufs**, c'est-à-dire des États développés, colonisés par les Européens (on les qualifie parfois de néo-Europes) et ayant acquis leur indépendance précocement (Australie, États-Unis, Canada, voire Afrique du Sud). Les centres d'affaires sont occupés par les bureaux des entreprises et les administrations, et sont remarquables par leurs tours vitrées et leurs gratte-ciel. Le lien entre centre-ville et services commerciaux est renforcé par le développement dans certains pays de rues piétonnes et par la spécialisation de certains axes ou quartiers dans un domaine ou un autre. Ainsi, à Paris, le quartier Latin est un espace de services intellectuels, le VIIe arrondissement constitue le centre administratif et politique, les commerces de luxe se concentrent dans quelques rues du VIIIe arrondissement, etc. De la même façon, Broadway à New York ou le quartier Ginza à Tokyo regroupent des lieux d'intense activité commerciale et culturelle.

Le dépeuplement rural peut donner lieu à la disparition de certains services, faute d'une clientèle suffisante pour en assurer une certaine rentabilité ou de volonté politique de les préserver. Il en va ainsi pour les écoles en milieu rural, les bureaux de poste, les agences bancaires, voire les dessertes ferroviaires. Par contre, l'urbanisation est un facteur de développement des activités de services, la concentration de population dans un même espace nécessitant des services spécifiques (hôpitaux, écoles...) et l'étalement urbain entraînant le plus souvent le développement des réseaux de transport ou, par exemple, l'extension des espaces accessibles au haut défit informatique.

Certaines grandes villes ont récemment vu se développer un **polycentrisme tertiaire** (ou une **polynucléarisation**) lié à la création de nouveaux pôles tertiaires (ou de nouveaux centres) pour répondre à l'extension des activités de service. C'est le cas au sud et à l'ouest des États-Unis, mais aussi en France avec les centres d'affaires de Lyon-la Part-Dieu ou de Paris-la Défense. Les périphéries deviennent des lieux d'accueil privilégiés pour certaines structures très consommatrices d'espace comme les grandes surfaces, les centres commerciaux, les universités ou les aéroports.

Les services aux entreprises se rapprochent des nouvelles zones industrielles, souvent périphériques ; les technopôles se créent près des zones universitaires et certains espaces touristiques s'installent à proximité des grandes villes comme le Parc Disneyland de Marne-la-Vallée ou Walygator Parc, ex-Walibi Lorraine, à Maizières-lès-Metz en Lorraine, occupant d'anciennes friches industrielles. Ce type de reconversion a également été mis en œuvre à Nœux-les-Mines, dans le Pas-de-Calais, où un vaste espace de loisir a été créé (Loisinord), en aménageant notamment un ancien terril par la mise en place de pistes de ski synthétiques.

Enfin, de nombreuses villes doivent l'essentiel de leur dynamisme à des activités tertiaires : centre administratif pour Washington, centre touristique pour Acapulco (Mexique), Nassau (Bahamas) ou Cannes. Elles constituent souvent des espaces actifs et recherchés pour le nombre et le type d'emplois qu'elles proposent, ainsi que pour la qualité de leur environnement.

lire aussi **Tourisme – Transport, communications – Urbanisation, métropolisation – Ville**

SOCIÉTÉ, GÉOGRAPHIE SOCIALE

Si les sociétés ont toujours été étudiées par les géographes, elles l'ont été avec des préoccupations très variables d'une époque à l'autre. La géographie classique, par exemple, a longtemps eu des liens avec l'ethnographie. Aujourd'hui, la géographie considérée comme une science sociale entretient des rapports plus étroits qu'avant avec la sociologie. Un des courants de la géographie s'intitule même « géographie sociale ».

Les sociétés humaines : au cœur de l'approche géographique

• La géographie classique et l'approche ethnographique

L'étude des hommes vivant en société est l'objet des **sciences sociales**. Elle a constitué pendant longtemps le champ de quelques disciplines comme l'ethnologie et la sociologie. L'**ethnologie** (ou **anthropologie sociale et culturelle**) étudie les ethnies et les comportements sociaux et culturels des hommes. La **sociologie** analyse les formes de l'organisation sociale, les groupes sociaux et les représentations que se font les hommes des sphères sociales dans lesquelles ils évoluent, des liens sociaux qui les unissent et des particularités qui les distinguent de leurs voisins. Les ethnologues comme les sociologues s'intéressent également aux milieux de vie et au rapport entre les sociétés et les réalités spatiales, mais pour eux et contrairement aux géographes, l'espace n'est pas le paramètre essentiel.

La géographie classique, dominante jusqu'aux années 1960, a longtemps eu une posture de science de synthèse entre sciences humaines et sciences naturelles dont elle était pourtant beaucoup plus proche du fait de ses références naturalistes. Dans la classique division des sciences fixée dès le XIXe siècle, elle était avant tout une science concrète et proche de l'histoire, alors que la sociologie s'était définie à la même époque, suite au sociologue Émile Durkheim, comme une discipline théorique et non réductible à l'histoire. La géographie a ainsi tardé à s'intéresser de près au mode d'organisation et de fonctionnement des sociétés humaines, même si le terme de géographie sociale remonte à 1870. Les géographes étudiaient la distribution des hommes dans l'espace et les rapports des groupes humains à leur environnement, dont ils inventoriaient les caractères et les exprimaient en termes de potentialités ou de contraintes. Ils se sont donc depuis longtemps ouverts à l'**ethnographie** (l'étude descriptive des activités des groupes humains), et ce pour deux raisons : la propension traditionnelle à la description de la géographie française et l'existence, jusqu'aux années 1930, d'une **géographie coloniale** qui décrivait les divers peuples de l'empire, mais avait également comme but la connaissance approfondie de régions récemment découvertes afin de les exploiter le plus rationnellement possible.

Un exemple de géographie coloniale : les géographes français et l'Afrique en 1914

« Il est incontestable que les nègres se trouvent à l'un des plus bas degrés de l'échelle humaine, et que leur civilisation, dans son ensemble, apparaît très inférieure à la civilisation blanche ou à la jaune. Sans doute l'excès de chaleur ou d'humidité, qui caractérise le climat des tropiques, a-t-il engourdi leurs facultés, a-t-il développé leurs instincts et leur appétit aux dépends de leur intelligence et de leur sensibilité.

On l'a dit souvent : le nègre est un grand enfant. De l'enfant, il a la mobilité de caractère, la vivacité d'imagination et la faculté de se prendre à ses propres fictions [...]. Mais si le noir présente presque toutes les insuffisances des primitifs, il en a les qualités aussi. Ses malices et ses ruses sont facilement percées à jour ; il n'a ni la malice ni la perversité complexe du jaune. »

Onésime **Reclus** (1837-1916 ; frère d'Elisée Reclus),
Grande Encyclopédie illustrée (tome V), Éd. Bong & Cie, 1911-1914.

Outre le racisme et le sentiment de supériorité de l'homme blanc, cet extrait montre le déterminisme naturel (*cf.* p. 229) et, de façon plus précise, illustre la théorie des climats (*cf.* p. 49).

Cette géographie va progressivement passer à une géographie tropicale, suite aux travaux de Pierre **Gourou** (1900-1999). Celui-ci a privilégié les hommes, leur culture et leur relation au milieu au détriment de l'inventaire en termes de potentialités que menait la géographie coloniale. Dans les années 1960, le champ d'investigation privilégié de ces géographes fut l'Afrique et l'ancien empire colonial, au point que l'on a pu parler à cette époque d'une **géographie africaniste** marquée par un fort naturalisme, de fortes liaisons avec l'ethnographie mais une faible prise en compte du politique, de l'économie et donc du problème sous-développement.

• La géographie : une science sociale

Plusieurs géographes ont très tôt privilégié l'approche sociale. Il s'agissait par exemple d'Élisée **Reclus** (1830-1905). Cet anarchiste qui prenait en compte l'histoire et la lutte des classes a également montré le rôle du milieu sur le développement des sociétés. Il est ainsi parfois considéré comme l'un des précurseurs de l'écologie politique. Il fut l'auteur d'une *Géographie Universelle* à laquelle participa un autre géographe anarchiste, le prince Pierre **Kropotkine** (1842-1921).

Il fallut cependant attendre la remise en cause de la géographie classique dans les années 1960 pour que la géographie prenne peu à peu conscience que le simple inventaire des potentialités du milieu et des modes d'organisation spatiale ne permettait pas de comprendre le fonctionnement des espaces humanisés, qui sont avant tout le produit des sociétés qui les occupent. C'est à cette époque, sous l'influence du marxisme et de géographes tel Pierre George, que la géographie a opéré un rapprochement avec la sociologie et s'est affirmée comme une science sociale en plaçant l'Homme en société au centre de sa réflexion. Les géographes ont pris conscience que les mécanismes sociaux, les comportements politiques, mais aussi les mentalités ou les représentations, influencent la distribution des hommes et des activités. Tout territoire est le produit des sociétés qui l'occupent et le mettent en valeur, en fonction des ressources et des contraintes du milieu naturel, mais aussi de leur histoire et de leur culture. Elles ont donc construit l'espace qu'elles occupent et qui, dès lors qu'il est humanisé, n'a pas de réalité globale sans elles. L'espace doit donc être considéré comme un des éléments du système social : c'est un espace de régulation sociale. Les rapports de l'homme à l'espace (ou **rapports socio-spatiaux**) ne peuvent s'envisager sans la connaissance des rapports des hommes entre eux, les **rapports sociaux**. Certains géographes parlent de **formations socio-spatiales** pour qualifier les seules unités géographiques véritablement cohérentes.

La géographie sociale

• Ses objets et ses méthodes

L'émergence de la **géographie sociale** en tant que courant disciplinaire date de 1982 avec le premier colloque de géographie sociale. Mais elle avait été précédée par les travaux novateurs de Pierre **George** (1909-2006), auteur en 1945 d'une *Géographie sociale du monde* et par ceux de Renée **Rochefort** (née en 1927) sur la Sicile. Les géographes ne s'accordent pas sur une définition de la géographie sociale. On peut cependant dire que, d'une façon générale, elle a comme but l'étude des rapports entre le social et le spatial. Pour ce courant de la géographie, l'espace est une composante essentielle des dynamiques sociales et il faut prioritairement s'intéresser aux groupes sociaux, ainsi qu'aux formes de pouvoir et pratiques spatiales de ces groupes. Par ailleurs, ces groupes produisant du territoire, la géographie sociale étudie les dynamiques spatiales, les constructions territoriales et leurs acteurs. Un des domaines de recherche de la géographie sociale est par exemple constitué par l'étude des **territorialités**, c'est-à-dire des rapports que toute société entretient avec son territoire, en fonction d'un certain nombre de critères. En ce sens, la géographie sociale cherche à appréhender la société par l'étude de l'espace qu'elle occupe : on parle souvent à ce sujet de **dimension spatiale** des faits sociaux. La géographie sociale est donc aussi une géographie des problèmes de société. Enfin, cette géographie se veut une géographie critique et engagée : elle a un regard sur les idéologies qui modèlent l'espace (*cf.* article *Systèmes politiques et économiques (géographie et)*). Ses méthodes et techniques sont très variées : si certains privilégient les statistiques, d'autres se concentrent par exemple sur l'analyse de discours. Un point commun semble être la volonté de diversification des échelles d'observation, qui vont de l'aire culturelle à l'échelle micro, échelle à laquelle se noue souvent le lien social et échelle privilégiée de la **géographie humaniste** (*cf.* article *Culture, géographie culturelle*).

• Qu'est-ce qu'une société ?

Une **société** est une collectivité qui occupe un territoire donné. Elle est régie par des institutions propres et, en son sein, s'expriment des formes de solidarité, des liens de coopération et d'échange et des liens culturels. Les géographes l'appréhendent dans ses rapports à l'espace soit par ses caractéristiques culturelles, soit par ses rapports de force, son système social ou ses problèmes.

Toute **société** s'inscrit dans l'espace qu'elle occupe, son territoire, en le transformant selon les pratiques collectives mais aussi individuelles de ses membres. On utilise le terme plus précis de **sociétal** pour ce qui concerne les faits sociaux de la vie des individus. L'histoire des sociétés humaines, le degré de leur ouverture au monde ont donné naissance à des sociétés dont l'extension spatiale est plus ou moins importante. Il existe ainsi des micro-sociétés, alors que l'on parle de « société française » à l'échelle d'un État ou de « société américaine » à l'échelle d'un sous-continent. Conscients de ces différences fondamentales, certains sociologues, à la suite de Ferdinand **Tönnies** (1855-1936), ont distingué société et **communauté**, cette dernière supposant des liens plus étroits, de nature souvent sentimentale ou affective et l'appartenance à une même tradition. Souvent d'extension restreinte, une communauté est également très soudée alors que, dans une société, des individus voisins dans l'espace peuvent avoir l'impression d'avoir peu de liens entre eux ou être effectivement marqués par de grandes différences. Certains sociologues utilisent le concept de **société globale** pour désigner l'appartenance de ces micro-sociétés à une entité plus large, marquée par des traits communs liés aux institutions, aux croyances et aux comportements des individus.

Une société peut avoir pour origine une communauté ancienne. C'est le cas par exemple de l'Europe de l'Ouest ou de la Chine orientale. Les deux situations demeurent cependant fort différentes, l'Europe de l'Ouest ayant bénéficié de l'apport constant de populations d'origines et de cultures différentes alors que la Chine orientale présente une **société monoculturelle**, en ce sens que ses membres descendent en majorité d'un même peuple, les Hans, constituant encore aujourd'hui l'essentiel de la population. Les **sociétés**, dont l'histoire est plus récente, sont **multiculturelles** : construites par métissage (au Brésil, par exemple) ou par l'apport de populations lointaines à une communauté originelle peu nombreuse et vite dominée (Australie, États-Unis). Une société n'est donc pas forcément marquée par une unité historique, ethnique ou culturelle.

Toute société est organisée selon un **système social** qui s'exprime par la nature des relations entre ses membres et par les pratiques sociales qu'ils entretiennent. Elle est organisée selon une **structure sociale** qui suppose une répartition de ses membres en **groupes sociaux** marqués par des cohésions ou des contraintes communes. Dans les sociétés traditionnelles, le système social est parfois centré sur la **tribu**, qui est un groupement d'hommes provenant de la même famille. Il se subdivise en **clans**, correspondant aux différentes branches familiales représentées, ou en **castes**, qui s'apparentent à des classes sociales mais traduisent une hiérarchie établie et rigide, à l'image de l'organisation sociale de l'Inde. Celle-ci est également marquée par un découpage en ***j ti***, au nombre de 4635, qui correspondent surtout à des spécialisations professionnelles mais diffèrent selon les aires culturelles ou linguistiques.

Dans les sociétés modernes, les **classes sociales** sont des groupes sociaux nés de la division du travail et des inégalités de niveau de vie qui en résultent. On distingue, en reprenant les typologies issues du marxisme (*cf.* p. 495 et 498) :

– le **prolétariat**, formé des populations dont le seul bien consiste en leur force de travail ; le **sous-prolétariat** ou **lumpenprolétariat**, formé des personnes en situation très précaire et « sans conscience de classe » ;

– la **bourgeoisie**, composée de ceux qui détiennent les moyens de production et qui tirent leur subsistance de la plus-value.

Toute division en classe sociale aboutit à un système de **stratification sociale** qui distingue les individus selon leur **milieu social**, c'est-à-dire leur richesse (ou leur niveau de vie), leur accès au savoir et au pouvoir. On parle parfois de **sphères sociales** pour qualifier, dans les sociétés modernes, la possibilité pour un individu d'appartenir à différents niveaux d'une même société. Pratiquer régulièrement une activité sportive permet à un individu d'accéder à une sphère sociale particulière, dont sont exclus les autres membres de la société, même s'ils appartiennent au même groupe social.

L'ensemble des relations directes et des formes de communication entre individus dans un cadre social donné forme la **sociabilité**. La famille, l'école, la rue constituent donc des **lieux de sociabilité**.

Chaque individu a un **rôle social** (un comportement cohérent par rapport à son sexe, à son âge et à la classe sociale à laquelle il appartient) et un **statut social**, une position (ou une place) dans une société donnée qui dépend également de son sexe, de son âge, de son niveau d'instruction et de sa profession.

L'ensemble des processus par lesquels les individus apprennent les rapports sociaux entre les hommes, et donc la vie en société, forme la **socialisation**. Les mécanismes de socialisation passent par des **agents de socialisation** qui sont là aussi la famille, le voisinage, le groupe d'âge, l'école, le milieu professionnel, éventuellement les médias, et qui sont différents selon les milieux sociaux. Ils entraînent l'assimilation de **valeurs sociales** (l'amour, la discipline, le respect des autres…) qui peuvent se définir comme des idéaux de vie en société, évidemment très différents selon les lieux. Ces valeurs s'incarnent dans des **normes sociales**, qui sont des règles institutionnalisées de vie commune (ne pas voler, respecter les règles de conduite routière…) et qu'il convient donc de respecter sous peine de sanctions sociales : amende, procès… et dans des mœurs sociales, moins bien définies et mal délimitées. Dans les sociétés traditionnelles, la socialisation passe également par l'apprentissage de nombreux **rites sociaux**, à savoir des pratiques codifiées et symboliques qui perdurent et dont le but est d'obtenir la faveur des forces naturelles ou divines et de sacraliser certains passages importants : rites d'initiation, rites de naissance, de mariage.

lire aussi

Culture, géographie culturelle – Géographie (histoire de la) – Religion – Territoire, territorialisation

SOLS

Au sens géologique, le **sol** est une formation superficielle d'épaisseur variable qui évolue sous l'effet des agents atmosphériques et des organismes vivants. Il constitue l'interface, la zone de contact entre l'atmosphère, l'hydrosphère et la lithosphère. L'intérêt pour les géographes d'étudier les sols réside surtout dans le fait qu'ils sont un support essentiel de l'agriculture.

Sols et géographie

La **pédologie**, c'est-à-dire la science des sols, a vu le jour en Russie à la fin du XIXe siècle. Son objectif était d'étudier les composants des sols, les éléments qui les ont générés ainsi que leur évolution en fonction du temps et des facteurs du milieu. Il s'agissait donc de comprendre la **pédogenèse** soit l'ensemble des processus chimiques, physiques et biologiques qui participent à la formation et à l'évolution des sols. Celle-ci se caractérise par des processus d'altération de la roche-mère, des processus d'accumulation de matières organiques et des migrations ascendantes liées à l'évaporation, descendantes verticales liées à la pesanteur et descendantes obliques le long des pentes. Ces dernières sont à l'origine des **catenas** ou **chaînes de sols** qui se forment par enrichissements répétés et réciproques de sols de versants.

De nombreux géographes ont été initiés à la pédologie et certains s'en sont fait une spécialité. Il s'agissait pour eux de classifier les sols et de faire de l'étude de leurs caractères une étape de l'analyse des milieux, longtemps considérée comme un préalable indispensable à toute approche de géographie humaine classique. Les géographes cherchaient notamment à appréhender leurs propriétés et leurs potentialités agricoles et à voir en quoi ils pouvaient contribuer à expliquer la nature de la végétation, le choix des systèmes agricoles, voire les contrastes de densités de population. On présentait par exemple la fertilité des sols des vallées alluviales françaises en démontrant qu'elle n'était pas étrangère à leur mise en valeur agricole et au fait que ces vallées concentrent les populations, ce que n'autorisent pas les sols minces des Grands Causses ou des versants alpins. On évitait cependant tout déterminisme en montrant que si certains sols fertiles peuvent s'avérer très « peuplants » (les sols alluviaux et deltaïques des régions rizicoles du monde indien), d'autres, comme les sols lœssiques du Bassin parisien, le sont beaucoup moins. On montrait aussi, dans les régions viticoles, l'influence des sols sur la localisation des parcelles et la qualité des crus.

Aujourd'hui, l'étude des sols n'est plus du domaine de la géographie mais plutôt de celui des sciences de la terre et de l'environnement. Si ses bases sont encore parfois enseignées dans certaines universités de géographie, on considère la pédologie comme moins fondamentale à toute approche de l'espace, en raison notamment de la capacité des hommes à amender les sols, à les bonifier, voire à en modifier la composition chimique. On en analyse par contre davantage l'évolution en prenant en compte toutes les formes de dégradation d'origine anthropique dont ils sont victimes et la manière dont elles peuvent remettre en cause un modèle agricole, dans la perspective d'un développement durable.

La richesse et les rôles d'un sol

• Les rôles du sol

Le sol soutient la végétation naturelle ou cultivée, retient l'eau de pluie et protège le relief. Il assure aux plantes la nutrition complémentaire de celle fournie par l'atmosphère. Les éléments nutritifs sont des substances minérales ou **bases échangeables** qui proviennent de la litière minéralisée et de la roche-mère altérée. Les racines ne peuvent cependant synthétiser ces aliments qu'en fonction du **complexe absorbant** regroupant l'argile colloïdale minérale et l'humus colloïdal organique. Sans humus, il n'y a donc pas de fertilité possible d'un sol, même avec adjonction d'engrais.

Le sol présente de plus une richesse hydrologique car il retient les écoulements et assure leur régulation. Il préserve la forêt et constitue la principale richesse agricole. C'est sur la richesse du sol que se bâtirent les grandes civilisations en Mésopotamie et dans la vallée du Nil, où la fertilité des sols alluviaux contrastait avec les déserts environnants et permit la mise en place d'une agriculture prospère et ancienne. Le riz de l'Asie des moussons est également lié à la présence de l'eau et de sols alluviaux dans les plaines inondables, les deltas, les zones côtières ou les grandes vallées. La richesse maximale est atteinte quand se combinent les apports alluviaux et volcaniques.

• La richesse et la fertilité du sol

La richesse et la **fertilité** d'un sol, c'est-à-dire sa capacité à fournir d'abondantes récoltes, dépendent de plusieurs facteurs. Tout d'abord de la roche dont il dérive et du potentiel en sels minéraux utilisables par les plantes. Dans le transfert qui s'opère entre les débris rocheux et les racines des plantes, les argiles jouent un rôle capital en fixant ces sels minéraux dont se nourrissent les plantes. Cette capacité d'échange devient optimale pour les argiles tempérées et moindre pour la kaolinite des pays tropicaux. La richesse d'un sol dépend donc en grande partie de la teneur en argile et de la qualité de ces argiles. Dans le sud-ouest de la France, par exemple, les **terreforts**, plus argileux que sableux, sont remarquables de fertilité mais lourds et donc difficiles à travailler alors que les **boulbènes**, plus sableux, sont moins fertiles mais au contraire plus légers.

Elle dépend également de l'âge des matériaux qui le constituent. Un sol est d'autant plus riche que les matériaux qui l'ont constitué sont plus frais et n'ont pas été appauvris par une longue évolution pédologique. Cela explique la richesse des alluvions récentes ou dérivant des cendres volcaniques et des limons. On nomme **limon** des dépôts fins d'origine souvent alluviale ou éolienne. Ce sont par exemple les **limons proglaciaires**, formés sur le front ou sur la marge des glaciers. Les **lœss** (ou ***börde***) sont des limons proglaciaires d'origine éolienne déposés par le vent au-delà du front des grands inlandsis quaternaires. La partie supérieure du manteau lœssique est décalcifiée et forme le **lehm**, une excellente terre à brique.

La richesse d'un sol dépend également de ce que lui restitue la végétation. Certains **arbres**, comme le chêne ou le hêtre, sont dits **améliorants**, c'est-à-dire avides de sels minéraux qu'ils vont chercher loin dans le sol grâce à leurs racines et produisent donc des litières très riches. En revanche, l'ajonc, le pin sylvestre produisent des litières acidifiantes en raison de leur moindre besoin de calcium.

L'action des hommes est enfin souvent décisive. Les **amendements** – procédés pour améliorer la fertilité d'un sol ou sa capacité à produire des rendements élevés – s'effectuent par le biais d'associations particulières de cultures, par l'irrigation, le drainage ou l'adjonction d'engrais. Les **engrais organiques** proviennent de fumures animales ou résultent de l'enfouissement de cultures par labour (**engrais vert**) alors que les **engrais chimiques** (nitrates, phosphates…) sont aujourd'hui produits par l'industrie et caractérisent l'agriculture moderne des pays développés. La Champagne pouilleuse ou Champagne crayeuse, au sol maigre et à l'agriculture pauvre avant la Seconde Guerre mondiale, a été transformée par l'utilisation d'engrais et la mécanisation et est devenue une grande région céréalière.

La perception de la richesse ou de la qualité d'un sol par ceux qui le cultivent est souvent subjective. Elle témoigne d'un rapport affectif à la terre qui constitue souvent un patrimoine familial et un lieu mythique associé au labeur, à la fécondité et aux aléas climatiques, souvent perçus comme la manifestation de décisions divines. L'attachement à la terre peut devenir un problème quand il s'agit par exemple de mettre en œuvre des opérations de remembrement.

Genèse, composition et évolution d'un sol

• La genèse d'un sol

Le sol forme un milieu composite qui résulte de **facteurs abiotiques** – indépendants de l'action des être vivants – à savoir l'altération de la **roche-mère** (qui fournit les éléments minéraux du sol) et les apports atmosphériques (fixation de l'oxygène, cycle de l'azote, cycle de l'eau) et de **facteurs biotiques** – liés à l'action des êtres vivants – comme les apports de la couverture végétale et de la décomposition des êtres vivants.

Le support végétal fournit au sol des débris organiques qui vont se transformer en bases ou en acides humiques dans le cadre du processus d'**humification** ou de **minéralisation**. La vitesse d'humification dépend de la teneur en azote des débris végétaux et de l'activité biologique. Elle conditionne la nature de l'humus – de type **mull** (doux) quand la vitesse de minéralisation est rapide, de type **moder** (intermédiaire) quand la décomposition est lente et incomplète et de type **mor** (acide) quand la vitesse de minéralisation est très faible. On remarque parfois l'apparition de **tourbes** quand l'humus est formé à l'abri de l'air en milieu gorgé d'eau, ce qui ralentit encore la décomposition de la matière organique et aboutit à la formation de tourbières.

Lorsque le sol est en situation d'équilibre avec le climat et la vie animale et végétale, on parle de **sol climax** ou **pédoclimax**. Il se trouve à un stade pédologique optimal qui ne peut disparaître qu'en cas de modification climatique, d'événement violent (éruption volcanique, séisme…) ou d'une intervention incontrôlée de l'homme. Quand toutes les conditions du climax sont réunies, le milieu parvient à une situation d'équilibre entre le sol, le climat, la pente, la roche en place : c'est la **biostasie**. Si un élément est brutalement modifié, il peut avoir pour conséquence une période de déséquilibre appelée **rhexistasie**.

• Le profil d'un sol

L'examen d'un sol en coupe montre une superposition d'**horizons** formés de couches de couleur, composition chimique et taille des matériaux différents. Chaque superposition particulière forme un **profil pédologique** qui permet de définir un type de sol.

Les différents horizons des sols sont traditionnellement identifiés par des lettres. L'**horizon A**, le plus proche de la surface, est riche en matière organique et donc qualifié d'**humifère**. Les débris végétaux et animaux, encore peu décomposés, en forment la partie supérieure dénommée **litière** (L ou A0) et sont transformés par la suite en **humus**, c'est-à-dire dans une fraction décomposée de la matière organique assimilable par les racines. L'**horizon** A est dit **éluvial** car dominé par le **lessivage** ou **éluviation**, migration vers le bas (ou plus rarement vers la surface) sous l'effet de la pesanteur des substances solubles et colloïdales du sol.

L'**horizon B**, ou **horizon illuvial** est un **horizon d'accumulation** enrichi en argile, oxyde de fer ou aluminium. L'**illuviation** qualifie cette accumulation des substances du sol dans l'horizon B.

L'**horizon C** correspond à la roche-mère en voie d'altération aux dépens de laquelle sont formés A ou B. Un **horizon G** riche en fer ferreux se forme au sein ou à la limite supérieure d'une nappe d'eau permanente.

L'horizon B est caractérisé par l'existence éventuelle de phénomènes d'**induration** (durcissement d'une partie d'un dépôt) et de **ségrégation** (séparation d'éléments initialement unis). Il se forme alors soit des **concrétions**, amas généralement calcaires, des **croûtes** ou **carapaces** – formation durcie calcaire, ferrugineuse, saline ou gypseuse – et des **cuirasses**. Celles-ci peuvent être produites à la suite d'une **ferralitisation** (une libération dans un sol de fer, alumine et silice qui ensuite se solidifient). Ce sont plus fréquemment des **cuirasses d'érosion** dont l'origine provient de la disparition du couvert végétal, du décapage des horizons superficiels et du durcissement de l'horizon B parvenu en surface. Le ***bowal*** est une cuirasse latéritique typique des pays tropicaux.

Les différents types de sols

Globalement, on peut diviser la planète en cinq groupes de sols selon l'intensité de la pédogenèse et le type d'altération qui en résulte. Ce sont des **sols zonaux** qui correspondent à peu près à la trame climatique. On trouve du plus chaud au plus froid les sols ferralitiques, les sols rouges, les sols bruns, les sols podzoliques et les sols polaires. Il existe également des **sols azonaux** nés de conditions locales particulières liées à la topographie et/ou à la nature de la roche-mère : ce sont les sols désertiques, les sols noirs…

Les sols au profil ABC ont subi une pédogenèse complète. L'absence d'horizon B dans les sols au profil AC témoigne d'une pédogenèse inachevée. Selon leurs compositions, on distingue généralement huit types de sols :

– les sols pas ou peu évolués sont également qualifiés de **sols squelettiques**. Il s'agit souvent des **sols transportés** – (**sols colluviaux**, alluviaux, glaciaires ou éoliens), auxquels s'ajoutent les **rankers** – sols très acides à humus de type mor – en montagne et les sols de toundra dont les plus septentrionaux sont des **gélisols**, des sols gelés, caractérisés par la présence d'un horizon profond toujours gelé (**pergélisol** ou **permafrost** ou ***merzlota***) et d'une partie superficielle qui dégèle pendant l'été (**mollisol**). Lors de périodes de réchauffement, ces sols peuvent dégeler et devenir boueux par liquéfaction lors de la ***raspoutitsa***, période de dégel ;

– les sols évolués sont représentés par les **sols bruns** des pays tempérés et les **sols bruns lessivés,** des sols à humus mull généralement développés sous forêt de feuillus et plus ou moins lessivés ;

– les **sols isohumiques** sont caractérisés par la présence d'un humus mull très abondant et réparti de façon homogène dans la partie supérieure du profil. Ils sont bien développés dans les steppes semi-arides à climat continental (Ukraine, Chine, Argentine). Le ***chernozem*** ou ***tchernoziom*** est le sol isohumique le plus fertile ;

– les **sols à humus brut** sont des **podzols**. En présence d'eau, la matière organique, très acide à humus mor, attaque et détruit les argiles. L'alumine et le fer sont entraînés et il reste un horizon A2 lessivé et cendreux surmontant un horizon d'accumulation humique et ferrugineux. Ce sont des sols de régions froides, souvent sous forêt boréale. La **podzolisation** est un phénomène résultant de l'action d'un humus mor. Elle tend à produire des substances acides agressives conduisant à une dégradation de l'argile, ce qui permet ensuite un lessivage du fer et de l'alumine accumulé dans l'horizon B ;

– les **sols calcimorphes**, formés en roche-mère calcaire, sont défavorables à la végétation et à l'agriculture. La plupart d'entre eux sont des **rendzines**, sols calcaires marqués par la présence d'une argile de décomposition rougeâtre dénommée ***terra rossa*** en milieu méditerranéen. Celle-ci est le plus souvent un **paléosol**, un sol hérité de périodes plus anciennes, souvent sous d'autres conditions climatiques ;

– les **sols halomorphes** se caractérisent par la présence de sels parfois accumulés en efflorescences. Ce sont les ***solontchak***, des ***solonetz*** et des ***solod*** ;

– les **sols hydromorphes** sont liés à la présence d'eau (nappe) ou au mauvais drainage des eaux de surface. Ce sont les **sols à gley** ou **pseudogley**, ainsi que les **tourbes**. Caractérisés par des phénomènes de réduction, ils présentent un horizon noirâtre avec des tâches de rouille. Ils supportent des forêts, des prairies et des tourbières. Les **boulbènes** sont des sols limoneux lessivés hydromorphes du Sud-Ouest aquitain ;

– les **sols à oxydes** sont typiques des régions méditerranéennes et tropicales. L'hydrolyse et l'oxydation sont poussées à l'extrême et la déforestation provoque la formation de **croûte** ou **cuirasse latéritique**. Ce sont les **sols rouges méditerranéens** dits **rubéfiés**, colorés en rouge par les oxydes de fer déshydratés. Ce sont également les **sols ferralitiques tropicaux** qui nécessitent un bon drainage. Dans les dépressions mal drainées en bas de pente se forment les **vertisols** (ou ***regurs*** en Inde ou **tirs** autour de la Méditerranée) : sols noirs et argileux caractérisés par la présence d'une argile gonflante, la montmorillonite.

Menaces et protection des sols

• Les menaces sur les sols

Elles se présentent sous plusieurs formes et aboutissent à la **dégradation** des sols, c'est-à-dire à un affaiblissement de leur potentiel productif. Elle peut conduire, à son degré ultime, à une **stérilisation**, à savoir une perte totale et irréversible de fertilité. C'est d'abord l'érosion éolienne qui déblaie les sols des éléments fins constituant leur surface. C'est également l'érosion par ruissellement et l'altération chimique, voire la pollution. Les causes et les conséquences de ces formes variées de dégradation des sols sont nombreuses et dépendent souvent du type d'exploitation agricole.

Dans les pays développés, la pression sur les sols est maximale. Dans les terroirs cultivés des pays neufs à faible pluviométrie, aux États-Unis, au Brésil ou dans l'ex-URSS, la technique culturale du ***dry farming*** a eu de graves conséquences. Il s'agit de laisser le sol en jachère pendant un an tout en le travaillant pour qu'il emmagasine l'eau. Cette pratique ne permettant pas au sol de se stabiliser ni de se recouvrir d'une végétation protectrice, conduisit certains espaces à connaître des évolutions irréversibles de leurs sols. Ce fut le cas du Kansas, région de culture sèche du blé, où une tempête de sable en 1934 arracha une grande partie du sol cultivable. Cette érosion éolienne et les fortes pluies qui lui succédèrent provoquèrent la stérilisation de 400 000 hectares et la constitution de cuvettes de poussière ou ***dust bowl***.

L'irrigation excessive a également de graves conséquences sur les sols. L'une des principales est la **salinisation** – enrichissement en sels – des sols dans les espaces semi-désertiques. Il s'agit d'accumulation en surface de sels minéraux liée à un lessivage du sol qui provoque le remplacement du calcium par du carbonate de soude. Des millions d'hectares furent ainsi stérilisés en Ouzbékistan, dans des zones destinées à la culture irriguée du coton. Le même phénomène se retrouve en Californie, dans les espaces irrigués des grandes vallées alluviales ou des espaces littoraux. Une mauvaise gestion de l'irrigation, conçue parfois sans système de drainage, peut également provoquer un **engorgement hydrique** des sols (***waterlogging*** c'est-à-dire « eaux bloquées ») qui provoque l'asphyxie des sols. C'est le cas en Inde depuis la mise en œuvre de la révolution verte. À l'inverse, un drainage excessif des sols peut causer une baisse du niveau de la nappe phréatique, un déficit hygrométrique du sol et sa **dessiccation** – formation de fissures après assèchement – favorisant l'érosion éolienne.

À un degré moindre, la modification des pratiques culturales a également une influence. La suppression des assolements liée à la mécanisation, la **débocagisation** (ou le **débocagement**) c'est-à-dire la raréfaction du bocage par arrachage d'arbres et arasage des talus, les remembrements, les modifications de la voirie pour s'adapter aux machines agricoles, l'adoption de cultures épuisantes, l'emploi d'herbicides aboutissent à une suppression des microclimats, à une modification de la résistance des sols à l'érosion éolienne, à l'augmentation du ruissellement, au durcissement des sols et à leur appauvrissement en bases échangeables. Ces procédés favorisent le lessivage et l'acidification du sol et conduisent à leur podzolisation.

Enfin, les régions agricoles riches marquées par les pratiques agricoles productivistes soumettent leurs sols à la **pollution** par l'accumulation de composés divers qui peuvent, par leur toxicité, avoir des effets nocifs sur les végétaux et sur le reste de la chaîne alimentaire (animaux herbivores, animaux carnivores et hommes). Les substances polluantes, souvent d'origine chimique, parviennent aux sols par l'intermédiaire d'engrais phosphatés et ammoniacaux ou de produits insecticides et fongicides dont l'utilisation s'est grandement accrue depuis les années 1960. Si l'emploi d'engrais n'entraîne pas forcément une pollution importante, une utilisation excessive de produits chimiques peut provoquer des souillures graves des sols comme des nappes phréatiques. Il en va de même des épandages exagérés de fumier ou de lisier et de l'irrigation des terres arides, pouvant aboutir à des concentrations excessives de sels. La pollution des sols peut également être d'origine accidentelle : le soufre de déchets industriels par exemple ou les retombées radioactives, comme en Europe à la suite de l'accident de la centrale ukrainienne de Tchernobyl en avril 1986. Dans ce cas, la pollution des sols est d'autant plus grave qu'au-delà des conséquences immédiates (arbres morts, bétail contaminé...), la persistance des produits dans le sol est longue. Ainsi, plusieurs années après la catastrophe, les substances, en migrant dans les sols, continuaient de circuler dans les écosystèmes, en contaminant des ruminants vivant dans des zones ayant pourtant subi peu de retombées radioactives directes.

Dans les PED, les défrichements excessifs et le raccourcissement des jachères sont les principaux problèmes. Le recul de la végétation pour augmenter les surfaces cultivables, par surpâturage ou pour trouver du combustible, provoque la dégradation des sols forestiers, de savane ou de steppe, qui souvent ne se reconstituent pas. La réduction de la durée de la jachère appauvrit le sol en humus et conduit progressivement à des processus de stérilisation, notamment dans les milieux tropicaux marqués par une faible **résilience** (capacité d'un système à changer et revenir à son état initial).

L'érosion par ruissellement provient également d'une mise en culture inconsidérée et trop intensive. Le labour dans le sens de la pente et/ou la destruction de la forêt provoquent l'érosion des sols, l'apparition de phénomènes de ravinement à l'origine d'entailles dont les noms varient selon les régions : **ravines** en France, **roubines** en Provence, ***badlands*** ou ***gullies*** aux États-Unis et ***ovraghi*** en Ukraine. Les phénomènes de **glissements en masse** et de **solifluxion** – descente de matériaux sous forme boueuse –, sont caractéristiques de ces espaces dès lors que la pente est forte. Ils forment des grandes ravines comme les ***lavakas*** de Madagascar ou les ***voçorocas*** au Brésil. Il semble que dans les régions sèches, l'érosion du sol par ruissellement demeure intimement liée à la hauteur des précipitations, à leur intensité et à leur durée.

Les principales menaces qui pèsent sur les sols en Europe

« [...] La Commission européenne a dressé la liste, par ordre de gravité décroissante, des principales menaces qui pèsent sur les sols :
- érosion, qui affecterait 17 % du territoire européen ;
- diminution des teneurs en matières organiques [provoquant] la baisse de productivité agricole et la fragilisation des sols [...] ;
- contamination, diffuse et locale ;
- salinisation : la France est pour l'instant assez peu concernée par cette menace, plus répandue dans les zones méditerranéennes ;
- diminution de la biodiversité ;
- tassement, c'est-à-dire compaction des sols ;
- imperméabilisation, sous l'effet de la croissance urbaine ;
- inondations et glissements de terrain. »

IFEN (Institut français de l'environnement), *L'Environnement en France*, coll. « Les Synthèses », octobre 2006.

• La protection des sols

Elle s'impose comme une préservation indispensable du potentiel naturel dans de nombreux pays touchés par l'érosion des sols.

Un des premiers exemples fut la loi de conservation des sols votée en 1936 aux États-Unis. Elle décida de 15 milliards de dollars de dépenses entre 1936 et 1955 sans réussir totalement à inverser les processus.

Les techniques sont nombreuses et se regroupent autour de quelques thèmes :

– la modification des techniques culturales : réduction de la monoculture, **rotation** et diversification **des cultures** par la mise en place d'**assolements** complexes en réduisant la place des céréales ; étendues plus importantes laissées à l'écart des labours ; développement des prairies artificielles et de l'engrais vert, association de l'élevage et de l'agriculture ; utilisation à bon escient des produits traitants dans le cadre de l'agriculture raisonnée ;

– le contrôle du **défrichement** (enlèvement de toute végétation naturelle), le maintien de rideaux d'arbres et le **reboisement**, qui consiste à replanter en jeunes arbres des espaces défrichés. Le reboisement est parfois concomitant de la modification du profil des torrents pour éviter l'érosion régressive. Les parcs montagnards d'Italie, d'Espagne ou de Grèce ont mené des politiques très actives de reboisement pour reconstituer les sols et les préserver de l'érosion ;

– le labourage qui tient compte des conditions du milieu : selon les courbes de niveau sur un versant, selon une direction perpendiculaire au vent dans une vallée exposée et souvent en réduisant la dimension des parcelles et en y pratiquant des cultures alternées (***stripes*** aux États-Unis) ;

– la création de terrasses dès lors qu'il y a pente ;

– la maîtrise de l'eau et du drainage par la construction de petits barrages ou lacs de retenue ;

– l'irrigation par aspersion ou au goutte à goutte ;

– le **sous-salage** dans les sols lessivés : un labourage profond destiné à remonter les éléments profonds.

Il suffit souvent, pour trouver les solutions, de prendre exemple sur les système culturaux traditionnels qui préservaient les sols : le bocage de l'ouest de la France, la culture sur brûlis en Afrique tropicale ou la riziculture inondée de l'Asie de l'Est. Mais, dans le cadre de l'agriculture productiviste, les réticences à la fois culturelles et économiques demeurent nombreuses.

lire aussi **Agriculture – Érosion, modelé – Milieu, géosystème, environnement – Végétation**

Systèmes politiques et économiques (Géographie et)

Les systèmes politiques et économiques des différents pays ont des conséquences géographiques fondamentales. Les moyens d'action des États, leur perception de l'aménagement du territoire, de leur sécurité et donc des frontières peuvent varier. De même, les choix économiques ont des conséquences spatiales, à la condition cependant que l'État, qui assume les choix, dispose du long terme.

Les implications géographiques des principaux systèmes politiques

Si l'étude des systèmes politiques ne relève pas de la géographie, leur connaissance s'avère toutefois indispensable pour comprendre les « comportements géographiques » des différents États.

À l'échelle mondiale, c'est la question des rapports entre systèmes différents qui s'est trouvée au centre des analyses géopolitiques, étudiant les zones de tension, les discontinuités spatiales, les échanges entre systèmes différents et antagonistes (*cf.* article *Géopolitique*). Ainsi, les données spatiales influencent parfois les données politiques : les États-Unis jouèrent un rôle direct dans la démocratisation de l'Amérique latine durant les années 1980 (invasions du Panamá et de la Grenade) dans le cadre de la **doctrine de Monroe**, datant de 1823, mais toujours en vigueur (« l'Amérique aux Américains »). De même, toujours d'un point de vue territorial, la **théorie des dominos** (*cf.* p. 255), formulée en 1954 par Eisenhower, s'est avérée exacte, mais en sens inverse de ce que craignait son auteur. L'effondrement en chaîne du bloc soviétique en Europe de l'Est en 1989 répond à des logiques spatiales, même si elles ne représentent que des causes très secondaires : le déclenchement de la Révolution de Velours tchécoslovaque est en partie lié aux trajets effectués par les Allemands de l'Est qui, pour fuir la RDA, passaient par Prague.

De façon schématique, on peut distinguer les démocraties des dictatures. La **démocratie** est le système politique dans lequel la souveraineté émane du peuple, qu'il s'agisse d'une république comme en France ou d'une monarchie parlementaire comme en Angleterre. Au contraire, dans une **dictature**, le pouvoir se trouve entre les mains d'une ou de plusieurs personnes, de façon plus ou moins autoritaire, mais toujours sans contrôle populaire. La démocratie est le plus souvent **représentative**, comme c'est le cas de la démocratie libérale : chaque citoyen, par le droit de vote, choisit ses représentants qui, eux, disposent concrètement du pouvoir pour un temps donné, celui de leur mandat électif. Cette notion est indissociable de la **séparation des pouvoirs** exécutif et législatif et de l'indépendance du pouvoir judiciaire.

Dans le cadre d'une démocratie, les citoyens interviennent sur l'espace de plusieurs manières. Ce sont leurs représentants qui décident des grandes options en matière d'aménagement du territoire (*cf.* article *Aménagement du/des territoire(s)*). Le citoyen est donc associé à la décision par le biais du suffrage universel. La volonté nationale pouvant être contradictoire avec des choix locaux, l'État essaie de pratiquer la concertation entre les différents partenaires (les communes par exemple), à moins que le projet ne soit considéré comme d'importance vitale pour le pays, auquel cas l'État impose ses choix. Mais il arrive que les citoyens interviennent également dans ces décisions, par le biais de la contestation, de manifestations, voire par la création de véritables groupes de pression (**lobbies**). Des choix en matière d'aménagement du territoire peuvent en effet entraîner de fortes oppositions provoquant un effet « ***Not in my backyard*** » (ou **NIMBY**, acronyme de l'expression). Cette expression anglo-saxonne (« pas dans mon jardin ») désigne le combat d'acteurs locaux, souvent sous la forme d'associations, qui jouent un rôle d'opposition à tel ou tel projet considéré d'intérêt général. Le citoyen, dans une démocratie, est donc un véritable acteur des choix en matière d'espace. On observe depuis quelques années une tendance à créer des organisations qui diffèrent des organisations traditionnelles tels les syndicats : il s'agit par exemple en France, de « coordinations » (étudiants, infirmières...) formées lors de mouvements de grèves, ou encore d'associations parfois qualifiées de citoyennes pour mettre l'accent sur leur volonté d'intervenir sur la vie de la cité. On peut citer, parmi bien d'autres, **ATTAC** (**Association pour la taxation des transactions financières et d'aide aux citoyens**), qui s'efforce d'intervenir sur les conséquences de la mondialisation (réunions, manifestations, participation aux Forums sociaux mondiaux...).

De nos jours, à l'échelle mondiale comme à l'échelle d'un pays, un terme à la mode, la **gouvernance** (de l'anglais *governance*), recoupe en partie celui de démocratie. Ce terme signifie en effet une gestion des affaires reposant sur un terrain d'entente trouvé entre des acteurs nombreux et d'intérêts au départ forts différents, voire contradictoires. Le terme suppose donc une répartition horizontale des pouvoirs entre des acteurs obligés de discuter entre eux. L'ONU, comme ses organismes spécialisés (FMI et Banque mondiale notamment) entendent pratiquer la « **bonne gouvernance** », voire dans un cadre de mondialisation, « la **gouvernance globale** », c'est-à-dire une discussion entre des États de droit, entre des dirigeants responsables de leurs actes, ici au niveau mondial, et surtout une grande transparence des actions menées. Dans ce contexte, les adeptes de la « bonne gouvernance » pensent que les différents peuvent être aplanis et qu'une coopération peut s'installer au niveau mondial. Les oppositions virulentes à la mondialisation libérale menée par le FMI montrent que cette bonne gouvernance exprime plus une déclaration de principe qu'une vraie volonté...

Dans une dictature, le citoyen bénéficie de pouvoirs plus limités. En dictature, la séparation des pouvoirs est moins nette, souvent formelle, voire inexistante. En particulier, le pouvoir judiciaire se retrouve souvent accaparé par l'exécutif. Pour le **marxisme** qui considère que, dans une démocratie représentative, l'égalité entre citoyens n'est que théorique tant qu'existent des inégalités sociales, le peuple doit prendre et exercer le pouvoir (**dictature du prolétariat**) pour mettre fin à la domination d'une classe sociale, la bourgeoisie en l'occurrence. Le parti unique devient donc une nécessité qui permet d'installer une **démocratie** « totale » dite **populaire**, dont la Corée du Nord reste, en 2008, l'un des derniers exemples.

Au contraire, les démocraties libérales reposent sur le pluripartisme et mettent l'accent sur la garantie des libertés individuelles.

Les dictatures n'engendrent pas forcément des systèmes économiques semblables. Il y a eu des dictatures d'économie socialiste, comme l'URSS, et des dictatures d'économie libérale, comme le Chili ; l'exemple chinois montre même que l'on peut passer progressivement de l'une à l'autre. Cependant, les systèmes dictatoriaux ont en commun d'intervenir puissamment sur les sociétés et sur l'espace, d'une part parce qu'ils en ont les moyens politiques, d'autre part parce que cela correspond à leur volonté de tout contrôler, en particulier dans les **régimes totalitaires**. Les déplacements forcés de population au sein de l'URSS visaient souvent à la mise en valeur de régions difficiles comme la Sibérie ; ils s'accompagnaient de grands travaux et de la création de villes *ex nihilo*. Les fins politiques se mêlaient ainsi aux buts économiques et stratégiques, voire scientifiques. L'inexistence de contre-pouvoir explique aussi en partie que la pollution soit plus forte et l'environnement plus dégradé dans les pays qui demeurent ou étaient récemment le siège d'une dictature.

Les implications géographiques des principaux systèmes économiques

Les systèmes économiques, en modelant les activités et les sociétés des différents pays, engendrent des conséquences géographiques fortes. D'une façon simplifiée et en première approche, s'opposent ceux qui privilégient l'interventionnisme de l'État et ceux qui, au contraire, favorisent l'initiative privée.

• Libéralisme et capitalisme

Le **libéralisme** est une doctrine économique et politique fondée sur la liberté individuelle. Selon les théories libérales, l'action de l'État doit se restreindre, dans le domaine politique, à garantir les libertés individuelles, notamment le droit de vote et le droit de propriété, et rester, dans le domaine économique, limitée aux domaines qui ne génèrent que peu ou pas de profit (éducation, santé, transports...) et au contrôle des marchés afin de faire respecter les règles de la concurrence. De nos jours, bien que privilégiant encore le marché et la « loi » de l'offre et de la demande, les libéraux reconnaissent comme indispensable une intervention mesurée de cet État. En vertu de ces principes, les théories libérales dominantes imposent par exemple les privatisations d'entreprises autrefois nationalisées et la déréglementation des transports aériens : le but de cette dernière opération est de lutter contre un protectionnisme souvent fort, mais est aussi idéologique. D'un point de vue purement géographique, la répartition spatiale des différentes entreprises ou encore des catégories sociales dans les communes devrait donc montrer la répartition « naturelle » des phénomènes. Une telle analyse demeure toutefois caricaturale puisque d'autres facteurs jouent et que l'État libéral intervient toujours, ne serait-ce que par le jeu des subventions ou par l'aménagement du territoire.

Doctrine plus limitée, le **libre-échange** prône la liberté de circulation des biens. Théorie ancienne, formulée dès le XVIIIe siècle par Adam Smith, elle connaît un net regain de nos jours. C'est par exemple l'extension à plus de 150 pays d'un organisme comme l'OMC, qui tend à limiter les restrictions aux échanges internationaux.

À l'opposé de ce système, le **protectionnisme** vise à favoriser les productions nationales, principalement par l'établissement de droits de douane pénalisant les productions étrangères. En vigueur avant 1914, il fut appliqué de façon très importante après 1929. Le protectionnisme passa même dans certains cas, en Allemagne nazie notamment, à une véritable **autarcie**, c'est-à-dire à une tentative de total isolement commercial vis-à-vis du reste du monde.

Le **capitalisme** se trouve parfois confondu dans un abus de langage avec le libéralisme. S'il prône aussi la liberté, notamment d'initiative individuelle, et la propriété privée des moyens de production et d'échange, il insiste également sur la nécessité d'accumulation des capitaux, financiers mais aussi techniques et humains. La confusion entre les deux termes vient du fait qu'au cours du XXe siècle, le capitalisme a souvent été un **capitalisme libéral**, qualifiée de « sauvage » par ses adversaires, privilégiant l'initiative privée et luttant contre les puissances étatiques. Mais ce capitalisme a aussi compté au cours du siècle avec la forte intervention de l'État et a parfois privilégié le protectionnisme. Il devint même, dans certaines circonstances, un véritable **capitalisme d'État**. Ce fut le cas pour la voie brésilienne de développement qui s'est traduite dans les années 1960 par l'incitation au développement d'industries nationales, en collaboration avec les FMN étrangères, par la création d'infrastructures importantes, de réalisations de prestige (Brasilia et le barrage d'Itaipu, sont les exemples les plus célèbres) et par des mutations sociales violentes, marquées par des inégalités criantes.

Les voies de développement, choisies par différents PED, constituent donc des révélateurs de ces choix économiques entraînant des conséquences spatiales ou sociales fortes.

• Marxisme et socialisme

Le capitalisme a été critiqué dès le début du XIXe siècle, mais il faut attendre Karl Marx (1818-1883) et le marxisme pour lui voir opposer un système politique et économique cohérent. Le **marxisme** est tout à la fois une doctrine politique, un programme d'action révolutionnaire et une vision de l'histoire, opposant des classes sociales dominées et dominantes. D'un point de vue économique, le marxisme dénonce le capitalisme et la propriété privée des moyens de production engendrant une « accumulation des profits », une « plus-value » du côté des possédants et une « paupérisation », une « exploitation » du prolétariat qui ne dispose lui que d'un « salaire de subsistance ». Le marxisme privilégie le rôle de l'État et la propriété collective des moyens de production et d'échange. C'est donc un **communisme**, littéralement une mise en commun des biens. D'autres formes de communisme ont pu exister avant le marxisme, mais les théories marxistes appliquées au XXe siècle ont été celles du marxisme-léninisme imposées notamment en Union soviétique, en Europe de l'Est et en Chine.

L'**économie socialiste**, mise en place dans ces pays, présentait de nombreuses particularités. Les moyens de production, agricoles ou industriels, étaient collectivisés à des degrés divers selon le pays et l'époque : ainsi l'Albanie d'Enver Hodja, la Chine du « Grand bond en avant » poussèrent beaucoup plus loin le collectivisme que, par exemple, la Hongrie des années 1970. C'était une **économie planifiée** par des **plans quinquennaux** le plus souvent, organisant sur cinq ans toute la vie économique du pays et fixant les productions à atteindre. Ces plans, faisant force de loi, étaient impératifs. Le secteur industriel était souvent favorisé, en particulier les industries lourdes considérées comme industrialisantes. Une très forte subordination de la nature accompagnait ces politiques industrielles et était même valorisée, de façon symbolique, par l'idéologie :

ainsi, les billets de banque de différents pays affichaient, aux côtés ou à la place des grands hommes du régime, des usines aux cheminées fumantes, montrant la réussite industrielle socialiste. Dans les pays d'économie socialiste, l'État possédait aussi le contrôle du commerce et des prix (« prix administrés ») qui lui permettait d'orienter la demande. Conséquence de cette très forte intervention de l'État, le centralisme était poussé à son plus haut point, malgré l'existence de collectivités coopératives en théorie autogérées. On retrouve ce centralisme dans le rôle et souvent la taille pris par les différentes capitales : Moscou a ainsi supplanté Saint-Pétersbourg. Les paysages urbains portent encore de nombreuses marques de cette période : statuaire et architecture monumentale, voire grandiloquente, de certains centres-villes. D'une façon plus générale, les gouvernements avaient la volonté de marquer l'espace de leur empreinte de façon « définitive ». Ainsi, la modification et l'agrandissement du parcellaire, résultant de la collectivisation, constituèrent des supports privilégiés de la propagande.

Le modèle de développement marxiste, voire soviétique, a été adopté, surtout dans les années 1960, par un certain nombre de pays en développement amis ou alliés de l'URSS. Le cas algérien est peut-être le plus connu, mais nombre de pays l'ont suivi, comme le Mozambique et l'Éthiopie. De nos jours, ces doctrines politiques et économiques ne s'appliquent plus guère, même dans les pays « confettis » de l'Empire soviétique. Ainsi, Cuba réintroduit le dollar et ouvre ses frontières aux touristes et aux entrepreneurs étrangers.

Tous ces systèmes politiques et économiques entraînent donc des implications géographiques diverses, qu'il s'agisse de la dégradation de l'environnement, de la localisation des industries, de l'urbanisme, ou encore des paysages agraires. En URSS, en Hongrie, le cadastre était redessiné au profit de parcelles géantes (de 150 à 200 hectares en Hongrie) ; l'habitat groupé, plus propice à la collectivisation, était favorisé, dans des pays pourtant traditionnellement d'habitat dispersé. La disparition à la fin des années 1980 du système communiste n'a pas encore complètement changé cet état de fait. Enfin et surtout, les sociétés sont fortement marquées par les différents systèmes et l'étude de ces implications sociales relève de la géographie, science sociale. Parmi les exemples les plus évidents, on peut citer la volonté de favoriser la vie en collectivité dans des régimes parfois très différents : commune populaire en Chine, kibboutz en Israël…

Urbanisme et systèmes politiques, le cas d'Achkhabad

L'évolution d'Achkhabad, la capitale du Turkménistan, montre comment les systèmes politiques peuvent avoir des conséquences sur l'urbanisme. En 1948, la ville fut rasée par un tremblement de terre. Elle fut reconstruite sur le modèle stalinien : présence d'un palais de la culture grandiloquent, mais surtout multiplication d'immeubles de logement tous identiques disposés de part et d'autre d'avenues disproportionnées, statues à la gloire de Staline et de Lénine. Avec l'indépendance en 1991 et l'arrivée au pouvoir du Président Niazov, la ville a fait l'objet d'une reconstruction en profondeur, notamment menée par le groupe français Bouygues. Si le but est officiellement l'embellissement de la ville, il s'agit aussi de répondre à la mégalomanie de Niazov, décédé en 2006 : érection de statues géantes du dictateur, dont une en or tournant en fonction du soleil, reconstruction des principaux monuments publics dont le palais présidentiel en marbre blanc, construction d'un zoo réfrigéré au nord de la ville destiné à accueillir une colonie de pingouins... Ces quartiers nouveaux cohabitent désormais avec des quartiers de l'époque soviétique.

Les conséquences géographiques des changements de système politique ou économique

Les différents systèmes politiques et économiques peuvent évoluer, voire disparaître brutalement, lors d'une révolution, ou graduellement par le jeu des alternances électorales. Si ces variations sont l'un des champs privilégiés de l'analyse historique et de la science politique, elles présentent aussi une dimension géographique.

Dans un contexte de révolution, les modifications géographiques deviennent généralement importantes. Les changements peuvent même être dramatiques comme lorsque les Khmers rouges décidèrent de « ruraliser » le Cambodge et vidèrent de sa population la capitale, Phnom Penh, en 1975.

La chute du communisme en Europe de l'Est s'est traduite par des changements territoriaux, économiques et sociaux particulièrement rapides. De façon très symbolique, les nouveaux régimes ont souvent modifié le nom des villes, dans un but évident d'appropriation de l'espace. Leningrad est redevenue Saint-Pétersbourg et Gorki, Nijni Novgorod. La tradition n'est certes pas nouvelle. Les Soviétiques avaient systématisé le procédé : Dzerjinski, Kalinine, Kirov, Ordjonikidze, Sverdlovsk… furent tout autant des villes que des membres du Politburo ! Ils poussèrent même le système jusqu'à l'absurde avec par exemple la ville de « Première usine intégrée de tubes lisses de l'Oural ». Avant eux, les tsars avaient fait de même, tout comme, à d'autres périodes et en d'autres lieux, de nombreux autres souverains : plusieurs villes de l'Antiquité se nommèrent Alexandrie ou Alexandrette, en référence à Alexandre le Grand.

La fin du bloc soviétique a également engendré des conséquences migratoires avec l'ouverture des frontières : migrations dans les zones frontalières, migrations économiques temporaires, émigration de minorités de l'ex-URSS dans des pays où elles sont mieux représentées (Magyars de Roumanie en Hongrie par exemple, mais aussi « **pieds-rouges** », Russes des anciens États soviétiques devenus indépendants réintégrant la Russie), émigration définitive vers l'Ouest avec l'appui d'une diaspora présente par exemple aux États-Unis, fuite des cerveaux.

À une autre échelle, les changements territoriaux et frontaliers, plus ou moins douloureux, sont nombreux (ex-URSS, ex-Yougoslavie...) et se traduisent souvent par un émiettement territorial. La perception même de la géographie de l'Europe se modifie avec la levée du rideau de fer, entraînant de nouveaux flux financiers et touristiques. Prague, longtemps oubliée par les Occidentaux, a retrouvé sa place « au centre » de l'Europe et attire depuis 20 ans touristes et investisseurs. De façon générale, tous les flux se sont accrus et la plupart des PECO sont intégrés à l'UE.

Le cas de la Chine est révélateur des implications géographiques que peut avoir un changement, même partiel, de système économique. Ainsi, l'ouverture aux investissements étrangers, enclenchée par Deng Xiaoping à la fin des années 1970, entraîne une littoralisation des industries et, plus généralement, des activités et de la population. Ceci se fait au détriment de l'intérieur – la plus grande partie du territoire –, privilégié à l'époque maoïste.

La géographie se doit donc, en tant que science sociale, de prendre en compte les différences de systèmes économiques et politiques.

Croissance et crise économique

L'économie mondiale est marquée par une alternance des périodes de croissance et de crise d'ampleur plus ou moins grande (**cycles économiques**), qui ont conditionné les évolutions des espaces concernés et la vie de ceux qui les habitent.

La **croissance** correspond à l'augmentation soutenue et durable de la production industrielle, des investissements, des revenus et de la consommation. Pour qu'il y ait croissance, il faut une progression sur le long terme et donc non conjoncturelle de la production et du PIB. Si le mouvement d'augmentation de la production est rapide à court terme et réversible, on parle davantage d'une **expansion économique**. Si la hausse est très rapide, spectaculaire et de grande ampleur, les économistes utilisent le terme de **boom économique**, voire de **miracle économique** pour les redressements spectaculaires de l'Allemagne ou du Japon après la Seconde Guerre mondiale ou l'émergence des NPIA pendant les années 1970. Quand la croissance est suffisamment durable, elle peut conduire à une phase de **prospérité** qui se traduit par l'abondance de la production et la vigueur de la consommation. La croissance n'est pas seulement économique et s'accompagne de changements sociaux et spatiaux. Elle suppose des mutations structurelles importantes qui en font parfois un préalable au développement.

C'est au XIXe siècle que l'on commence à utiliser la notion de croissance, du fait de la **révolution industrielle**, qui aboutit à une modification du rapport entre les différents secteurs de l'économie, des progrès technologiques rapides et déterminants, notamment la révolution des transports qui aboutit à un « rétrécissement » de l'espace, des évolutions sociales marquées par une modification de la répartition entre monde rural et urbain et une adaptation des mentalités. Une des plus importantes périodes de croissance, les **Trente Glorieuses**, vit la production industrielle globale multipliée par cinq. Jean Fourastié, le premier, employa cette formule en 1979 pour qualifier la plus forte croissance que la France ait connu durant toute son histoire. Il s'appuya sur l'étude de Douelle, petit village du Quercy, dont il fit le diagnostic en 1946 et en 1975 et pour lequel il décrivit de spectaculaires évolutions : des mutations démographiques, voire physiologiques, comme une espérance de vie accrue ou une augmentation de la taille moyenne des individus, des mutations professionnelles par la raréfaction des agriculteurs, dans le niveau de vie, par un équipement bien supérieur des ménages, dans l'origine régionale, par l'augmentation des habitants nés ailleurs... Pendant cette période, ou plus exactement de 1951, fin de la période de reconstruction d'après-guerre, à 1973, où la France est touchée par le premier choc pétrolier, le pays connut plus de vingt ans (mais moins de trente !) d'une croissance moyenne de PIB de 5,4 % par an.

On distingue traditionnellement différents types de **crises économiques**. Les crises d'Ancien Régime étaient liées à une sous-production agricole qui engendrait des pénuries, des pratiques spéculatives et des hausses de prix. La crise, rurale au départ, se propageait au monde urbain dépendant des campagnes pour son approvisionnement. Les crises modernes, par contre, résultent de phénomènes de surproduction agricole ou plus souvent industrielle ainsi que d'une sous-consommation par insuffisance de la demande. Elles ont également souvent des causes financières, liées notamment à la formation de **bulles spéculatives** à la suite de hausses aberrantes des prix sur le marché des actions, de l'immobilier (ou même du marché des matières premières), sans que celles-ci soient justifiées par les réalités économiques. Ces crises ont été nombreuses depuis la fin du XIXe siècle, mais la principale fut celle de 1929. Quand la croissance connaît un simple ralentissement, le terme de crise est exagéré, il faut alors employer le terme de **récession** économique.

lire aussi

Aménagement du / des territoire(s) – Développement, Sud – État, nation, pays – Géopolitique – Mondialisation, système-monde

TERRITOIRE, TERRITORIALISATION

Le terme territoire est d'un usage assez récent en géographie. De plus en plus utilisé, il l'est avec des sens relativement différents. Parmi toutes ses acceptions, celle d'espace approprié est sans doute la plus fréquente. Mais elle fait l'objet d'un débat révélateur de conceptions divergentes de la géographie.

Les différents sens du terme territoire

On peut donner en première approche trois définitions du mot **territoire**, définitions ne s'excluant d'ailleurs pas mutuellement. Les deux premières acceptions en font un terme assez neutre, ne se prononçant pas sur les rapports qu'entretiennent les hommes avec cet espace. Le terme peut tout d'abord désigner un découpage administratif. Les « Territoires du Nord-Ouest » ou « du Yukon » au Canada correspondent à des espaces ayant une autorité compétente, mais n'ayant pas dans le cas du Canada une forte homogénéité de population. De même, la DIACT (*cf.* p. 28) nomme territoire de manière assez générale tout espace de projet correspondant à l'aménagement des territoires. Un territoire est ensuite de manière plus précise une étendue correspondant à un espace limité par des bornes, des frontières, et contrôlé par une autorité. Il abrite une population particulière, voire une nation. On parle de territoire français ou de territoire national. Les Pays et Territoires d'Outre-mer en France (PTOM) correspondent donc aux deux sens précités du terme : division administrative française et existence d'un peuplement particulier disposant d'une certaine autonomie. L'État possède l'**autorité territoriale**, c'est-à-dire l'autorité politique sur tout cet espace, eaux territoriales comprises. Cette autorité peut par exemple se traduire par des **lois territoriales**, s'appliquant à l'espace concerné, au contraire de l'**extraterritorialité**, dont jouissent par exemple les ambassades. La nation vit sur ce territoire qu'elle modèle et aménage.

Pendant longtemps, le terme a été utilisé dans un de ces deux sens par les géographes, voire comme l'équivalent pur et simple du terme espace. Ainsi, l'aménagement du territoire a longtemps été compris comme le simple aménagement d'un espace qui ne tenait pas forcément compte des attentes de ses habitants. De même, certains géographes emploient parfois encore le terme de dynamiques territoriales et de configurations territoriales au sens restreint de dynamiques spatiales et de répartition spatiale.

Dans sa troisième acception, territoire désigne tout espace socialisé, approprié par ses habitants, quelle que soit sa taille. Ces derniers ont en effet une mémoire, mais aussi une pratique, une représentation de cet espace. Un territoire est donc l'œuvre des hommes et on pourra appeler territoire des espaces n'ayant pas forcément d'unité naturelle ou historique et n'étant pas polarisés par une ville ou organisés par un État. C'est ce sens, d'usage assez récent, qui s'est généralisé en géographie à partir des années 1980. Les géographes ont beaucoup fait appel à l'interdisciplinarité, notamment

Exemple de territoire pratiqué à pied autour du logement (cas d'un homme de 68 ans)

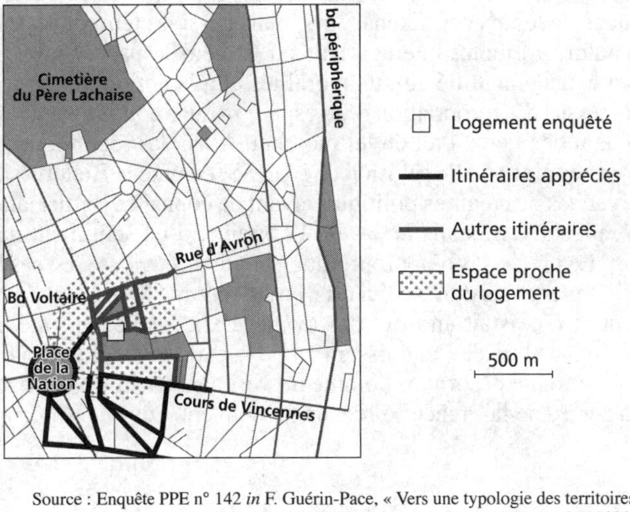

Source : Enquête PPE n° 142 *in* F. Guérin-Pace, « Vers une typologie des territoires urbains de proximité », *L'Espace géographique* n° 4, 2003.

à la sociologie, à l'anthropologie, mais aussi à l'**éthologie** (l'étude des comportements animaux) pour comprendre les comportements et les pratiques territoriales des hommes. Ainsi, l'étude des parcours habituels de telle ou telle catégorie de personnes permet d'arriver à dessiner des territoires du quotidien variant en fonction du lieu mais aussi du sujet.

Ce terme permet donc d'insister sur les processus de socialisation, sur les différents usages et modalités d'appropriation. Le terme a donc une dimension historique et intègre la notion de **temporalité**. Cette dernière notion, mise en valeur depuis une dizaine d'années par les sciences sociales et notamment par la géographie, est une représentation du temps, d'un temps vécu dont on a fait l'expérience par la conscience. Le temps est analysé à partir du présent et se projette dans un futur en termes de projets. Les temporalités dépendent donc de valeurs personnelles, mais elles sont aussi le produit des sociétés inscrites dans leurs territoires. En conséquence, la notion de temporalité suppose la prise en compte des échelles temporelles, perçues par ces observateurs : on distingue classiquement le temps long, le moyen terme et le court terme (ce qui ne doit pas être confondu avec les temporalités de l'histoire élaborées par F. Braudel). Très utilisée dans le cadre d'une géographie systémique, la notion de temporalité suppose que les différents acteurs agissent à des échelles temporelles différentes : on distinguera par exemple le temps des décideurs politiques, le temps des aménageurs, mais aussi les temporalités liées à la nature…, toutes interagissant sur le même espace. Enfin, phénomène également lié aux temporalités et à la notion de territoire, le processus d'appropriation d'un espace par une communauté suppose un état des lieux à tel ou tel moment. Ainsi, les républiques issues pour certaines de l'explosion de l'URSS, comme la Biélorussie, sont devenues des réalités politiques avant de connaître l'affirmation, ou la redécouverte dans le cas de l'Ukraine, d'un sentiment national fort. Le processus d'appropriation peut donc être daté. Le cas le plus célèbre est sans doute celui du Massif central : le concept de Massif central n'existait en effet pas avant le XIXe siècle. Inventé par les géologues lors de l'établissement de la carte géologique de France, il fonctionne désormais comme un véritable territoire, les habitants du centre de la France se réclamant souvent « du Massif central ».

Qu'est ce qu'un territoire ? Le cas de la Chalosse

En Gascogne, la Chalosse est un espace de petite taille, d'existence incontestable puisque les habitants des environs d'Hagetmau se déclarent « Chalossais ». Il correspond bien à la définition du territoire, espace socialisé, approprié. Pourtant, les six cantons qui forment la Chalosse n'ont historiquement jamais été unis et ne constituent pas non plus une région naturelle. Aucune ville ne structure, ne polarise cet espace et la Chalosse correspond même à un « vide urbain », selon la théorie de Christaller. Quel est alors le ciment, le point commun qui permet d'identifier la Chalosse comme un territoire ?

La réponse est donnée par les sondages. Pour les habitants du cru, la Chalosse se définit, s'individualise comme « une terre de villages loin des villes », comme « un espace vallonné, humide, argileux », mais surtout comme la « patrie du canard gras » et comme le lieu d'une mentalité particulière : le Chalossais se définit comme « sociable, convivial, accueillant »..., par opposition au Grand Landais qualifié de « sauvage ». On notera que le territoire s'accompagne souvent d'un sentiment territorialiste, voire d'un rejet de l'autre !

Les Chalossais mettent donc en valeur leur patrimoine. Par le tourisme, par des fêtes (bandas ou fête du canard gras), par la création d'un musée des arts et traditions populaires. Le patrimoine est donc actif, il se crée en permanence et repose en partie sur le mythe territorial, puisque, rappelons-le, la Chalosse n'a jamais été une entité unie au cours de l'histoire.

Citations extraites de G. Di Méo, J.-P. Castaingts, C. Ducournau, « Territoire, patrimoine et formation socio-spatiale », *Annales de Géographie* n° 573, © Armand Colin, sept.-oct. 1993.

Territoires et territorialisation

Le néologisme de **territorialisation** désigne la transformation d'un espace quelconque en territoire. Il décrit donc un processus et on parlera de **territorialité** pour désigner l'état de cette appropriation. C'est ce processus qui a fait l'objet de nombreuses études par les géographes : que signifie le terme « approprié » ? Un espace doit-il être approprié au point de constituer une référence identitaire ?

Ou bien s'agit-il d'une référence plus vague ? Les conséquences de ce processus peuvent ainsi être dangereuses car la territorialité s'accompagne parfois de **territorialisme**, qui se traduit généralement par un rejet de l'autre, qui occupe « indûment » un territoire sacralisé.

Cette appropriation est caractérisée soit par les habitants du territoire, soit par un regard extérieur : il s'agit parfois d'une auto-référence culturelle, comme dans le cas de la Chalosse assimilée au foie gras ou dans le cas de l'Europe parfois vue comme un Occident chrétien. Cette appropriation peut également être politique (l'Europe vue comme le berceau de la démocratie…), historique (dans le cas des Cévennes ou de la Vendée) ou encore naturelle (la vallée de Chamonix).

L'idée d'appropriation suppose également une réflexion sur les modalités de cette appropriation, ce qui met au centre de la réflexion la notion d'acteurs. Deux types d'approche peuvent être privilégiés : l'approche fonctionnelle et l'approche politique. Pour l'approche fonctionnelle, le territoire est créé par le jeu de différents acteurs, sans qu'il y ait forcément intentionnalité. Mais de nombreux cas de territorialisation politique peuvent exister. L'exemple du cas bolivien est révélateur. Le sentiment national bolivien est en partie né de la défaite de la guerre du Pacifique entre 1879 et 1884, ce qui se traduisit par l'enclavement lié à la perte de la bande d'Arica, seul accès à la mer. Les conséquences politiques concrètes de ce désastre furent la remise en cause de la capitale historique, Sucre, discréditée et trop éloignée d'Arica, et le déplacement de fait à La Paz, capitale économique du pays. Le symbole de cette territorialisation est visible dans l'existence d'un musée du littoral bolivien à La Paz. La distinction entre appropriation fonctionnelle et appropriation politique pose également la question de l'intention : les acteurs sont-ils conscients de leur rôle de production de territoire ou sont-ils plutôt guidés par leurs références culturelles, ce qui ouvre le champ de la géographie culturelle ?

Un autre problème posé par le territoire est celui de son échelle. La Chalosse peut être considérée comme un territoire, au même titre qu'une aire culturelle (*cf.* p. 77), voire que la Terre, considérée comme le territoire des hommes. Les territoires sont donc emboîtés : le territoire communal dans le territoire national par exemple. Les réflexes territorialistes sont par conséquent eux aussi emboîtés. Le nationalisme, forme conceptualisée de territorialisme, n'est pas contradictoire avec l'esprit de clocher, le régionalisme étant quant à lui plus particulier.

Enfin, ces territoires peuvent être continus ou discontinus, comme l'ont montré par exemple les études sur les pratiques nomades, ou celles de Joël **Bonnemaison** (1940-1997) sur l'archipel des Vanuatu. Ce géographe a démontré, dans sa thèse, l'existence de groupes sociaux possédant un territoire que l'on peut assimiler à un « espace réticulé », les termes de **réticulaire** et de **réticulé** faisant référence à des relations en réseaux, ici à un réseau de relations entre des îles dispersées sur l'ensemble de l'archipel. Cet espace social, fondateur de l'identité du groupe, peut coexister avec celui d'autres groupes vivant dans la même aire.

L'utilisation du terme territoire n'est donc pas neutre et amène à considérer la géographie comme la science des sociétés humaines dans leur rapport au territoire. Les mêmes questions se posent avec les termes de paysage (*cf.* article *Paysage*) et d'espace (*cf.* article *Espace, diffusion spatiale*). La géographie est-elle la science des paysages, celle de l'organisation de l'espace ou celle des territoires et pratiques territoriales ? La réponse à cette question n'est pas innocente : c'est l'une des raisons majeures des discussions et oppositions entre géographes, qui se rattachent à des écoles différentes.

lire aussi

Aménagement du/des territoire(s) – Culture, géographie culturelle – Espace, diffusion spatiale – État, nation, pays – Frontière – Géographie (histoire de la) – Milieu, géosystèmes, environnement – Paysage – Région

TOURISME

Activité en pleine expansion, le tourisme prend des formes variées et concerne des destinations de plus en plus lointaines. Le rôle économique du tourisme est de plus en plus important, mais les géographes s'attachent avant tout à tenter de décrypter les modalités de la production des espaces touristiques.

La production des espaces touristiques

• Des définitions et typologies diverses

Selon la définition de l'**OMT** (**Organisation mondiale du tourisme**) qui concerne le tourisme international, un **touriste** est une personne en déplacement hors de son environnement habituel pour une durée d'au moins une nuitée, et d'un an au plus, pour des motifs non liés à une activité rémunérée dans le lieu visité. Le Conseil supérieur du tourisme français précise quant à lui les motifs du voyage : motifs d'agrément, d'affaires, de santé (thermalisme et thalassothérapie), participation à une réunion professionnelle, sportive ou religieuse, etc. Ces définitions distinguent le tourisme de l'**excursionnisme**, de durée plus restreinte. Toutefois, d'un pays à l'autre, les typologies sont multiples, englobant ou non les voyages d'affaires et identifiant de nombreuses formes de tourisme.

On distingue, en fonction de la durée des séjours, le **tourisme itinérant** ou **tourisme de passage**, où le voyageur va de site en site, du **tourisme de séjour**. C'est surtout ce type de tourisme qui induit des installations spécifiques et contribue donc à créer des stations touristiques.

On différencie également le tourisme organisé du tourisme individuel. Dans le premier cas, les touristes sont pris en charge par des organismes spécialisés, les agences de voyages ou **tour opérateurs** (***tour operators*** en anglais), qui s'occupent des transports, des hébergements, des activités et des visites. Ce type de tourisme génère beaucoup plus de profits que le tourisme individuel, dont les retombées économiques sont par ailleurs difficiles à chiffrer.

Les formes du tourisme durable

En opposition au tourisme de masse, de nouvelles formes de tourisme se développent principalement pour les voyages dans les pays en développement. Ce sont des formes de tourisme plus respectueuses d'une **altérité**, à savoir d'une reconnaissance de l'autre dans sa différence. Le **tourisme durable** cherche à développer des activités touristiques s'insérant dans le tissu social des régions visitées et dont les revenus profitent davantage aux acteurs locaux. Il se décline sous plusieurs formes. Le terme de **tourisme éthique** désigne de manière un peu vague toute forme de tourisme qui garantit pour le touriste le non-emploi de méthodes contraires aux Droits de l'homme et la garantie que les prestataires locaux seront convenablement rémunérés. Il se traduit souvent par la signature par les touristes d'une charte sur le comportement dans les milieux d'accueil. Le **tourisme solidaire** désigne des formes de tourisme participatives d'un cofinancement de projets de développement local et souvent situées en dehors des grandes zones touristiques. Ce type de projet peut être réalisé par des associations mais aussi par des agences. Le **tourisme équitable** est souvent le fait d'associations diverses ; il se déroule en dehors des grandes zones de tourisme de masse. Il est ouvert sur la participation des touristes à un projet participatif et au travail avec des communautés d'accueil. Enfin, la notion d'**écotourisme** désigne le tourisme qui se développe dans des zones « naturelles » à forte valeur patrimoniale.

Une autre typologie prend pour critère les espaces concernés, distinguant notamment le tourisme urbain du tourisme rural, le tourisme littoral du tourisme de montagne.

Une dernière typologie se fonde sur le **tropisme**, c'est-à-dire sur l'élément qui attire le touriste. Le **tourisme balnéaire** correspond à un désir de baignade (**balnéotropisme**) et, presque toujours, à la recherche du soleil (**héliotropisme**). Le **tourisme de montagne** fondé sur l'attraction de la moyenne ou de la haute montagne, peut être, en été, un tourisme vert ou, en hiver, un **tourisme blanc** lorsque les activités exploitent l'« **or blanc** », c'est-à-dire la neige. Le **thermalisme**, fondé sur l'utilisation thérapeutique des eaux de source, a engendré depuis le XIXe siècle la création de stations thermales comme Vichy ou Aix-les-Bains. Du fait du déclin du **climatisme** (dont le but est de profiter des vertus tonifiantes et thérapeutiques du climat), il constitue aujourd'hui la principale forme du **tourisme de santé**, mais il est de plus en plus concurrencé par la **thalassothérapie** fondée sur l'exploitation des vertus thérapeutiques des eaux marines. Le tourisme sportif est en expansion avec notamment la généralisation des **trekkings** ou treks, anglicisme désignant les randonnées de plusieurs jours dans des régions parfois difficiles d'accès. Les **safaris** désignaient à l'origine les expéditions de chasse en Afrique mais évoquent, de plus en plus, les excursions à but photographique. Le **tourisme culturel** conserve une place importante et recouvre des activités variées comme la fréquentation de festivals ou la visite de musées et de monuments ou encore pour le **tourisme mémoriel** vers des lieux de mémoire, comme les plages du débarquement en Normandie. Le **tourisme œnologique** ou **tourisme viticole** est pratiqué par les amateurs de dégustation le long des **routes des vins** (axes routiers traversant les principales communes viticoles) ; le **tourisme gastronomique** consiste à visiter une région surtout pour en apprécier les spécialités culinaires locales. Le **tourisme religieux**, parfois étroitement mêlé au tourisme culturel (visite de monuments religieux), en diffère cependant dans la motivation ; il s'épanouit particulièrement dans les pèlerinages (vers Lourdes, Saint-Jacques de Compostelle ou Jérusalem notamment). Enfin, on distingue aussi le **tourisme familial** pour désigner le fait de séjourner plusieurs jours d'affilée dans sa famille, si celle-ci habite une autre région que la sienne. Cette forme de tourisme très répandue ne génère pas d'aménagements spécifiques et a donc des implications géographiques très faibles, à l'exception des flux engendrés. Cette expression peut aussi être utilisée pour évoquer le tourisme pratiqué en famille.

• Une activité récente en forte expansion

Le tourisme est né en Angleterre, au XIXe siècle, avec le mouvement romantique. Le terme de tourisme vient d'ailleurs de l'anglais *tourism*, lui-même issu du français « tour ». Il s'agissait en effet pour l'aristocratie anglaise d'aller « faire un tour », généralement sur le continent. Ce tourisme aristocratique avait ses périodes et ses lieux de prédilection, telles la Côte normande et la Côte d'Azur : la promenade de front de mer de Nice, dite Promenade des Anglais, en a gardé le souvenir (le terme de **promenade** désigne, en milieu urbanisé, un espace aménagé de façon à ce que l'on s'y promène : végétation, mobilier urbain…). Ce tourisme côtier était généralement un tourisme hivernal : il s'agissait de fuir les brumes londoniennes. Il se complétait d'un tourisme d'été, souvent en montagne. Pour marginal qu'il soit, ce tourisme du XIXe siècle a fixé quelques-uns des principaux sites. La « découverte » de la vallée de Chamonix, la fréquentation de Nice, de Deauville ont été le fait de l'aristocratie anglaise et française. Mais ces lieux ont aussi été très tôt fréquentés par une bourgeoisie en quête d'ascension sociale, comme ce fut le cas de Cabourg, chère à Marcel Proust. Au milieu du XXe siècle, le tourisme concerne des classes sociales plus diverses grâce aux congés payés, ce qui se traduit par l'apparition de stations familiales plus populaires. C'est dans les années 1960 que se développe, en Europe, un **tourisme de masse** c'est-à-dire touchant une grande partie de la population. Ce phénomène, qui doit toutefois être relativisé – la majorité des Français ne partant pas en vacances à cette époque –, s'explique par quatre facteurs essentiels. La croissance économique des Trente Glorieuses, en augmentant le pouvoir d'achat, rend possible le voyage. L'allongement des congés payés – en France, 4 semaines en 1969 – permet de fractionner les périodes de vacances et d'envisager des vacances d'hiver. En outre, plusieurs États adoptent des politiques touristiques et proposent l'évasion bon marché. Ce sont par exemple l'Espagne franquiste avec le « bétonnage » de la Costa Brava et la France des années 1960 avec l'aménagement du littoral méditerranéen et la création de grandes stations alpines de sport d'hiver. Enfin, les transports aériens abaissent sensiblement leurs coûts dans les années 1970, en généralisant le système des vols **charters** : les avions sont loués par des compagnies pour un vol, ce qui assure leur occupation totale.

• Production d'espaces touristiques et représentations

Les touristes choisissent leurs destinations en fonction d'attentes, qui ne sont pas toujours conformes à la réalité. Le touriste se forge une image de son futur voyage, un **territoire mental**. Le voyage amène donc, dans ce cas, à confronter la réalité avec le territoire mental créé auparavant. Cependant, la réalité n'est souvent qu'entrevue et la confrontation peut se résumer à une confirmation, qui n'est pas toujours fondée. La mode joue beaucoup dans le choix des destinations, tout comme les campagnes publicitaires réalisées par telle région ou tel pays. Ceci contribue à forger ou à renforcer des images souvent stéréotypées, pour ne pas dire erronées.

La **touristification** d'un lieu, soit sa **mise en tourisme**, c'est-à-dire son aménagement en vue d'une activité touristique, tient de plus en plus compte de ces images, de ces représentations. En conséquence, de nombreux lieux touristiques optent pour des aménagements standardisés, correspondant à la demande de touristes en quête d'exotisme, d'une « nature idéale », de découverte d'un patrimoine supposé riche… Il y aurait ainsi la « re-création » d'un monde idéalisé. Partant de là, certains géographes, comme Sylvie Brunel, ont pu avancer que le tourisme transformait le monde en un immense parc d'attraction, qu'il y avait ainsi une **disneylandisation** du monde, c'est-à-dire une réduction des territoires et des cultures à des archétypes.

Parallèlement, les acteurs du tourisme utilisent ces représentations pour « communiquer », en créant un discours publicitaire fondé sur des stéréotypes qui sont ainsi renforcés, systématisés et simplifiés. On qualifie parfois ce phénomène de **cartepostalisation**. Ainsi la localisation, l'ancrage territorial des lieux touristiques importent peu : ce qui compte, c'est qu'on identifie immédiatement l'image représentée (comme sur une carte postale), soit comme évoquant un lieu précis (Paris représenté par la tour Eiffel…), soit comme étant par exemple celle d'une île tropicale ou encore d'un désert, d'un centre historique monumental. Les lieux deviennent alors en quelque sorte interchangeables, transposables : l'île tropicale peut ainsi être un littoral antillais, un atoll du Pacifique, voire une plage méditerranéenne où l'on aura eu soin de photographier des palmiers. On peut à la limite parler de **non-lieux** (touristiques).

Enfin, on peut aussi évoquer comme conséquence de la recherche de hauts lieux touristiques, le phénomène de **patrimonialisation**, c'est-à-dire la création, la fabrication de patrimoine. Le terme de **patrimoine** désigne un héritage matériel ou immatériel qui est perçu par une société comme devant être transmis aux générations ultérieures. Il s'agit donc d'une construction sociale qui intéresse à la fois le champ de la géographie culturelle et de la géographie sociale. En matière de tourisme, il peut s'agir d'un monument (château ou friche industrielle), d'un paysage (perspective urbaine ou forêt), de musiques et de danses… Le risque inhérent à la patrimonialisation est alors celui de la **muséification**, processus qui tend à figer toute évolution.

Si le tourisme fut longtemps un objet marginal en géographie, il occupe désormais une place de choix et peut être abordé en termes de flux, d'aménagement, de territoires, de production d'espaces et de représentations.

Les aménagements touristiques

• Une typologie des lieux mis en tourisme

Suite aux travaux de Rémi Knafou, on distingue différents types de lieux en fonction de la plus ou moins grande présence de population locale et de l'importance accordée au tourisme. Le **site touristique**, par exemple la Pointe du Raz, ne présente pas de capacité d'hébergement. Le **comptoir touristique**, par exemple la plupart des villages-clubs, est un lieu souvent clos, réservé à un tourisme de séjour et souvent créé à partir de rien. La **station touristique**, par exemple La Baule, peut avoir la même origine, mais elle est beaucoup plus ouverte sur son environnement et peut se doter d'une population permanente. Enfin, la **ville touristique**, Nice par exemple, présente la double particularité d'avoir une population résidente importante, une forte fonction d'hébergement, mais également de présenter d'autres activités, même si le tourisme est la principale. Dans le détail, de nombreuses subdivisions existent et différencient ville touristifiée et ville touristique, station et station-ville…

• Les acteurs de l'aménagement

Le tourisme nécessite des équipements de transport, d'hébergement, de loisirs, etc. Il suppose donc souvent une politique touristique, à l'échelle d'une région ou d'un État, et la création d'aménagements compétitifs. Il suscite aussi l'intervention de multinationales, comme le Club Méditerranée, particulièrement dans les PED. Les aménagements touristiques sont parfois décidés et conçus indépendamment d'une programmation régionale ou nationale. On peut alors parler d'un **aménagement touristique enclavé**. L'exemple de l'**agritourisme** est symbolique. Ayant pour but de promouvoir un **tourisme vert**, basé sur la découverte du milieu rural et issu de la volonté d'agriculteurs de trouver une activité complémentaire, il ne repose que sur une volonté individuelle, peut cesser à tout moment et n'amène que des aménagements ponctuels comme les gîtes ruraux.

Mais, étant donné l'importance économique du phénomène, de nombreux États et régions ont une volonté de programmation : on parle alors d'**aménagement intégré**. L'État prend en charge le réseau de transport (autoroutier par exemple), le logement, l'assainissement… Il peut même créer des sociétés nationales chargées de coordonner les opérations ou afficher sa volonté par des « plans ». En France, le **Plan Neige**, datant de 1962, et la **Commission interministérielle pour l'aménagement de la montagne**, créée en 1964, avaient pour but d'enrayer le déclin démographique des Alpes du Nord par le développement de grandes stations de sports d'hiver.

• Les aménagements liés au tourisme balnéaire

Le tourisme balnéaire étant l'un des plus anciens, il est logique que ses aménagements spécifiques soient parmi les plus importants et aient connu de sensibles évolutions au fil du XXe siècle. C'est ce qui explique l'importance du modèle de la ville touristique. Ce modèle, dominant en Europe et notamment sur la Côte d'Azur, se retrouve aussi bien à Nice qu'à Cannes ou Monaco, villes qui sont bien plus des **villégiatures**, c'est-à-dire des lieux de repos, que des stations balnéaires proprement dites, où l'activité principale est le bain de mer. Le développement de la cité est linéaire (le long de la côte) et les habitations de luxe, héritières du tourisme aristocratique, se situent à proximité immédiate de l'avenue de front de mer. L'habitat plus populaire est en arrière et les versants donnant sur la mer sont mités par des habitations de grand standing. On a parfois nommé **riviera** ce type d'occupation de l'espace, en référence au nom donné au littoral italien du golfe de Gênes.

Avec le développement du tourisme de masse, ce type d'aménagement a laissé la place à un bétonnage plus important des côtes et à une urbanisation parfois incontrôlée à partir de villages existants. L'aspect du littoral est donc celui d'un chapelet de comptoirs et de stations touristiques plus ou moins bien reliés entre eux et posant parfois d'insurmontables problèmes de transport. Pour caractériser ce type d'urbanisme et plus généralement la spécialisation d'un littoral dans l'activité touristique, les géographes parlent parfois de **baléarisation** d'une côte (en référence aux îles Baléares) ou encore d'**azurisation**, en référence à la Côte d'Azur, où le phénomène est plus développé.

Dans les années 1960, une politique plus volontariste et globalisante apparaît sur les rives de la Méditerranée, donnant naissance à des **lidos**. Ce terme, créé en référence au Lido de Venise, désigne en premier lieu un cordon littoral fermant une lagune, mais aussi, par extension, les installations balnéaires et de loisir aménagées le long d'un littoral. Les grands complexes hôteliers et les infrastructures de loisirs, qui se succèdent le long de la côte, se résument le plus souvent à une simple juxtaposition, mais ce sont parfois des **marinas** (luxueux ensembles immobiliers dotés d'un port de plaisance ou même conçus autour de ce port, comme à Port Grimaud). Lorsqu'un véritable « mur de béton » s'est constitué, que ce soit sur les côtes turques ou andalouses, on parle d'ailleurs de **marbellisation** d'un rivage, du nom de la station espagnole de Marbella. La France, tout en créant des stations du même type en Languedoc-Roussillon, a essayé de limiter l'urbanisation du littoral : les stations nouvelles, souvent créées *ex nihilo*, comme le Cap d'Agde, sont séparées par des zones tampons, où dominent les espaces agricoles ou préservés, comme l'étang de Thau.

Les aménagements touristiques modifient donc fortement les milieux concernés. Bénéfiques pour l'économie de la région, ils constituent cependant souvent un point de non-retour, d'autant plus inquiétant que la vive concurrence internationale et le vieillissement des installations posent un problème de désaffection.

• Les aménagements liés au tourisme de montagne

Plus récents que le tourisme balnéaire, les sports d'hiver dans les Alpes se sont développés en quatre temps, correspondant à quatre types ou **générations de stations de montagne**. Les plus anciennes étaient au départ des stations estivales. Elles constituent la première génération et se sont développées à partir de villages de montagne préexistants comme La Clusaz. Ceux-ci se sont équipés, avant la Seconde Guerre mondiale, de remontées mécaniques souvent non reliées entre elles et parfois gérées par des personnes, ou sociétés, différentes. Le village s'est doté de logements locatifs mais surtout hôteliers réservés, à l'époque, à une élite. D'altitude souvent peu élevée, donc marquée par un faible enneigement, cette génération de stations s'est répandue à travers toute l'Europe, des Tatras aux Pyrénées. Certaines étaient de taille modeste, d'autres étaient déjà, comme Chamonix, des centres touristiques de premier ordre.

Dans les années 1950, une deuxième génération de stations, à l'image de l'Alpe d'Huez, se met en place dans les alpages, donc à une altitude bénéficiant d'un enneigement important et à l'écart du village. Ces aménagements ont parfois été à l'origine de phénomènes d'**inversion** (ou de **renversement) géographique** : les zones d'alpage auparavant peu recherchées deviennent les espaces les plus attractifs alors que les villages de versant et les communes de fond de vallée perdent de l'activité et se dépeuplent. L'urbanisme de ces stations n'est pas intégré, les remontées mécaniques sont reliées entre elles, mais des ruptures existent encore dans le domaine skiable, la circulation automobile occupe toujours une place importante.

C'est pourquoi dans les années 1960 naissent les stations de la troisième génération, dont le prototype est La Plagne. D'une conception rationnelle, elles sont entièrement intégrées : les déplacements des automobiles, des piétons et des skieurs sont rigoureusement séparés. Les immeubles sont disposés en arc de cercle délimitant ainsi un front de neige. Une galerie commerciale souterraine peut même permettre au vacancier qui le désire de ne jamais marcher dans la neige ! Le domaine skiable est continu et en amphithéâtre depuis le front de neige et la grenouillère. Toutefois ces stations posent, comme celles de la seconde génération, des problèmes. Souvent situées à très haute altitude pour permettre également le ski d'été, elles n'offrent qu'un choix limité d'activités. L'urbanisation, voire le bétonnage, de la montagne prêtèrent le flanc à la critique, la station des Menuires en Savoie fut même surnommée « Sarcelles-sur-neige ». Pour toutes ces raisons, ce type de stations, qui ne s'était d'ailleurs bien implanté qu'en France, fut peu à peu supplanté par une quatrième génération. Situées à une altitude moindre, ces stations, comme celle de Valmorel, combinent un domaine skiable, étendu et continu, parfois relié à d'autres stations, des activités alternatives, y compris des activités estivales (randonnées ou VTT), et un habitat qui se veut plus traditionnel, même s'il est souvent stéréotypé.

Enfin, les dernières décennies ont également vu l'apparition de « **stades de neige** », c'est-à-dire de sites modestes, équipés en remontées mécaniques mais destinés à une pratique à la journée et donc dépourvus d'hébergement et de commerces autres que le magasin de location de matériel et le bar-restaurant au départ des pistes. Le complexe de Margeriaz, dans le massif des Bauges, est de ce type.

Si de grands projets existent encore, la création de stations est aujourd'hui plus rare, du fait de la crise et d'une certaine désaffection de la clientèle. Dans les années 1980, pour la première fois, une réalisation d'une certaine envergure, le stade de neige de Val Pelouse, fermait définitivement ses portes. Et, depuis 2000, certaines stations de montagne du Vercors vendent leurs remontées mécaniques dans le but de se reconvertir dans un tourisme estival plus prometteur.

L'impact économique du tourisme

• Des situations variées

Avec l'augmentation des déplacements touristiques internationaux passés de moins de 25 millions en 1950 à 898 millions en 2007, le tourisme a acquis une importance économique énorme. Ainsi, en 2007, près de 10 % des recettes commerciales mondiales proviennent du tourisme.

Mais ces recettes sont très inégalement réparties puisque 80 % d'entre elles vont aux pays de l'OCDE. Les chiffres des **taux de couverture touristique**, qui établissent le rapport entre les recettes et les dépenses touristiques, montrent également de fortes disparités entre les pays riches. Parmi ces pays, certains sont en effet à la fois récepteurs et émetteurs. Ainsi, Paris est, au mois d'août, une zone émettrice de plusieurs millions de touristes mais aussi un formidable bassin récepteur. En revanche, le cas de l'Allemagne est très différent puisque les Allemands dépensent à l'étranger bien plus que les étrangers ne dépensent en Allemagne. Plusieurs raisons expliquent le phénomène : un très haut niveau de vie, la possibilité pour les Allemands de voyager loin, le faible attrait exercé par le pays, notamment sur les Européens. L'Allemagne possède au titre du tourisme international le bilan le plus négatif qui soit avec le Japon : en 2007, l'Allemagne était en effet à la fois le premier pays émetteur mondial de touristes, le premier pays pour les dépenses touristiques, mais seulement le 9e pays récepteur. Pour ces pays, l'impact économique du tourisme se traduit donc par une « fuite de devises ». De plus, le tourisme national ne permet qu'un développement modeste de quelques régions. Cependant, le bilan doit être nuancé : les compagnies aériennes et les tour opérateurs peuvent être prospères dans un pays de départ.

• Un atout pour les bassins récepteurs ?

Les impacts positifs du tourisme sur l'économie des aires réceptrices sont multiples. Le touriste est en premier lieu un consommateur. Le transport, suivi du logement et de la nourriture sont les dépenses premières, mais le touriste dépense aussi de très fortes sommes en produits spécifiques tels que la location de matériel, les forfaits de ski... ou encore les produits « typiques », qui alimentent un artisanat, local ou non. Le tourisme est donc créateur d'emplois. Emplois directs en premier lieu : 894000 salariés étaient générés en France en 2007 par la seule présence du tourisme, auquel il faut ajouter 848000 salariés dans l'hôtellerie, les cafés et restaurants. Emplois indirects ensuite, dans le bâtiment ou certains secteurs industriels, allant de la fabrication de remontées mécaniques à celle de vêtements de sport, ce qui représente plus de 2 millions d'emplois en France. Quant au secteur des transports, aériens ou autoroutiers, il bénéficie chaque année du *rush* estival. Si l'on comptabilise tous les emplois créés par le tourisme, on arrive donc à des chiffres imposants : plus de la moitié des habitants des Seychelles vivent du tourisme. L'expression de **taux de touristicité** est parfois employée pour désigner ce pourcentage d'actifs dans le tourisme par rapport à la population active totale. Le tourisme est donc un secteur clé de l'économie de certains PED, mais aussi de PID, ce qui explique une réelle concurrence internationale et même régionale.

Plusieurs réserves doivent être apportées à ce bilan. Elles tiennent à la fragilité de cette activité et à la dépendance qu'elle peut engendrer. Bon nombre d'emplois induits par le tourisme sont ainsi exclusivement saisonniers. L'activité est aussi soumise à divers aléas. Elle est notamment extrêmement sensible aux crises économiques et politiques. Ces crises sont dramatiques pour les pays, comme l'Égypte, qui fondent une grande partie de leur développement sur le tourisme international. À une autre échelle, des régions peuvent aussi souffrir de leur dépendance vis-à-vis d'une quasi-monoactivité. Enfin, le tourisme peut aussi engendrer une dépendance vis-à-vis de firmes multinationales, auxquelles la plupart des pays en développement doivent faire appel pour la mise en place des infrastructures touristiques. Le développement touristique peut aussi avoir des conséquences sociales néfastes, surtout dans les PED : violents contrastes de richesse, développement de la mendicité, exploitation de certaines populations, acculturation, etc. Enfin, l'impact du tourisme sur l'environnement peut aussi être très varié en fonction des aménagements entrepris.

Bassins et flux touristiques

Les tour opérateurs proposent des destinations qui relevaient hier de l'aventure et, des glaces du Groenland aux sommets himalayens, les touristes découvrent des horizons nouveaux. La surenchère est même la règle puisque ces organismes créent des voyages de plus en plus extraordinaires : on peut désormais approcher les glaces de l'Antarctique, naguère réservées aux chercheurs, ou même « faire le tour du monde en trois semaines » ! Toutefois, l'espace touristique n'est pas mondial, puisque certains pays ne reçoivent quasiment pas de touristes. Ce sont tout d'abord les pays peu sûrs, en guerre ou touchés par un terrorisme actif. Ce sont aussi quelques rares pays, comme le Bhoutan, qui refusent ou limitent de façon draconienne le phénomène sur la totalité ou une partie de leur territoire.

• Des flux essentiellement Nord-Nord

Les flux touristiques sont essentiellement des flux Nord-Nord. Les principaux bassins émetteurs et récepteurs sont l'Europe de l'Ouest et l'Amérique du Nord, qui totalisent 75 % des départs et 75 % des arrivées. Ces pays riches possèdent une population qui peut aisément partir, bénéficiant d'un haut niveau de vie et d'un temps de vacances important. Ils offrent également des infrastructures touristiques nombreuses et performantes. Ces raisons expliquent en grande partie les énormes contrastes Nord-Sud en matière touristique. Un pays comme la France accueille trois fois plus de touristes que le Mexique et sept fois plus que la Thaïlande.

• Les principaux bassins touristiques

L'Europe occupe la première place dans les statistiques du tourisme international. Les principaux flux se dirigent en effet vers la côte nord-méditerranéenne : Costa del Sol et Costa Brava espagnoles, Languedoc et Côte d'Azur françaises, Riviera italienne, Croatie, Grèce méridionale. De même, les îles attirent des foules considérables : Baléares, Sicile, îles grecques. Les autres côtes européennes, de l'Atlantique à la Baltique, sont nettement en retrait, même si elles peuvent générer un fort tourisme balnéaire. Les principales villes européennes, hauts lieux du tourisme culturel, sont aussi des foyers récepteurs de premier ordre : Venise, Paris,

Budapest, Prague… Elles accueillent des millions de touristes, du fait de leur richesse monumentale ou muséographique, mais aussi du fait d'un **tourisme d'affaires** important, lié à la présence de congrès, de foires et de salons. Quatre pays européens se partagent le tourisme hivernal : la France, la Suisse, l'Autriche et l'Italie, qui ont équipé leurs versants alpins en conséquence. Le ski est également pratiqué dans les stations roumaines, slovènes…

Situés à proximité de l'Europe, sur l'autre rive de la Méditerranée, le Maroc, la Tunisie, l'Égypte et la Turquie accueillent un grand nombre de touristes européens et apparaissent ainsi comme le prolongement du bassin de réception européen.

L'autre grand bassin récepteur du tourisme international est constitué par le continent nord-américain avec, en premier lieu, les États-Unis qui connaissent une nette progression du nombre de visiteurs. Des régions comme la Floride et la Californie attirent les principaux flux d'un tourisme balnéaire essentiellement national, tandis que les grandes villes, pauvres en monuments historiques, attirent moins que leurs rivales européennes. Seules La Nouvelle-Orléans et surtout New York et Washington échappent à la règle. L'originalité des sites touristiques américains tient à l'importance d'un phénomène secondaire en Europe : le **ludotourisme**. C'est l'attrait du jeu sous toutes ses formes qui explique le succès des parcs d'attraction de type Disneyland et des villes comme Las Vegas. D'autres sites, naturels notamment, sont très visités (chutes du Niagara, Grand Canyon…), mais l'espace touristique américain est cependant beaucoup plus concentré que dans le cas de l'Europe. Les touristes nord-américains, quant à eux, se rendent dans les pays tropicaux voisins : Mexique et îles des Caraïbes.

Le troisième bassin touristique, centré sur le Japon, est d'une importance moindre, mais connaît un fort développement, notamment en Chine, lié à l'essor économique de l'Asie-Pacifique. Des pays d'Asie du Sud-Est, comme la Thaïlande et l'Indonésie, les archipels du Pacifique, comme Hawaï, mais aussi l'Australie, accueillent des touristes européens mais surtout américains et, de plus en plus, japonais.

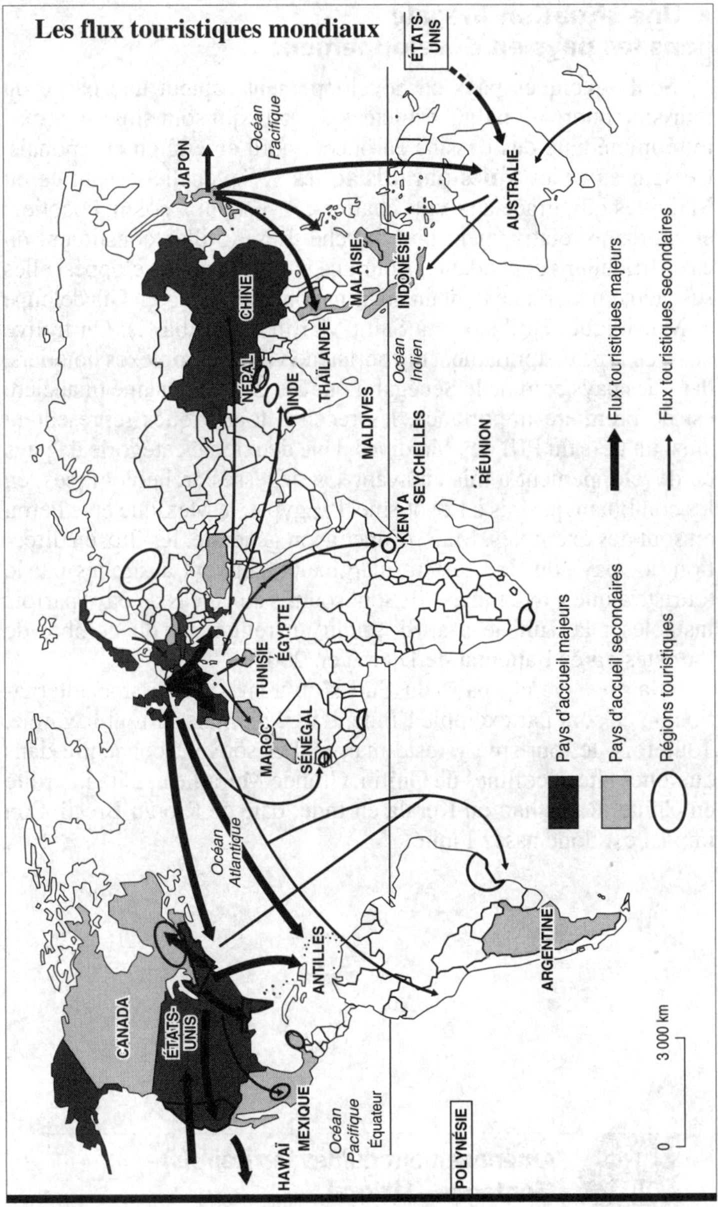
Les flux touristiques mondiaux
CANADA
ÉTATS-UNIS
MEXIQUE
HAWAÏ
ANTILLES
ARGENTINE
POLYNÉSIE
Océan Pacifique
Équateur
Océan Atlantique
MAROC
SÉNÉGAL
TUNISIE
ÉGYPTE
KENYA
SEYCHELLES
RÉUNION
MALDIVES
Océan Indien
INDE
NÉPAL
THAÏLANDE
CHINE
MALAISIE
INDONÉSIE
JAPON
Océan Pacifique
AUSTRALIE
ÉTATS-UNIS
Pays d'accueil majeurs
Pays d'accueil secondaires
Régions touristiques
Flux touristiques majeurs
Flux touristiques secondaires
0
3 000 km

• Une situation inégale dans les pays en développement

Seuls quelques pays en développement captent une partie du tourisme international. C'est le cas de ceux qui sont situés à proximité immédiate des bassins européen, nord-américain et japonais. Ce sont aussi les « **îles paradisiaques** », Seychelles, Maurice ou Maldives qui, grâce aux vols charters, « vendent » soleil, cocotiers et exotisme relativement bon marché. Les Antilles constituent un cas particulier : dépendantes pour une part de pays développés, elles suscitent un tourisme lointain, mais national (Français en Guadeloupe et Martinique, Hollandais à Saint-Martin ou Aruba…). On trouve aussi ce type de tourisme, engendrant de vastes complexes hôteliers, dans des pays comme le Sénégal. Pour ces États, la manne financière est de première importance, les recettes touristiques représentent ainsi un tiers du PIB des Maldives. Une deuxième catégorie de pays en développement a mis en avant ses richesses archéologiques, en les combinant parfois à l'exotisme. L'Égypte, le Mexique et le Pérou en sont des exemples. Mais, d'une façon générale, les flux en direction des pays du Sud restent marginaux, souvent assimilés par le touriste à une « aventure ». Ils sont soumis aux aléas de pays parfois instables : la Tunisie a ainsi connu un reflux net du nombre de touristes après l'attentat de Djerba en 2002.

D'autres grands pays du Sud s'ouvrent au tourisme international ; ce sont par exemple l'Inde, le Brésil, mais surtout la Chine. Toutefois, le tourisme y reste marginal et souvent concentré dans quelques sites : collines de Guilin, Grande Muraille et Cité interdite en Chine, Rajasthan ou Kerala en Inde, baie de Rio au Brésil. Son impact est donc assez limité.

lire aussi **Aménagement du/des territoire(s) – Montagne – Littoral**

TRANSPORT, COMMUNICATIONS

Les transports et les communications jouent un rôle majeur dans l'organisation des espaces. Utilisés pour permettre le déplacement d'hommes, de marchandises, d'informations, de capitaux..., ils témoignent, par l'évolution de leurs caractères, de la mondialisation des économies, de la concentration ou de la redistribution spatiale des activités, de la course à la réduction des coûts et aux gains de productivité. La compréhension d'un espace passe nécessairement par l'analyse des flux et des réseaux dont il est le support.

Des transferts de biens, de personnes et d'informations

Un **transport** est un transfert de personnes ou de biens sur une distance et par des moyens appropriés. Les échanges d'informations forment les communications qui s'opèrent entre un émetteur et un récepteur selon un code compris par les deux.

• Les transports concernent les biens matériels et les personnes

Le transport se caractérise par la nature des produits déplacés, la distance du déplacement, les flux induits et les modes ou moyens de transport utilisé : routier, ferroviaire, aérien, fluvial ou maritime. Certains auteurs font la distinction entre les **moyens de transport** – les supports, leurs équipements et les véhicules utilisés – et les **modes de transport**, qui désignent la manière d'opérer les transports, autrement dit la présentation des cargaisons (en vrac ou en conteneur), la distance des déplacements, leur fréquence, leur vitesse, le poids et la nature des cargaisons, ainsi que les relations entre les différents types de transporteurs. Le terme de **fret** s'applique au transport de biens matériels et définit à la fois la nature de la cargaison d'un véhicule, le prix de la prestation, le loyer demandé par un **fréteur** (propriétaire de navire ou de camion), à un **affréteur**, c'est-à-dire locataire (organisateur de voyage par exemple).

• Les biens immatériels font l'objet de circulation et de communications

On parle de **circulation** ou de mouvement pour qualifier les déplacements de biens immatériels : idées, capitaux, informations, données... Quand il s'agit plus spécifiquement d'échanges d'informations, on emploie plutôt le terme de **communications**, même si le concept est parfois utilisé selon un spectre plus vaste, y compris pour les déplacements de biens ou de personnes. Orthographiée au singulier, la **communication** qualifie le processus de transmission de l'information, de la simple relation entre individus aux opérations mises en œuvre par une entreprise, une institution, un territoire ou un État dans le but de modifier son image ou d'influencer les comportements de ceux qui la reçoivent. Il existe donc des **moyens de communications** qui sont des outils permettant ces échanges. Certains, comme la presse, existent sous une forme assez proche depuis longtemps. D'autres, comme les **télécommunications** – ensemble des moyens permettant des communications à distance – ont pris une ampleur sans précédent depuis la fin du XXe siècle, grâce aux progrès techniques liés à la fibre optique, aux communications par satellites et à l'informatique. Les évolutions dans ce domaine sont très rapides. La télévision est ainsi devenue un moyen de communications de masse. Dans le monde professionnel, le **télex**, par exemple, qui permettait l'échange de documents dactylographiés dans le monde entier grâce à un réseau spécifique, a été un temps supplanté par la **télécopie** ou **fax** qui utilise le réseau téléphonique pour la transmission immédiate de tout document, à moindre coût et à partir de télécopieurs de petite taille. La **télématique** associe télécommunications et informatique, et instaure le dialogue entre ordinateurs et la consultation individuelle de banques de données (Internet, par exemple) grâce à un **modem** (qui permet la transmission de données numériques sur des circuits analogiques téléphoniques) ou à des terminaux spécifiques comme l'était le Minitel en France, distribué par France Télécom.

Des **fournisseurs d'accès** à Internet (FAI) ou **opérateurs Internet** proposent des offres associant l'Internet, la téléphonie par Internet et la télévision ADSL. L'essor de l'Internet à haut débit a permis la multiplication de sites web personnels et notamment de **blogs** (ou **blogues**), sites de nature extrêmement variée, faciles à créer et à visiter, dont l'ensemble forme la **blogosphère.** Des **moteurs de recherche** – outils permettant de trouver des informations sur Internet à partir de mots-clés – ont révolutionné le mode d'accès à l'information, qui circule également de plus en plus par le biais d'encyclopédies en ligne dont **Wikipédia**, qui fonctionne avec le principe **Wiki**, c'est-à-dire en autorisant la modification des pages Web dans un esprit collaboratif, est de loin la plus représentative. Enfin, avec l'augmentation rapide du nombre d'ouvrages numérisés, des **bibliothèques virtuelles** commencent à se constituer, augurant sans doute d'autres évolutions spectaculaires dans la manière de collecter des données et de l'information.

La **téléconférence** se caractérise par la mise en rapport de plusieurs intervenants situés dans des lieux distincts et reliés par des moyens de télécommunication. Grâce à la **visioconférence**, des personnes peuvent non seulement dialoguer, mais aussi se présenter des documents ou des photographies et se voir en train de parler. On peut également travailler à domicile en liaison directe et constante avec l'employeur : c'est le **télétravail**. Certains lieux concentrent toutes ces technologies de communication et d'information (satellite, vidéocommunication, téléphone, etc.) : ce sont des **télécentres** ou **téléports**, qui se développent dans les grandes entreprises et dans les technopôles.

Enfin, la multiplication des ordinateurs personnels et des réseaux permettant leur interconnexion a engendré la constitution de flux d'informations mondiaux **multimédias**, permettant la transmission d'images, de sons, de textes, de films et d'informations de tous ordres. Le développement d'Internet est significatif de l'engouement exceptionnel pour ce nouveau type de communication. Ces **autoroutes de l'information** ou **inforoutes** induisent une certaine **déterritorialisation** des communications, c'est-à-dire un affranchissement des contraintes spatiales, et annulent l'espace-temps en autorisant des connexions infinies et immédiates à l'échelle mondiale. Cette déterritorialisation n'est toutefois que partielle, une certaine logique économique et spatiale persistant dans le choix des lieux les mieux connectés. En effet, au-delà du mythe du

cyberespace (terme créé en 1984 par un romancier et non par des géographes), c'est-à-dire d'un espace « digital », insaisissable, sans frontières et déconnecté de tout espace physique, Internet fonctionne en fait comme un réseau très largement territorialisé. Ainsi, la réalité du câblage impose diverses contraintes : par exemple, le réseau Internet en Chine fonctionne comme un immense réseau Intranet caractérisé par le très petit nombre de câbles reliés au reste du monde, ce qui facilite évidemment la censure. Par ailleurs, la géographie du câblage montre les différences entre les zones reliées par des câbles en fibre optique à très haut débit et celles moins bien pourvues. Cette différenciation spatiale, qui existe en France entre les zones urbaines et les zones rurales, se retrouve de façon plus criante dans les pays du Sud. Ainsi, malgré les investissements massifs opérés dans certains pays du Sud, le fossé technologique qui les séparent des pays les plus développés ne se comble pas et la **fracture numérique** (ou **fossé numérique**) – l'inégalité d'accès aux technologies de l'information et de la communication et notamment à l'Internet – entre le Nord et le Sud, mais aussi à l'intérieur même de pays comme la France, reste très nette. Il n'en reste pas moins que dans le cadre de la troisième mondialisation de l'économie et de la globalisation financière, des transactions financières et monétaires sont aujourd'hui effectuées par ces biais sans contrainte ni contrôle. Certains s'inquiètent donc de la naissance d'une **cyberéconomie** qui n'emprunterait plus que des inforoutes pour traverser le cyberespace libéré des contraintes spatiales ou temporelles et de toute forme de contrôle politique.

Les modes de transport et leur évolution

• Les transports terrestres

La **route** est le mode de transport le plus ancien, celui qui est le plus présent dans l'espace et propose la plus grande souplesse d'utilisation. Éclipsée temporairement par le rail à la fin du XIXe siècle, la route connaît un renouveau depuis la Seconde Guerre mondiale. Dans la quasi-totalité des pays, elle assure aujourd'hui, grâce aux automobiles et aux autocars, l'essentiel du transport des personnes et, par camions, une large part du transport de marchandises (notamment de denrées périssables) sur petite et moyenne distance. En France, près de 80 % du transport de marchandises est ainsi réalisé par la route. L'essor des transports routiers s'explique par plusieurs facteurs :

– la généralisation de l'automobile comme objet de consommation de masse ;

– la multiplication d'équipements techniques et d'infrastructures coûteuses qui s'apparentent parfois à de véritables prouesses techniques (tunnel de Seikan au Japon entre Honshu et Hokkaido, ponts suspendus sur les estuaires ou entre les îles, pont de l'Øresund entre Suède et Danemark, tunnel sous la Manche) ;

– la rénovation des réseaux, avec les autoroutes, les voies express, les boulevards circulaires ou **rocades** périurbaines ;

– voire l'existence et le développement de **transcontinentales**, c'est-à-dire de grandes voies intercontinentales comme la transamazonienne ou la panaméricaine.

La présence d'une voie rapide est également très souvent un facteur de localisation industrielle, notamment pour des activités de haut niveau technologique : la **route 128** aux États-Unis, qui contourne Boston par le nord, en est un exemple associant des activités de recherche à des entreprises liées aux nouvelles technologies.

Le transport routier est cependant décrié : il provoque pollution, embouteillages et un grand nombre d'accidents responsables de plus de 4 600 morts par an en France. L'accident meurtrier sous le tunnel du Mont-Blanc, qui a provoqué sa fermeture jusqu'au printemps 2002, a relancé la polémique à propos des risques du transport routier et de la pollution provoquée par les camions dans les vallées alpines.

Le **rail** a joué un rôle décisif dans la révolution industrielle, notamment pour le transport des **pondéreux** : matériaux lourds, de faible valeur à la tonne (charbon, minerais). Le chemin de fer a également constitué un facteur de localisation industrielle, notamment près des **gares**, c'est-à-dire des lieux où s'effectuent le **transbordement** (l'embarquement et le débarquement) des marchandises et des voyageurs. Il a également joué un rôle dans de grandes conquêtes pionnières à l'image du **BAM** ***(Baïkal Amour Magistral)*** qui avait pour but de désenclaver l'Extrême-Orient russe. Par contre, depuis la fin de la Seconde Guerre mondiale, le rail connaît un déclin lié à son coût, à son manque de souplesse et aux problèmes d'écartement des voies qui gênent les interconnexions. Il subit aussi la concurrence de l'automobile et une relative désaffection des voyageurs : la SNCF ne transporte aujourd'hui que 10,5 % de tous les voyageurs de France. Ce déclin est moins sensible dans les PED, dans certains pays neufs et en Russie.

On constate cependant un certain renouveau du rail. Ce nouvel essor est d'abord sensible dans les périphéries des villes importantes ou moyennes, le transport ferroviaire étant très adapté aux mouvements pendulaires, dont beaucoup s'effectuent en France grâce au réseau des **TER** (Transport express régional) et, autour de la capitale, par le **RER** ou **Réseau express régional**. Économique par rapport à la route, notamment en période de hausse du coût des hydrocarbures, il permet en outre une fréquence et une rapidité des dessertes et s'avère nettement moins polluant que le transport routier et donc plus compatible avec un développement durable. Mais une autre cause de ce renouveau provient de la multiplication des lignes de **trains à grande vitesse (TGV)** qui dépassent les 250 km/h et parfois aujourd'hui les 320 km/h sur des voies spéciales. Depuis la mise en service du **Shinkansen** japonais en 1964 et du **TGV** français en 1981, les projets sont importants et font du rail un concurrent sérieux pour l'avion sur des distances moyennes. L'Allemagne, l'Italie et l'Espagne possèdent des lignes ou des trains à grande vitesse et la réalisation du réseau paneuropéen à grande vitesse progresse vers l'Europe du Nord et du Sud. Hors d'Europe, des États ont acquis ou sont en passe de le faire des trains à grande vitesse de technologie totalement ou partiellement française (Corée du Sud, États-Unis, Maroc, Argentine…) et ce malgré le poids du lobby des transporteurs aériens. Enfin, le renouveau du rail est également sensible pour le transport de marchandises avec, au niveau mondial, une augmentation des deux tiers du trafic de 1997 à 2006, surtout grâce à des États comme l'Inde, la Chine, la Russie et les États-Unis. À l'inverse, en France, le transport ferroviaire de marchandises a perdu un quart de son importance entre 1985 et 2006 alors que la route a vu son poids multiplié par 2,5.

La **voie d'eau** est un mode de transport économique, adapté aux pondéreux mais lent et dépendant de contraintes naturelles : hautes eaux, basses eaux, inondations. Quand il s'agit seulement de traverser un fleuve ou un lac, on utilise encore dans beaucoup de pays du Sud des **bacs**, bateaux à fond plat, adaptés pour le transport de personnes, de bétail et de véhicules. L'utilisation des cours d'eau comme axes de transport nécessite souvent, avant d'être rentable, de lourds investissements pour la construction ou la mise au gabarit de canaux (adaptation de leur dimension maximale à celle des véhicules de transport), la construction de tunnels, de ponts ou d'**écluses** (aménagements permettant à des embarcations de relier deux plans d'eau de niveau différent). Le **canal du Midi** ou **canal des deux mers**, construit au XVIIe siècle sous le règne de Louis XIV par l'ingénieur Pierre-Paul Riquet pour relier la Méditerranée à la Garonne, en compte soixante-trois. La voie d'eau est particulièrement utilisée en Amérique du Nord grâce au système fluvial Mississipi/Grands Lacs/Saint-Laurent, souvent nommé **Avenue de l'Amérique** ou ***Main Street America***, ou en Russie grâce au **système interfluvial des cinq mers**, reliant du nord au sud, grâce à des canaux et à l'axe majeur de la Volga, la mer Blanche et la mer Baltique aux mers d'Azov, Noire et Caspienne, mais aussi en Europe de l'Ouest sur la Seine ou le Rhin et, enfin, dans certains PED, sur de grands fleuves tropicaux. On considère également comme voies d'eau les **canaux interocéaniques** et les **voies maritimes** (système du Saint-Laurent, canal de Kiel, entre mer du Nord et mer Baltique, canal de Panamá et canal de Suez), empruntés quotidiennement par de nombreux navires dont la taille le permet. Le canal de Panamá par exemple reste accessible aux navires de taille **Panamax**, longtemps référence pour la construction de bateaux de marchandises, mais ne l'est pas aux navires classés **post-Panamax**, dont les dimensions leur interdisent l'accès aux écluses du canal. Le canal de Panamá est donc contraint de s'adapter et des travaux d'élargissement ont commencé en 2007. On parle de la même manière de **Suezmax** pour qualifier les navires trop volumineux pour franchir le canal de Panamá mais qui peuvent transiter par le canal de Suez, celui-ci n'ayant pas d'écluse. Enfin, les navires de taille **Capesize**, trop gros pour passer par les canaux de Panamá et de Suez, doivent empruntent des routes exclusivement maritimes et passer par les caps Horn et de Bonne-Espérance pour contourner l'Amérique et l'Afrique.

Les transports terrestres s'effectuent aussi par **tubes** ou **conduites** ou encore ***pipelines***, en général enterrés, qui permettent d'acheminer de l'eau (**aqueduc**), du pétrole (**oléoduc**), du gaz (**gazoduc**) et des produits solides en suspension dans l'eau (**carboduc** pour le charbon). Ils s'effectuent enfin par fil, pour l'énergie électrique, le long de lignes à haute tension.

• Les transports aériens

L'essor des transports aériens date de la fin de la Seconde Guerre mondiale avec l'apparition de la propulsion par réaction caractéristique des avions « jet » à turboréacteurs. Il existe toute une gamme d'appareils adaptés à la distance à parcourir et aux conditions du milieu : hélicoptères, avions à hélice ou petits jets pour les courtes distances, **moyens courriers** comme l'Airbus A310 (500 à 3 500 km), **moyens longs courriers** (5000 à 10000 km), **longs courriers** comme le Boeing 747 (plus de 10000 km), très gros porteurs comme l'Airbus A380, qui peut transporter plus de 800 personnes, voire des très longs courriers, à autonomie approchant les 15000 km, comme le Boeing 787 ou le futur Airbus A350. Les **avions supersoniques** sont des longs courriers qui peuvent voler à Mach 2, c'est-à-dire deux fois la vitesse du son (2300 km/h). C'était le cas du Concorde.

Les transports aériens sont utilisés pour des déplacements internationaux de voyageurs, des liaisons intérieures (notamment dans les grands pays) et des produits à haute valeur ajoutée. L'essor du tourisme et des affaires a largement contribué au développement des transports aériens. De nombreuses compagnies organisent aujourd'hui des **charters**, avions affrétés à la demande (d'un tour opérateur par exemple), à une période où le remplissage est maximal. Les **aéroports** sont les nœuds terrestres des réseaux aériens. Le terme désigne l'ensemble des infrastructures nécessaires à l'acheminement et au départ de passagers et de marchandises. On parle d'**aérodromes** pour qualifier plus particulièrement les terrains d'envols, d'atterrissage et d'entretien des avions, le terme désignant aussi de petites structures, parfois privées et qui n'assurent aucun service public. Le terme d'**aérogare** désigne les bâtiments destinés à l'accueil des passagers. Ils se situent en périphérie urbaine, s'étalent sur de vastes zones, deviennent des facteurs de localisation industrielle mais sont aussi, pour les populations locales, des causes croissantes de risques et de nuisances (multiplication des vols et saturation des aéroports). Les aéroports internationaux, pouvant accueillir des compagnies étrangères, sont recensés dans un système international qui attribue un code de trois lettres aux villes et aéroports, le **code IATA** (par exemple LYS pour l'aéroport de Lyon).

• Les transports maritimes

La **navigation au long cours** – qui s'effectue sur de longues routes en accédant à la haute mer – s'oppose au **cabotage**, terme qui qualifie une navigation courte et sans éloignement des côtes.

Les transports maritimes de passagers sont peu développés et ne concernent qu'environ 2 % de la flotte mondiale, mais peuvent être localement importants dans des espaces où des bras de mer séparent des régions peuplées : détroit du Pas-de-Calais, golfe de Finlande… Ils sont assurés par des *car-ferries*, (***car-ferry***, au singulier), sans cesse plus performants, qui embarquent les voyageurs et leur véhicule, par des ***ferry-boat***, terme plus général qui qualifie soit des *car-ferries,* soit des embarcations qui transportent des wagons de chemin de fer et leurs passagers, et par quelques **paquebots** (par exemple le Queen Mary 2) dans le cadre de croisières touristiques.

Les transports maritimes assurent la majeure partie du transport international de marchandises (plus de 90 % en poids) et ont connu une essor remarquable depuis 1950. Ils s'effectuent par l'intermédiaire de navires de capacités différentes et de plus en plus spécialisés. La capacité d'un navire s'exprime en **tonneaux de jauge brut** (1tjb = 100 pieds^3 = 2,83 m^3). Le poids maximum autorisé par navire pour le transport maritime est calculé en **tonnes de port en lourd** (**tpl**). Les navires destinés à transporter des marchandises diverses sont des **cargos**. D'autres sont plus spécialisés : pétroliers, **méthaniers** qui transportent du gaz maintenu à l'état liquide par réfrigération, **minéraliers** pour les matières premières énergétiques (charbon) et industrielles (minerais), **céréaliers** qui transportent du grain et des produits alimentaires comme le soja, et **vraquiers** pour les matériaux pondéreux en vrac. Les **porte-conteneurs** transportent des conteneurs qui facilitent le chargement et le déchargement. Les navires qui véhiculent des matières hautement polluantes, notamment des hydrocarbures, sont aujourd'hui davantage contrôlés de manière à éviter la circulation de bâtiments vétustes (à simple coque par exemple) risquant de faire naufrage et de provoquer des marées noires ou d'autres pollutions graves dont les conséquences écologiques, économiques et sociales sont souvent très importantes.

L'ensemble des bateaux d'un pays ou d'un armateur constitue la **flotte**. En 2007, près de deux tiers de la flotte mondiale navigue sous un **pavillon de complaisance** à savoir qu'elle est domiciliée dans un État qui lui accorde des privilèges, notamment fiscaux (Panamá, Liberia, Malte, Île de Man…). C'est le cas de plus des trois quarts des pétroliers.

L'essor du transport maritime résulte de l'accroissement des besoins lié au développement des activités d'échange et à la mondialisation de l'économie, de l'amélioration des navires et des techniques de manutention, et de la très importante baisse des coûts qui en résulte. Il provient également de l'accroissement des ressources *off-shore*, de la pêche et de l'aquaculture. Il suppose un contrôle accru des **détroits**, c'est-à-dire des passages étroits entre deux côtes, où se concentre la circulation maritime. Cela entraîne également de nouvelles formes de transports, par exemple le ***feedering***, dont l'objectif est de permettre, à partir d'un port principal qui joue le rôle de porte d'entrée (ou ***gateway***) d'un espace peu accessible, de distribuer grâce à des navires de petits tonnages (les ***feeders*** ou navires nourriciers) sur différents ports secondaires une part de la cargaison et de collecter en retour des marchandises destinées au port principal. La pratique du *feedering* est très développée en mer Baltique à partir de Göteborg, la principale *gateway* locale. Le terme de *gateway* est cependant à utiliser avec précaution car il qualifie aussi des ports dont la vocation est d'être la porte d'entrée vers l'*hinterland*, ce qui suppose des relations privilégiées avec cet arrière-pays. On parle donc plutôt de **hub-ports** pour qualifier les ports où ont lieu ces transbordements vers des navires de taille inférieure destinés à des ports moins importants, un ***hub*** étant un lieu qui sert de pivot en permettant une redistribution des chargements (passagers, marchandises…) et un éclatement des destinations. En Méditerranée, Algésiras et Gioia Tauro sont les principaux hub-ports mais jouent aussi un rôle de *gateway* pour l'Andalousie et le Sud de l'Italie.

La révolution des modes de transport

Depuis 1945, la géographie des transports a été bouleversée par des progrès techniques au service de communications plus efficaces.

La révolution des transports est d'abord une révolution de la vitesse. On assiste à une contraction de l'**espace-temps**, c'est-à-dire à la possibilité de parcourir des distances supérieures pour une même unité de temps. Grâce au réacteur, la vitesse des avions a doublé dans les années 1960 pour dépasser aujourd'hui les 900 km/h et augmenter notablement leur rayon d'action. La vitesse moyenne des trains grande ligne dans les pays développés est de 160 km/h et les trains à grande vitesse dépassent largement les 300 km/h. Les navires, notamment les *car-ferries*, ont fait des progrès spectaculaires dans ce domaine. De nombreux espaces éloignés des grands axes (îles, zones de montagne…) ont connu un **désenclavement** ou **décloisonnement**, c'est-à-dire une rupture de leur isolement, grâce aux progrès des moyens de transport.

Les capacités ont également augmenté et la course au gigantisme s'est révélée, au cours des années 1960, une réalité dans le monde des transports d'hydrocarbures (les superpétroliers ou **supertankers** de 500000 tonnes) et de minerais. La spécialisation des véhicules a également permis des gains appréciables de temps, de meilleures prestations et une réduction de l'**espace-coût**, soit de la distance parcourue en un temps donné rapportée à un prix déterminé. La baisse du coût du transport a été l'un des facteurs de l'internationalisation des économies de l'après-guerre, puis de la mondialisation, par le biais des délocalisations des grandes entreprises et de l'**externalisation** (ou ***outsourcing***) d'une partie de leur production. Cette pratique consiste à faire fabriquer une partie de la production destinée au marché national dans un pays tiers où les coûts de production sont faibles avant de la réimporter dans le pays-source en profitant de coûts de transport faibles. Aujourd'hui, l'externalisation concerne aussi beaucoup les activités de services comme la comptabilité, les ressources humaines, le marketing… Il arrive parfois qu'une entreprise soit contrainte ou décide de pratiquer la **réinternalisation** (ou ***backsourcing***) de certaines productions au préalable externalisées.

Enfin, le dernier quart du XXe siècle a vu l'apparition du **transport combiné** (ou **intermodal** ou **multimodal**). L'**intermodalité** permet d'avoir recours à différents modes de transport successifs rendus compatibles par la normalisation des contenants et des techniques de manutention. Ces techniques rendent ainsi moins contraignantes les **ruptures de charges**, ou les interruptions de la continuité, dans un mode de transport. Elles provoquent à la fois des économies d'échelle, des gains de temps par réduction des escales et donc des baisses de coût. Le **ferroutage**, mode de transport intermodal, permet de passer d'un transport ferroviaire à un transport routier par l'emploi de remorques routières normalisées facilement chargées sur des wagons spéciaux. Il est aujourd'hui considéré comme une alternative possible à l'accroissement du transport par camion, notamment pour le franchissement des massifs montagneux et sur les grands axes. Cette technique a été améliorée avec l'apparition de la **conteneurisation**. Le **conteneur** (*container* en anglais) est un grand coffre métallique, de volume standardisé (de 30 à 60 m^3) et adapté aux chargements. La conteneurisation permet le déchargement direct par **transroulage** (ou ***roll-on roll-off*** ou encore ***ro-ro***) des conteneurs, des remorques routières ou ferroviaires dans les cales des **rouliers**, c'est-à-dire des navires adaptés au transroulage. Les **points de rupture de charge**, lieux où se font les changements de mode de transport, ont été aménagés pour répondre à ces progrès grâce à des **terminaux** ou **plates-formes multimodales** (ou **intermodales**). Elles existent également dans le domaine des transports de passagers par la création de **sites d'interconnexions** dans lesquels on passe d'un moyen de transport à un autre. Les exemples sont nombreux en France : liaisons rail – *ferry boat* pour se rendre au Royaume-Uni, liaison RER – aéroport pour desservir Roissy-Charles de Gaulle ou création d'une ligne TGV et d'une gare dans un site aéroportuaire, à l'aéroport Saint-Exupéry près de Lyon.

Plates-formes multimodales et sites d'interconnexions constituent souvent des lieux favorisant les concentrations d'activités par les possibilités de transport qu'ils autorisent.

Les réseaux de transport et de communication

• Leurs caractères

Un réseau de transport et de communication se présente comme un ensemble d'axes de circulation, un **treillage**, un **système réticulaire** par lequel des hommes, des informations, des capitaux et des biens se trouvent en lien sur un espace. Il provoque un **maillage**, un quadrillage de l'espace, et se caractérise par la nature des liens qu'il induit entre des **nœuds de communication** reliés, plus ou moins directement, par des lignes qu'il sera possible de qualifier d'**axes de communication** si elles présentent un pouvoir de polarisation et d'organisation des territoires environnants. Les villes constituent l'essentiel des nœuds de communication par l'intermédiaire des gares, des ports, des aéroports ou des téléports. On parle de **couloir de communication** pour qualifier, dans une vallée par exemple, un axe de communication relativement linéaire reliant des nœuds importants. Certains nœuds de communication peuvent être implantés relativement en marge des villes dont elles dépendent ou être disproportionnées par rapport à la ville la plus proche. C'est le cas des « **gares à la campagne** » qui marquent le réseau TGV français, dont les deux exemples principaux sont la gare du Creusot-TGV, située à 15 km de la petite ville du Creusot et la gare de Haute Picardie, dite « gare des betteraves » car construite au milieu des champs, loin de tout centre urbain important.

Les réseaux de transport se sont construits progressivement. À partir d'une ligne destinée à remédier, par exemple, à la saturation d'un axe (TGV Paris-Lyon) se développent d'autres lignes qui desservent de nouveaux lieux. Par effet de concentration, elles finissent par constituer un réseau (français et européen pour le TGV). La morphologie d'un futur réseau ne peut se déduire de la géographie des activités ou des concentrations de population car la fréquentation de chaque ligne dépend de l'évolution souvent imprévisible du comportement des usagers face à de nouvelles possibilités.

Les caractères et les qualités des réseaux s'apprécient grâce à plusieurs paramètres :

– la densité à l'échelle mondiale ou régionale ;

– la **connexité**, c'est-à-dire la capacité, à partir de n'importe quel nœud, de rejoindre les autres nœuds ;

– la **connectivité**, c'est-à-dire les possibilités d'alternatives qu'ils proposent pour atteindre divers nœuds ;

– l'homogénéité, soit la cohérence en termes de distance ou de vitesse des différentes liaisons entre les nœuds : un **réseau** parfaitement homogène serait **isotrope** (toutes les directions seraient équivalentes). Le **degré d'isotropie** ou d'**anisotropie** d'un réseau peut s'évaluer par comparaison des différentes liaisons entre les nœuds : en réalité, les réseaux isotropes sont rares sur les espaces continentaux dont la variété (montagnes, grands fleuves, villes à contourner) suppose la présence de zones de **rugosité**, de plus grandes difficultés de communication et de ralentissement des liaisons ;

– leur fiabilité ou leur sécurité, leur capacité à relier efficacement deux nœuds en respectant un délai préétabli ;

– leur forme : un **réseau maillé** (ou **orthogonal**) est très homogène et présente une excellente connectivité ; un **réseau polaire** ou **en étoile**, très fréquent autour des villes ou lié à une centralisation au niveau national par exemple, permet la multiplication des flux centripètes et centrifuges ; un **réseau en arbre** diffuse à partir d'une source unique et caractérise, par exemple, les réseaux de télévision câblée, d'assainissement ou d'adduction d'eau.

• L'évolution des réseaux de transports et de communication

Globalement, les réseaux évoluent constamment, devenant par fois plus polarisés ou au contraire, comme c'est le cas du réseau TGV ou de celui des autoroutes françaises, plus maillés. Cela répond souvent à des logiques économiques permettant, par exemple par la concentration des flux sur les meilleurs axes, de réaliser des économies d'échelle, mais aussi parfois à des logiques d'aménagement du territoire. L'augmentation des vitesses a provoqué l'allongement des étapes, la baisse du nombre de nœuds et donc un changement d'échelle des réseaux. Les nœuds abandonnés sont très visibles dans le domaine du transport par rail avec l'apparition de friches ferroviaires. Cela provoque souvent un détachement par rapport à l'itinéraire originel supposant que de longs détours sont effectués tout en gagnant du temps ou du confort : trajets d'autoroutes, du TGV, des couloirs aériens. Cela aboutit également à la concentration des voyageurs et des marchandises sur quelques nœuds, qui sont souvent des espaces privilégiés dans lesquels s'implantent les entreprises.

Le nombre d'étapes étant inférieur, l'accessibilité s'en trouve parfois affectée (transports ferroviaires classiques et TGV) et l'espace entre deux étapes, traversé par un ou plusieurs axe(s) de transport mais sans possibilité d'y accéder faute de gare ou d'échangeur, peut être affecté par un **effet tunnel** qui se traduit par le fait qu'il en subit les conséquences en termes de ruptures territoriales ou de nuisances environnementales sans en retirer d'avantages. La mobilité des personnes s'en trouve donc modifiée avec des déplacements réorganisés dans le temps et dans l'espace et des distances parcourues souvent plus importantes.

Certains nœuds de communication prennent une importance majeure. C'est le cas des aéroports fonctionnant comme des ***hubs***, c'est-à-dire des aéroports-pivots qui jouent le rôle de plate-forme de correspondance entre longs et moyens courriers. Le trafic y est centralisé avant d'être redistribué, la perte de temps étant compensée par le bon remplissage des avions. Le système, inauguré aux États-Unis dans les années 1980 en profitant de la déréglementation des transports aériens, a diffusé ensuite dans le reste du monde, notamment sous l'influence de la firme de transport de courrier FedEx qui a construit son réseau à partir de neuf *hubs* situés sur tous les continents et qui servent de relais entre liaisons internationales et nationales. La présence du TGV dans l'aéroport de Roissy lui a permis d'être choisi par FedEx comme *hub* européen.

On parle aujourd'hui, pour les différents modes de transport, d'une organisation des réseaux en ***hub and spokes***, littéralement « moyeu et rayons », avec concentration du trafic sur des lignes principales, reliant les nœuds principaux (*hubs*) à partir desquels s'effectue la redistribution des flux vers les nœuds d'importance secondaire. Ce système se retrouve également dans le domaine des réseaux de télécommunications et d'Internet qui fonctionnent autour d'une épine dorsale, ou ***backbone***, qui supporte le gros du trafic avec des technologies très rapides et de petits réseaux régionaux ou propres à une entreprise qui se rattachent au réseau principal. On parle de **dorsale Internet** (***Internet backbone***) pour qualifier les réseaux informatiques à longue distance et très haut débit.

Avec la mondialisation et la globalisation financière, le perfectionnement des moyens de transport et l'amélioration des réseaux de communication restent des priorités pour les États du Nord. Ils constituent l'une des clés du développement pour les pays du Sud.

lire aussi **Échanges internationaux – Littoral – Ports – Tourisme – Ville**

URBANISATION, MÉTROPOLISATION

Entamé en Europe au XIXe siècle, le mouvement d'urbanisation s'est progressivement étendu au reste du monde, transformant une planète très majoritairement rurale en un monde aujourd'hui dominé par les villes. Cette évolution résulte notamment du développement des périphéries urbaines qui brouille la limite entre espace urbain et espace rural. Cette urbanisation croissante joue à toutes les échelles. Pour les plus grandes villes, elle accompagne la mondialisation dans le cadre du processus de métropolisation.

L'urbanisation du monde

• Une population mondiale en majorité urbaine

L'**urbanisation** est le processus de transformation d'un espace rural en espace urbain, d'une société rurale en une société urbaine. Elle peut être volontaire si elle a été planifiée ou spontanée si elle s'effectue sans plan préétabli. Le **taux d'urbanisation** donne le pourcentage d'urbains dans la population totale.

Les villes sont apparues dans l'Antiquité, en Mésopotamie, puis en Égypte, en Turquie et en Chine, mais c'est seulement au XIXe siècle qu'a eu lieu, dans les pays industrialisés, une accélération subite de l'urbanisation. Cette évolution, qui accompagna la révolution industrielle, est parfois qualifiée de **révolution urbaine**. Le taux d'urbanisation mondial, évalué à moins de 5 % au début du XIXe siècle a rapidement progressé, le phénomène s'accentuant au XXe siècle dans les pays industrialisés, tout en se généralisant aux pays neufs, à certains pays socialistes où sont notamment apparues des **villes-champignons** (villes, souvent créées *ex nihilo*, ayant connu des croissances records en liaison avec l'avancée d'un front pionnier ou l'apparition d'une nouvelle activité industrielle) et, enfin, aux pays en développement.

En 2008, le taux d'urbanisation mondial dépasse légèrement 50 %, les statistiques étant approximatives en raison de la grande diversité des manières d'aborder, de définir et de délimiter le fait urbain. Le **taux de croissance urbaine** – l'accroissement, exprimé en pourcentage, de la population urbaine en un an – est en 2008 de 2 % en moyenne mondiale, soit près de deux fois supérieur à celui de l'accroissement démographique planétaire. Les espaces urbanisés croissent donc à plus grande vitesse que la population, ce qui s'explique notamment par les flux migratoires qu'ils reçoivent. D'après les prévisions onusiennes, le taux d'urbanisation devrait dépasser 60 % à l'horizon 2030, portant la population urbaine à plus de 5 milliards d'hommes, dont plus de la moitié sera asiatique.

• Un modèle explicatif : la transition urbaine

L'évolution des taux d'urbanisation se fait selon le processus de la **transition urbaine** par lequel un État passe d'un système de peuplement rural, basé surtout sur la part importante tenue par la production agricole, à un système de peuplement urbain où les villes concentrent les activités productives et dominent des campagnes, souvent en situation de dépendance. Cette évolution n'est pas sans lien avec les autres formes de transition : transition économique et **transition démographique** (*cf.* article *Population, démographie*). En effet, on constate le plus souvent que la première période de la transition démographique correspond à une brusque accélération du taux d'urbanisation qui continue de croître moins rapidement dans la deuxième phase avant de se stabiliser dans le régime démographique moderne. Ce phénomène s'explique par l'apparition, en début de transition démographique, de forts taux d'accroissement naturel qui entraînent à la fois un fort développement interne de la population des villes mais aussi un exode rural, qui accroît rapidement leur poids relatif. Cette phase s'accompagne généralement d'une **transition économique**, caractérisée par le passage d'un mode de production essentiellement agricole à une économie industrielle. Au cours de cette période, l'évolution des techniques touche le secteur agricole qui se mécanise, libérant ainsi de la main-d'œuvre pour les activités industrielles et tertiaires, très majoritairement concentrées dans les villes.

Ces activités, ainsi que la perspective de revenus plus importants, de l'accès à la consommation, à un cadre de vie moderne et parfois au confort attirent des populations jeunes qui alimentent de fortes fécondités. Les jeunes parents voient également les villes comme des espaces offrant des perspectives pour leurs enfants, notamment par l'accès à des infrastructures d'éducation plus nombreuses. Cette transition urbaine peut toucher les gros bourgs, qui deviennent ainsi des petites villes, ou se faire par un développement des villes moyennes ou encore selon un processus qui privilégie les plus grands centres urbains. Les pays du Sud sont souvent dans ce dernier cas, avec un accroissement prononcé des plus grandes villes qui attirent notamment en raison de leur intégration à l'économie mondialisée.

En fin de transition démographique, alors que les taux d'accroissement naturel se réduisent, l'urbanisation progresse de manière ralentie pour ensuite pratiquement se stabiliser, à des niveaux toujours supérieurs à 70 % et atteignant parfois des valeurs très élevées, notamment dans des États de petite taille comme la Belgique et, qui plus est, dans des cités-États comme Singapour. Les deux phénomènes se trouvent d'ailleurs en interaction puisque l'urbanisation généralisée s'accompagne en général d'une chute de la fécondité, voire en constitue l'un des facteurs, notamment en raison de l'exiguïté des logements urbains.

• Niveau de développement et taux d'urbanisation : quelle corrélation ?

Les taux d'urbanisation sont très variables selon les États mais aussi à l'intérieur de ceux-ci, selon les régions. Les taux de croissance urbaine varient également, selon un mouvement généralement inverse, les États les moins urbanisés présentant les taux de croissance les plus élevés.

Dans les pays du Nord, les taux d'urbanisation ont progressé rapidement dans les années 1950-1970, à un rythme parfois proche de 3 % par an, la croissance économique, la baisse de la mortalité dans les campagnes et l'amélioration des techniques culturales provoquant un important exode rural. Les PID sont aujourd'hui peuplés en moyenne aux trois quarts d'urbains, l'Amérique du Nord présentant même des taux supérieurs à 80 %. La croissance urbaine est par contre ralentie en raison de l'arrêt des flux de ruraux et d'un accroissement naturel souvent réduit, voire négatif. Ces taux, proches de zéro en Europe et au Japon, restent plus élevés en Amérique du Nord, notamment en raison d'une forte immigration qui profite surtout aux villes.

L'évolution des taux d'urbanisation dans le monde (en %)

	1950	2008
Ensemble des PED	**17,4**	**45**
Afrique	14,8	40
Asie	17	42
Amérique latine	41,1	78
Ensemble des PID	**53,6**	**75**
Europe et Russie	65,9	74
Amérique du Nord	63,9	81
Monde	**29,4**	**50,3**

Les pays du Sud sont dans une autre situation, avec des taux d'urbanisation généralement plus faibles : 45 % en moyenne des PED, moins de 30 % pour l'ensemble des PMA, moins de 20 % dans certains États d'Afrique subsaharienne (Ouganda, Éthiopie). Ils présentent par contre logiquement des taux de croissance urbaine élevés, supérieurs à 1,5 % en Amérique latine mais de plus de 2,3 % en Asie et atteignant 3 % en Afrique. Les grandes villes du Sud voient souvent leur population progresser à des taux encore plus remarquables (5 à 6 % par an) au point qu'on a pu parler d'**explosion urbaine**. Comme la croissance démographique, la croissance urbaine atteint ici une vitesse et une ampleur qu'elle n'a jamais eues au Nord. Les villes des PED suscitent parfois l'exode rural, attirent aussi les travailleurs étrangers et se développent également grâce à un fort accroissement naturel lié à la jeunesse de leurs habitants et à la persistance de taux de fécondité souvent assez proches de ceux des campagnes. Leur urbanisation se fait donc souvent de manière moins planifiée, avec des normes architecturales (par exemple antisismiques) moins strictes qu'au Nord et parfois sans respecter les règles de sécurité minimales qui supposent de ne pas construire dans des zones dangereuses, soumises par exemples aux inondations ou aux glissements de terrain.

Le Sud n'est cependant pas homogène face à l'urbanisation. Ainsi, l'Amérique latine, sous-continent relativement peu densément peuplé, à forte tradition urbaine, a connu au cours des années 1920 un fort mouvement d'urbanisation qui explique les taux d'urbanisation actuels très élevés à l'échelle du Sud. La transition urbaine s'est effectuée plus rapidement que la croissance démographique. L'Asie est dans une situation inverse, ayant entamé sa transition urbaine plus tardivement et présentant un niveau d'urbanisation plutôt faible par rapport à l'avancement de son évolution démographique. L'Asie conserve donc logiquement des taux de croissance urbaine encore élevés. Ils sont spectaculaires dans les pays pétroliers du golfe Persique qui ont profité de la manne des hydrocarbures pour développer les activités industrielles, le commerce international, le tourisme balnéaire et d'affaires, autant d'activités profitant surtout à des villes comme Dubaï, phénomène renforcé par le contexte désertique. Enfin, l'Afrique, longtemps cantonnée par la colonisation à un développement essentiellement agricole, reste le continent le moins urbanisé.

Vers la métropolisation

Aujourd'hui, la croissance urbaine se traduit notamment par l'accroissement du nombre de grandes villes et de la taille de celles-ci. En effet, à mesure que l'économie se mondialise, que les entreprises se délocalisent, la concentration de fonctions de décision, de commandement devient plus nette et se fait au profit de quelques villes en mesure d'attirer les investissements, les activités, les hommes et de contrôler les flux de capitaux.

Les plus grandes villes sont les plus concernées par le phénomène de **métropolisation**. Ce processus ne se limite pas à la concentration de la population dans les très grandes villes, parfois qualifié de **mégapolisation** – une **mégapole** désignant une ville très peuplée, sans préjuger de ses fonctions de commandement. Il traduit également l'accroissement du poids de ces villes au sein des États auxquels elles appartiennent, notamment par la concentration des activités de commandement (économique, politique, culturel…), par l'augmentation de la taille de l'espace directement sous leur influence, par le caractère international de leurs fonctions et des activités de production qu'elles possèdent, par la concentration des activités de haut niveau (tertiaire supérieur), de la main-d'œuvre la plus qualifiée et donc des capacités d'innovation. Toutes les grandes villes ne sont pas également touchées par la métropolisation. Lagos ou Calcutta n'ont pas un rayonnement correspondant à leur taille, n'étant pas ou plus les capitales politiques de leurs États et manquant donc d'un certain nombre d'éléments de pouvoir. Les villes de plus fort rayonnement sont qualifiées de villes mondiales ou de villes globales, selon l'expression américaine *global city* forgée par la sociologue américaine Saskia **Sassen** (née en 1949) (*cf.* p. 357). Comme toute terminologie récente, elle n'est pas encore fixée et si les deux termes sont souvent considérés comme des équivalents, selon certains auteurs les deux expressions revêtent des significations différentes. Une **ville globale** est un pôle de la mondialisation, un centre de commandement de l'économie globale grâce à la présence de bourses de valeurs, de sièges bancaires, de sièges sociaux d'entreprises multinationales. Elle bénéficie, par la possession de fonctions stratégiques, d'une forte **directionalité** selon une expression de J.-P. Paulet. Le même auteur utilise également, pour caractériser ces villes globales, le terme de **connectivité**, à savoir le bénéfice d'une position maîtresse au sein d'un réseau. On parle en revanche de **ville mondiale** pour qualifier une ville qui, sans être un pôle de la mondialisation, possède un fort pouvoir d'attraction, joue un rôle de porte d'entrée de flux migratoires internationaux et est marquée par une certaine **métropolité**, avec des modes de vie et de fonctionnement spécifiques. Une ville mondiale bénéficie également d'une très forte notoriété liée à son histoire, à son patrimoine architectural ou culturel et aux représentations qu'elle suscite chez les touristes qui la visitent. Ainsi, certaines grandes agglomérations comme Venise, São Paulo ou Mexico, ne sont pas des villes globales mais peuvent être considérées, dans cette acception, comme des villes mondiales. D'autres villes, à l'image de Hong Kong, sont surtout des villes globales en raison de leur activité boursière. Cependant, pour S. Sassen, New York, Tokyo, Londres et Paris sont les seules véritables villes globales. La première est sans doute la plus aboutie : elle possède en effet la première bourse de valeurs du monde (NYSE-Euronext), le siège de l'ONU, plus de 500 firmes de très haut niveau, des services de pointe, deux CBD (*downtown* et *midtown*) et une notoriété planétaire qui en fait également une ville mondiale de tout premier plan. Plusieurs classements ont été proposés pour hiérarchiser ces villes mondiales, sans qu'aucun ne fasse référence. Celui du Groupe d'études sur la globalisation et les villes mondiales (**GaWC**, en anglais), de l'université de Loughborough à Londres, semble le plus souvent utilisé. Il est basé sur l'étude de la localisation de sièges sociaux d'entreprises de niveau mondial et la présence de services de pointe. Il aboutit à un classement en trois catégories principales et huit catégories secondaires.

Les villes de niveau Alpha appartiennent toutes à la Triade, alors que des villes des pays émergents apparaissent au niveau Bêta. En Afrique, seule Johannesburg (ville Gamma) figure dans la liste. Ces hiérarchies sont bien sûr évolutives : Beijing ou Shanghai devraient sans doute progresser dans ce classement.

Une classification des villes mondiales

Villes Alpha	Villes Bêta	Villes Gamma (exemples)
12 points : Londres, New York, Paris, Tokyo **10 points** : Chicago, Francfort, Hong Kong, Los Angeles, Milan, Singapour	**9 points** : San Francisco, Sydney, Toronto, Zurich **8 points** : Bruxelles, Madrid, Mexico, São Paulo **7 points** : Kuala Lumpur, Moscou, Séoul	**6 points** : Amsterdam, Boston, Caracas... **5 points** : Bangkok, Beijing, Stockholm... **4 points** : Atlanta, Barcelone, Berlin, Buenos Aires...

Source : GaWC, 2004.

Villes mondiales et globales contribuent donc largement à la direction du monde en concentrant les pouvoirs décisionnels (politique, financier et économique) et une part importante des échanges commerciaux. Elles forment ainsi l'**archipel mégalopolitain mondial** (**AMM**), selon un terme inventé par Olivier **Dollfus** (1931-2005), au sein duquel chaque mégapole constitue une « île » qui entretient avec les autres grandes villes des relations privilégiées qui traduisent leur appartenance au même « archipel ». L'ensemble forme donc un réseau relié par des flux importants et associe dans un même mouvement de développement des activités de haut niveau, notamment de recherche, d'innovation et de direction.

L'étalement urbain et ses conséquences

• De la métropole à la métapole ?

L'urbanisation et la métropolisation se traduisent par la tendance des villes, notamment les plus grandes d'entre elles, à croître plus rapidement en surface qu'en population. Ce processus se traduit par l'**étalement urbain** (ou ***urban sprawl***), c'est-à-dire la dilatation de ces villes par l'extension de leurs périphéries, par périurbanisation, rurbanisation ou exurbanisation (*cf.* p. 574). Cette croissance spatiale est très importante dans les pays neufs, notamment en Amérique du Nord où les *suburbs* (banlieues) sont des lieux de résidence recherchés. Cet étalement est très marqué dans les grandes villes mais est parfois encore plus spectaculaire dans les villes moyennes. En Amérique du Nord, le terme de ***boomburbs*** désigne des villes-champignons qui s'étalent en de grandes banlieues (*boom suburbs*). On en compte près d'une centaine aux États-Unis et au Canada. Longtemps très limité en Europe où la culture urbaine valorise encore plutôt la centralité, l'étalement urbain gagne désormais du terrain.

Les périphéries urbaines sont des lieux d'implantation d'infrastructures de transport (aéroports par exemple), de loisirs (golfs, terrains de football...), de zones industrielles et de quartiers résidentiels. Tout cela provoque des mutations fonctionnelles et donne naissance à un **polycentrisme** (ou une **polynucléarisation**) par la multiplication de centres secondaires qui provoquent des transferts de densités du centre vers les périphéries et donc une perte de fonction de la ville-centre. Ce processus se traduit par le développement des ***edge cities*** (littéralement les **villes-lisières**), espaces d'extension récente qui rassemblent des emplois, des bureaux, des espaces commerciaux et d'hôtellerie, quelques sièges sociaux... et deviennent de nouveaux centres dont le fonctionnement est relativement indépendant de celui de la ville-centre. L'ensemble donne naissance à des espaces vastes, très peuplés, discontinus et multipolaires, à des « centres périphériques ». Ils produisent de nouvelles formes d'urbanisation par la création d'unités urbaines relativement autonomes et indépendantes de leur environnement (**urbanisation en grappes** ou **en flaques** ou encore **en *clusters***). On parle d'ailleurs parfois de **clusterisation** pour qualifier la formation de ces zones urbaines.

L'étalement urbain peut conduire à la formation de **conurbations** par la jonction de plusieurs noyaux urbains par leurs périphéries. La Ruhr, mais aussi les ensembles formés par les villes de Lille, Roubaix et Tourcoing, ou par Aix-en-Provence et Marseille ou encore par Nancy, Metz et Thionville sont des exemples anciens de conurbations. Une série de conurbations peut former une **région urbaine** à l'instar de la *Randstadt Holland* (d'Amsterdam à Rotterdam et de La Haye à Utrecht). Certaines de ces régions urbaines font partie d'ensembles urbains encore plus vastes qui forment les **mégalopoles**, c'est-à-dire des régions urbaines de plusieurs dizaines de millions d'habitants, comprenant plusieurs métropoles et grands centres urbains, et s'étendant de manière relativement continue sur plusieurs centaines de kilomètres. Les auteurs s'accordent sur l'existence de deux mégalopoles : la **Mégalopolis**, de Boston à Washington (ou ***BosWash***), qui s'étire sur environ 800 km et concentre environ 70 millions d'habitants et la **mégalopole japonaise**, de Tokyo à Kita-Kyushu. Ces mégalopoles sont des espaces de forte densité de population et d'urbanisation et ont aussi en commun de constituer des espaces de prospérité, avec un haut niveau de développement et une influence mondiale liée à la fois à leur situation portuaire et littorale, à la présence de villes mondiales et d'activités à haute valeur ajoutée. Certains auteurs qualifient également de mégalopole la **dorsale européenne** (de la région de Londres au Nord de l'Italie), centrée sur l'Europe rhénane et qui intègre également, en périphérie, Paris et Francfort. Cette mégalopole s'apparente en réalité à un **artefact**, une construction intellectuelle, une vision artificielle et déformée d'une réalité, sans doute ici destinée à équilibrer le phénomène urbain entre les membres de la Triade. L'Europe se devait de posséder une mégalopole, quitte à oublier par exemple les Alpes et le hiatus qu'elles forment au sein de ce pseudo-arc urbain européen. Cette « dorsale », ou l'ensemble discontinu qu'elle constitue, forme cependant le centre d'impulsion en termes politiques et économiques de l'Union européenne et domine les régions périphériques, moins dynamiques en termes démographique et économique. D'autres régions urbaines sont parfois qualifiées de mégalopoles, comme en Afrique du Sud, entre les aires urbaines de Johannesburg, Pretoria au nord et Vereeniging au sud, ou autour des Grands Lacs d'Amérique du Nord, à la fois aux États-Unis et au Canada, ou encore au Brésil entre Rio de Janeiro et São Paulo.

Processus en cours, la métropolisation crée donc de nouvelles formes urbaines : certains parlent d'**hyperville** pour rendre compte de cette évolution. L'urbaniste et architecte François Ascher a quant à lui proposé le terme de **métapole**. Ce serait la forme urbaine qui succède à la métropole : littéralement, métapole signifie « au-delà de la ville » dans son acception chronologique. Selon lui, la métropolisation n'est qu'une étape d'un processus historique et la métapole est un nouveau mode d'appropriation collective du territoire. Elle se forme à partir des métropoles existantes. Elle intègre, du fait de l'étalement urbain, et de manière peu structurée, des espaces très divers, autrefois urbains ou non. La métapole peut donc être mono ou polynucléaire, plus ou moins agglomérée, polarisée, dense ou étale. Phénomène général touchant au moins l'ensemble des PID, ce processus de **métapolisation** jouerait à des échelles diverses : l'agglomération de Tokyo est une métapole, mais la vallée du Rhône également, du fait du développement d'un étalement urbain quasi continu entre Marseille et Lyon, voire Genève.

Enfin, l'étalement urbain existe également dans certains pays du Sud. Il peut d'ailleurs être encore plus marqué qu'au Nord, mais il est souvent lié à d'autres raisons. Il s'agit principalement de l'afflux de populations pauvres dans les espaces urbanisés : au cours du XXe siècle, la superficie de Mexico a été multipliée par plus de 55 ! Il se fait notamment par la multiplication de maisons basses, développées le long de **rubans d'urbanisation** (routes, voies ferrées, canaux...). Cette croissance se fait le plus souvent de manière anarchique, avec privatisation illégale, autoconstruction à l'écart des réseaux et des services, **bidonvilisation** d'espaces anciennement ruraux et agricoles, ce qui se traduit donc par une réduction des productions agricoles locales, même si de nombreuses villes conservent des parcelles cultivées. Ces couronnes urbaines sont fréquemment très mal desservies et manquent de réseaux d'adduction d'eau, d'égouts…, la croissance urbaine dépassant les capacités des pouvoirs publics à la gérer. Ce sont parfois des espaces à risque, l'urbanisation spontanée ayant gagné des espaces peu adaptés (fortes pentes, lits majeurs de cours d'eau…).

• Les problèmes liés à l'étalement urbain

L'étalement urbain pose un certain nombre de problèmes. Accélérant le processus de transfert des industries et des services du centre vers la périphérie, il tend à provoquer des phénomènes de **décalage spatial** ou ***spatial mismatch*** entre les lieux où réside la population au chômage et ceux où se trouvent les emplois peu qualifiés. Historiquement, les premières touchées ont été les villes américaines, d'où l'usage fréquent d'une terminologie anglo-saxonne. Les centres de ces villes se sont vidés de leurs emplois peu qualifiés pour laisser place à des activités de haut niveau, dans les services et les finances notamment. Les populations peu favorisées résidant toujours au centre, il se crée à la fois un décalage spatial mais aussi un **décalage de compétence**, ou ***skill mismatch***, par le fait que les emplois qui se développent au centre ne trouvent plus localement les personnels compétents dont elles ont besoin.

Les mégapoles de plus de 10 millions d'habitants en 2008

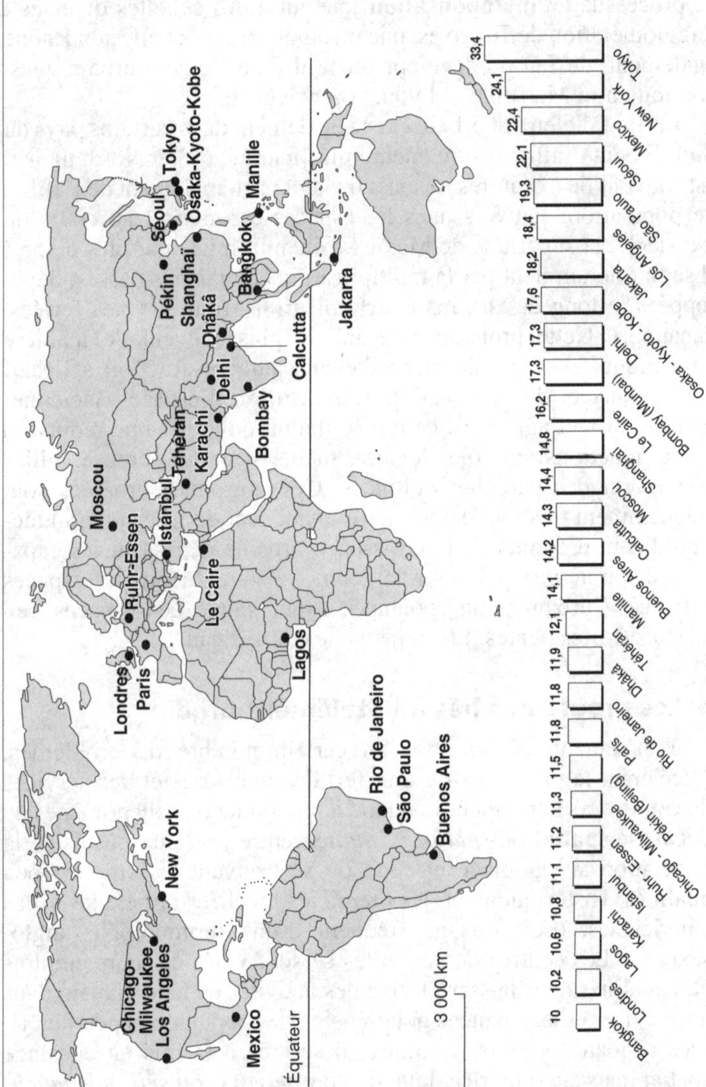

C'est le cas aussi dans les villes européennes, entre certains espaces de banlieue et des périphéries industrielles. Ces décalages se traduisent par des navettes, des flux pendulaires qui peuvent être de ***reverse commuting*** quand ils s'opèrent de manière inverse aux flux traditionnels, c'est-à-dire des banlieues vers le centre. L'éloignement des emplois par rapport au centre pose des problèmes, dans les plus grandes villes, quand les périphéries sont mal desservies par les transports en commun ou pour les populations peu aisées qui n'ont pas les moyens de les emprunter. Cela peut conduire au chômage, puis à l'exclusion et donc participer à la fragmentation urbaine.

L'étalement urbain pose ensuite différents problèmes de **gouvernance** (*cf.* article *Systèmes politiques et économiques (géographie et)*), puisque les décisions qui devraient être prises selon un plan d'ensemble se heurtent souvent au découpage territorial, administratif et politique. Le développement en France de l'intercommunalité est en partie lié à cette nécessité.

L'étalement urbain pose enfin des problèmes environnementaux, en grande partie liés aux déplacements, souvent effectués en voitures individuelles. Les tenants du développement durable cherchent donc à promouvoir, outre des transports en commun, une « ville compacte » (*cf.* p. 104).

lire aussi **Développement durable – Espace rural, campagne – Peuplement – Services, secteur tertiaire – Villes**

Végétation

La couverture végétale constitue l'une des composantes essentielles de l'environnement. Absentes dans les régions englacées, les étendues désertiques ou la très haute montagne, les formations végétales sont distribuées à la surface de la Terre selon une trame qui dépend à la fois des conditions climatiques, des sols et du relief, mais aussi des interventions anthropiques, souvent très anciennes. Les géographes s'intéressent à la végétation comme élément constitutif du paysage, mais aussi à la manière dont les sociétés humaines exploitent le couvert végétal et aux atteintes qu'elles lui font parfois subir.

Des formations végétales modifiées par l'homme

L'étude des formations végétales, de leur distribution dans les différents milieux géographiques et de leur exploitation (ou dégradation) par les sociétés humaines, constitue une partie du champ de la **biogéographie**. Cette branche de la géographie est restée minoritaire en raison de l'implication de ce domaine d'étude dans d'autres champs disciplinaires, notamment celui des biologistes et des écologues.

Les biogéographes parlent de **manteau**, **tapis** ou **couverture végétale** pour qualifier l'ensemble des espèces végétales qui couvrent le sol. Celles-ci constituent, à la surface du globe, des associations particulières appelées **formations végétales** ou **biomes**. Elles se définissent à l'aide de nombreux critères. Il s'agit d'abord de prendre en compte leur nature : forêts, formations arbustives, formations herbacées, formations marines, littorales… On quantifie également leur degré de couverture du sol en distinguant les **formations fermées** qui couvrent entièrement le sol et les **formations ouvertes** ou **discontinues** avec des espèces végétales espacées qui laissent apparaître entre elles le soubassement minéral. La **luxuriance**, c'est-à-dire l'évaluation du nombre d'espèces différentes qui composent une formation végétale, et la **stratification** (existence de plusieurs niveaux ou étages de végétation), sont de bons indicateurs de la vigueur de l'activité végétale. On distingue, de la plus proche du sol à la plus éloignée, les **strates muscinale**, **épiphytique**, **herbacée**, **arbustive** et **arborescente**. La partie sommitale de la strate arborescente forme la **canopée** (le couvert végétal). On prend en compte enfin la **biomasse** : la masse totale formée par l'ensemble des êtres vivants sur un espace donné. On peut en évaluer la production annuelle, le stock et donc le taux de renouvellement qui dépend de la vigueur de la photosynthèse. La biomasse est forte dans la forêt équatoriale (400 t/ha) et faible dans la toundra (5 t/ha). Les formations végétales forment le **climax** ou sont qualifiées par l'adjectif **climacique** lorsqu'elles sont adaptées au climat et en équilibre par rapport aux conditions du milieu naturel. C'est le cas des rares **formations végétales primaires** (non affectées par les interventions humaines). L'action anthropique se caractérise par des **défrichements**, c'est-à-dire l'enlèvement de la végétation naturelle, généralement dans la perspective d'une mise en culture. Les notions de **déboisement** ou de **déforestation** sont moins générales et ne concernent que les espaces boisés et forestiers. Des **formations dégradées** ou **secondaires** succèdent à l'intervention humaine quand celle-ci n'a pas remplacé les espaces défrichés par des cultures, des voies de communication ou des bâtiments. Elles donnent naissance à des **formations végétales** dites **de recru**.

En contexte urbain, la végétation existe également sous forme d'**espaces verts**, à savoir de parcs, de jardins ou d'arbres isolés le long des rues. Ils procurent une illusion de nature et participent de manière positive à la perception des paysages urbains. La tendance est donc à leur extension afin d'améliorer le cadre de vie des citadins et de faire évoluer les villes dans le sens d'un développement durable (*cf.* p. 104).

La forêt et l'homme

• Forêt et sylviculture

Une **forêt** est un espace planté d'arbres en formation relativement serrée. Le globe porte environ 4 milliards d'hectares de forêts dont plus de 60 % sont exploitées. Les forêts présentent en effet une grande utilité pour les sociétés humaines et ce dans de nombreux domaines. Elles participent tout d'abord au maintien des grands équilibres écologiques en fournissant à l'atmosphère de l'oxygène et de la vapeur d'eau par **évapotranspiration** et en jouant un rôle de filtre épurateur dans les secteurs pollués. Elles permettent également de limiter l'érosion des sols par ruissellement, de réguler l'écoulement des eaux de surface, de ralentir les crues torrentielles et de limiter les effets du vent. Elles constituent également un facteur de maintien de la prospérité des terres agricoles quand l'**équilibre agro-sylvo-pastoral**, marqué par le respect d'une juste proportion entre les champs cultivés, les pâturages et les espaces boisés, est respecté. La fonction alimentaire traditionnelle (cueillette, chasse) de la forêt est aujourd'hui réduite à quelques zones reculées. Elle reste par contre encore largement utilisée pour sa fonction énergétique, notamment pour la production de bois de chauffage. Les hommes qui pratiquent la **sylviculture**, c'est-à-dire l'entretien et l'exploitation de la forêt, cherchent à profiter du potentiel économique des espaces boisés : production de bois industriel et de pâte à papier, industries chimiques et pharmaceutiques. Les plantations de forêts à but industriel sont qualifiées de **futaies** en raison de la taille et de la forme en fût des arbres. La forêt présente enfin, dans les pays industrialisés, une fonction récréative liée à la préservation d'une certaine qualité du paysage, aux possibilités de promenade, de détente ou même de chasse. Très utilisée par l'homme, convoitée par les agriculteurs, les éleveurs et les industriels, la forêt est donc soumise à de nombreuses atteintes. Le patrimoine forestier mondial recule chaque année de 13 millions d'hectares, essentiellement par la destruction des forêts tropicales, notamment au Brésil et en Indonésie. Cette déforestation est d'ailleurs responsable d'environ 20 % de l'émission de gaz à effet de serre. La pollution atmosphérique contribue également à détruire la partie sommitale des forêts (pluies acides, pollution de la canopée de la forêt amazonienne), les incendies ravagent chaque année des centaines d'hectares dans les milieux méditerranéens… Ces prélèvements et ces atteintes l'affectent gravement en réduisant la **biodiversité**, c'est-à-dire la richesse et la variété des espèces animales et végétales. La prise de conscience de ces évolutions a montré la nécessité d'une meilleure gestion des ressources forestières. Les organismes internationaux font pression sur les États pour qu'ils limitent les défrichements excessifs, notamment dans les pays intertropicaux. Des opérations de **reboisement** sont mises en œuvre pour arrêter la progression de la désertification, fixer les sols, éviter la constitution de friches, améliorer la qualité des paysages ou produire de la matière première végétale, selon les régions du globe.

• Le cas de la forêt en France

La France, qui ne possédait plus que 7 millions d'hectares enforestés à la fin du XVIIIe siècle en compte en 2008 plus de 14 millions, la forêt française occupant 27,6 % du territoire, auxquels s'ajoutent 3,2 % pour les autres espaces boisés (bosquets, arbres épars, haies boisées…).

L'**Office national des forêts** gère les **forêts domaniales** (appartenant au domaine public) qui représentent 25,4 % de la superficie forestière du pays, le reste étant constitué de forêts privées. Les feuillus occupent plus des deux tiers du territoire boisé. La forêt joue un rôle majeur dans l'évolution des paysages. L'extension du couvert forestier est principalement liée aux opérations de reboisement, consécutives à la multiplication des friches agricoles. Mais ces opérations privilégient les espèces les plus rentables, essentiellement des résineux. La conséquence est le phénomène de **fermeture des paysages**, qui se traduit par la création d'un nouveau paysage, marqué par un assombrissement de l'environnement à l'origine parfois d'un sentiment d'oppression chez les usagers des espaces concernés. En moyenne montagne, ces phénomènes sont fréquents et aboutissent, en raison de la multiplication des plantations en « **timbres-poste** », c'est-à-dire en taches sombres dispersées dans le territoire, à la fermeture de certaines clairières agricoles. La croissance de la production de sapins de Noël n'est pas étrangère à cette évolution.

La forêt joue effectivement un rôle dans la sylviculture mais aussi, et de manière croissante, comme espace récréatif support d'activités de loisirs. Ainsi, les forêts entourant les grandes villes et la capitale, dont la forêt de Fontainebleau, ont vu se développer les **parcours aventure**, qui proposent une succession d'ateliers ludiques en contact avec les arbres et l'**accrobranche** (ou **grimpe d'arbre** ou encore ***Tree Climbing*** chez les Anglo-Saxons) qui consiste à grimper et se déplacer dans les arbres grâce à des techniques de cordes. Ces pratiques s'accordent théoriquement avec un certain respect de la nature en s'attachant à ne pas blesser les arbres utilisés.

La forêt joue enfin un rôle dans la prévention des risques naturels et la protection de l'environnement. La **loi d'orientation pour la forêt** du 9 juillet 2001 a d'ailleurs reconnu son rôle dans le développement durable du territoire, en inscrivant sa gestion dans un cadre international de gestion durable de la forêt européenne.

Les grandes aires bioclimatiques

• Les formations végétales en milieu intertropical

Quatre grands types de formations végétales se déploient de façon zonale des tropiques à l'équateur :

– les **déserts biologiques** sont des espaces où la végétation est quasi absente, sauf dans les oasis. Les pousses sont dispersées et les systèmes radiculaires très développés car chaque plante recherche une eau rare. On trouve des formations très ouvertes, qui s'apparentent à des steppes maigres, et des flores temporaires, qui se développent après les pluies et disparaissent rapidement ;

– le second domaine correspond à la zone des climats semi-désertiques, marqués par une longue saison sèche. Les formations végétales qui s'y développent sont donc discontinues et **xérophiles** (littéralement « aimant la sécheresse »), adaptées au manque d'eau dans le sol et dans l'air. C'est le domaine de la **steppe**, formation végétale basse, ouverte et constituée de plantes herbacées, où dominent les graminées, et de buissons d'arbres, fréquemment des acacias. Ces arbres présentent un système radiculaire très développé et des surfaces feuillées réduites, parfois jusqu'à l'**aphyllie**, l'absence de feuille. La steppe connaît sa plus grande extension au Sahel mais on la trouve également en Afrique du Sud (le ***veld***) et dans le ***sertaõ*** ou « polygone de sécheresse » du Nordeste brésilien où on la nomme ***caatinga*** (terme également affecté à des espaces de savane arborée). Enfin, la **brousse** est une formation primaire ou secondaire marquée par une végétation de steppe arbustive en milieu tropical sec ;

– avec l'accroissement des pluies en direction de l'équateur, se développe une autre formation zonale : la **savane**, composée d'herbes hautes (parfois de près de 4 m) et piquetée d'arbustes et de grands arbres comme les fromagers. Les savanes changent de couleurs selon la saison (saison sèche en hiver ou saison des pluies en été) et présentent des physionomies très différentes quand les pluies augmentent en se rapprochant des zones équatoriales. On distingue plusieurs catégories de savane, de la **savane buissonnante** (le ***bush*** d'Afrique du Sud) qui fait la transition avec la steppe, à la **savane boisée**, composée de beaucoup d'arbres aux cimes presque jointives et qui, elle, fait la transition avec les formations tropicales plus humides. Entre les deux, des formes à dominante herbeuse (le ***llano*** du Venezuela), arbustive (***campo cerrado*** au Brésil) ou arborée (la ***caatinga*** au Brésil) existent et se déclinent en une grande variété de formes selon les continents. La savane s'étend parfois dans le domaine des forêts sur les sols secs et sablonneux (**savane édaphique**), le long des cours d'eau sur sols caillouteux (**savane-galerie**) ou en montagne (**savanes d'altitude**).

Différentes théories ont été confrontées pour expliquer l'origine de la savane en partant de l'observation qu'elle ne peut être considérée comme une formation strictement zonale vu sa présence sous plusieurs climats. Il existe en réalité des **savanes** anciennes, **primaires**, naturelles et donc climaciques formées généralement sur des sols ferrugineux tropicaux, notamment en zone de climat soudanien. Il existe aussi des **savanes secondaires** (ou ***alang alang***, en Indonésie) d'origine anthropique liées aux **feux de brousse** ou **brûlis** (ou ***ladang***, en Indonésie) qui, pratiqués depuis des siècles, auraient progressivement dégradé les forêts tropicales par le processus de la **savanisation** ;

– dans les zones où la saison sèche est moins longue et les sols plus profonds, apparaissent les forêts. De nombreuses formes de forêts font la transition avec la savane. Les **forêts-parcs** sont constituées de bosquets d'arbres entourés de savane. La **forêt-galerie** ou **forêt ripuaire** (littéralement « qui aime les rives »), s'étire seulement dans les talwegs humides empruntés par des cours d'eau, alors que les interfluves restent le domaine de la savane. La **forêt sèche** ou **forêt tropophile** (qui aime le changement) est adaptée au climat soudanien et aux sols ferralitiques secs. Elle est formée d'arbres espacés qui perdent leur feuillage en saison sèche.

En direction de l'équateur et sur sols humides apparaissent les **forêts denses**. C'est d'abord la **forêt mésophile** (littéralement « qui aime les conditions moyennes »), dense mais formée d'espèces caducifoliées et sempervirentes. La **forêt des moussons** ou **jungle** en Asie (ce terme qualifie également soit un type de savane indienne, soit des formations forestières secondaires inextricables) constitue une forêt mésophile. C'est ensuite la **forêt ombrophile** (littéralement « qui aime la pluie ») ou **forêt vierge**. Elle est stratifiée, luxuriante et le plus souvent composée d'**espèces sempervirentes**, c'est-à-dire toujours vertes car les feuilles sont remplacées au fur et à mesure qu'elles meurent, la saison végétative durant toute l'année. Les **lianes** et autres **épiphytes**, formations non parasitaires qui se développent sur d'autres plantes, sont nombreuses. La canopée de cette forêt, restée pendant longtemps mystérieuse, est aujourd'hui mieux étudiée grâce aux nombreuses études menées depuis l'expédition « Le Radeau des cimes » mise en œuvre par le botaniste Francis Hallé en 1986.

La disparition alarmante des mangroves

« Les mangroves sont des forêts à feuilles persistantes et tolérantes au sel, qui se situent le long des littoraux, des lagunes, des fleuves ou des deltas dans 124 régions et pays tropicaux et subtropicaux, protégeant les zones côtières contre l'érosion, les cyclones et le vent. Ce sont des écosystèmes importants fournissant du bois, de la nourriture, du fourrage, des plantes médicinales et du miel. Elles sont également des habitats pour nombre d'animaux et contribuent à la protection des récifs coralliens contre l'envasement résultant de l'érosion des terres. Or, le monde a perdu environ 3,6 millions d'hectares de mangroves depuis 1980, soit une perte de 20 % de la superficie. Comme causes principales de la destruction des mangroves, la FAO évoque la pression démographique élevée, la conversion à grande échelle des zones de mangroves pour la pisciculture, l'élevage des crevettes, l'agriculture, les infrastructures et le tourisme, aussi bien que la pollution et les catastrophes naturelles. Si le déboisement des mangroves se poursuit, il peut provoquer des pertes considérables de biodiversité et de moyens d'existence, en plus de l'intrusion du sel dans les zones côtières et de l'envasement des récifs coralliens, des ports et des couloirs de navigation. Le tourisme souffrirait également. Les pays doivent s'engager dans une préservation plus efficace et une gestion durable des mangroves et des autres écosystèmes humides à travers le monde. »

D'après le site Internet de la FAO, article du 31 janvier 2008.

Dans les zones littorales tropicales, se développent des forêts basses riches en palétuviers et nommées **mangroves**. Le delta des Sundarbans, partagé entre Inde et Bangladesh, possède la plus grande forêt de mangrove du monde, inscrite au patrimoine mondial de l'UNESCO. Les forêts de mangrove ont été fortement affectées par les activités humaines et on cherche aujourd'hui à les préserver afin de garantir la biodiversité et protéger les littoraux contre les risques de cyclones et de tsunami.

• Les formations végétales en milieu subtropical

Le milieu subtropical est présent dans deux zones géographiques : les espaces méditerranéens d'une part et les espaces de façade est des continents aux latitudes moyennes.

Dans la zone méditerranéenne, la végétation climacique est la **forêt sclérophylle** sempervirente ou **durisilve**. C'est une **suberaie** ou forêt de chênes-lièges sur sol cristallin, une **yeusaie** ou forêt de chênes verts sur sols calcaires, une **pinède** ou forêt de pins sur les littoraux sablonneux.

Ces formations primaires se sont transformées en formations dégradées sous l'effet des défrichements, des incendies de forêt et du surpâturage. Celles-ci se présentent sous l'aspect de formations arbustives formées d'épineux et de **plantes xérophiles** (adaptées au manque d'eau). C'est la **garrigue** sur sol calcaire et le **maquis** ou *mattoral* ou encore *chapparal* au Mexique et en Californie sur sols siliceux. La garrigue est une formation ouverte avec des chênes kermès et une grande diversité de **plantes calcicoles** (qui préfèrent les sols calcaires). Le maquis, au contraire, présente une formation dense et peu pénétrable composée d'arbustes et de quelques arbres (arbousiers, cistes, bruyères) et autres **plantes silicoles** (qui apprécient les substrats siliceux) et en général également **calcifuges** car elles ne se développent pas volontiers sur sol calcaire. Une dégradation plus profonde des formations primaires aboutit à la steppe, **steppe à alfa** ou **steppe à armoise** qui peut également être une formation climacique au Maghreb et sur les marges sèches du domaine méditerranéen. En montagne, on retrouve fréquemment la **hêtraie**, ou forêt de hêtres ou **fayards**.

Sur les façades est des continents, les contrastes climatiques saisonniers entre des hivers froids et des étés chauds et humides, provoquent la formation de riches associations végétales. C'est le cas de la **forêt appalachienne**, luxuriante et touffue, composée d'un mélange d'espèces tempérées (chênes), nordiques (conifères) et méridionales, ou de la **forêt chinoise** dans laquelle se mélangent des espèces tropicales et tempérées (magnolias, camélias, théiers, ginkgo biloba). Cette luxuriance s'explique par l'ancienneté de formations épargnées par les glaciations quaternaires.

• Les formations végétales en zone océanique

Ces espèces végétales sont adaptées à des variations du climat, des alternances de saisons thermiques ou pluviométriques. Le domaine tempéré océanique de façade ouest des continents est caractérisé par de faibles amplitudes thermiques entre des hivers doux et des étés tièdes. C'est le milieu de la **forêt tempérée caducifoliée** (ou **décidue**), c'est-à-dire composée de **feuillus** ou **arbres à feuilles caduques**, dont le feuillage tombe en saison froide. Les espèces les plus représentées sont les hêtres (hêtraie) et les chênes (**chênaie**), qui se retrouvent parfois associés (**chênaie-hêtraie**). Il existe cependant deux cas particuliers. C'est tout d'abord la **lande**, formation basse et fermée avec fougères, ajoncs et bruyères. Elle peut être climacique dans les zones très ventées ou résulter d'une dégradation d'une forêt préexistante. Ce sont ensuite les grandes **forêts de conifères** de la façade ouest du continent américain (séquoias et tsugas de Colombie britannique, **forêt valdivienne** au Chili).

• Les formations végétales en zone continentale

Il existe tout d'abord, dans la zone tempérée continentale, des espaces marqués par l'aridité. Ceux-ci sont fréquemment dénués de toute végétation ou occupés par des **formations halines** ou **halophiles**, littéralement « qui aiment le sel ».

Les zones tempérées à tendance continentale sont des domaines exclusivement forestiers et qui ne se retrouvent que dans l'hémisphère Nord. En Eurasie, c'est la **forêt mixte** russe dans laquelle s'associent des espèces caducifoliées (chênes, charmes) et des espèces sempervirentes (épicéas). L'équivalent américain est la **forêt laurentienne** dans laquelle se mélangent hêtres, érables, bouleaux et résineux. Plus au nord, on passe à la **taïga** russe et à la **forêt hudsonienne** canadienne qui se développent dans les zones où le climat n'est pas trop rude et où les sols podzoliques ne gèlent pas en profondeur. Ce sont des forêts relativement pauvres, composées d'une majorité de **conifères** sempervirents (sapins, pins, mélèzes, épicéas) et de quelques feuillus (bouleaux, trembles). Enfin, dans les creux humides se développent les **tourbières** : **formations**

végétales hygrophiles (littéralement « qui aiment l'humidité »), qui se comblent progressivement par une végétation de **sphaignes** (mousses) ou de carex.

Les zones continentales plus méridionales à étés chauds sont les domaines de la **prairie**. C'est une formation herbeuse qui recouvre totalement les sols. Elle prend le nom de **steppe** en Asie centrale, ce qui introduit un élément de confusion avec les steppes tropicales, de **pampa** en Amérique latine et de ***haut veld*** en Afrique du Sud.

On distingue d'abord la **prairie haute** dans les zones assez humides (700 à 1 000 mm) qui s'étale jusqu'au contact avec les forêts caducifoliées. Elle peut être parfois arborée (Ukraine). Il existe également des **prairies mixtes** formées d'herbes hautes et touffes plus courtes qui poussent sur les fameux sols noirs ou *chernozem* formant les terres céréalières très fertiles. On trouve enfin des **prairies basses** dans les zones où les précipitations tombent en dessous de 400 mm. Les sols sont moins riches, sols châtains de steppe, avec parfois des concentrations de sels (***solonetz***).

• Les formations végétales des hautes latitudes

Dans le prolongement des zones tempérées continentales, les formations végétales sont contraintes de s'adapter à des conditions climatiques plus rudes marquées par des températures moins clémentes et la présence de sols peu épais et constamment gelés en profondeur (**pergélisol**). C'est le domaine de la **toundra**, formation végétale rase et pauvre, dominée par la présence de plantes herbacées, de mousses et de lichens. On distingue la toundra nue, uniquement herbeuse, la toundra buissonnante et la toundra arborée avec arbustes et arbres nains. On trouve également des tourbières.

• Les formations végétales de montagne

La montagne modifie les conditions climatiques (*cf.* article *Montagne*), ce qui entraîne une dégradation des espèces des plaines environnantes et leur remplacement progressif par des formations mieux adaptées. Il s'ensuit un **étagement** des formations végétales qui se répartissent suivant les courbes de niveau en grandes bandes. La présence de versants induit un élément supplémentaire de distinction selon l'exposition.

Dans les montagnes européennes, on distingue plusieurs étages selon le type de formations végétales qui les ont colonisées. Les étages les plus proches des plaines sont des étages forestiers. Le chêne domine dans l'**étage collinéen**, alors qu'apparaît dans l'étage montagnard une « forêt mixte » où alternent les espèces caducifoliées et les résineux : les **pessières** (épicéas), les **sapinières** (sapins) et les **pinèdes** (pins sylvestres). L'**étage subalpin** se divise en deux sous-étages selon la présence ou non de forêt. On trouve encore des bois d'épicéas et de mélèzes dans l'étage subalpin inférieur alors que l'étage subalpin supérieur, au-delà de la **limite de la forêt**, n'est plus occupé que par des rhododendrons et quelques arbres isolés. Ces limites évoluent avec les époques et se trouvent modifiées par l'intensité du pâturage qui tend à éliminer les pousses de haute altitude les plus fragiles. Au-delà de la **limite des arbres isolés** se développe l'**étage alpin** dans lequel la vie végétale n'est plus composée que d'espèces rases que l'on rassemble sous des termes variés : **prairie d'altitude**, **pelouse alpine**, **alpe**, **alpage**, **estive** selon que

Un exemple d'étagement de la végétation en Suisse

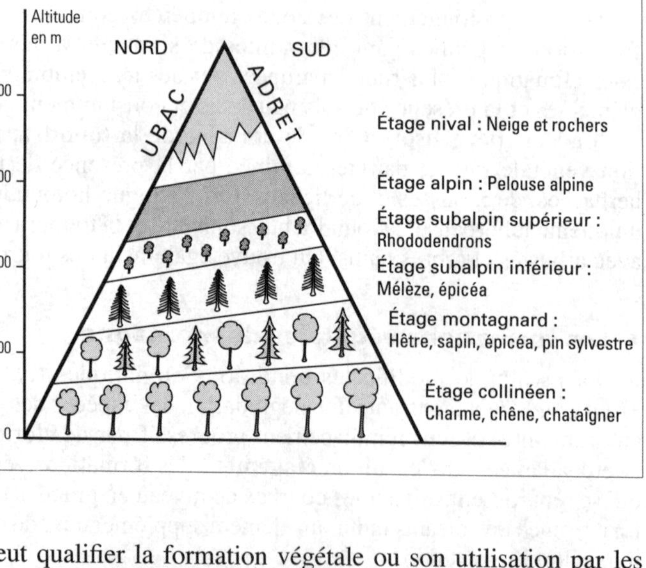

l'on veut qualifier la formation végétale ou son utilisation par les hommes. Enfin, au-delà de la ***snow line*** ou **limite des neiges persistantes**, il n'y a plus de végétation continue. C'est l'**étage nival**, où persistent quelques lichens dans des creux et quelques fleurs résistantes. Sous d'autres latitudes, les forêts de montagne prennent parfois des noms particuliers : c'est le cas par exemple de la **forêt valdivienne** des zones très pluvieuses du Chili, peuplées de conifères et d'une espèce particulière de hêtres, les **nothophagus**.

Sous les tropiques, la montagne induit également des modifications pluviométriques et thermiques importantes qui provoquent des modifications de la végétation. Dans les étages peu élevés, entre 1000 et 2000 mètres, les forêts sont souvent denses, peuplées surtout de conifères couverts d'épiphytes et de fougères de grande taille. C'est la ***rain forest*** ou **forêt pluviale**. Les étages supérieurs, au-delà de 2000 mètres, restent le domaine d'arbres plus modestes, complexes dans leur morphologie et portant des feuilles petites et coriaces. C'est la forêt des brumes ou ***nebelwald*** qui fut ainsi qualifiée en raison de la forte nébulosité que connaissent fréquemment ces régions de montagne. Les espaces plus élevés demeurent dénués d'arbres. On y trouve des formations herbeuses rases qui s'apparentent à la pelouse alpine. C'est le cas par exemple des formations steppiques formant le ***páramo*** dans les Andes du Nord et la ***puna***, qui couvre les pentes péruviennes jusqu'à près de 5000 mètres.

lire aussi **Climat – Littoral – Milieu, géosystème, environnement – Sols**

VILLE

Difficile à définir et à délimiter, la ville constitue pourtant le lieu de vie de plus de la moitié de la population mondiale, ainsi qu'un milieu social et économique, un géosystème marqué par des caractères et des paysages spécifiques, des fonctions ou des besoins particuliers mais aussi des problèmes, liés notamment à des phénomènes de ségrégation sociale et spatiale. Des politiques urbaines tentent parfois d'y répondre.

Comment définir le fait urbain ?

• Ville ou espace urbanisé ?

Le concept de ville est en apparence sans ambiguïté. Une **ville** est une commune, une entité administrative qui se distingue du village par sa taille, son bâti, les populations et les activités qu'elle concentre. Il apparaît cependant rapidement une première difficulté qui tient à la diversité du fait urbain selon les régions et les pays, rendant difficile la mise en évidence de points communs et donc l'élaboration d'une définition valable. La seconde difficulté est plus spatiale et concerne la question de la délimitation des villes sur leurs marges du fait de l'étalement urbain et du développement d'espaces de transition, mi-ruraux mi-urbains (*cf.* articles *Espace rural, campagne* et *Urbanisation, métropolisation*). Les géographes ont donc été contraints de définir des **espaces urbanisés** (ou **espaces urbains**) qui englobent la ville elle-même, mais aussi les espaces qui en dépendent directement (espaces verts, aéroports, zones de loisirs...) et des périphéries qui, bien qu'ayant conservé une apparence rurale, sont peuplées de personnes qui travaillent en ville et dépendent, notamment pour leur consommation, de celle-ci. La ville est donc une réalité complexe dont on ne peut apprécier les contours qu'en cherchant à en déterminer les caractères spécifiques, sachant que ceux-ci se combineront de manière différente selon les États ou les régions du monde. Le terme de **cité** pose lui aussi des problèmes de définition. Parfois considéré comme un équivalent pur et simple de ville, le terme peut désigner d'autres réalités : le quartier le plus ancien de cette ville (la cité médiévale) et, dans un sens très restreint, le centre des affaires dans le monde anglo-saxon (La *City*), une forteresse (cité est alors un équivalent de citadelle), un espace clos, d'où par analogie le fait de qualifier certains quartiers de grands ensembles de « cités », un espace idéal (les cités-jardins, *cf.* p. 573) ou, conformément à son étymologie (*civitas*, vivre ensemble, qui a aussi donné le terme de civilisation), un pouvoir constitué par la ville sur un territoire (les cités-États).

• Des définitions officielles fondées sur le nombre d'habitants

La ville est avant tout un lieu de concentration d'hommes et de bâtiments sur un espace restreint. Elle présente donc des densités de population supérieures à celles de son environnement. Le critère de densité doit être évoqué en comparaison avec la zone d'influence de la ville car bien des espaces ruraux du Sud (la vallée du Nil par exemple) enregistrent des densités très élevées, alors que certaines villes (en Australie notamment), s'étalent sur de grands espaces avec des densités seulement moyennes. Il est très difficile de définir statistiquement ce qu'est une ville. En effet, l'**étalement urbain**, c'est-à-dire la tendance des villes à se déployer sur des espaces toujours plus larges, moins densément occupés, rend fort délicate la délimitation et l'évaluation de la population exacte des plus grandes villes. Les définitions statistiques de la ville reposent souvent sur le critère de taille en considérant le nombre d'**habitants agglomérés** (dont les résidences sont distantes, généralement, de moins de 200 mètres) mais avec des seuils forts variables selon les pays. On parle de ville à partir d'une agglomération de 200 habitants en Suède ou en Islande, de 2000 en France, de 40000 en Corée du Sud ou de 50000 au Japon ! Certains États combinent plusieurs critères pour aboutir à cette définition : un nombre d'habitants agglomérés, un seuil de densité, voire une part minimale d'habitants ayant une activité non agricole.

Face à ce problème de définition, l'INSEE a défini en 1954 la notion d'unité urbaine. En France, est considérée comme **unité urbaine** toute commune ou groupe de communes comportant au moins 2000 habitants avec une continuité du bâti, c'est-à-dire dans lequel les constructions sont distantes de moins de 200 mètres. Une unité urbaine peut être une commune isolée ou une agglomération multicommunale. Le fait urbain devenant plus difficile à délimiter, l'INSEE a défini en 1962 la notion de **ZPIU**, **Zone de peuplement industriel et urbain**. Une ZPIU regroupait une agglomération urbaine constituée d'une ou de plusieurs unités urbaines et le bassin de main-d'œuvre l'entourant. Elle englobait donc des communes rurales industrielles et des communes-dortoirs dont un fort pourcentage des habitants travaille en dehors de la commune, dans des professions non agricoles. Les ZPIU concernaient en 1990 plus de 28 500 communes, c'est-à-dire plus de la moitié du territoire national et 96 % de la population. Si elle permettait de bien mesurer la polarisation exercée par la ville principale sur son environnement proche, la notion de ZPIU a contribué à donner une image exagérée de l'importance du fait urbain en France et a été abandonnée au milieu des années 1990. Depuis, l'INSEE a créé la distinction entre des « **espaces à dominante urbaine** » et des « **espaces à dominante rurale** ». Les premiers sont centrés sur des **aires urbaines**, composées d'un **pôle urbain** important, c'est-à-dire une unité urbaine offrant plus de 5 000 emplois, et de sa **couronne périurbaine**, elle-même composée des communes dont au moins 40 % des actifs travaillent dans le pôle urbain ou dans d'autres communes de l'aire

La définition de la ville aux États-Unis

Aux États-Unis, on distingue depuis 2004 les zones à caractère urbain, qui concentrent au total plus de 93 % de la population nationale, et des espaces du rural profond, peuplés donc seulement d'une faible minorité d'Américains. Les zones à caractère urbain se déclinent en aires métropolitaines – qui regroupent 82,6 % de la population – et en aires micropolitaines, dans lesquelles résident un peu plus de 10 % d'Américains. Les **aires métropolitaines** sont composées de **MSA** (***Metropolitan Statistical Area***) ou aire urbaine statistique de référence formée de groupes de comtés autour d'une ville de plus de 50 000 habitants avec un ou plusieurs noyaux urbains et des banlieues. Elles comportent aussi des **CMSA** (***Consolidated Metropolitan Statistical Area***) qui sont des regroupements de plusieurs MSA, comme c'est le cas de l'ensemble Los Angeles-Riverside-Orange County qui rassemble 14,5 millions de personnes. Les **aires micropolitaines** sont centrées sur un noyau moins peuplé (de 10 000 à 50 000 personnes) avec des caractères mi-urbain mi-rural et une population totale ne dépassant pas les 180 000 habitants.

urbaine. Une aire urbaine est donc avant tout un bassin d'emploi. En 2007, 77 % des Français vivent dans des aires urbaines (sur 32,4 % de la superficie) et 82 % dans des espaces à dominante urbaine. Ceux-ci comprennent les aires urbaines mais aussi des **communes multipolarisées** dont au moins 40 % de la population travaille dans différentes aires urbaines. Les **espaces à dominante rurale** (qui regroupent 18 % des Français) sont composés de **pôles ruraux**, c'est-à-dire des unités urbaines offrant moins de 5000 emplois, et de **communes rurales** de moins de 2000 habitants, avec discontinuité du bâti.

• D'autres façons de définir la ville

En l'absence d'une définition universellement reconnue du fait urbain, on peut tenter de définir la ville selon une approche morphologique, mais aussi selon une approche fonctionnelle.

La ville se caractérise d'abord par sa morphologie qui induit l'agencement des quartiers (le **tissu urbain**) et leur aspect, notamment un habitat serré et vertical, la présence de bâtiments imposants, voire monumentaux, l'existence de quartiers, de rues et non de routes, d'un ou de plusieurs centres historiques ou fonctionnels, d'un espace de transition en périphérie, etc. L'espace disponible est rare, ce qui explique en partie le prix très élevé du **foncier** (le terrain) et de l'**immobilier** (tout ce qui est construit). Ce critère n'est cependant pas spécifiquement urbain puisque certaines parcelles cultivées, par exemple dans les terroirs viticoles les plus prestigieux, atteignent également des niveaux de prix très élevés. Du fait de cette morphologie, la ville est un géosystème : son fonctionnement et ses caractéristiques résultent de la combinaison de multiples éléments en interaction les uns avec les autres. Elle possède donc des ressources propres, mais aussi des contraintes particulières. Elle doit par exemple lutter contre des problèmes spécifiques ou dont l'ampleur est particulière (pollution, ségrégation de quartiers, circulation ou stationnement), auxquels correspondent des besoins particuliers (équipements, voirie, parcs de stationnement, liaisons intra-urbaines et périphériques, **assainissement**, c'est-à-dire traitement des eaux usées dans des stations d'épuration, etc.).

La ville se définit également par des **fonctions urbaines** souvent spécifiques. L'agriculture y tient une place évidemment marginale, même si de nombreuses villes du Sud possèdent leur part d'agriculteurs ; de même, les villes du Nord voient se développer, à l'intérieur de leurs limites, des **ceintures maraîchères**, produisant pour les marchés urbains des fruits et légumes. En revanche, l'industrie tient une place encore importante, de même que certaines fonctions spécifiques liées au domaine militaire par exemple. Les zones urbaines sont également l'espace privilégié des services : les fonctions d'échange sont essentielles, la santé, la banque, l'éducation, la recherche restent le plus souvent situés dans les villes. La ville est donc aussi, si l'on excepte quelques villes-dortoirs, un espace économique dont l'une des vocations est la production et la consommation de richesses. Enfin, la ville, par l'influence qu'elle exerce sur les espaces environnants, possède fréquemment une fonction politique et administrative. C'est donc aussi un espace politique qui entretient le plus souvent avec les espaces ruraux voisins un rapport de domination (*cf.* article *Espace rural, campagne*).

• La ville et ses habitants

Relier la ville à ses habitants permet de repérer un certain nombre de caractéristiques contribuant à la définition du fait urbain. Conformément aux pratiques de la géographie culturelle (*cf.* article *Culture, géographie culturelle*), cette approche peut étudier les comportements des habitants, leurs pratiques sociales spécifiques, les rythmes et le mode de vie particulier qui en résulte. Elle peut également prendre en compte les spatialités des urbains et leur « **habiter** » (*cf.* p. 392).

La ville est ainsi un espace sociétal dans lequel l'anonymat relatif peut être à la fois un gage de liberté et une source d'angoisse pour le néo-citadin. Même si les deux termes sont souvent confondus, il convient de séparer l'**urbain** (qui habite en ville) du **citadin**, ce dernier pouvant être défini comme un urbain ayant conscience de l'être, voire le revendiquant. La **citadinité** est donc un processus, une relation engagée entre l'individu et sa ville, marquée par une culture spécifique et son affirmation, et un certain nombre de représentations de sa ville. Le terme d'**urbanité** pose problème. Il peut désigner simplement le caractère urbain d'un espace. Pourtant, au sens premier, le terme désigne une forme de politesse, donc le suivi de règles permettant des relations sociales. Par extension, être urbain suppose ainsi d'avoir des liens sociaux dans la ville, l'urbanité est donc un phénomène sociétal dans le cadre de l'espace de la ville. Par ailleurs, la ville présente des spécificités culturelles (la culture urbaine), également traduites par le terme d'urbanité, qui renvoie donc ici à un mode de vie, à des comportements (« vivre en ville »).

Enfin, ce terme désigne parfois l'ensemble des représentations liées à la perception de ce qui est urbain. L'urbanité se définit alors essentiellement par opposition à la **ruralité** des campagnes (ce terme qualifiant parfois simplement « ce qui est rural »). Aux XVIIIe et XIXe siècles, sous l'influence de Jean-Jacques Rousseau, de Thomas Jefferson ou de Jules Méline, l'urbanité était associée à des images négatives, la ville étant considérée comme un lieu de perdition auquel s'opposait le monde des campagnes. L'urbanité a ensuite été connotée plus positivement, représentant le dynamisme qui tranchait avec la torpeur des campagnes, la modernité opposée à la tradition, le changement à l'immuabilité… Aujourd'hui, les aspects caricaturaux de ces perceptions tendent à s'effacer et l'urbanité, si elle conserve son pouvoir d'attraction dans les pays du Sud, semble au contraire, dans les PID, avoir partiellement perdu de son attrait au profit de valeurs pseudo-naturelles, considérées de nouveau comme plus authentiques. Dans le même temps, ces valeurs tendent à pénétrer dans l'espace urbain, grâce aux processus d'artialisation (*cf.* p. 383) : développement des espaces verts, mise en valeur des berges des cours d'eau… ; une tendance qui va de pair avec le développement des œuvres d'art et des réalisations architecturales, par exemple à Paris les Colonnes de Buren ou la Pyramide du Louvre, qui façonnent la personnalité de la ville.

Organisation et dynamique des espaces urbanisés

• Site, plan et quartiers urbains

Le **site** d'une ville se définit comme l'ensemble des caractères spécifiques (notamment des conditions topographiques) de l'emplacement choisi pour la fondation de cette ville et qui ont donc influencé son installation en permettant des aménagements, ou en imposant au contraire des contraintes à son développement. Il existe une typologie informelle des sites en fonction de la motivation de l'implantation originelle. On parle de **site de défense** (butte, colline, fond de vallée, méandre, île), de **site de protection** (haute terrasse alluviale), de **site de franchissement** (pont, gué, pied de col), de **site de ressource** (sources d'eau de consommation, source thermale, énergie hydraulique, gisement minier), de **site d'échange** (port, mouillage, fond d'estuaire). Si cette typologie accorde un rôle au milieu, il faut se garder de tout déterminisme car tout site avantageux à une époque peut s'avérer contraignant par la suite. La plupart des villes ont ainsi débordé de leur site originel et présentent aujourd'hui des **sites éclatés**, dont la dispersion traduit les différentes phases de l'histoire urbaine. L'analyse du site n'est donc plus considérée, comme par le passé, comme un préalable à toute étude urbaine.

Le **plan** des villes peut être **orthogonal** ou **en damier** (à angles droits) comme dans les **bastides**, villes nouvelles du Moyen Âge dans le Sud et le Sud-Ouest français (Montauban, Aigues-Mortes), **radioconcentrique** (en une succession de cercles concentriques) comme dans le cas des **circulades** de l'Hérault, irrégulier. Le plan indique la forme du réseau de circulation, c'est-à-dire la **voirie** (l'ensemble des voies), la hiérarchie des axes et des nœuds et exprime l'organisation des communications entre les différentes parties de la ville. Une voie de circulation urbaine est qualifiée d'**artère**, anthropomorphisme qui témoigne de l'importance donnée aux flux qui la parcourent ; on réserve le terme d'**avenue** à une artère large et longue, plutôt rectiligne et qui s'étire du centre-ville vers la périphérie. Les avenues peuvent être reliées entre elles par des **boulevards**, artères importantes qui les coupent plus ou moins perpendiculairement et sont fréquemment bordées d'arbres.

Le plan différencie des **quartiers**, des portions de l'espace urbain présentant des caractères communs, eux-mêmes composés d'**îlots** (ou ***blocks*** dans les villes anglo-saxonnes) cernés par des rues. La toponymie peut cependant confondre dans certaines régions quartier et hameau, le quartier désignant alors un groupe de quelques maisons en milieu rural. En ville, les quartiers sont identifiés par leur position (centraux, périphériques), leur âge, leur aspect, leur ambiance (quartiers anciens, modernes, animés), leur fonction dominante (résidentielle, d'affaire, d'administration) et leurs caractères sociaux (quartier populaire, ouvrier, aisé), voire l'origine de leur population quand il existe des formes de **ghettoïsation**, c'est-à-dire de ségrégation sociale et spatiale. La dynamique interne de la ville et son mode d'évolution vers la périphérie dépendent de cette géographie des quartiers et des réseaux de circulation.

• Centres-villes et villes-centres

L'espace urbain est polarisé par une **ville-centre**, c'est-à-dire la ville inscrite dans ses limites communales, qui domine la banlieue. Ville-centre et banlieue forment l'**agglomération**.

La ville-centre présente une partie centrale, un **centre-ville,** qui n'est pas forcément son centre géométrique mais est surtout son centre vital. C'est souvent le **noyau urbain**, qui correspond au cœur historique de la ville. On y trouve la cathédrale, la halle des marchands ou le beffroi dans les grandes villes européennes. C'est la ***médina***, la ville fortifiée traditionnelle, en Afrique du Nord et au Moyen Orient, avec sa ***casbah*** (ou *kasbah*, citadelle résidence du pouvoir politique), sa ***medersa*** (collège ou université religieuse au Maghreb) et son centre de commerce et d'artisanat (**souk**, selon le mot arabe ; **bazar**, selon le mot persan). C'est la ville coloniale en Amérique latine, souvent organisée autour d'une place d'armes, ou les vieux quartiers coloniaux des villes d'Afrique subsaharienne. C'est la ville du XVIIIe et du début du XIXe siècle aux États-Unis.

Les centres sont des lieux de pouvoir politique, administratif, religieux ou économique. Ils possèdent, malgré le développement de centres secondaires plus ou moins spécialisés, une forte **centralité**, c'est-à-dire une influence sur l'ensemble de l'agglomération. Le centre traditionnel, avec ses commerces, ses services de haut niveau et ses rues piétonnes, constitue l'**hypercentre** des villes européennes, nommé ***downtown*** aux États-Unis. Le **centre des affaires** (ou **quartier des affaires**), ***City*** anglaise ou ***Central Business District*** (**CBD**) de certaines villes anglo-saxonnes est composé de gratte-ciel, de tours vitrées et d'immeubles imposants. Il est occupé par des bureaux de banques, de compagnies d'assurance et des sièges sociaux d'entreprises financières ou de production. On trouve également des centres d'affaires dans la partie coloniale de villes du Sud, à l'image du quartier du Plateau à Abidjan. Depuis les années 1980-1990, les centres d'affaires se sont multipliés dans les métropoles des pays du Sud en forte croissance économique (Dubaï, Pudong à Shanghai…), symboles de leur réussite. L'extension du CBD déborde parfois les capacités du centre-ville, ce qui conduit à la création d'un centre-relais en bordure de la ville : c'est le sud de Manhattan par rapport à *downtown*, ou le quartier rénové des docks à Londres. Le **phénomène de *City*** traduit la déshumanisation du centre-ville par la multiplication des bureaux, désertés le soir et vides pendant la nuit.

Les centres-villes, à la faveur de l'évolution des prix du foncier et des politiques de restauration des bâtiments sont souvent, au moins en Europe, des lieux où se concentrent des populations aisées. Cependant, les métropoles des États-Unis sont caractérisées par la coexistence en centre-ville, souvent à proximité du CBD, de quartiers très défavorisés, qui sont parfois des **quartiers ethniques**, c'est-à-dire à forte concentration de populations appartenant à des minorités, comme Harlem à New York, voire de ghettos, et de **quartiers gentrifiés** c'est-à-dire reconquis par des populations très aisées. Enfin, dans les PED, des quartiers pauvres, voire des bidonvilles, peuvent se situer au centre-ville, à l'image des ***cortiços***, littéralement « ruches » au Brésil, anciens immeubles taudifiés, occupés aujourd'hui par des familles pauvres.

Au-delà des centres-villes se sont développés, à partir du XIXe siècle en Europe et aux États-Unis, puis au XXe siècle ailleurs, des quartiers à vocation industrielle, souvent centrés autour de la gare mais en périphérie de la ville ancienne en raison de la consommation d'espace des activités industrielles, des nuisances qu'elles engendrent et de la nécessité de construire des logements près des usines et des réseaux de transports. Parallèlement, des quartiers résidentiels se sont développés en périphérie du centre, notamment le long de grands boulevards parfois modifiés par des travaux d'urbanisme, comme ceux réalisés à Paris avec les percées haussmanniennes. Du point de vue socio-spatial, la principale différence entre la ville préindustrielle et la ville industrielle et postindustrielle est que la seconde est moins homogène, les espaces étant nettement plus séparés selon leurs fonctions productive, résidentielle, commerciale et de transport.

• Les banlieues

Autour des villes-centres se sont développées les **banlieues**, constituées par les communes environnantes, parfois d'anciens **faubourgs** (bourgs situés en dehors de l'enceinte) rattachés à la ville-centre par l'extension de l'urbanisation. Étymologiquement, la banlieue désignait le territoire situé autour de la ville, parfois dans un rayon d'une lieue et qui était soumis au « ban », c'est-à-dire à la juridiction de la municipalité. L'aspect des banlieues est très varié car il dépend des structures villageoises anciennes, de l'urbanisation qui s'est surimposée et des équipements dévoreurs d'espace que la ville-centre a été contrainte de rejeter hors de ses limites : complexes sportifs, hospitaliers, campus universitaires, usines, entrepôts, espaces de circulation, voire aéroports. Toutefois, en Europe des quartiers en grands ensembles, associés à l'image de la banlieue par les médias, ont été parfois construits dans les limites de la ville-centre alors que certaines banlieues ont vu la création de quartiers récents, aérés, s'apparentant davantage aux formes d'habitat présents dans les communes périurbaines.

On distingue les banlieues selon la distance qui les sépare de la ville-centre : **proche banlieue** ou **petite ceinture** (ou petite couronne) ou encore ***inner suburb*** dans les pays anglo-saxons, **grande banlieue** ou **grande ceinture** (ou grande couronne) ou ***outer suburb***. On distingue également les banlieues selon leurs fonctions, leur morphologie et leurs caractères sociaux. Il existe ainsi des banlieues industrielles centrées sur des zones d'activités, des banlieues commerciales avec centres commerciaux et grandes surfaces et des banlieues résidentielles. Parmi ces dernières, en Europe, des **banlieues ouvrières** (ou populaires), apparues au XIXe siècle, présentent des petits pavillons en lotissements, de gros immeubles, des **grands ensembles**, construits surtout au cours des années 1960 et quelquefois regroupés en **cités**. On parle de **banlieue-dortoir** pour qualifier les espaces comportant des grands ensembles (parfois des lotissements) qui n'offrent presque exclusivement que des logements. Il existe également des **banlieues résidentielles aisées** marquées par la présence de pavillons installés sur de plus grandes parcelles de terrain et parfois qualifiées de cités-jardins. Au sens propre, le concept de **cité-jardin** renvoie à la création d'un socialiste britannique, Ebenezer **Howard** (1850-1928), dont l'objectif était, au début du XXe siècle, de résoudre l'antagonisme entre villes et campagnes en imaginant des villes complètes, équilibrées, stables et offrant à la fois les avantages de la vie urbaine (sans ses inconvénients) et de la vie rurale. Certains utopistes français du XIXe siècle, dont Étienne **Cabet** (1788-1866), avaient déjà imaginé et même fondé des cités « idéales » basées sur la volonté de respecter l'égalité de tous. La cité-jardin d'Howard était donc une création *ex nihilo*, sur un terrain appartenant à la municipalité (donc non soumis à la spéculation), avec une forte structuration de l'espace : jardins intérieurs, ceinture verte inaliénable, industries rejetées à l'extérieur… Combattues par certains, dont Le Corbusier, celles d'Howard furent cependant à l'origine de nouvelles conceptions de la ville et ont largement inspiré les concepteurs des villes nouvelles anglaises, américaines ou françaises. De nos jours, dans ces banlieues résidentielles plus ou moins aisées, se développent des lieux de résidence spécifiques, sous la forme de lotissements plus ou moins sécurisés et fermés que sont les ***gated communities*** (**communautés fermées**, en français) et où l'on vit « entre soi ».

Nombreux aux États-Unis, ils se développent aussi dans d'autres villes du Nord et du Sud.

Les banlieues ont eu des évolutions différentes selon les États. Lieu résidentiel par excellence aux États-Unis où elles forment la *suburb*, elles sont parfois, dans les pays européens, des espaces où l'intégration se fait mal et où se multiplient les exclus.

• Les espaces périurbains et exurbains

Au-delà des banlieues, on parle d'**espaces périurbains**, composés de communes distinctes de la banlieue et plus éloignées de la ville-centre, mais habitées essentiellement par des personnes qui dépendent de la ville-centre par leur emploi, leurs loisirs et leur mode de vie. En théorie, les densités de population déclinent vers la périphérie selon un gradient assez régulier. Certaines villes du Sud font pourtant exception comme les ***desakota*** (en indonésien, *desa* signifie village et *kota* ville) asiatiques, ainsi dénommées par le géographe canadien T. MacGee, métropoles bordées, dans leur périphérie, d'espaces ruraux à fortes densités de population dont la plus grande part sont des riziculteurs indispensables à l'approvisionnement de la ville voisine.

Sur le plan des processus, chaque terme a un sens plus ou moins précis. La **périurbanisation** désigne d'abord l'extension spatiale, géométrique des villes et des banlieues vers leurs périphéries. La **suburbanisation** (de l'anglais *suburb*, banlieue), employé souvent dans le même sens, qualifie plutôt le développement en périphérie des villes anglo-saxonnes d'un urbanisme assez homogène sous la forme de maisons individuelles qui se développent sur de vastes espaces. La **rurbanisation** désigne plus particulièrement la transformation d'un espace au caractère rural en un espace de type urbain par la construction de quartiers d'habitat pavillonnaire, le plus souvent en **lotissements**, espaces viabilisés et divisés en lots sur lesquels sont construites des maisons individuelles ou mitoyennes, souvent assez semblables. Enfin, l'**exurbanisation** qualifie le transfert depuis la ville-centre ou la banlieue d'infrastructures coûteuses en terme d'espace (complexe sportif, infrastructures de communication, entreprises, station d'épuration...), mais également de logements sous la forme de lotissements qui se multiplient à distance de la ville-centre, jusqu'à quelques dizaines de kilomètres.

Si l'on raisonne en termes d'espaces, là aussi des différences peuvent être mises en évidence entre les termes. Il faudrait réserver l'usage de « ***suburb*** » (terme féminin) et de l'adjectif « **suburbain** » pour qualifier les périphéries des villes anglo-saxonnes, à vocation presque exclusivement résidentielles à l'origine, marquées par le maintien de faibles densités de population, d'espaces verts (pelouses, jardins, golfs…) et donc d'un cadre de vie évoquant une certaine ruralité. Aujourd'hui la *suburb* des villes américaines s'est diversifiée et accueille aussi des commerces, parfois concentrés en ***mall*** (centre commercial), et de nombreux emplois.

Tout ce qui est autour de la ville fait donc partie du périurbain et englobe, selon certains auteurs, les banlieues, mais surtout les espaces situés au-delà, à l'urbanisme plus aéré. Les **espaces rurbains** ou **rurbanisés** correspondent aux franges rurales de l'espace urbanisé, progressivement colonisées par des urbains. Ils se distinguent des espaces périurbains par une densité souvent plus faible, une distance à la ville-centre supérieure et un urbanisme en lotissements moins denses avec la volonté de conservation d'un certain caractère villageois. Enfin, si les « *exurbs* » américains ont un sens voisin, on distingue parfois les **espaces exurbains** souvent encore plus périphériques, moins bien intégrés à la ville-centre et marqués par les infrastructures qu'ils ont accueillies (entreprises industrielles…). Les espaces périurbains, mais surtout rurbains, sont marqués par des formes de **mitage** de l'espace par la construction de maisons, relativement espacées les unes des autres.

L'expression récente de **tiers espace** permet de mettre en avant la nouvelle personnalité du périurbain, qui ne serait plus seulement un sous-produit de l'urbain mais une troisième catégorie d'espace, ni rural ni urbain, qui pose notamment des problèmes spécifiques d'aménagement. C'est un espace marqué par l'importance des constructions récentes, de forte concentration à proximité des limites de l'agglomération mais plus aérées au-delà. Les espaces périurbains sont marqués par les **mouvements pendulaires** qu'effectuent les navetteurs entre leur domicile, en périphérie, et leur emploi, dans la ville-centre ou en banlieue. Ils participent à la spécificité des **mobilités urbaines**, marquées notamment par des contraintes et des difficultés (engorgement, stress, pollution), des conflits d'usage, mais aussi des évolutions rapides, au gré des politiques urbaines.

Si les périphéries urbaines sont surtout des lieux de résidence de classes moyennes et aisées dans les PID, elles riment souvent dans les PED avec ségrégation, marginalisation et bidonvilisation. Les **bidonvilles** sont des espaces défavorisés dont les habitations sont construites à partir de matériaux de récupération. Ils prennent des noms très variés selon les pays : ***ciudades esperdidas*** (villes perdues) en Amérique latine, ***favelas*** au Brésil, ***barriadas*** au Pérou, ***barracas*** au Mexique, ***slums*** ou ***bustees*** en Inde, ***gourbis*** au Maghreb. Ils forment des **zones d'habitat spontané** ou **zones d'habitat sous-intégré**. Si les bidonvilles de construction récente sont souvent peu structurés socialement et mal intégrés au fonctionnement global de la ville, ce n'est pas le cas des plus anciens qui ont connu un processus de consolidation grâce à l'enracinement de leurs occupants qui ne souhaitent pas quitter les lieux mais cherchent plutôt à les valoriser. On trouve donc dans certains bidonvilles, notamment en Amérique latine, des populations de classe moyenne et une véritable vie de quartier, avec des infrastructures scolaires, des centres de soin… Les ***townships*** d'Afrique du Sud, dont le plus symbolique est sans doute Soweto, dans la banlieue de Johannesburg, représentent un cas particulier. Ils témoignent de la mise en place de l'**apartheid urbain**, politique de **ségrégation** raciale et spatiale officialisée par la loi de 1960 (*Group Areas Act*) – abolie en 1994 – qui organisait la séparation entre les populations blanches et les autres. Les *townships* étaient au départ des quartiers formalisés, regroupant les populations non blanches (Noirs, Indiens…) et localisés en périphérie du centre de la ville blanche, séparés de celle-ci par des zones tampons (zone industrielle, fleuve, terrain vague…). Composés de maisons « **boîtes d'allumettes** » (identiques et alignées), plus ou moins bien équipés en services, ce ne sont donc pas des bidonvilles. De nos jours, l'habitat informel se développe par contre dans les zones tampons les plus proches des services urbains. Socialement diversifiés pendant l'apartheid, les *townships* sont aujourd'hui plutôt occupés par les classes moyennes et inférieures non blanches. Les programmes de logement à bon marché post-apartheid s'inspirent fortement de l'urbanisme des *townships*.

Hiérarchie et réseaux urbains

• De la mégapole au bourg

La ville constitue une réalité complexe qui cache de grandes disparités. Les **hiérarchies urbaines** sont complexes et il existe de nombreux intermédiaires entre les très grandes villes, d'envergure mondiale, et les villes plus petites. D'un point de vue méthodologique se pose le problème statistique de la mesure du nombre d'habitants : où s'arrête la ville ? Quelle est la fiabilité des mesures ? Ainsi, notamment dans les pays du Sud, les recensements officiels sont souvent très contestables. Mexico, par exemple, a été considérée dans les années 1990, à la suite d'une erreur de recensement, comme la ville la plus peuplée de la planète (20,2 à 21 millions d'habitants selon l'ONU en 1990, mais seulement 15,2 à 15,9 millions en réalité, un peu plus de 19 millions en 2007).

Les plus grandes villes sont des **mégapoles** (ou **macropoles** ou encore ***megacities***). En prenant pour base le seuil de 8 millions d'habitants, 35 agglomérations géantes peuvent aujourd'hui être considérées comme des mégapoles. Ces villes sont souvent des **métropoles** (littéralement « ville-mère »), à savoir des villes qui possèdent un rayonnement et un fort pouvoir de commandement en raison du fait qu'elles concentrent des fonctions économiques, politiques ou de décision. Il n'y a pas de seuil reconnu à partir duquel on qualifie une ville de métropole, même si le cap du million d'habitants est souvent évoqué. La qualification de « métropole » dépend également de l'échelle considérée : ainsi Lyon est une métropole régionale, mais pas nationale. Certains auteurs mentionnent un **taux de métropolisation**, qui serait la part de la population habitant dans des villes millionnaires. Ce sont également très souvent des **capitales politiques** (ville où siège le gouvernement d'un État), des **capitales économiques**, c'est-à-dire des villes qui concentrent les entreprises les plus puissantes et qui produisent le plus de richesses, ou des **capitales financières**, dans lesquelles se trouvent les grands marchés boursiers planétaires. La dimension culturelle de ces grandes villes est souvent également importante au point de les qualifier parfois de **capitale culturelle**, comme l'est Rome, Paris, Istanbul ou Mumbai. Certaines de ces métropoles (Milan, New York, São Paulo…) se situent en tête de la **hiérarchie urbaine** (le classement des villes selon leurs poids démographique et économique) dans leur pays alors qu'elles ne sont pas capitales politiques. Les métropoles font souvent figure de vitrines pour des États soucieux de leur image, mais les représentations liées aux mégapoles sont parfois négatives, comme en témoignent les termes de « monstruopole » ou de « smogopolis » qui mettent l'accent sur les problèmes d'urbanisme et de pollution.

Par **grandes villes**, on désigne habituellement des villes moins peuplées et ayant une zone d'influence moins grandes que les précédentes, comme Marseille. Ce sont souvent des **capitales régionales** et des **métropoles régionales**, dotées de services suffisants pour satisfaire l'ensemble des habitants de la région qu'elles commandent et leur éviter d'avoir recours à une ville plus importante. On parle également de **villes moyennes** et de **petites villes** sans qu'il existe de critère quantitatif précis pour les caractériser. Les villes les plus réduites forment des **bourgs**, bien que le terme désigne également de gros villages, montrant une fois de plus la difficile définition du fait urbain.

• Les réseaux urbains

Les villes jouent un rôle majeur dans l'organisation de l'espace géographique. Elles polarisent les flux et hiérarchisent l'espace autour de centres de niveaux différents. Les logiques de répartition des villes dans un espace ont donc depuis longtemps préoccupé les géographes. La géographie classique s'est intéressée à la **situation** des villes par rapport à leur espace relationnel, local, régional ou international. Les **situations de carrefour** sont fréquentes, **situations de confluence** ou de **convergence de vallées**, situation de contact entre des régions différentes, situation littorale… Mais, là encore, le déterminisme est à proscrire : de grandes villes se sont installées sur de petites rivières (Berlin) et de grandes confluences ne présentent pas de ville (Arkansas-Mississippi).

Les géographes ont donc cherché à comprendre les liens existant entre les villes mais aussi les raisons des hiérarchies urbaines, en mettant en évidence des modèles et des lois de l'espace. Un des principes de base est qu'il existe une relation entre les effectifs de population d'une ville et son rang au sein d'un même réseau. La **théorie des lieux centraux** de W. **Christaller** (1893-1969) repose sur le principe de **centralité** qui suppose que l'offre et la demande de biens se concentrent dans des **lieux centraux** (ou **places centrales**), privilégiés pour leur accessibilité et qui constituent des marchés. Vers ce centre converge une clientèle attirée par les établissements de commerce et de service qui s'y trouvent. Entre ce centre et sa zone d'influence, il y a **polarisation**, c'est-à-dire un tissage de liens d'interrelations. Une offre particulière (un service par exemple) se crée à partir d'un seuil qui dépend de la clientèle potentielle. À partir de ce schéma, se sont donc développées les notions de réseau urbain et d'armature urbaine. Un **réseau urbain** se caractérise d'abord par le **semis urbain**, c'est-à-dire la répartition des villes dans l'espace. Il comprend un ensemble de villes différenciées par leur taille et leur fonction et reliées par des axes de communication et des flux, ce qui constitue la **trame urbaine**. On parle plutôt d'**armature urbaine** pour qualifier le pouvoir d'encadrement qu'exerce une ville sur son territoire.

Ce modèle suggère une représentation en escalier des hiérarchies urbaines, de nombreuses villes secondaires possédant le même rang et donc approximativement le même poids (*cf.* article *Géographie (histoire de la)*). Au contraire, la **loi rang-taille** ou **loi de Zipf**, suggère une représentation en courbe, la quatrième ville d'un État étant censée posséder un poids démographique quatre fois plus faible que la ville de rang 1. Sur un graphique dont les deux axes présentent une graduation logarithmique, l'application de la loi de Zipf aboutit à la construction d'une droite idéale le long de laquelle devraient se disposer les villes. Il est ainsi possible de mettre en évidence des hiérarchies urbaines relativement équilibrées (Italie, États-Unis, Chine, Inde…) ou non (France, Argentine…). Les théories de Christaller ou de Zipf sont des modèles et n'ont donc jamais répondu à la réalité du terrain et sont encore moins pertinentes avec l'essor de l'urbanisation et l'extension de l'influence des villes hors de leur environnement proche. On préfère aujourd'hui employer le terme de **système de villes** pour qualifier les interactions complexes entre les villes d'un espace. Ces interactions ne dépendent pas forcément des liaisons entre pôle dominant et pôle dominé : elles peuvent aussi varier selon les activités considérées. Le **système urbain** d'un État représente la totalité de ces systèmes de villes.

Dans la pratique, les géographes emploient souvent le terme de **réseau urbain** pour exprimer la morphologie des systèmes de villes. En France, par exemple, on distingue cinq types de systèmes de villes différenciés par la forme de leur réseau :

– **réseau bipolaire** (Sud-Ouest, entre Toulouse et Bordeaux) ;

– **réseau articulé**, quand les villes ont des niveaux plus proches (Bretagne, Alsace-Lorraine) ;

– **réseau polarisé articulé**, quand il y a polarisation autour de centres importants et articulation dans les vallées (Rhône-Alpes) ou le long d'un littoral (mer du Nord) ;

– **réseau linéaire** (alignement de villes de Perpignan à Nice) ;

– **réseau** fortement **polarisé** autour d'un seul pôle.

Dans le dernier cas, le poids de Paris est tel qu'il atteint un niveau de concentration d'hommes, d'activités et de fonctions de commandement exceptionnel et qu'il empêche tout développement d'un centre secondaire à proximité immédiate de Paris. On parle alors de **macrocéphalie urbaine.** Cet anthropomorphisme, signifiant littéralement « gros cerveau », désigne le fait qu'une ville a atteint un tel poids démographique (allant jusqu'à représenter parfois l'essentiel de la population d'un pays) qu'elle se trouve en situation de disproportion par rapport aux villes de rang immédiatement inférieur. C'est également le cas de Londres, mais ce phénomène prend encore plus d'ampleur dans certains pays du Sud : Buenos Aires concentre presque un tiers de la population argentine totale, Montevideo plus de 40 % de celle de l'Uruguay et Lima concentre les deux tiers de la population urbaine du Pérou. Cette hyperconcentration de la population urbaine, voire de la population totale, induit des déséquilibres considérables : Bangkok regroupe les deux tiers des médecins thaïlandais, les trois quarts des automobiles en circulation et produit plus de la moitié du PIB national. L'**indice de primatie**, qui se calcule en divisant la population de la ville la plus peuplée par celle de la deuxième ville du classement, permet d'évaluer le degré de macrocéphalie de la hiérarchie urbaine d'un État. Certains États connaissent plutôt un **bicéphalisme**, comme le Chili avec le couple Santiago-Valparaiso.

Gérer la ville

• La ville : un espace fragmenté

Toute ville est soumise à des phénomènes de ségrégation sociale et donc de fragmentation sociale et territoriale. C'était déjà le cas des villes du Moyen Âge, dont les faubourgs étaient les lieux de résidence des populations les moins favorisées. C'est encore plus le cas de nos jours, l'extension des villes par leurs périphéries s'accompagnant d'une spécialisation croissante de l'espace qui produit de la **différenciation spatiale** et souvent une **ségrégation sociale** ou **socio-spatiale** de plus en plus marquée. En grandissant, la ville a donc également tendance à se fragmenter.

Cette fragmentation obéit à plusieurs logiques. La première est une **logique centre-périphérie** selon laquelle, en général, le centre est l'espace où les prix du foncier sont les plus hauts, ce qui le rend inaccessible aux pauvres, sauf dans les espaces taudifiés. Le centre est favorisé par la proximité des emplois les plus recherchés, notamment dans les villes américaines ou asiatiques, du cœur historique et culturel. Les prix au centre provoquent une **ségrégation démographique** en favorisant la concentration de jeunes adultes célibataires, de ménages sans enfants et de personnes plus âgées. Les familles moins aisées ou plus nombreuses doivent opter pour les périphéries.

Mais plusieurs facteurs peuvent relativiser, voire contester, cette logique centre-périphérie. Il s'agit tout d'abord de la **rente de situation** qui avantage les zones proches des grands axes de transports, des commerces ou des emplois. Les pôles secondaires constitués par les *edge cities* sont également dans une situation favorable, comme les espaces proches des zones scolaires ou universitaires. Les populations les plus pauvres restent généralement à l'écart de ces espaces et souffrent à la fois d'un accès limité aux emplois et services de haut niveau mais aussi d'une position en marge des principaux axes de communication, ce qui les conduit à un certain isolement. La notion de rente de situation a été popularisée par l'**École de Chicago**, notamment par l'économiste Homer Hoyt, qui a transformé le schéma classique d'organisation de la ville américaine du sociologue Ernest **Burgess** (1886-1966). Ses successeurs Harris et Ullman proposèrent un modèle polycentrique, montrant que l'organisation de l'espace s'articule autour de pôles secondaires et des axes de transport (*cf.* article *Géographie (histoire de la)*). Ces analyses s'inscrivent dans une **écologie urbaine**, présupposant une interdépendance entre le citadin et son environnement urbain : la ville est considérée comme le « milieu naturel » des citadins, dans lequel se déroulent des relations de compétition, « d'invasion » (d'un groupe social dans tel quartier), de succession entre eux… Les mobilités sont donc au cœur de cette analyse car elles traduisent ces changements sociaux et en sont aussi les conséquences.

La logique centre-périphérie est également perturbée par la **rente de site** qui avantage certains quartiers, éventuellement périphériques, en fonction de leurs aménités. Sont notamment recherchés les fronts de mer et les quartiers situés en hauteur, proposant une atmosphère moins polluée et un panorama intéressant. Les plages de Malibu ou Beverly Hills, à Los Angeles, les pentes à l'ouest de Mexico, les quartiers proches des plages de Rio de Janeiro sont dans ce cas. D'une certaine manière, les périphéries des villes européennes qui, dans les années 1960-1970, ont attiré des populations des centres-villes en quête d'espace et de possibilité d'acquérir un terrain constructible à un prix abordable, ont bénéficié à la fois d'un foncier bon marché et d'une certaine rente de site. Ce mouvement est aujourd'hui en partie compensé, en France et en Europe, mais surtout aux États-Unis, par un retour au centre, l'augmentation du prix du foncier en périphérie et les atouts des centres-villes (commodités, animation, etc.), suscitant de nouveaux mouvements centripètes qui se traduisent par le retour des classes aisées (*gentry* en anglais) qui reviennent de la périphérie (la **gentrification**). De ce fait se crée une nouvelle répartition des populations urbaines, un **réagencement social**. Celui-ci est marqué par l'arrivée de populations favorisées, mais aussi par une **relégation sociale**, par un départ de populations moins aisées. Il y a donc une absence de continuité, une **segmentation sociale** entre des quartiers très proches.

La logique centre-périphérie peut enfin être modifiée par des politiques d'aménagement urbain. Certaines ont été volontairement ségrégatives, notamment en Afrique du Sud avec les *townships*, mais elles cherchent le plus souvent à organiser le développement urbain de façon non discriminatoire.

• La gestion de la ville et des espaces urbains : le cas de la France

Du fait de l'imbrication des pouvoirs et de la multiplicité des niveaux décisionnels concernant les espaces urbains, leur gestion, à l'échelle locale aussi bien que nationale, suppose une véritable politique urbaine. Celle-ci repose sur un arsenal législatif, des mesures d'aménagement du territoire et de nombreux acteurs.

À l'échelle locale, il s'agit essentiellement de concevoir l'**urbanisme**, à savoir de « penser » la ville, de contrôler l'extension urbaine et périurbaine, de créer de nouveaux quartiers ou de réaménager des quartiers préexistants, devenus inadaptés, parfois taudifiés. Il s'agit en France d'un phénomène ancien puisqu'une des plus spectaculaires opérations de remodelage du tissu urbain central fut menée, au cours du Second Empire, par le baron Georges **Haussmann** (1809-1891). Celui-ci transforma les quartiers centraux de Paris en remplaçant les habitations traditionnelles par de grands immeubles bourgeois, en ouvrant de grands axes rectilignes, en créant des ponts, des parcs, des captages d'eau... dans le but d'améliorer la circulation, l'hygiène, la sécurité..., mais aussi de rendre plus difficiles les soulèvements urbains. Une des conséquences sociales fâcheuses de ces opérations fut de contraindre les populations modestes à quitter le centre pour les banlieues.

De nos jours, la gestion de la croissance des villes vers la périphérie est une préoccupation de nombreux pays qui mettent en place des politiques de **zonage**, à savoir de subdivision de l'espace urbain en secteurs que l'on distingue selon l'utilisation du sol qui y est permise ou souhaitée. Les contraintes architecturales, la densité de l'urbanisation et son évolution sont envisagées, en distinguant les espaces constructibles de ceux qui ne le sont pas, les espaces consacrés à l'implantation de zones industrielles ou tertiaire et celles d'usage résidentiel, le choix d'un habitat individuel aéré, en lotissement, d'un habitat collectif en petits ensembles ou plus grandes structures. Ainsi, la France a institué, dès 1958, des **Plans d'urbanisme directeurs** (**PUD**) qui déterminent par exemple les **Zones à urbaniser en priorité** (**ZUP**) pour loger de nouveaux arrivants, parfois dans des **HLM (habitations à loyer modéré**), le plus souvent sous la forme de grands ensembles en barre. Ceux-ci se situent dans des **ZAD (Zones d'aménagement différé**) qui ont permis la constitution de réserves foncières publiques et la lutte contre la spéculation, ou dans des **ZAC (Zones d'aménagement concerté)**, définies comme des « zones à l'intérieur desquelles une personne publique décide d'intervenir pour réaliser ou faire réaliser l'aménagement et l'équipement des terrains, qu'il s'agisse d'habitations, de commerce, d'industries ou de zones touristiques… ». Les centres urbains ont dû se doter d'un **Schéma directeur d'aménagement et d'urbanisme** (**SDAU**), rebaptisé **SD** (**Schéma directeur**) depuis le processus de décentralisation (lois du 7 janvier 1983), puis **SCOT (Schémas de cohérence territoriale**) depuis la **loi SRU (solidarité et renouvellement urbain**), votée en 2000. Le SCOT permet d'envisager l'équilibre à respecter entre espaces urbanisés, espaces naturels et espaces agricoles. Il est complété par le **Plan local d'urbanisme** (**PLU**), document opposable au tiers, que chaque commune, qu'elle soit rurale ou urbaine, est susceptible d'élaborer. Il a remplacé, depuis la loi SRU, l'ancien **Plan d'occupation des sols** (**POS**). Depuis cette loi, les communes n'ont plus d'obligation formelle de bâtir un tel schéma, même si elles y sont fortement incitées. Le PLU établit un **zonage** de l'espace communal, une division par secteurs, constructibles ou non. Conforme au SCOT, le PLU organise notamment la circulation en prévoyant la construction de voies rapides de contournement, **rocades** et **périphériques** (ou boulevards périphériques). Le **coefficient d'occupation du sol** (**COS**) indique le rapport minimal entre la surface construite sur un terrain et l'aire de ce dernier. En direction de la périphérie, le COS se réduit de façon à créer un gradient de densité et à espacer les constructions. Des mesures comparables ont été prises dans de nombreux États, surtout du Nord.

Face à la persistance de poches de pauvreté, les États cherchent également à se doter de moyens législatifs d'intervention en faveur d'une évolution du tissu urbain. La France a identifié par exemple des **ZUS** (**Zones urbaines sensibles**), au nombre de 751 en 2008, qui regroupent 8 % de la population totale nationale et sont marquées par une surreprésentation de certaines catégories défavorisées (ouvriers, personnes sans qualification, étrangers) et dans lesquelles le chômage et l'exclusion est important. Ces quartiers accueillent les mesures prioritaires de la politique de la ville. Les quartiers les plus en difficulté sont devenus des **zones de redynamisation urbaine** voire, pour les plus en difficultés, des **zones franches urbaines** qui bénéficient surtout d'exemptions d'impôts afin de favoriser la création d'emplois en attirant des entreprises qui doivent en contrepartie de ces aides embaucher au moins 20 % de personnel dans la zone franche. L'ensemble s'insère depuis 2003 dans le **PNRU** (**Programme national de rénovation urbaine**). On parle de **politique de la ville** pour qualifier l'ensemble des mesures destinées à améliorer la qualité de vie des urbains et à trouver des réponses aux problèmes des quartiers en difficulté. En France, l'outil principal de la politique de la ville est aujourd'hui le **contrat de ville**. D'une durée de sept ans dans le cadre d'un plan (actuellement 2007-2012), il est passé entre l'État et les collectivités territoriales et peut concerner aussi d'autres intervenants comme les organismes HLM ou les sociétés de transports. L'objectif est l'amélioration de la vie quotidienne des habitants dans les quartiers les plus en difficulté par des actions en faveur de l'emploi, de l'habitat, du cadre de vie, de la santé, de l'éducation et de la prévention de la délinquance. On cherche spécifiquement à améliorer la situation des populations faisant partie de l'***urban under class***, selon l'expression du sociologue américain Julius Wilson, qui qualifie ainsi les pauvres, mais également les personnes légèrement plus aisés qui vivent dans les poches de pauvreté urbaine. À partir des années 1960, la gestion des centres est devenue encore davantage une préoccupation des urbanistes qui engagèrent dans de nombreuses villes moyennes et importantes des opérations de **rénovation**, c'est-à-dire de reconstruction de nouveaux bâtiments après la destruction des anciens ou de **réhabilitation**, c'est-à-dire de restauration de l'habitat primitif.

À l'échelle nationale, de nombreux États au Nord comme au Sud sont confrontés à une armature urbaine déséquilibrée. Les politiques d'aménagement du territoire (*cf.* article *Aménagement du/des territoire(s)*) peuvent chercher des moyens de rééquilibrage. En France, outre la politique des métropoles d'équilibre (*cf.* p. 28), il fut décidé, dans les années 1960, la création *ex nihilo* de **villes nouvelles** à l'exemple des ***new towns*** anglaises, afin de réduire les mouvements pendulaires en fixant les populations et restructurer les banlieues. Il s'agissait également de créer la ville idéale, dans laquelle chacun habiterait un appartement ou une maison confortable, entourée de verdure et avec emplois et commodités à proximité. Neuf villes nouvelles voient ainsi le jour, dont cinq dans la périphérie parisienne (Cergy-Pontoise, Marne-la-Vallée..., *cf.* p. 29). La réalité n'a pas été à la mesure des projets : ces villes nouvelles, notamment les cités provinciales, n'ont pas connu la progression espérée, en partie à cause de l'incapacité des aménageurs à créer suffisamment d'emplois. La DATAR – aujourd'hui DIACT – fut également à l'origine, en 1991, de la création des « **réseaux de villes** », associant des villes moyennes entre elles qui souhaitent collaborer ou une métropole régionale et des villes de son aire d'influence, afin de créer des dynamiques et ouvrir de nouvelles possibilités de développement.

• Vers un développement durable des villes ?

Les villes et plus généralement les espaces urbains et périurbains, au Nord comme au Sud, renvoient à toutes les problématiques du développement durable (*cf.* article *Développement durable*), qu'il s'agisse des aspects économiques (maintien ou création d'activités économiques, notamment dans les villes des PED), sociaux (lutte contre la fragmentation et pour la mixité sociale...) ou environnementaux. Ces dernières préoccupations correspondent à une prise de conscience relativement récente, en raison du contexte général, mais aussi de l'évolution de l'urbanisation. On cherchait jusqu'il y a peu à favoriser le **desserrement urbain**, à savoir la diminution de la densité au sein des villes-centres par le déplacement des activités industrielles et tertiaires en banlieue, mais aussi du fait du départ des habitants vers l'extérieur causé par la hausse du prix de l'immobilier au centre. Ce desserrement est responsable de l'étalement urbain (*cf.* article *Urbanisation, métropolisation*). En revanche, actuellement, il semblerait que, face aux nuisances engendrées par cette situation, on cherche à promouvoir des villes plus compactes. De nombreuses villes affichent comme objectifs, parfois dans le cadre d'Agendas 21, de mieux préserver la « nature » en ville (eau, air…), de mieux organiser le prélèvement et le traitement des déchets, d'envisager les risques industriels et de s'en prémunir et d'améliorer le cadre de vie des urbains (création de jardins, travail sur l'esthétique des quartiers, réduction des pollutions, y compris sonores…). Plusieurs villes se présentent même comme des **villes durables**, dont le fonctionnement est suffisamment maîtrisé pour ne pas compromettre le renouvellement des ressources naturelles, pour ne pas dégrader les écosystèmes, pour consommer le moins possible d'énergie, donc préserver les capacités de vie des générations futures…, mais aussi pour assurer le bien-être et la sécurité des habitants, une mixité sociale… et, enfin, pour être « citoyenne », c'est-à-dire accorder une large place à la concertation des habitants et leur fournir les moyens d'orienter les politiques. Curitiba, ville brésilienne de 1,5 million d'habitants, passe pour un exemple de ville durable grâce à la manière dont elle a su gérer les transports (priorité aux transports publics), collecter les déchets, créer des emplois, développer des espaces verts… Genève, Minamata au Japon et la future Dongtan près de Shanghai, dont la construction devrait être achevée en 2010, ont choisi de s'engager dans cette voie. Cependant, aucune ville ne peut véritablement être qualifiée de ville durable : il s'agit même parfois d'effet d'annonce… et la durabilité ne semble pour l'instant réalisée qu'à l'échelle d'espaces relativement restreints, de quartiers, comme le quartier Vauban à Fribourg-en-Brisgau en Allemagne. De plus, dans ces cas, l'accent est mis sur le pilier environnemental du développement durable. Enfin, dans la plupart des villes du Sud, le manque de moyens financiers, le sous-développement et la forte croissance urbaine rendent difficile la réalisation des objectifs du développement durable. La priorité reste donc souvent la création d'infrastructures de base telles que voirie ou adductions d'eau (*cf.* p. 104).

lire aussi

Aménagement du/des territoire(s) – Développement durable – Espace rural, campagne – Services, secteur tertiaire – Urbanisation, métropolisation

INDEX

D

E

Q

R

S

T

Achevé d'imprimer en Italie par GRAFICA VENETA S.p.A.
Dépôt légal n. 931734/03 - Septembre 2010